ÉLÉMENTS

DE

GÉOMÉTRIE

DESCRIPTIVE

AVEC DE NOMBREUX EXERCICES

Par F. J.

TOURS   PARIS

MAISON A. MAME ET FILS   J. DE GIGORD

IMPRIMEURS-ÉDITEURS   RUE CASSETTE, 15

ET CHEZ LES PRINCIPAUX LIBRAIRES

N° 271

ÉLÉMENTS

DE

GÉOMÉTRIE DESCRIPTIVE

N° 271

EXTRAIT DU CATALOGUE

Le Cours de Mathématiques élémentaires comprend
les ouvrages suivants :

ÉLÉMENTS D'ARITHMÉTIQUE.
    »   D'ALGÈBRE.
COURS D'ALGÈBRE ÉLÉMENTAIRE.
ÉLÉMENTS DE GÉOMÉTRIE.
COURS DE GÉOMÉTRIE ÉLÉMENTAIRE.
ÉLÉMENTS DE GÉOMÉTRIE DESCRIPTIVE.
    »   DE TRIGONOMÉTRIE.
    »   DE MÉCANIQUE.
    »   DE COSMOGRAPHIE.

TABLES DE LOGARITHMES.
EXERCICES D'ARITHMÉTIQUE.
    »   D'ALGÈBRE.
    »   DE GÉOMÉTRIE.
    »   DE GÉOMÉTRIE DESCRIPTIVE.
COMPLÉMENTS DE TRIGONOMÉTRIE.
PROBLÈMES DE MÉCANIQUE.
COURS D'ALGÈBRE ÉLÉMENTAIRE.

SCIENCES PHYSIQUES ET NATURELLES : *Notions de Physique. — Notions
de Chimie. — Notions d'Histoire naturelle. — Éléments d'Histoire
naturelle : Zoologie, Botanique, Géologie. — Notions de sciences
physiques et naturelles*

ÉLÉMENTS

DE

GÉOMÉTRIE

DESCRIPTIVE

AVEC DE NOMBREUX EXERCICES

Par F. J.

TOURS | PARIS

MAISON A. MAME & FILS | J. DE GIGORD

IMPRIMEURS-ÉDITEURS | RUE CASSETTE, 15

ET CHEZ LES PRINCIPAUX LIBRAIRES

1920

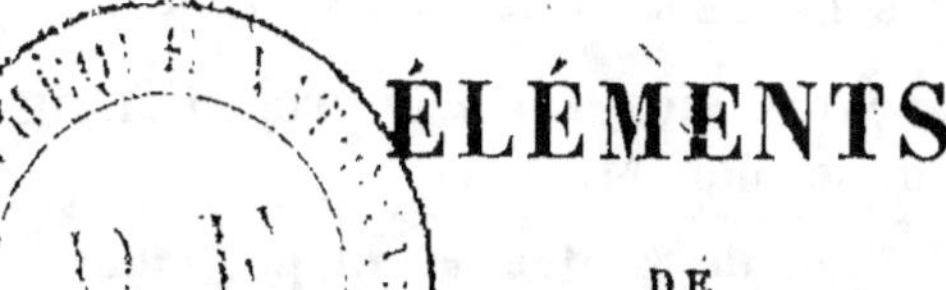

ÉLÉMENTS

DE

GÉOMÉTRIE DESCRIPTIVE

PREMIÈRE PARTIE

DU POINT, DE LA DROITE ET DU PLAN

CHAPITRE I

NOTIONS PRÉLIMINAIRES

---

§ I. — Introduction.

1. Définition. La *Géométrie descriptive* est la partie des mathématiques appliquées qui a pour but de représenter sur un plan les figures de l'espace, de manière à pouvoir résoudre, à l'aide de la géométrie plane, les problèmes où l'on considère les trois dimensions.

Remarque. Les dessins ordinaires déforment plus ou moins les figures à trois dimensions : ainsi le dessin d'une pyramide ne donne ni la grandeur de la base ni celle des angles; mais la géométrie descriptive permet de déterminer la vraie grandeur des lignes et celle des faces de la pyramide.

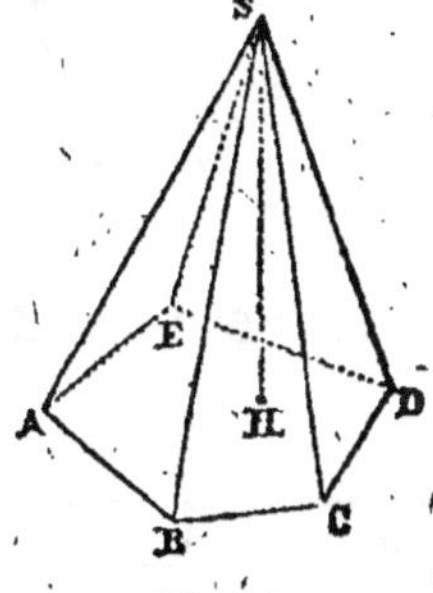

Fig. 1.

2. Projection d'un point. *La projection d'un point sur un plan est le pied de la perpendiculaire abaissée de ce point sur*

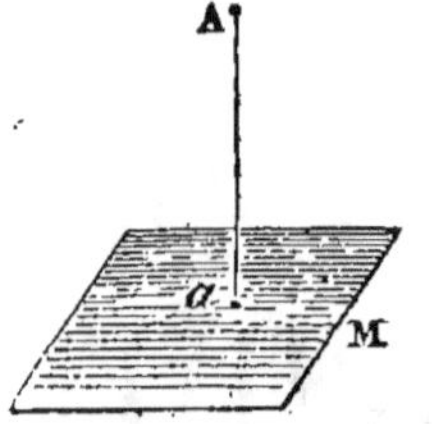

Fig. 2.

le plan. Ainsi *a* est la projection du point **A** sur le plan M.

Plan de projection et projetante. On appelle *plan de projection* le plan sur lequel on projette la figure à étudier.

La *projetante* d'un point est la perpendiculaire abaissée de ce point sur le plan de projection : Aa est la projetante de A.

Un point n'est pas complètement déterminé par une seule projection.

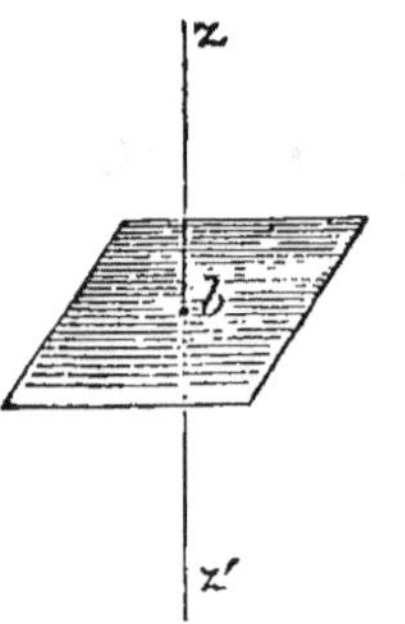

Fig. 3.

En effet, si *b* est la projection donnée, le point projeté peut être un point quelconque de la perpendiculaire illimitée *zz'*.

3. Détermination du point. Pour fixer la position d'un point, on peut employer, en géométrie descriptive, deux méthodes différentes :

La *méthode des projections*, qui utilise deux plans de projection;

La *méthode des plans cotés*, qui n'exige qu'un seul plan de projection, mais avec la *cote* du point (n° 5).

4. Méthode des projections. Dans la *méthode des projections*, on donne les deux projections *a* et *a'* du point A sur deux plans rectangulaires H et V. Le point est déterminé, car il se trouve à l'intersection des perpendiculaires *az, a'z'*.

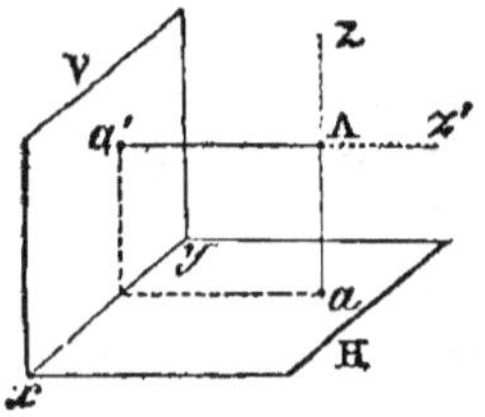

Les deux premières parties de nos *Éléments de Géométrie descriptive* sont consacrées à l'exposition de la méthode des projections.

Fig. 4.

5. Méthode des plans cotés. Dans la *méthode des plans cotés*, on donne la projection *a* du point et la cote de ce point.

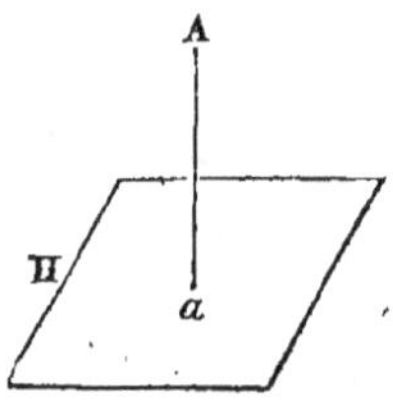

Cote. La *cote* d'un point est la longueur de la *projetante* Aa.

L'ensemble des principes relatifs à ce mode de représentation est exposé dans la *troisième partie* (n°ˢ 426 à 494).

Fig. 5.

6. Plans de projection. Dans la méthode des projections, on emploie deux plans perpendiculaires l'un à l'autre : l'un d'eux est nommé *plan horizontal*, et l'autre *plan vertical*.

Les deux plans de projection sont illimités dans tous les sens.

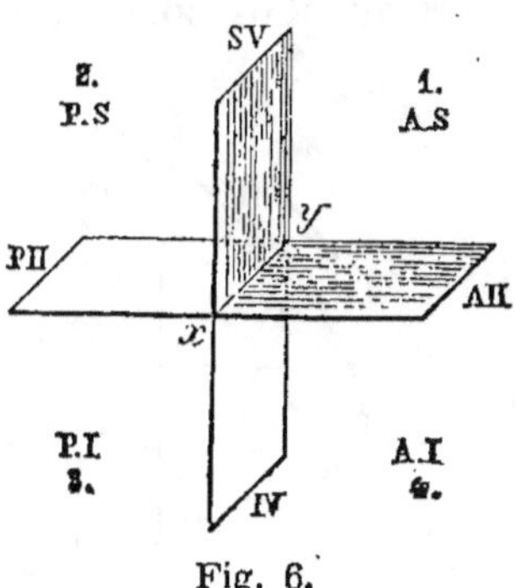

Fig. 6.

Ligne de terre. On appelle *ligne de terre* l'intersection des deux plans de projection.

La ligne de terre est désignée par *xy* ou par LT.

Relativement à l'observateur, supposé placé à droite, vers le haut de la figure, AH est la partie antérieure du plan horizontal, PH la partie postérieure du même plan, SV la partie supérieure du plan vertical, et IV la partie inférieure.

Remarques. I. Pour remplacer les mots *plan horizontal*, *plan vertical*, on peut se borner à écrire : *plan H, plan V*.

II. Les quatre portions de plans, ou demi-plans, peuvent être appelés brièvement : *vertical supérieur, vertical inférieur, horizontal antérieur* et *horizontal postérieur*.

7. Angles dièdres. Les deux plans forment quatre angles dièdres droits, désignés par les noms d'*antérieur-supérieur, postérieur-supérieur, postérieur-inférieur* et *antérieur-inférieur*, ou plus simplement par les numéros 1, 2, 3, 4.

Remarque. L'observateur est toujours supposé placé dans le premier dièdre, ayant *x* à sa gauche et *y* à sa droite ; généralement on place aussi dans le premier dièdre la figure à étudier, de sorte que les projections se trouvent sur la partie antérieure du plan H et sur la partie supérieure du plan V ; mais les constructions à effectuer pour résoudre une question, ou les données parfois imposées, conduisent fréquemment à la considération des autres dièdres.

8. Rabattement du plan vertical. Pour ramener l'étude des figures à trois dimensions à des problèmes de géométrie plane, on fait tourner le plan vertical autour de la ligne de terre (fig. 7), de manière que sa partie supérieure SV vienne se placer sur la partie postérieure PH du plan horizontal ; alors la partie inférieure IV du plan vertical s'applique sous la partie antérieure AH du plan horizontal.

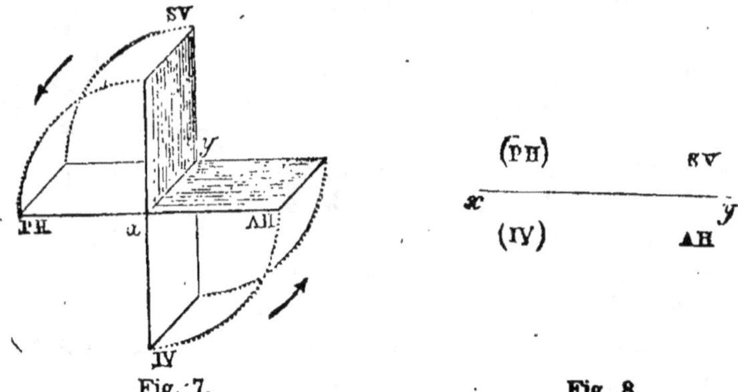

Fig. 7.   Fig. 8.

Disposition du dessin. Pour la résolution des problèmes, le rabattement est supposé effectué; par suite, on se borne à tracer la ligne de terre sur la surface plane où l'on veut dessiner (fig. 8).

9. Épure. On nomme *épure* la représentation d'une figure de l'espace par ses projections, le plan vertical étant rabattu sur le plan horizontal.

Lire une épure, c'est ramener par la pensée les deux plans de projection à être perpendiculaires l'un à l'autre et se rendre compte de la figure de l'espace représentée par le dessin.

Remarque. L'épure peut être placée verticalement sous les yeux de l'observateur; c'est ce qui arrive pour les figures tracées sur le tableau noir; on suppose alors que le plan horizontal a tourné autour de xy, et que sa partie antérieure recouvre la partie inférieure du plan vertical.

Lorsque l'épure est placée verticalement, le plan *vertical-supérieur* et le plan horizontal-postérieur sont au-dessus de xy.

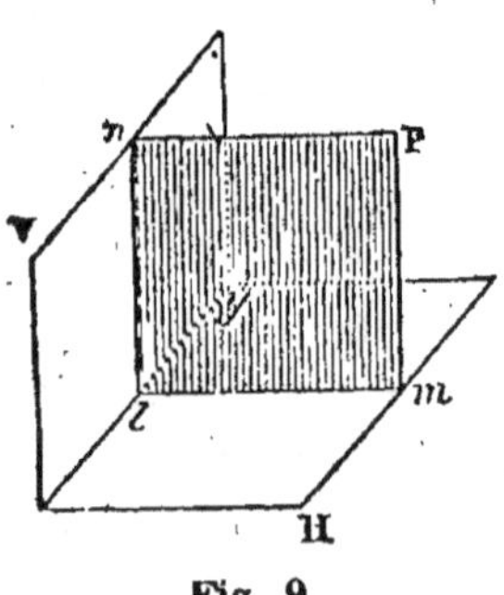

Fig. 9.

10. Plan de profil. Deux plans de projection suffisent généralement pour étudier les figures de l'espace; néanmoins, dans certains cas, on a recours à un troisième plan P, perpendiculaire aux deux premiers; on le nomme *plan de profil;* on peut le rabattre sur le plan horizontal, en le faisant tourner autour de *lm*, ou sur le plan vertical, en le faisant tourner autour de *ln*.

11. Conventions pour le dessin. Les plans de projection sont considérés comme opaques; par suite, *les figures situées dans le premier dièdre peuvent seules être visibles.*

La ligne de terre, les projections des données et celles des résultats obtenus sont représentés en noir, par un trait plein lorsque les lignes projetées sont visibles (*a*), et par un *pointillé rond* lorsqu'elles sont invisibles (*b*); le trait qui indique la réponse est plus fort que celui des données.

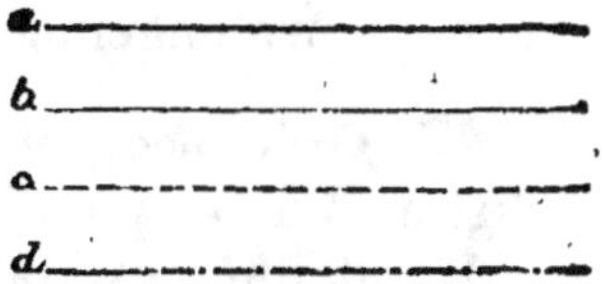

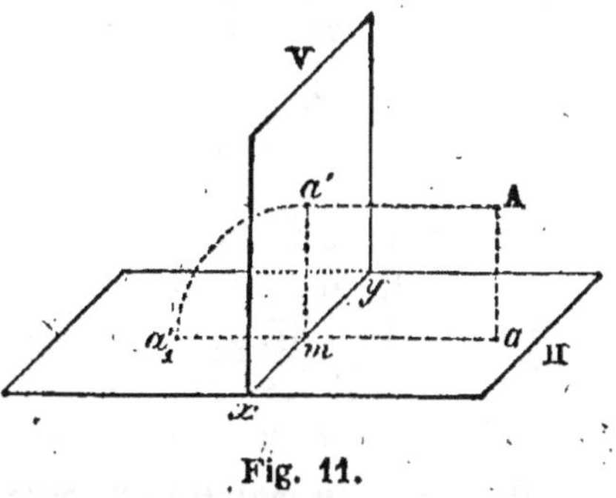

Fig. 10.

Les lignes auxiliaires sont au carmin; les projetantes peuvent être représentées par un trait bleu; dans la gravure, les couleurs sont remplacées par des lignes discontinues formées de petits traits (*c*). Les lignes auxiliaires les plus importantes sont parfois représentées par une ligne mixte, composée de points et de traits (*d*).

§ II. — Du point.

Représentation du point. Pour déterminer la position d'un point donné A, on le projette sur deux plans rectangulaires (n⁰ 4). La projection horizontale est désignée par *a*, et la projection verticale par *a'*.

Théorème.

12. *Après le rabattement du plan vertical, les projections d'un même point sont sur une même perpendiculaire à la ligne de terre.*

En effet, la projetante A*a* est perpendiculaire au plan horizontal, A*a'* l'est au plan vertical; donc le plan A*a'ma* de ces droites est perpendiculaire à chaque plan de projection (G., n⁰ 400*); par suite, ce plan A*a'ma*, perpendiculaire au plan horizontal et au plan vertical, est perpendiculaire à

Fig. 11.

---

* Voir *Éléments de Géométrie*, par **F. J.**, 6ᵉ édit. Les renvois à cet ouvrage seront indiqués par (G., n⁰ ...).

leur intersection xy (G., n° 405); donc xy est perpendiculaire aux droites ma, ma' menées par son pied dans le plan mA; dans le rabattement du plan vertical autour de la ligne de terre, ma' restant perpendiculaire à xy, vient donc se placer en ma'_1 dans le prolongement de am.

13. Ordonnée, éloignement. L'*ordonnée* d'un point est la distance de ce point au plan horizontal de projection *.

L'ordonnée est la longueur de la projetante Aa de ce point; cette ligne est égale à la distance de la projection verticale à la ligne de terre. En effet, la figure $Aama'$ est un rectangle; donc $Aa = a'm$.

L'*éloignement* d'un point est la distance de ce point au plan vertical de projection.

L'éloignement est la longueur de la projetante Aa' de ce point; cette ligne est égale à la distance de la projection horizontale à la ligne de terre; car $Aa' = am$.

Théorème réciproque.

14. *Deux points situés sur une même perpendiculaire à la ligne de terre, après le rabattement du plan vertical, sont les projections d'un point déterminé de l'espace.*

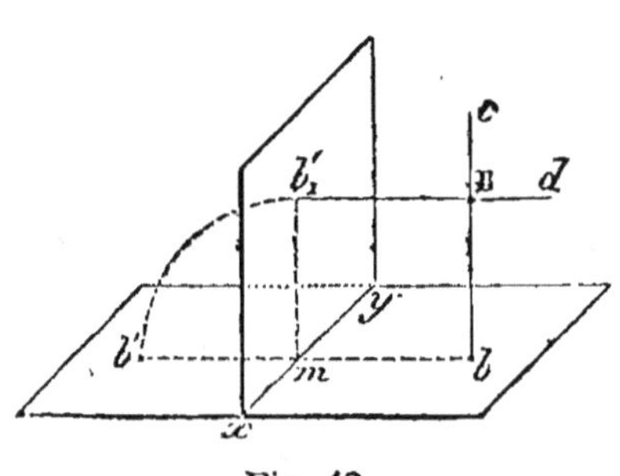

Fig. 12.

Soient les projections b et b' situées sur une même perpendiculaire à xy.

Relevons le plan vertical; mb' reste constamment perpendiculaire à la ligne de terre et devient mb'_1.

Le plan déterminé par les perpendiculaires mb, mb'_1 est lui-même perpendiculaire à xy, et par suite à chaque plan de projection, donc il contient les projetantes bc, b'_1d (G., n° 403); or ces lignes bc, b'_1d, situées dans un même plan, se coupent en un point B, dont les projections sur l'épure sont b et b'; ainsi b et b' sont les projections d'un même point B de l'espace.

Conséquence. Les théorèmes précédents (n°s 12 et 14) conduisent à la conclusion suivante:

---

* On emploie fréquemment le mot *cote* pour *ordonnée*, même dans la méthode des deux projections.

Deux points non situés sur une même perpendiculaire à la ligne de terre ne peuvent être les projections d'un même point de l'espace.

15. Ligne de rappel. On nomme *ligne de rappel* toute droite perpendiculaire à la ligne de terre et qui joint l'une à l'autre les deux projections d'un même point.

16. Positions du point. Le point peut occuper neuf positions principales par rapport aux plans de projection.

Il peut être dans un des quatre dièdres, ou sur l'un des quatre demi-plans de projection, ou enfin sur la ligne de terre.

1° *Le point appartient au premier dièdre.*

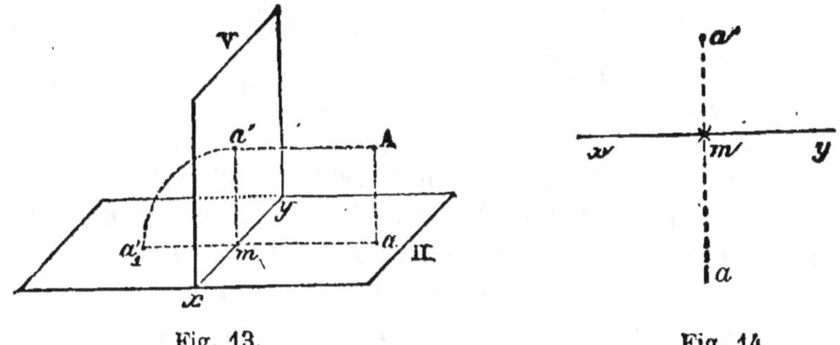

Fig. 13.   Fig. 14.

Le point A du premier dièdre (fig. 13) a ses projections de part et d'autre de la ligne de terre, et sa projection verticale au-dessus de xy (fig. 14).

2° *Le point appartient au deuxième dièdre.*

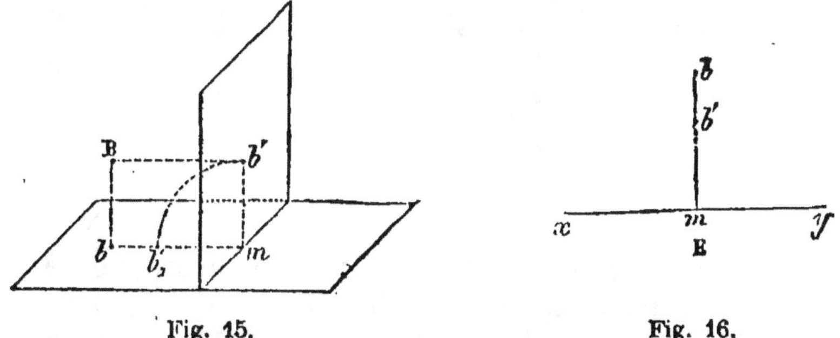

Fig. 15.   Fig. 16.

Si le point donné B appartient au deuxième dièdre (fig. 15), la projection horizontale b se trouve sur la partie postérieure du plan horizontal, et, après le rabattement du plan vertical, les projections b, b'_1 sont au-dessus de la ligne de terre.

Sur l'épure (fig. 16), le point B serait indiqué par (b, b').

3° *Le point appartient au troisième dièdre.*

Lorsqu'un point C appartient au troisième dièdre (fig. 17), sa projection horizontale tombe sur la partie postérieure du plan H, et sa projection verticale sur la partie inférieure du plan V.

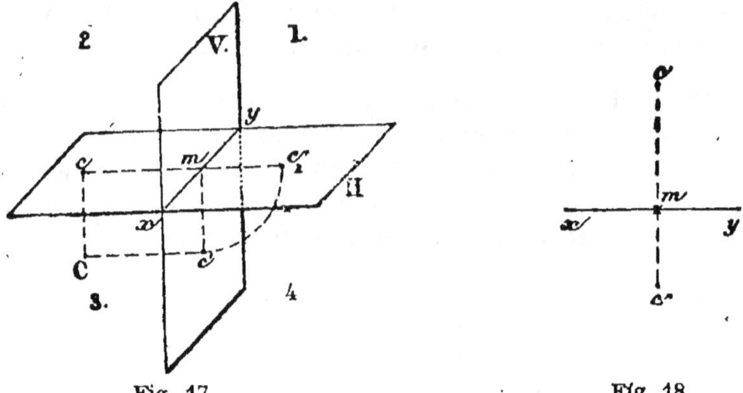

Fig. 17.   Fig. 18.

Dans le rabattement du plan vertical, c' vient en c'_1.

Sur l'épure (fig. 18), le point C est représenté par (c, c'); les projections sont de part et d'autre de xy, mais la projection verticale est au-dessous de la ligne de terre.

4° *Le point appartient au quatrième dièdre.*

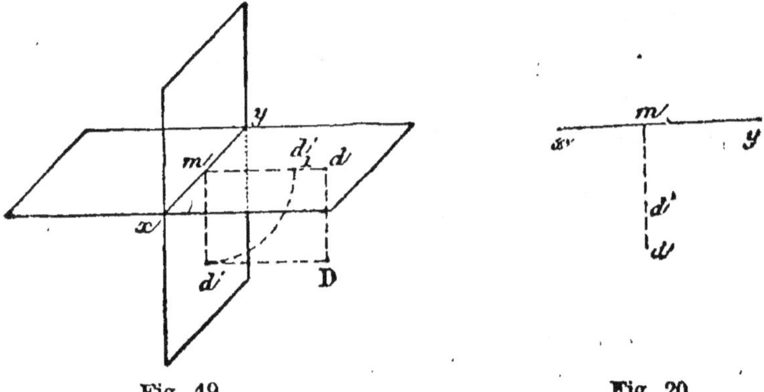

Fig. 19.   Fig. 20.

Si le point D appartient au quatrième dièdre (fig. 19), d tombe sur la partie antérieure du plan H, d' sur la partie inférieure du plan V.

Dans l'épure (fig. 20), d et d' sont au-dessous de xy.

Remarque. En résumant ce qui précède (1°, 2°, 3°, 4°), on peut dire :

Un point appartient au premier ou au troisième dièdre, lorsque ses projections sont de part et d'autre de la ligne de terre.

Un point appartient au deuxième ou au quatrième dièdre, lorsque ses projections sont d'un même côté de xy.

17. POINT SITUÉ SUR UN DES PLANS DE PROJECTION.

5° et 6° *Le point se trouve sur le plan horizontal.*

Lorsqu'un point appartient au plan horizontal, il est lui-même sa projection horizontale, et sa projection verticale est sur *xy*.

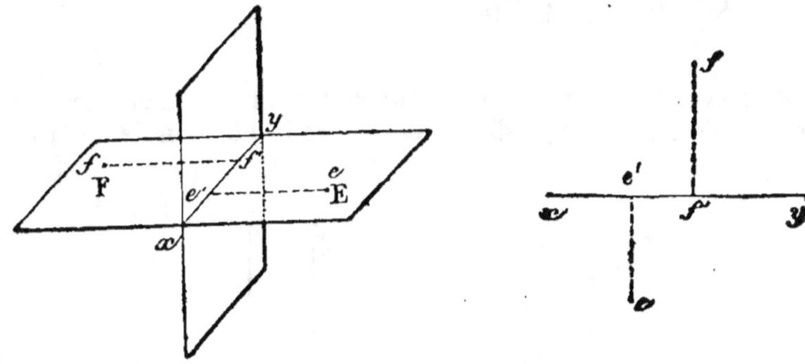

Fig. 21.   Fig. 22.

Le point E (fig. 21) se trouve sur le plan horizontal antérieur (6. R. II), et le point F sur le plan horizontal postérieur.

Sur l'épure (fig. 22), on reconnaît que les points (e, e'), (f, f') sont sur le plan horizontal parce que la projection verticale de chacun d'eux est sur la ligne de terre.

7° et 8° *Le point se trouve sur le plan vertical.*

Lorsqu'un point appartient au plan vertical, il est lui-même sa projection verticale, et sa projection horizontale est sur la ligne de terre.

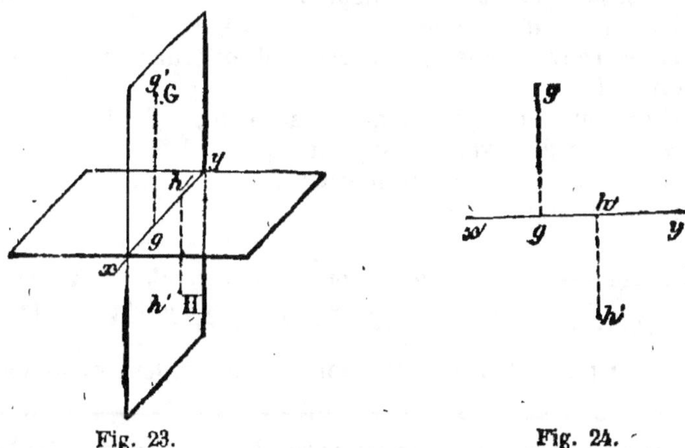

Fig. 23.   Fig. 24.

Le point G (fig. 23) se trouve sur le plan vertical supérieur, et le point H sur le plan vertical inférieur.

Sur l'épure (fig. 24), on reconnaît que les points appartiennent au plan vertical, parce que la projection horizontale de chacun d'eux est sur xy.

9° *Le point se trouve sur la ligne de terre.*

Lorsqu'un point appartient à xy, il se trouve sur chaque plan de projection; il est donc lui-même sa projection horizontale et sa projection verticale.

18. Résumé *. D'après les remarques précédentes, la simple inspection de l'épure (fig. 25) fait connaître la position des points A, B...

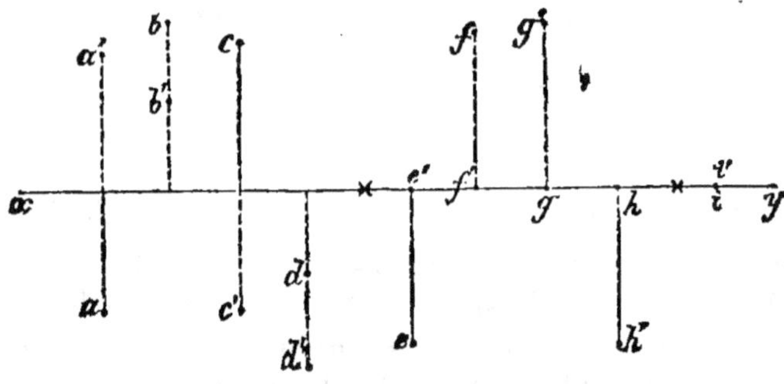

Fig. 25.

1° A est situé dans le premier dièdre, car a se trouve sur le plan horizontal antérieur, et a' sur le plan vertical supérieur;

2° B est dans le deuxième, car b est sur PH, et b' sur SV (n° 6);

3° C est dans le troisième dièdre;

4° D, dans le quatrième;

5° E se trouve sur le plan horizontal antérieur, car e' est sur xy, et e sur AH;

6° F est sur le plan horizontal postérieur;

7° G, sur le plan vertical supérieur;

8° H, sur le plan vertical inférieur;

9° I, sur la ligne de terre.

19. Plans bissecteurs. On nomme *plan bissecteur* d'un angle dièdre le plan qui divise ce dièdre en deux parties égales; ce plan passe par l'arête du dièdre.

Les deux plans de projection donnent lieu à deux plans bissecteurs;

---

* Nous mettons en petits caractères : les *résumés*, la plupart des *cas particuliers* des problèmes, les questions qui n'appartiennent pas au programme du baccalauréat moderne, et tout ce qui peut être omis à une première lecture.

l'un d'eux est relatif aux dièdres 1 et 3, on le nomme *premier bissecteur*; le *second bissecteur* divise les dièdres 2 et 4.

20. Point d'un plan bissecteur. Un point qui appartient au plan bissecteur de l'un des quatre dièdres que forment les plans de projection est également éloigné du plan vertical et du plan horizontal. Sur l'épure (fig. 26), tout point A, C, du premier bissecteur, a ses projections symétriques l'une de l'autre par rapport à xy : $ma' = ma$, $mc' = mc$; tout point B, D, du second bissecteur, a ses projections confondues.

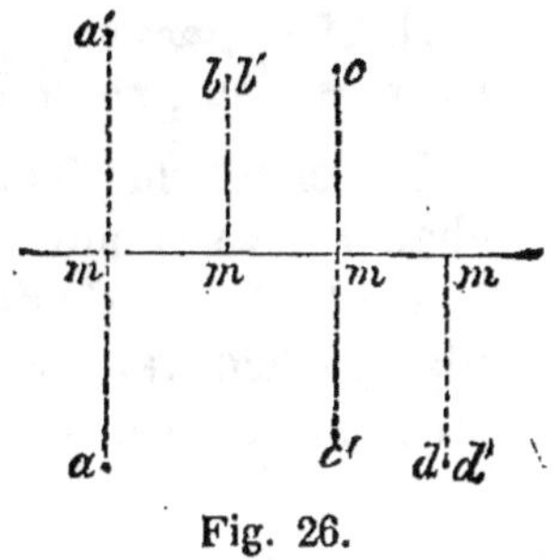

Fig. 26.

21. Point donné, point cherché. *Donner* ou *chercher* un point, c'est *donner* ou *chercher* les projections de ce point.

Pour désigner le point dont les projections sont a et a', on écrit : le point A; ou bien, le point (a, a').

§ III. — De la droite.

22. Projection d'une ligne. La projection d'une ligne sur un plan est le lieu des projections de ses points sur ce plan.

Ainsi *abc* est la projection de la ligne ABC.

Les projetantes Aa, Bb, Cc, etc., sont parallèles entre elles, comme perpendiculaires à un même plan (G., n° 393); elles forment une *surface projetante* cylindrique, dont le *plan* est un cas particulier.

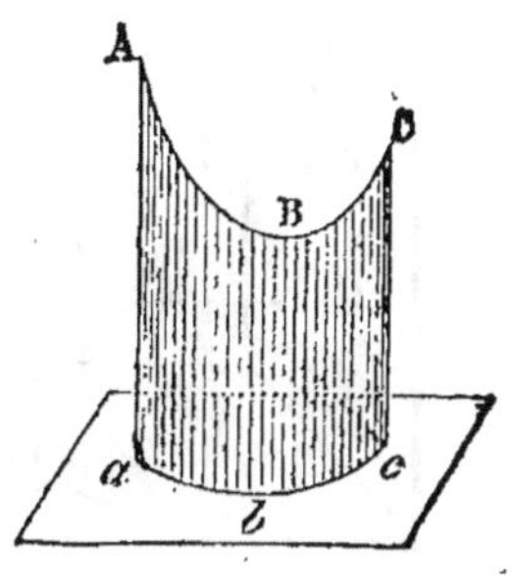

Fig. 27.

Théorème.

23. *La projection d'une droite sur un plan est une droite.*

En effet, le plan mené par AD et une projetante quelconque Bb est perpendiculaire au plan M (G., n° 400), et contient toutes les autres projetantes, puisqu'elles sont perpendiculaires au plan (G., n° 403); donc l'intersection *ad* est la projection de AD.

24. Remarques. I. Le plan AD*ad* se nomme le *plan projetant* de la droite.

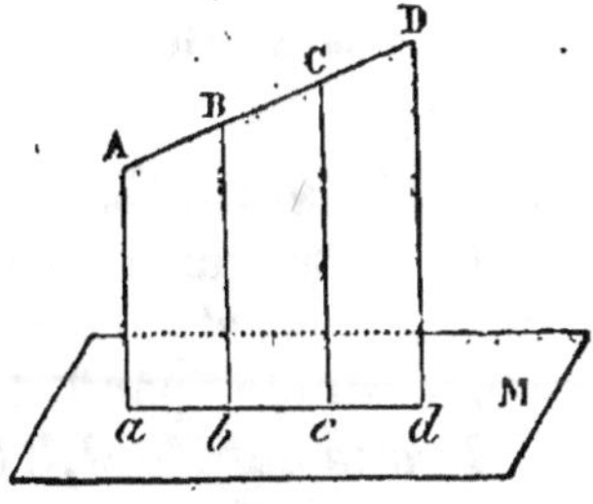

Fig. 28.

II. Dans la *Méthode des projections* (n° 4), une droite a deux plans projetants.

III. **Cas particulier.** *Lorsqu'une droite est perpendiculaire à un plan, sa projection sur ce plan se réduit à un point.*

En effet, la droite donnée est elle-même la projetante de chacun de ses points.

Verticale et *droite de bout.* Toute droite perpendiculaire au plan horizontal est une *verticale;* toute droite perpendiculaire au plan vertical se nomme *droite de bout.*

Théorème.

25. *La position d'une droite dans l'espace est déterminée lorsqu'on connaît les projections de cette droite sur deux plans qui se coupent.*

Il n'y a d'exception que pour les droites situées dans un plan de profil.

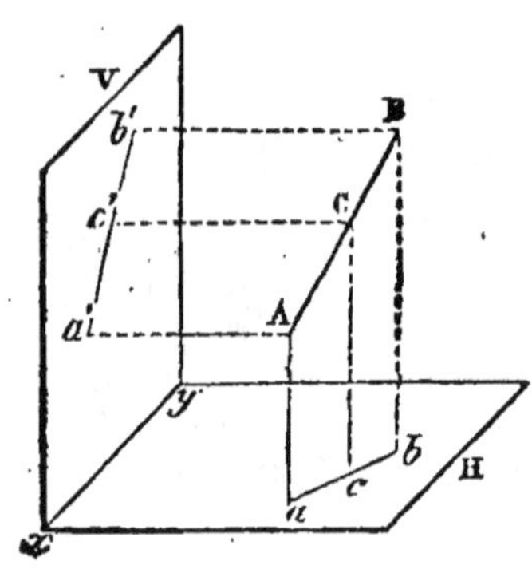

Fig. 29.

Supposons le plan vertical relevé, et soient *ab, a'b'* les projections de la droite.

Menons par *ab* un plan perpendiculaire au plan H, et par *a'b'* un plan perpendiculaire au plan V; chacun de ces plans doit contenir la droite de l'espace, par suite cette droite est leur intersection; mais ces plans se coupent suivant une droite AB, et cette ligne est la seule qui ait pour projections *ab* et *a'b';* donc la ligne de l'espace est déterminée.

26. *Remarques.* I. Une droite est déterminée lorsqu'on connaît les projections de deux quelconques de ses points.

II. **Cas particulier.** *Lorsque les projections d'une droite sont sur une même perpendiculaire à la ligne de terre, les deux plans projetants de cette droite se confondent.*

Dans ce cas, la droite appartient à un plan de profil (n° 10), et elle ne peut être déterminée que par des conditions particulières; par exemple, par les projections de deux de ses points.

Droite de profil. Toute droite contenue dans un plan de profil se nomme *droite de profil.*

Droite donnée, droite cherchée. *Donner* ou *chercher* une droite, c'est *donner* ou *chercher* les projections de cette droite. Pour désigner la droite dont les projections sont *ab, a'b'*, on écrit : la droite AB, ou la droite (*ab, a'b'*).

Théorème.

27. *Un point appartient à une droite lorsque les projections de ce point sont sur les projections correspondantes de la droite.*

Soient *c* et *c'* les projections d'un point, situées respectivement sur les projections *ab, a'b'* d'une droite (fig. 30). Il faut prouver que le point C de l'espace se trouve sur la droite AB.

En effet, en remettant à angle droit les plans de projection (fig. 29), on reconnaît que la projetante qui donne *c* se trouve dans le plan projetant AB*ab* ; de même, la projetante qui donne *c'* se trouve dans le plan AB*a'b'* ; donc l'intersection C des deux projetantes est un point de l'intersection AB des deux plans projetants.

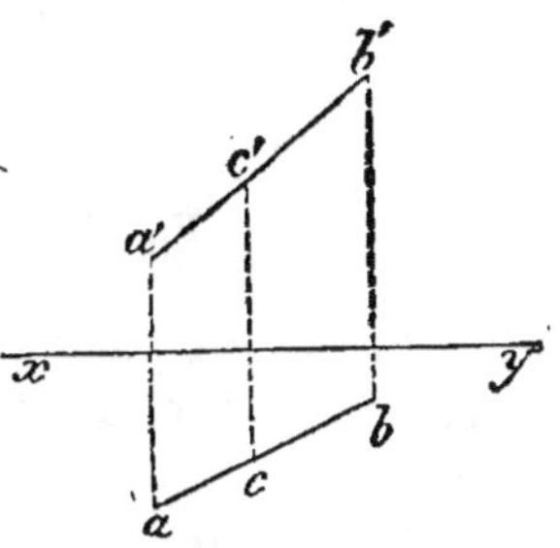

Fig. 30.

Remarque. Le théorème est en défaut lorsque la droite est de profil (n° 26, II).

Théorème.

28. *Deux droites se coupent :*

1° Lorsque le point d'intersection des projections verticales et celui des projections horizontales se trouvent sur une même ligne de rappel ;

2° Lorsque deux projections de même nom se confondent et que les deux autres se coupent ;

3° Lorsque l'une des projections se réduit à un point situé sur la projection de même nom de l'autre droite.

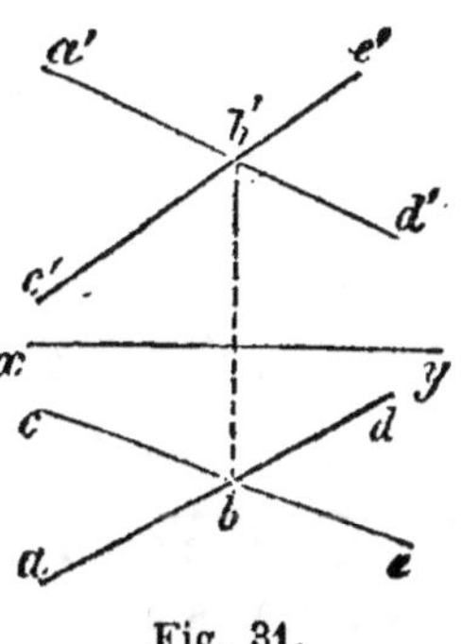

Fig. 31.

1° Soient (*ad, a'd'*), (*ce, c'e'*) les droites données. Les points *b* et *b'*, étant sur une même perpendiculaire à *xy*, sont les projections d'un même point B de l'espace (n° 15) ; d'ailleurs, ce point appartient à chacune des lignes considérées, car ses projections sont sur les projections correspondantes de chaque droite (n° 27); donc AB et CD se coupent au point B.

2° Les deux droites $(ab, a'b')$ et $(cb, c'b')$ (fig. 32) ont même

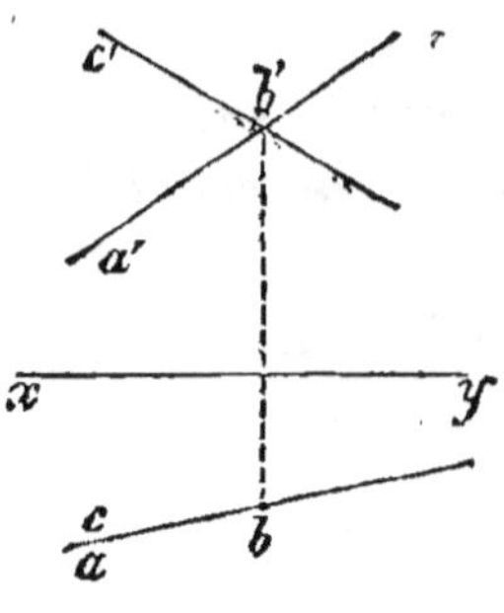

Fig. 32.

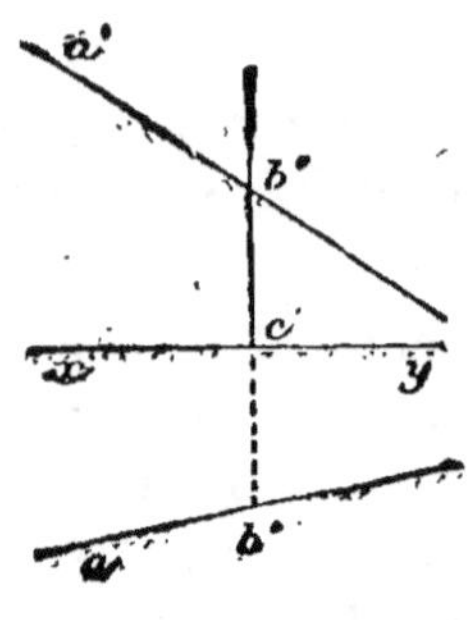

Fig. 33.

plan projetant par rapport au plan horizontal, et le point (b, b') appartient à chacune d'elles; donc les droites se coupent au point B.

3° La droite $(ab, a'b')$ et la verticale $(b, b'c')$ (fig. 33) ont (b, b') pour point commun.

Remarque. Deux droites situées dans un même plan de profil sont *concourantes* ou *parallèles;* mais l'épure n'indique pas directement quel est le cas qui se présente.

Théorème.

29. *Si deux droites sont parallèles, leurs projections sur un plan quelconque sont parallèles.*

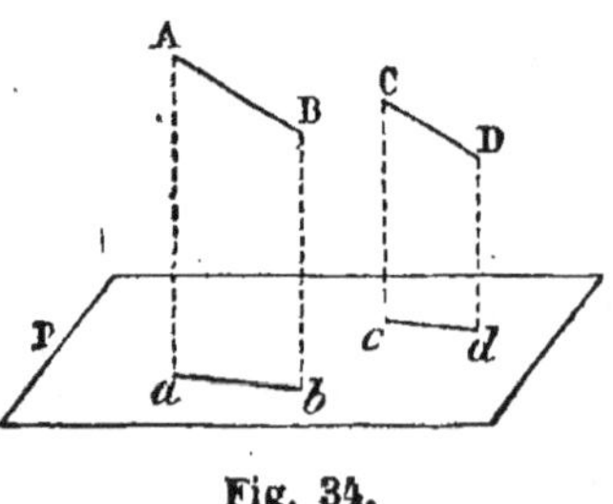

Fig. 34.

Soient AB, CD, les parallèles données, et $ab, cd,$ leurs projections sur un plan P.

Les projetantes Aa, Cc perpendiculaires à un même plan sont parallèles, elles sont contenues dans les plans projetants (G., n° 408); donc ces deux plans sont parallèles, car les angles aAB, cCD ont leurs côtés respectivement parallèles (G., n° 391); donc ab et cd sont parallèles comme intersections des deux plans parallèles par un troisième.

Remarque. La réciproque de ce théorème n'est pas vraie, car le parallélisme des projections sur un seul plan indique simplement que les plans projetants sont parallèles.

Théorème.

30. *Deux droites sont parallèles :*

1° Lorsque leurs projections de même nom, sur deux plans qui se coupent, sont elles-mêmes parallèles ;

2° Lorsque deux projections de même nom se confondent et que les deux autres sont parallèles ;

3° Lorsque leurs projections sur un même plan se réduisent chacune à un point.

1° Soient les droites AB et CD, telles que *ab* et *cd* soient parallèles, et qu'on ait aussi *a'b'* parallèle à *c'd'*.

Les projections *a'b'* et *c'd'* restent parallèles quand on relève le plan vertical ; or les plans projetants qui déterminent *a'b'*, *c'd'* sont parallèles, puisque les angles A*a'b'*, C*c'd'* ont leurs côtés respectivement parallèles ; de même les plans qui déterminent *ab* et *cd* sont parallèles. Dès lors, AB est parallèle à CD ; car, étant parallèle aux deux

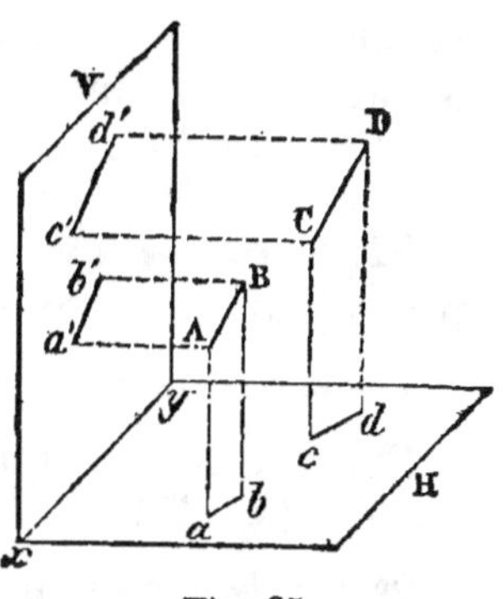

Fig. 35.

plans CD*d'*, CD*d* (G., n° 376), elle est parallèle à leur intersection (G., n° 381).

2° Si les deux droites ont même projection horizontale, par exemple, et que les projections verticales soient parallèles, les droites sont parallèles comme intersections des deux plans parallèles qui les projettent sur le plan vertical, par le plan unique qui les projette sur le plan horizontal.

3° Deux droites perpendiculaires à un même plan sont parallèles (G., n° 393).

Remarque. Deux droites de profil ne sont pas nécessairement parallèles (n° 28. *R.*).

31. Traces d'une droite. On appelle *traces* d'une droite les points où cette droite perce les plans de projection.

Le point H (fig. 36) est la trace horizontale *h*, et le point V est la trace verticale *v'* de la droite. Cherchons les projections *h'* et *v*:

Le point h est sur le plan horizontal, donc sa projection verticale h' est sur xy (n° 17, 5°, 6°); de même la projection horizon-

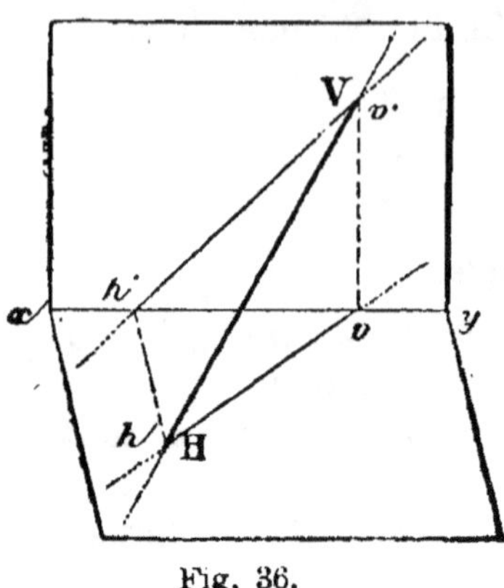

Fig. 36.

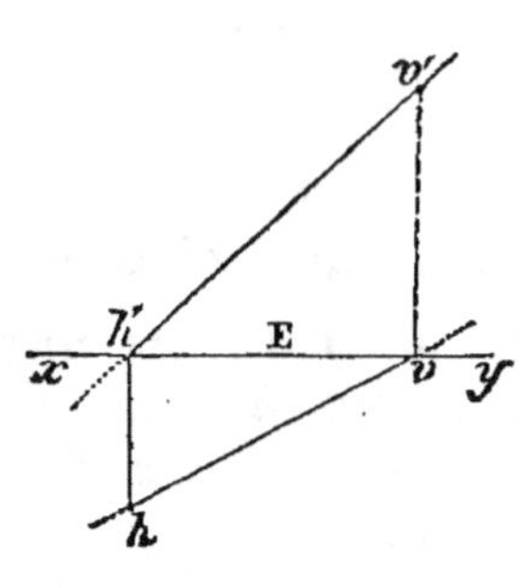

Fig. 37.

tale v de la trace verticale v' se trouve sur xy, car le point projeté appartient au plan vertical (n° 17, 7° et 8°).

L'épure offre la disposition E (fig. 37).

32. Positions diverses d'une droite. Par rapport aux plans de projection, une droite peut avoir les positions suivantes :

1° *La droite rencontre les deux plans de projection.*

Dans ce cas, chaque projection rencontre xy; la droite a deux traces (fig. 37).

2° *La droite est parallèle au plan horizontal.*

La projection horizontale ab peut être quelconque (fig. 38), mais la projection verticale $a'b'$ est parallèle à xy. En effet, tous les points de la ligne sont à égale distance du plan horizontal: donc les projections a', b', v' sont également éloignées de xy.

Une droite horizontale n'a pas de trace horizontale, mais elle peut avoir une trace verticale.

L'horizontale $(ab, a'b')$ (fig. 38) est au-dessus du plan horizontal,

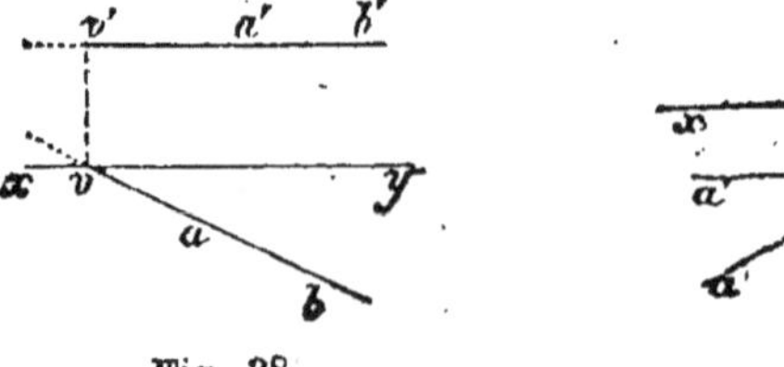

Fig. 38.

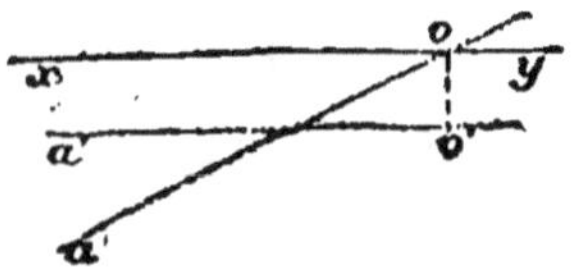

Fig. 39.

et sa distance à ce plan est indiquée par vv' (n° 13. *Ordonnée*).

La droite est sur le plan horizontal lorsque $a'b'$ est sur xy

(voir 8°); elle est au-dessous du plan horizontal (fig. 39) lorsque la projection verticale est au-dessous de la ligne de terre.

3° *La droite est parallèle au plan vertical.*

Lorsqu'une droite $(gh, g'h')$ (fig. 40) est parallèle au plan vertical, sa projection horizontale gh est parallèle à xy, car tous ses points sont à égale distance du plan V (n° 13. *Éloignement*).

Ligne de front. Toute droite parallèle au plan vertical est nommée *ligne de front* ou droite *frontale*.

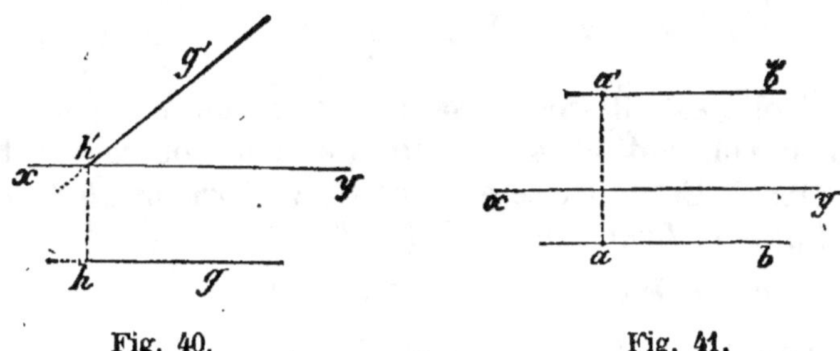

Fig. 40.   Fig. 41.

4° *La droite est parallèle à la ligne de terre.*

Lorsqu'une droite est parallèle aux deux plans H et V (fig. 41), chaque projection de la droite est parallèle à xy.

5° *La droite est perpendiculaire à l'un des plans de projection.*

Si la droite AB est perpendiculaire au plan horizontal (fig. 42), sa projection horizontale a se réduit à un point (n° 24. *Cas particulier*), sa projection verticale $a'b'$ est perpendiculaire à xy.

La droite AB, ou $(a, a'b')$, est *verticale*.

Lorsqu'une droite CD est perpendiculaire au plan vertical, sa projection verticale se réduit à un point c', et sa projection horizontale cd est perpendiculaire à la ligne de terre.

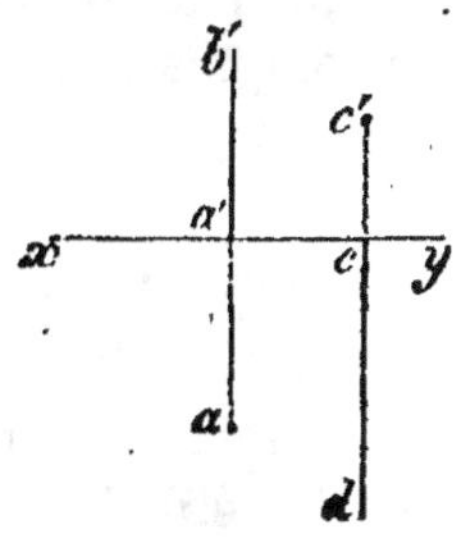

La droite CD, ou (cd, c') perpendiculaire au plan V, est dite *de bout* (n° 24, III).

Fig. 42.

6° *La droite est contenue dans un plan perpendiculaire à la ligne de terre.*

Lorsque la droite est de profil (n° 26, II), les projections, perpendiculaires à xy, ne suffisent pas pour déterminer cette droite, car elles conviennent à toutes les droites du plan; par suite, il faut donner d'autres conditions (n°ˢ 26 et 49).

7° *La droite rencontre la ligne de terre.*

Lorsqu'une droite rencontre la ligne de terre, ses deux projections ont un point commun sur xy; ce point est à la fois la trace horizontale et la trace verticale de la droite donnée.

8° *La droite est contenue dans l'un des plans de projection.*

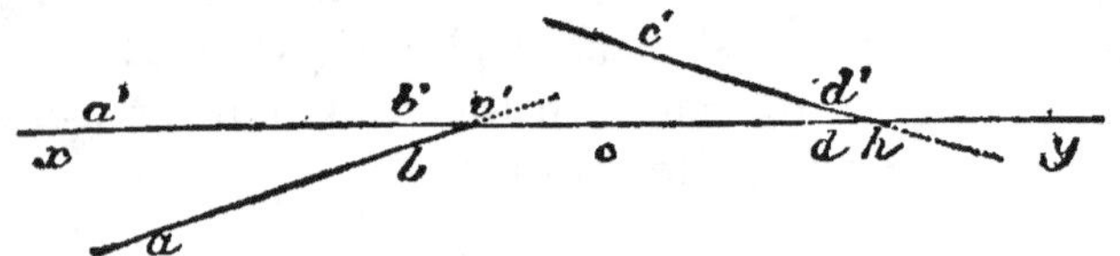

Fig. 43.

Cette droite est elle-même sa projection de même nom que le plan qui la contient, et la projection de nom contraire est sur la ligne de terre. Cette droite est une *ligne horizontale* (ab, $a'b'$), ou une *ligne de front* (cd, $c'd'$) (n° 32, 2° et 3°).

9° *La droite coïncide avec la ligne de terre.*

Dans ce cas, les deux projections sont sur xy.

§ IV. — Du plan.

33. Traces et représentations d'un plan. On appelle *traces d'un plan* les intersections de ce plan avec les plans de projection.

On distingue la trace horizontale et la trace verticale *.

Un plan se représente souvent par ses traces.

On peut aussi employer deux droites courantes ou parallèles quelconques de ce plan.

Théorème.

34. *Les traces d'un plan concourent en un même point de la ligne de terre, ou elles sont parallèles à cette ligne.*

En effet, le plan coupe xy ou lui est parallèle. Dans le premier cas (fig. 45), le point α où la ligne de terre rencontre le plan appartient aux deux traces du plan.

Lorsque le plan est parallèle à xy (fig. 44), chaque plan de projection contenant une parallèle au plan donné ne peut couper ce plan que suivant une parallèle à xy (G., n° 379).

---

* La *trace horizontale* est elle-même sa projection horizontale, tandis que sa projection verticale est sur xy; remarque analogue pour la *trace verticale*. (Voir ci-après n° 57, *Remarque*).

Exemples. 1° Le plan PαP′ (fig. 45) rencontre *xy* en un point α, qui appartient aux deux traces αP et αP′.

2° Le plan QQ′ parallèle à *xy* (fig. 44) coupe les deux plans de projection suivant deux traces Q et Q′ parallèles à la ligne de terre.

3° Le plan parallèle à *xy* peut être aussi parallèle à l'un des plans de projection, au plan horizontal, par exemple (fig. 46) ; alors il n'a que la trace de nom contraire R′, et cette trace est parallèle à *xy*.

Tout plan parallèle au plan horizontal est lui-même *horizontal.*

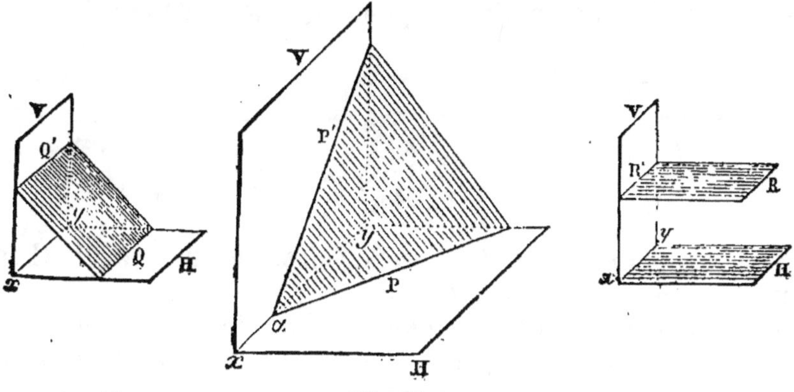

Fig. 44.   Fig. 45.   Fig. 46.

4° *Plan de front.* Tout plan parallèle au plan vertical se nomme *plan de front* ou plan *frontal;* il n'a que la trace horizontale.

Désignation d'un plan. Un plan se désigne par le nom de ses traces ou par une seule lettre; ainsi on dit : *le plan* PαP′ *ou le plan* P (fig. 45). Parfois on se borne à indiquer le point où il coupe *xy;* on peut dire : *le plan* α.

35. Point sur une trace. *Un point appartient à la trace horizontale d'un plan lorsque la projection horizontale de ce point est sur la trace de même nom, et que la projection verticale est sur la ligne de terre.*

En effet, αc a pour projection verticale *xy* (n° 32, 8°); donc *c* et *c′* étant situés sur les projections d'une droite αc, le point C appartient à cette droite (n° 27).

D'ailleurs, le point (*c, c′*) est sur le plan horizontal, puisque *c′* est sur *xy* (n° 17, 5°).

De même, le point (*b, b′*) appartient à la trace verticale du plan cαb′.

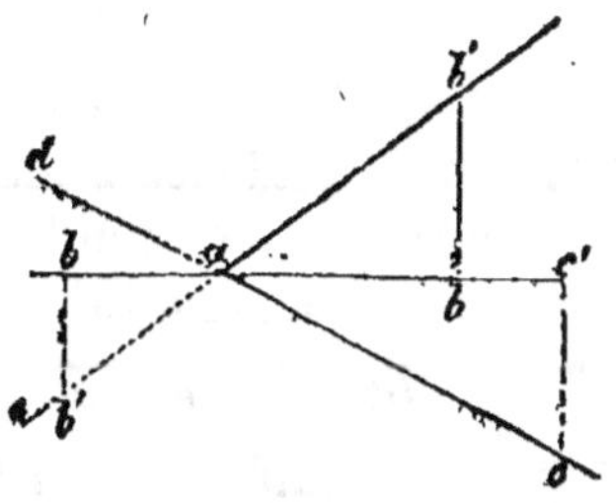

Fig. 47.

36. Positions diverses d'un plan. Un plan peut occuper les positions suivantes :

1º *Le plan coupe la ligne de terre.*

Les deux traces rencontrent xy au même point (fig. 45).

2º *Le plan est parallèle à l'un des plans de projection* (fig. 46).

Alors le plan n'a qu'une trace, et elle est parallèle à xy.

Exemples (fig. 48). P' est un *plan horizontal* situé au-dessus du plan horizontal de projection, dans les dièdres 1 et 2.

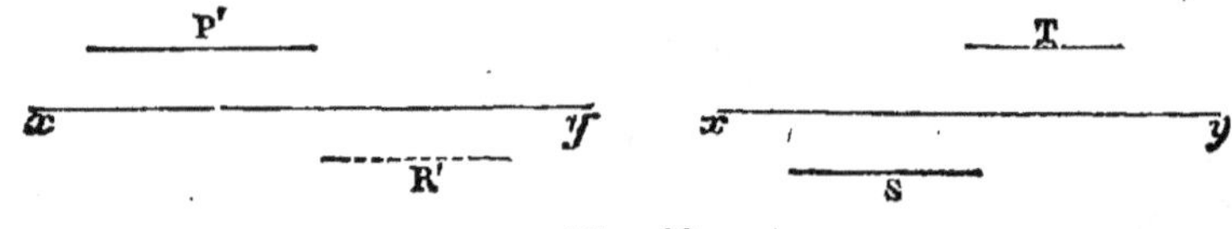

Fig. 48.

R' est un *plan horizontal* situé au-dessous du plan H. Il se trouve dans les dièdres 3 et 4.

S est un plan parallèle au plan vertical de projection, c'est un *plan de front* (nº 34, 4º). Il est situé en avant du plan vertical de projection, dans les dièdres 1 et 4.

T est un *plan de front* situé derrière le plan V. Il est dans les dièdres 2 et 3.

3º *Le plan est parallèle à la ligne de terre et rencontre les deux plans de projection.*

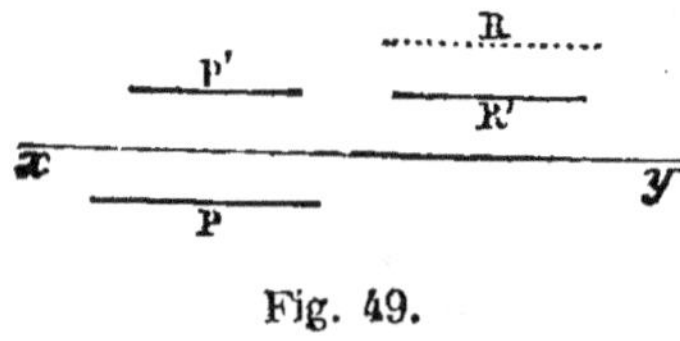

Fig. 49.

Dans ce cas, les traces sont parallèles à xy (nº 34, 2º).

Le plan P, P' coupe la partie antérieure du plan horizontal, et la partie supérieure du plan vertical.

Le plan R, R' coupe le plan horizontal postérieur et le plan vertical supérieur.

4º *Le plan passe par la ligne de terre.*

Alors ses traces se confondent avec xy. Pour que le plan soit déterminé, il faut connaître les projections de l'un de ses points ou quelque autre condition; par exemple, l'angle qu'il forme avec le plan horizontal.

5º *Le plan est perpendiculaire à la ligne de terre.*

C'est un plan de profil (nº 10); ses deux traces sont perpendiculaires à xy.

6º *Le plan est perpendiculaire à un seul des plans de projection.*

La trace sur ce plan est quelconque, et l'autre trace est perpendiculaire à la ligne de terre.

Cela résulte des théorèmes suivants :

Théorèmes.

37. 1º *Lorsqu'un plan est perpendiculaire au plan horizontal, sa trace verticale est perpendiculaire à la ligne de terre.*

En effet, si le plan PαP′ est perpendiculaire au plan horizontal, son intersection αP′ avec le plan vertical est perpendiculaire au plan horizontal comme intersection de deux plans P et V perpendiculaires à un troisième H (G., nº 405); donc αP′ est perpendiculaire à *xy*, puisque cette ligne passe par son pied dans le plan horizontal (G., nº 365, II).

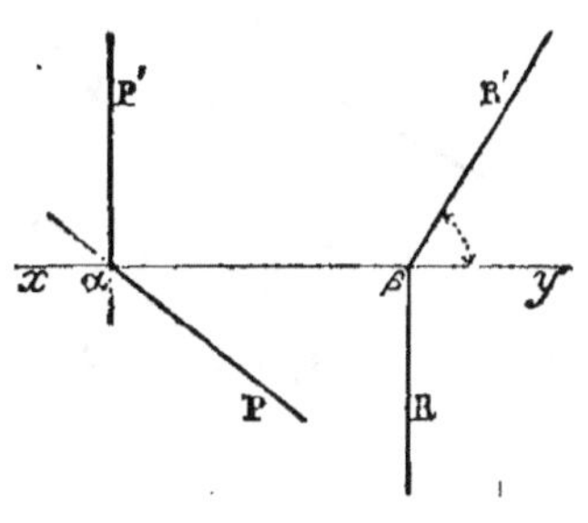

Fig. 50.

Remarques. I. Le plan horizontal étant perpendiculaire au plan PαP′ et au plan V, l'angle Pαy mesure le dièdre formé par le plan PαP′ avec le plan vertical (G., nº 398).

II. Tout plan perpendiculaire au plan horizontal est un *plan vertical.*

38. 2º *Lorsqu'un plan R est perpendiculaire au plan vertical, sa trace horizontale est perpendiculaire à la ligne de terre.*

La démonstration est analogue à la précédente.

Remarques. I. Le plan vertical est perpendiculaire au plan RβR′ et au plan horizontal; donc l'angle R′βy mesure le dièdre formé par le plan RβR′ avec le plan H.

II. *Plan de bout.* On peut nommer *plan de bout* tout plan perpendiculaire au plan vertical de projection.

Théorèmes réciproques.

39. 1º *Pour qu'un plan soit perpendiculaire au plan horizontal, il suffit que sa trace verticale soit perpendiculaire à la ligne de terre.*

Soit PαP' tel que α P' soit perpendiculaire à *xy*.

Il faut prouver que le plan P est perpendiculaire au plan horizontal.

En effet, la droite αP' est perpendiculaire au plan H, car cette droite, située dans le plan vertical, est perpendiculaire à l'intersection *xy* des deux plans; donc le plan P qui contient cette droite αP' est aussi perpendiculaire au plan horizontal (G., n° 402); donc...

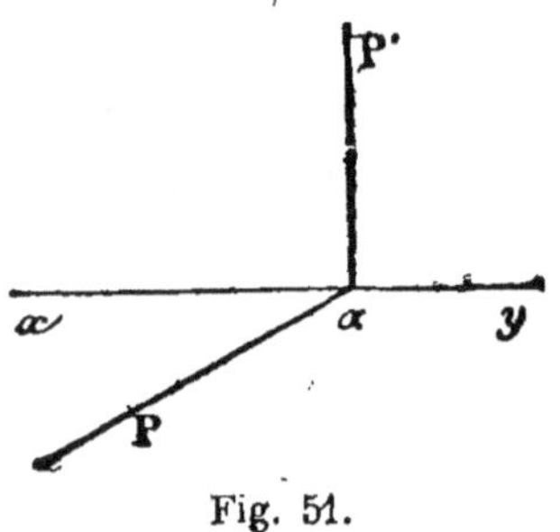

Fig. 51.

Remarque. Le plan de front est perpendiculaire au plan horizontal; mais comme sa trace horizontale est parallèle à *xy*, le point α est rejeté à l'infini, et, au point de vue du dessin, *le plan n'a pas de trace verticale.*

2° **Théorème.** *Pour qu'un plan soit perpendiculaire au plan vertical, il suffit que sa trace horizontale soit perpendiculaire à* **xy.**

Théorèmes.

40. 1° *Toute figure contenue dans un plan vertical a sa projection horizontale sur la trace horizontale de ce plan.*

Car le plan vertical qui contient la figure plane donnée contient aussi toutes les projetantes des points de cette figure (G., n° 403); par suite, les traces horizontales de ces projetantes sont sur la trace horizontale du plan même de la figure donnée.

41. 2° *Toute figure contenue dans un plan de bout a sa projection verticale sur la trace verticale de ce plan.*

§ V. — Résumé.

42. Point. *Les deux projections d'un point sont sur une même perpendiculaire à la ligne de terre.*

Deux points non situés sur une même ligne de rappel ne peuvent être les projections d'un même point.

La distance d'un point à l'un des plans de projection est indiquée par la distance de sa projection sur l'autre plan, à la ligne de terre.

Un point est sur le plan horizontal lorsque sa projection verticale est sur la ligne de terre.

Un point est sur le plan vertical lorsque sa projection horizontale est sur la ligne de terre.

Un point appartient au premier dièdre lorsque sa projection horizontale est au-dessous de la ligne de terre, et que sa projection verticale est au-dessus.

Lorsque les projections d'un point sont de part et d'autre de la ligne de terre, le point appartient au premier ou au troisième dièdre.

Lorsque les projections d'un point sont d'un même côté de la ligne de terre, le point appartient au deuxième ou au quatrième dièdre.

Un point appartient à une droite lorsque ses projections sont sur les projections de même nom de la droite.

43. Droite. *Une droite est horizontale lorsque sa projection verticale est parallèle à la ligne de terre.*

Une droite est parallèle au plan vertical lorsque sa projection horizontale est parallèle à la ligne de terre.

Une droite est perpendiculaire à l'un des plans de projection lorsque sa projection sur ce plan se réduit à un point, alors l'autre projection est perpendiculaire à la ligne de terre.

Deux droites se coupent lorsque le point d'intersection des projections horizontales et celui des projections verticales se trouvent sur une même perpendiculaire à la ligne de terre, ou lorsque deux projections de même nom se coupent et que les deux autres se confondent.

Deux droites sont parallèles lorsque, sur chaque plan, leurs projections sont parallèles, ou que deux projections de même nom sont parallèles et que les deux autres se confondent.

44. Plan. *Un plan est horizontal lorsqu'il n'a que la trace verticale; alors cette trace est parallèle à la ligne de terre.*

Un plan est de front lorsqu'il n'a que la trace horizontale; alors cette trace est parallèle à la ligne de terre.

Un plan est vertical lorsque sa trace verticale est perpendiculaire à la ligne de terre.

Un plan est de bout lorsque sa trace horizontale est perpendiculaire à la ligne de terre.

En un mot, *un plan est perpendiculaire à l'un des plans de projection lorsque sa trace de nom contraire est perpendiculaire à la ligne de terre.*

Lorsqu'un plan est vertical, la projection horizontale d'une figure quelconque tracée dans ce plan est située sur la trace horizontale de ce plan.

Lorsqu'un plan est de bout, la projection verticale d'une figure quelconque tracée dans ce plan est située sur la trace verticale de ce plan.

———

EXERCICES

Du point, de la droite et du plan.

1. Déterminer un point dont l'ordonnée et l'éloignement aient une même longueur donnée l.

2. Déterminer un point dont l'ordonnée égale l, et dont l'éloignement égale l'.

3. Sur une même ligne de rappel, on a deux points équidistants de xy. Quelle est la position du segment rectiligne qui joint les deux points de l'espace :

1° Lorsque la projection située au-dessus de xy est marquée a', b, et que la projection au-dessous est marquée a, b';

2° Lorsque la projection au-dessus de xy est marquée c, c', et que celle au-dessous est marquée d, d'.

4. Sur une même ligne de rappel, on a deux points équidistants de xy, quelle est la position du segment rectiligne qui joint ces deux points, lorsque la projection située au-dessus de xy est marquée e', et que celle qui est au-dessous est marquée e, f, f'?

5. Sur une même perpendiculaire à la ligne de terre, à des distances égales de cette droite, on prend deux points; celui qui est au-dessus est désigné par e_1, f'; celui qui est au-dessous, par g_1, h'; les autres projections se trouvent sur xy; quelle figure forment les droites qui, dans l'espace, joignent deux à deux les points correspondants?

6. Un carré, situé dans un plan de profil, a ses sommets dans les plans bissecteurs des angles dièdres formés par les plans H et V. Quelles sont les projections de ses sommets?

7. Deux points, non situés dans un plan de profil, ont même éloignement l et même ordonnée l'; quelle est la position de la droite qui joint ces deux points, lorsque les projections ont la disposition suivante :

1° a, b au-dessous de xy et a', b' au-dessus;

2° c, d, c', d' au-dessous;

3° e, e', f au-dessous et f' au-dessus;

4° g au-dessous et g', h, h' au-dessus.

8. Sur une même ligne de rappel, on a les projections de deux points, quelle est la position de la droite qui joint ces deux points, lorsque les projections ont les dispositions suivantes :

1° a et b coïncident et sont au-dessous de xy;

2° c et d —   et sont sur xy;

3° e et f —   et sont au-dessus de xy.

Les deux autres projections sont distinctes l'une de l'autre; remarque analogue pour les cas suivants :

4° a' et b' coïncident et sont au-dessus de xy;

5° c' et d' —   et sont sur xy;

6° e' et f' —   et sont au-dessous de xy.

9. T. 1° Deux droites perpendiculaires à xy en des points différents ; 2° une perpendiculaire à xy et une oblique ; 3° une oblique et un point ne peuvent être les projections d'une même droite.

10. T. Lorsque les projections d'un point sont sur les projections d'une droite de profil, on ne peut pas en conclure que le point appartient à la droite.

11. Comment reconnaître qu'un point appartient à une droite de profil donnée par les projections de deux de ces points ?

12. Dans quel cas une droite donnée par ses projections appartient-elle à l'un des plans bissecteurs des dièdres que forment les plans de projection ?

13. Quand est-ce qu'une droite de profil, donnée par les projections de deux de ses points, appartient à l'un des plans bissecteurs ?

14. T. Un point situé dans un plan perpendiculaire à l'un des plans de projection n'est pas déterminé par sa projection de même nom.

15. T. Dans certains cas, deux projections ne suffisent pas pour caractériser la figure de l'espace ; indiquer, par exemple, les figures qui peuvent avoir pour projections horizontale et verticale des carrés égaux.

16. Quelles sont les figures qui peuvent avoir pour projections deux cercles égaux ayant les centres sur une même ligne de rappel ?

CHAPITRE II

INTERSECTIONS DES DROITES ET DES PLANS

§ I. — Traces des droites.

Problème.

45. *Déterminer les traces d'une droite donnée par ses projections.*

La trace horizontale est le point commun à la droite et au plan horizontal, donc sa projection verticale est sur la ligne de terre; cette projection est le point commun à la projection verticale de la droite et à la ligne de terre. On élève de ce point une perpendiculaire à xy jusqu'à sa rencontre avec la projection horizontale.

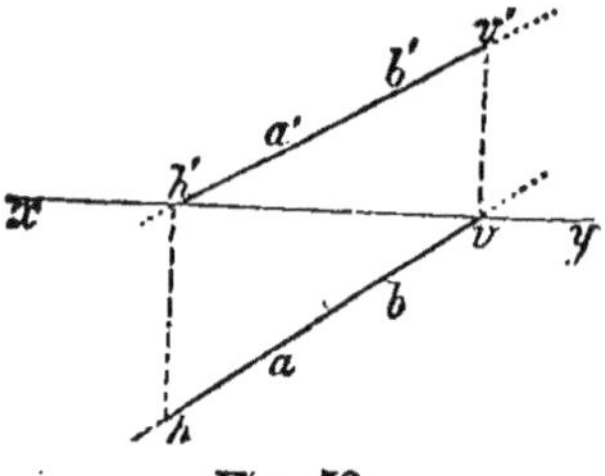

Soit la droite $(ab, a'b')$.

Pour avoir la trace horizontale, prolongeons $a'b'$ jusqu'à xy, élevons la perpendiculaire $h'h$, et le point h est la trace cherchée; ses projections sont h et h'.

De même, pour avoir la trace verticale, prolongeons ab jusqu'à xy, menons la ligne de rappel vv'' (n° 15), et le point v' est la trace cherchée; ses projections sont v et v'.

Fig. 52.

46. Règle pratique. *Le point commun à la ligne de terre et à la projection verticale est la projection verticale de la trace horizontale : une ligne de rappel donne cette trace elle-même.*

On peut formuler une règle analogue pour déterminer la trace verticale; d'ailleurs, cette construction peut encore être justifiée comme il suit :

Le point (v, v') est la trace verticale, car 1° il appartient à la droite, puisque ses projections sont sur les projections de même nom de cette ligne; 2° il appartient au plan vertical, car sa projection horizontale v est sur la ligne de terre.

47. *Remarque*. En appliquant la règle ci-dessus à diverses droites, on obtient les résultats suivants :

1° La droite CD ou (cd, $c'd'$) (fig. 53) rencontre le plan vertical supérieur au point (v, v'); le point (d, d') appartient au premier dièdre; donc (vd, vd') est la partie visible de la ligne donnée.

La droite CD rencontre la partie postérieure du plan horizontal en (h, h'); donc la partie (hv, $h'v'$) est dans le second dièdre, et le reste (hc, $h'c'$) appartient au troisième (n°ˢ 6 et 16).

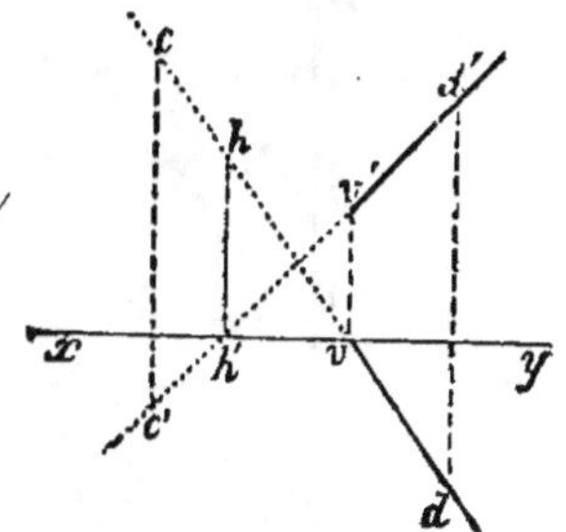

Fig. 53.

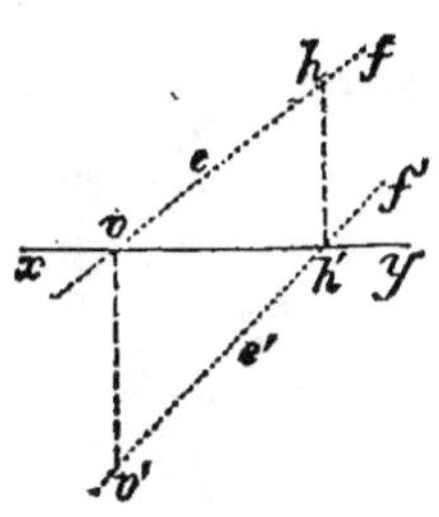

Fig. 54.

2° La droite EF (fig. 54) est complètement invisible, car elle traverse les dièdres 2, 3 et 4. En effet, sa trace horizontale (h, h') est sur le plan horizontal postérieur, et (v, v') sur le plan vertical inférieur; donc la partie (hv, $h'v'$) appartient au troisième dièdre. Les prolongements se trouvent dans le deuxième et le quatrième.

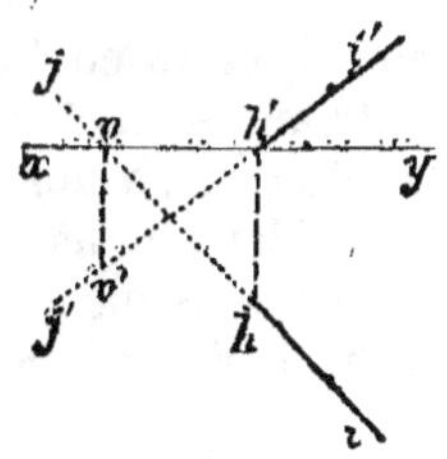

Fig. 55.

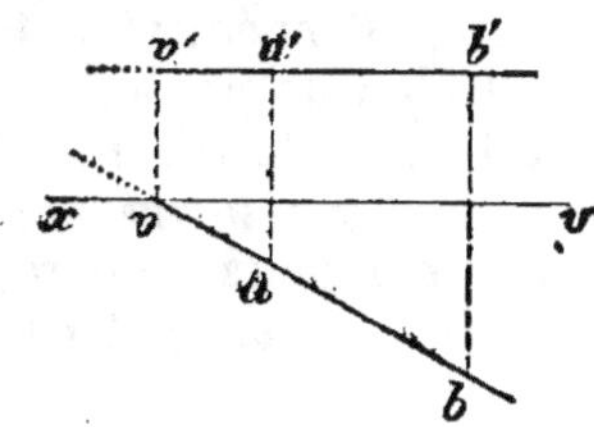

Fig. 56.

3° La droite IJ (fig. 55) rencontre le plan horizontal antérieur en (h, h'), puis le plan vertical inférieur en (v, v'). Ainsi (hv, $h'v'$) est dans le quatrième dièdre, et (hi, $h'i'$) dans le premier.

48. *Horizontale*. Une horizontale BV (fig. 56) n'a que la trace verticale v' (n° 32, 1°); l'application de la règle générale conduit à la même remarque, car $a'b'$ ne peut rencontrer xy. La partie $(vb,\ v'b')$ est visible, car tout point tel que $(b,\ b')$ appartient au premier dièdre.

Ligne de front. La ligne de front n'a point de trace verticale.

La ligne parallèle à xy est à la fois horizontale et ligne de front; elle n'a point de trace.

49. Cas particulier. *Déterminer les traces d'une droite de profil.*

On sait que les traces du plan de profil, situées sur une même perpendiculaire à xy, sont les projections de toutes les lignes de ce plan (n° 26). Pour déterminer une droite de profil, il faut donner les projections de deux de ses points, ou d'autres conditions qui en tiennent lieu.

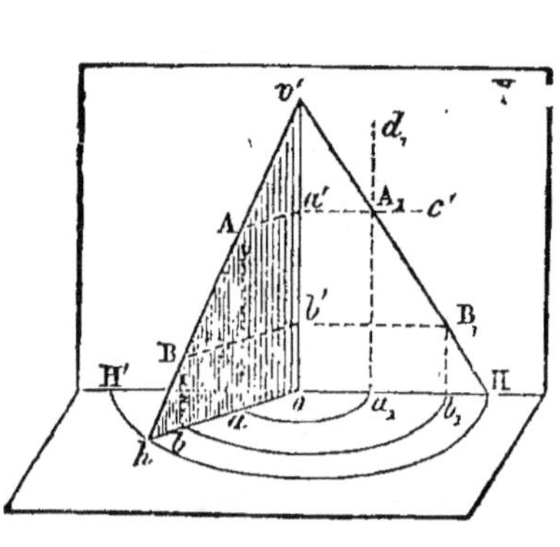

Fig. 57.

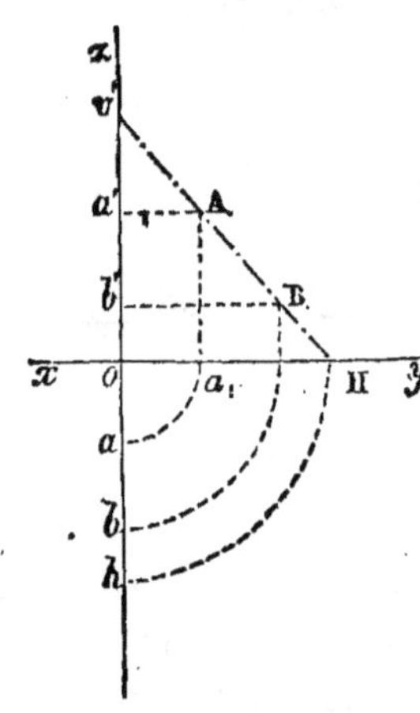

Fig. 58.

1er *Exemple.* Soit à trouver les traces de la droite $(ab,\ a'b')$ (fig. 58). Avant de traiter la question sur l'épure, il convient de l'étudier dans l'espace (fig. 57).

Soit AB la droite donnée, v' sa trace verticale, h sa trace horizontale, et hov' le plan de profil; si l'on rabat le triangle hov' à droite sur le plan vertical en le faisant tourner autour de ov', l'ordonnée Aa conserve une longueur invariable. Le point A décrit dans l'espace un arc de cercle horizontal, de rayon a'A, et vient se placer en A_1 sur une droite $a'c'$, menée dans le plan vertical V, parallèlement à HH'.

Sur le plan horizontal, le point a décrit un arc de rayon oa et vient en a_1; par suite, il faut mener a_1d_1 parallèle à ov'; on détermine ainsi la position A_1 qu'occupe le point A après le rabattement; on obtient de même B_1.

Sur l'épure (fig. 58), pour avoir A_1, on décrit du centre o l'arc oa_1; par a' et a_1 on mène des parallèles à xy et à oz; de même pour B_1. La droite A_1B_1 rencontre le plan vertical en v', et ce point, situé sur l'axe, reste fixe; elle coupe le plan horizontal au point H, qui devient h quand on remet le plan de profil dans sa position primitive.

50. 2e *Exemple* (fig. 59). Soit une droite donnée par les points (c, c') (d, d'). Par le rabattement de la partie antérieure du plan de profil sur le plan vertical, vers la droite de l'épure, le point C de l'espace devient C_1.

Le point D appartient au deuxième dièdre; d, étant sur le plan horizontal postérieur, se rabat en d_1 sur ox, et l'on trouve D_1 pour rabattement du point D de l'espace.

La droite $C_1 D_1$ rencontre le plan vertical supérieur en v', et le plan horizontal postérieur en H. Il faut donc porter la distance OH de o en h, au-dessus de xy. Les traces de la droite sont h et v'.

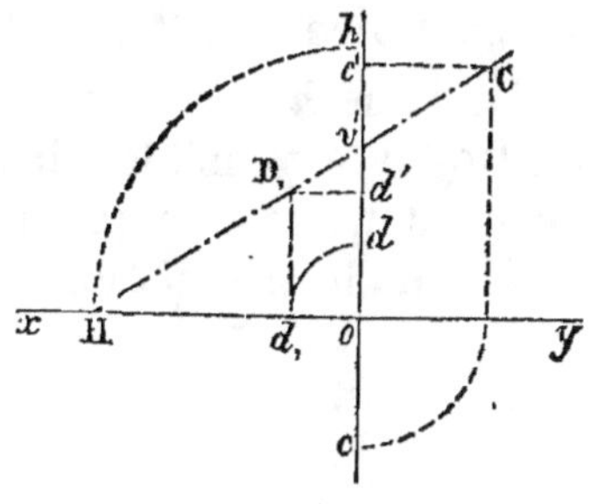

Fig. 59.

51. *Remarques.* I. *Dans la plupart des dessins d'application*, par exemple en architecture, dans les dessins de machines, etc., *le plan de profil*, pour les coupes verticales et pour les élévations latérales, *est toujours rabattu sur le plan vertical de projection.*

II. *On peut rabattre le plan de profil sur le plan horizontal;* dans ce cas, on rabat la partie supérieure du plan de profil vers la droite de l'épure.

III. Lorsqu'on rabat le plan de profil sur le plan vertical, la portion antérieure vers la droite de l'épure, l'angle yoh représente le premier dièdre, hox le deuxième, etc.; de même qu'en trigonométrie, yoh correspond au premier quadrant, hoy au deuxième, etc. (*Trigonométrie*, n° 10 *).

Problème réciproque.

52. *Déterminer les projections d'une droite dont on connaît les traces.*

Pour avoir les projections d'une droite dont on connaît deux points, il suffit de joindre par une droite les projections de même nom; car la projection horizontale de la droite doit contenir les projections horizontales des deux points donnés, et la projection verticale doit contenir les projections verticales des deux points (n° 27).

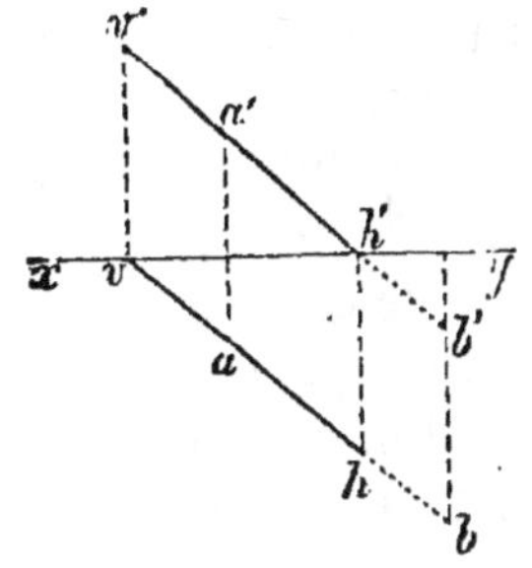

Fig. 60.

Soient h et v' les traces données; projetons ces points sur xy afin de déterminer h' et v; joignons les projections horizontales h et v, et menons $h'v'$: $(hv, h'v')$ est la droite demandée, car elle contient les deux points donnés.

---

53. *Remarques.* I. Entre ses deux traces, la droite est visible, car un point quelconque A de ce segment est dans le premier dièdre; le reste est invisible; B, par exemple, appartient au quatrième dièdre (n°⁸ 7 et 16) (fig. 60).

II. Lorsque h et v' sont au-dessus de la ligne de terre (fig. 61), la partie CV est visible; la droite rencontre le plan vertical en v', passe dans le deuxième dièdre, et en sort au point h pour passer dans le troisième.

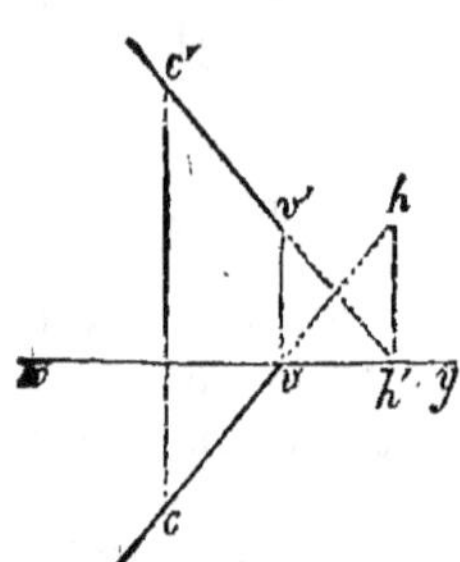

Fig. 61.

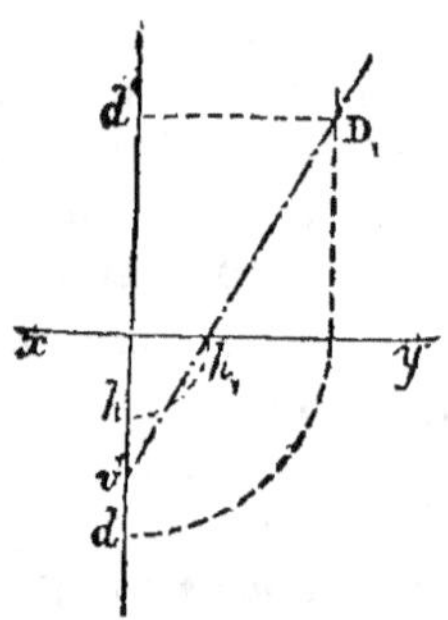

Fig. 62.

III. Lorsque h et v' sont sur une même perpendiculaire à xy (fig. 62), la droite est dans un plan de profil; en rabattant ce plan sur le plan vertical, v' ne change pas, h devient h_1; et sur la ligne $v'h_1$ on peut déterminer autant de points que l'on veut : D_1, par exemple, a pour projections d et d'.

IV. **Visibilité.** *Résumé :* Une droite qui rencontre les deux plans de projection est divisée par ses traces en trois parties : l'une finie, comprise entre les traces; les deux autres illimitées, extérieures aux traces.

1º Si l'une des traces est cachée, les deux parties adjacentes sont cachées;

2º Dès qu'une trace est vue, l'une des parties adjacentes est vue aussi;

3º Si les deux traces sont vues, c'est le segment compris entre elles qui est vu;

4º Enfin, si les deux traces sont cachées, il en est de même de toute la droite.

§ II. — Droites contenues dans un plan.

Théorème.

54. *Lorsqu'une droite appartient à un plan, ses traces se trouvent sur les traces correspondantes du plan.*

Soit un plan PxP' et une droite HV de ce plan (fig. 63) ; il faut prouver que les traces H et V de la droite se trouvent respectivement sur xP et xP'.

En effet, chaque trace de la droite appartenant au plan donné et à l'un des plans de projection, se trouve sur l'intersection de ces plans (n° 31).

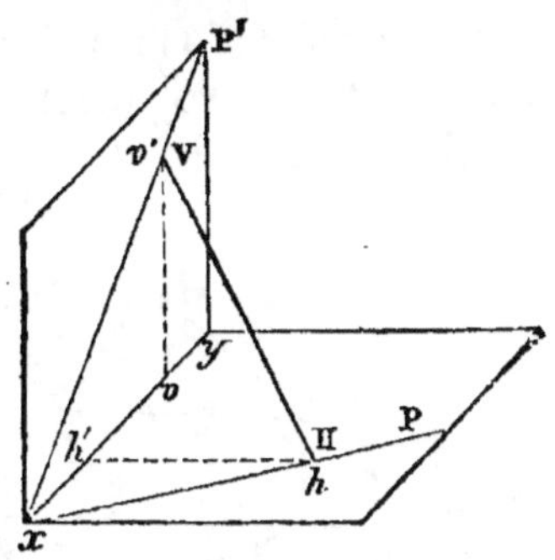

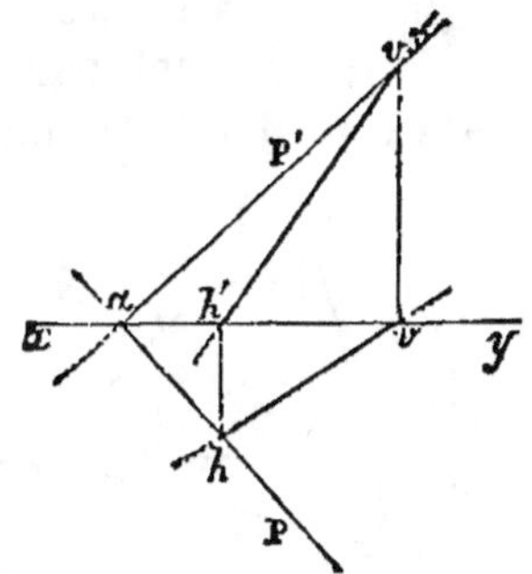

Fig. 63.   Fig. 64.

Étant données la trace horizontale h de la droite et la trace verticale v', on obtient les projections de la droite HV en abaissant des perpendiculaires hh', $v'v$ sur xy (fig. 63). L'épure (fig. 64) indique les projections hv et $h'v'$ de la droite.

55. *Conséquence du théorème réciproque.* Pour mener une droite quelconque dans un plan PxP' (fig. 64), il suffit de prendre arbitrairement ses traces h et v' sur les traces du plan, puis de déterminer h' et v, et de mener hv, $h'v'$.

56. Horizontale et ligne de front d'un plan. 1° On appelle *horizontale d'un plan* toute parallèle au plan horizontal contenue dans le plan donné.

Tout plan horizontal coupe un plan quelconque suivant une horizontale (fig. 65).

Toute horizontale d'un plan peut être regardée comme l'intersection de ce plan et d'un plan horizontal.

Les horizontales d'un plan sont parallèles entre elles et à la trace horizontale de ce plan.

2° On nomme *ligne de front* ou *frontale d'un plan* toute parallèle au plan vertical contenue dans le plan donné.

Tout plan de front (n° 34, 4°) coupe un plan quelconque suivant une ligne de front.

Les lignes de front d'un plan sont parallèles entre elles et à la trace verticale de ce plan.

Théorèmes.

57. 1° *La trace verticale d'une horizontale d'un plan est sur la trace verticale de ce plan, et sa projection horizontale est parallèle à la trace horizontale du même plan.*

En effet, une droite horizontale VA, contenue dans le plan PαP′ (fig. 65), a sa trace verticale *v′* sur αP′ (n° 54) ; et puisque cette droite VA est parallèle à la trace αP, sa projection horizontale *va* est elle-même parallèle à αP (n° 29).

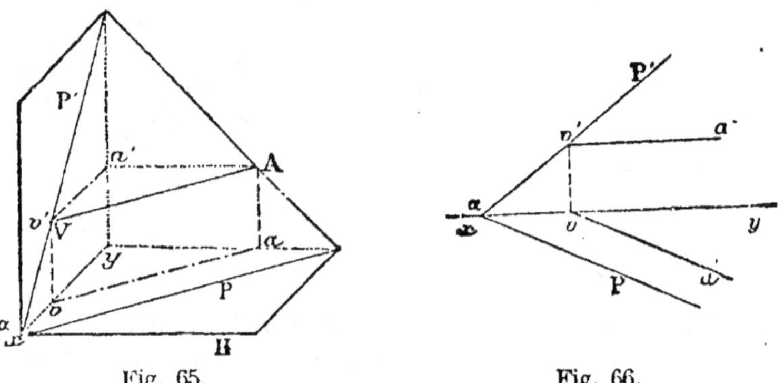

Fig. 65.　　　　　Fig. 66.

Dans l'épure (fig. 66), *va* est parallèle à αP, et *v′a′* à *xy*.

Conséquence. Pour mener une horizontale VA dans un plan donné P (fig. 67), on prend *v′* sur αP′, on détermine *v*, puis l'on mène *v′a′* parallèle à *xy* et *va* parallèle à αP.

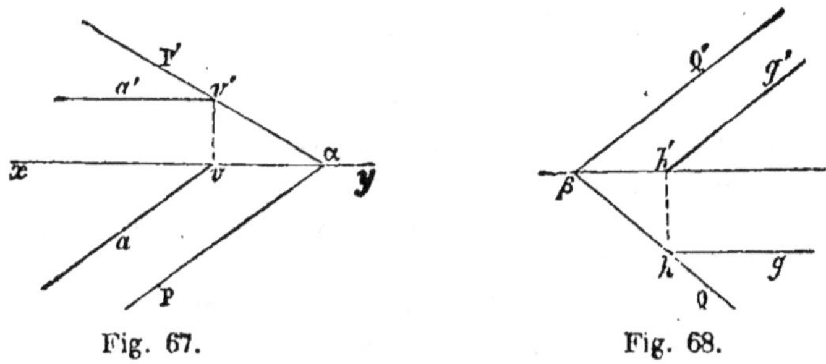

Fig. 67.　　　　　Fig. 68.

2° *La trace horizontale d'une ligne de front d'un plan est sur la trace horizontale de ce plan, et sa projection verticale est parallèle à la trace verticale du même plan.*

La démonstration est analogue à la précédente (n° 57, 1°).

Conséquence. Pour mener une ligne de front dans un plan donné QβQ′ (fig. 68), on prend *h* sur βQ, on détermine *h′*, puis l'on mène *hg* parallèle à *xy* et *h′g′* parallèle à βQ′.

Remarque. Un plan donné par ses *traces* est donné, en réalité, par une *horizontale* et une *frontale* qui se coupent sur *xy*. La projection verticale de la trace horizontale et la projection horizontale de la trace verticale sont sur la ligne de terre.

58. Ligne de pente d'un plan. On appelle *ligne de plus grande pente d'un plan, par rapport au plan horizontal,* toute droite du plan donné, qui forme avec sa projection horizontale le plus grand angle possible *.

1º *Les lignes de pente d'un plan sont perpendiculaires aux horizontales de ce plan* (G, nᵒˢ 412 et 413); ainsi la projection horizontale *ab* de la ligne de pente est perpendiculaire à la trace horizontale αP et à toute autre horizontale du plan donné.

2º *Une ligne de pente suffit pour caractériser un plan;* car on peut en déduire les traces du plan : par sa trace horizontale *b*, on peut mener αP perpendiculaire à *ab*, puis joindre α à la trace verticale *a'*.

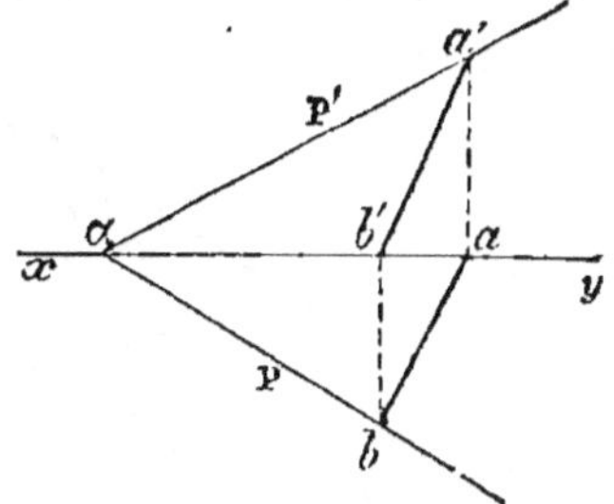

Fig. 68 *bis.*

3º Une ligne de pente et sa projection horizontale déterminent un angle plan qui mesure le dièdre formé par le plan donné et par le plan H; on peut les considérer comme les intersections des faces de ce dièdre avec un plan perpendiculaire à l'arête αP.

Remarque. Lorsque le plan est donné par une ligne de pente, on détermine très facilement des horizontales de ce plan : il suffit de prendre un point (*c,c'*) sur la ligne de pente, au moyen d'une ligne de rappel quelconque; puis de mener par *c'* une parallèle à *xy*, et par *c* une perpendiculaire à la projection horizontale de la ligne de pente.

Problème.

59. *Étant donnés un plan et une des projections d'une droite de ce plan, trouver l'autre projection de cette droite.*

1ᵉʳ **Cas.** *Le plan est donné par ses traces.*

---

* *La pente d'une droite* est le rapport de la distance verticale à la distance horizontale de deux de ses points (nᵒ 434), ou la tangente trigonométrique de l'angle que la droite forme avec le plan horizontal (nᵒ 435). *La pente d'un plan* est la pente d'une droite de ce plan qui fait, avec sa projection horizontale le plus grand angle possible (nᵒ 458 et 459).

Une droite appartient à un plan lorsque ses traces sont sur les traces correspondantes du plan (nº 54); il suffit donc de déterminer les traces de la droite. Or, si l'on donne la projection horizontale, par exemple, l'intersection de cette ligne et de la trace horizontale du plan est la trace horizontale de la droite : tandis que le point où la même projection rencontre la ligne de terre est la projection horizontale de sa trace verticale.

Exemples : 1º Soit donc un plan P donné par ses traces αP, αP' (fig. 69), et la projection horizontale ab d'une droite de ce plan.

La projection ab coupe αP au point h et xy au point v. La trace horizontale h a pour projection verticale h'; v est la pro-

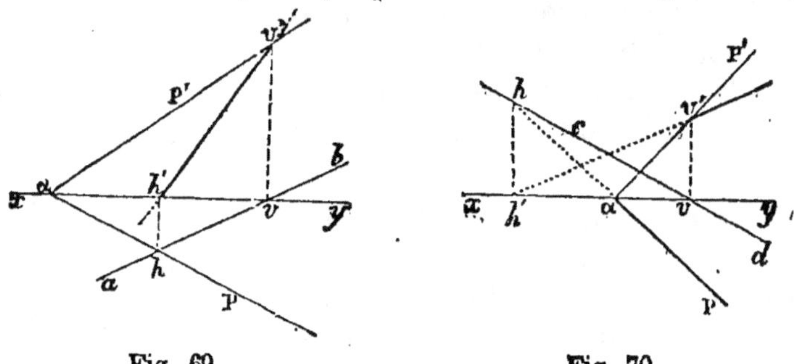

Fig. 69.
Fig. 70.

jection horizontale de la trace verticale v'; donc il faut élever les perpendiculaires hh', vv', et mener $h'v'$; (hv, $h'v'$) est la droite demandée.

2º On procède d'une manière analogue lorsque la projection horizontale donnée cd rencontre le prolongement de αP (fig. 70).

3º *La projection donnée est parallèle à* αP (fig. 71).

Dans ce cas, la ligne est une horizontale du plan (nºs 56 et 57, 1º); par le point v' il faut mener une parallèle à xy.

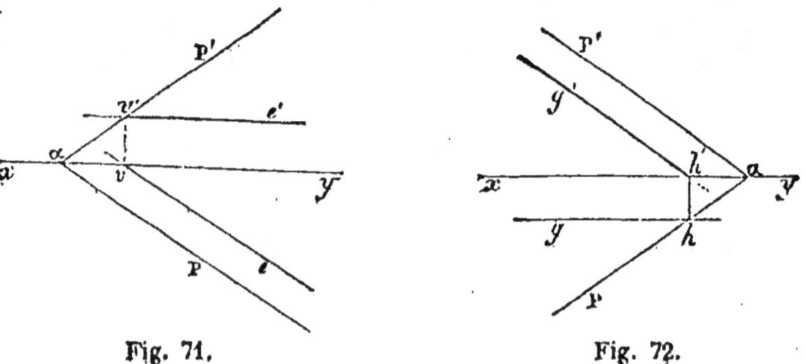

Fig. 71.
Fig. 72.

4º *La projection horizontale est parallèle à* xy (fig. 72).

Alors la droite est une frontale du plan, et sa projection verticale $h'g'$ doit être parallèle à αP' (nºs 56 et 57, 2º).

60. 2ᵉ Cas. *Le plan est donné par deux droites concourantes ou parallèles.*

Admettons qu'on donne la projection verticale de la droite.

Soit le plan déterminé par les droites qui se coupent au point **A**, et $b'c'$ la projection verticale donnée.

Par b' et c' menons des lignes de rappel (n° 15), afin de déterminer b et c (n° 27); la droite BC appartient au plan, puisque deux de ses points sont sur ce plan.

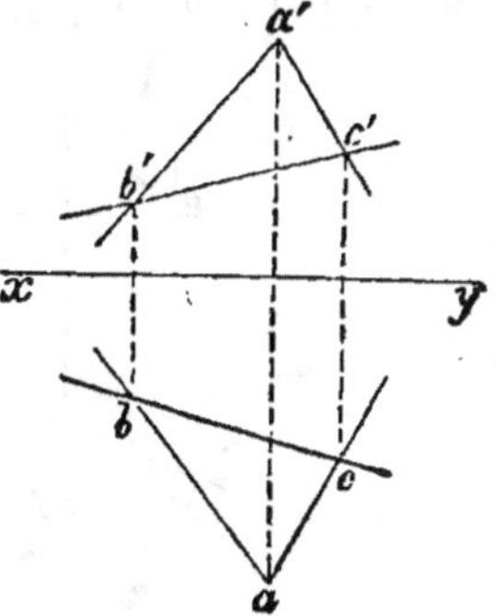

Fig. 73.

61. *Remarques.* I. On procède de la même manière lorsque les droites données sont parallèles.

II. La construction précédente (fig. 73), ainsi que plusieurs autres que nous indiquerons successivement (nᵒˢ 63, 65, 83, etc.), montre qu'il est parfois aussi rapide de résoudre directement les problèmes lorsque le plan est représenté par deux quelconques de ses droites, que lorsqu'il est donné par ses traces. On peut formuler la règle suivante :

Il est utile de chercher à résoudre les problèmes relatifs aux plans en employant directement les données, au lieu de s'assujettir à déterminer chaque fois les traces du plan.

Problème.

62. *Dans un plan donné, mener une horizontale qui soit à une distance donnée du plan horizontal.*

Tous les points d'une horizontale sont équidistants du plan horizontal, et cette distance est celle de la projection verticale à la ligne de terre.

Il faut donc mener à xy une parallèle $v'a'$ telle que l'ordonnée vv' égale la distance voulue, et l'on est ramené à un problème connu (n° 59).

Il suffit de mener va parallèle à αP.

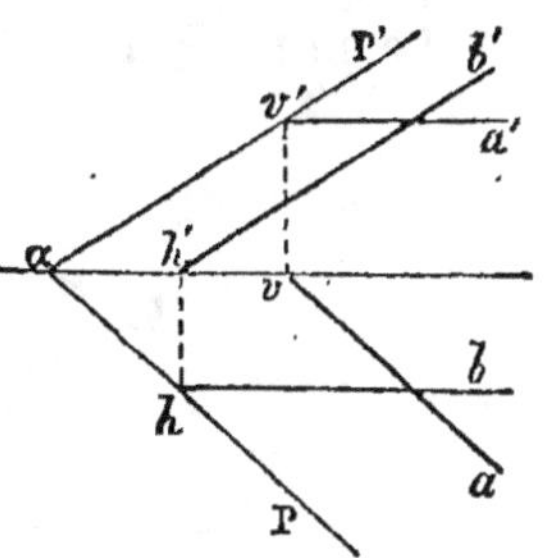

Fig. 74.

Ligne de front. Pour avoir une frontale du plan, on procède d'une manière analogue. On mène la parallèle hb à une distance hh' égale à celle qui est donnée, et l'on mène ensuite $h'b'$ parallèle à αP'.

Remarque. On peut prendre vv' au-dessous de xy, ce qui donne une deuxième solution. De même, on obtient deux lignes de front à une distance donnée.

63. *Le plan est donné par deux droites.*

Pour mener une horizontale à une cote donnée (fig. 75), il faut prendre une projection verticale *b'c'* qui soit éloignée de *xy* de la longueur donnée; puis déterminer *b* et *c*, en recourant à des lignes de rappel (n° 15), et mener *bc*.

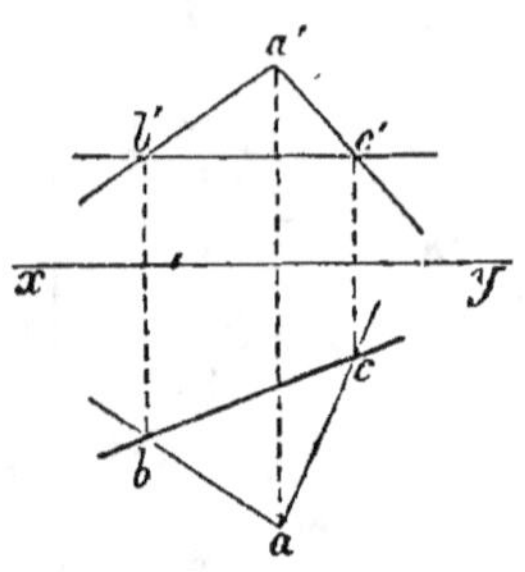

Fig. 75.　　　　Fig. 76.

Pour avoir une ligne de front (fig. 76), on prend une projection horizontale *de* parallèle à *xy*, et l'on en déduit *d'e'*.

Problème.

64. *Étant donnés un plan et l'une des projections d'un point de ce plan, trouver l'autre projection de ce point.*

Par la projection donnée, projection horizontale, par exemple, on mène une droite que l'on considère comme étant la projection horizontale d'une droite du plan; on détermine la seconde projection de cette droite (n° 59), et une ligne de rappel détermine la projection demandée.

Le plan PαP' *est donné par ses traces* (fig. 77).

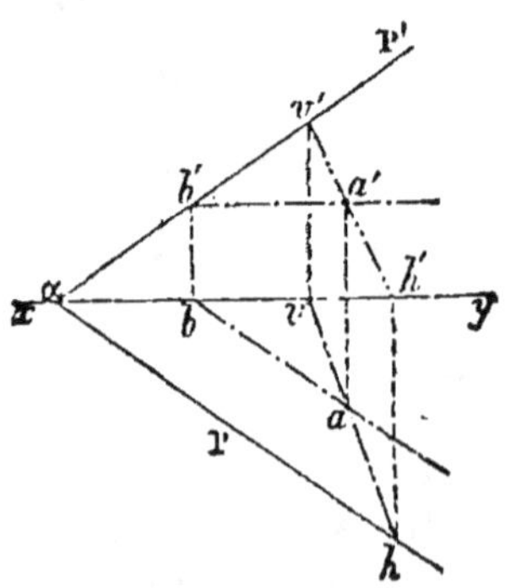
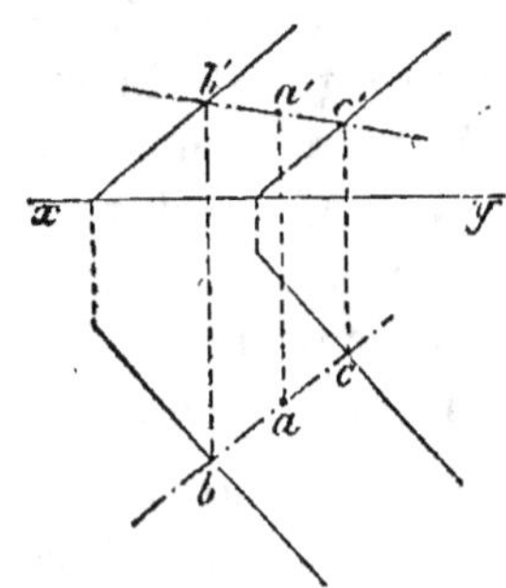

Fig. 77.　　　　Fig. 78.

Soit *a* la projection donnée; menons une projection horizontale quelconque *hv*; déterminons *h'v'*; la droite HV est contenue dans le plan (n° 54); donc *a'* se trouve à l'intersection de *h'v'* et de la ligne de rappel *aa'*.

Lorsqu'on donne la projection horizontale du point, on peut employer avec avantage une horizontale du plan : on mène *ab* parallèle à αP, puis *b'a'* parallèle à *xy*. Le point *a'* est mieux déterminé par des lignes *aa'*, *b'a'* qui se coupent à angle droit. Lorsqu'on donne la projection verticale du point, on peut recourir à une frontale.

65. *Le plan est donné par deux droites concourantes ou parallèles.*

Soit un plan donné par deux droites parallèles (fig. 78).

Si l'on donne *a'*, on mène *b'c'* quelconque, puis on en déduit *bc* ; la droite BC appartient au plan, et la ligne de rappel *a'a* détermine le point demandé.

§ III. — Intersections.

Problème.

66. *Par une droite donnée, faire passer un plan.* (Problème indéterminé.)

Par une droite donnée, on peut faire passer une infinité de plans ; pour qu'un plan contienne une droite donnée, il suffit que ses traces passent par celles de la droite (n° 54) ; donc, par les traces de la droite donnée, il faut mener deux droites qui se coupent sur *xy* ou soient parallèles à cette ligne (n° 34, 2°).

Soit (*hv, h'v'*) la droite donnée ; il suffit de joindre un point quelconque α de la ligne de terre aux traces *h* et *v'* de la droite ; le plan P contient la droite HV, puisqu'il contient deux de ses points.

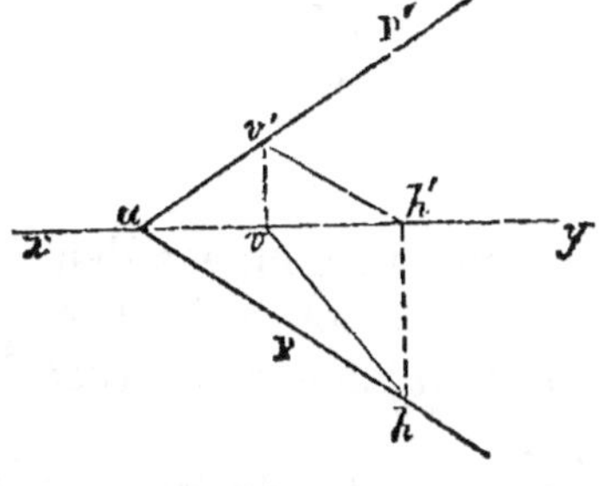

Fig. 79.

67. *Remarques.* I. Pour déterminer un plan passant par une droite, il faut une autre condition, par exemple que le plan contienne un point donné hors de la droite (n° 68), ou bien soit parallèle à une droite donnée (n° 99), ou perpendiculaire à un plan donné (n° 107).

II. Parmi les plans que l'on peut mener par une droite VH, les plus fréquemment utilisés sont les plans projetants de cette droite : le plan vertical *v'vh*, et le plan de bout *hh'v'*. On distingue encore le plan parallèle à la ligne de terre, ayant pour traces les parallèles à *xy* menées par *h* et *v'* ; et le plan à traces confondues, dont les traces, sur l'épure, coïncident avec la droite *hv'*.

Problème.

68. *Déterminer les traces du plan qui passe :*
1º Par deux droites parallèles ou concourantes ;
2º Par un point et une droite ;
3º Par trois points non en ligne droite.

Pour qu'un plan contienne deux droites concourantes ou parallèles, il suffit que la trace horizontale de ce plan passe par les traces horizontales des deux droites, et que sa trace verticale passe par les traces verticales de ces mêmes lignes (nº 54).

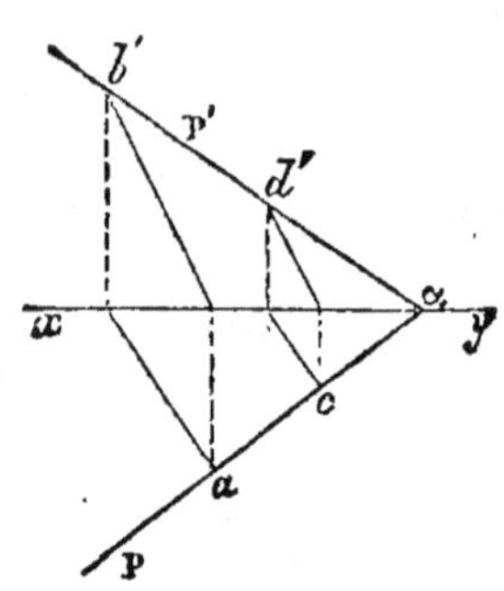

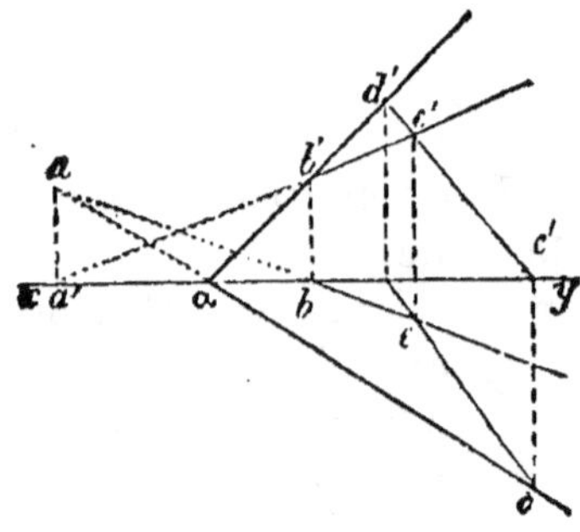

Fig. 80.   Fig. 81.

1º Soient données deux droites parallèles (fig. 80), ou deux droites concourantes (*be, b'e'*), (*ce, c'e'*) (fig. 81).

Il faut mener la trace horizontale *ac*, et la trace verticale *b'd'*.

En effet, les droites AB, CD appartiennent au plan *cab'*, puisque les traces de chacune d'elles sont sur les traces de même nom du plan.

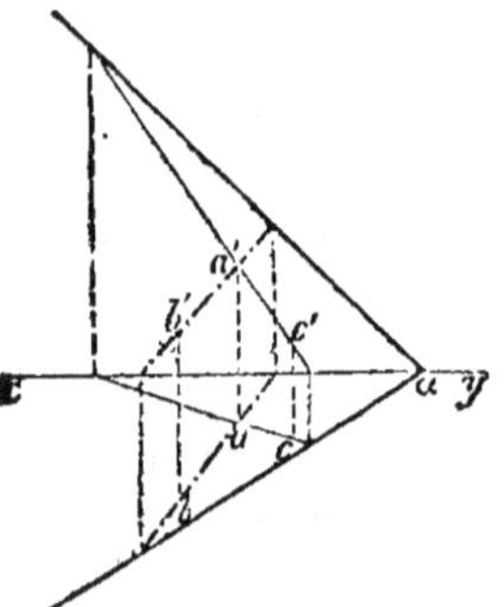

Fig. 82.

Vérification. Les traces αP et αP' doivent être parallèles à *xy*, ou couper cette ligne au même point (nº 34).

2º On donne un point B et la droite AC (fig. 82). Par le point B on mène une droite qui rencontre la droite AC ou lui soit parallèle, et l'on retombe dans le cas précédent.

Vérification. La droite BC aurait ses traces sur celles du plan obtenu.

3º On donne les trois points A, B, C.

On joint un des points donnés, A par exemple, à chacun des deux autres, et l'on est ramené au cas précédent.

Problème.

69. *Déterminer l'intersection de deux plans.*

L'intersection de deux plans étant une ligne droite, il suffit de déterminer deux points de cette intersection, ou bien un point et la direction de la droite (G., n° 363).

Chaque plan est donné par ses traces.

Lorsque chaque plan est donné par ses traces, on détermine les traces de l'intersection. La trace horizontale de cette droite est le point de concours des traces horizontales des plans donnés, et la trace verticale est le point de concours des traces verticales de ces mêmes plans (n° 54).

Le problème revient alors à construire une droite dont on connaît les traces (n° 52).

Soient P et Q les plans donnés (fig. 83).

Les traces horizontales αP, βQ se coupent au point h, qui est la trace horizontale de l'intersection : on en déduit h'.

De même αP' et βQ' donnent v', et par suite v. Il suffit de joindre hv, $h'v'$.

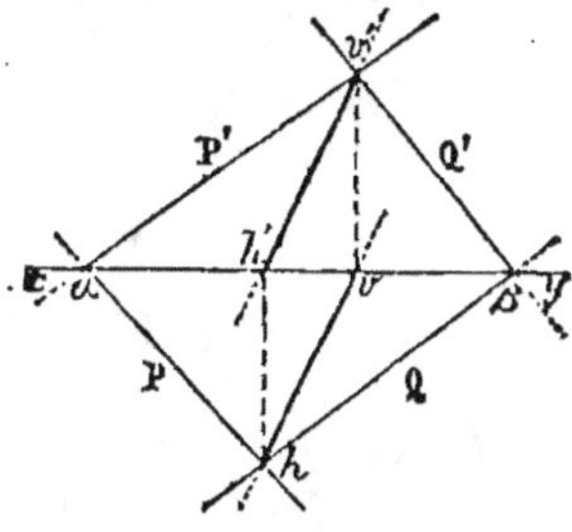

Fig. 83.

La droite HV est l'intersection demandée.

Remarques. I. S'il est nécessaire, on prolonge les traces de même nom jusqu'à leur point de rencontre h ou v' (fig. 84).

II. L'intersection de deux plans est parfois nommée *trace* de l'un sur l'autre.

70. *Point commun à trois plans.* Trois plans non parallèles ont généralement un point commun, car les traces de deux de ces plans sur le troisième sont ordinairement concourantes, et leur point commun appartient aux trois plans.

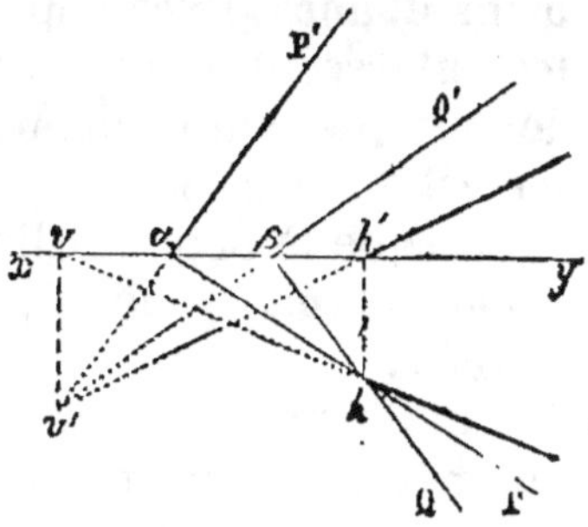

Plusieurs *cas particuliers* de l'intersection de deux plans exigent que l'on détermine le *point commun à trois plans;* on est ainsi conduit à résoudre d'abord le problème suivant :

Fig. 84.

Problème.

71. *Trouver le point d'intersection de trois plans.*

On cherche les intersections d'un des trois plans avec chacun des deux autres. Le point commun à ces deux intersections appartient aux trois plans donnés.

Soient les plans P, Q, R.

Déterminons l'intersection des plans P et Q, puis celle des plans P et R. Ces droites se coupent en (a, a'), point commun aux trois plans.

Remarque. Lorsque les traces des deux premiers plans sur le troisième sont parallèles, les trois plans se coupent deux à deux suivant trois droites parallèles et n'ont aucun point commun.

Si ces deux traces se confondent, les trois plans passent par une même droite et ont une infinité de points communs.

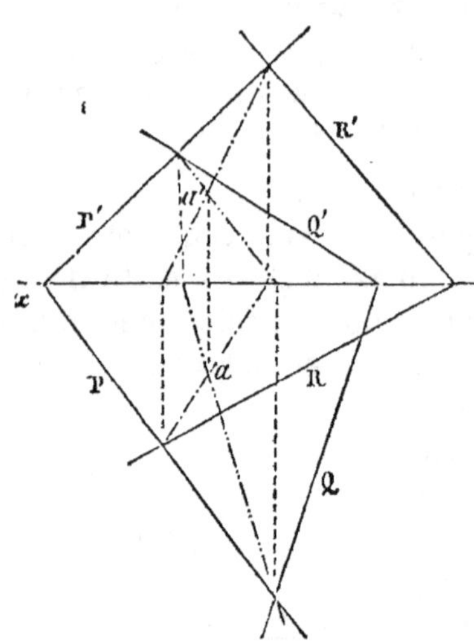

Fig. 85.

Pour que trois plans aient un point commun, et un seul, il faut et il suffit que ces trois plans ne soient pas parallèles à une même droite.

72. *Méthode générale pour déterminer l'intersection de deux plans.*

Pour déterminer un point de cette intersection, on coupe les plans donnés P et Q par un plan auxiliaire R, et l'on cherche les intersections de ce plan auxiliaire avec chacun des plans donnés. Le point commun à ces deux droites appartient à l'intersection cherchée.

Lorsque lè plan auxiliaire peut être choisi arbitrairement, *on prend le plan qui donne lieu aux constructions les plus simples.*

Dans bien des cas, c'est un plan horizontal, un plan de front, ou un plan perpendiculaire à l'un des plans de projection. On peut employer aussi un plan de profil, quoique celui-ci exige toujours un rabattement.

Remarque. La méthode exposée précédemment (n° 69) n'est qu'un cas particulier de la méthode générale : ce sont les plans de projection qui servent de plans auxiliaires.

Problème.

73. *Déterminer l'intersection de deux plans dans les cas particuliers suivants :*

1° Deux traces de même nom sont parallèles.

Admettons que les traces horizontales des deux plans soient parallèles ; dans ce cas, l'intersection est horizontale, car deux plans menés par des droites parallèles se coupent suivant une parallèle à ces droites (G., n° 382).

Puisqu'on connaît la direction de l'intersection, il suffit d'en déterminer un point, par exemple la trace verticale.

Soient les plans P et Q dont les traces αP et βQ sont parallèles. L'intersection v' des traces verticales est la trace verticale de l'intersection des plans.

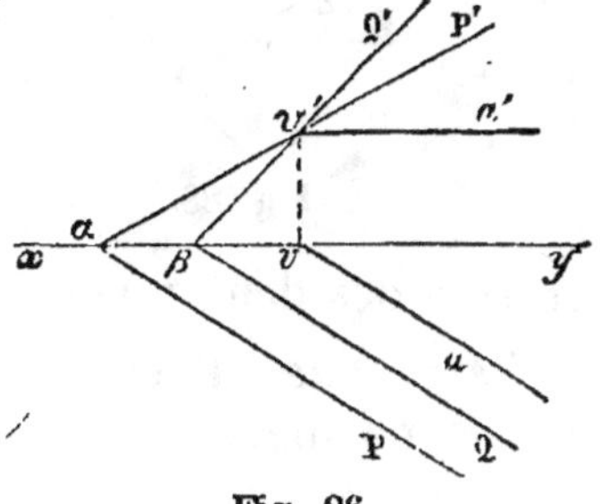
Fig. 86.

Après avoir abaissé la perpendiculaire $v'v$, on mène va parallèle à αP et $v'a'$ parallèle à xy.

La droite $(av, a'v')$ est l'intersection demandée.

74. *2° Intersection d'un plan quelconque et d'un plan horizontal.*

Cette intersection est horizontale (n° 56). Il faut en déterminer un point et mener par ce point une horizontale du plan donné.

Soient PαP' un plan quelconque et Q' le plan horizontal donné.

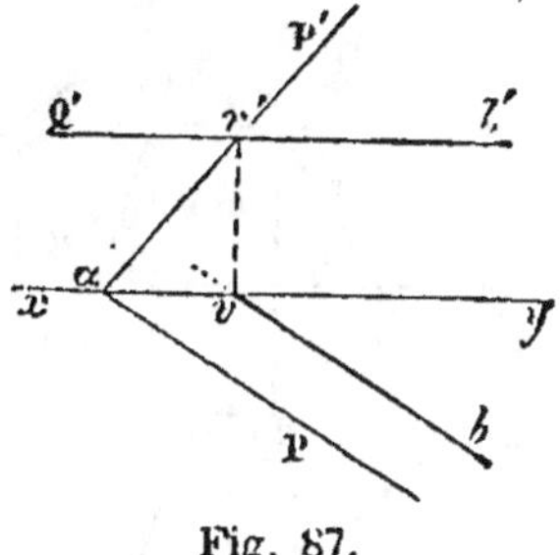
Fig. 87.

v' est la trace verticale de l'intersection ; on en déduit v et l'on mène vb parallèle à αP.

La droite $(vb, v'b')$ est l'intersection demandée.

Remarque. Tout plan de front coupe un plan quelconque suivant une *ligne de front* (n° 56, 2°).

75. *3° Deux traces de même nom ne se coupent pas dans les limites de l'épure.*

Les traces qui se coupent font connaître une des traces de l'intersection ; il suffit donc de déterminer la direction de cette ligne, ou bien un second de ses points.

Pour avoir la direction de l'intersection, il faut couper l'un des plans donnés par un plan parallèle à l'autre; la droite commune au premier plan et au plan auxiliaire est parallèle à l'intersection demandée, car les intersections de deux plans parallèles par un troisième sont parallèles (G., n° 383) *.

Fig. 88.

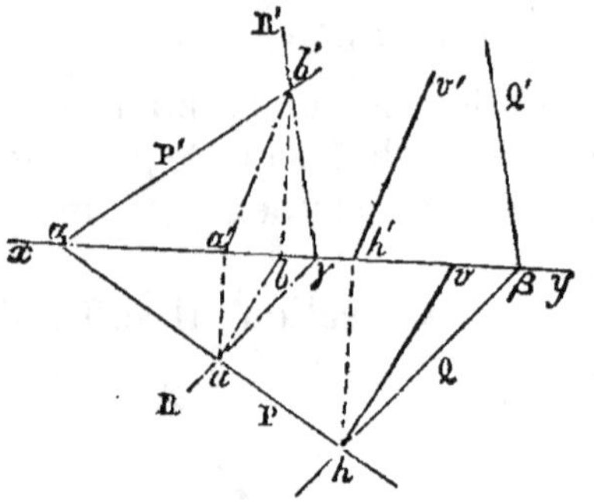

Soient les plans P et Q.

Les traces horizontales αP, βQ déterminent la trace horizontale *h* de l'intersection, et par suite *h'*. Menons un plan auxiliaire R parallèle au plan Q. Les plans P, R se coupent suivant (*ab*, *a'b'*); donc il faut mener *hv* parallèle à *ab*, et *h'v'* parallèle à *a'b'*.

La droite (*hv*, *h'v'*) est l'intersection des deux plans P et Q.

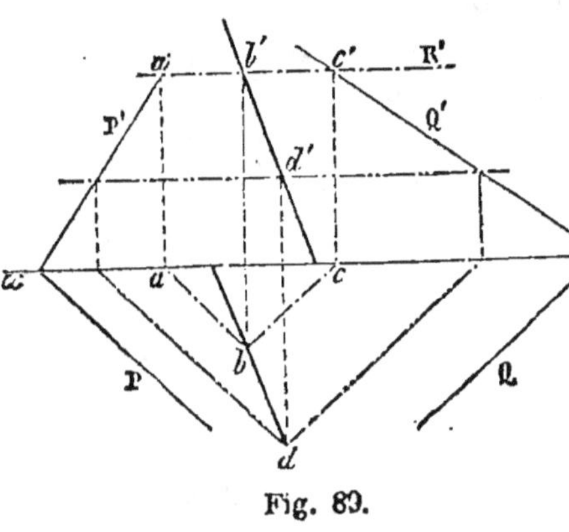

Remarque. Il est préférable de recourir à la solution suivante (n° 76).

76. 4° *Les traces des deux plans ne se coupent pas dans les limites de l'épure.*

Un premier plan auxiliaire, coupant chacun des plans donnés dans les limites de l'épure, fait connaître un point de l'intersection demandée (n° 72). Un second plan auxiliaire donne un second point.

Fig. 89.

Soient P et Q les plans donnés.

Prenons deux plans auxiliaires horizontaux.

Le plan R' coupe le plan P suivant l'horizontale (*ab*, *a'b'*), et le plan Q suivant l'horizontale (*cb*, *c'b'*); donc le point (*b*, *b'*) appartient à l'intersection des plans donnés.

* Cette solution exige la connaissance d'un théorème bien connu (n° 90), mais non encore démontré dans nos *Éléments;* néanmoins nous la donnons ici parce qu'elle se trouve dans la plupart des traités classiques de Géométrie descriptive.

Un second plan horizontal donne le point (d, d'); par suite BD est l'intersection cherchée.

77. 5° *Les deux plans sont parallèles à la ligne de terre.*

Les plans étant parallèles à xy, leur intersection est aussi parallèle à cette droite (G., n° 382); il suffit d'en déterminer un point.

1ʳᵉ *Construction.* Prenons un plan auxiliaire quelconque RαR' (fig. 90).

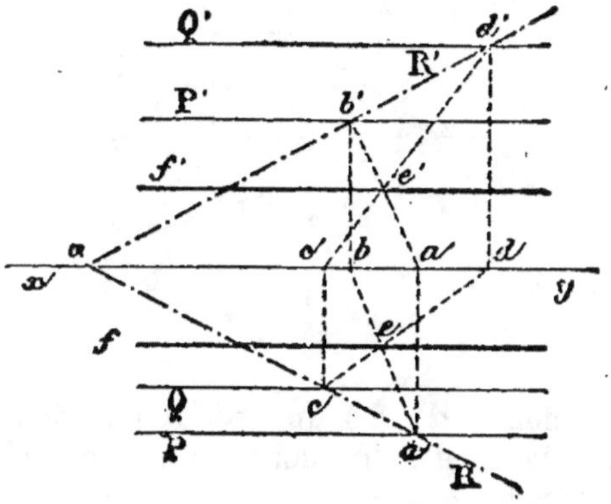

Le plan P, P' est coupé suivant la droite AB, et le plan Q, Q', suivant CD.

Le point (e, e') commun à ces deux droites appartient à l'intersection cherchée. Il faut mener ef, $e'f'$ parallèles à xy.

Fig. 90.

Remarques. I. Si les droites obtenues AB et CD se trouvent parallèles, c'est que les plans P et Q sont eux-mêmes parallèles.

II. Les constructions sont plus simples lorsqu'on fait choix d'un plan auxiliaire perpendiculaire à l'un des plans de projection.

78. 2° *Construction.* Comme plan auxiliaire, prenons un plan de profil, aod'.

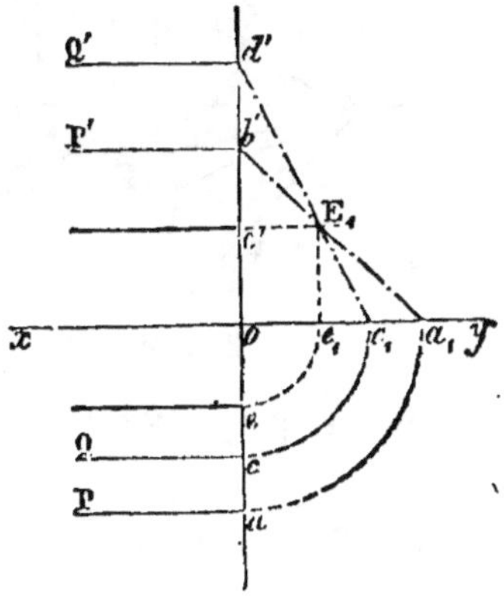

Le plan P, P' est coupé suivant la droite AB. Par le rabattement du plan de profil sur le plan vertical, le point a vient en a_1. Le point b' n'ayant pas bougé, l'intersection se rabat en $b'a_1$.

De même c_1d' est le rabattement de l'intersection des plans (Q, Q') et aod'. Le point E_1, commun à ces deux rabattements est le rabattement d'un point de l'intersection cherchée; il détermine e', e_1, puis e; par le point (e, e') on mène une parallèle à xy.

Fig. 91.

79. 6° *Un plan est quelconque, et l'autre passe par la ligne de terre et un point donné.*

Le point où le plan quelconque rencontre xy appartient à l'intersection demandée; il suffit donc de déterminer un second point de cette droite.

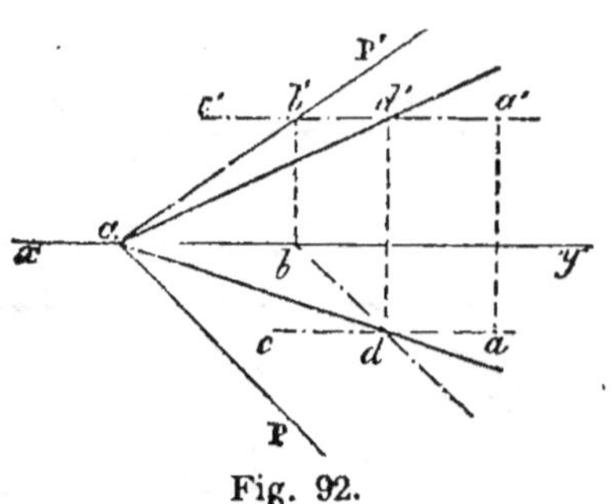

Fig. 92.

Soient le plan PαP′ et le plan mené par *xy* et par le point donné (*a*, *a′*).

Par le point A de l'espace, menons un plan horizontal. Ce plan, étant parallèle à *xy*, coupera le plan (*xy*A) suivant une droite (*ac*, *a′c′*) parallèle à la ligne de terre (G., n° 379).

Le plan auxiliaire dont *a′c′* est la trace verticale coupe PαP′ suivant l'horizontale (*bd*, *b′d′*); donc (*d*, *d′*) appartient aux deux plans donnés; il en est de même de α; il suffit donc de mener α*d* et α*d′* pour avoir l'intersection demandée.

Remarque. On peut recourir au plan de profil ou à tout plan vertical ou de bout passant par le point A.

80. 7° *Les traces des deux plans se rencontrent au même point de la ligne de terre.*

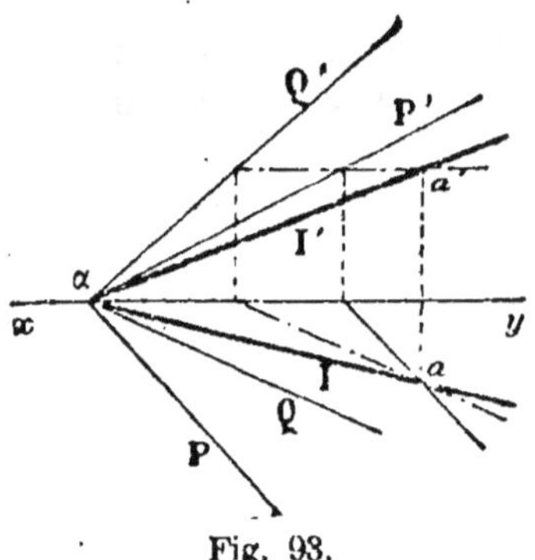

Fig. 93.

Soient P et Q les plans donnés.

Le point α appartient à l'intersection; un plan horizontal auxiliaire coupe chaque plan suivant une horizontale: or ces deux lignes se coupent en (*a*, *a′*); donc (*ma*, *ma′*) est l'intersection des deux plans.

Remarque. On pourrait utiliser aussi un plan auxiliaire quelconque; ou bien un plan de profil, ou mieux un plan perpendiculaire à l'un des plans de projection.

81. 8° *Les deux traces de chaque plan sont en ligne droite.*

Les deux traces verticales et les deux traces horizontales des plans donnés se coupent au même point. Ainsi, dans l'épure, la trace verticale de l'intersection coïncide avec sa trace horizontale.

Soient les plans PαP′ et QβQ′ (fig. 94).

Les traces verticales se coupent en *v′*, et ce point *v′* est la trace verticale de l'intersection; sa projection horizontale *v* est sur *xy*.

Les traces horizontales αP, βQ se coupent en h, et ce point est la trace horizontale de l'intersec-tion ; h' en est la projection ver-ticale. Le point (h, h') est sur le plan horizontal postérieur.

La droite demandée est dans un plan de profil, car ses traces (h, h') (v, v') sont sur une même perpendiculaire à xy.

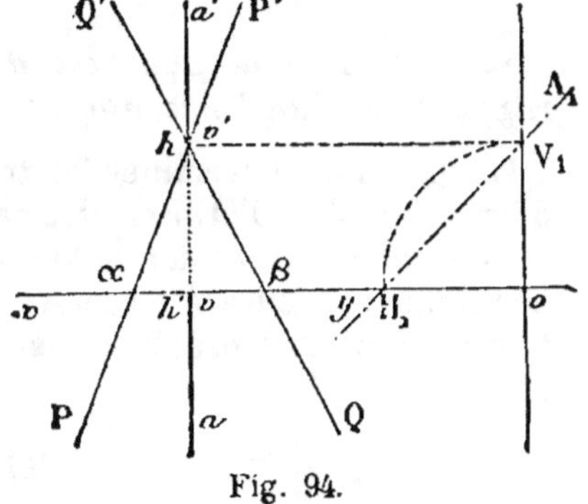

Fig. 94.

82. *Remarques.* I. La partie $(hv, h'v')$ comprise entre les traces appartient au second diè-dre. La partie $(av, a'v')$ appar-tient au premier.

II. Lorsqu'on rabat le plan de profil sur le plan vertical vers la droite de l'épure, l'intersection devient $A_1V_1H_1$.

On voit que $OV_1 = OH_1$. (Avant de rabattre le plan de profil, on l'a d'abord déplacé parallèlement à lui-même vers la droite de l'épure.)

83. 9° *Chaque plan est donné par deux droites parallèles ou concourantes.*

On pourrait déterminer les traces de chaque plan (n° 68), et re-venir ainsi à un cas déjà connu ; *mais il est préférable d'utiliser direc-tement les données,* car il est très facile d'obtenir l'intersection de chacun des plans donnés par un plan horizontal.

Soient deux plans dont l'un est donné par les parallèles EF, DG,

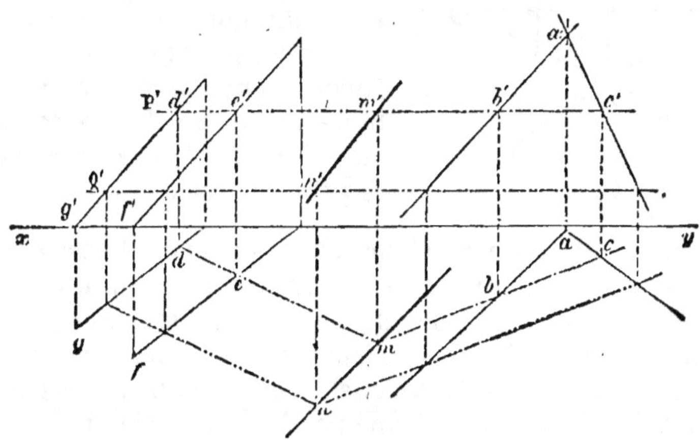

Fig. 95.

et l'autre par les droites concourantes AB, AC ; coupons ces plans par un plan horizontal P' ; chacun d'eux est rencontré suivant une hori-zontale DE ou BC : les projections horizontales *de*, *bc* se rencontrent en *m*, qui fait connaître *m'* ; ainsi M est un des points de l'intersection.

Un second plan horizontal Q′ donne un nouveau point N de la droite demandée (mn, $m'n'$).

84. 10° *Chaque plan est donné par une ligne de pente, par rapport au plan horizontal* (n° 58).

On pourrait déterminer les traces de chaque plan (n° 58, 2°), mais il est préférable d'utiliser directement les données.

Tout plan horizontal auxiliaire coupe les deux plans suivant des horizontales faciles à tracer (n° 58, *Remarque*), et l'on obtient l'intersection comme précédemment (n° 83).

Théorème.

85. *Déterminer le point où une droite rencontre un plan.*

Par la droite on fait passer un plan, on cherche l'intersection des deux plans, et le point commun à cette intersection et à la droite donnée est le point cherché.

1° *Le plan est donné par ses traces, et la droite est quelconque.*

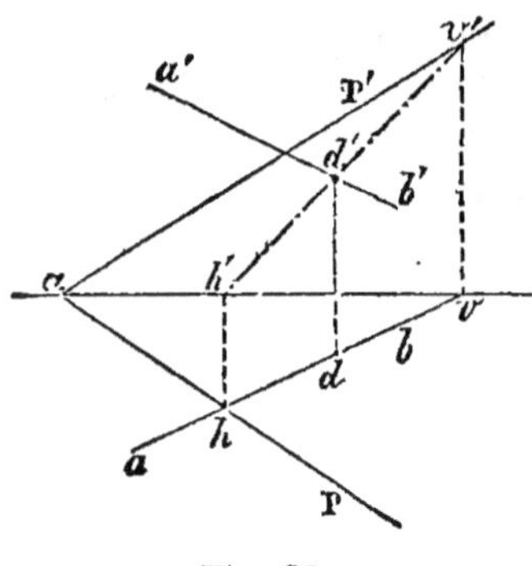

Fig. 96.

Comme plan auxiliaire, on peut prendre un des plans projetants de la droite, par exemple le plan vertical hvv'.

Soient (ab, $a'b'$) et PαP′ la droite et le plan donnés.

Le plan projetant hvv' coupe PαP′ suivant (hv, $h'v'$), cette dernière ligne rencontre la droite (ab, $a'b'$) au point (d, d') (n° 28); donc D est le point cherché.

Remarques. I. La construction la plus simple est donnée par un des plans projetants de la droite; mais si les projections $a'b'$, $h'v'$ se coupaient sous un angle trop aigu, d' serait mal déterminé; pour éviter cet inconvénient, on mènerait par AB un plan quelconque (n° 66); lequel, d'ailleurs, pourrait fournir une vérification du résultat donné par le plan projetant.

II. Le point d'intersection d'une droite et d'un plan est nommé parfois *trace* de la droite sur le plan.

86. 2° *La droite est perpendiculaire à l'un des plans de projection.*

Soient $(a, a'b')$ la perpendiculaire donnée, et PαP' le plan considéré.

Comme plan auxiliaire, on peut prendre le plan vertical mené par AB, parallèlement à αP, il coupe le plan donné suivant une horizontale $(av, a'v')$ (n° 73).

Donc (a, a') est le point où la verticale $(a, a'b')$ rencontre le plan P.

Remarque. Le plan de front mené par AB donne une construction aussi simple.

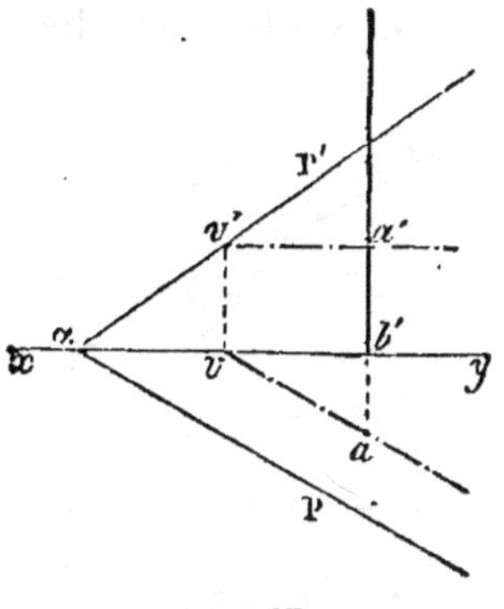

Fig. 97

87. 3° *Le plan est donné par deux droites.*

Soient le plan ABC et la droite DE (fig. 98).

Le plan vertical de la droite DE rencontre le plan donné, suivant une droite qui a pour projection horizontale mn. Or des *lignes de rappel*, menées par m et n, déterminent m' et n' (n° 15); ainsi le plan projetant coupe le plan donné suivant la droite $(mn, m'n')$. Mais les droites DE, MN situées dans un même plan vertical se coupent en (o, o'); donc la droite DE rencontre le plan ABC au point O.

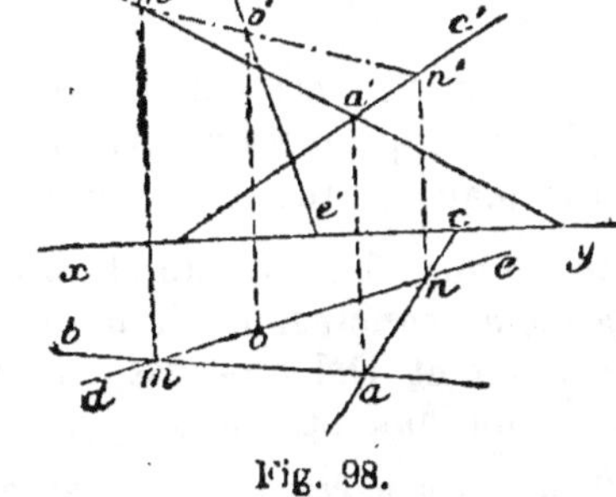

Fig. 98.

Remarque. Dans les applications, il est utile de ne point déterminer les traces des faces planes des figures, et d'employer uniquement les droites du périmètre, ou des droites tracées sur la figure donnée. Par exemple, le plan d'un polygone $(abcd, a'b'c'd')$ (fig. 99), est déterminé par les côtés AB et BC ou AB et CD.

88. Ponctuation. En admettant que la surface du parallélogramme ABCD soit opaque, la droite EF qui la perce au point O sera en partie cachée par cette surface; il y a donc

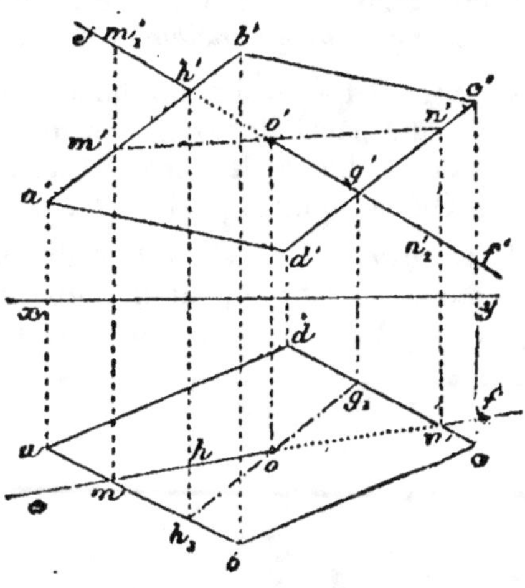

Fig. 99.

lieu de distinguer, *pour les figures situées dans le premier dièdre,* les parties visibles et celles qui sont cachées.

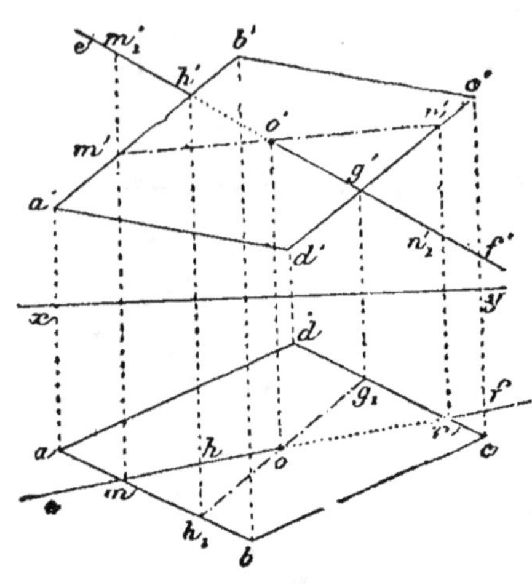

Fig. 99 *bis.*

Projection horizontale. L'observateur placé dans le premier dièdre est supposé infiniment éloigné du plan H ; par suite, lorsque deux points sont situés sur une même verticale, dans le premier dièdre, *le point le plus éloigné du plan horizontal est seul visible* ; il cache le point le plus rapproché de ce même plan.

Exemple. La verticale projetée horizontalement en **n** rencontre la droite donnée en (n, n'_1) et le parallélogramme, en (n, n') ; or ce dernier point est le plus éloigné du plan H, ainsi il est visible et cache (n, n'_1) ; donc à partir de (o, o') la droite OF est au-dessous du plan ABCD, et la projection horizontale *on* doit être ponctuée.

Si le plan opaque était illimité, *nf* serait ponctué aussi.

Remarque. La considération du plan vertical de la droite conduit à la même conclusion ; il montre que OE est au-dessus du parallélogramme et ON au-dessous, car $o'e'$ est plus éloigné de xy que $o'm'$; donc *ome* est visible, et *on* invisible.

Projection verticale. L'observateur, toujours placé dans le premier dièdre, est éloigné infiniment du plan V ; par conséquent, dans le premier dièdre, sur une même droite de bout, *le point le plus éloigné du plan vertical est visible* et cache le point le plus rapproché.

Exemple. La droite de bout projetée en h', détermine le point (h_1, h') du parallélogramme et le point (h, h') de la droite ; le premier est visible et le second caché ; donc, à partir du point O, la droite OE est derrière ABCD ; ainsi on doit ponctuer le segment $o'h'$.

Remarque. La considération du plan de bout de la droite conduit à la même conclusion, car il coupe le parallélogramme suivant $(h_1g_1, h'g')$. Or oh_1 est en avant de oh ; donc $o'h'$ doit être ponctuée.

EXERCICES

INTERSECTIONS DES DROITES ET DES PLANS

Traces des droites.

17. Par un point donné mener une droite dont les traces h et v' soient équidistantes de la ligne de terre.

18. Quel est le lieu géométrique des traces des droites menées par un point donné et également inclinées sur chaque plan de projection ?

19. Par un point donné, mener une droite telle que sa trace horizontale soit deux fois plus près de la ligne de terre que sa trace verticale, ou, plus généralement, telle que les distances de chaque trace à xy soient dans un rapport donné.

20. **T.** 1º Toute parallèle à xy est contenue dans un des plans bissecteurs, ou bien elle est parallèle à ces deux plans.

2º Toute horizontale, non parallèle à xy, rencontre les deux plans bissecteurs; il en est de même de toute ligne de front non parallèle à xy.

21. Déterminer la trace d'une droite sur chacun des deux plans bissecteurs des dièdres formés par les plans de projection.

22. Déterminer l'intersection d'une droite donnée et des deux plans bissecteurs, dans les cas suivants :

(a) La droite est horizontale;

(b) La droite est perpendiculaire à l'un des plans de projection;

(c) La droite appartient à un plan de profil.

23. **T.** Un point qui se projette sur les traces correspondantes d'un plan n'appartient à ce plan que lorsque le plan donné est de profil.

24. **T.** Lorsque plusieurs plans parallèles à une droite donnée ont un point commun, leurs traces de même nom passent par un même point.

25. **T.** La droite qui a pour projections les traces de même nom d'un plan quelconque n'appartient pas à ce plan (sauf dans quelques cas exceptionnels).

26. Dans quels cas la droite dont les projections sont sur les traces de même nom d'un plan appartient-elle à ce plan ?

27. Comment reconnaît-on qu'une droite est située dans un plan mené par la ligne de terre et par un point donné ?

28. Reconnaître si une droite de profil rencontre une droite quelconque.

Traces des plans.

29. Chercher les traces d'un plan déterminé par deux droites dont on ne peut avoir les traces.

30. Déterminer les traces horizontales de deux plans, sachant que les traces verticales données sont parallèles, et connaissant un point de l'intersection des deux plans.

31. Déterminer les traces verticales de deux plans, connaissant un point de leur intersection, ainsi que les traces horizontales, que l'on donne parallèles à xy.

32. Par une droite parallèle à xy, mener un plan qui soit parallèle à une droite donnée.

33. Construire les traces du plan de trois points donnés, dans les cas suivants :

1° Deux de ces points appartiennent à une droite parallèle à xy;

2° Deux de ces points sont sur une même droite verticale ou de bout.

34. Construire les traces du plan de deux droites parallèles ou concourantes :

1° La droite AB est quelconque, et la droite BC est de profil.

2° La droite AB est quelconque, et la droite CD rencontre xy, ou bien lui est parallèle.

3° La droite AB est quelconque, et la droite CD a ses projections coïncidentes.

4° Les deux droites sont quelconques, mais les projections de l'une coïncident avec les projections de nom contraire de l'autre.

5° La droite AB est horizontale, et BC est de front.

6° Les deux droites sont parallèles à xy, ou bien se coupent sur xy.

7° Les deux droites se coupent sur xy, et les deux projections de chacune coïncident avec les projections de nom différent de l'autre.

8° Chacune des droites a ses deux projections confondues.

9° L'une des droites a ses projections confondues, l'autre est de profil.

35. Connaissant une des lignes de pente d'un plan, déterminer les traces du plan.

36. Les traces d'une ligne de pente d'un plan étant hors des limites de l'épure, déterminer néanmoins les traces du plan.

37. Déterminer les traces d'un plan, connaissant une des lignes d'inclinaison de ce plan. (Une *ligne d'inclinaison* est une ligne de plus grande pente du plan par rapport au plan vertical de projection.)

38. Déterminer une horizontale et une frontale d'un plan donné par deux droites.

39. Dans un plan donné par une de ses lignes de pente, mener une horizontale qui soit à une distance donnée du plan horizontal.

40. Dans un plan donné par une de ses lignes de pente, déterminer une droite dont on connaît une des projections.

41. Déterminer une ligne de pente et une ligne d'inclinaison d'un plan donné par deux droites concourantes quelconques, ou par deux droites parallèles.

42. On donne la projection horizontale d'un polygone plan, et la seconde projection de deux côtés adjacents; déterminer la projection verticale des autres côtés.

43. On donne la projection verticale d'une courbe plane, ainsi que les projections horizontales de trois points de cette courbe; déterminer la projection horizontale d'un point quelconque de cette courbe.

Intersection de deux plans.

44. Déterminer l'intersection de deux plans.

Cet énoncé général donne lieu à un nombre considérable de cas divers, selon les positions respectives des plans donnés ; nous signalerons les plus intéressants, et, pour les présenter avec quelque ordre, nous suivrons le tableau ci-dessous, en comparant une position particulière de l'un des plans avec chacune des positions que l'on peut attribuer à l'autre.

a	Plan de profil.
b	Plan à traces concourantes quelconques.
c	Plan à traces en ligne droite (ou à traces confondues.)
d	Plan vertical.
d'	Plan de bout.
e	Plan à deux traces parallèles à *xy*.
f	Plan horizontal.
f'	Plan de front.
g	Plan mené par *xy* et par un point donné.
h	Plan donné par deux droites autres que les traces.
i	Plan donné par une ligne de pente.
i'	Plan donné par une ligne d'inclinaison (Ex. 37).

44. (*a*) *Plan de profil.* Déterminer l'intersection de deux plans, lorsque l'un d'eux est de profil.

45. (*b*) Déterminer l'intersection de deux plans lorsque l'un d'eux a deux traces concourantes quelconques.

46. (*c*) Déterminer l'intersection de deux plans lorsque les traces de l'un d'eux sont en ligne droite et rencontrent obliquement la ligne de terre.

47. (*d*) Déterminer l'intersection de deux plans lorsque l'un de ces plans est vertical.

48. (*e*) Déterminer l'intersection de deux plans lorsque l'un de ces plans est parallèle à la ligne de terre.

49. (*f*) Déterminer l'intersection de deux plans lorsque l'un de ces plans est horizontal.

50. (*g*) Déterminer l'intersection de deux plans lorsque l'un de ces plans est donné par *xy* et par un point.

51. (*h*) Déterminer l'intersection de deux plans lorsque l'un d'eux est donné par deux droites autres que les traces.

52. (*i*) Déterminer l'intersection de deux plans lorsque l'un d'eux est donné par une de ses lignes de pente.

53. Intersection d'un plan quelconque avec les deux plans bissecteurs.

54. Déterminer l'intersection de deux plans dont chaque trace de l'un coïncide avec la trace de nom contraire de l'autre.

55. Quelles dispositions présentent les traces des plans qui se coupent dans les conditions suivantes :

1° Suivant une droite de profil ; et, comme cas particulier de l'énoncé précédent,

2° La droite de profil est parallèle au plan bissecteur du premier dièdre ;
3° La droite est dans le premier bissecteur ;
4° La droite est parallèle au deuxième plan bissecteur ;
5° La droite est dans le deuxième bissecteur.

56. Déterminer le point commun à trois plans.

57. Déterminer le point commun à trois plans, dans le cas suivant :
Un premier plan quelconque, un deuxième de front, et le troisième parallèle à xy.

58. Déterminer le point où une droite perce un plan.
1° La droite est quelconque, et le plan est mené par xy et un point.
2° La droite est de bout ; le plan est mené par xy et un point.
3° La droite est de profil, et le plan est quelconque.
4° La droite est verticale, et le plan a ses traces en ligne droite.

59. Trouver le point où une droite donnée rencontre un plan donné par une de ses lignes de pente, sans recourir aux traces du plan.

60. Déterminer le point où une droite rencontre la surface d'un triangle donné par les projections de ses côtés.

CHAPITRE III

POSITIONS RELATIVES DES DROITES ET DES PLANS

§ I. — Droites et plans parallèles.

89. Théorèmes rappelés. 1° *Les projections de deux droites parallèles sur un plan quelconque sont parallèles* (n° 29).

2° *Pour que deux droites soient parallèles, il suffit que leurs projections de même nom soient parallèles* (n° 30).

3° *Pour qu'une droite soit parallèle à un plan, il suffit qu'elle soit parallèle à une droite de ce plan* (G., n° 381).

4° *Sur un plan quelconque de projection, les traces de deux plans parallèles sont parallèles;* car les intersections de deux plans parallèles par un troisième sont parallèles (G., n° 383).

Théorème.

90. *Pour que deux plans, à traces concourantes, soient parallèles, il suffit que leurs traces de même nom soient parallèles.*

Soient les plans P et Q dont les traces de même nom sont parallèles, tandis que les traces d'un même plan se coupent sur xy.

Il faut prouver que les plans P et Q sont parallèles.

En relevant le plan vertical, on obtient dans l'espace deux angles P′αP, Q′βQ ayant leurs côtés parallèles; donc les plans de ces angles sont parallèles (G., n° 391).

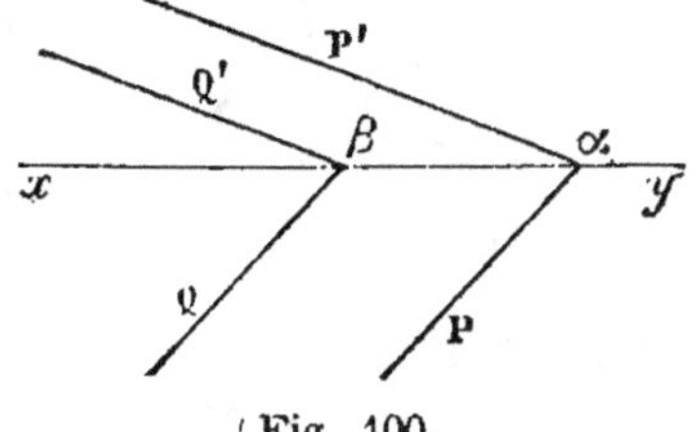

Fig. 100.

Remarque. Lorsque les traces de chaque plan sont parallèles à xy, on ne peut rien affirmer à l'inspection de la figure, car les plans peuvent se couper ou être parallèles.

Pour que ces plans soient parallèles, il suffit que leurs intersections par un plan oblique à xy soient parallèles.

Problème.

91. *Par un point donné, mener une droite parallèle à une droite donnée.*

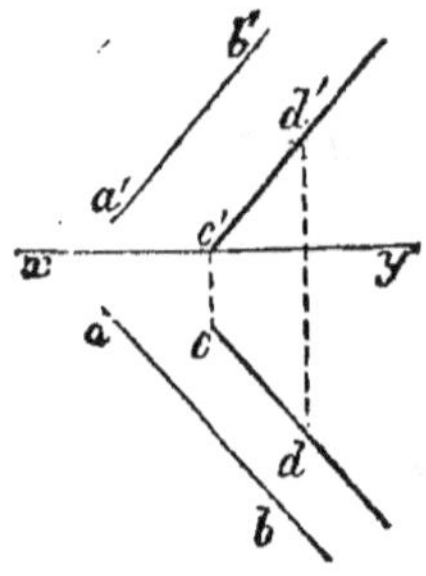

Fig. 101.

Les projections de même nom des deux droites doivent être parallèles (n° 30); donc, par chaque projection du point il faut mener une parallèle à la projection de même nom de la droite donnée.

Soient (ab, $a'b'$) et (d, d') la droite et le point donnés.

On mène dc parallèle à ab, et $d'c'$ parallèle à $a'b'$. La droite CD est la parallèle demandée.

Remarque. Si AB est une droite de profil, la parallèle CD n'est pas déterminée complètement par ses projections (n° 26).

Problème.

92. *Par un point donné, mener une droite parallèle à un plan donné.* (Problème indéterminé.)

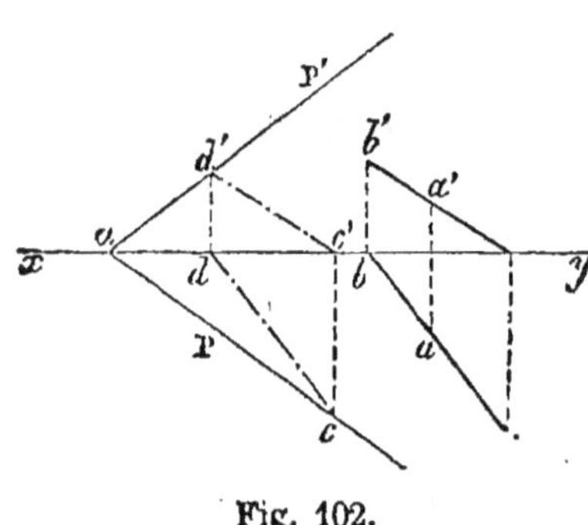

Fig. 102.

Pour qu'une droite soit parallèle à un plan, il suffit qu'elle soit parallèle à une droite de ce plan; donc il faut prendre une droite quelconque dans ce plan, et mener par le point donné une parallèle à cette droite.

Le problème est indéterminé, puisque la droite menée dans le plan est arbitraire.

Soient (a, a') et PαP' le point et le plan donnés.

Dans le plan P, prenons une droite quelconque CD; par le point A, menons la droite AB parallèle à CD.

La ligne (ab, $a'b'$) est parallèle au plan donné.

Remarques. I. Pour éviter la construction de la droite DC, on prend comme droite auxiliaire l'une des traces du plan P.

II. Le lieu des parallèles menées par le point A, au plan P, est un autre plan, parallèle à PαP'.

Problème.

93. *Par un point donné, mener une horizontale parallèle à un plan donné.*

Il suffit de mener par le point donné une parallèle à la trace horizontale du plan.

Soient (a, a') et PαP' le point et le plan donnés.

Il faut mener ab parallèle à αP et $a'b'$ parallèle à xy.

Remarque. De même, une frontale AC est parallèle au plan P lorsque $a'c'$ est parallèle à αP'.

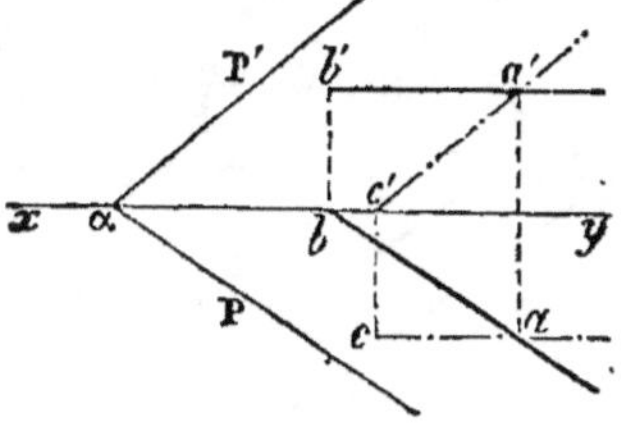

Fig. 103.

Problème.

94. *Par un point donné, mener un plan parallèle à une droite donnée.* (Problème indéterminé.)

Pour qu'un plan soit parallèle à une droite, il suffit qu'il contienne une parallèle à cette droite (G., n° 376); donc, il faut mener, par le point donné, une parallèle à la droite donnée, et tout plan conduit par cette parallèle satisfait à la question.

Soient AB et C la droite et le point donnés.

Par le point C menons une droite $(hv, h'v')$ parallèle à $(ab, a'b')$ (n° 91); puis joignons un point quelconque α de xy aux traces h et v' (n° 66).

Remarque. Quand la droite AB est de profil, cette solution n'est pas applicable (n° 91. *Rem.*)

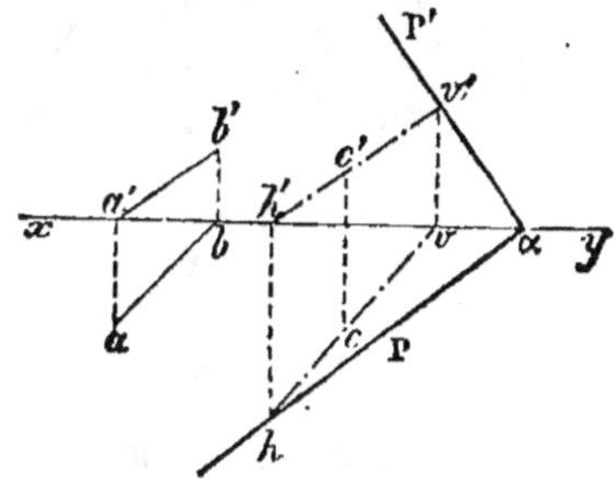

Fig. 104.

Après avoir résolu le problème du n° 95, on pourra procéder comme il suit :

On mène par AB un plan quelconque R; puis, par le point C, un plan P parallèle à R. Ce plan P répond à la question, car, étant parallèle à R, il l'est à toute droite AB de ce plan.

Problème.

95. *Par un point donné, mener un plan parallèle à un plan donné.*

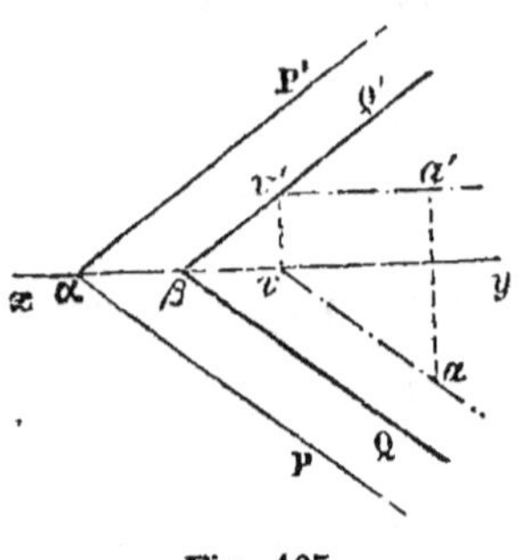

Fig. 105.

Les plans doivent avoir leurs traces de même nom parallèles (n° 90); il suffit donc d'obtenir un point de l'une des traces cherchées; pour cela on peut employer une horizontale du plan demandé.

Soient (*a*, *a'*), P*α*P' le point et le plan donnés.

Par le point (*a*, *a'*) menons l'horizontale (*av*, *a'v'*) parallèle au plan P (n° 93); puis *v'*β parallèle à *α*P' et β Q parallèle à *α*P.

Remarque. On emploierait d'une manière analogue une frontale ou une droite quelconque parallèle au plan P (n°ˢ 93, 92).

Problème.

96. *Par un point donné, mener un plan parallèle à deux droites non situées dans un même plan.*

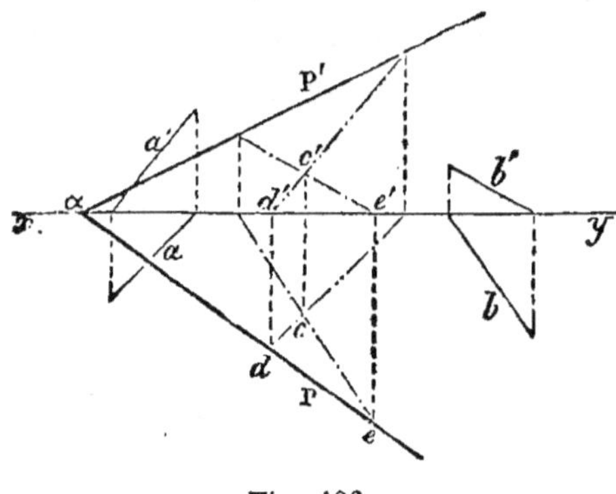

Fig. 106.

Par le point donné, il faut mener des parallèles aux droites données; le plan de ces deux nouvelles lignes est parallèle à chacune des premières (n° 94).

Soient A, B et C les droites et le point donnés.

Menons aux droites A et B les parallèles CD, CE; le plan P*α*P', conduit par ces droites, est le plan demandé.

Problème.

97. *Par une droite donnée, mener un plan parallèle à une autre droite donnée.*

Par un point quelconque de la première droite, il faut mener une parallèle à la seconde (n° 91); le plan des deux droites concourantes (n° 68) sera parallèle à la seconde droite, puisqu'il contiendra une de ses parallèles.

Soient AB et CD les droites données. Il faut mener par AB un plan parallèle à CD.

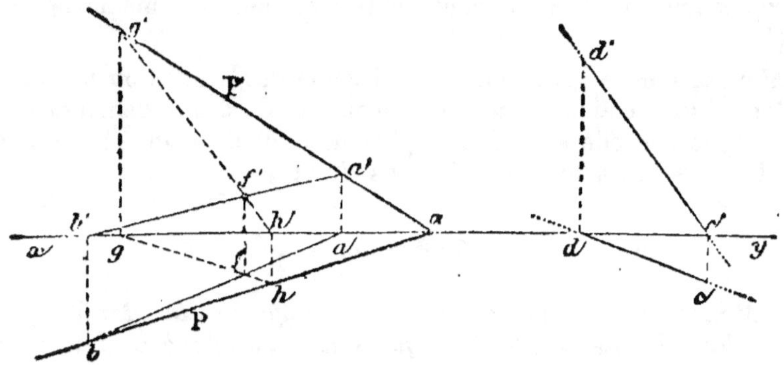

Fig. 107.

Par un point quelconque F de AB, menons GH parallèle à CD; PαP′ est le plan demandé.

Problème.

98. *Par un point donné, mener une droite qui en rencontre deux autres non situées dans un même plan.*

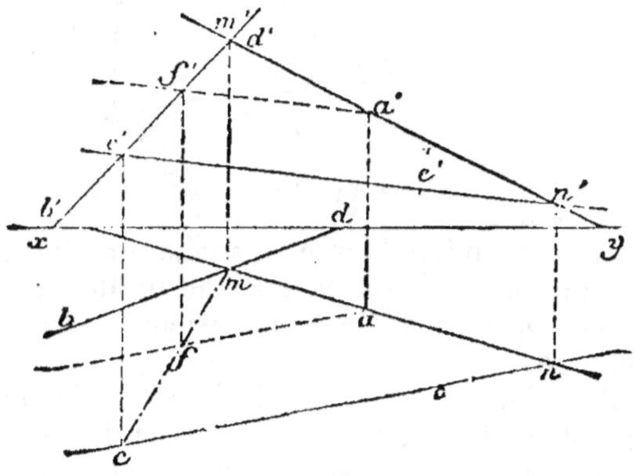

Fig. 108.

1er *Moyen.* Par le point et l'une des droites, on peut faire passer un plan, chercher le point où la seconde droite perce ce plan, mener la droite qui joint cette trace au point donné; cette troisième ligne, située dans un même plan avec la première, la rencontrera ou lui sera parallèle.

Soient BD, CE et A les droites et le point donnés. Par le point A et la droite CE faisons passer un plan; il suffit de mener par le point (a, a') une parallèle $(af, a'f')$ à $(ce, c'e')$.

Pour trouver le point où BD perce le plan ACE, on peut employer le plan de bout $b'd'$. Il coupe le plan ACE suivant $(cf, c'f')$; or cf et bd se coupent en m, ce qui détermine m'; on trace amn et $a'm'n'$. La droite $(mn, m'n')$ répond à la question.

Vérification. n et n' doivent se trouver sur une même ligne de rappel.

2° *Moyen.* Par le point donné et chacune des droites on fait passer un plan; l'intersection de ces deux plans est la droite demandée.

Ce second procédé se présente plus naturellement que le premier; mais il donne lieu à une épure moins simple.

Problème.

99. *Mener une droite qui rencontre deux droites données, non situées dans le même plan, et qui soit parallèle à une troisième droite aussi donnée.*

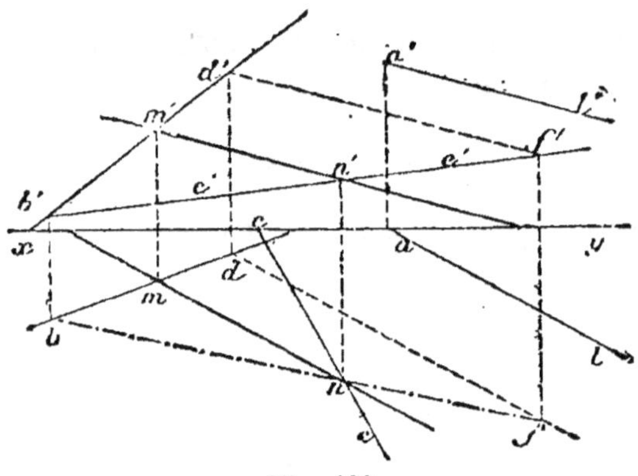

Fig. 100.

1ᵉʳ *Moyen.* Par la première droite, menons un plan parallèle à la troisième; cherchons le point où la seconde droite perce ce plan, et par ce point menons une parallèle à la troisième droite; la ligne ainsi menée est la réponse.

Soient BD, CE les deux premières droites données et AL la troisième; par le point D de la première, menons DF parallèle à LA. Pour chercher le point (n, n') où la droite CE rencontre le plan BDF, recourons au plan projetant $b'f'$: Les projections b', f' déterminent b, f, et, par suite, n; puis n'. Enfin, par (n, n') menons à LA la parallèle MN, qui rencontre BD au point M.

2° *Moyen.* Par chacune des deux premières droites, on fait passer un plan parallèle à la troisième; l'intersection de ces plans est la droite demandée.

§ II. — Droites et plans perpendiculaires.

Théorème.

100. *Lorsqu'une droite est perpendiculaire à un plan, sa projection sur un plan quelconque est perpendiculaire à la trace du plan donné sur le plan de projection.*

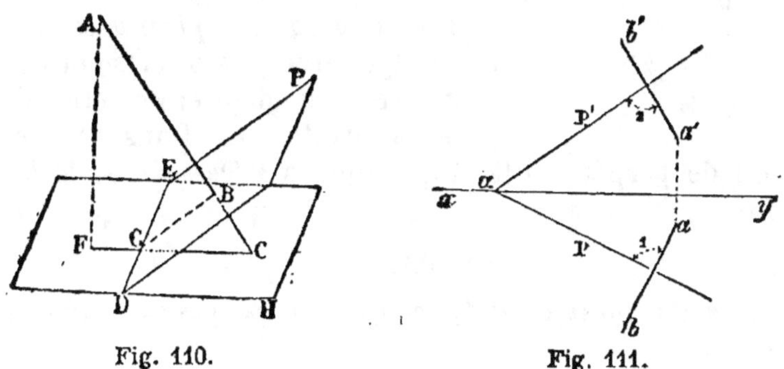

Fig. 110.   Fig. 111.

Soit la droite ABC perpendiculaire au plan P (fig. 110); soit H un plan quelconque de projection.

Il faut prouver que la projection FC de la droite AB est perpendiculaire à la trace DE du plan P.

Le plan projetant AFC est perpendiculaire au plan horizontal et au plan P, car il contient AB et AF, perpendiculaires à ces plans (G., n° 400); donc il est perpendiculaire à leur intersection DE.

La trace DE, perpendiculaire au plan AFC, est perpendiculaire à FC, qui passe par son pied dans ce plan; donc...

Remarque. Dans l'épure d'une droite (*ab*, *a'b'*) perpendiculaire à un plan PαP' (fig. 111), les angles 1 et 2 sont droits.

Théorème réciproque.

101. *Pour qu'une droite soit perpendiculaire à un plan dont les traces sont concourantes, il suffit que ses projections soient respectivement perpendiculaires aux traces de même nom du plan.*

Soit une droite AB dont les projections sont respectivement perpendiculaires aux traces de même nom du plan P'αP (fig. 112).

Appelons β et γ les plans projetants dont cette droite AB est l'intersection (n° 34, *Désignation d'un plan*).

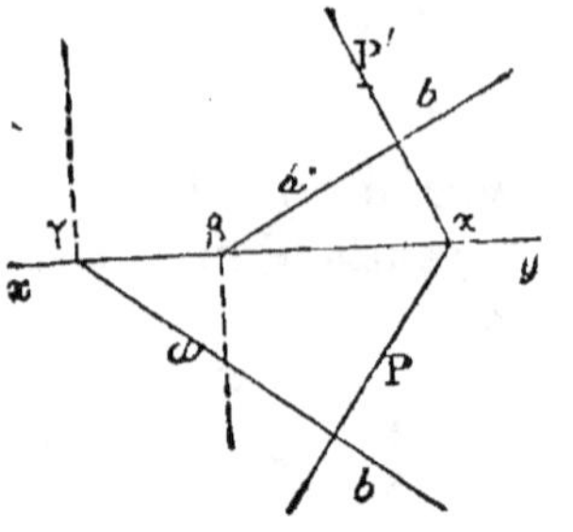

Fig. 112.

Le plan β est perpendiculaire à α comme perpendiculaire à la droite αP′ de ce plan (G., n° 402); de même γ est perpendiculaire à α comme perpendiculaire à αP.

Les plans β et γ étant perpendiculaires à α, leur intersection AB est elle-même perpendiculaire à ce plan.

Remarque. Ce théorème cesse d'avoir lieu lorsque le plan α est parallèle à xy, parce qu'alors les deux plans β et γ se confondent et ne déterminent plus la droite AB. Dans ce cas, la condition de perpendicularité, toujours *nécessaire,* n'est plus *suffisante.*

Problème.

102. *Par un plan donné, mener une perpendiculaire à un plan donné.*

Pour qu'une droite soit perpendiculaire à un plan dont les traces sont concourantes, il suffit que ses projections soient perpendiculaires aux traces de même nom de ce plan (n° 101);

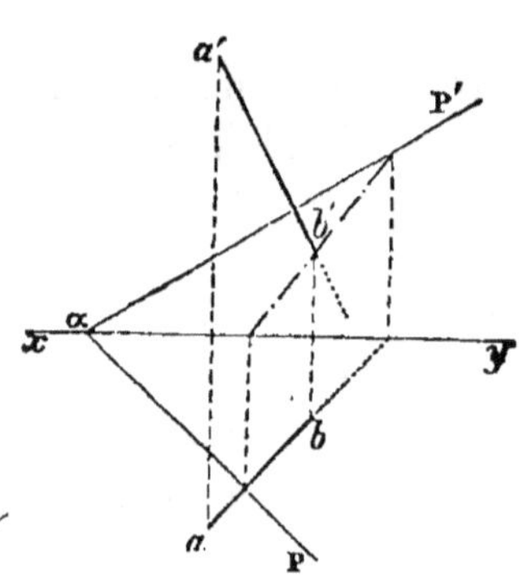

Fig. 113.

donc, des projections du point donné, il faut abaisser des perpendiculaires sur les traces de même nom du plan.

Soient A et P le point et le plan donnés.

Il faut abaisser de la projection *a,* la perpendiculaire *ab* sur αP, et de *a′,* la perpendiculaire *a′b′* sur αP′.

(*ab, a′b′*) est la perpendiculaire demandée.

Remarques. I. Le point (*b, b′*) est le point où la perpendiculaire rencontre le plan α (n° 85).

II. Si le plan P était parallèle à *xy*, la perpendiculaire ne serait pas déterminée par ses seules projections, car elle appartiendrait à un plan de profil (n° 26).

Problème.

103. *Par un point donné, mener un plan perpendiculaire à une droite donnée.*

On peut mener immédiatement par le point une horizontale

du plan demandé, il suffit que sa projection horizontale soit perpendiculaire à la projection horizontale de la droite donnée.

Soient $(ab, a'b')$ et (c, c') la droite et le point donnés.

On mène cd perpendiculaire à ab, $c'd'$ parallèle à xy, puis $d'P'$ perpendiculaire à $a'b'$, et αP perpendiculaire à ab.

Le plan $P\alpha P'$ est perpendiculaire à $(ab, a'b')$, car ses traces sont perpendiculaires aux projections de même nom de la droite; de plus il passe par le point C, car il contient une droite CD menée par ce point.

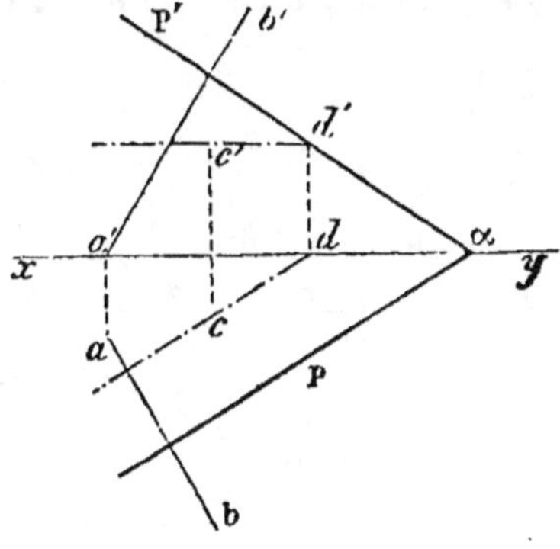

Fig. 114.

Remarque. La construction est la même quand le point donné appartient à la droite.

Problème.

104. *Par un point donné, mener un plan perpendiculaire à un plan donné.* (Problème indéterminé.)

Pour que deux plans soient perpendiculaires l'un à l'autre, il suffit que l'un d'eux contienne une droite perpendiculaire à l'autre plan (G., n° 400); donc, du point donné il faut abaisser une perpendiculaire sur le plan donné, et tout plan mené par cette droite sera perpendiculaire au premier.

Soient A et $P\alpha P'$ le point et le plan donnés.

Par la projection a, menons la perpendiculaire bc à la trace αP; puis par a', la perpendiculaire $b'c'$ à $\alpha P'$, et joignons un point quelconque β de xy aux traces b et c' de la droite obtenue.

Le plan $Q\beta Q'$ répond à la question.

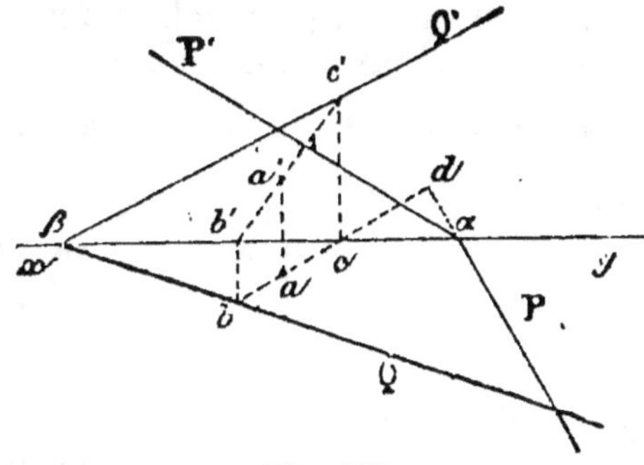

Fig. 115.

Problème.

105. *Par un point donné, mener un plan perpendiculaire à deux plans donnés.*

1er *Moyen.* Par le point donné, on peut mener un plan perpendiculaire à l'intersection des deux plans donnés; il sera perpendiculaire à chacun d'eux.

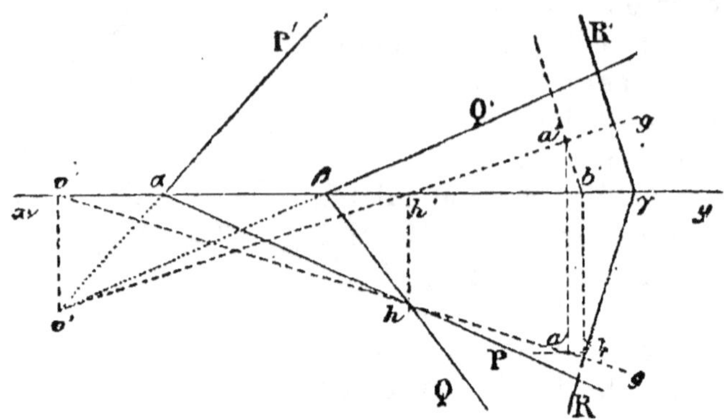

Fig. 116.

2° *Moyen.* Du point donné, on peut abaisser une perpendiculaire sur chaque plan ; le plan de ces deux droites sera perpendiculaire à chacun des plans donnés. (G., n° 400.)

Voici les constructions relatives au 1er moyen.

Soient A, P et Q le point et les plans donnés (fig. 116).

Déterminons l'intersection (hv, $h'v'$) des deux plans.

Par le point (a, a'), menons une frontale du plan demandé. Pour cela, traçons $a'b'$ perpendiculaire à $h'g'$ et ab parallèle à xy.

Par la trace b de la ligne de front, menons $b\gamma$ perpendiculaire à hg, puis $\gamma R'$ perpendiculaire à $h'g'$.

Le plan $R\gamma R'$, perpendiculaire à l'intersection HG, est perpendiculaire aux plans donnés.

Remarque. Le cas particulier suivant est très employé.

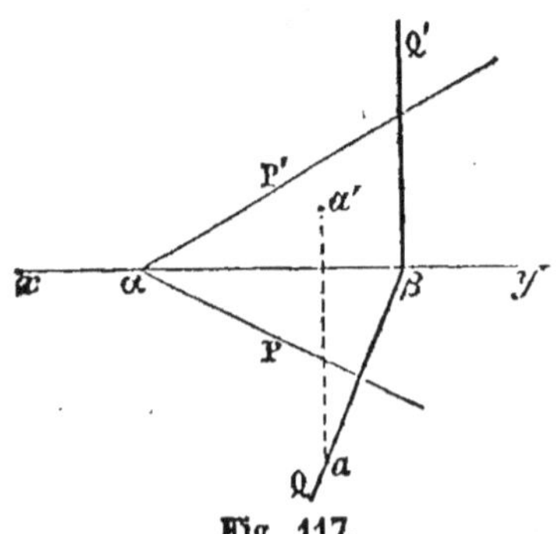

Fig. 117.

106. *Par un point donné, mener un plan vertical qui soit perpendiculaire à un plan donné.*

Soient A et P le point et le plan donnés. Le plan demandé est perpendiculaire à l'intersection (αP, xy) du plan α avec le plan horizontal. De plus, sa trace horizontale contient la projection horizontale a (n° 40).

Donc, menons $\alpha\beta$ perpendiculaire à αP, puis βQ' perpendiculaire à xy.

Le plan Q'βQ est le plan demandé.

Problème.

107. *Par une droite donnée, mener un plan perpendiculaire à un plan donné.*

D'un point quelconque de la droite, il faut abaisser une perpendiculaire sur le plan donné, le plan des deux droites sera perpendiculaire au plan donné, puisqu'il contiendra une perpendiculaire à ce plan. (G., n° 400.)

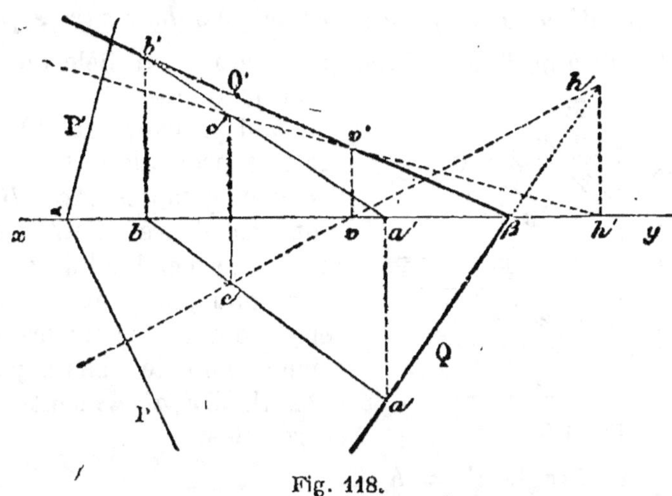

Fig. 118.

Soient AB et P la droite et le plan donnés.

Prenons un point (c, c') sur la droite; menons $(ch, c'h')$ perpendiculaire au plan PαP' (n° 102).

Le plan des droites concourantes AC et CH répond à la question.

Ses traces ah, $b'v'$ doivent se couper sur xy (n° 68).

§ III. — Vraie grandeur des droites *.

Théorème.

108. *Un segment rectiligne se projette en vraie grandeur sur tout plan qui lui est parallèle.*

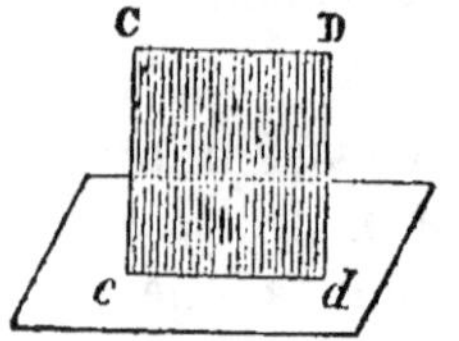

En effet, la figure CD*cd* est un rectangle; donc $cd = CD$.

Théorème.

Fig. 119.

109. *Toute figure parallèle à un plan de projection se projette en vraie grandeur sur ce plan.*

Soit ABCDE une figure plane quelconque, parallèle au plan de projection.

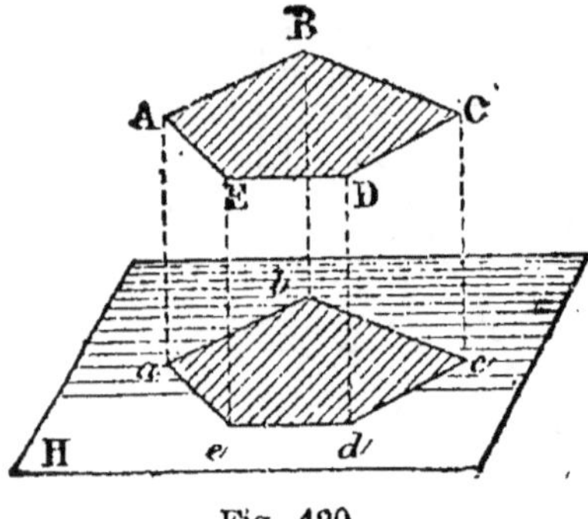

Il faut prouver que ABCDE égale sa projection *abcde*.

Les projetantes *Aa*, *Bb*,... sont parallèles entre elles comme perpendiculaires à un même plan; on peut les considérer comme les arêtes d'un prisme dont les bases parallèles ABCDE, *abcde* sont égales entre elles.

Fig. 120.

Remarque. L'angle $abc = ABC$.

Théorèmes.

110. *Un segment rectiligne est le quatrième côté d'un trapèze rectangle ayant pour hauteur la projection de ce segment sur un plan quelconque, et pour bases les projetantes de ses extrémités.*

Les projetantes *Aa*, *Bb*, sont parallèles entre elles et perpen-

---

* Les problèmes relatifs à la vraie grandeur des droites se rapportent aux rabattements et aux rotations; mais ces problèmes sont si utiles, qu'il y aurait inconvénient à en retarder l'étude; d'autre part, ils sont si élémentaires, qu'on peut les résoudre sans connaître la théorie complète des rabattements et des rotations; enfin plusieurs d'entre eux sont nécessaires pour l'exposition même de ces théories.

diculaires à ab; donc AB est le quatrième côté du trapèze rectangle ABba.

Remarque. Un trapèze tel que ABab pourrait être appelé un trapèze projetant.

111. *Un segment rectiligne est l'hypoténuse d'un triangle rectangle ayant pour côtés de l'angle droit la projection du segment et la différence des projetantes de ses extrémités.*

En menant AC parallèle à ab, on trouve en effet $AC = ab$ et $BC = Bb - Aa$.

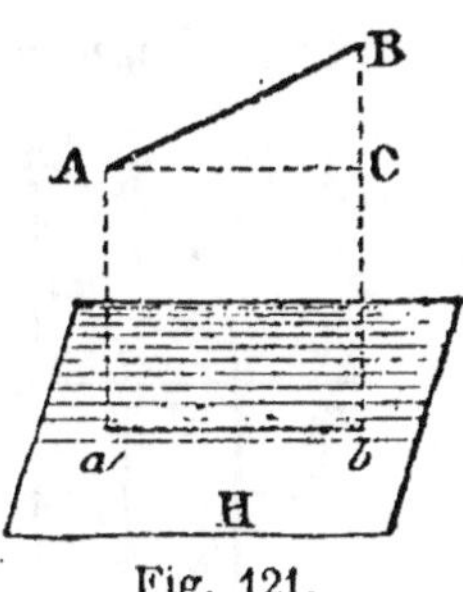

Fig. 121.

112. Pour obtenir la vraie grandeur de la droite, on peut donc employer un des moyens suivants :

(a) *Rabattre l'un des trapèzes projetants sur le plan de projection correspondant, en le faisant tourner autour de sa hauteur.*

(b) *Construire un triangle rectangle ayant pour côtés de l'angle droit la projection de la droite et la différence des projetantes extrêmes.*

(c) *Amener l'un des trapèzes projetants à être parallèle au plan de projection de nom contraire, en le faisant tourner autour de l'une de ses bases.*

Problème.

113. *Déterminer la vraie grandeur d'un segment rectiligne, connaissant les projections de ses extrémités.*

1er Moyen. Relativement à chaque plan de projection, la droite est le quatrième côté d'un trapèze rectangle ayant pour hauteur la projection correspondante, et pour bases les projetantes des points extrêmes (n° 110); on connaît trois de ces côtés; on peut donc construire le trapèze projetant, et, par suite, la longueur demandée.

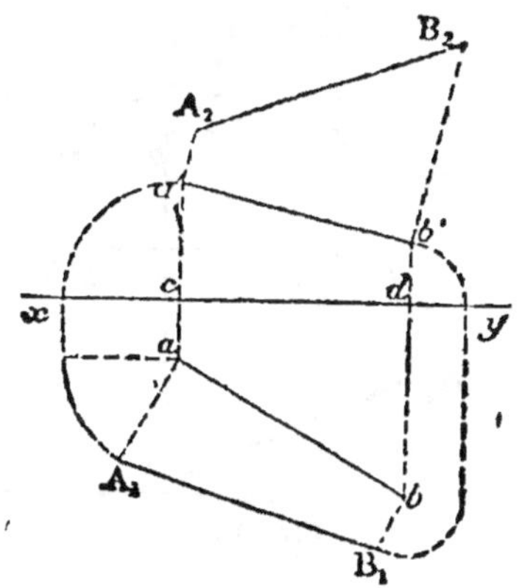

Fig. 122.

Soient (ab, $a'b'$) les projections du segment rectiligne AB (fig. 122); ab est la hauteur du trapèze ABab, dont les ordonnées ca', db' sont les bases.

Faisons tourner le trapèze autour de ab, pour le rabattre sur le plan horizontal; il suffit d'élever les perpendiculaires aA_1, bB_1, respectivement égales aux ordonnées ca', db'; A_1B_1 est la vraie longueur de la droite AB de l'espace.

114. *Remarques.* On pourrait déterminer la vraie grandeur de la droite en construisant sur le plan vertical un trapèze avec $a'b'$ pour hauteur (fig. 122), et les éloignements ac, bd pour bases.

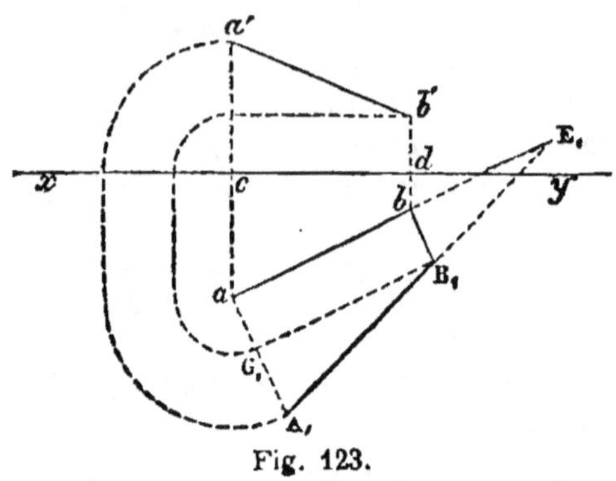

Fig. 123.

II. En géométrie descriptive, on recourt rarement au calcul; mais on reconnaît facilement ici que la longueur l de A_1B_1 serait donnée par

$$l = \sqrt{(ab)^2 + (ca' - db')^2}, \text{ et } l = \sqrt{(a'b')^2 + (ca - db)^2}.$$

III. *Angle d'une droite et d'un plan de projection.* L'angle d'une droite et d'un plan est l'angle que forme cette droite avec sa projection sur ce plan (G., n° 410); donc l'angle $A_1 B_1 G_1$ (fig. 123), égal à l'angle E_1, est l'angle que forme la droite avec le plan horizontal $\star$.

IV. En désignant cet angle par φ, on a :

$$ab = AB \cos \varphi, \text{ d'où } AB = \frac{ab}{\cos \varphi} \quad \text{(Trig., n° 30).}$$

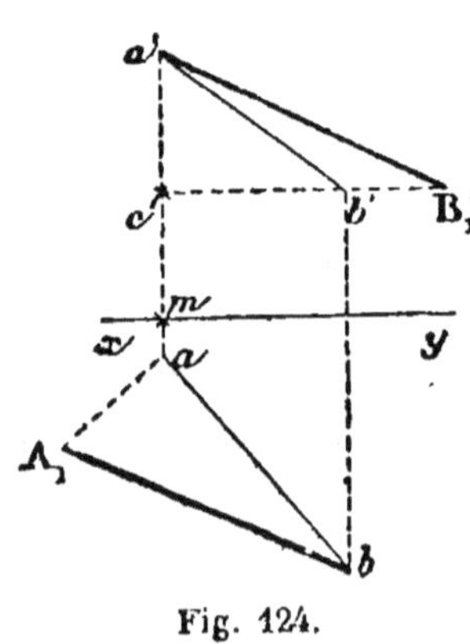

Fig. 124.

115. 2e *Moyen.* On peut construire un triangle rectangle ayant pour côtés de l'angle droit la projection de la droite et la différence des ordonnées des points extrêmes (n°s 111 et 112, [b]).

Par b' on mène $b'c'$ parallèle à xy, et sur une perpendiculaire à la projection ab, on prend $aA_1 = a'c'$, l'hypoténuse bA_1 est la vraie grandeur de la droite.

Remarque. On peut éviter la construction de la perpendiculaire aA_1. Il

---

suffit de porter ab de c' en B'_1. La droite $a'B'_1$ est la longueur demandée.

116. 3° *Moyen.* Pour que le segment rectiligne donné se projette en vraie grandeur (n° 108), il suffit d'amener l'un de ses trapèzes projetants (nᵒˢ 110 et 112, [c]) à être parallèle à l'un des plans de projection.

Soit le segment rectiligne $(ab, a'b')$ (fig. 125).

Amenons le trapèze ABab à être parallèle au plan vertical.

Faisons tourner ce trapèze autour de la projetante Bb, le point (b, b') reste fixe, puisqu'il est sur l'axe; la projection horizontale ba vient en ba_1 sur une parallèle à xy, son extrémité décrit un arc de cercle aa_1; l'ordonnée du point A de l'espace ne change pas; donc a' se déplace sur une parallèle à xy et vient en a'_1 sur la ligne de rappel $a_1a'_1$; la longueur $b'a'_1$ est la réponse.

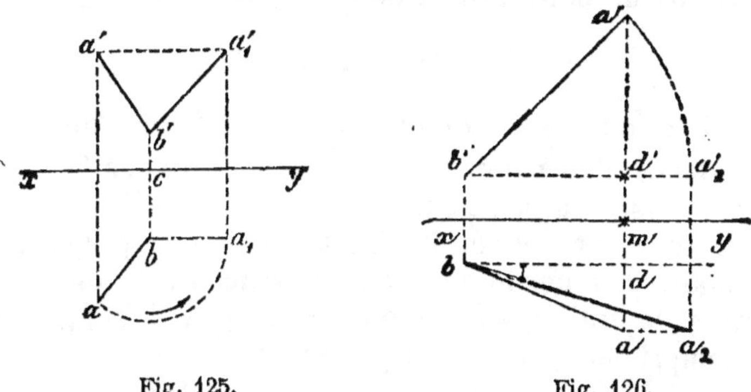

Fig. 125.   Fig. 126.

117. *Remarques.* I. On peut amener la droite AB à être parallèle au plan horizontal; elle devient (a_1b, a'_1b') (fig. 126).

II. L'angle dba_1, de la droite ba_1 et de db, menée parallèlement à xy, est l'angle de la droite AB avec le plan vertical.

Problème.

118. *Prendre sur une droite, à partir d'un point donné, un segment de longueur donnée* l.

On peut rabattre la droite, prendre sur cette ligne, à partir du point donné, le segment de longueur donnée, et déterminer les projections de l'extrémité obtenue.

Soient $(ab, a'b')$ la droite donnée de position, (a, a') l'origine du segment.

Opérons comme pour chercher la vraie grandeur A_1B_1 de $(ab, a'b')$, en recourant à l'un des procédés connus, par exemple au

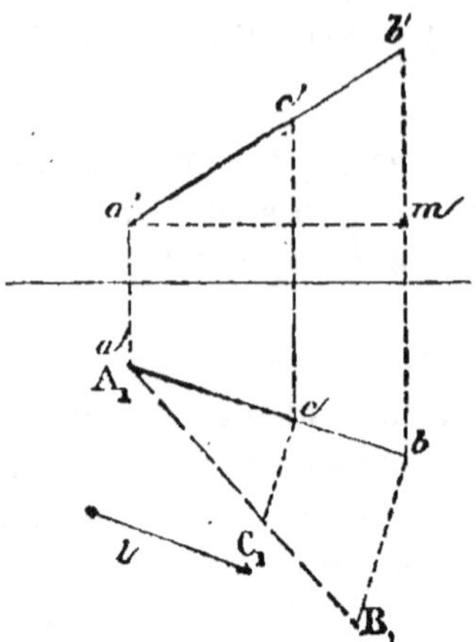

Fig. 127.

deuxième (n° 115). Portons l de A_1 en C_1; le point C_1 a pour projection horizontale c, et pour projection verticale c'. $(ac, a'c')$ est le segment demandé.

119. *Remarque.* Les segments d'une droite sont proportionnels à leurs projections sur un plan quelconque.

Car on a :

$$\frac{A_1C_1}{C_1B_1} = \frac{ac}{cb} = \frac{a'c'}{c'b'}$$

Ainsi le point milieu de la projection d'un segment rectiligne est la projection du point milieu de ce segment.

Problème.

120. *Déterminer la distance d'un point à un plan.*

La distance d'un point à un plan se mesure sur la perpendiculaire abaissée du point sur le plan. (G., n° 371.)

Ainsi, du point donné, il faut abaisser une perpendiculaire sur le plan, chercher le point où elle rencontre le plan, et enfin déterminer la vraie grandeur du segment de cette perpendiculaire, compris entre ces deux points.

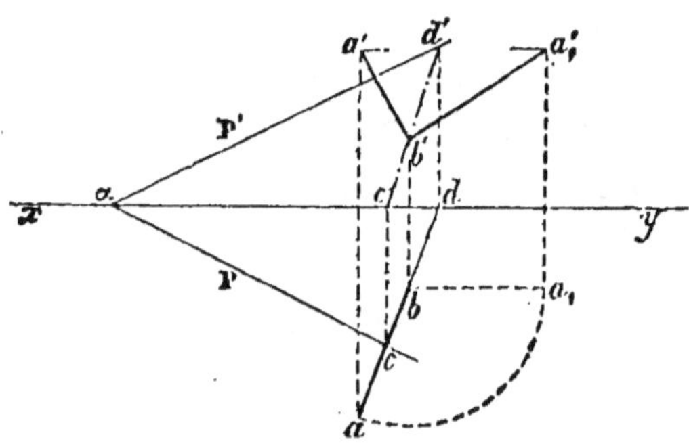

Fig. 128.

Soient (a, a') et P le point et le plan donnés.

Du point A abaissons la perpendiculaire AB sur le plan (n° 102); à l'aide du plan projetant cdd', déterminons son pied B sur le plan (n° 85), et cherchons la vraie grandeur du segment AB, en rendant cette droite parallèle au plan vertical (n° 116). On obtient $b'a'_1$.

Problème.

121. *Trouver la distance de deux plans parallèles.*

Il suffit de chercher la distance d'un point quelconque de l'un d'eux à l'autre plan, on est donc ramené au problème précédent.

Soient PαP' et QβQ' les plans donnés.

En choisissant le point α, on n'a pas de construction à effectuer pour avoir un point du plan P.

Du point α abaissons la perpendiculaire (α*d*, α*d'*) sur le plan Q, déterminons le pied (*d, d'*) de cette perpendiculaire (n° 85), et la vraie grandeur αD₁, de cette ligne (n° 115).

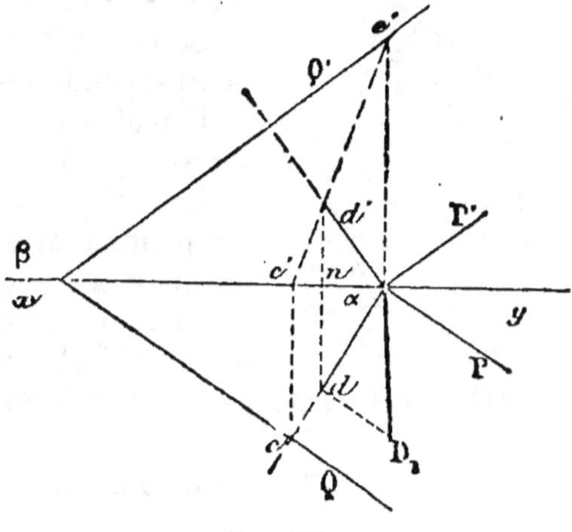

Fig. 129.

Problème inverse.

122. *Mener un plan parallèle au plan PαP', et distant de ce plan d'une longueur donnée l.*

Par le point α, on mène une perpendiculaire (α*c*, α*c'*) au plan PαP'; on détermine un point (*d, d'*) tel que la distance αD₁ égale *l*; pour cela on prend un point (*c, c'*) sur la perpendiculaire, on détermine la vraie longueur αC₁ de (α*c*, α*c'*), puis on porte la longueur donnée de α en D₁, on mène l'horizontale D₁*v*, afin d'obtenir un point *v'* de la trace verticale; enfin on mène *v'*β parallèle à αP' et βQ parallèle à αP.

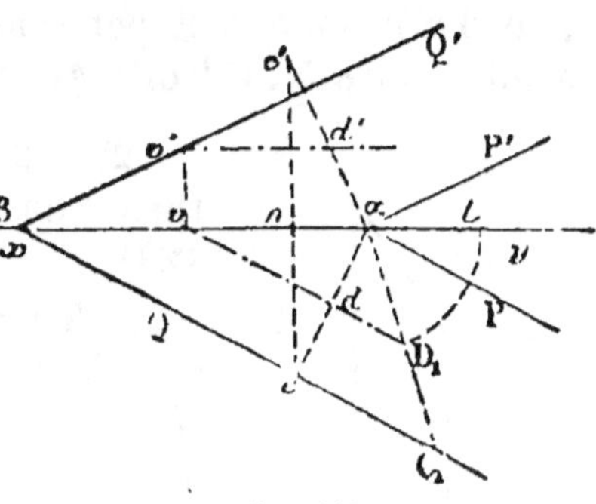

Fig. 130.

Remarque. *d* et *d'* doivent appartenir à une même ligne de rappel; mais la trace βQ ne coïncide pas nécessairement avec *c*C₁.

On trouvera plus loin (n° 145) une solution plus avantageuse de ces mêmes problèmes (n° 121 et 122).

Théorème.

123. *Pour qu'un angle droit se projette en vraie grandeur sur un plan, il suffit que l'un de ses côtés soit parallèle à ce plan.*

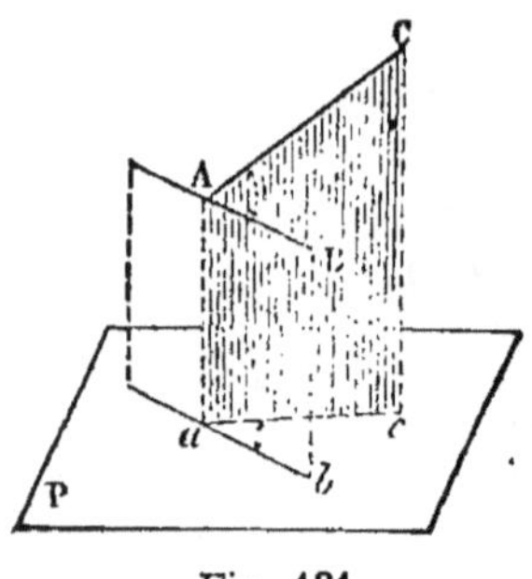

Fig. 131.

Soient AB parallèle au plan P, et AC perpendiculaire à AB.

Il faut prouver que *ac* est perpendiculaire à *ab*.

La projetante A*a* et la droite AC, perpendiculaires à AB, déterminent un plan AC*ac* qui est perpendiculaire à AB, et par suite à sa parallèle *ab* (G., n° 392); donc *ab*, perpendiculaire au plan AC*ac*, est perpendiculaire à la droite *ac* de ce plan.

Théorème réciproque.

124. *Un angle est droit lorsque les projections de ses côtés, sur un plan parallèle à l'un d'eux sont rectangulaires.*

Soit l'angle BAC, dont un côté AB est parallèle au plan P et dont la projection *bac* est un angle droit; il faut prouver que AC est perpendiculaire à AB.

Le plan projetant AC*ac*, contenant deux perpendiculaires à *ab*, est perpendiculaire à cette droite, et par suite à sa parallèle AB (G., n° 392); donc AB, perpendiculaire au plan projetant, est perpendiculaire à la droite AC de ce plan.

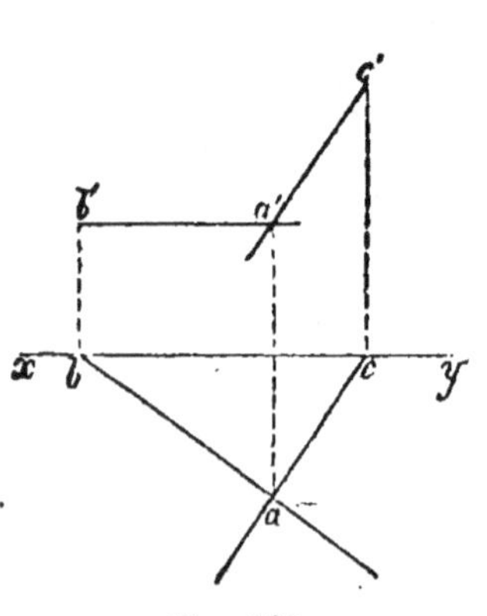

Fig. 132.

125. Conséquences. En vertu des théorèmes précédents (n°s **123** et **124**) :

I. *Une droite est perpendiculaire à une horizontale, lorsque les projections horizontales des deux lignes sont rectangulaires.*

Ainsi (*ac*, *a'c'*) est perpendiculaire à l'horizontale (*ab*, *a'b'*) lorsque l'angle *bac* est droit (n° **124**).

II. *Une droite est perpendiculaire à une frontale lorsque les projections verticales des deux lignes sont rectangulaires* (n° **124**).

Problème.

126. *Trouver la distance d'un point à une droite horizontale.*

La perpendiculaire abaissée du point sur l'horizontale a sa projection horizontale perpendiculaire à la projection horizontale de la ligne donnée (n° 125); on peut donc mener directement cette perpendiculaire.

Soient CB et A la droite et le point donnés.

Il faut abaisser la perpendiculaire ab, en déduire b', et chercher la vraie grandeur de AB; $a'b'_1$ est la distance demandée.

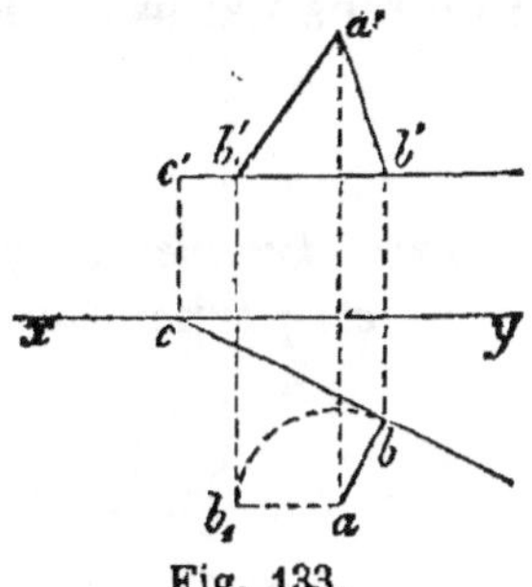

Fig. 133.

Remarque. La distance d'un point à une frontale s'obtient d'une manière analogue; car la projection verticale de la droite demandée doit être perpendiculaire à la projection verticale de la ligne de front (n° 125, II).

Problème.

127. *Trouver la distance d'un point à une droite quelconque.*

Lorsque la droite est *quelconque*, rien n'indique la direction de la perpendiculaire; on peut obtenir cette ligne à l'aide d'un plan auxiliaire :

Par le point donné, on mène un plan perpendiculaire à la droite, et l'on joint le point donné au point où la droite perce le plan.

Soient $(cd, c'd')$ et (a, a') la droite et le point donnés.

Par le point (a, a') menons une ligne de front AH telle que

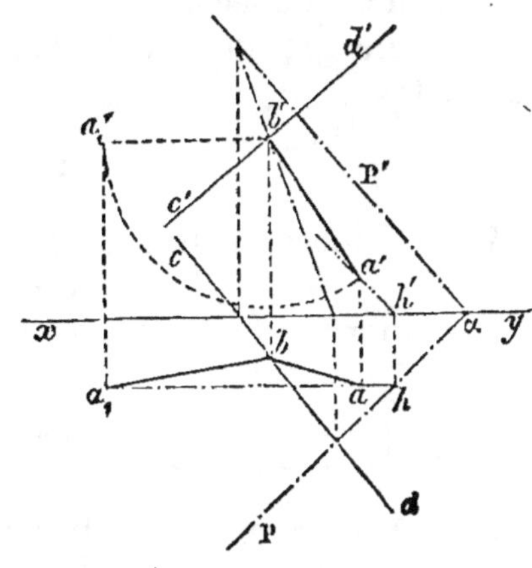

Fig. 134.

$h'a'$ soit perpendiculaire à $c'd'$, puis le plan PαP' perpendiculaire à CB (n° 103), et joignons (a, a') au point (b, b'), où la droite perce le plan : $(ab, a'b')$ est la perpendiculaire demandée, ba_1 en est la vraie grandeur (n° 117).

128. *Remarque.* Pour déterminer le plan PαP' perpendiculaire à CD, on peut prendre indifféremment, comme ligne auxiliaire, une horizontale ou une *frontale*.

La même remarque s'applique à toutes les questions analogues.

La méthode des rabattements nous offrira (n° 179) une solution plus naturelle de la question précédente (n° 127).

Problème.

129. *Trouver la plus courte distance de deux droites dont l'une est perpendiculaire à l'un des plans de projection.*

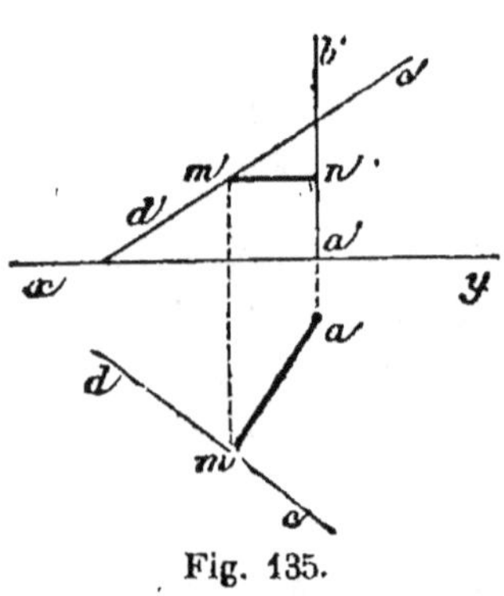

Fig. 135.

Soit à trouver la plus courte distance d'une verticale $(a, a'b')$ à une droite $(cd, c'd')$.

La perpendiculaire commune est horizontale, puisqu'elle est perpendiculaire à la verticale $(a, a'b')$; par suite, sa projection horizontale est perpendiculaire à la projection horizontale de CD (n° 125); donc il faut abaisser du point a la perpendiculaire am sur cd; m fait connaître m'; puis par m' on mène $m'n'$ parallèle à xy. La ligne $(am, m'n')$ est la perpendiculaire commune aux droites données.

Sa vraie grandeur est am, car cette droite est horizontale (n° 108).

Problème.

130. *Trouver la plus courte distance de deux droites, quelconques par rapport aux plans de projection.*

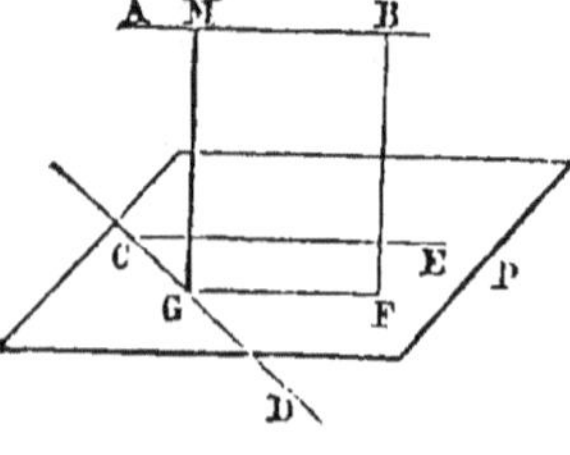

Fig. 136.

Soient AB et CD les droites données.

Les Éléments de Géométrie indiquent la construction suivante (G., n° 411). Par l'une d'elles CD on mène un plan P parallèle à l'autre. On projette celle-ci AB sur le plan P, et par le point où cette projection rencontre CD, on élève au plan P une perpendiculaire. Cette perpendiculaire est la droite demandée.

Il suffit d'effectuer, en descriptive, ces diverses opérations géométriques.

Épure. Soient $(ab, a'b')$ et $(cd, c'd')$ les droites données.

Par un point quelconque (c, c') de l'une de ces droites, on mène $(ce, c'e')$ parallèle à $(ab, a'b')$, et l'on détermine le plan PαP′ qui contient CD et CE. Puis de (b, b') on abaisse

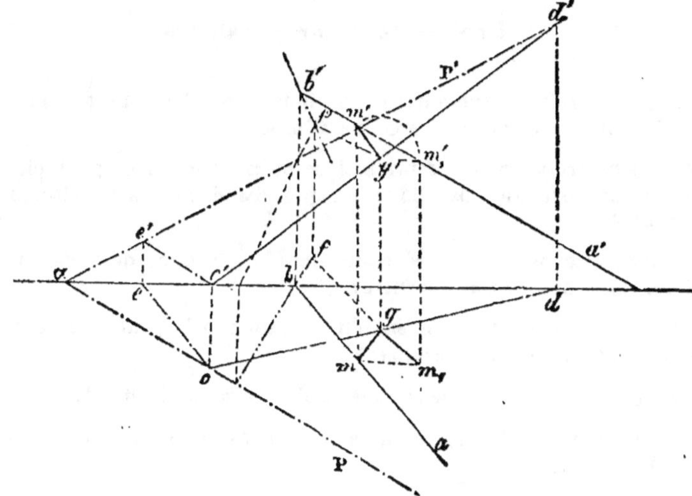

Fig. 137.

la perpendiculaire $(bf, b'f')$ sur le plan P (n° 102), et l'on cherche le point (f, f'), où elle perce ce plan (n° 85). Par (f, f') on mène une parallèle $(fg, f'g')$ à la droite $(ab, a'b')$; elle doit rencontrer $(cd, c'd')$ en g et g' sur une ligne de rappel; puis par (g, g') on mène $(gm, g'm')$ parallèle à $(bf, b'f')$; la droite $(gm, g'm')$ est la perpendiculaire commune aux deux droites AB et CD; sa vraie grandeur gm_1 est la distance demandée (n° 117).

EXERCICES

Droites et plans parallèles.

61. T. Deux droites situées dans des plans parallèles sont parallèles lorsque deux projections de même nom sont parallèles.

62. T. Deux droites dont les projections horizontales sont parallèles ont aussi les projections verticales parallèles lorsque ces droites sont situées dans des plans parallèles.

63. Deux droites peuvent-elles avoir deux projections de même nom parallèles et les deux autres concourantes?

64. Sans recourir au rabattement du plan de profil, peut-on reconnaître que deux droites de profil sont parallèles?

65. Par un point donné, mener une droite parallèle à une droite de profil.

66. Comment reconnaît-on, à l'inspection de ses projections, qu'une droite est parallèle à l'un des plans bissecteurs?

67. Comment reconnaître qu'une droite de profil est parallèle à l'un des plans bissecteurs?

68. Par un point donné, mener une droite qui en rencontre deux autres non situées dans un même plan.

69. Par un point donné, mener une droite qui rencontre la ligne de terre et une seconde droite indiquée ci-après :
1° Droite quelconque;
2° Horizontale, ou ligne de front;
3° Droite de profil.

70. Mener une droite qui rencontre **trois autres** droites non situées deux à deux dans un même plan.

71. Mener une droite qui rencontre deux droites données, non situées dans le même plan, et qui soit parallèle à une troisième droite.
Le problème proposé peut s'énoncer comme il suit :
Étant données trois droites non situées deux à deux dans le même plan, mener une quatrième droite parallèle à l'une d'elles, et sécante par rapport aux deux autres.

72. Par un point donné, mener une droite parallèle à un plan donné et rencontrant une droite donnée.
1° Le plan et la droite sont quelconques;
2° Le plan passe par la ligne de terre et un point, la droite est de profil, et elle est donnée par ses traces.

73. T. Les projections horizontales de toutes les horizontales qui rencontrent deux droites de front fixes passent par un même point.

74. Toutes les horizontales qui s'appuient sur deux droites fixes, ayant leurs projections horizontales parallèles, s'appuient aussi sur une verticale fixe.

75. Indiquer dans quel cas deux plans parallèles à xy sont parallèles entre eux.

76. Par un point, mener un plan parallèle à un autre plan dont 1° les traces sont parallèles à xy; 2° les traces sont en ligne droite; 3° à un plan déterminé par deux droites concourantes.

77. Par un point, mener un plan parallèle à un plan déterminé par deux droites parallèles, et sans recourir aux traces.

78. Par un point donné, mener un plan parallèle à un plan donné par une de ses lignes de pente, ou par une de ses lignes d'inclinaison.

79. Par la ligne de terre, mener un plan parallèle à une droite donnée et déterminer l'angle que fera ce plan avec le plan horizontal.

80. Par un point donné, mener un plan qui passe à égale distance de deux autres points donnés.

81. Par une droite donnée, mener un plan équidistant de deux points donnés.

82. Par un point donné, mener un plan qui passe à égale distance de trois autres points donnés.

83. Mener un plan qui soit équidistant de trois points donnés et qui soit parallèle à une droite donnée.

84. Par trois points donnés, mener trois plans parallèles et équidistants.

85. Par trois points donnés, mener trois plans parallèles et équidistants; l'un de ces plans doit passer par un quatrième point aussi donné.

86. Par deux points A, B et une droite CD, mener trois plans parallèles et équidistants.

87. Mener un plan équidistant d'un point A et d'une droite BC, parallèlement à une autre droite DE.

88. Par quatre points quelconques de l'espace, mener quatre plans parallèles équidistants.

89. Mener un plan équidistant de deux droites non situées dans un même plan.

90. Par trois droites non situées deux à deux dans un même plan, mener trois plans qui se coupent suivant une même droite.

Droites et plans perpendiculaires.

91. T. Deux plans sont perpendiculaires l'un à l'autre : 1° lorsque, étant perpendiculaires à un même plan de projection, leurs traces sur ce plan sont perpendiculaires; 2° lorsque chacun d'eux n'a qu'une trace et que les deux traces (une de chaque plan) sont de noms contraires; 3° lorsqu'un des plans n'a qu'une trace et que les deux traces du second sont perpendiculaires à la trace du premier.

92. Par rapport à un plan de projection, quelle position faut-il donner à un triangle isocèle pour que les côtés égaux aient des projections égales ?

Déduire de cette étude les cas où la projection de la bissectrice d'un angle est aussi la bissectrice de l'angle formé par les projections des côtés de cet angle.

93. T. 1° Un plan dont les traces sont symétriques par rapport à xy est perpendiculaire au premier bissecteur.

2° Un plan dont les traces sont confondues est perpendiculaire au second bissecteur.

94. T. Lorsque les projections d'une droite sont perpendiculaires aux traces d'un plan mené par xy, ou parallèlement à xy, on ne peut pas affirmer que la droite soit perpendiculaire au plan.

95. 1° Comment reconnaît-on qu'une droite est perpendiculaire à l'un des plans bissecteurs sans recourir au rabattement du plan de profil qui contient cette droite?

2° Comment reconnaître qu'une droite rencontre les plans de projection sous des angles de 45 degrés?

96. D'un point donné, abaisser une perpendiculaire sur un plan donné par une horizontale et une ligne de front.

97. Par un point dont les projections coïncident, mener un plan perpendiculaire à une droite dont les projections coïncident.

98. Par un point donné, mener un plan perpendiculaire à une droite de profil.

99. Par la ligne de terre, mener un plan perpendiculaire à un plan donné.

100. Par la droite qui aurait pour projections les traces d'un plan donné, abaisser un plan perpendiculaire sur le premier et déterminer l'intersection des deux plans.

101. Par une droite quelconque, AB, mener un plan perpendiculaire à un plan déterminé par la ligne de terre et un point D. — Trouver l'intersection des deux plans.

102. Par une droite quelconque, mener un plan perpendiculaire à un plan de profil.

103. D'un point quelconque, mener une perpendiculaire à une droite de profil.

104. Trouver sur la ligne de terre un point qui soit également éloigné des deux traces d'une droite donnée.

105. 1° Lieu géométrique des points équidistants de deux points donnés.

2° Lieu géométrique des points équidistants de trois points donnés.

3° Lieu géométrique des points équidistants des trois côtés d'un triangle.

106. Étant donnés trois points et un plan, trouver un point du plan qui soit équidistant des trois points donnés.

107. Sur une droite donnée, trouver un point également éloigné de deux points donnés.

108. Trouver un point équidistant de quatre points donnés.

109. Par un point donné, mener une droite qui soit orthogonale à deux droites données.

110. Mener par le point A une droite qui rencontre la droite BC et soit orthogonale à la droite FG.

Vraie grandeur des droites.

111. Trouver la vraie grandeur d'un segment rectiligne dans les cas particuliers suivants :

1º Les deux projections partent d'un même point de la ligne de terre ;

2º Les projections se coupent au même point de la ligne de terre ;

3º La droite est située dans le quatrième dièdre ;

4º La droite est située en partie dans deux dièdres différents.

112. Trouver la vraie grandeur d'une droite de profil limitée à ses traces et connue :

1º Par ses traces ;

2º Par deux de ses points ;

3º Par l'un de ses points et l'angle qu'elle fait avec un des plans de projection ;

4º Par l'un de ses points et la distance de cette droite à la ligne de terre.

113. Sur une droite limitée, trouver un point 1º également éloigné des deux extrémités de la ligne ; 2º au tiers de la ligne ; 3º dont les distances aux deux extrémités soient dans un rapport donné.

114. Joindre un point donné à un point de la ligne de terre, de manière que la droite comprise entre ces deux points ait une longueur donnée.

115. Trouver la distance d'un point à un plan :

(a) Le plan est parallèle à xy ;

(b) Le plan est déterminé par xy et un point ;

(c) Le plan a ses deux traces en ligne droite.

116. Trouver la distance d'un point donné :

1º A la ligne de terre ;

2º A une parallèle à la ligne de terre ;

3º A une ligne située dans le plan vertical ;

4º A une horizontale quelconque.

117. Étant donné deux droites verticales et un point sur l'une d'elles, trouver sur l'autre un point distant du premier d'une longueur donnée.

118. Étant donnés un point et une ligne quelconque, trouver sur la ligne un point dont la distance au point donné égale une longueur l.

119. Une droite, limitée à ses deux traces, étant donnée, mener un plan perpendiculaire à cette ligne, au point qui est au tiers de sa longueur, à partir de la trace horizontale.

120. Déterminer la distance de l'un des plans bissecteurs des dièdres formés par les plans de projection, et d'une droite parallèle à ce plan bissecteur.

121. Une droite étant parallèle à un plan, trouver la distance de cette ligne au plan.

122. 1º Sur une droite donnée, trouver un point dont l'ordonnée soit double de l'éloignement ; 2º même problème lorsque le point doit appartenir à un plan donné ; 3º quel est le lieu géométrique des points du plan dont l'ordonnée et l'éloignement sont entre eux dans un rapport donné.

123. Trouver la distance d'un point donné sur la ligne de terre, à une droite quelconque.

124. Construire la perpendiculaire commune à deux droites données :

1° Deux droites ayant deux projections de même nom parallèles.

2° Ligne de terre et droite quelconque.

3° L'une des droites données est horizontale, de front, ou parallèle à xy.

125. 1° Trouver la plus courte distance de deux plans parallèles.

2° Mener un plan parallèle à un plan donné et distant de ce plan d'une longueur l.

126. Trouver, sur la ligne de terre, un point distant d'une quantité donnée l d'un plan donné P.

127. Trouver, sur une ligne donnée quelconque, un point distant d'une quantité donnée d'un plan donné.

128. Mener un plan parallèle à un plan donné, de manière que les deux plans interceptent une longueur donnée l sur une droite donnée.

129. Placer, dans un plan donné, une droite de profil ayant une longueur donnée l entre ses traces h et v'.

130. Par un point pris dans un plan, on mène dans ce plan une suite de droites de longueur constante r. Pour quelles positions de la droite obtiendra-t-on la projection horizontale 1° la plus longue; 2° la plus courte?

131. Mêmes données que précédemment (n° 130).

1° Pour quelles positions de la droite les deux projections sont-elles égales entre elles?

2° Pour quelles positions de la droite la projection horizontale aura-t-elle une longueur donnée l?

132. On donne la trace horizontale d'un plan de bout, un point dans l'espace, et la distance de ce point au plan : déterminer la trace verticale du plan.

133. Déterminer un point qui soit à une distance donnée de chaque plan de projection et d'un plan donné.

134. Déterminer un point qui soit à une distance donnée d'un point donné et des plans de projection.

135. Déterminer un point qui soit à une distance donnée du plan horizontal et de deux points ayant même ordonnée.

CHAPITRE IV

MÉTHODES DIVERSES

131. Introduction. La résolution des divers problèmes devient très simple lorsque les données ont certaines positions particulières relativement aux plans de projection : ainsi, on peut trouver directement la distance d'un point à un **plan vertical**, ou à une droite horizontale (n° 126); tandis qu'il faut des constructions auxiliaires pour avoir la distance d'un point à un plan quelconque (n° 120), ou à une droite quelconque (n° 127). *Il est donc utile,* et parfois nécessaire, *de rapporter les données à de nouveaux plans de projection qui permettent d'employer des constructions plus simples;* ou bien, *de modifier la position des données par rapport aux plans primitifs.*

On distingue trois méthodes principales :

1° Les changements des plans de projection;
2° Les rotations;
3° Les rabattements *.

§ I. — Changements des plans de projection.

Problème I

132. Changement du plan vertical. Considérons deux plans verticaux V et V′ ayant BE pour intersection : un point A de l'espace a pour projection a et a' ou a et a'_1, suivant que l'on considère les plans H et V ou bien H et V′. Mais $ma' = na'_1$, car chacune de ces droites égale l'ordonnée Aa; donc, en rabattant chaque plan vertical, on obtient une épure sur laquelle $na'_1 = ma'$.

Ainsi, lorsqu'on change de plan vertical de projection, en conservant le

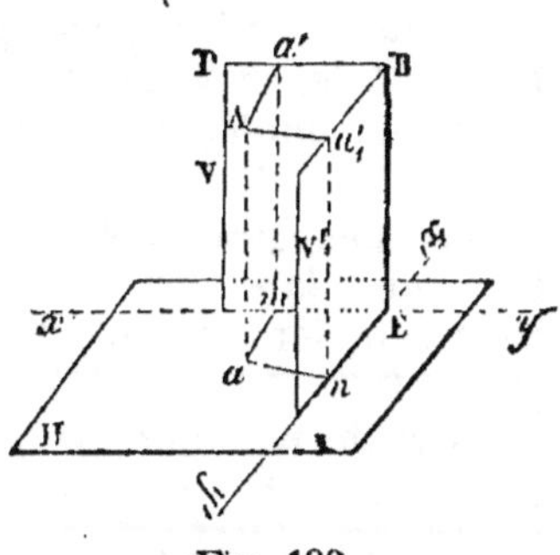

Fig. 138.

---

même plan horizontal, *la projection horizontale d'un point quelconque ne change pas, et son ordonnée conserve une longueur invariable.*

133. Disposition des projections. Pour faciliter la lecture de l'épure, la nouvelle ligne de terre est désignée par $x'y'$; les lettres sont placées de telle sorte qu'en lisant $x'y'$, de gauche à droite, suivant l'usage, la partie supérieure du nouveau plan vertical se trouve au-dessus de la ligne de terre.

La nouvelle projection verticale du point A est indiquée par a'_1.

Exemples. 1° Soient a, a' (fig. 139) les projections d'un point A de l'espace. Avec $x'y'$ prenons un nouveau plan vertical V′ que nous rabattons vers la droite du dessin. Pour avoir la nouvelle projection verticale a'_1, il faut abaisser une perpendiculaire ana'_1 sur $x'y'$, et prendre au-dessus de $x'y'$ une longueur na'_1 égale à ma'; car a' est au-dessus de xy.

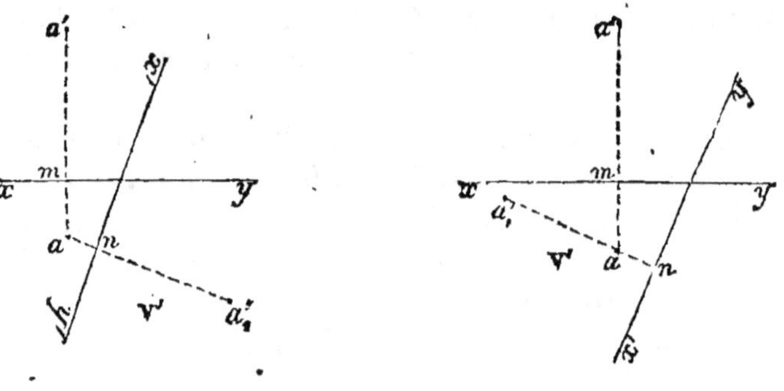

Fig. 139.   Fig. 140.

2° (fig. 140) $x'y'$ fait connaître que le nouveau plan vertical V′ a été rabattu vers la gauche du dessin. Au-dessus de $x'y'$ on prend $na'_1 = ma'$.

134. Règle pratique. *Lorsqu'on change de plan vertical, la nouvelle projection verticale d'un point s'obtient en abaissant, de la projection horizontale, une perpendiculaire sur* x'y', *et portant, dans la direction convenable, l'ordonnée du point considéré.*

135. Changement du plan horizontal. *Par convention*, on appelle *nouveau plan horizontal* tout plan perpendiculaire au plan vertical conservé, lorsque ce plan de bout doit remplacer le plan horizontal primitif.

La règle pratique pour faire ce changement est analogue à celle qui vient d'être donnée (n° 134).

Exemple. Supposons qu'avec $x'y'$ (fig. 141) on prenne un nouveau plan horizontal, rabattu vers la partie inférieure de l'épure.

Un point tel que (a, a') devient (a_1, a'). Pour obtenir a_1, on mène la ligne de rappel $a'na_1$, et, au-dessous de $x'y'$, on prend $na_1 = ma$;

car, quel que soit le plan choisi pour nouveau plan horizontal, le point A de l'espace conserve la même position par rapport au plan vertical conservé.

Un point tel que $(c,\ c')$, situé derrière le plan vertical, reste derrière ce plan et devient $(c_1,\ c')$. Il faut qu'on ait : $nc_1 = mc$, car *l'éloignement* ne varie pas.

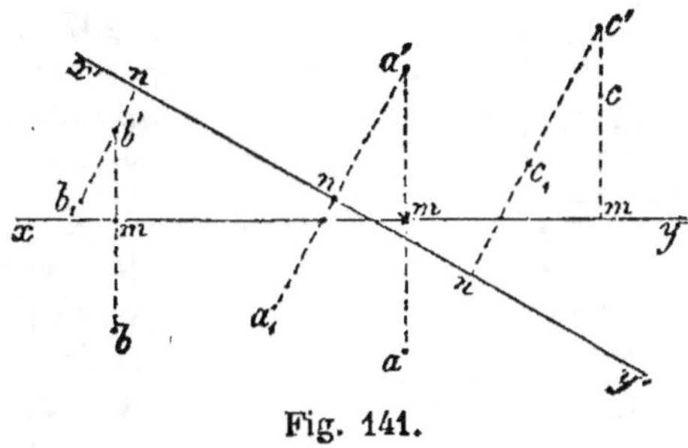

Réciproquement. Si l'on donne un point $(b_1,\ b')$ par rapport à $x'y'$ et à H', on obtient $(b,\ b')$ par rapport à xy et au plan H, en prenant $mb = nb_1$.

Fig. 141.

Problème II

136. Projection d'une droite. Une droite étant donnée, on obtient sa projection sur un nouveau plan de projection, en déterminant la nouvelle projection de deux de ses points.

1° Soit à déterminer la projection verticale d'une droite sur un nouveau plan vertical (fig. 142).

La projection horizontale ab ne change point; de a et b abaissons des perpendiculaires sur $x'y'$; et déterminons a'_1 et b'_1, en prenant des ordonnées respectivement égales à celles de a' et de b'. La nouvelle projection verticale est $a'_1 b'_1$.

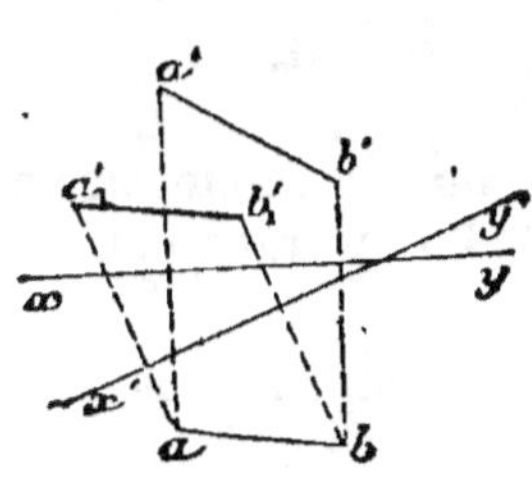

Fig. 142.

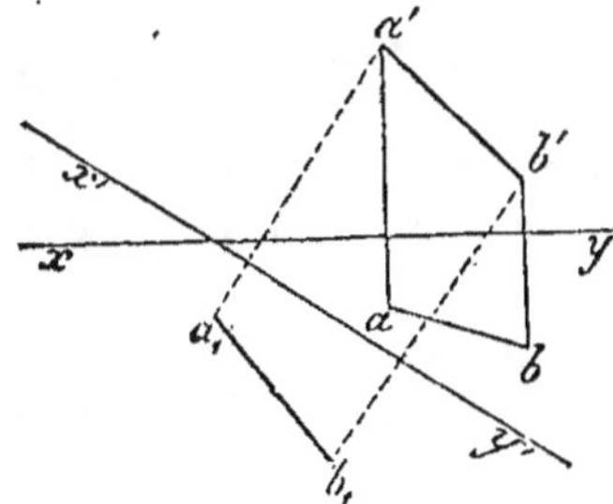

Fig. 143.

2° Soit à déterminer la projection horizontale d'une droite sur un nouveau plan horizontal.

En prenant un nouveau plan horizontal avec $x'y'$ (fig. 143), on obtient $a_1 b_1$ pour nouvelle projection horizontale de la droite $(ab,\ a'b')$, les points a_1, b_1 ayant par rapport à $x'y'$ le même éloignement que a et b par rapport à xy.

Application I

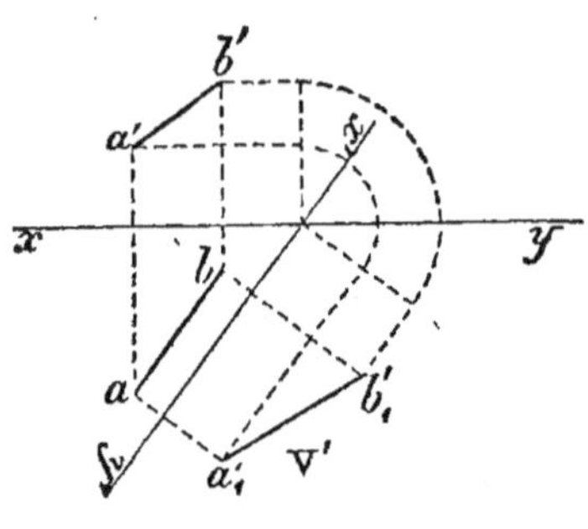

Fig. 144.

137. P. *Changer de plan vertical de projection, de manière qu'une droite donnée soit parallèle au nouveau plan vertical.*

Soit la droite $(ab, a'b')$; prenons un plan vertical parallèle à cette ligne; pour cela, menons $x'y'$ parallèle à ab. La droite représentée actuellement par $(ab, a'_1 b'_1)$ est parallèle au plan V', que l'on a rabattu vers la droite de l'épure.

138. *Remarques.* I. On peut prendre $x'y'$ sur ab; dans ce cas, la droite se trouve sur V', et l'on obtient une des deux dispositions suivantes (fig. 145 et 146). Les constructions sont identiques à celles qui donnent la vraie grandeur d'une droite (n° 113).

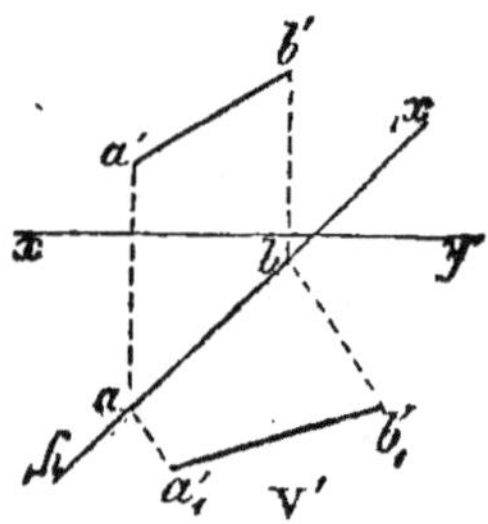

Fig. 145.

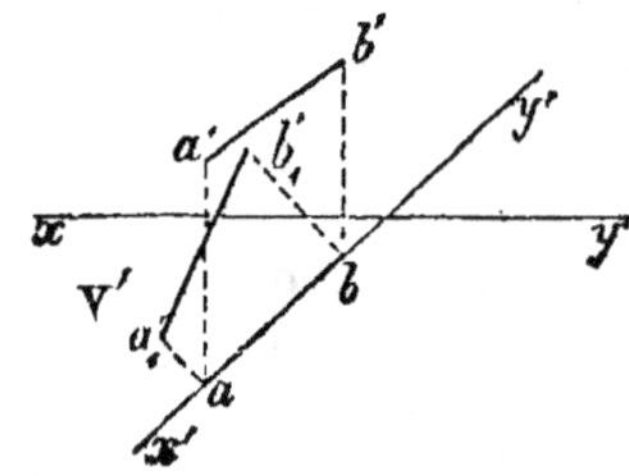

Fig. 146.

Dans la figure 145, le plan V' est rabattu vers la droite ou vers la partie inférieure de l'épure; dans la figure 146, il est rabattu de l'autre côté de ab.

II. La droite considérée est invariable de position dans l'espace, mais ses projections changent suivant les plans adoptés; néanmoins on énonce ordinairement les problèmes, le précédent, par exemple, comme il suit :

A l'aide d'un changement de plan, rendre une droite parallèle au plan vertical.

Dans les énoncés suivants nous nous conformons à l'usage reçu.

Application II

139. P. *A l'aide d'un changement de plan, rendre verticale une droite de front.*

Il faut choisir un plan horizontal perpendiculaire à la droite donnée.

Soit la frontale $(ab, a'b')$; prenons un plan horizontal perpendiculaire à AB; il suffit de mener $x'y'$ perpendiculaire à $a'b'$, et de prendre $a'a_1 = aa'$.

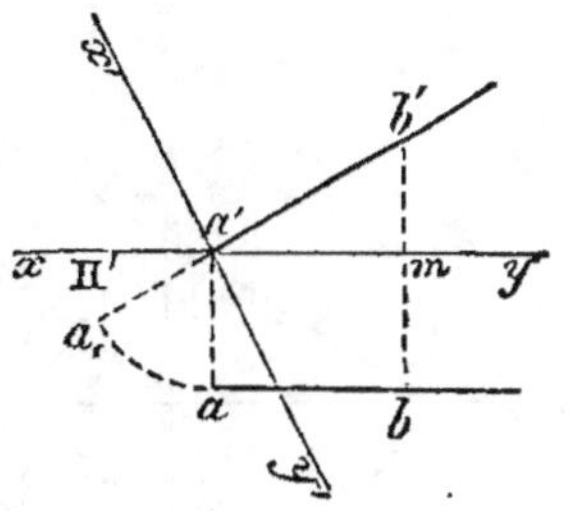

Fig. 147.

La droite est représentée par $(a_1, a'b')$. Cette droite est perpendiculaire au plan H', car $a'b'$ est perpendiculaire à $x'y'$; d'ailleurs, la détermination des nouvelles projections horizontales, des divers points de la droite donnée, conduit à la même conséquence : pour tout point, B, par exemple, il faut prendre $a'a_1 = mb$, or $mb = a'a$.

Application III

140. P. *Rendre une droite quelconque perpendiculaire à l'un des plans de projection.*

Il faut opérer deux changements successifs; par exemple, prendre un nouveau plan vertical V' parallèle à cette droite, puis un nouveau plan horizontal perpendiculaire à la nouvelle projection verticale de la droite.

Soit $(ab, a'b')$ la droite donnée.

Prenons un nouveau plan vertical avec $x'y'$ passant par ab; la droite $(ab, a'_1b'_1)$ est sur le plan V'; puis prenons un nouveau plan horizontal avec $x''y''$, perpendiculaire à $a'_1b'_1$. La nouvelle projection horizontale a_1 est sur $x''y''$, puisque la droite est sur V', et la droite $(a_1, a'_1b'_1)$ est perpendiculaire au plan H'.

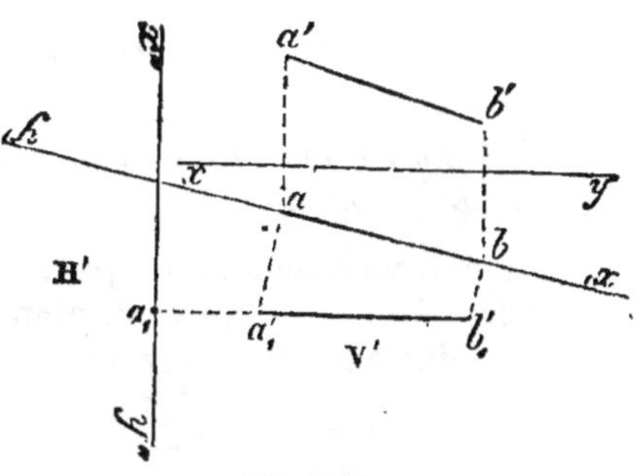

Fig. 148.

Remarque. Au lieu d'effectuer deux changements de plan, on peut combiner cette méthode avec la suivante (n° 146), et effectuer un seul changement de plan et une rotation.

Application IV

141. P. *Trouver la plus courte distance de deux droites, dont l'une est parallèle à l'un des plans de projection.*

On peut mener directement la perpendiculaire commune à deux droites, lorsqu'une de ces lignes est perpendiculaire à l'un des plans de projection (n° 129); prenons donc un nouveau plan qui soit perpendiculaire à la parallèle donnée.

Soient données la droite quelconque AB et la frontale CD.

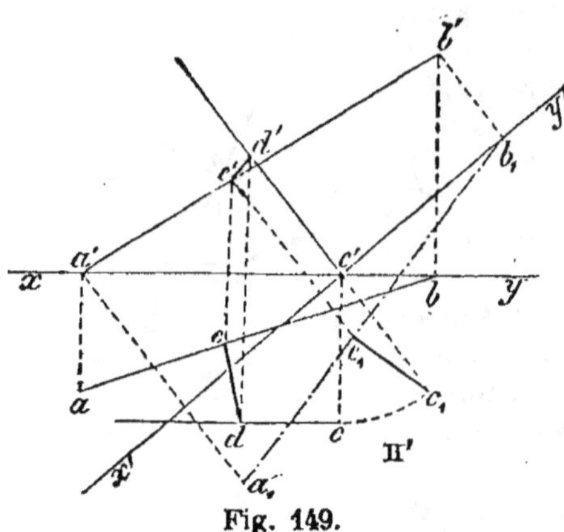

Fig. 149.

On est conduit à prendre un nouveau plan horizontal H′ perpendiculaire à CD; pour cela menons $x'y'$ perpendiculaire à $c'd'$ au point c'. La ligne AB devient $(a_1b_1, a'b')$, CD devient $(c_1, c'd')$; cette droite étant perpendiculaire au plan H′, la perpendiculaire commune aux droites données est parallèle au plan H′, et se projette en vraie grandeur sur ce plan.

Abaissons donc la perpendiculaire c_1e_1 sur a_1b_1; e_1 fait connaître e', et l'on mène $e'd'$ parallèle à $x'y'$. La vraie grandeur de $(c_1e_1, d'e')$ est la distance cherchée c_1e_1.

142. *Remarque.* Si les deux droites étaient quelconques, on amènerait l'une d'elles à être parallèle à l'un des plans de projection (n° 137), et l'on serait ramené au problème précédent (n° 141).

Problème III

143. *Un plan quelconque étant donné par ses traces, changer l'un des plans de projection.*

L'une des traces ne change pas; la trace nouvelle est l'intersection du plan donné avec le nouveau plan de projection; il suffit de déterminer un point de cette nouvelle trace. Pour cela, on prend un point du plan donné, et l'on cherche la nouvelle projection de ce point.

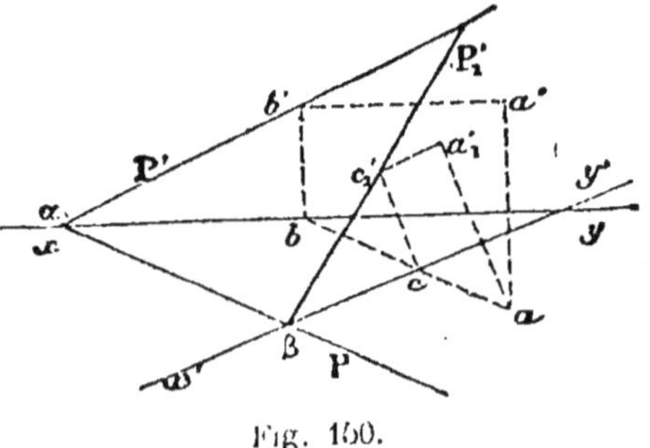

Fig. 150.

Soit à déterminer la nouvelle trace verticale du plan PαP′.

1re *Construction.* Prenons un point quelconque du plan, (a, a') par exemple, à l'aide d'une horizontale $(ab, a'b')$; déterminons a'_1 (n° 133), et l'horizontale a pour nouvelles projections $(ac, a'_1c'_1)$; donc $βc'_1$ est la nouvelle trace verticale du plan.

144. 2e *Construction.* La détermination de la nouvelle trace se simplifie beaucoup lorsqu'on utilise le point qui se projette à l'intersection des deux lignes de terre.

Soit le plan PαP′ (fig. 151).

Prenons un nouveau plan vertical, avec $x'y'$ pour nouvelle ligne de terre ; le point (a, a') a sa nouvelle projection verticale sur la trace verticale cherchée ; or, l'ordonnée de ce point n'ayant pas changé, il suffit de porter aa' en aa'_1, et le plan PαP′ est représenté par PβP′₁.

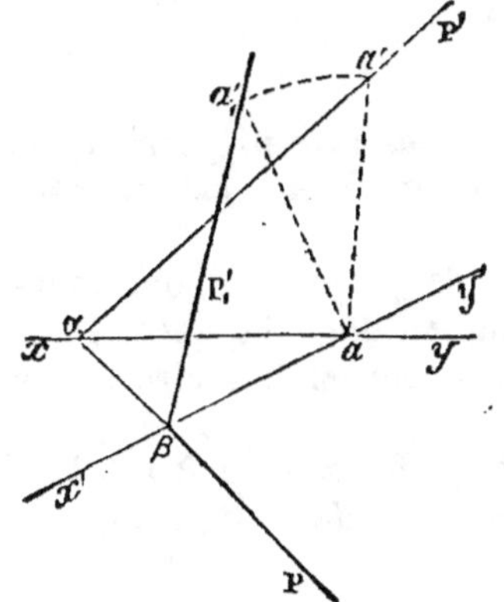

Fig. 151.

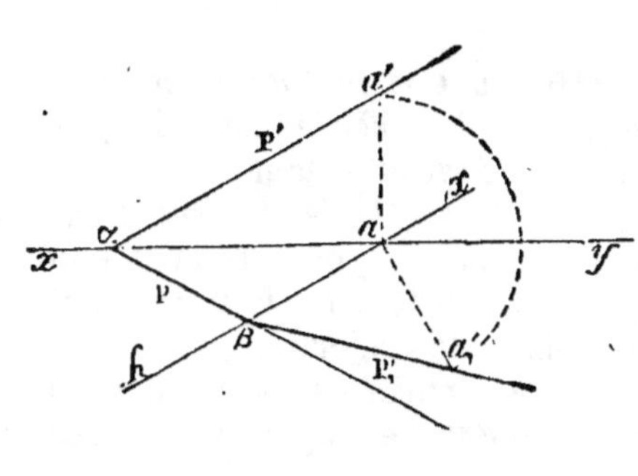

Fig. 152.

En changeant le sens de $x'y'$, le rabattement peut être effectué vers la droite ou vers la partie inférieure de l'épure (fig. 152).

Remarque. A l'aide d'un changement de plan, on peut rendre un plan perpendiculaire à l'un des plans de projection.

Par exemple, pour rendre PαP′ perpendiculaire au plan vertical (fig. 151), il suffit de prendre $x'y'$ perpendiculaire à la trace horizontale αP (n° 37, 2°).

Application.

145. P. *Trouver la distance de deux plans parallèles.*

On remplace un des plans de projection par un plan perpendiculaire aux plans donnés, et, sur ce nouveau plan, la distance des traces est la distance demandée.

Soient les plans P et Q.

Prenons *un nouveau plan horizontal* H′ perpendiculaire aux deux plans ; il suffit pour cela que $x'y'$ soit perpendiculaire aux traces verticales de ces plans (n° 37, 1°) ; au point b' élevons une perpendiculaire à $x'y'$, et prenons

$$b'b_1 = b'b ; \quad b'c_1 = b'c.$$

Les plans P₁αP′, Q₁βQ′, sont perpendiculaires au plan H′, car leurs traces verticales sont perpendiculaires à $x'y'$; donc la perpendiculaire commune d est la distance cherchée.

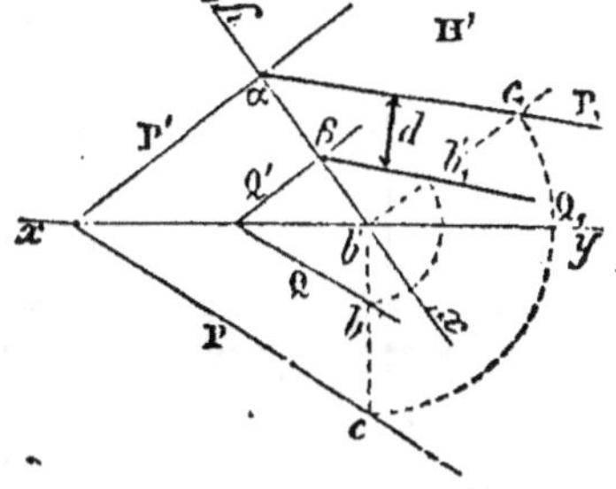

Fig. 153.

Remarque. Cette solution, plus élégante que la solution directe (n° 121), fournit aussi un meilleur moyen de mener un plan parallèle à un plan donné, à une distance donnée (n° 122).

§ II. — Rotations.

146. Dans la *méthode des changements de plans de projection*, la figure de l'espace ne change pas de position, mais elle est projetée sur de nouveaux plans.

Dans la *méthode des rotations*, les plans de projection sont invariables, mais on modifie la position de la figure dans l'espace. Pour cela, on fait tourner la figure autour d'un axe perpendiculaire à l'un des plans de projection.

L'*axe vertical* est perpendiculaire au plan H, et l'*axe horizontal* est perpendiculaire au plan V, ce dernier est une *droite de bout* (n° 23, III).

Problème I

147. Rotation d'un point. Lorsqu'une figure tourne autour d'un axe vertical AB, chaque point C de cette figure décrit un arc de cercle CD dont le centre est sur l'axe de rotation et dont le plan, perpendiculaire à AB, est parallèle au plan H.

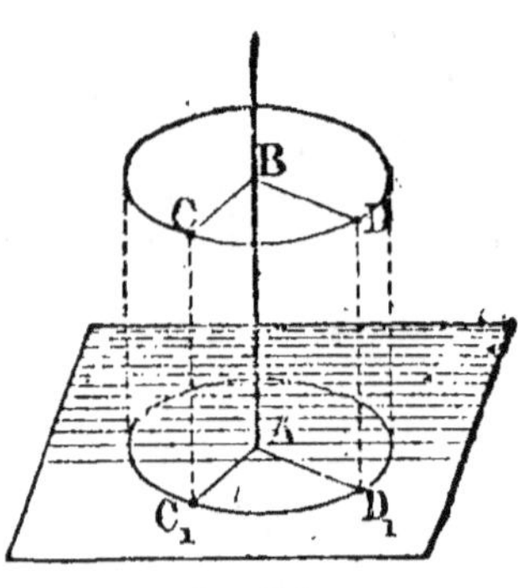

Fig. 154.

Mais toute figure parallèle à un plan se projette en vraie grandeur sur ce plan (n° 109); donc l'arc CD a pour projection horizontale un arc égal C_1D_1, de centre A.

La projection verticale de l'arc CD est une droite parallèle à xy, car le plan CBD est parallèle au plan H.

148. Épure (fig. 155). Soient $(a, a'b')$ l'axe vertical, (c, c') le point donné. Puisque l'arc décrit par le point C se projette en vraie grandeur sur le plan horizontal, et que ac est la distance du point C à l'axe donné, la projection horizontale c décrit un arc de centre a et de rayon ac; supposons qu'elle s'arrête au point c_1.

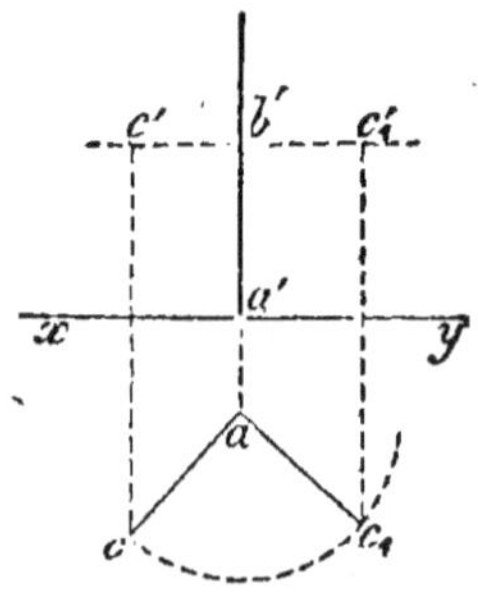

Fig. 155.

La projection verticale c' se déplace suivant une parallèle à xy et s'arrête en c'_1, sur la même ligne de rappel. La nouvelle position du point C se désigne par C_1 et ses projections par (c_1, c'_1).

Axe horizontal. De même, si l'axe est

une droite de bout (fig. 156), la projection
verticale se meut sur une circonférence de
centre a', et la projection horizontale, sur
une parallèle dbd_1 à la ligne de terre. Elles
restent constamment sur une même ligne de
rappel.

Remarque. On peut faire tourner le point
d'un angle $d'a'd'_1$ de grandeur donnée.

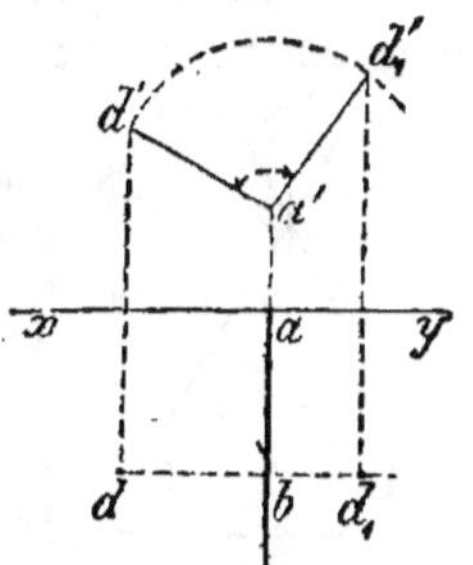

Fig. 156.

Problème II

149. Rotation d'une droite. La rotation d'une droite s'effectue par
la rotation de deux de ses points.

Soit la droite $(cd, c'd')$ à faire tourner d'un angle α autour de l'axe
vertical $(a, a'b')$.

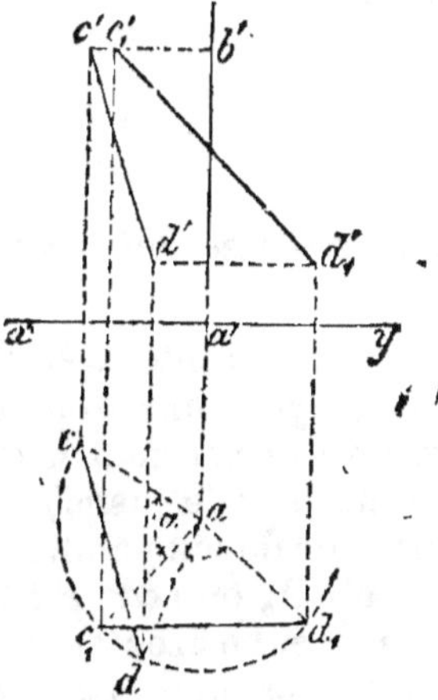

Fig. 157.

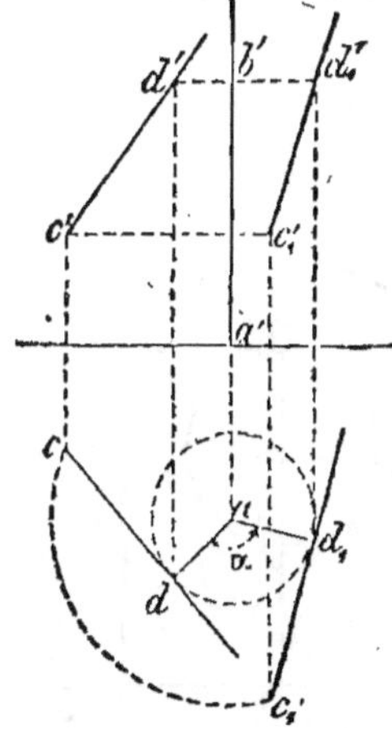

Fig. 158.

1re *Disposition* (fig. 157). Du centre a décrivons un arc qui coupe
la projection horizontale en deux points c et d; des lignes de rappel
déterminent c' et d'; α étant l'angle donné, il suffit de prendre l'arc
$dd_1 = cc_1$, et de projeter les points c_1, d_1 en c'_1, d'_1 sur les parallèles
menées à xy par c' et d'. La droite donnée est devenue $(c_1d_1, c'_1d'_1)$.

150. 2e *Disposition* (fig. 158). Déterminons la plus courte distance
de l'axe à la droite donnée (n° 129), il suffit d'abaisser la perpendiculaire ad sur la projection horizontale de la droite; d fait connaître d',
et la plus courte distance a pour projections ad et $b'd'$.

Par la rotation, ad vient en ad_1, d'après l'angle donné α; puis d_1
fait connaître d'_1.

La droite donnée reste constamment normale à la perpendiculaire commune; donc par le point d_1 il faut mener une tangente d_1c_1.

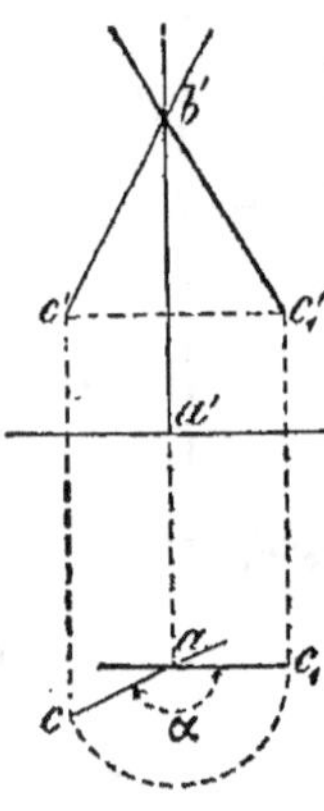

Pour avoir un second point, il suffit de prendre $d_1c_1 = dc$, et pour cela on peut décrire un arc de cercle de centre a, avec ac pour rayon. Enfin c_1 permet de déterminer c'_1, sur la droite $c'c'_1$ parallèle à xy.

151. *Remarques.* I. Quand c'est possible, on prend un axe qui rencontre la droite donnée, car alors le point de rencontre reste immobile, et il suffit de faire tourner un seul point de la droite; ainsi $(ca, c'b')$ devient (c_1a, c'_1b') (fig. 159).

II. On opère d'une manière analogue lorsque l'axe est horizontal.

III. Pour faire tourner une droite autour d'un axe non perpendiculaire à l'un des plans de projection, il faut d'abord changer de plans de projection

Fig. 159.

(n° 140), afin de retomber dans le cas ordinaire (n° 149).

Application.

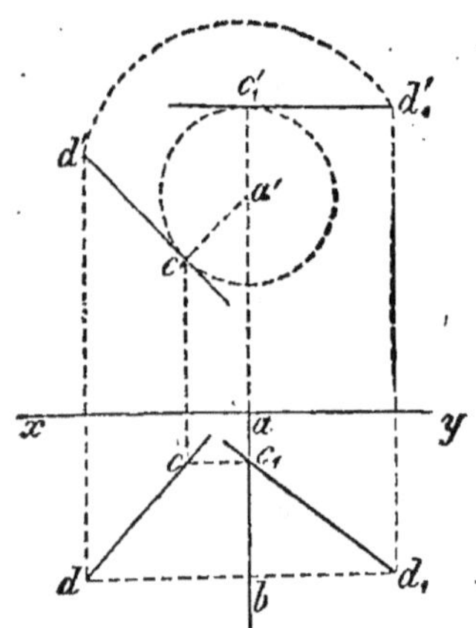

152. P. *Rendre horizontale une droite donnée.*

Pour amener une droite à être horizontale en employant une rotation, il faut prendre un axe horizontal, et faire tourner la droite donnée jusqu'à ce que sa projection verticale soit parallèle à xy.

Soit la droite CD, ou $(cd, c'd')$.

Prenons un axe horizontal AB, ou (ab, a'); décrivons une circonférence tangente à $c'd'$, puis menons une tangente parallèle à xy et prenons $c'_1d'_1 = c'd'$ (n° 150); enfin déterminons c_1d_1. La droite C_1D_1 est horizontale.

153. *Remarque.* La construction serait plus simple, si l'axe choisi rencontrait

Fig. 160.

CD (n° 151); mais *il est utile de résoudre la question d'une manière générale*, car l'axe peut être imposé par la figure qu'on étudie.

Problème III

154. Rotation d'un plan. Un plan étant déterminé par deux droites, il suffit de faire tourner deux de ses lignes, on en déduit ensuite les

nouvelles traces du plan; ordinairement, lorsque l'axe est vertical, on
fait choix de la trace horizontale
et d'une autre horizontale de ce
plan; *autant que possible*, on prend
l'horizontale que l'axe rencontre.

Pour opérer la rotation des droites,
on a recours à la perpendiculaire
commune à l'axe et à l'horizontale
considérée (n° 150).

Soient AB et P l'axe et le plan
donnés; décrivons du centre a une
circonférence tangente à α'P, formons l'angle donné α; la tangente
$c_1\alpha_1$ est la nouvelle trace horizontale.

L'horizontale $(ai, b'i')$ devient
$(ag, b'g')$. On obtient ag en menant
une parallèle à $c_1\alpha_1$. Enfin on joint
le point α_1 au point g'.

Le plan Pα'P' est devenu P$_1\alpha_1$P'$_1$.

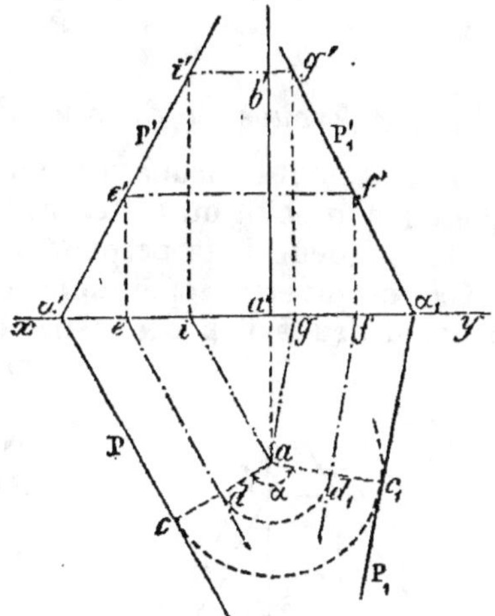

Fig. 161.

Remarque. Lorsque l'horizontale $(ai, b'i')$ a sa projection verticale
hors des limites de l'épure, on prend une autre horizontale telle que
DE, qui devient D$_1$F$_1$, et l'on mène $\alpha_1 f'$.

Application I

155. P. *Amener un plan quelconque à
être perpendiculaire à l'un des plans de
projection.*

Pour amener un plan à être perpendiculaire à l'un des plans de projection, au
plan horizontal, par exemple, il faut le faire
tourner autour d'un axe horizontal jusqu'à
ce que sa trace verticale soit perpendiculaire à xy.

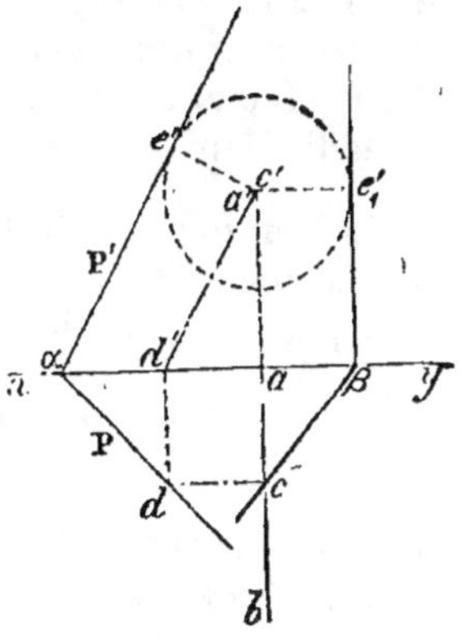

Soit le plan P à rendre vertical. Prenons
un axe horizontal AB, menons par a' une
frontale CD du plan P; elle détermine le
point (c, c') où l'axe perce le plan donné,
et la nouvelle trace horizontale du plan
devra passer par le point c (n° 40).

Fig. 162.

Pour opérer la rotation de la trace αP',
employons sa plus courte distance à l'axe; du centre a' décrivons
une circonférence tangente à αP, menons la tangente $\beta e'_1$, perpendiculaire à xy, et joignons βc. Le plan P est devenu $c\beta e'_1$.

Application II

156. P. *Trouver la distance d'un point à un plan.*

On sait qu'il faut abaisser du point une perpendiculaire sur le plan, chercher le point où cette droite perce le plan, et enfin déterminer la vraie longueur de la perpendiculaire ainsi limitée (n° 120).

Or ces diverses opérations se simplifient lorsque le plan est perpendiculaire à l'un des plans de projection; on est donc conduit à amener d'abord le plan donné à être perpendiculaire au plan vertical, par exemple, pourvu toutefois que l'on n'altère pas sa distance au point donné.

Soient (c, c') et P le point et le plan donnés.

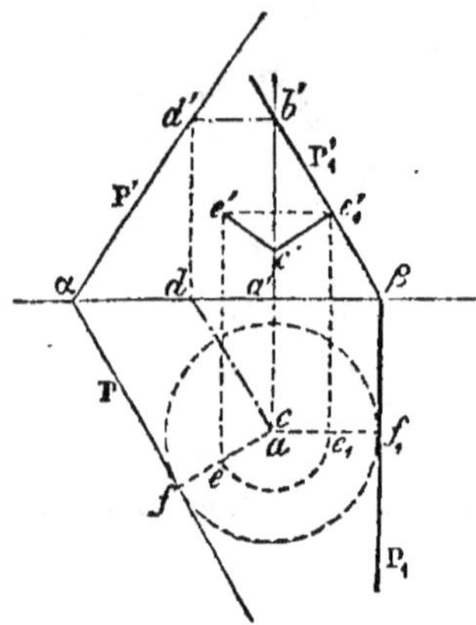

Fig. 163.

Menons un axe vertical AB par le point C, afin que ce point reste immobile. Pour amener le plan PαP′ à être perpendiculaire au plan V, il suffit de décrire une circonférence ayant a pour centre et af pour rayon; de mener une tangente $f_1\beta$ perpendiculaire à xy, et de joindre β au point b', où l'axe rencontre le plan (n° 155).

Les positions relatives du point et du plan donnés n'ont pas changé; car, dans toutes les positions qu'il occupe successivement, le plan reste également incliné sur l'axe, passe par un même point de cette ligne, et demeure à une distance invariable du point (c, c') de cet axe.

Pour avoir la distance du point au plan, il suffit d'abaisser la perpendiculaire $c'e'_1$ sur $\beta P'_1$.

157. *Remarque.* Si l'on demandait le point où la perpendiculaire perce le plan PαP′, on amènerait e_1 en e, puis on déterminerait e'.

Vérification. $c'e'$ doit être perpendiculaire à $\alpha P'$.

Application III

158. P. *Amener un plan quelconque à être parallèle à l'un des plans de projection.*

Pour amener un plan quelconque à être parallèle au plan H, par exemple, il faut deux rotations. 1° En employant un axe vertical, on peut le rendre perpendiculaire au plan V; 2° en le faisant tourner ensuite autour d'un axe horizontal, ce plan restera perpendiculaire au plan V, mais on l'amènera à être parallèle au plan horizontal en rendant sa trace verticale parallèle à xy.

Soit le plan PαP′, qu'il faut rendre horizontal.

Prenons un axe vertical $(a, a'b')$ afin d'amener $P\alpha P'$ dans la position $P_1\alpha_1 P'_1$, de manière que $\alpha_1 P_1$ soit perpendiculaire à xy; l'horizontale $(ac, b'c')$ fait connaître le point b', où l'axe perce le plan, et détermine $\alpha_1 P'_1$; puis, au moyen d'un axe horizontal (ef, e'), ame-

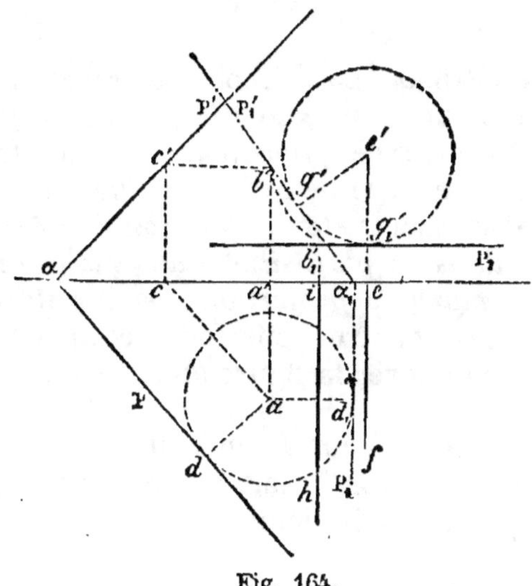

Fig. 164.

nons le plan $P_1\alpha_1 P'_1$ à être horizontal; il suffit de mener la tangente P'_2 parallèle à xy.

159. *Remarques.* I. Lorsque g' tend vers la position g'_1, la trace $\alpha_1 P_1$ s'éloigne de plus en plus du point α; elle passe à l'infini quand P'_2 est parallèle à xy.

II. L'horizontale $(ac, b'c')$ devient successivement (b', aa') et (b'_1, ih).

III. La construction se simplifie lorsque l'axe $(a, a'b')$ est pris dans le plan vertical, etc.; mais, ainsi qu'on l'a dit précédemment (n° 153), *il convient de résoudre la question avec des axes quelconques*, parce que le choix des axes de rotation est subordonné à l'ensemble de la figure dont le plan peut faire partie.

160. *Remarque.* Voici le nombre d'opérations (rotation ou changement de plan) nécessaires pour rendre une droite quelconque ou un plan quelconque parallèle ou perpendiculaire à l'un des plans de projection.

Une seule opération suffit pour amener une droite à être parallèle, ou un plan à être perpendiculaire.

Il faut deux opérations pour amener une droite à être perpendiculaire, ou un plan à être parallèle.

§ III. — Rabattements.

161. But de la méthode. La méthode des rabattements a pour but d'amener une figure plane, donnée par ses projections, à se placer sur un des plans de projection ou à lui être parallèle, afin qu'elle se projette en vraie grandeur sur ce plan (n° 109).

A l'aide des rabattements, *toute question de géométrie plane peut être résolue dans un plan situé d'une manière quelconque par rapport aux plans de projection;* car il suffit de rabattre le plan, de faire les constructions indiquées par les *Éléments de Géométrie,* et de relever la figure obtenue.

Manière de procéder. Pour amener un plan à se confondre avec le plan horizontal, on le fait tourner autour de sa trace horizontale· jusqu'à ce qu'il vienne s'appliquer sur ce plan de projection.

Pour rendre parallèle au plan horizontal un plan donné, on le fait tourner autour d'une de ses horizontales.

D'une manière analogue, on rabat un plan sur le plan vertical ou sur un plan de front, en le faisant tourner autour de sa trace verticale, ou autour d'une de ses lignes de front.

162. *Remarques.* I. La méthode des rabattements peut être rattachée à celle des rotations ; mais dans les rabattements il suffit que l'axe soit parallèle à l'un des plans de projection, et l'on amène la figure plane étudiée à être parallèle à ce même plan de projection.

II. *C'est toujours un plan que l'on rabat;* mais, dans un grand nombre de cas, on cherche particulièrement à déterminer la position qu'occupent, après le rabattement, un ou plusieurs points du plan considéré.

Ainsi, *rabattre un point,* c'est rabattre le plan déterminé par le point et l'axe donnés, et indiquer la nouvelle position du point donné.

De même, *relever un point rabattu,* c'est relever le plan déterminé par l'axe et le point donné, et chercher les nouvelles projections du point considéré.

Problème.

163. *Dans le rabattement d'un plan vertical, sur le plan horizontal de projection, déterminer : 1° la position d'un point du plan donné, 2° celle d'une droite de ce même plan.*

1° Soit à déterminer le rabattement du point (a, a') contenu dans le plan vertical dont ab serait la trace horizontale.

En faisant tourner ce plan vertical autour de sa trace horizontale ab, l'ordonnée du point (a, a') ne varie point de longueur et reste perpendiculaire à l'axe de rotation ; il faut donc élever à la trace ab une perpendiculaire aA_1 ayant pour longueur ma' : A_1 est le rabattement du point donné.

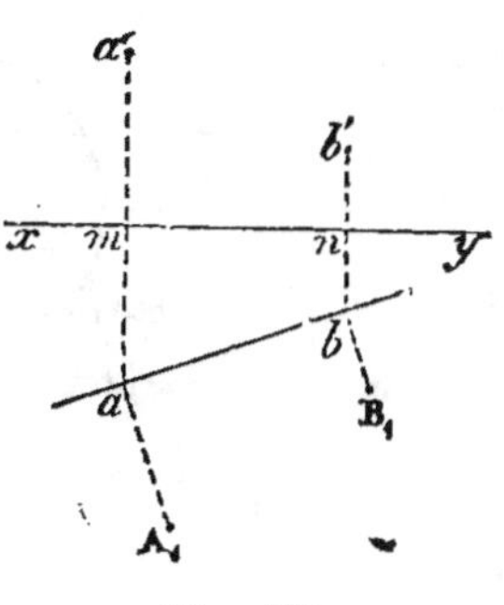
Fig. 165.

2° Pour rabattre la droite $(ab, a'b')$, il suffirait de déterminer B_1 et de mener A_1B_1.

Rappelons que ce cas s'est présenté dans la recherche de la vraie grandeur d'une droite (n° 113).

Lorsqu'on connaît les traces de la droite à rabattre, on procède ordinairement comme il suit (fig. 166) :

3° Soit à déterminer le rabattement, sur le plan horizontal, du plan vertical PαP' et de la droite $(ab, a'b')$ de ce plan.

Le point b reste immobile, puisqu'il est sur l'axe de rotation ab ; le point a' vient en A_1 sur une perpendiculaire aA_1 égale à l'ordonnée aa'.

Remarques. I. bA_1 est la vraie longueur de $(ab, a'b')$ (n° 115). Cette longueur est l'hypoténuse d'un triangle rectangle ayant pour côtés de l'angle droit ab et aa'.

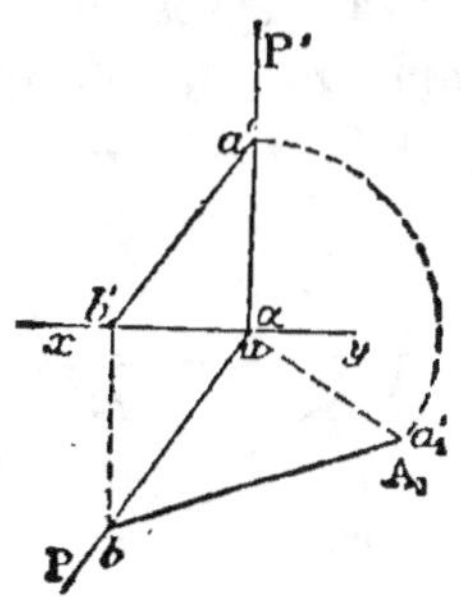
Fig. 166.

II. Dans une épure d'ensemble, le rabattement d'une droite telle que $(ab, a'b')$ se présente fréquemment comme question auxiliaire, afin de déterminer sa vraie longueur, ou l'angle abA_1, qu'elle forme avec le plan H. Dans ce cas, le premier rabattement du point (a, a') est indiqué par a'_1. Cette notation rappelle la nouvelle projection verticale du point, lorsqu'on change de plan vertical en prenant *ab* pour nouvelle ligne de terre.

III. On peut rabattre le plan vertical donné, soit sur le plan horizontal, en le faisant tourner autour de sa trace horizontale : ainsi PαP' devient PαP'$_1$, et la droite ($a'b$, $a'b'$) est rabattue

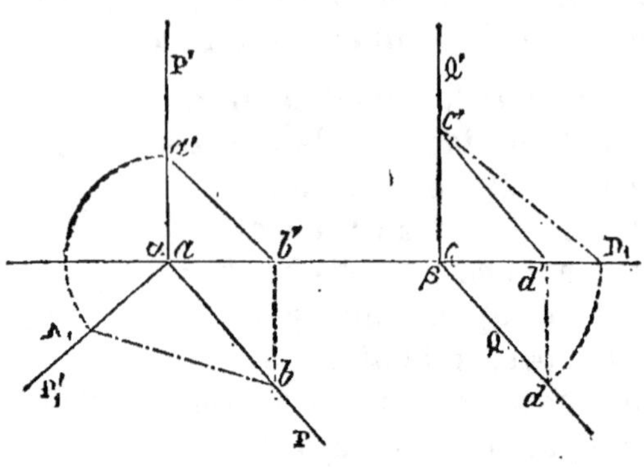

Fig. 167.

en bA$_1$; soit sur le plan vertical de projection, en le faisant tourner autour de sa trace verticale : ainsi QβQ' devient D$_1\beta$Q', et la droite (cd, $c'd'$) est rabattue en c'D$_1$.

Problème.

164. *Dans le rabattement d'un plan autour de sa trace horizontale, déterminer la position de la trace verticale de ce plan.*

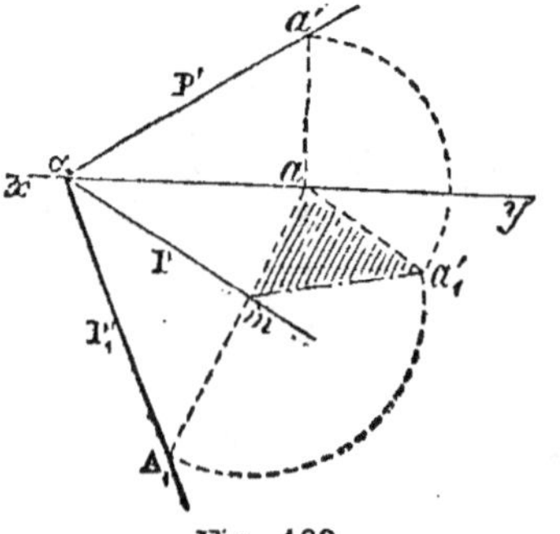

Soit le plan PαP' à rabattre sur le plan horizontal, afin de déterminer la nouvelle position de sa trace αP'.

1er Moyen. Coupons le plan PαP' par un plan perpendiculaire à la trace horizontale αP, et par suite perpendiculaire au plan P et au plan horizontal (G,, n° 404).

Fig. 168.

Le plan auxiliaire détermine un triangle rectangle ayant pour côtés de l'angle droit am et aa'. Pour avoir l'hypoténuse, on élève la perpendiculaire aa'_1, égale à aa' ; ainsi ce segment ma'_1 est la vraie longueur de la perpendiculaire abaissée du point A sur la droite αP (n° 103) ; dans le rabattement, cette perpendiculaire viendra se placer sur le prolongement de *am*. Donc il faut prendre $mA_1 = ma'_1$.

Le point (a, a') de l'espace venant en A_1, la droite $\alpha P'_1$ est le rabattement de la trace $\alpha P'$.

165. *2ᵉ Moyen* (fig. 169). Un point quelconque (a, a') de la trace verticale décrit, dans sa rotation autour de l'axe αP, un arc de cercle dont le plan est perpendiculaire à αP; donc le rabattement du point (a, a') se trouve sur la perpendiculaire *am*; d'ailleurs, la distance $\alpha a'$ ne varie point; donc du centre α avec $\alpha a'$ pour rayon, il faut couper en A_1 la perpendiculaire *am*.

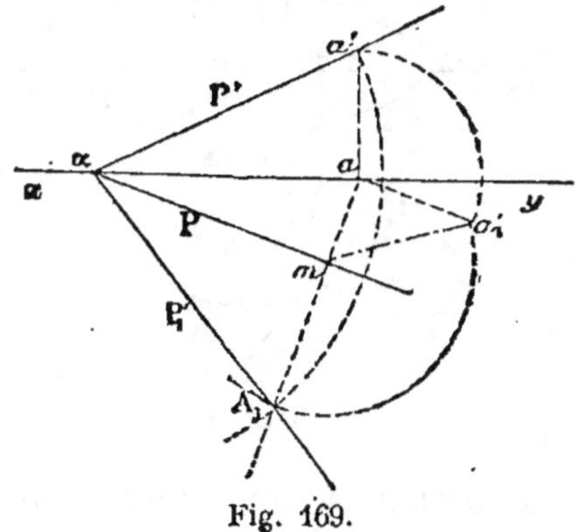

Fig. 169.

166. *Remarques.* I. 1º Le point A_1 se trouve sur la perpendiculaire amA_1; 2º la distance $mA_1 = ma'_1$; 3º la distance $\alpha A_1 = \alpha a'$.

Deux quelconques de ces trois conditions suffisent pour déterminer le rabattement A_1. Ainsi : 1º et 2º donnent le 1ᵉʳ *moyen*; 1º et 3º donnent le 2ᵉ *moyen*; enfin 2º et 3º conduisent à un 3ᵉ *moyen*.

3º Moyen. Du point *m* comme centre, avec ma'_1 pour rayon, on décrit un arc que l'on coupe par un autre arc décrit du centre α, avec $\alpha a'$ pour rayon.

II. Le rabattement peut s'effectuer de part ou d'autre de αP.

167. Cas particulier. *Les traces du plan à rabattre sont parallèles à la ligne de terre.*

Soit à rabattre, sur le plan horizontal, un plan P, P' parallèle à *xy*.

Un plan de profil coupe le plan donné suivant une droite qu'on peut considérer comme l'hypoténuse d'un triangle rectangle, dont les côtés de l'angle droit sont aa' et *am*; donc il faut porter ma'_1 de *m* en A_1, et par ce dernier point mener $A_1P'_1$ parallèle à *xy*.

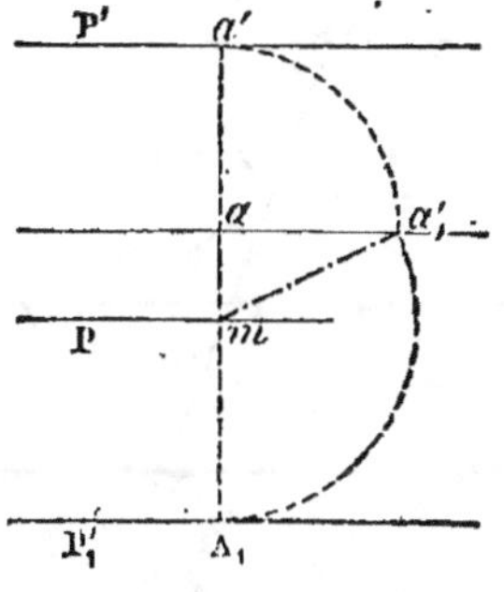

Fig. 170.

Problème inverse.

168. *Connaissant les deux traces d'un plan rabattu sur le plan H, relever ce plan et déterminer sa trace verticale.*

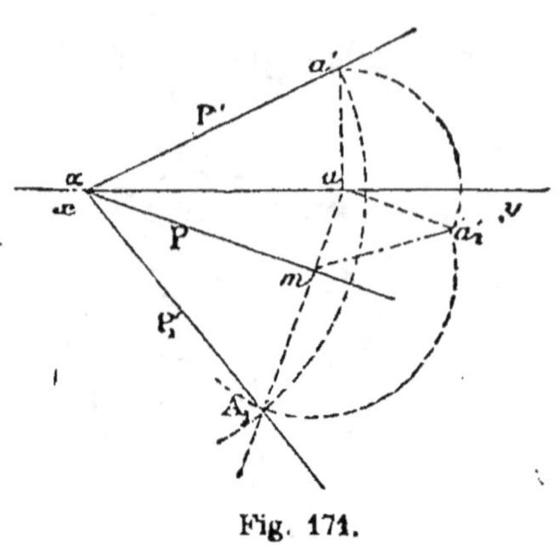

Fig. 171.

Il suffit de déterminer un point de la trace verticale, à l'aide d'opérations inverses des précédentes (n°s 164, 165, 166).

1er *Moyen.* Soit à relever le plan PαP'$_1$.

D'un point quelconque A$_1$ de P'$_1$ abaissons sur la trace αP la perpendiculaire A$_1$ma; par le point a élevons des droites respectivement perpendiculaires à am et à xy; du point m comme centre, avec mA_1 pour rayon, décrivons un arc, afin de déterminer a'_1; puis portons l'ordonnée aa'_1 de a en a', enfin menons $\alpha a'$, trace demandée.

2e *Moyen.* Mener A$_1$ma, élever par le point a une perpendiculaire à xy et couper cette perpendiculaire en a' par un arc décrit du centre α, avec αA_1 pour rayon.

3e *Moyen.* Le point a' est l'intersection des arcs A$_1$a' et a'_1a'.

Problème.

169. *Dans le rabattement d'un plan, déterminer la nouvelle position d'un point de ce plan.*

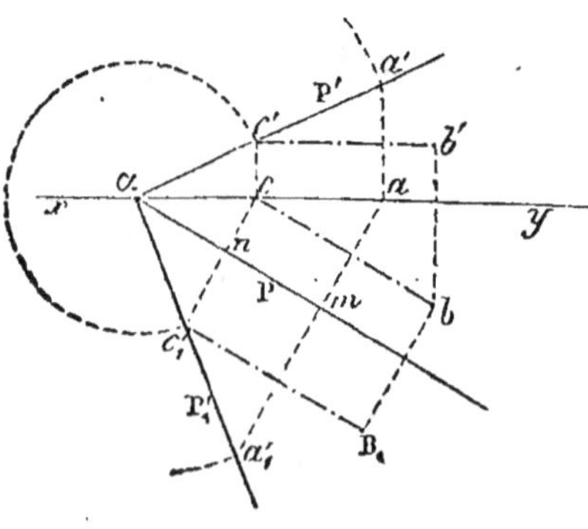

Fig. 172.

Par le point, on mène une droite du plan, le rabattement du point se trouve sur le rabattement de cette droite.

Comme ligne auxiliaire on emploie fréquemment une horizontale ou une ligne de front.

Soit (b, b') un plan quelconque du plan PαP' (fig. 172).

Déterminons le rabattement $\alpha P'_1$ de la trace verticale αP (n° 164), puis le rabattement $c'_1 B_1$ de l'horizontale $(bc, b'c')$ du point donné; pour cela menons par c'_1 une parallèle à l'axe αP. Le point (b, b') de l'espace décrit un cercle dont le plan est perpendiculaire à αP; donc il vient en B_1 à l'intersection de la perpendiculaire bB_1 et de la parallèle $c'_1 B_1$.

Remarque. Lorsqu'on veut trouver les rabattements de deux points du plan, le plus simple est de rabattre, à l'aide des traces, la droite qui joint ces deux points (fig. 173). Le rabattement de la droite passe par la trace horizontale h, et par le point V_1 que l'on détermine en coupant la perpendiculaire vV_1 par un arc décrit du centre α, avec $\alpha v'$ pour rayon (n° 165).

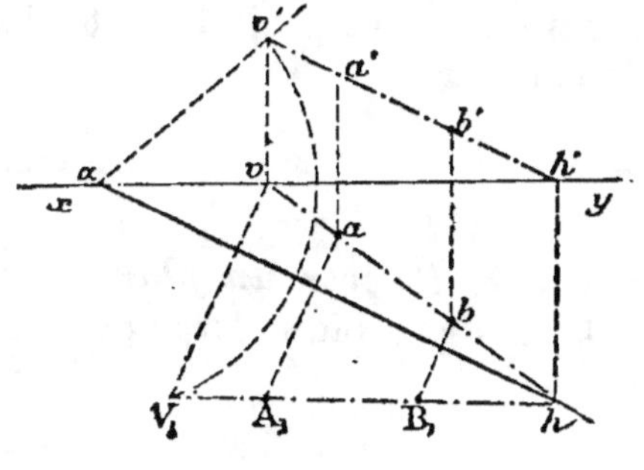

Fig. 173.

Les projections horizontales a, b viennent en A_1, B_1 sur des perpendiculaires à l'axe.

Problème inverse.

170. *Relever un plan rabattu, ainsi que des points situés dans ce plan, lorsqu'on connaît une des traces de ce plan et le rabattement de l'autre trace.*

On effectue les opérations inverses de celles qui résolvent le problème direct (n° 169).

Ainsi, on relève la seconde trace du plan, et l'horizontale de chaque point rabattu; le point où cette dernière ligne est coupée par la perpendiculaire abaissée du point rabattu sur l'axe est l'une des projections du point considéré.

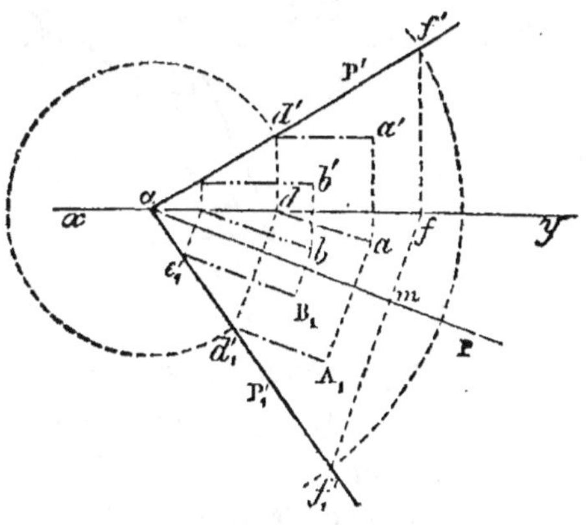

Fig. 174.

Soient $P\alpha P'_1$ le plan rabattu, et A_1, B_1, etc., divers points de ce plan.

Après avoir déterminé $\alpha P'$ (nᵒ 168), menons les horizontales $A_1 d'_1$, $B_1 e'_1$, etc.; pour relever $A_1 d'_1$, par exemple, abaissons du point d'_1 une perpendiculaire sur l'axe αP; elle fait connaître d sur xy, et une ligne de rappel donne d' sur $\alpha P'$.

Alors on mène les projections du et $d'a'$ de l'horizontale considérée.

Enfin la perpendiculaire abaissée du point A_1 sur l'axe fait connaître la projection horizontale a, et une ligne de rappel donne a'.

Problème inverse.

171. *Relever un plan rabattu, ainsi qu'un segment recti-ligne de ce plan, lorsqu'on connaît une trace de ce plan et le rabattement de l'autre trace.*

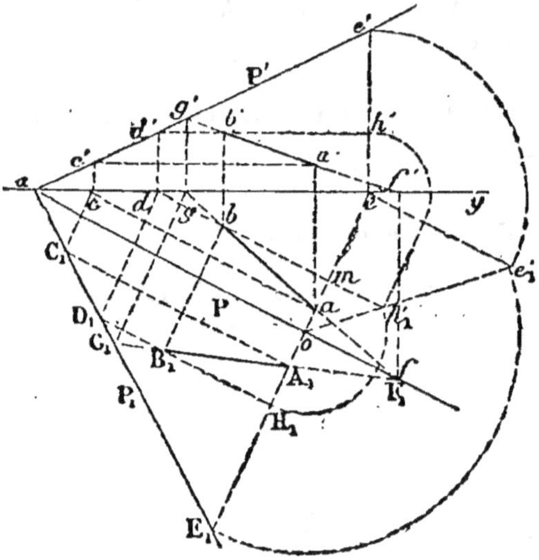

Soient αP la trace horizontale, αP_1 le rabattement de la trace verticale du plan donné, et $A_1 B_1$ le segment à relever.

$1°$ *Emploi d'horizontales.* On détermine $\alpha P'$, puis on relève l'horizontale de chaque point (nᵒ 170), et l'on en déduit (ab, $a'b'$).

Remarque. Pour relever chaque horizontale, $B_1 D_1$, par exemple,

Fig. 175.

on peut procéder de trois manières différentes :

(*a*) De la trace D_1 abaisser la perpendiculaire $D_1 d$ sur l'axe de rabattement; mener la ligne de rappel dd' (nᵒ 15), puis db parallèle à l'axe et $d'b'$ parallèle à xy;

(*b*) Pour la longueur αD_1 de α en d'; abaisser $d'd$; et tracer les projections $d'b'$, db.

(*c*) Prendre $oh'_1 = oH_1$, puis $eh' = mh'_1$; enfin, par h'_1 et h', mener des droites respectivement parallèles à l'axe et à xy.

$2°$ *Emploi des traces de la droite donnée.* Prolongeons le segment A_1B_1 de manière à obtenir les traces F_1 et G_1. La trace horizontale f fait connaître f'. Du rabattement G_1 de la trace verticale, abaissons une perpendiculaire G_1g sur l'axe; la projection horizontale g fait connaître la trace verticale g'; on mène ensuite fg et $f'g'$ et des perpendiculaires telles que B_1b et bb'.

Remarque. Dans le tracé des figures planes (nᵒˢ **217** et suivants), il faut recourir autant que possible aux traces des droites principales de la figure donnée; ce procédé est plus avantageux que l'emploi des horizontales.

Problème.

172. *Rabattre un point autour d'une parallèle à l'un des plans de projection, sans recourir aux traces du plan mené par l'axe et le point donné.*

Soient A et MN le point et l'axe donnés, et MNG le plan sur lequel on doit faire le rabattement; ce plan doit passer par l'axe ou lui être parallèle.

Du pied B de la projetante AB, abaissons la perpendiculaire BC sur NM et joignons AC; cette ligne est perpendiculaire à MN en vertu du

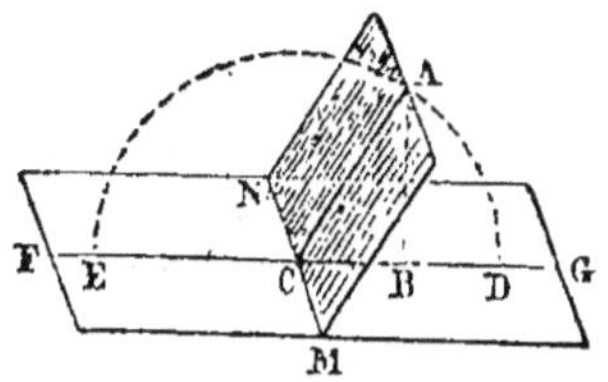

Fig. 176.

théorème des trois perpendiculaires (G., nᵒ 372); si l'on fait tourner le plan MAN autour de MN, le point A décrit une circonférence et vient s'appliquer en D ou en E sur le prolongement de la perpendiculaire BC, de manière que CD = AC. Or AB est l'élévation du point A au-dessus du plan mené par l'axe, et CB est la distance horizontale du point A à l'axe; on peut donc formuler la règle suivante :

173. Règle pratique. *Pour rabattre un point sur le plan horizontal, on abaisse de sa projection horizontale une perpendiculaire sur l'axe, et à partir du pied de cette perpendiculaire on prend une longueur égale à l'hypoténuse d'un triangle rectangle ayant pour côtés les distances verticale et horizontale du point à l'axe.*

Épure. Soit l'axe $(fc, f'c')$ situé sur le plan horizontal et le point (a, a') (fig. **177** et **178**). Abaissons la perpendiculaire ac; sur une parallèle à l'axe, prenons $aa'_1 = na'$; ca'_1 est l'hypoténuse cherchée; car na' est l'élévation du point A, et ac sa distance horizontale à l'axe.

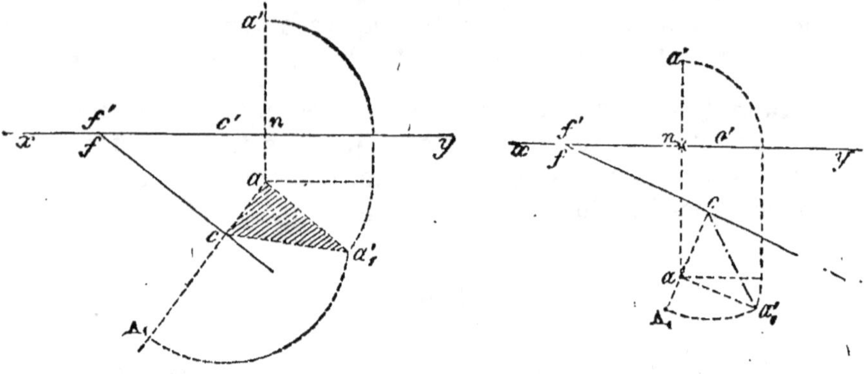

Fig. 177.   Fig. 178.

Il suffit de porter ca'_1 de c en A_1. Le point A_1 est le rabattement du point A.

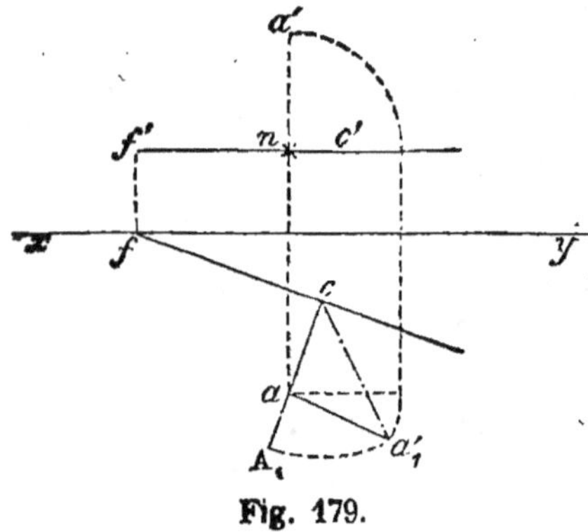

Fig. 179.

174. *Remarques.* I. Lorsque le rabattement doit avoir lieu autour d'une horizontale quelconque FC (fig. 179), on prend $aa'_1 = na'$, puis $cA_1 = ca'_1$.

Il est donc aussi facile de rabattre un plan autour d'une horizontale quelconque qu'autour de sa trace horizontale.

II. Pour rabattre un point autour d'une frontale, on procède d'une manière analogue (n°s 173, 174), en construisant un triangle rectangle, ayant pour côtés de l'angle droit, les distances de bout et de front, de ce point à cet axe.

Problème inverse.

175. *Étant donnés la projection horizontale d'un point et son rabattement autour d'une horizontale, déterminer la projection verticale de ce point.*

On a recours à des opérations inverses des précédentes (n° 174).

Connaissant l'hypoténuse et un côté de l'angle droit d'un

triangle rectangle, on détermine l'autre côté; cette longueur est la distance verticale du point à l'axe.

Soient $(fc, f'c')$ l'axe donné, A_1 le point rabattu, a sa projection horizontale (fig. 180 et 181).

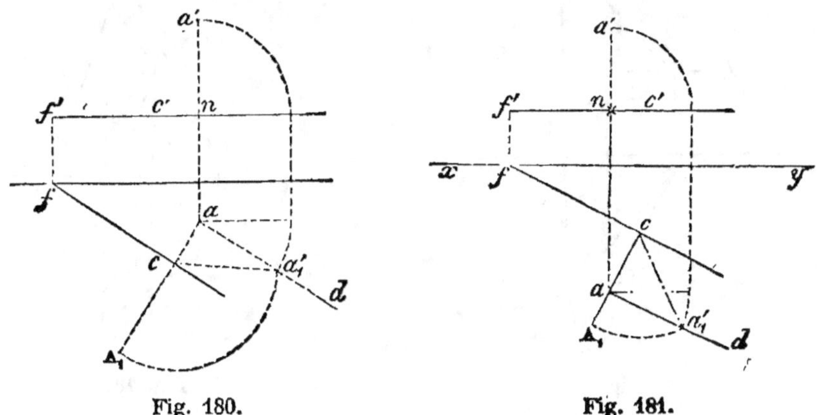

Fig. 180.   Fig. 181.

Il faut que les données a et A_1 soient sur une même perpendiculaire à l'axe fc (n° 172) et que l'on ait $cA_1 > ac$. On élève une perpendiculaire ad; du centre c, on la coupe par un arc $A_1a'_1$; la longueur aa'_1 est la *distance verticale* du point A à l'axe; on porte donc aa'_1 de n en a'.

176. *Remarque.* La construction ne change pas, quelles que soient les positions relatives de a et A_1 par rapport à l'axe (fig. 180 et 181).

<h3 style="text-align:center;">Application I</h3>

177. P. *Dans le rabattement d'un plan autour de l'une de ses horizontales, déterminer la nouvelle position d'une droite quelconque de ce plan sans recourir aux traces du plan.*

La droite rencontre l'axe donné ou lui est parallèle, puisqu'elle est dans un plan mené par l'axe; donc on connaît déjà le point commun à la droite et à l'axe, ou bien la direction de la droite rabattue.

Dans chaque cas, il suffit d'avoir le rabattement d'un seul de ses points.

Soit à rabattre le plan déterminé par la droite $(ab, a'b')$ et l'horizontale $(fc, f'c')$ (fig. 182).

Déterminons le rabattement A_1 d'un de ses points, en prenant $aa'_1 = na'$, puis $cA_1 = ca'_1$; le point (b, b'), placé sur l'axe, ne change pas; donc bA_1 est le rabattement cherché.

Pour avoir le point D_1 qui correspond à (d, d'), il suffit de mener dD_1 perpendiculaire à fc.

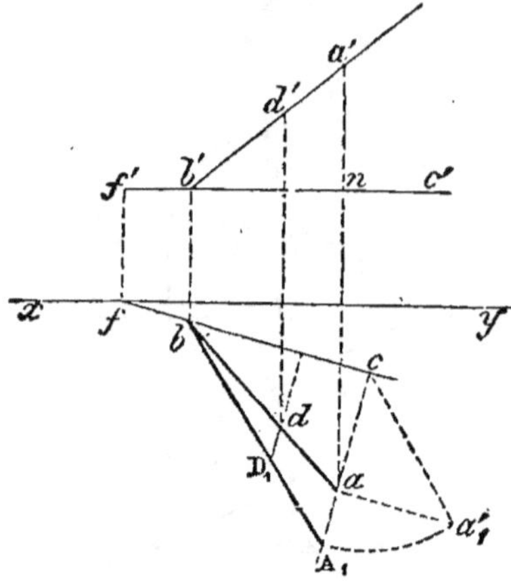

Fig. 182.

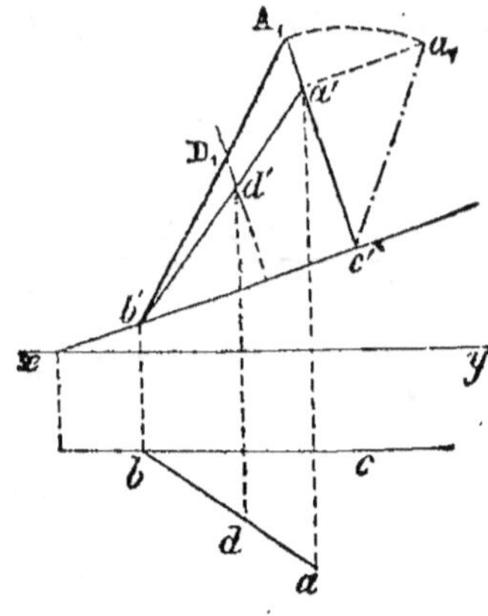

Fig. 183.

178. *Remarques.* I. Si la droite ne rencontrait pas l'axe dans les limites de l'épure, on déterminerait directement deux points du rabattement; par exemple, A et D.

Si la droite était parallèle à l'axe, on mènerait par le point A_1 une parallèle à cf.

II. On procède d'une manière analogue lorsqu'on rabat le plan ABC autour d'une frontale $(bc, b'c')$ (fig. 183).

Application II

179. P. *Trouver la distance d'un point à une droite donnée.*

On connaît la solution déjà donnée (n° 127); la méthode des rabattements conduit à la suivante :

On rabat le plan déterminé par la droite et le point donnés; la distance du point rabattu, au rabattement de la droite, est la distance cherchée.

Soient AB et C la droite et le point donnés.

Par le point C, menons l'horizontale CB qui rencontre la droite donnée, et prenons $(cb, c'b')$ pour axe. Les points b et c ne

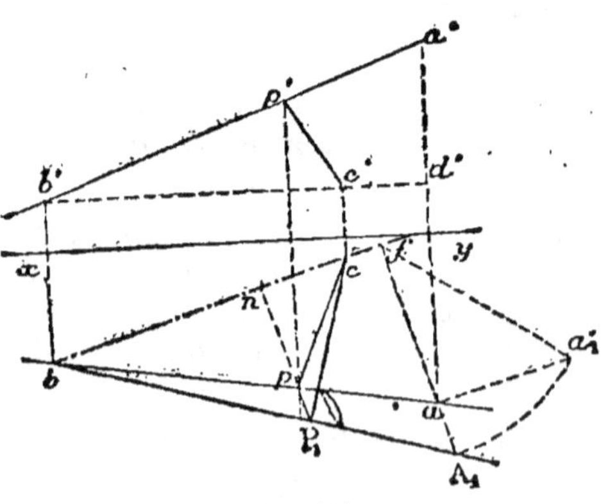

Fig. 184.

changent pas; (a, a') vient en A_1. La perpendiculaire cP_1 est la distance du point à la droite.

Remarque. Si l'on voulait construire les projections de cP_1, on abaisserait sur l'axe une perpendiculaire P_1p, et on mènerait la ligne de rappel pp'.

Application III

180. P. *D'un point donné, mener une droite qui en rencontre une autre sous un angle donné.*

On rabat le plan de la droite et du point donnés. Le problème est ainsi ramené à une question de Géométrie plane; puis on relève le plan rabattu et les droites trouvées.

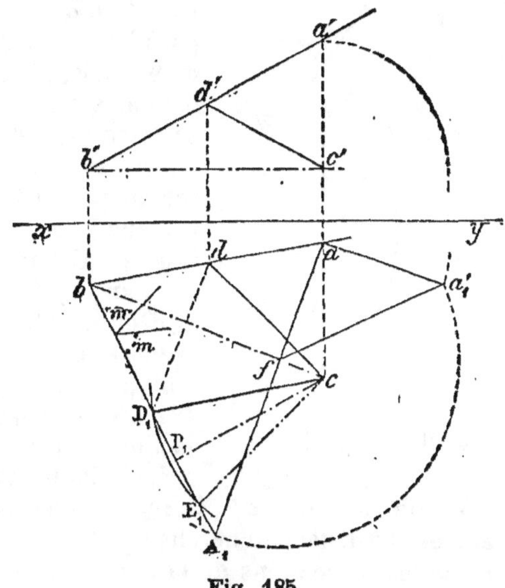

Fig. 185.

Soient AB et C la droite et le point donnés.

Par (c, c') menons l'horizontale qui rencontre AB. Pour cela, il suffit de prendre $c'b'$ parallèle à xy et de joindre cb (n° 63). Rabattons le plan ABC à l'aide de CB; (a, a') devient A_1 (n° 172). Par le point c menons une droite cD_1 faisant avec bA_1 l'angle donné m, et relevons le point D_1. La droite $(cd, c'd')$ satisfait à la question. Il y aurait une seconde solution donnée par cE_1.

Remarque. On procède d'une manière analogue pour mener une droite $(cd, c'd')$ ayant une longueur donnée l.

Du point c, avec l pour rayon, on décrit un arc D_1E_1. Il y a deux solutions, une seule ou aucune, suivant que le rayon est supérieur, égal ou inférieur à la distance cP_1.

Application IV

181. p. *Trouver la distance d'un point à un plan donné par deux droites.*

Par le point donné, on mène un plan perpendiculaire au plan des deux droites; la droite demandée est contenue dans le plan ainsi mené, et elle est perpendiculaire à l'intersection des deux plans.

Il faut donc rabattre le plan auxiliaire contenant le point donné et l'intersection des deux plans; puis, du point rabattu, abaisser une perpendiculaire sur le rabattement de l'intersection.

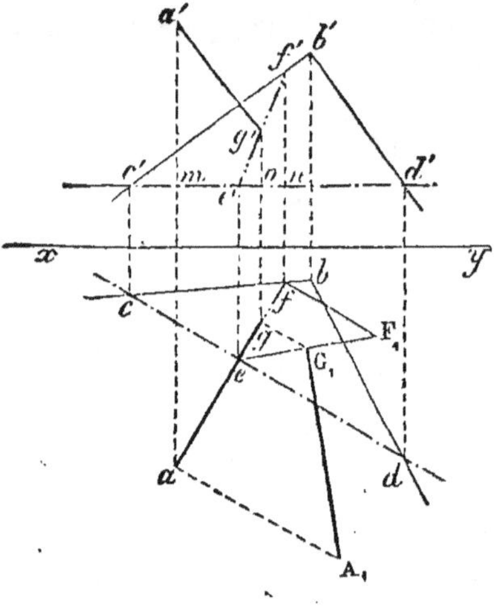

Fig. 186.

Soient les droites BC, BD et le point A donnés. Menons une horizontale du plan en prenant $c'd'$ parallèle à xy. Par le point (a, a') menons le plan vertical perpendiculaire au plan CBD (n° 106); sa trace aef est perpendiculaire à l'horizontale cd; on peut considérer ce plan comme étant le plan projetant de la distance cherchée; il coupe CD au point (e, e') et CB au point (f, f'); rabattons-le vers la droite, autour de son horizontale passant par le point (e, e'); il faut prendre $fF_1 = nf'$ (n° 173); eF_1 est le rabattement de l'intersection du plan donné et du plan perpendiculaire; le point donné vient en A_1, à une distance $aA_1 = ma'$; la perpendiculaire A_1G_1 abaissée sur eF_1 est la distance cherchée.

Si l'on demande les projections de la perpendiculaire, on détermine g, puis g'; d'ailleurs og' doit égaler gG_1; ag et $a'g'$ sont les projections cherchées.

Remarque. Dans les épures qui précèdent (fig. 179 et suiv.) et dans beaucoup d'autres, *la ligne de terre n'est d'aucune utilité.*

Lorsque les plans de projection n'interviennent pas dans la question d'une manière directe et que l'on prend soin de n'utiliser que les données (n° 61, *Rem.*), on ne considère ni les traces des plans, ni les traces des droites, ni les distances des points aux plans de projection. Tout déplacement des plans de projection parallèlement à eux-mêmes n'aurait d'autre effet, sur l'épure, que d'éloigner ou de rapprocher de xy les projections de la figure, sans modifier ni l'une ni l'autre. Alors, les ordonnées et les éloignements sont arbitraires, la position de xy est indéterminée. *La ligne de terre ne sert plus qu'à indiquer la direction des lignes de rappel et on peut se dispenser de la tracer sur l'épure.*

EXERCICES

Rotations.

136. Faire tourner autour d'un axe vertical un segment rectiligne donné, de manière à obtenir successivement la longueur maxima et la longueur minima de la projection verticale du segment donné.

137. On donne deux points et un axe vertical ; un des points est fixe, l'autre est mobile : faire tourner ce dernier jusqu'à ce que la distance des deux points ait une longueur donnée l.

138. Par un point donné, mener une horizontale telle que la distance d'un second point donné à cette même horizontale ait une longueur connue l.

139. Faire tourner un point A autour d'un axe vertical donné, jusqu'à ce qu'on obtienne les résultats suivants :

1º La projection horizontale a doit être sur une ligne donnée du plan horizontal.

2º Le point doit être dans un plan donné.

3º La projection verticale a' doit être sur une droite donnée du plan vertical.

4º Les projections a et a' doivent être équidistantes de xy.

5º Le point A doit être à une distance donnée d'un plan donné.

6º Le point doit être à une distance donnée d'une verticale donnée.

140. Faire tourner une droite AB autour d'une verticale donnée jusqu'à ce qu'on réalise les conditions suivantes :

1º La projection horizontale ab doit passer par un point donné.

2º La droite AB doit rencontrer une verticale donnée.

3º La droite AB doit rencontrer une droite de bout.

4º La droite doit être à une distance donnée d'une verticale aussi donnée.

5º La droite doit avoir un point B de cette droite dans un plan donné.

6º Le segment compris entre les traces de la droite doit avoir une longueur donnée.

7º La droite doit être parallèle à un plan donné.

8º La projection verticale de la droite doit être parallèle à une ligne de front donnée.

9º Les deux projections de la droite doivent faire des angles égaux avec xy.

141. Faire tourner simultanément deux droites données autour d'un axe vertical aussi donné, jusqu'à ce que les projections verticales des deux premières droites soient parallèles entre elles.

142. Faire tourner une droite donnée, d'un angle donné, autour d'une horizontale prise pour axe.

143. Faire tourner une droite donnée, d'un angle assigné, autour d'une autre droite quelconque.

144. Trouver la plus courte distance de deux droites quelconques.

145. Faire tourner un plan donné autour d'un axe vertical, jusqu'à ce qu'on obtienne les résultats suivants :

4*

1° Le plan doit passer par un point donné;

2° Le plan doit passer à une distance d d'un point donné;

3° Le plan doit être parallèle à une droite donnée.

146. Faire tourner un plan autour d'une verticale, jusqu'à ce que ses deux traces rencontrent xy sous des angles égaux.

147. On donne la trace horizontale d'un plan, les projections d'un point et la distance de ce point au plan : déterminer l'autre trace du plan.

148. Faire tourner un plan donné autour de xy.

1° Jusqu'à ce qu'il passe par un point donné.

2° Jusqu'à ce qu'il soit éloigné d'une distance d d'un point donné.

3° Jusqu'à ce qu'il soit parallèle à une droite donnée.

149. Faire tourner un plan autour d'une horizontale quelconque par rapport à ce plan.

150. On fait tourner, d'un angle donné, un plan $P\alpha P'$ autour de sa trace horizontale : quelle est la nouvelle trace verticale de ce plan ?

151. Un point est donné dans un plan. On fait tourner ce plan, d'un angle donné, autour de sa trace horizontale : quelles sont les nouvelles projections du point ?

152. Faire tourner, d'un angle assigné, un plan donné autour d'une droite quelconque.

153. Déterminer l'axe de rotation qui permet d'amener trois points donnés à se trouver sur une même verticale.

154. Déterminer un axe vertical, ou de bout, qui permettrait d'amener dans un même plan trois droites données dans des positions quelconques.

155. Déterminer un axe vertical qui permettrait d'amener trois plans quelconques à se couper suivant une horizontale dont les points auraient une cote donnée.

156. Trouver un axe vertical, ou un axe de bout qui permettrait d'amener, par rotation, une droite donnée dans un plan aussi donné.

Combien de positions la droite peut-elle occuper dans le plan donné ?

157. Déterminer l'axe autour duquel il faut faire tourner un plan donné.

1° Pour l'amener à passer par un point A et être parallèle à un plan β.

2° Pour l'amener à passer par une droite AB et à être soit perpendiculaire à un plan β, soit parallèle à une droite CD.

3° Pour l'amener à passer par un point A, à être perpendiculaire à un plan β et à faire avec le plan horizontal un angle ω.

158. Deux angles égaux ont leur sommet commun sur la ligne de terre; l'un est dans le P.V., l'autre dans le P.H. Trouver l'axe de rotation autour duquel il faut faire tourner l'un pour l'amener à coïncider avec l'autre.

159. On donne deux droites non situées dans le même plan, trouver un axe tel que l'on puisse amener, par rotation, une des droites données à coïncider avec l'autre.

160. On donne deux segments rectilignes égaux, l'un AB dans le plan vertical, l'autre CD dans le plan horizontal.

Construire les projections de l'axe autour duquel il faudrait faire tourner l'un d'eux pour l'amener à coïncider avec l'autre.

Rabattements.

161. On donne la trace horizontale d'un plan et deux points A, B sur cette trace.

Construire sa trace verticale, sachant que la somme de ses distances aux points A et B est égale à une longueur donnée.

162. On donne deux points et une droite, non situés dans un même plan : trouver le chemin minimum qui joint les deux points en rencontrant la droite.

163. Étant donnés deux points d'un même côté d'un plan donné, trouver le point du plan dont la somme des distances aux points donnés est minimum.

164. Deux points et une droite horizontale, non situés dans un même plan, étant donnés, trouver sur la droite un point dont la différence des distances à chacun des points donnés soit maximum.

165. Trouver sur une droite donnée les points dont la somme ou la différence des distances aux deux plans de projection est égale à une longueur donnée.

166. Mener, par un point donné, une horizontale dont la somme des distances à deux points donnés d'une même verticale soit égale à une longueur donnée.

CHAPITRE V

DES ANGLES

---

§ I. — Angles des droites et des plans.

182. Angles. Les cas les plus simples ont été indiqués déjà d'une manière incidente.

Ainsi on a parlé des angles qu'une droite fait avec les plans de projection (nos 114, 117).

La *méthode des rabattements* permet de résoudre tous les problèmes relatifs aux angles des droites et des plans.

Problème.

183. *Déterminer la vraie grandeur de l'angle formé par une droite avec chacun des plans de projection.*

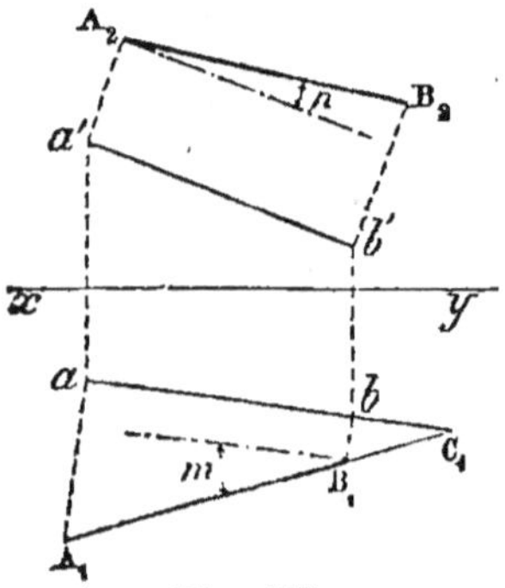

Soit la droite $(ab, a'b')$.

1er Moyen. Rabattement des plans projetants. Rabattons la droite sur le plan horizontal en $A_1 B_1$ (n° 163); par le point B_1 menons une parallèle à ab; m est l'angle que la droite forme avec le plan horizontal, car il égale l'angle que ABC forme avec sa projection horizontale abc.

Fig. 187.

En rabattant la droite sur le plan vertical, on obtient l'angle n qu'elle forme avec ce plan vertical.

184. Remarques. I. Lorsqu'on a les traces b et a' de la droite (fig. 188), la construction est plus simple ; sur ab, on élève une perpendiculaire aA_1 égale à l'ordonnée aa', la droite est rabattue en bA_1 sur le plan horizontal, et abA_1 est l'angle qu'elle forme avec le plan H.

De même, on rabat la droite sur le plan vertical, et $b'a'B_1$ est l'angle qu'elle forme avec le plan V (fig. 188).

II. Lorsqu'on connaît les traces a' et b de la droite, on peut aussi rabattre le triangle $a'ab$ sur le plan V, autour de $a'a$, et le triangle $bb'a'$ sur le plan H, autour de bb'.

Cette remarque aura son utilité dans la résolution du problème inverse (nº 203).

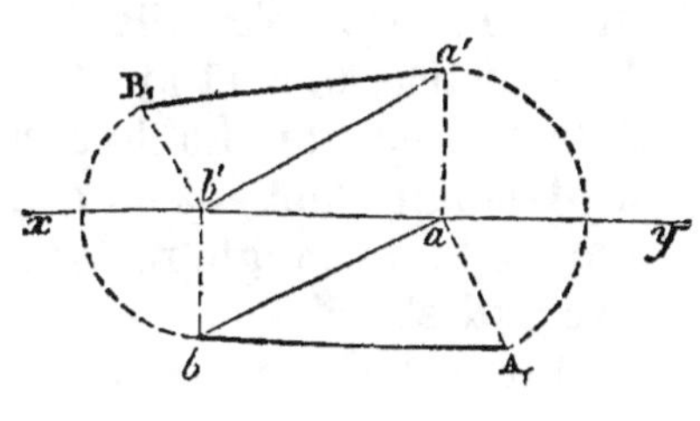

Fig. 188.

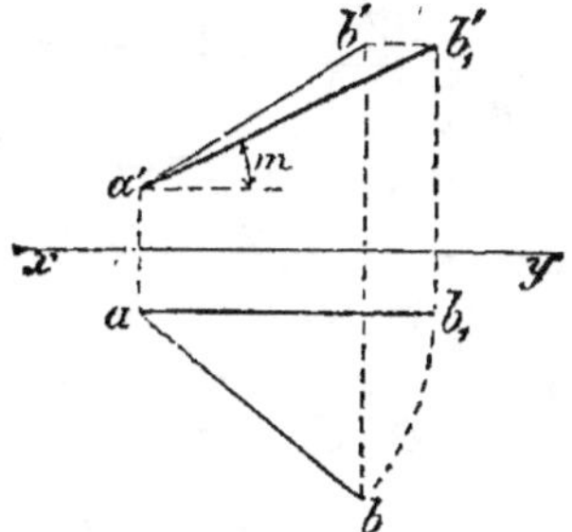

Fig. 189.

185. 2º *Moyen* (fig. 189). Rendons la droite parallèle au plan vertical, en faisant tourner autour de l'ordonnée du point A le plan qui projette la droite sur le plan H; soit $(ab_1, a'b'_1)$ cette nouvelle position; m est l'angle que la droite forme avec le plan horizontal, car cet angle se projette en vraie grandeur sur le plan V. (Voir nº 117.)

186. Angle de deux droites. On nomme angle de deux droites non situées dans un même plan, l'angle de deux droites concourantes respectivement parallèles aux droites données.

Problème.

187. *Trouver l'angle de deux droites.*

Si les droites ne sont pas concourantes, on mène par un même point de l'espace une parallèle à chacune d'elles (nº 186).

Pour déterminer l'angle de deux droites concourantes, on rabat le plan de ces droites sur un plan horizontal.

Soient les droites $(ab, a'b')$, $(ac, a'c')$ (fig. 190).

Joignons les traces horizontales b et c des droites données, et rabattons le triangle ABC sur le plan horizontal, en le faisant tourner autour de l'horizontale BC (nº 173).

On sait que la hauteur du triangle ABC est l'hypoténuse d'un triangle rectangle ayant pour côtés de l'angle droit les distances *ad* et *na'* (n° 173); il faut donc élever une perpendiculaire sur *ad*, prendre $aa'_1 = na'$, et, du point *d* comme centre, avec le rayon da'_1, couper en A_1 la perpendiculaire daA_1.

Le triangle bA_1c étant alors en vraie grandeur, l'angle A_1 est l'angle demandé.

188. *Remarques.* On peut employer une horizontale quelconque $(bc, b'c')$ (fig. 191). La construction est identique à la précédente. La hauteur du triangle s'obtient en construisant un triangle rectangle avec *ad* et *na'*.

Il en est de même lorsque l'horizontale passe au-dessus de *a'* (fig. 192).

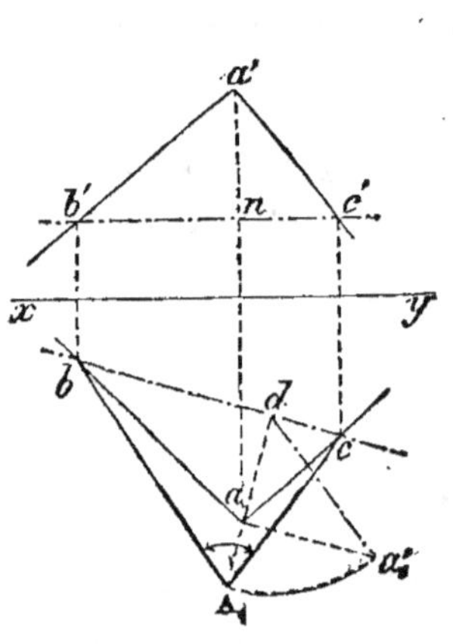

Fig. 190.

189. Au lieu de rabattre le plan des droites concourantes sur un plan horizontal, on pourrait l'amener à être parallèle au plan vertical de projection; il

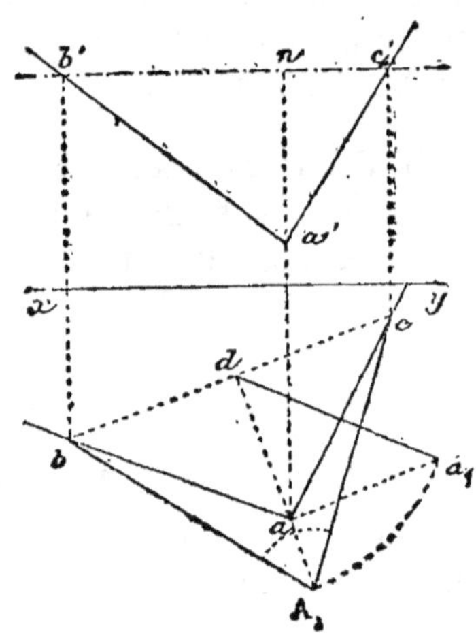

Fig. 191.   Fig. 192.

suffirait de le rabattre autour de sa trace verticale, ou de le faire tourner autour d'une de ses lignes de front.

190. Cas particulier. *Une des droites* (ac, a'c') *est horizontale.*

On rabat le plan des droites données en le faisant tourner autour de sa trace horizontale.

Par la trace horizontale b, menons une parallèle bd à ac; la ligne bd sera contenue dans le plan horizontal (G., n° 380); à l'aide de cette droite, rabattons le point (a, a'), puis par A_1 menons A_1C_1 parallèle à ac, car l'horizontale reste parallèle à elle-même dans sa rotation autour de bd, l'angle bA_1C_1 est l'angle demandé.

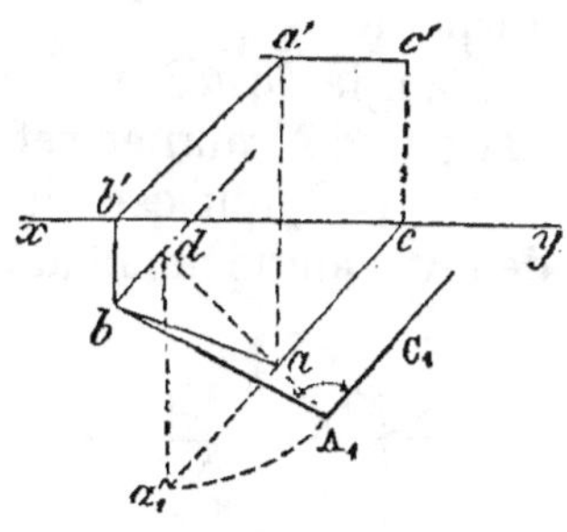

Fig. 193.

191. *Remarque.* On pourrait faire tourner le plan autour de l'horizontale donnée (ac, $a'c'$).

Application.

192. P. *Construire la bissectrice de l'angle de deux droites.*

Il faut déterminer la vraie grandeur de l'angle donné en le rabattant, par exemple, sur un plan horizontal; mener la bissectrice de l'angle obtenu, et relever cette droite.

Soient les droites AB, AC qui deviennent bA_1, cA_1, après le rabattement; l'angle A_1 étant en vraie grandeur, menons la bissectrice A_1e; le point e, appartenant à l'horizontale BC, fait connaître e'; la bissectrice a pour projections ae et $a'e'$.

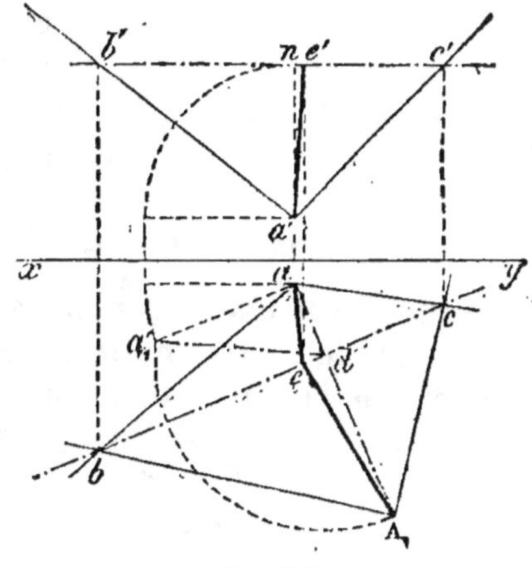

Fig. 194.

Problème.

193. *Déterminer l'angle d'une droite et d'un plan.*

L'angle d'une droite et d'un plan est l'angle qu'elle forme avec sa projection sur ce plan.

Il est égal au complément de celui qu'elle forme avec une perpendiculaire à ce plan.

Soient AB et P la droite et le

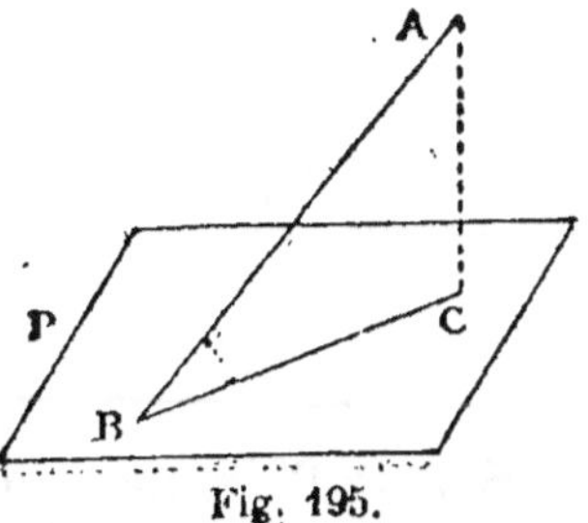

Fig. 195.

plan considérés, B leur intersection, AC une perpendiculaire au plan.

L'angle de AB avec le plan P est l'angle ABC.

Pour déterminer cet angle, on construit d'abord son complément BAC, qui est plus facile à obtenir directement, puis on en déduit l'angle demandé.

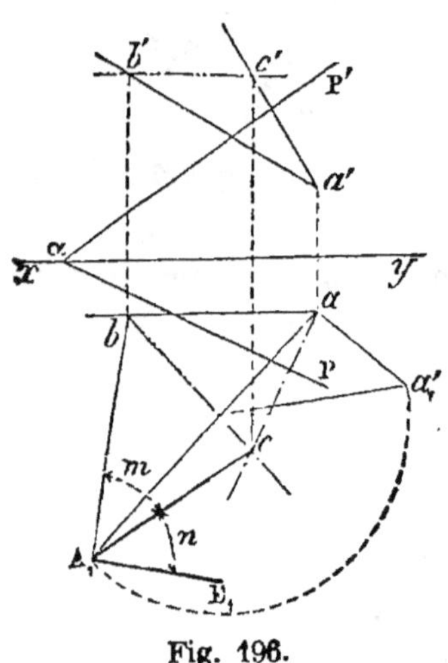

Fig. 196.

194. Épure (fig. 196). $(ab, a'b')$ et $P\alpha P'$ représentent la droite et le plan donnés.

D'un point quelconque (a, a') de la droite, abaissons la perpendiculaire $(ac, a'c')$ sur le plan. Pour déterminer la grandeur de l'angle BAC, menons l'horizontale $(bc, b'c')$ et rabattons le point (a, a') (n° 188); m est l'angle de ces deux lignes, et son complément cA_1E_1 est l'angle de la droite et du plan.

Problème.

195. *Déterminer l'angle des traces d'un plan.*

Il faut rabattre le plan autour d'une de ses traces; par exemple, de l'horizontale : l'angle de cette droite avec le rabattement de la trace verticale est l'angle des traces dans l'espace.

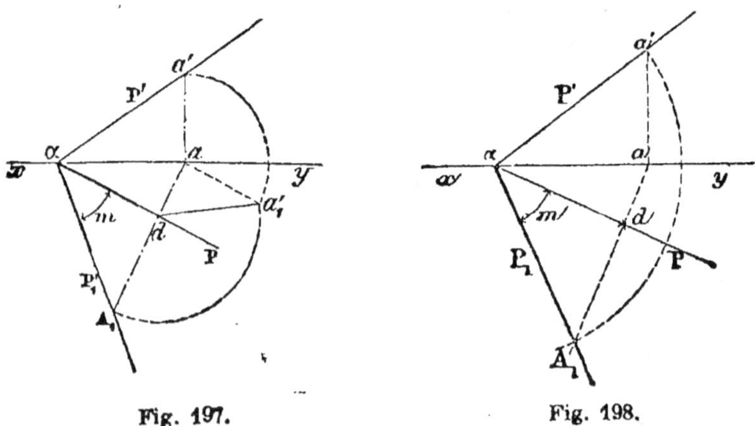

Fig. 197.   Fig. 198.

Soit $P\alpha P'$ le plan donné (fig. 197 et 198).

Pour rabattre ce plan sur le plan horizontal, il suffit de prendre un point (a, a') sur la trace verticale du plan et de le rabattre en A_1 (n° 164 ou 165) ; m est l'angle demandé.

196. *Remarque.* Les mêmes constructions s'appliquent au cas où les traces du plan forment entre elles un angle obtus (fig. 199).

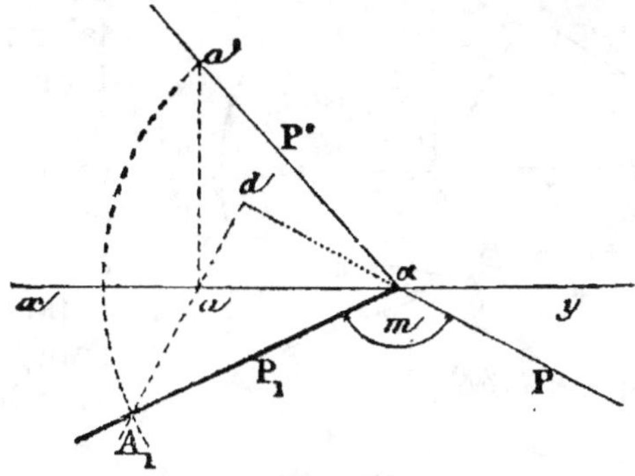

Fig. 199.

Par exemple, du point a, on abaisse une perpendiculaire ad sur αP. Du centre α, avec le rayon $\alpha a'$, on coupe la perpendiculaire en A_1. On détermine ainsi αP_1, et l'on trouve m pour l'angle demandé.

Problème.

197. *Déterminer l'angle qu'un plan donné forme avec chacun des plans de projection.*

Il y a un cas simple à considérer d'abord, c'est celui où le plan est perpendiculaire à l'un des plans de projection.

Lorsque le plan est de bout, l'angle qu'il forme avec le plan horizontal est l'angle de sa trace verticale avec la ligne de terre ; et quand le plan est vertical, l'angle qu'il forme avec le plan vertical de projection est l'inclinaison de sa trace horizontale sur xy (n° 37, *Remarques*).

198. *Plan quelconque.* Pour obtenir l'angle rectiligne du dièdre qu'un plan fait avec le plan horizontal, il faut couper l'arête du dièdre, c'est-à-dire la trace horizontale du plan donné, par un plan perpendiculaire à cette arête, et rabattre ce plan auxiliaire afin d'avoir la vraie grandeur de l'angle formé par ses intersections avec les faces du dièdre.

On procède d'une manière analogue pour avoir le rectiligne du dièdre que le plan donné forme avec le plan V.

Soit $P\alpha P'$ un plan quelconque (fig. 200).

Menons un plan perpendiculaire à la trace αP (n° 106).

Soit *ab* sa trace horizontale ; rabattons ce plan auxiliaire sur le plan H en le faisant tourner autour de *ab*. L'ordonnée *aa'* devient aa'_1 (n° 164). L'angle aba'_1 ou *m* est l'angle cherché.

De même, *n* est l'angle du plan P avec le plan vertical.

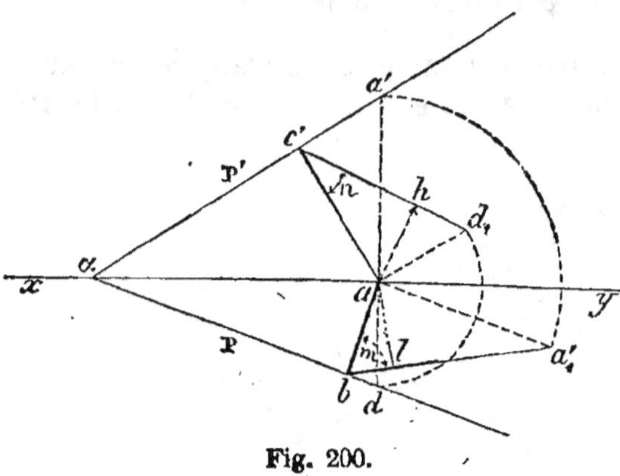

Fig. 200.

Problème.

199. *Déterminer l'angle de deux plans quelconques.*

Tout plan perpendiculaire à l'arête du dièdre coupe les faces suivant des droites qui forment l'angle plan cherché. (G., n° 398.)

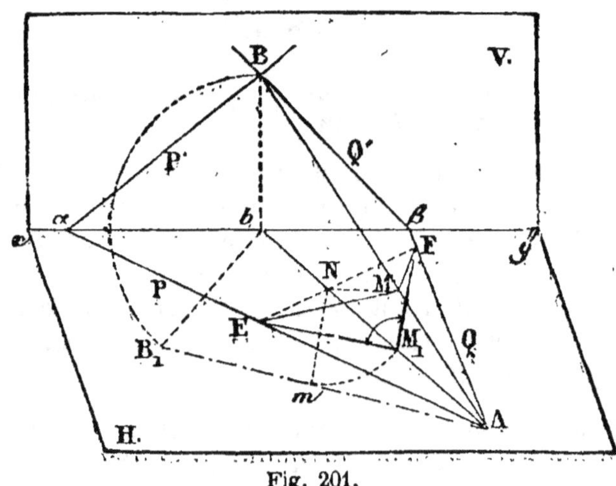

Fig. 201.

Soient PαP' et QβQ' les plans donnés, A*b* la projection horizontale de leur intersection AB.

Il faut déterminer le dièdre dont AB est l'arête.

Coupons ce dièdre par un plan EMF perpendiculaire à AB, sa trace horizontale EF est perpendiculaire à la projection A*b* (n° 100).

Les intersections EM, MF, perpendiculaires à AM, déterminent l'angle demandé.

La droite NM, située dans le plan projetant MAN et dans le plan EMF, est à la fois perpendiculaire à AB et à EF; en effet AB, perpendiculaire au plan EMF, l'est par suite à MN; EF, perpendiculaire à A*b*, l'est au plan projetant AMN, et par suite à NM.

Pour construire le triangle EMF, on détermine sa hauteur MN.

200. Épure. Soient les plans PαP′, QβQ′, et *ab* la projection horizontale de leur intersection (fig. 202).

Coupons le dièdre par un plan perpendiculaire à cette intersection ; la trace horizontale de ce plan est une perpendiculaire *ef* à la projection *ab*. Soit M le sommet du triangle *eMf* déterminé dans l'espace par ce plan auxiliaire.

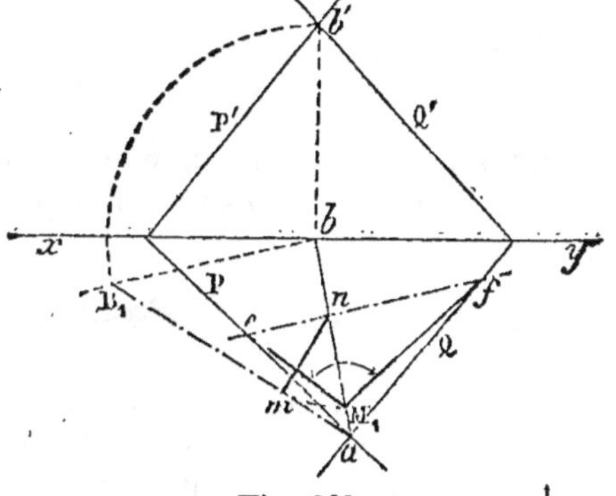

Fig. 202.

La hauteur M*n* de ce triangle est perpendiculaire à l'intersection AB.

Pour avoir sa vraie grandeur, rabattons le triangle *abb′*, en portant *b*B₁ = *bb′* sur une perpendiculaire à la projection *ab*, et, du point *n*, abaissons la perpendiculaire *nm* sur *a*B₁.

Enfin portons la hauteur *nm* de *n* en M₁. Le triangle *e*M₁*f*, rabattement du triangle *eMf* de l'espace, donne l'angle plan *e*M₁*f* qui mesure le dièdre des plans P et Q.

Autres solutions. 1° Il est parfois aussi simple de déterminer les intersections des plans donnés avec le plan auxiliaire et de rabattre celui-ci sur l'un des plans de projection (164). L'angle des intersections rabattues est l'angle rectiligne demandé.

2° D'un point quelconque de l'espace, on abaisse une perpendiculaire sur chacun des plans donnés. L'angle aigu de ces droites mesure l'angle dièdre aigu formé par les plans (G. 406). On est donc ramené à un problème connu (n° 187).

201. Cas particuliers. 1° *Les deux plans ont deux traces de même nom parallèles* (fig. 203).

Coupons les plans donnés par un plan *aa′cd* perpendiculaire à leurs traces parallèles, et par suite à leur intersection AE ; les traces des plans P et Q sur le plan auxiliaire rabattu font connaître l'angle demandé *ced.*

2° *Les plans sont parallèles à la ligne de terre* (fig. 204).

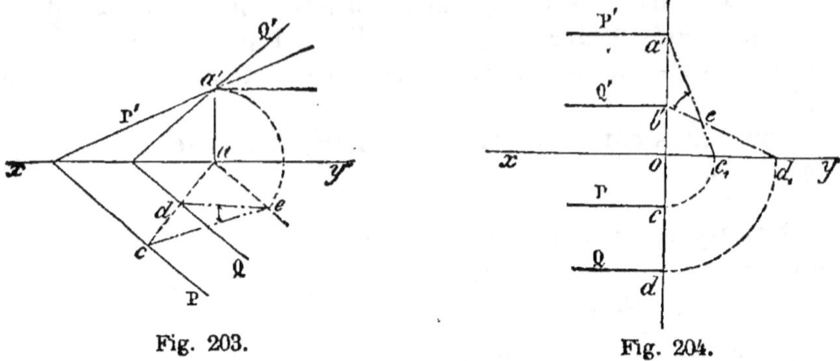

Fig. 203.   Fig. 204.

Un plan de profil coupe les plans suivant deux droites rabattues en $a'c_1$, $b'd_1$; donc $a'eb'$ est l'angle demandé.

Problèmes inverses.

202. Angles d'une droite et des plans H et V. Lorsqu'une droite est de profil, la somme des angles m et n qu'elle fait avec les plans de projection égale un droit, car une droite de profil forme avec ses projections un triangle rectangle ; mais, *dans tous les autres cas,* la somme des angles m et n est $< 90°$.

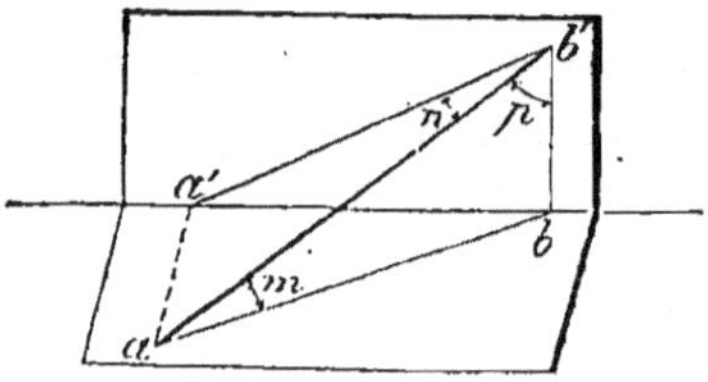

En effet, soit ab' une droite ayant pour projection ab et $a'b'$.

Le triangle abb' est rectangle au point b, donc $m + p = 90°$; mais l'angle formé par une droite avec sa projection est le plus petit angle que cette droite puisse former avec une droite menée par son pied dans le plan (G., n° 409) ; donc $n < p$, et par suite $m + n < 90°$.

Fig. 205.

Problème.

203. *Par un point donné, mener une droite qui fasse des angles donnés avec chacun des plans de projection.*

Il faut trouver une droite quelconque formant les angles demandés, et mener par le point donné une parallèle à cette droite.

En représentant par m et n les angles donnés, il faut qu'on ait : $m + n < 90°$.

Soit le problème résolu (fig. 206) et ab' la ligne cherchée, ab, $a'b'$

ses projections *. Pour avoir l'angle m que la droite forme avec le plan horizontal, on peut amener a en a_1; on trouve ainsi l'angle ba_1b', et $b'a_1$ est la vraie grandeur de la droite (n° 185). Or la projection verticale inconnue $a'b'$, l'éloignement aa' du point a et la vraie grandeur de la droite demandée, forment un triangle rectangle ayant n pour angle adjacent à la projection verticale $a'b'$; donc, connaissant l'angle n et la vraie gran-

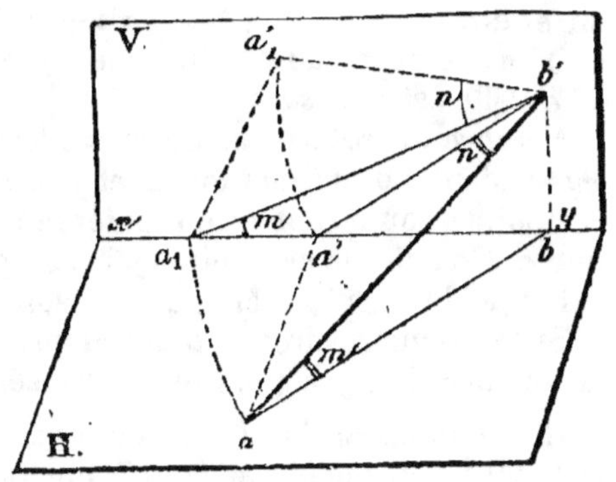

Fig. 206.

deur $b'a_1$, on peut construire ce triangle et déterminer la projection inconnue. De cette remarque on déduit la construction suivante :

204. Épure (fig. 207). Par un point (b, b') du plan vertical, menons $b'a_1$ faisant avec xy l'angle m; puis formons l'angle $a_1b'a'_1$, égal à n, abaissons la perpendiculaire $a_1a'_1$; $b'a'_1$ est la longueur de la projection verticale; donc du centre b' avec le rayon $b'a'_1$ coupons xy en a', élevons une perpendiculaire $a'a$ jusqu'à la rencontre de l'arc a_1a décrit du centre b avec la longueur ba_1 de la projection horizontale pour rayon.

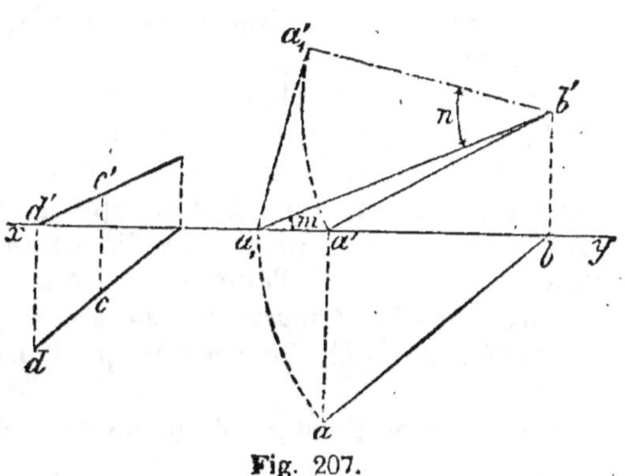

Fig. 207.

Vérification. La perpendiculaire aa' doit égaler $a_1a'_1$, car les triangles $b'a_1a'_1$ et $b'aa'$ sont égaux.

Conditions de possibilité. Pour que la construction puisse s'effectuer, il faut que l'arc a'_1a' vienne couper, ou au moins toucher la ligne de terre, c'est-à-dire que l'on ait

$$b'b \leqq b'a'_1$$

ou
$$AB \sin m \leqq AB \cos n$$

ou
$$\sin m \leqq \sin (90° - n)$$

---

* On peut suivre l'explication, soit sur la figure de l'espace (fig. 206), soit sur l'épure (fig. 207).

ou, puisque les angles m, n sont aigus,

$$m \leqq 90^\circ - n$$

ou enfin

$$m + n \leqq 90^\circ$$

On a démontré, au n° 202, que cette condition est *nécessaire*; on voit ici qu'elle est *suffisante*.

Nombre de solutions. La circonférence $a'_1 a'$ coupera généralement xy en deux points tels que a' et les perpendiculaires à xy menées par ces points couperont la circonférence de centre b en quatre points tels que a. Chacun de ces points joint au point B donne une réponse.

Il y a donc en général quatre solutions.

Si la première circonférence vient à être tangente à xy ou à ne pas la toucher, il n'y a plus que deux solutions ou aucune.

Remarque. Si la droite doit passer par un point donné (c, c') (fig. 207), on mène par (c, c') une parallèle à $(ab, a'b')$.

205. Angles d'un plan avec les plans H et V. *La somme des dièdres qu'un plan peut former avec les plans de projection est généralement comprise entre un droit et deux droits.*

La somme égale sa limite inférieure, un droit, lorsque le plan est parallèle à xy, car les dièdres m et n sont alors complémentaires.

La somme égale sa limite supérieure, deux droits, lorsque le plan est perpendiculaire à xy.

Pour tout autre plan, la somme est plus grande qu'un angle droit, et plus petite que deux angles droits. En effet, lorsque deux plans non perpendiculaires se coupent, ils forment entre eux un angle aigu et un angle obtus supplémentaires; *l'angle aigu est par convention l'angle qui mesure l'inclinaison des deux plans*, par suite on a $m + n < 180^\circ$; d'ailleurs on a aussi $m + n + 90^\circ > 180^\circ$, car *les trois dièdres d'un trièdre ont une somme plus grande que deux angles droits* (G., n° 427); donc il faut que l'on ait $m + n > 90^\circ$.

206. Ligne de plus grande pente d'un plan [*]. On appelle *ligne de plus grande pente d'un plan*, par rapport à un plan de projection, toute droite du plan donné qui forme avec sa projection le plus grand angle possible.

Les lignes de plus grande pente d'un plan sont parallèles entre elles et perpendiculaires à la trace de ce plan (G., n° 412); donc la droite $(ab, a'b')$ est une ligne de plus grande pente du plan $P\alpha P'$ par rapport au plan horizontal,

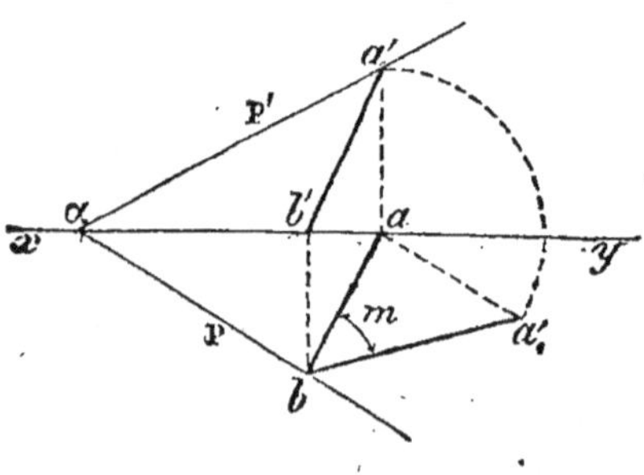

Fig. 208.

---

[*] On a déjà parlé de la ligne de plus grande pente d'un plan (n° 68), mais il est utile de rappeler et de compléter ici ces notions.

si sa projection ab est perpendiculaire à αP; car alors la droite de l'espace est elle-même perpendiculaire à cette trace horizontale, en vertu du théorème des trois perpendiculaires.

Toute ligne de $P\alpha P'$ qui ne serait point parallèle à AB ferait avec le plan H un angle plus petit que m (G., nº 413).

On sait qu'une ligne de plus grande pente suffit pour déterminer un plan (nº 58, 2º), car par le point b on peut mener αP perpendiculaire à ab, puis joindre α à la projection a' pour obtenir la trace verticale du plan.

207. *Remarques.* I. On sait déterminer l'angle qu'un plan donné forme avec chaque plan de projection (nº 198), mais on peut donner aux constructions une disposition qui facilite la résolution du problème inverse (nº 208).

Soit da' perpendiculaire à xy.

On sait que l'angle m est donné par la construction d'un triangle rectangle ayant pour côtés de l'angle droit aa' et ab (nº 198); on peut rabattre ce triangle sur le plan vertical en le faisant tourner autour de aa'. Pour cela, il suffit de porter ab, en ag, sur xy et l'angle $aga' = m$; de même portant ac' de a en f, on a $afd = n$.

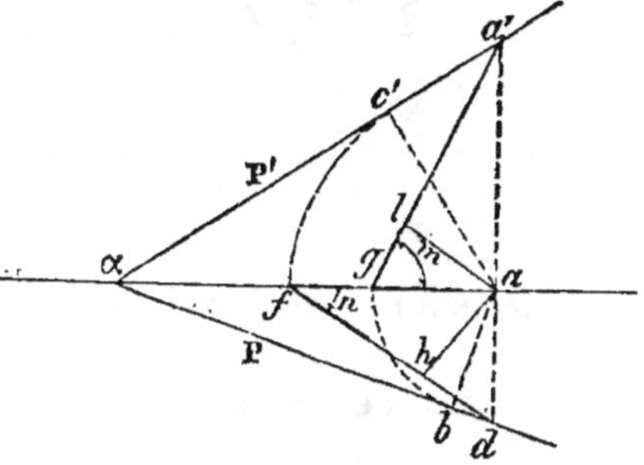

Fig. 209.

II. Les perpendiculaires al, ah sont égales, car chacune d'elles indique la distance du point a de xy au plan $P\alpha P'$. En effet, la perpendiculaire abaissée du point a sur le plan $P\alpha P'$ est l'intersection des deux plans $a'ab$, dac' perpendiculaires à $P\alpha P'$ (fig. 200); donc, dans les rabattements de ces plans, ah et al sont les rabattements de la même perpendiculaire (fig. 200 et 209).

Problème.

208. *Par un point donné mener un plan qui rencontre respectivement les plans de projection sous des angles donnés m et n.*

Résolvons le problème pour un point (a, a') pris sur le plan vertical; puis, par le point donné, nous mènerons un plan parallèle au plan obtenu.

On doit avoir $m < 90°$, $n < 90°$ et $m + n > 90°$ (nº 205).

Supposons le problème résolu. Soit $P\alpha P'$ le plan demandé (fig. 210).

Comme vérification, il faut qu'en portant la perpendiculaire ad de a en c, l'angle aca' soit égal à l'angle donné m (nº 207); puis, qu'en prenant $af = ae$ on ait l'angle afb égal à n; d'ailleurs la distance ah doit égaler ag (nº 207, II). On est donc conduit à la construction suivante :

Par a' menons $a'b$ perpendiculaire à la ligne de terre, et $a'c$ for-

mant avec xy l'angle m que le plan P doit former avec le plan horizontal, puis abaissons la perpendiculaire ag; cette ligne est la distance

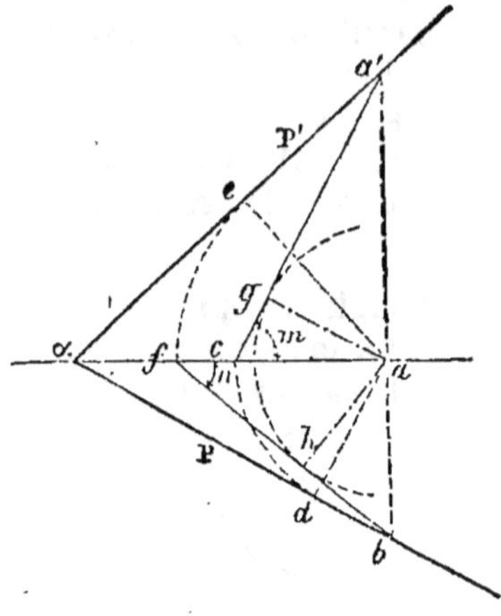

du point a au plan cherché (n° 207).
Du centre a, avec cette longueur ag
pour rayon, décrivons un arc et menons une tangente hf, faisant avec
xy l'angle n que le plan doit former
avec le plan vertical; le point b se
trouve déterminé par la tangente fhb
et la ligne de rappel $a'ab$. Pour avoir
les traces, il faut mener par b une
tangente bx à l'arc décrit avec ac
pour rayon, puis joindre $\alpha a'$.

Vérification. L'arc décrit avec le
rayon af doit être tangent à αP'.

Condition de possibilité. Pour que
l'on puisse mener la tangente $bd\alpha$,
il suffit que le point b ne soit pas

Fig. 210.

à l'intérieur du cercle nd, c'est-à-dire que l'on ait

$$ac \leq ab$$

ou, à cause des triangles rectangles, acg et abh.

$$\frac{ag}{\sin m} \leq \frac{ah}{\cos n}$$

ou, comme $ag = ah$, $\qquad \sin m \geq \cos n$

ou $\qquad\qquad\qquad\qquad \sin m \geq \sin (90° - n)$

d'où, puisque m et n sont aigus par définition,

$$m \geq 90° - n$$

ou enfin $\qquad\qquad\qquad m + n \geq 90°$

On a démontré, au n° 205, que les deux conditions

$$m + n \leq 180° \qquad\qquad m + n \geq 90°$$

sont *nécessaires*; on voit ici qu'elles sont *suffisantes*.

Nombre de solutions. L'angle afb pouvant être construit de part et
d'autre de xy, il y a deux points tels que b qui sont symétriques par
rapport à xy.

Par chacun de ces points on peut mener au cercle nd deux tangentes, une seule, ou aucune; donc il peut y avoir quatre solutions,
ou deux, ou aucune.

Autre solution. La détermination des traces par des tangentes
telles que bd, $a'e'$ offre peu de précision. On peut mener une droite
faisant avec chaque plan un angle complémentaire de celui que l'on
donne; puis, par le point donné, mener un plan perpendiculaire à la
droite ainsi déterminée.

§ II. — Trièdres.

209. Désignons par a, b, c les faces d'un trièdre (G., nᵒ 420), par A, B, C les dièdres opposés, et par a', b', c' et A', B', C' les éléments du trièdre supplémentaire; on a, par définition (G., nᵒ 416), $a + A' = 2$ droites, etc.

1ᵒ Chaque face d'un trièdre est plus petite que la somme des deux autres (G., nᵒ 417).

2ᵒ La somme des faces est moindre que quatre droits (G., nᵒ 419).

3ᵒ La somme des trois dièdres est comprise entre deux droits et six droits (G., nᵒ 427, 1ᵒ).

4ᵒ La différence entre le plus petit dièdre et la somme des deux autres est moindre que deux droits (G., nᵒ 427, 2ᵒ).

Le problème de la construction d'un trièdre présente six cas principaux qu'on peut ramener à trois.

1ᵒ a, b, c.   On donne les trois faces.

2ᵒ A, b, c.   On connaît deux faces et le dièdre compris.

3ᵒ b, c, C.   On connaît deux faces et le dièdre opposé à l'une d'elles.

4ᵒ a, B, C.   On donne une face et les deux dièdres adjacents.

5ᵒ B, C, c.   Id.   deux dièdres et la face opposée à l'un d'eux.

6ᵒ A, B, C.   On donne les trois dièdres.

Trièdre supplémentaire. Par la considération du trièdre supplémentaire, le sixième cas se ramène au premier, le cinquième au troisième, et le quatrième au second; en effet, pour le quatrième, par exemple, posons A' $= 180° - a$; $b' = 180° - $ B; $c' = 180° - $ C. Nous aurons à construire un trièdre, connaissant deux faces b', c' et le dièdre compris A'; puis nous en déduirons le trièdre supplémentaire (G., nᵒ 420), qui répond à la question.

Premier Cas.

210. *Construire un trièdre, connaissant les trois faces, et déterminer le dièdre opposé à chacune d'elles.*

Soient les faces a, b, c réalisant les conditions rappelées, et placées consécutivement sur un même plan. Prenons des longueurs égales SF, SF₁ sur les côtés extrêmes; les points F, F₁ ainsi obtenus sont les rabattements d'un même point de l'espace appartenant à la troisième arête du trièdre, c'est-à-dire à l'intersection des faces a et c.

Si l'on relève le plan dSF, le point F décrit un arc de cercle dont le plan est perpendiculaire à l'axe Sd; il en est de même de F_1 par rapport à Se; donc les perpendiculaires abaissées de F et F_1 sur les axes respectifs déterminent la projection horizontale f du point de l'espace.

Pour avoir l'ordonnée de ce point F, il suffit de décrire du centre d avec le rayon dF un arc Ff' jusqu'à la rencontre de la ligne ff'

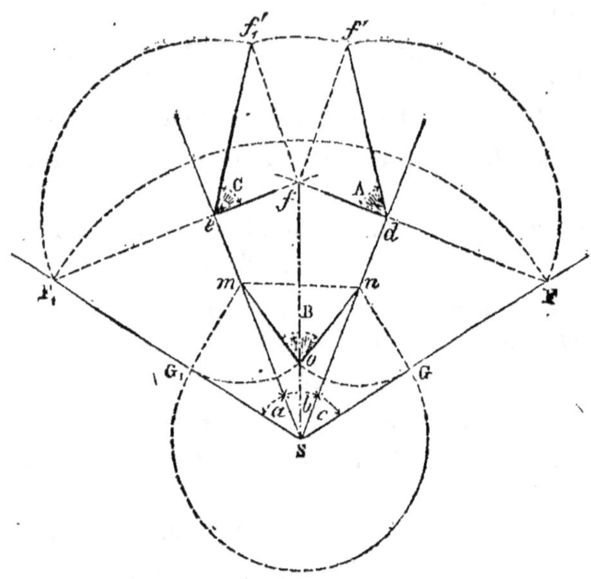

Fig. 211.

parallèle à l'axe Sd (n° 164); de même, par rapport à Se, le point F_1 vient en f'_1; donc ff doit égaler ff'_1, puisque c'est l'ordonnée d'un même point, par rapport au plan de la face b.

En menant df' et ef'_1, on obtient les dièdres A et C; car les plans rabattus sont respectivement perpendiculaires aux arêtes de ces dièdres.

Pour le troisième dièdre, on pourrait procéder comme il a été dit précédemment (n° 200); mais généralement on détermine la vraie grandeur des côtés du triangle mnO. On prend des longueurs égales SG, SG_1, on élève les perpendiculaires Gn, G_1m; du centre n, avec le rayon nG, on coupe l'arc décrit du centre m avec le rayon mG_1. L'angle mon mesure le troisième dièdre.

Vérifications. Le point o doit se trouver sur Sf, et la droite mn doit être perpendiculaire à la projection Sf de l'arête (n° 199).

Deuxième Cas.

211. *Construire un trièdre, connaissant deux faces et le dièdre compris, et déterminer les autres éléments de l'angle solide.*

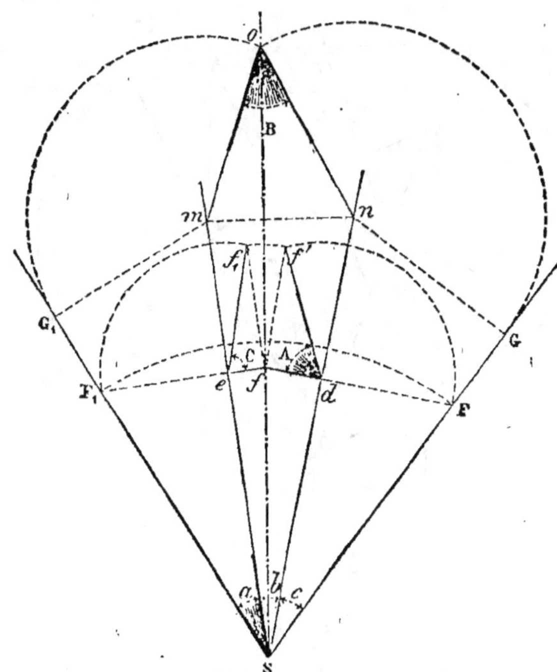

Fig. 212.

Soient b, c, les faces données, et le dièdre A donné par le rabattement de son angle plan autour d'une perpendiculaire Fd menée à Sd.

Du centre d, avec le rayon dF, coupons en f' le côté de l'angle donné; par rapport à la ligne de terre fF, f' se projette en f et fait connaître la projection horizontale fS de la troisième arête.

Du point f menons à Se une perpendiculaire et une parallèle; sur cette dernière, prenons ff'_1 égale à ff', menons ef'_1, et le second dièdre C est déterminé; puis portons ef'_1 de e en F$_1$ pour avoir la face a. Les trois faces étant connues, on peut déterminer le dièdre B comme dans le cas précédent, en prenant SG = SG$_1$.

Vérification. SF$_1$ doit égaler SF.

Troisième Cas.

212. *Construire un trièdre, connaissant deux faces et le dièdre opposé à l'une d'elles.*

Soient les faces b, c et le dièdre C dont l'angle plan est rabattu sur le plan de la face b, autour d'une perpendiculaire hd à l'arête Si.

Par le point d élevons une perpendiculaire Fdi à l'arête Sd; en prenant cette droite F*di* comme ligne de terre, cherchons la trace verticale du plan de la face *a*. La trace horizontale S*h* est donnée, ainsi le point *i* appartient à la trace cherchée. Il suffit de déterminer un

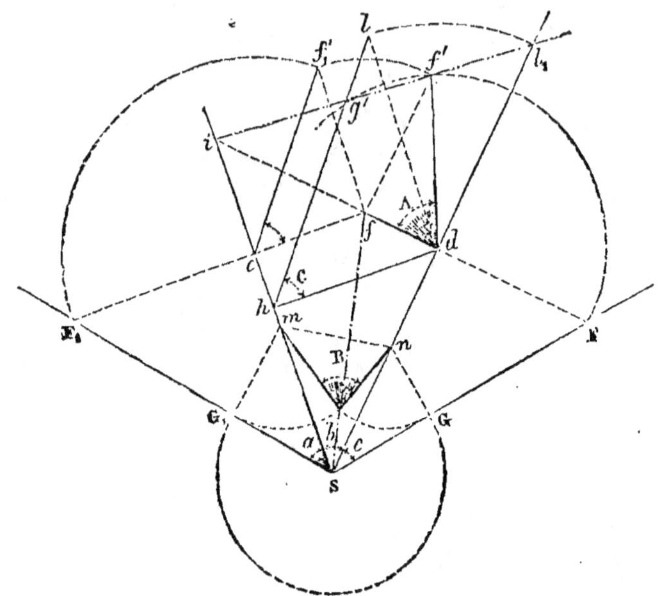

Fig. 213.

second point de cette trace; or la perpendiculaire *dl* indique l'élévation d'un point L de ce plan *a*, au-dessus du plan de la face *b*; et, quelle que soit la ligne de terre menée par *d*, cette hauteur ne varie point; sur une perpendiculaire à F*di*, il faut donc prendre $dl_1 = dl$, et il_1 est la trace verticale du plan *a*.

Lorsqu'on relève *d*SF, le point F décrit dans le plan dil_1 un arc de cercle ayant *d* pour centre et *d*F pour rayon; il coupe la trace il_1 en *f'* et *g'*; chacun de ces points correspond à un trièdre ayant les données voulues. En se bornant à celui que donne le point *f'*, il faut abaisser la perpendiculaire *f'f*, et l'on retombe sur le cas précédent, car on connaît deux faces *ehSd*, *d*SF et le dièdre A compris.

*f*S est la projection de la troisième arête; du point *f* on abaisse la perpendiculaire feF_1, on prend $ff_1 = ff'$ et $eF_1 = ef'_1$.

Vérification. ef'_1 doit être parallèle à *hl*, car les angles *e*, *h*, mesurent le même dièdre, et SF_1 doit égaler SF.

Remarque. Suivant que l'arc F*f'* coupe la trace il_1 en deux points, lui est tangent, ou ne la rencontre pas, il y a deux solutions, une seule ou aucune.

Pour qu'un point *f'* ou *g'* fournisse une solution, il faut qu'il soit sur la partie supérieure du plan vertical *id*F, et non sur sa partie inférieure.

Quatrième Cas.

213 *Construire un trièdre, connaissant une face et les deux dièdres adjacents.*

Le quatrième cas se ramène au second (n° 209, *Trièdre supplémentaire*); mais on peut aussi le résoudre directement.

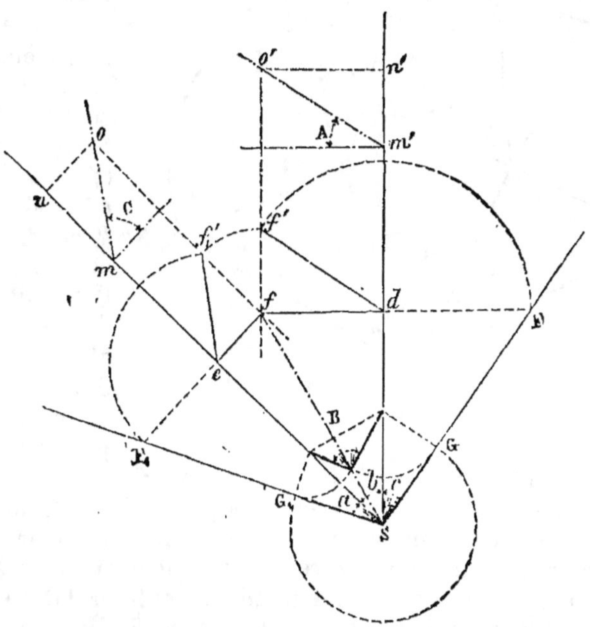

Fig. 214.

Soient b la face connue, A et C les dièdres adjacents, dont les angles plans sont rabattus sur le plan mSm', autour des perpendiculaires aux arêtes Sm, Sm'.

Menons un plan parallèle à celui de la face b; si mn est la distance de ce plan au plan de projection, le côté supérieur de l'angle C sera rencontré en o; prenons $m'n' = mn$; le côté de l'angle A est rencontré en o'.

Quelle que soit la position des angles plans qui mesurent les dièdres donnés A et C, les distances no, $n'o'$ ne dépendent que des angles et de la hauteur mn; donc, si par o et o' on mène des parallèles of, $o'f'$ aux deux arêtes, elles déterminent la projection horizontale f d'un point de la troisième arête éloigné de la face b de la longueur mn. Abaissons les perpendiculaires fe, fd, prenons $ff_1 = ff' = mn$; l'angle $fef'_1 = C$, et l'angle $fdf' = A$; pour avoir les deux faces inconnues, il suffit de prendre $dF = df'$; $eF_1 = ef'_1$.

Le troisième dièdre B se trouve comme dans les cas précédents.

Cinquième Cas.

214. *Construire un trièdre, connaissant deux dièdres et la face opposée à l'un d'eux.*

Le cinquième cas se ramène au troisième, par la considération du trièdre supplémentaire (n° 209); mais on peut aussi le résoudre directement.

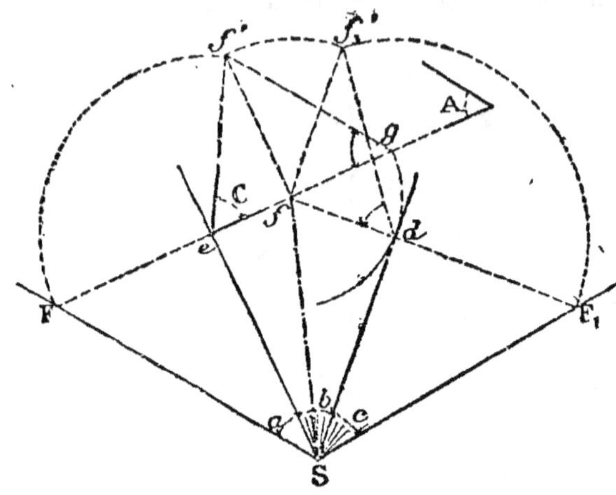

Fig. 215.

Soient A et C deux dièdres donnés, et *a* la face opposée à l'un d'eux.

Prenons cette face comme plan H. Déterminons le point (f, f'), en prenant $ef = eF$ et projetant f' en f. Si la face *b* était connue, on obtiendrait le second dièdre adjacent en abaissant la perpendiculaire fd sur Sd et portant la longueur ff' de f en f'_1 sur une perpendiculaire à fd; l'angle obtenu d devrait égaler A. Or il est facile de construire un triangle égal à ff_1d et de déterminer le côté fd. Ainsi, par f' menons une droite $f'g$ formant avec fg un angle égal au dièdre A. Puis du centre f, avec fg pour rayon, décrivons une circonférence, menons la tangente Sd, et le problème est résolu.

On détermine ensuite la face *c* et le dièdre B, comme dans le cas précédent.

Remarque. Par le point S, on peut mener une seconde tangente à la circonférence fg; mais le trièdre qui en résulte a pour dièdre le supplément de A.

Sixième Cas.

215. *Construire un trièdre, connaissant ses trois dièdres.*

Ce cas se ramène au premier, à l'aide du trièdre supplémentaire.

La solution directe du sixième cas présuppose la connaissance des plans tangents à la sphère et au cône de révolution; elle se rapporte donc au *chapitre III de la deuxième partie* (n° 322 et suivants). Nous ne l'indiquons ici qu'afin de grouper les questions relatives au trièdre *.

---

* Il suffit d'ailleurs de connaître quelques théorèmes à peu près évidents : 1° *Le plan tangent à un cône de révolution est tangent à toute sphère inscrite à ce cône,* et réciproquement, *un plan est tangent à un cône de révolution, lorsqu'il passe par le sommet de ce cône et qu'il est tangent à une sphère*

Soient donnés les trois dièdres A, B, C.

Prenons pour plan horizontal le plan de la face b, adjacente au dièdre C, et pour ligne de terre la droite xey perpendiculaire à l'arête re.

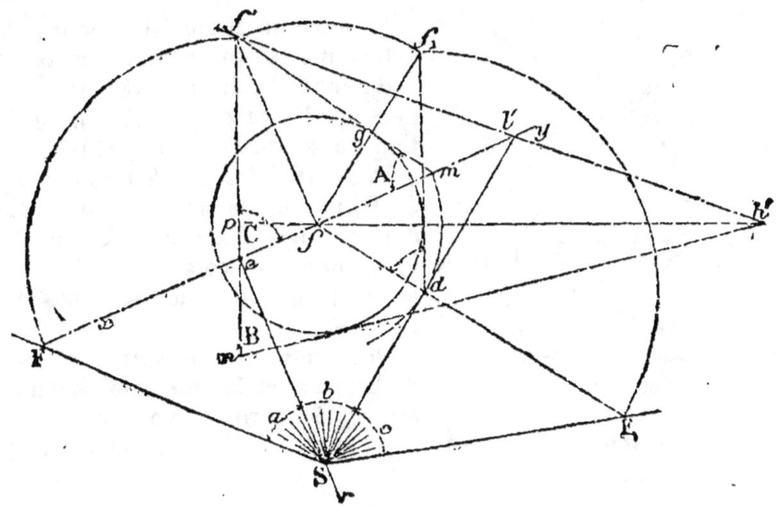

Fig. 216.

Pour résoudre le problème proposé, il faut mener un plan qui coupe le plan horizontal sous un angle A, et le plan ref' sous un angle B.

Or, si par un point f' de ef' nous menons $f'm$ faisant avec xy un angle égal au dièdre donné A, le plan cherché devra être tangent au cône que $f'm$ engendrerait en tournant autour de la perpendiculaire $f'f$ (nᵒ 295); il devra de même être tangent à la sphère inscrite, dont f serait le centre et fg le rayon (nᵒ 295).

De même, le plan demandé devra être tangent à un cône dont l'axe serait perpendiculaire au plan ref et dont la génératrice couperait ce plan sous un angle égal à B, et être tangent en même temps à toute sphère inscrite dans ce cône; donc, abaissons la perpendiculaire fp sur ef'; au cercle de rayon fg, menons une tangente $n'h'$ qui rencontre ef' sous un angle égal à B.

Le plan cherché doit être tangent aux deux cônes de sommets f' et h', circonscrits à la sphère de rayon fg; mais f' et h' sont sur le plan vertical; donc $f'l'h'$ est la trace verticale du plan demandé; la trace horizontale doit être tangente à la circonférence de rayon fm; donc, par l', il faut mener la tangente l'S.

La tangente $l'd$ coupe er en S et détermine la face b. On obtient a et c en procédant comme dans les premiers cas : on prend $eF = ef'$, $dF = df'_1$, et l'on mène SF et SF$_1$.

Problème.

216. *Réduire un angle à l'horizon.*

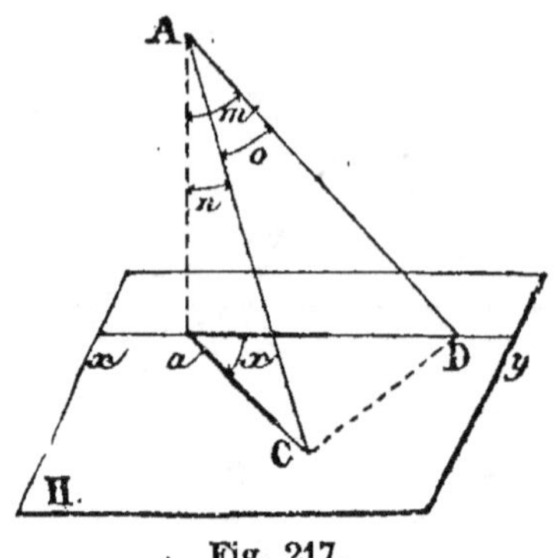

Fig. 217.

Réduire un angle à l'horizon, c'est déterminer sa projection horizontale.

Soient deux droites AC, AD, inclinées sur l'horizon H, et *a* la projection du sommet A (fig. 217).

Pour *réduire à l'horizon* l'angle CAD, il faut déterminer l'angle C*a*D d'un triangle dont les côtés sont les projections des côtés CA et AD, et la droite qui joint leurs traces horizontales.

Pour cela, il faut connaître l'angle de l'espace et l'angle que chacun de ses côtés forme avec la verticale passant par le sommet; c'est-à-dire l'angle CAD, ou *o*, et les angles *a*AD ou *m* et *a*AC ou *n*.

Épure. Prenons pour plan vertical le plan mené par un des côtés de l'angle de l'espace, le côté *a'd*, par exemple (fig. 218); *m* indique l'angle que ce côté forme avec la verticale; en admettant que le plan vertical mené par le second côté soit aussi rabattu sur le plan de *a'd*, le côté *a'c* doit faire avec *aa'* l'angle voulu *n*.

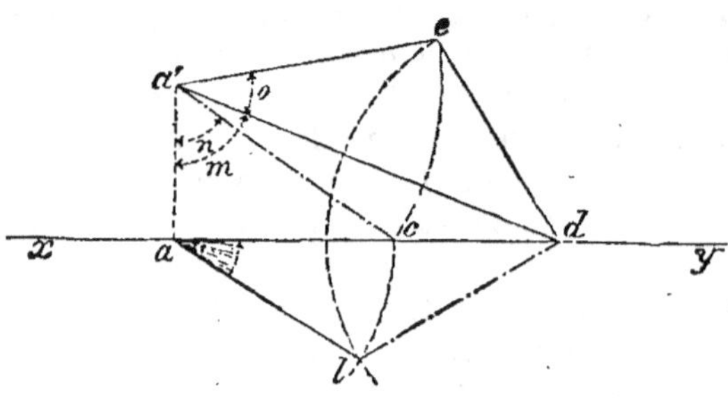

Fig. 218.

Soit le problème résolu et *al* la projection du second côté, on reconnaît que *ld*, distance des traces horizontales des côtés, appartient à un triangle de l'espace dont on connaît deux côtés et l'angle compris; on peut donc construire ce triangle et déterminer *ld*; pour cela, faisons l'angle *o* égal à l'angle donné, prenons *a'e = a'c*, et *de* est le côté cherché.

Le problème est donc ramené à construire un triangle dont on connaît les trois côtés. Des extrémités *a* et *d*, avec des rayons respectivement égaux à *ac* et *de*, on décrit des arcs qui se coupent en *l*; l'angle *lad* est l'angle cherché.

EXERCICES

DES ANGLES

Angles plans et dièdres.

167. Déterminer l'angle de deux droites, en cherchant la vraie grandeur des côtés de cet angle, limités à leurs traces horizontales.

168. Déterminer l'angle de deux droites dont l'une est horizontale, à l'aide d'un rabattement effectué autour de l'horizontale donnée.

169. Trouver l'angle de deux droites sécantes, l'une d'elles étant de profil et l'autre étant 1° quelconque; 2° parallèle à l'un des plans de projection; 3° parallèle à la ligne de terre.

170. Déterminer l'angle de deux droites dans les cas suivants :
1° Ligne de terre et droite quelconque;
2° Deux droites dont les projections de noms contraires coïncident;
3° Deux droites situées dans le second plan bissecteur.

171. Trouver l'angle de deux droites non sécantes, chacune d'elles étant parallèle à l'un des plans de projection.

172. Une horizontale rencontre le plan V sous un angle de 45°, une frontale rencontre le plan H sous un angle de 45°; quel est l'angle des deux droites ?

173. Connaissant les traces et les projections horizontales de deux sécantes, ainsi que la vraie grandeur de l'angle qu'elles forment, trouver les projections verticales de ces droites.

174. Connaissant la projection horizontale ab d'une droite, les projections (b, b') d'un de ses points et l'angle qu'elle fait avec le plan vertical, trouver la projection verticale de cette droite.

175. Par un point donné, mener une droite qui coupe une droite donnée sous un angle donné.

176. Par un point donné, mener une droite qui fasse des angles donnés avec chaque plan de projection.

177. Mener la bissectrice de l'angle formé par une ligne de bout et une droite dont les projections font des angles de 45° avec la ligne de terre.

178. Déterminer l'angle des traces d'un plan perpendiculaire au second bissecteur.

179. Construire les bissectrices des angles des traces d'un plan à traces superposées.

180. Par une droite donnée dans le plan vertical, mener un plan qui coupe le plan horizontal de manière que l'angle compris entre la droite et la trace horizontale (angle aux traces) ait une grandeur donnée.

181. Déterminer l'angle que forme la ligne de terre avec un plan donné quelconque.

182. Déterminer l'angle que forme une droite quelconque avec un plan de profil, et avec le second bissecteur.

183. Déterminer la trace verticale d'un plan, connaissant la trace horizontale et l'angle que ce plan forme avec xy.

184. Déterminer la trace verticale d'un plan dont on connaît la trace horizontale et la distance d'un point donné de la ligne de terre à ce plan.

185. Un plan est donné par ses traces; un point A de ce plan est donné par une de ses projections; mener par ce point une ligne de pente de ce plan, déterminer la vraie grandeur de cette droite et l'angle qu'elle forme avec le plan horizontal.

186. Déterminer les traces d'un plan, connaissant la projection horizontale cd d'une de ces lignes de pente et l'angle que le plan forme avec le plan horizontal.

187. Déterminer la projection verticale d'un point situé dans un plan, lorsqu'on connaît la projection horizontale de ce point, la trace horizontale de ce plan et l'angle qu'il forme avec le plan horizontal.

188. Déterminer la projection horizontale d'un point situé dans un plan, lorsqu'on connaît la projection verticale a' de ce point, la trace horizontale P du plan et l'angle qu'il forme avec le plan horizontal. On suppose en outre que, par suite des dimensions de l'épure, il n'est pas possible de déterminer la trace verticale du plan.

189. Déterminer les traces d'un plan, connaissant la distance d d'un point donné n de la ligne de terre à ce plan, ainsi que l'angle que ce plan forme avec le plan horizontal et un point de la trace verticale.

190. Trouver l'angle d'un plan quelconque avec un plan de profil.

191. Déterminer l'angle de deux plans dans les cas suivants :

1° Plan quelconque et plan mené par xy et un point donné;

2° Deux plans ayant une trace commune.

192. Déterminer la trace verticale d'un plan, connaissant la trace horizontale et 1° l'angle que le plan forme avec le plan horizontal; ou 2° l'angle qu'il forme avec le plan vertical.

193. Déterminer une des traces d'un plan, connaissant l'autre trace et l'angle que ce plan forme avec un plan de profil.

194. 1° Trouver les angles d'un plan avec chaque plan de projection, lorsque les traces du plan donné sont en ligne droite; 2° déterminer l'angle aux traces de ce plan.

195. Par un point pris sur xy, mener un plan tel que ses traces soient en ligne droite et fassent entre elles, dans l'espace, un angle donné.

196. Une droite étant donnée par ses traces sur les plans de projection, on demande de construire les traces du plan passant par cette droite et faisant un angle donné avec le plan qui la projette sur le plan horizontal.

197. Par une droite située dans un plan donné, mener un plan qui coupe le premier sous un angle donné.

198. Déterminer les traces verticales de deux plans, connaissant leurs traces horizontales, la projection horizontale de leur intersection, ainsi que l'angle que ces plans forment entre eux.

199. Étant donné un point (a, a') et un plan Q parallèle à la ligne de terre, faire passer par le point un second plan P parallèle à xy, mais incliné sur le premier d'un dièdre donné.

200. Par un point donné, faire passer un plan parallèle à xy et qui rencontre, sous un angle donné, un plan mené par la ligne de terre et un point.

201. Dans un plan donné par ses traces, trouver un point équidistant des traces de ce plan, sans recourir aux rabattements. Lieu géométrique des points équidistants.

202. Mener le plan bissecteur du dièdre que forment deux plans donnés.

203. Par un point donné, mener un plan coupant les deux plans de projection sous un même angle donné.

204. Par une droite donnée, mener un plan qui soit également incliné sur chaque plan de projection.

205. Mener le plan bissecteur de chacun des dièdres d'un plan quelconque avec les plans de projection; trouver les projections de l'intersection de ces deux plans bissecteurs.

206. Trouver les points équidistants des trois faces du trièdre rectangle déterminés par les plans de projection et un plan quelconque; déterminer sur chaque face le lieu géométrique des projections des points équidistants.

Trièdres.

207. Construire un trièdre rectangle, connaissant une des faces du dièdre droit et le dièdre opposé à la face connue.

208. Deux droites concourantes sont données; chercher les projections d'un point de l'espace, connaissant sa distance à chacune de ces droites et au plan qu'elles déterminent, et faire connaître les angles que forme, avec chaque ligne donnée, la droite qui joint le point demandé au point de concours des premières.

209. Deux droites concourantes sont données; chercher les projections d'un point M de l'espace, ce point étant déterminé par sa distance h au plan bac, par la distance $sm' = l'$ et par l'angle r que forme, avec le plan bac, la perpendiculaire abaissée du point M sur ab.

210. Résoudre directement le cinquième cas de l'angle trièdre : on connaît deux dièdres et la face opposée à l'un d'eux.

211. On connaît la base d'une pyramide pentagonale régulière, ainsi que la dièdre que forment entre elles les faces latérales; déterminer la grandeur des faces latérales de la pyramide, ainsi que leur inclinaison sur le plan de la base.

212. La base d'une pyramide triangulaire est donnée sur le plan horizontal; déterminer le sommet de la pyramide, connaissant l'inclinaison de chaque face latérale sur le plan de base.

213. Mener un plan qui coupe un dièdre donné de manière que le trièdre obtenu ait deux faces égales, et que la face interceptée sur le plan demandé ait une grandeur angulaire donnée.

214. Par deux droites *ba*, *bc*, mener deux plans qui se coupent, de manière que le trièdre obtenu ait un dièdre donné opposé à la face *abc*, et que les deux autres faces soient égales entre elles.

215. Déterminer l'intersection des plans bissecteurs des trois dièdres formés par le plan horizontal et deux autres plans.

216. Tout plan perpendiculaire à l'intersection des plans bissecteurs des dièdres d'un trièdre quelconque coupe les faces du trièdre sous le même angle.

217. Déterminer l'intersection des plans bissecteurs des angles dièdres qui correspondent aux arêtes latérales d'une pyramide triangulaire placée sur le plan horizontal.

218. Un tétraèdre étant donné par ses deux projections, déterminer le point de concours des droites de chacun des groupes suivants :

1º Les trois droites qui joignent deux à deux les milieux des arêtes opposées;

2º Les quatre droites qui joignent un sommet au point de concours des médianes de la face opposée.

219. Un triangle acutangle est donné sur le plan horizontal, déterminer un point de l'espace tel qu'en le joignant aux trois sommets du triangle on obtienne un trièdre trirectangle.

220. On donne le plan et les trois angles d'un triangle acutangle *abc*, dont le sommet *a* est fixe; trouver le lieu géométrique des points de l'espace d'où les trois côtés sont vus sous des angles droits.

221. On donne les deux projections *s*, *s'* du sommet d'un trièdre tri-rectangle, ainsi que la projection horizontale de chaque arête; déterminer les projections verticales de ces arêtes.

222. On donne les deux projections du sommet d'un trièdre tri-rectangle; déterminer les projections verticales des arêtes, lorsque les trois directions données *su*, *sv*, *sz*, comme projections horizontales des arêtes, font entre elles des angles quelconques, sauf les deux extrêmes *su*, *sz*, qui forment un angle obtus.

223. Déterminer l'angle de deux droites, connaissant la projection horizontale de cet angle, et l'angle que chaque côté de l'angle demandé forme avec la verticale.

CHAPITRE VI

APPLICATIONS

---

§ I. — Figures planes.

Problème.

217. *Déterminer les côtés et les angles d'un triangle dont les sommets sont donnés par leurs projections.*

On pourrait déterminer les traces du plan donné et rabattre ce plan sur un des plans de projection ; mais il est plus simple et plus élégant d'opérer directement sur les données.

Soient (a, a'), (b, b'), (c, c') les points donnés.

Opérons le rabattement du triangle à l'aide d'une horizontale de son plan ; par c', par exemple, menons une parallèle à xy, afin d'avoir une horizontale $(ce, c'e')$; la figure rabattue en $A_1B_1C_1$ donne la vraie grandeur des côtés et celle des angles.

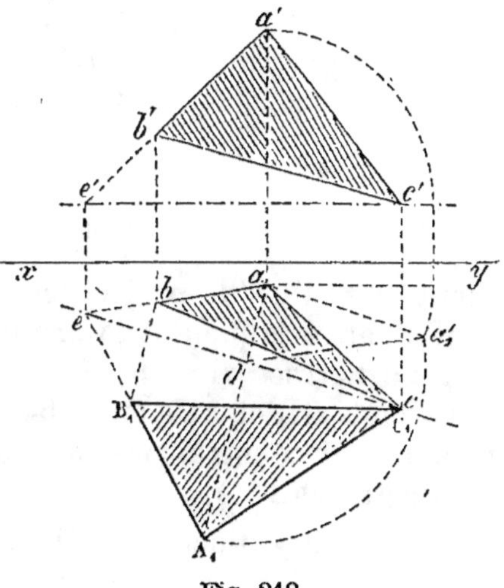

Fig. 219.

Remarque. On peut déterminer les hauteurs, les bissectrices, etc., du triangle $A_1B_1C_1$, et relever les éléments construits.

Problème.

218. *Déterminer les projections d'un carré, connaissant les traces de son plan et l'une des projections d'un de ses côtés.*

Il faut rabattre le plan, déterminer le rabattement du côté

donné, construire un carré sur le plan rabattu, et relever cette figure.

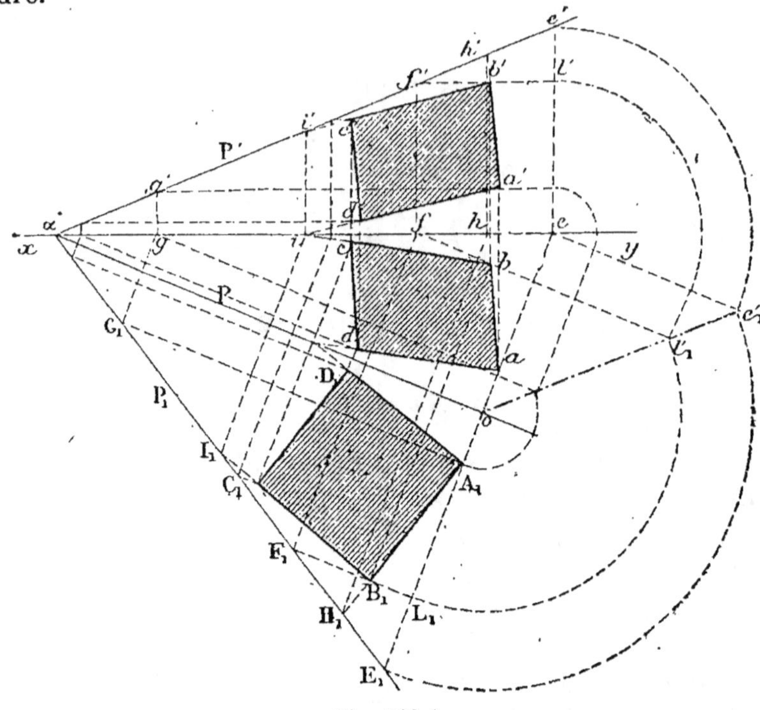

Fig. 220 *.

Soient ad et PαP' la projection d'un côté et le plan donnés.

Pour rabattre le plan et la droite, menons par a une perpendiculaire à la trace αP.

On obtient αE_1 et $A_1 D_1$ (n°s 164 et 169, R.), ainsi $A_1 D_1$ est le côté du carré; construisons la figure $A_1 B_1 C_1 D_1$, et relevons-en les sommets (n° 171).

Remarque. Il y a deux solutions.

Problème.

219. *On donne le centre et le rayon d'une circonférence située dans un plan donné, déterminer les projections de cette circonférence.*

Les projections d'une circonférence sont des ellipses. (G., n° 634.)

Avec les données du problème, il est possible de déterminer

* La projection horizontale de GA devrait passer par le point a et $d'a'$ devrait rencontrer xy un peu à droite du point t.

directement autant de points qu'on voudra de chacune de ces ellipses, mais il est très utile d'en chercher les axes. Le problème est résolu complètement dès qu'on connaît ces lignes, car on peut alors recourir à l'un quelconque des tracés connus. (G., nos 615, 625, 4o; 639, 643.)

Le grand axe de l'ellipse est la projection du diamètre parallèle au plan de projection, le petit axe est la projection du diamètre de plus grande pente.

Ces deux diamètres sont perpendiculaires entre eux.

1er Cas. *Le plan donné* PαP' *est vertical* (fig. 221).

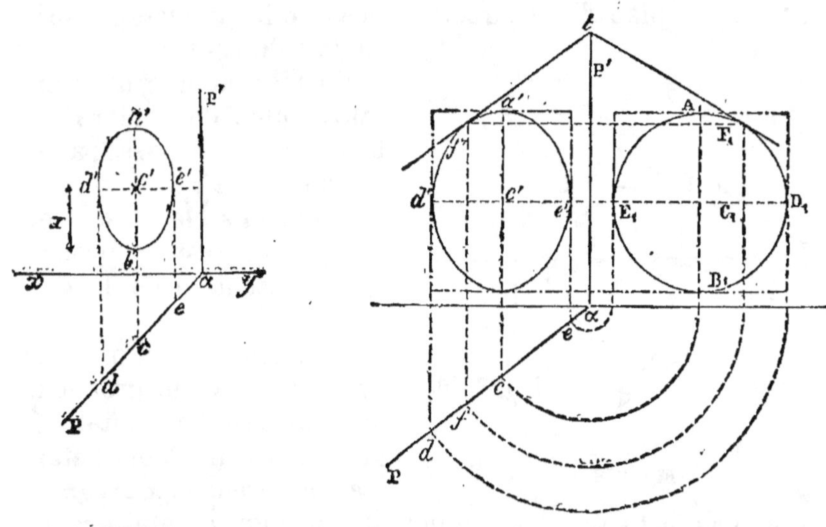

Fig. 221.   Fig. 222.

Le plan étant perpendiculaire au plan H, la projection horizontale de la circonférence sera sur αP (no 40); il faut prendre à partir du point c deux longueurs cd, ce égales au rayon donné; le diamètre de est la projection horizontale cherchée. La projection verticale de ce diamètre est parallèle à xy, et se détermine à l'aide des points d, e. Le diamètre vertical se projette en vraie grandeur; donc il faut prendre $c'a' = c'b'$, égal au rayon. On connaît les axes de l'ellipse; par suite, la courbe peut être construite par points.

Remarque. Pour trouver directement d'autres points de la courbe, on peut rabattre le plan donné sur le plan vertical (fig. 222); pour cela, on rabat le centre (c, c') en C_1, puis on décrit la circonférence C_1A_1. Un point quelconque F_1 a pour projections f et f'.

220. Tangente. *Pour tracer une courbe par points, il est avantageux de connaître quelques tangentes et leurs points de contact.*

Dans l'exemple cité, à la circonférence A_1C_1, on peut circonscrire un carré ayant deux côtés parallèles à xy; la projection de ce carré sera un rectangle circonscrit à la courbe demandée. Pour avoir la tangente en un point quelconque (f, f'), il faut mener la tangente F_1t et joindre le point t à f'.

221. 2ᵉ Cas. *Le plan est quelconque.*

Soit $P\alpha P'$ le plan de la circonférence et c la projection horizontale du centre.

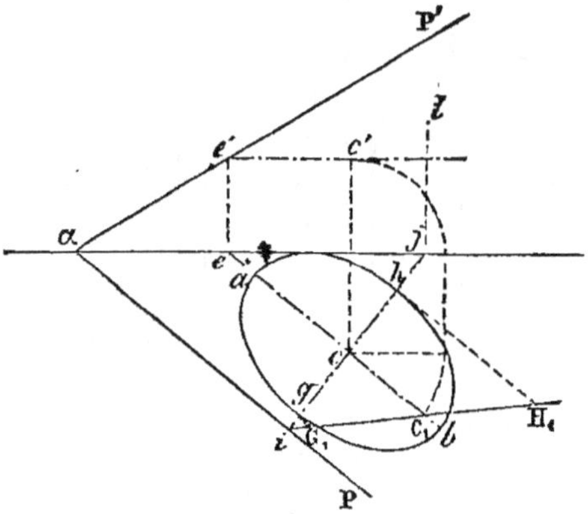

En menant une horizontale du plan, de manière que la projection ae passe par c, on détermine c'.

Cherchons les axes de l'ellipse qui est la projection horizontale de la circonférence.

Le diamètre horizontal se projette en vraie grandeur sur le plan horizontal; il se trouve sur l'horizontale $(ce, c'e')$; prenons $ca = cb = r$.

Fig. 223.

Le petit axe est sur la perpendiculaire ij, ligne de plus grande pente du plan (n° 206); pour le déterminer, rabattons son plan vertical ij; le centre (c, c') se rabat en C_1; donc iC_1 est la rabattement de l'intersection du plan donné et du plan projetant considéré; prenons $C_1G_1 = C_1H_1 = r$, et projetons H_1 et G_1 en h et g.

Pour obtenir la projection verticale de la circonférence, on pourrait procéder d'une manière analogue; ou bien déterminer la projection verticale d'un certain nombre de points, car on connaît le plan $P\alpha P'$ qui contient les points de la circonférence, ainsi que la projection horizontale de ces mêmes points.

Problème.

222. *Déterminer les projections d'une circonférence dont on connaît le centre, le rayon, et dont le plan est donné par deux droites.*

Soient AB et AE les droites, et c la projection horizontale du centre.

Déterminons c' à l'aide d'une frontale ; pour cela, prenons bce parallèle à xy (nᵒ 57, 2ᵒ).

Déterminons les axes de la projection verticale de la circonférence. Le grand axe est sur $b'e'$, puisque $(bc, b'e')$ est une ligne de front menée par le centre (c, c'), prenons

$$c'f' = c'g' = r.$$

Le petit axe est sur la perpendiculaire menée à $b'e'$ au

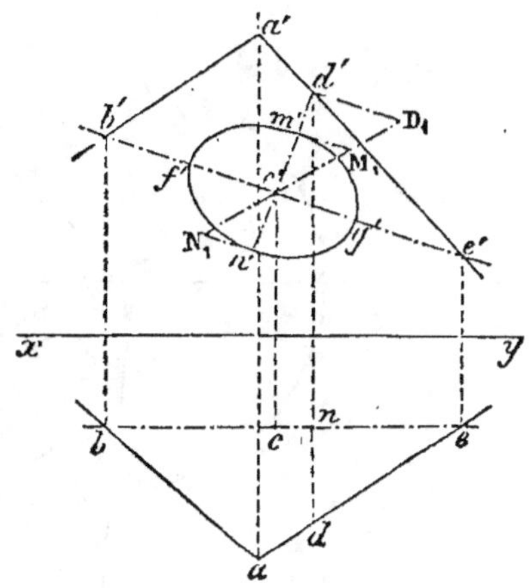

Fig. 224.

point c' ; pour avoir la longueur de ce petit axe, on peut rabattre son plan projetant sur le plan de front eb ; pour cela, prenons $d'D_1 = nd$, puis $c'M_1 = c'N_1 = r$; projetons M_1 et N_1 en m' et n'.

Problème.

223. *Par trois points donnés non en ligne droite, faire passer une circonférence.*

Il faut rabattre le plan déterminé par les trois points donnés. Décrire, dans le plan rabattu, la circonférence des trois points, relever la figure et déterminer les projections de la circonférence tracée.

Soient A, B, C les points donnés.

Faisons passer un plan P par ces points au moyen des lignes qui joindraient l'un d'eux à chacun des autres (nᵒ 68) ; rabattons ce plan sur le plan horizontal, ainsi que les points qu'il contient (nᵒ 169) ; décrivons une circonférence $A_1B_1C_1$. Soit D_1 le centre de cette circonférence. Pour déterminer les projections d et d' de ce centre, on peut mener l'horizontale D_1F_1 et relever cette ligne (nᵒ 171). La droite D_1F_1 devient $(fd, f'd')$. La projection horizontale du centre se trouve sur la perpendiculaire abaissée de D_1 sur αP; donc d est déterminé, une ligne de rappel fait connaître d'.

On relèverait de la même manière un nombre quelconque de points, mais il est préférable de déterminer les axes.

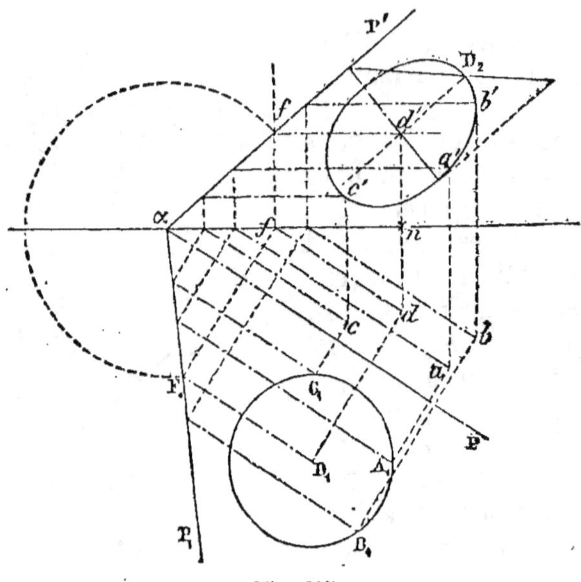

Fig. 225.

Bornons-nous à la projection verticale. On a porté le rayon, de part et d'autre de d', sur une parallèle à $\alpha P'$.

Pour le petit axe, il faut déterminer la ligne de plus grande pente du plan par rapport au plan V (n° 206). On a pris $d'D_2 = nd$, et on a procédé comme il a été indiqué précédemment (n° 221).

224. *Remarques.* 1. Au lieu de n'employer comme droites auxiliaires que des horizontales, il est avantageux de recourir aux droites suivantes :

Pour rabattre le plan des trois points, on utilise les droites mêmes qui joignent l'un d'eux à chacun des autres.

Et pour relever le centre, ou des points quelconques de la circonférence, on a recours à des diamètres dont on construit les traces.

II. Pour déterminer les axes des ellipses, on pourrait tracer, dans le rabattement, les diamètres dont ils sont les projections, puis relever ces droites en construisant leurs traces.

III. Si l'on veut mener une tangente aux ellipses par un point quelconque C, on mène d'abord une tangente au cercle par le rabattement C_1, puis on relève la droite ainsi déterminée.

IV. De même, pour mener aux ellipses une tangente parallèle à

une droite du plan P, on mène d'abord au cercle une tangente parallèle au rabattement de cette droite, etc.

225. *Points remarquables.* Les remarques précédentes permettent

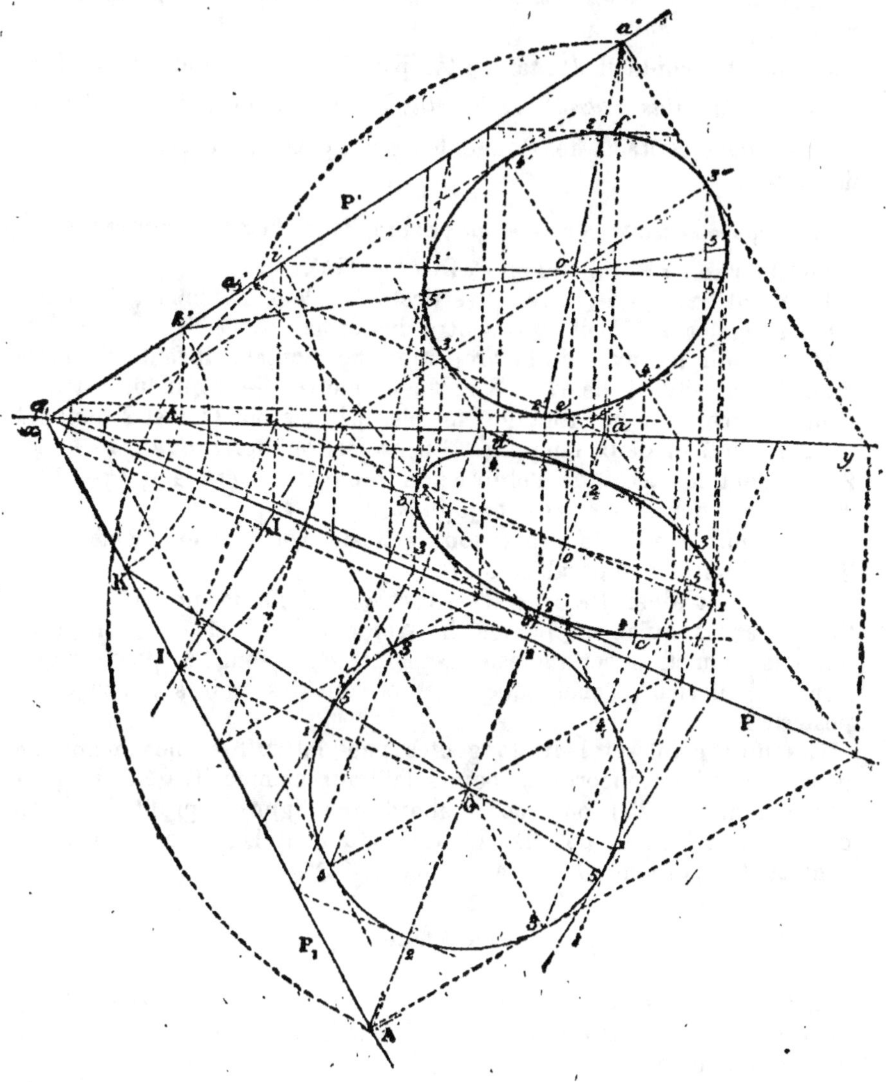

Fig. 226.

de construire avec facilité les projections des points du cercle occu-
pant dans l'espace les positions suivantes, par rapport à un observateur qui, debout sur le plan horizontal antérieur aurait la face
tournée du côté du plan vertical.

Le point le plus haut et le plus bas, ou points *supérieur* et *inférieur*.

Ce sont les points de contact des tangentes parallèles aux horizontales du plan P.

Le point le plus en avant et le plus en arrière, ou points *antérieur et postérieur*.

Ce sont les contacts des tangentes parallèles aux frontales du plan.

Le point le plus à droite et le plus à gauche, ou points *latéraux*.

Ce sont les contacts des tangentes parallèles aux droites de profil du plan.

226. Épure. *Épure complète des projections d'une circonférence.*

Soit le plan PαP′ rabattu en PαP₁ (fig. 226).

Un point (a, a') de la trace verticale du plan devient A; d'ailleurs αA doit égaler αa′. Soit O le centre du cercle.

Pour avoir les axes de la projection horizontale, il faut relever le diamètre 1—1 parallèle à αP et le diamètre 2—2 qui lui est perpendiculaire. Les horizontales menées par les points 1 et 2 donnent quatre points et deux tangentes. En projection horizontale, 1—1 et 2—2 sont les axes de l'ellipse; en projection verticale, 1′—1′ et 2′—2′ sont deux diamètres conjugués *.

Le grand axe de la projection verticale s'obtient en menant une ligne de front 3—3 parallèle à αP₁.

On obtient ainsi les axes 3′—3′ et 4′—4′ de la projection verticale; tandis qu'en projection horizontale 3—3 et 4—4 ne sont que des diamètres conjugués. Les points e', f' sont les points supérieur et inférieur, tandis que c et d sont les points antérieur et postérieur.

Ces huit points et leurs tangentes peuvent suffire; néanmoins on peut déterminer encore les points latéraux comme il a été dit précédemment (n° 225); on trace d'abord une ligne de profil $i'iJ$, l'on mène des tangentes parallèles au rabattement IJ, puis la corde des contacts OK, et l'on obtient les points (5, 5′)**.

Problème.

227. *Déterminer les projections d'une circonférence dont le centre est un point d'une droite donnée, et dont le plan est perpendiculaire à cette même ligne.*

---

* On appelle *diamètres conjugués* d'une ellipse deux diamètres dont chacun divise en deux parties égales les cordes parallèles à l'autre; deux diamètres rectangulaires quelconques du cercle se projettent suivant deux diamètres conjugués de l'ellipse.

** Dans les épures de concours, on supprime la plupart des lignes de construction, mais il était utile de donner un exemple de tracé complet.

Déterminons les axes de la projection horizontale.

Le grand axe est la projection du diamètre horizontal; il est donc perpendiculaire à la projection horizontale de la ligne donnée (n° 103).

Le petit axe est sur la projection horizontale de la droite; pour en déterminer les extrémités, il suffit de rabattre son plan projetant.

Soient $(co, c'o')$ et (c, c') la droite et le point donnés.

Sur une perpendiculaire à co, prenons deux longueurs ca, ce égales au rayon donné; ae est le grand axe.

Rabattons le plan projetant qui a donné co. Sur la perpendiculaire ca, il faut prendre la distance, cC égale à l'ordonnée du point c'. On obtient Co pour rabattement de la droite; sur une perpendiculaire à Co, il faut prendre $CB = CD = r$, afin d'obtenir le rabattement du diamètre de plus grande pente.

Enfin, projeter B et D en b et d.

Remarque. La projection verticale se détermine d'une manière analogue; on prend $o'O_1 = oo'$ et $c'C_1$ égal à l'éloignement du point c.

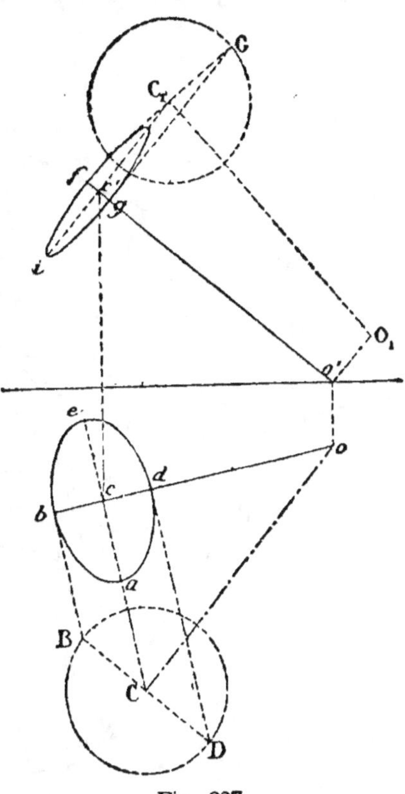

Fig. 227.

Problème.

228. *Inscrire une circonférence à un triangle.*

Soit $(abc, a'b'c')$ le triangle donné (fig. 228).

Rabattons le triangle à l'aide d'une horizontale $(ce, c'e')$ (n° 217).

Dans le rabattement $A_1B_1C_1$, inscrivons une circonférence et relevons cette courbe.

Pour avoir les projections du centre, relevons la bissectrice $C_1O_1L_1$. Déterminons les axes de chaque projection : pour la projection horizontale, le grand axe fg est parallèle à l'axe ec_1, le petit axe est sur la ligne de plus grande pente; rabattons la ligne de pente da en da'_1, en prenant aa'_1 égal à la distance verticale de a' à l'horizontale $c'e'$, puis portons le rayon du cercle de o' en i'_1 et j'_1; ces points déterminent i et j.

Pour la projection verticale, on mène par le centre une frontale du

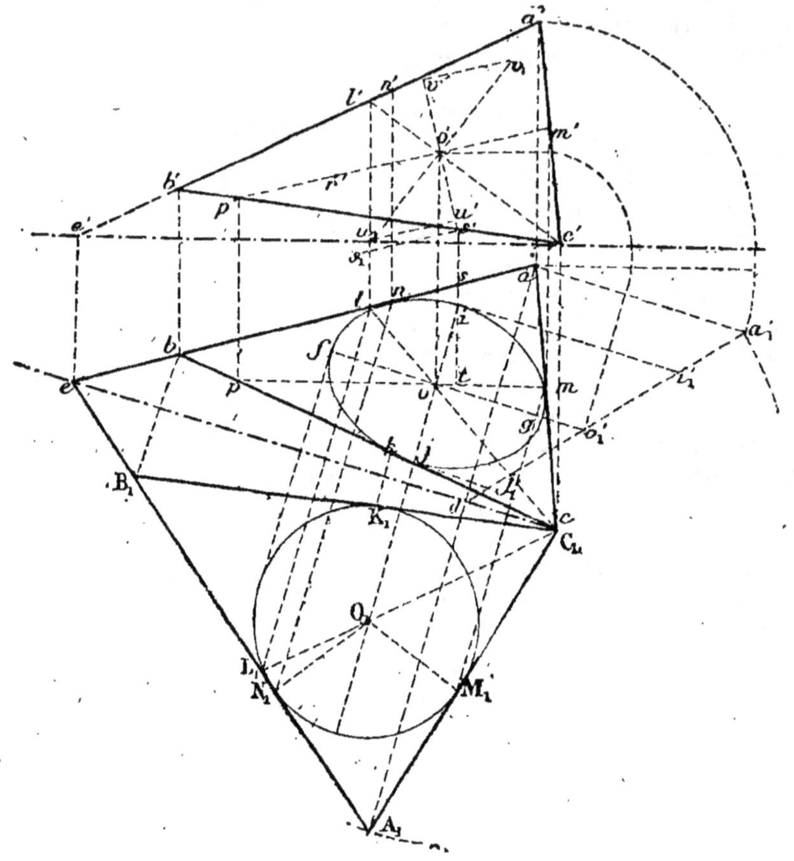

Fig. 228.

plan $(op, o'p')$, afin d'avoir le grand axe $r'm'$. Pour obtenir le petit axe, nous pouvons rabattre la ligne de plus grande inclinaison menée par le centre, en prenant $s's_1$ égale à la distance horizontale si du point s à la ligne de front.

Il est essentiel de déterminer sur chaque projection les points de contact tels que (n, n').

§ II. — Représentation des polyèdres.

229. Projections de polyèdres. On représente les polyèdres par les projections de toutes leurs arêtes. On doit distinguer avec soin les parties vues des parties cachées; pour la projection horizontale, l'œil de l'observateur est supposé placé au-dessus du plan et à une distance infinie de ce plan (n° 88); pour la projection verticale, l'œil est en avant du plan V, à une distance infinie. Le contour apparent d'une projection quelconque est toujours vu en entier.

Problème.

230. *Dessiner un prisme droit ayant sa base sur le plan horizontal.*

Le prisme étant droit et sa base horizontale, les arêtes latérales sont verticales et les deux bases du prisme ont même projection horizontale; donc il faut tracer la base *abcde*, abaisser de chaque sommet une perpendiculaire sur *xy*, et prendre $a'a'_1 = b'b'_1$ égal à la hauteur donnée.

L'arête verticale (e, e') est cachée.

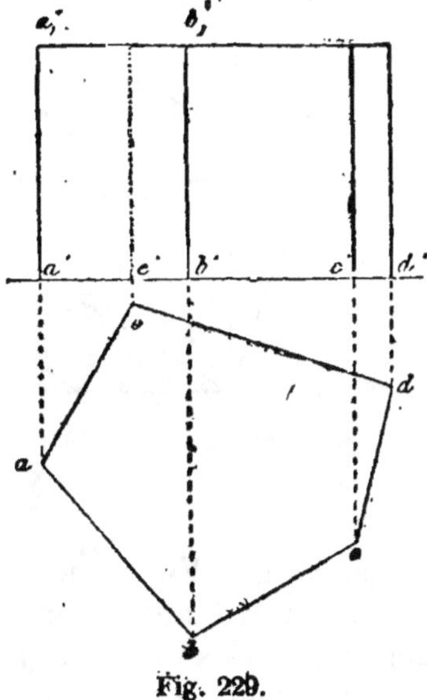

Fig. 229.

Problème.

231. *Déterminer les projections d'un cube placé sur un plan de bout.*

Soit le plan donné PαP′; sur ce plan, rabattu vers la droite, la base du cube sera en vraie grandeur; soit ABCD cette base. En remettant le plan dans sa première position PαP′, A donne a', et l'arête perpendiculaire à la base au point A se projette sur la ligne Ae perpendiculaire à la trace αP; d'ailleurs, en projection verticale, cette arête est perpendiculaire à $\alpha P'$ et se projette en vraie grandeur; donc il faut prendre $a'a'_1 = AB$, et en déduire aa_1.

On procède de même pour les autres sommets.

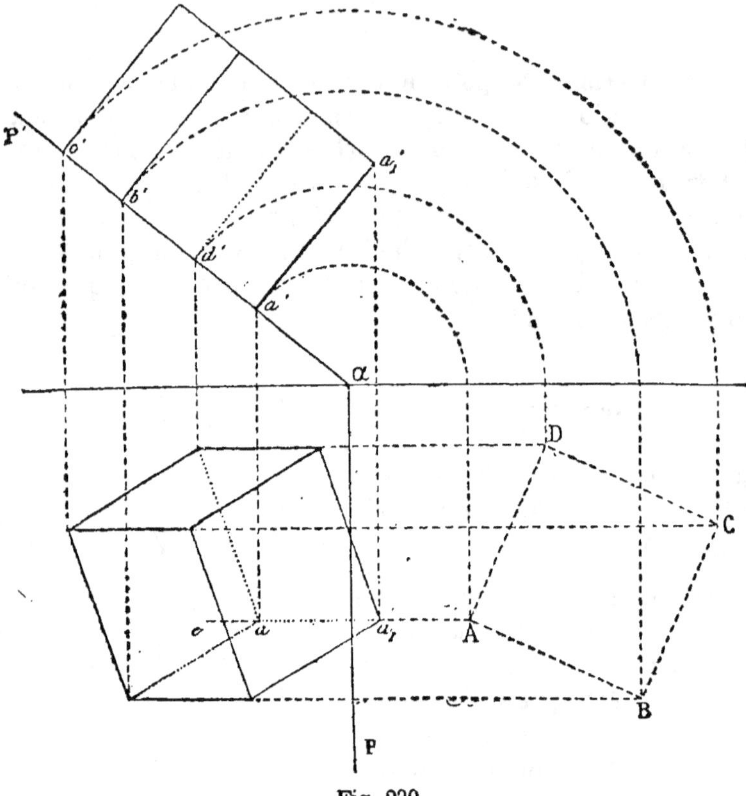

Fig. 230.

Remarque. En projection verticale, on voit les arêtes qui correspondent aux sommets A, B, C, tandis que l'arête D est cachée par le solide, car l'observateur est en avant du cube. La face supérieure et la face placée sur le plan $P\alpha P'$ se projettent verticalement suivant des droites visibles.

En projection horizontale, on voit la face supérieure du cube et deux faces latérales. Les arêtes issues du point a sont cachées, car le sommet (a, a') est invisible pour l'observateur placé au-dessus du solide.

Problème.

232. *Tracer les projections d'un prisme droit dont on connaît la base et une face latérale placée sur le plan horizontal.*

Soit $aa_1\,ee_1$ la face horizontale donnée.

La base du prisme se projette en vraie grandeur sur tout plan vertical parallèle à ae; prenons donc $x'y'$ parallèle au côté ae, et sur ce nouveau plan vertical traçons la base donnée ABCDE.

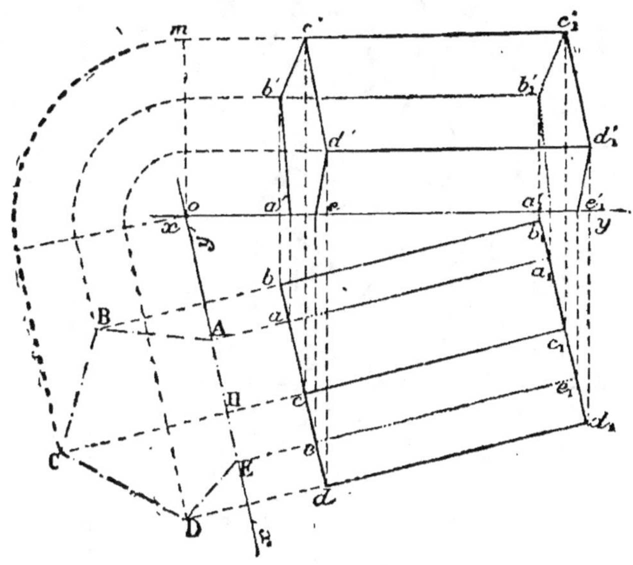

Fig. 231.

Par les sommets B, C, D, menons des parallèles à l'arête aa_1 afin de déterminer la projection horizontale du prisme.

Pour obtenir, en projection verticale, l'arête (C, cc_1) par exemple, il faut mener une parallèle à xy à une distance égale à l'ordonnée CH; puis, des lignes de rappel menées par c et c_1 déterminent c' et c'_1.

Remarque. En projection horizontale, les lignes aa_1, ee_1 sont ponctuées, car les arêtes AA_1, EE_1 sont invisibles (nº 88).

En projection verticale, les trois arêtes qui aboutissent au sommet B_1 sont invisibles pour l'observateur placé en avant du plan V.

Problème.

233. *Tracer les projections d'un prisme droit, connaissant sa hauteur, la projection horizontale de sa base et les traces du plan de cette base.*

On détermine d'abord la projection verticale de la base, dont on connaît la projection horizontale; puis, par les sommets de cette base, on mène au plan donné des perpendiculaires, sur chacune desquelles on porte la hauteur du prisme.

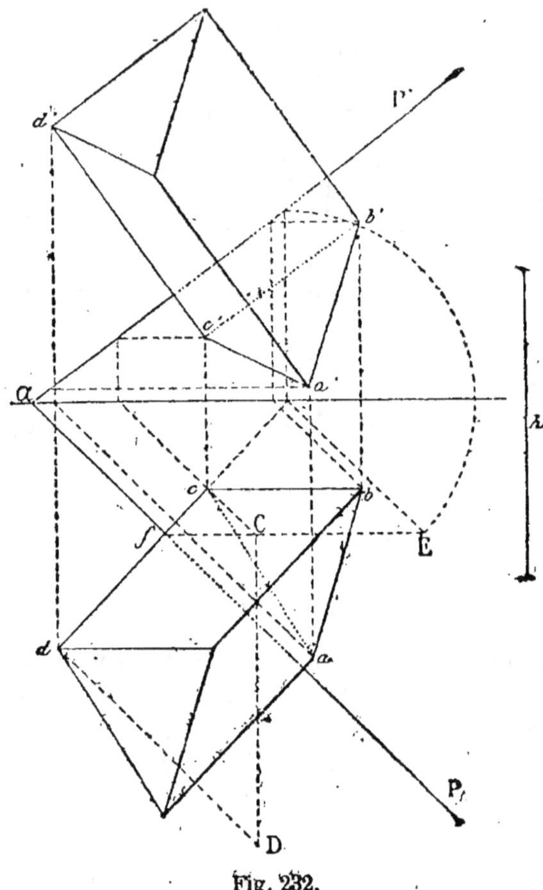

Fig. 232.

Soient abc, h et $P\alpha P'$ la projection, la hauteur et le plan donnés.

On détermine $a'b'c'$ à l'aide d'horizontales du plan (n° 64).

Puisque le prisme est droit, il faut mener par c et c' des droites respectivement perpendiculaires aux traces P et P', puis prendre le point (d, d') tel que CD égale la hauteur donnée (n° 122). Pour cela on peut procéder comme il suit :

Le plan vertical qui projette cd étant rabattu sur le plan horizontal, fE est le rabattement de l'intersection de ce plan projetant et du plan $P\alpha P'$. Le point C est le rabattement de (c, c').

Sur fCE, on élève une perpendiculaire CD égale à la hauteur donnée, et l'on mène Dd perpendiculaire à cd.

La projection horizontale d fait connaître d'.

Les droites égales et parallèles se projettent sur un même plan suivant des droites égales et parallèles; dès lors, par les projections a, b, il faut mener des droites égales et parallèles à cd. On procède de même pour la projection verticale, ou bien on détermine les projections verticales des sommets à l'aide de lignes de rappel.

Remarques. I. En projection horizontale, ac est invisible, car le solide est interposé entre l'observateur et le plan horizontal. En projection verticale, $c'b'$ est invisible.

II. Si l'on donnait le plan PαP', la hauteur du prisme et le polygone de base, on dessinerait cette base en vraie grandeur sur le rabattement du plan PαP', en procédant comme il a été indiqué précédemment (nᵒ 231); puis, à l'aide de fE ou du rabattement de αP', on relèverait la base afin d'obtenir ses projections abc, $a'b'c'$ (nᵒ 170).

Problème.

234. *Construire une pyramide triangulaire dont on connaît les six arêtes.*

Prenons le plan d'une face pour plan horizontal de projection; le plan vertical peut être quelconque par rapport à la pyramide demandée.

Sur le plan horizontal, traçons la base abc à l'aide de ses trois côtés; soient d, e, f les longueurs des trois arêtes latérales.

En supposant le solide construit et rabattant la face ASB sur le plan horizontal, le sommet S décrit un arc de cercle dont le plan est perpendiculaire à l'axe de rotation ab, et les arêtes e, f viennent se placer en vraie grandeur sur le plan horizontal; construisons donc le triangle $a\mathrm{S}_1 b$ avec e et f; la perpendiculaire abaissée du sommet S_1 sur ab passe par la projection inconnue s du sommet; de même, construisons le triangle $c\mathrm{S}_2 b$ avec les arêtes f et d, la projection s du sommet sera déterminée par les perpendiculaires $\mathrm{S}_1 s$ et $\mathrm{S}_2 s$.

Pour avoir la hauteur $n's'$, rabattons le triangle rectangle dont $n's'$ et ms sont les côtés de l'angle droit, et $m\mathrm{S}_1$ l'hypoténuse : ms et $m\mathrm{S}_1$ étant connus, on est ramené à construire un triangle rectangle, connaissant un côté et l'hypoténuse. Il faut élever une perpendiculaire sS_3, et couper cette ligne en S_3 par un arc décrit du point m comme centre, avec mS_1 pour rayon.

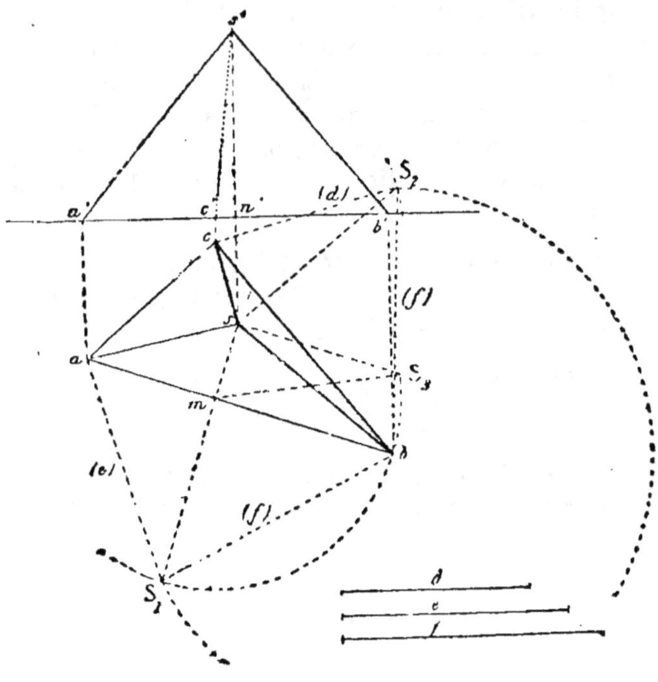

Fig. 233.

Il faut ensuite porter sS_3 de n' en s'.

Remarques. I. Pour avoir la hauteur, on pourrait aussi rabattre sur le plan horizontal le triangle rectangle Ssb.

II. Une pyramide quelconque est déterminée lorsqu'on connait sa base et trois arêtes latérales; par exemple, celles qui aboutissent à trois sommets donnés, A, B, C; on peut donc déterminer comme précédemment s et s', puis joindre ces points aux projections de tous les sommets de la base.

Problème.

235. *Construire un tétraèdre régulier, connaissant son arête et le plan de l'une de ces faces.*

On rabat le plan donné, on construit sur ce plan la base du

tétraèdre, et l'on relève cette base. Il suffit ensuite de déterminer le sommet.

Soit le plan PαP′ sur lequel doit reposer le tétraèdre.

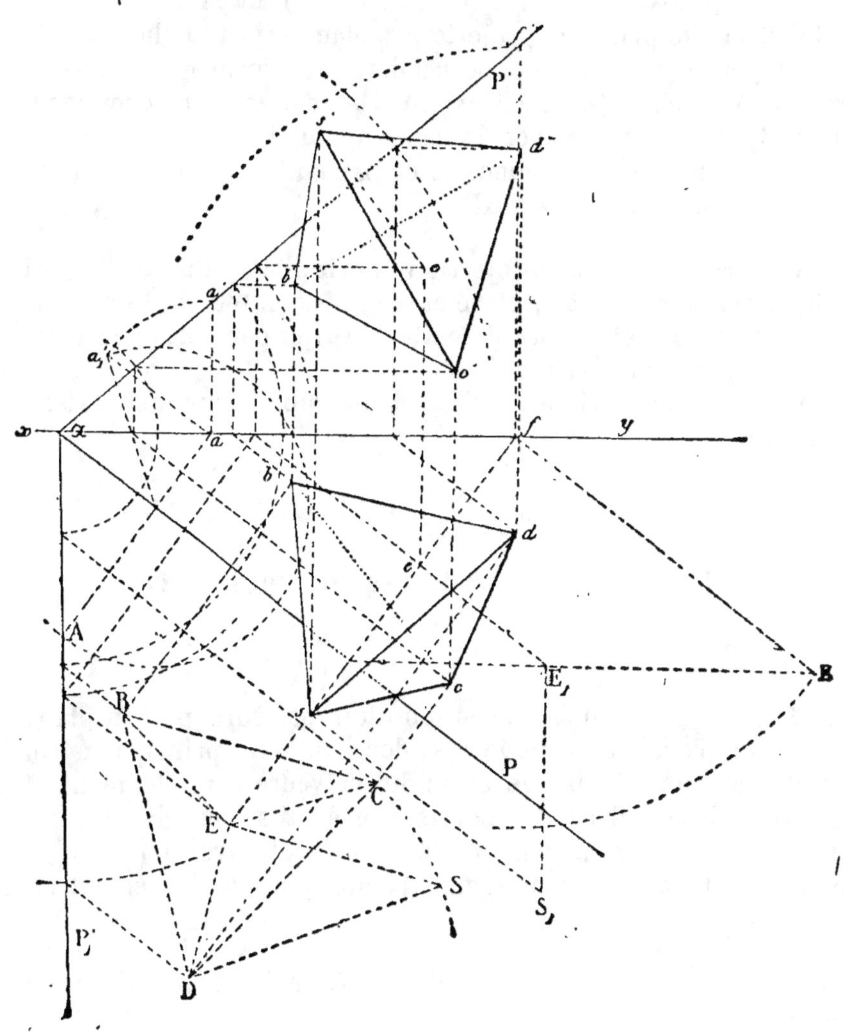

Fig. 234.

A l'aide du point (a, a') rabattons le plan en PαP′$_1$, et traçons un triangle équilatéral BCD avec le côté donné; en employant des horizontales, on détermine les projections bcd, $b'c'd'$ de cette base (n° 170).

Au point E, centre de la base, élevons à la bissectrice DE

une perpendiculaire ES telle que DS = DC; le segment ES est la hauteur du tétraèdre, le point E relevé donne (e, e').

Pour obtenir le sommet inconnu, il faut mener la hauteur par le point (e, e'); pour cela, par e, e', il faut mener des droites respectivement perpendiculaires à αP et αP'.

Rabattons le plan qui projette es, plan perpendiculaire à αP. Il faut porter ff' sur une perpendiculaire menée à es par le point f. Le point (e, e') devient E_1; comme précédemment (n° 233), il suffit d'élever la perpendiculaire $E_1S_1 =$ ES. Le point S_1 permet de déterminer s, et par suite s', sur la perpendiculaire abaissée de e' sur αP'.

236. *Remarque.* En projection horizontale, l'arête bc est cachée; car le sommet s, placé entre l'observateur et le plan de base bcd, se projette hors de cette base, et par suite les faces sbd, scd sont seules visibles.

En projection verticale, $b'd'$ est invisible pour une raison analogue.

§ III. — Sections planes des polyèdres.

237. Pour déterminer la section d'un polyèdre par un plan, on peut employer, suivant le cas, deux moyens principaux. On cherche le point où chaque arête du polyèdre perce le plan, et l'on joint deux à deux les points consécutifs; ou bien on détermine la section de chaque face du polyèdre par le plan donné. Il est parfois avantageux d'employer simultanément les deux méthodes.

238. *Déterminer la section d'un prisme droit par un plan quelconque.*

Soient le prisme droit $(abcde, a'a'_1)$ et le plan PαP'.

Remarquons d'abord que $abcde$ est la projection horizontale de l'intersection; le problème revient donc à déterminer la projection verticale m' d'un point du plan PαP', connaissant la projection horizontale m de ce point. On mène l'horizontale $(mn, m'n')$ du plan, et l'on trouve m' (n° 64).

239. *Remarques.* I. On peut considérer l'horizontale (mn, $m'n'$) comme l'intersection du plan donné, avec le plan vertical mené par l'arête (a, $a'a'_1$), parallèlement à αP.

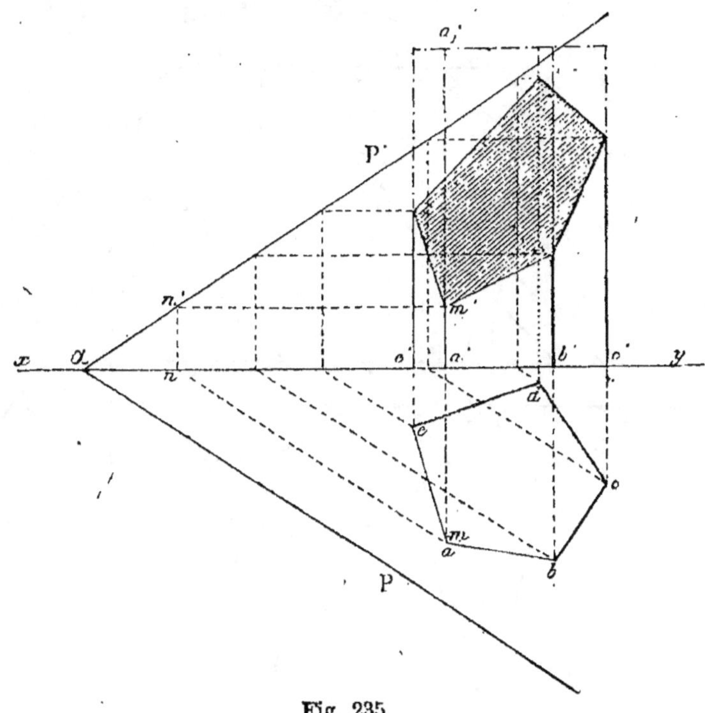

Fig. 235.

II. En rabattant PαP' sur un des plans de projection, on obtiendrait la vraie grandeur de la section.

III. On suppose généralement que la partie supérieure du prisme a été enlevée.

IV. En projection verticale, la section est visible, car les arêtes latérales les plus courtes sont en avant du solide, du côté de l'observateur.

En projection horizontale, la section est visible; son périmètre se confond avec celui de la base.

Problème.

240. *Déterminer la section droite d'un prisme dont les arêtes latérales sont parallèles à l'un des plans de projection.*

Admettons que le prisme repose sur le plan horizontal par une de ses bases, et que ses arêtes latérales soient parallèles au plan vertical de projection.

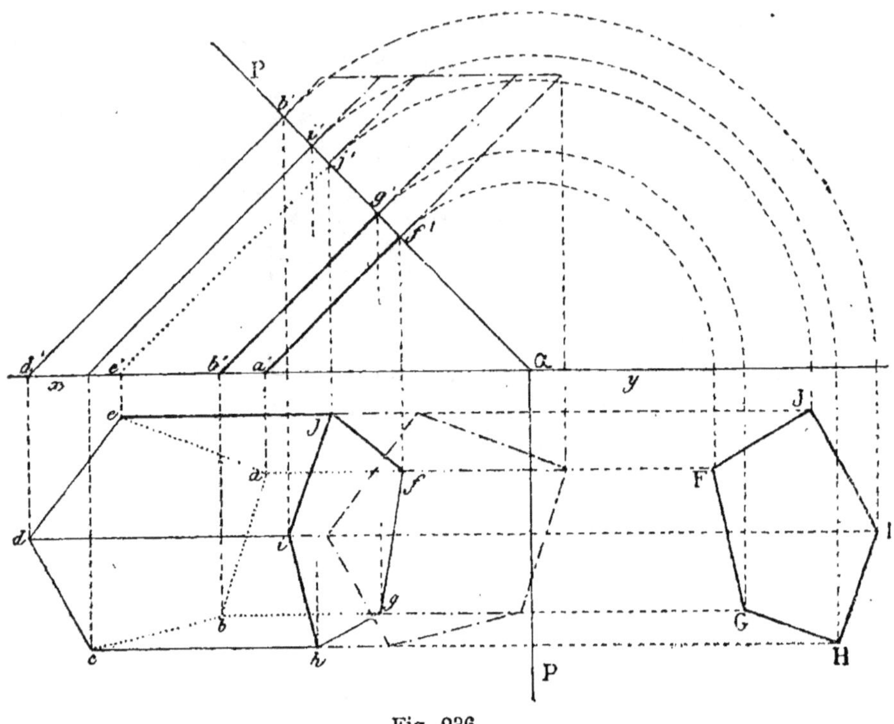

Fig. 236.

Par suite de la disposition des données, le plan sécant PαP' est de bout, et l'on obtient directement la projection verticale de la section, ainsi que la longueur comprise sur chaque arête, depuis le plan horizontal jusqu'au plan sécant; on peut alors déterminer facilement la projection horizontale de la section et faire le développement de la surface latérale du prisme.

Soit un prisme pentagonal dont les arêtes latérales sont de front. La section droite étant perpendiculaire aux arêtes, son plan PαP' sera de bout, et sa projection verticale sur αP'; ainsi f', déterminé directement, fait connaître f, la projection g' fait connaître g, etc.

La vraie grandeur FGHIJ de la section a été obtenue par le rabattement de PαP' sur le plan horizontal.

En projection horizontale, les cinq arêtes aboutissant en a et b sont cachées. En projection verticale, l'arête e'j' seule est cachée.

241. Développement. Il faut porter bout à bout, sur une droite

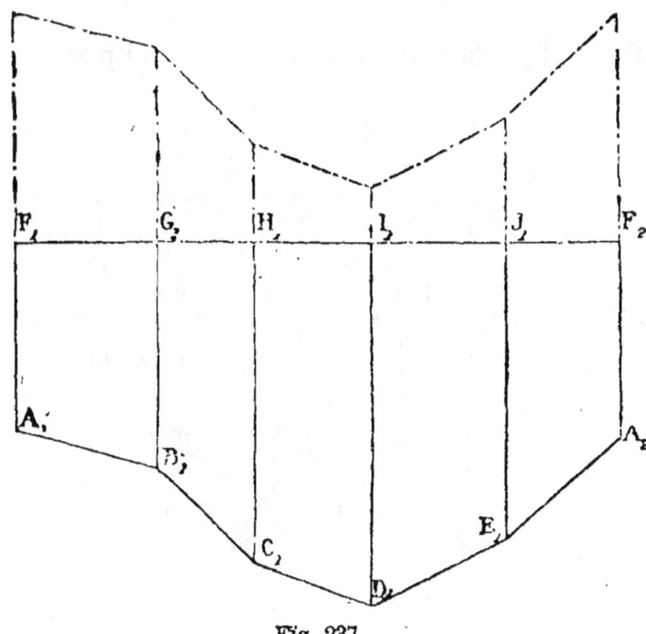

Fig. 237.

indéfinie, les côtés du périmètre FHJ, puis prendre F_1A_1 égal à la vraie grandeur $a'f'$, B_1G_1 égal à $b'g'$, etc.

Problème.

242. *Déterminer la section, par un plan quelconque, d'un prisme pentagonal régulier reposant sur le plan horizontal par une de ses faces latérales.*

Il faut déterminer d'abord les projections du prisme, dont on connaît la base et la face latérale placée sur le plan horizontal (n° 232).

Soient donc les projections ace, aa_1 et $a'c'e$, $a'a'_1$.

1er *Moyen.* Cherchons les points d'intersection des arêtes latérales et du plan donné (fig. 238).

Pour cela, menons un plan horizontal par chaque arête latérale du prisme; ce plan auxiliaire et le plan $P\alpha P'$ détermineront une horizontale qui rencontrera l'arête correspondante au point où cette ligne perce le plan donné. Ainsi le plan mené par (bb_1, $b'b'_1$) donne l'horizontale (gon, $g'o'n'$), et par suite les projecjections n, o, puis n', o'. De même, le plan mené par (aa_1, $a'a'_1$) donne l'horizontale (fm, $f'm'$) qui détermine le point (m, m').

243. *2e Moyen* (fig. 239). On peut recourir à un plan vertical

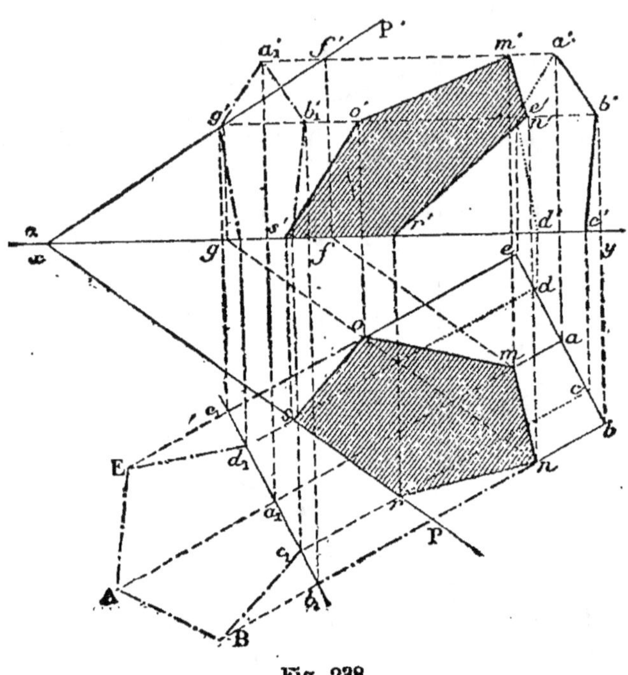

Fig. 238.

auxiliaire, perpendiculaire au plan sécant, afin de déterminer d'abord la projection horizontale de la section.

Avec $x''y''$, perpendiculaire à αP, prenons un nouveau plan vertical.

Projetons le prisme sur ce plan. Pour cela, prenons $l'_1a'_1 = l'a' = $ LA, etc.; c'_1 et d'_1 sont sur $x''y''$.

Pour avoir la nouvelle trace P'_1 du plan donné, il suffit de mener une parallèle à la ligne gF, obtenue en rabattant une ligne de pente GF.

Sur le plan V'', déterminé par $x''y''$, la section a sa projection sur P'_1; donc m'_1 est un des points et fait connaître la projection horizontale m; cette dernière, à son tour, détermine m'; de même n'_1 donne n, puis n'; de o'_1 on déduit o et o', sur l'arête menée par (e, e').

Remarque. On n'a représenté en trait plein ou en lignes

ponctuées que le tronc du prisme, compris entre le plan PαP′ et les plans de projection.

La projection horizontale montre que les sommets A, B, C sont visibles en élévation, tandis que D, E sont cachés par la partie

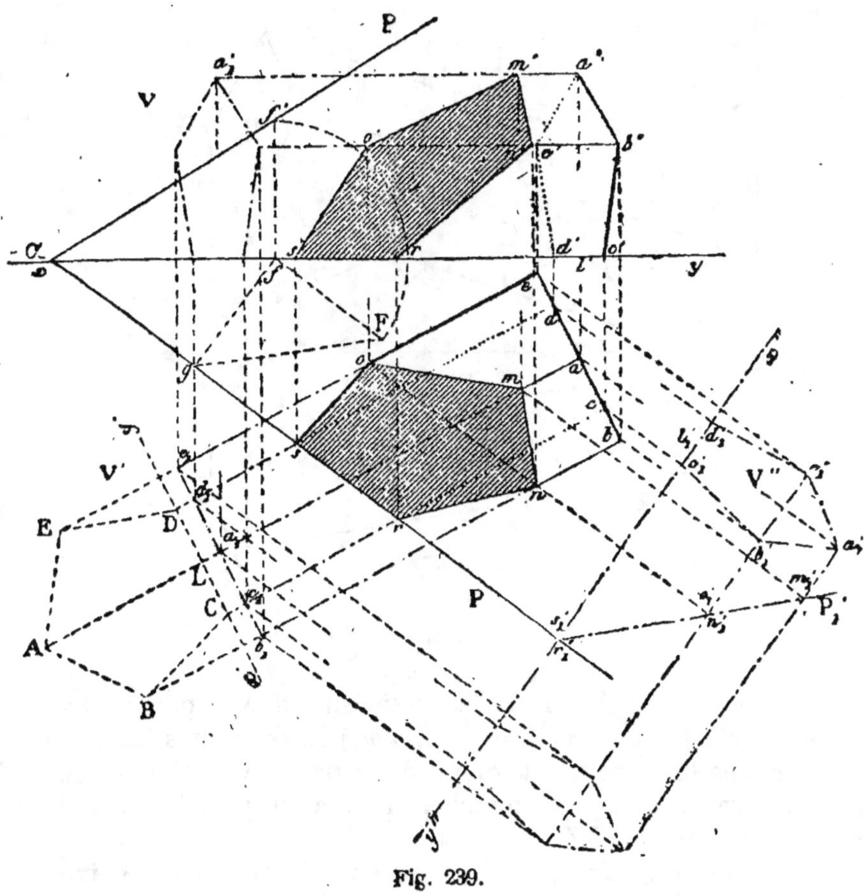

Fig. 239.

antérieure du tronc ; par suite, les projections verticales $a'e'$, $e'd'$ des arêtes AE, ED, sont ponctuées.

En regardant le solide de haut en bas, ainsi qu'on le fait pour le projeter horizontalement, on reconnaît que les lignes am, bn, eo sont visibles, tandis que cr, ds sont invisibles. En effet, les arêtes CR, DS sont cachées par la partie supérieure du tronc de prisme.

La section est visible dans les deux projections.

Problème.

244. *Déterminer la section d'un prisme quelconque par un plan quelconque.*

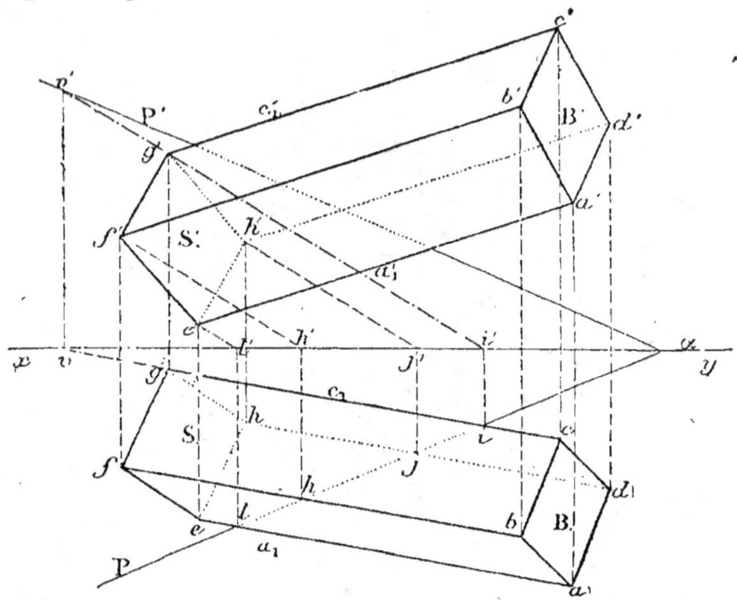

Fig. 240.

Soient le plan sécant PαP′ et un prisme donné par sa base ($abcd$, $a'b'c'd'$) et la direction (aa_1, $a'a'_1$) de ses arêtes latérales.

Cherchons le point où chaque arête rencontre le plan sécant; pour cela recourons, par exemple, au plan qui projette horizontalement l'arête considérée.

Ainsi pour (cc_1, $c'c'_1$), le plan projetant coupe PαP′ suivant (iv, $i'v'$); or $i'v'$ coupe $c'c'_1$ en g', puis une ligne de rappel donne g. On procède de même pour chaque arête, et l'on obtient ($efgh$, $e'f'g'h'$) pour la section du prisme par le plan PαP′.

Remarques. I. Les intersections du plan PαP′ par les divers plans projetants sont parallèles entre elles, puisque les arêtes latérales sont parallèles; il suffit donc de projeter j en j' et de mener la parallèle $j'h'$, etc. On opère ainsi rapidement, et l'épure est fort simple.

II. On n'a représenté que la partie du solide comprise entre la base donnée et la section; cette partie du prisme est en avant et au-dessus du plan PαP′, par rapport à l'observateur.

III. Pour obtenir la section, on pourrait recourir aux autres moyens donnés pour déterminer la section d'une pyramide (nᵒˢ 249 et 251).

Problème.

245. *Déterminer la section d'une pyramide régulière par un plan de bout.*

La projection verticale de la section est sur la trace verticale du plan sécant, puisque ce plan est perpendiculaire au plan V (nᵒ 40). On reconnaît donc directement la projection verticale du point où chaque arête est coupée par le plan sécant.

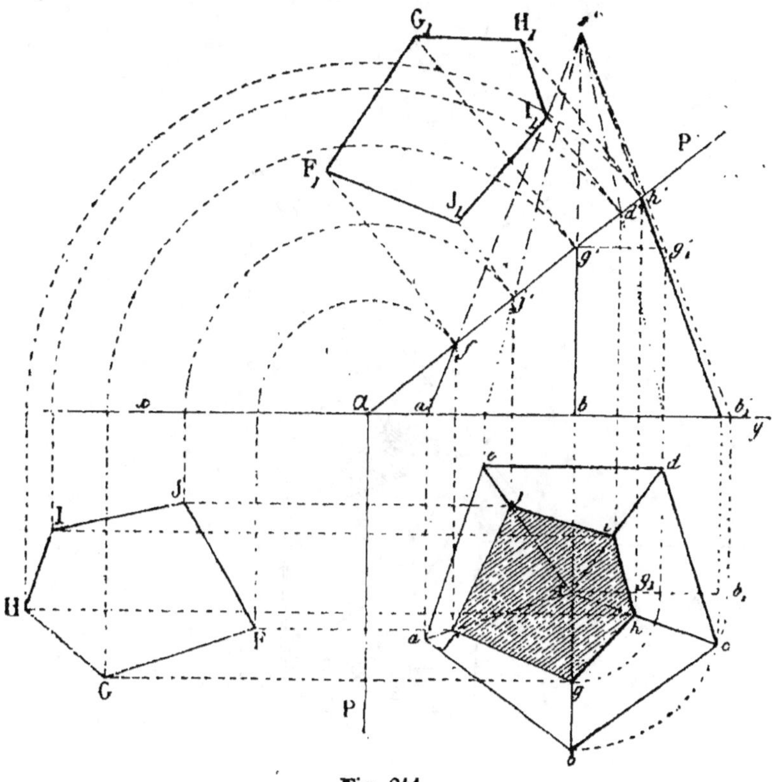

Fig. 241.

Soit le plan de bout PαP', coupant une pyramide régulière pentagonale.

La projection verticale de la section se trouve sur α P'; f' fait connaître f, j' fait connaître j, etc.

Quant à l'arête (sb, s'b'), qui est de profil, il suffit de la rendre parallèle au plan vertical, en la faisant tourner autour de la hauteur (n° 151); g' détermine g'_1, et par suite g_1; une rotation opposée à la première amène g_1 en g.

246. Vraie grandeur de la section. Pour obtenir la vraie grandeur de la section, on peut rabattre le plan PαP′ sur un des plans de projection. FGHIJ est le rabattement sur le plan horizontal, $F_1 H_1 J_1$ est le rabattement sur le plan vertical.

Un seul rabattement suffit; mais il faut savoir l'opérer, soit sur le plan horizontal, soit sur le plan vertical.

Problème.

247. *Déterminer la section d'une pyramide par un plan quelconque.*

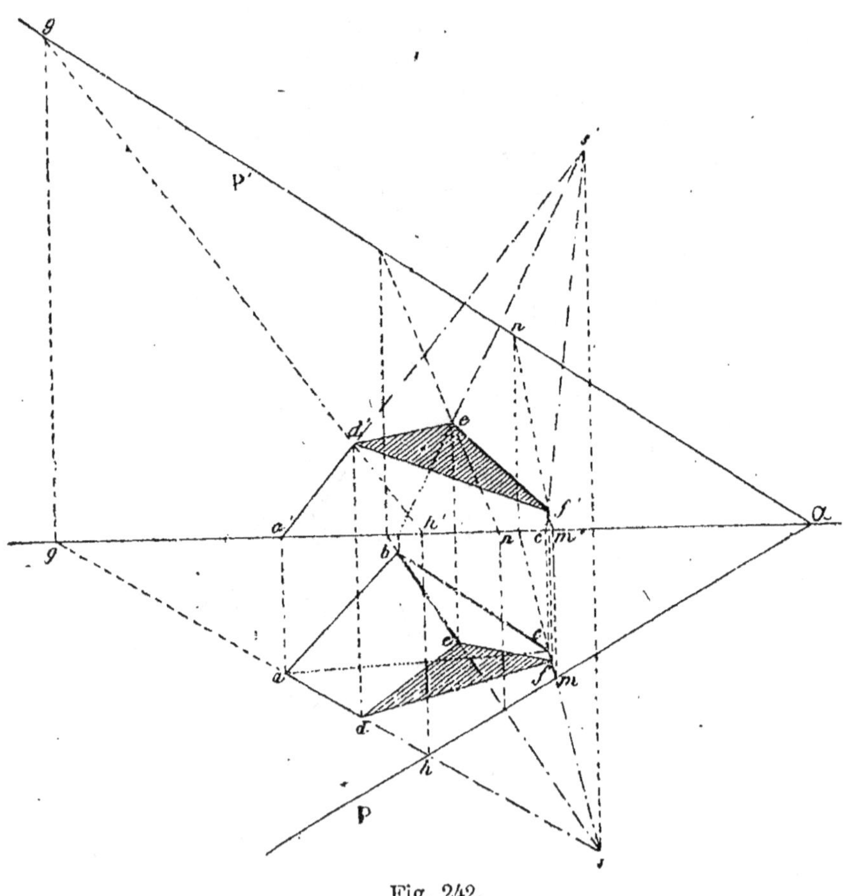

Fig. 242.

On peut employer trois moyens différents :
1° Chercher le point où chaque arête rencontre le plan donné;

2° Déterminer directement la section de chaque face de la pyramide par le plan sécant;

3° Prendre un nouveau plan de projection perpendiculaire au plan donné, et retomber ainsi dans le cas précédent (n° 245).

248. 1ᵉʳ Moyen. Pour obtenir la section d'une pyramide, on peut déterminer directement le point où chaque arête perce le plan donné $P\alpha P'$ (fig. 242).

Pour l'arête $(as,\ a's')$, considérons le plan projetant sur le plan horizontal; il coupe $P\alpha P'$ suivant $(gh,\ g'h')$; or les droites $(as,\ a's')$ et $(gh,\ g'h')$ sont dans un même plan projetant; donc d' est la projection verticale cherchée, elle fait connaître d.

Ce moyen est très simple; mais parfois l'arête $(sc,\ s'c')$ et l'intersection $(mn,\ m'n')$ se coupent sous un angle trop aigu pour que le point $(f,\ f')$ soit bien déterminé.

Pour avoir la vraie grandeur de la section, il faudrait rabattre $P\alpha P'$ sur un des plans de projection.

249. 2° Moyen. *Application à une pyramide pentagonale* (fig. 243). Déterminons directement l'intersection de la face SAB et du plan donné.

On est conduit à chercher l'intersection d'un plan sécant donné par ses traces et d'une face de la pyramide dont un côté du polygone de base est la trace horizontale.

L'intersection des deux traces horizontales donne un point de l'intersection cherchée; pour avoir un second point, il faut recourir à un plan horizontal auxiliaire (n° 76).

Les traces horizontales ab et αP se coupent au point f; un plan horizontal auxiliaire donne l'horizontale $(hi,\ h'i')$ du plan, et coupe l'arête AS au point $(g,\ g')$. Il suffit de mener gi parallèle à bf, puisque cette dernière ligne est une horizontale de la face SAB. Les deux horizontales ainsi déterminées se coupent au point i; donc $fijk$ est la projection horizontale de l'intersection du plan $P\alpha P'$, par le plan illimité de la face SAB. Pour le problème à résoudre, il suffit de conserver jk et d'en déduire $j'k'$.

Les autres côtés de la section s'obtiennent très rapidement, quel que soit le nombre des faces de la pyramide; car, si l'on prolonge bc, le point l appartient à l'intersection de $P\alpha P'$ et de la face SBC; or on connaît déjà le point k de cette face, donc il suffit de mener lmk, puis nom, n étant sur le prolongement

de *cd*, et enfin *por*. Comme vérification, il faut que *jr* et *ae* se
coupent sur αP.

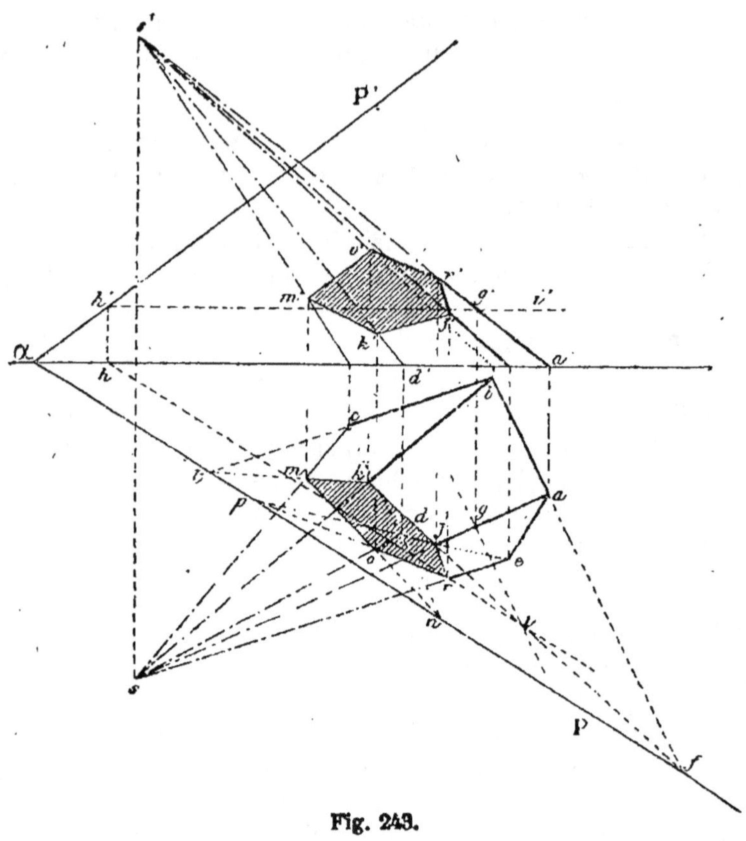

Fig. 243.

250. *Remarque.* Cette méthode est plus rapide que les deux
autres; mais toute la construction repose en réalité sur la détermination du premier point obtenu; par suite, la moindre
inexactitude commise au début entacherait d'erreur toute la
construction.

251. 3ᵉ Moyen (fig. 244). Soient le plan PαP′ et la pyramide
($s.abc$, $s'.a'b'c'$).

Prenons $x'y'$ perpendiculaire à αP, et déterminons la nouvelle
trace $\beta P'_1$ du plan donné, ainsi que la projection $s'_1 . a'_1 b'_1 c'_1$ de
la pyramide.

Pour avoir s'_1, on prend au-dessus de $x'y'$ une longueur égale
à $n's'$.

Les points a'_1, b'_1, c'_1 sont les projections de a, b, c, sur $x'y'$.

Actuellement, le solide donné a pour projections s, abc et s'_1, $a'_1 b'_1 c'_1$. Le plan sécant $P\beta P'_1$ est perpendiculaire au nouveau plan vertical de projection.

On est donc ramené à une question connue (nº 240).

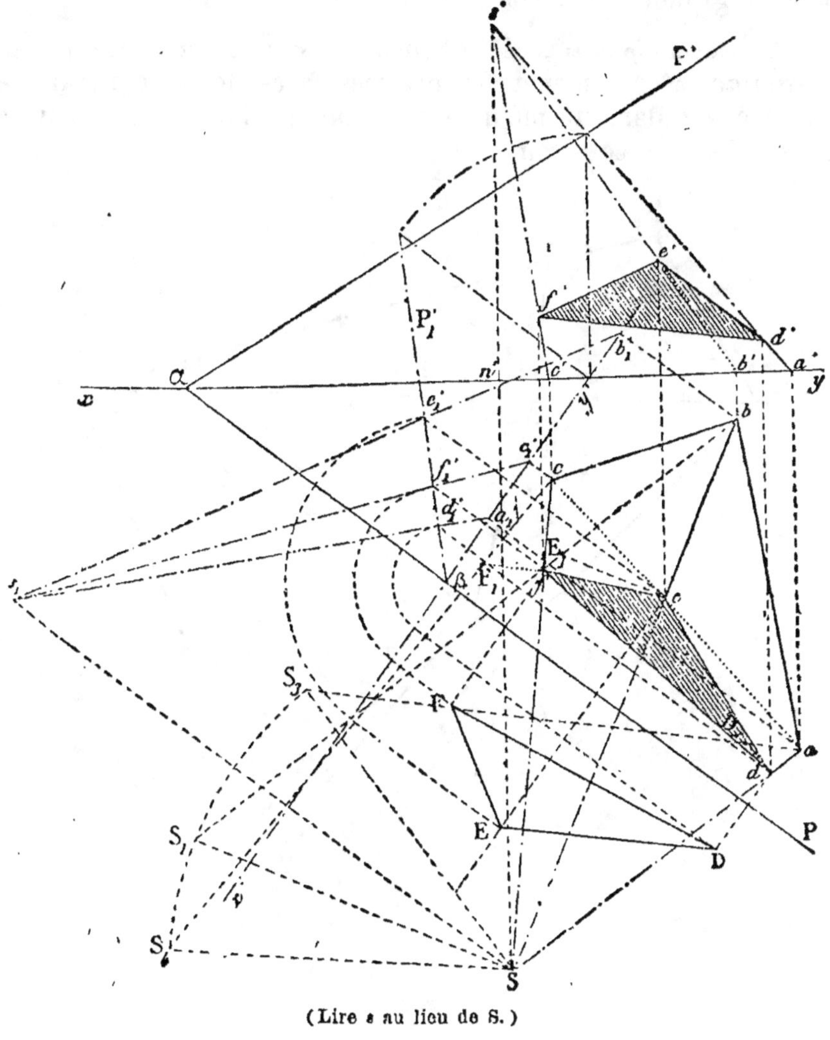

(Lire s au lieu de S.)

Fig. 244.

$d'_1 e'_1 f'_1$ est la projection verticale de l'intersection; le point d'_1 fait connaître d, etc.; on obtient ainsi la projection horizontale def.

Enfin, d détermine d', e donne e', et l'on a $d'e'f'$ pour projection verticale de l'intersection.

Vérification. Les distances de f'_1, e'_1, d'_1 à $x'y'$ doivent être égales aux distances de f', e', d' à xy.

Vraie grandeur de la section. En utilisant le plan vertical auxiliaire, on trouve, par un rabattement sur le plan horizontal, la vraie grandeur DEF de la section.

252. Développement. *Développer la surface latérale d'une pyramide,* c'est amener les diverses faces de cette pyramide à se trouver dans un même plan, sans qu'elles cessent d'avoir deux à deux un côté commun.

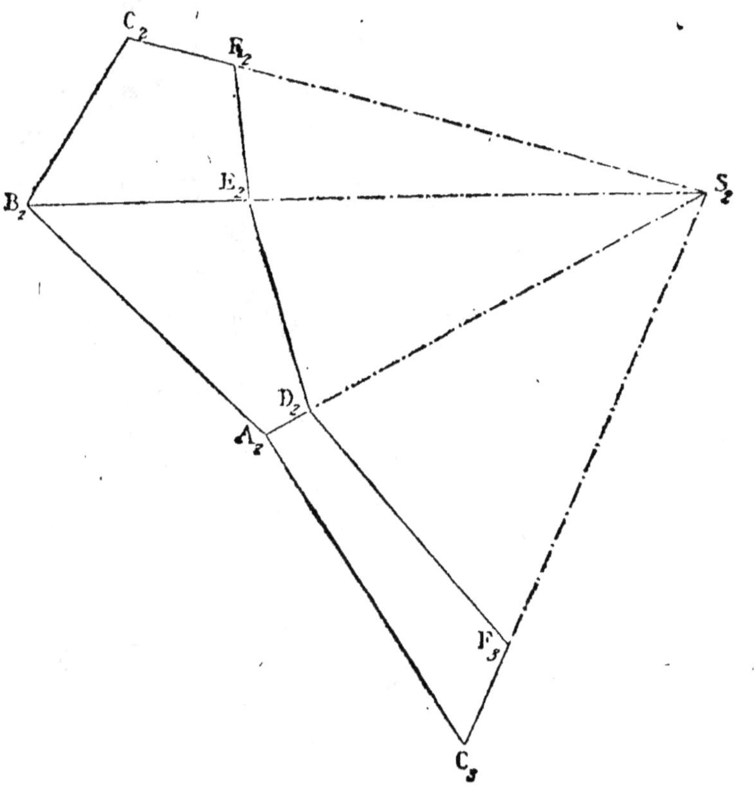

Fig. 245.

Pour développer la surface latérale d'une pyramide, on prend le plan de l'une d'elles comme plan de développement. On rabat sur celui-ci la face adjacente, autour de l'arête commune; puis on rabat successivement toutes les faces suivantes, en faisant tourner chacune d'elles autour de la dernière arête rabattue.

En réalité, le développement s'obtient en construisant une suite de triangles dont on connaît les trois côtés.

Épure. Il faut d'abord connaître la longueur de chaque arête.

Pour trouver celle de (sb, $s'b'$) (fig. 244), par exemple, on peut élever la perpendiculaire sS_1 égale à $n's'$; on obtient bS_1 pour longueur de l'arête, et bE_1 pour longueur de la partie (be, $b'e'$). Puis on construit successivement les faces latérales de la pyramide; ainsi le triangle $S_2C_2B_2$ (fig. 245) a pour côtés bS_1, cS_1 et bc; ainsi des autres: $C_2F_2 = cF_1$, $B_2E_2 = bE_1$ (fig. 244).

Dans le développement, $S_2F_2E_2D_2F_3$ correspond à la partie de la pyramide comprise entre le sommet et le plan sécant.

Remarque. L'emploi judicieux des *projections obliques* conduit à un *quatrième moyen,* d'une grande simplicité (n° 614). On pourrait aussi recourir aux *projections coniques* (nᵒˢ 615 et suiv.).

§ IV. — Intersection d'une droite et d'un polyèdre.

253. *Points communs à une droite et à une surface données.* Chercher l'intersection d'une droite et d'un polyèdre, c'est déterminer les points communs à cette droite et à la surface polyédrique.

Une droite ne peut rencontrer un polyèdre convexe en plus de deux points, à moins que la ligne donnée n'appartienne à l'une des faces planes de la surface polyédrique.

Dans le cas de deux points communs, on peut distinguer le *point d'entrée* de la droite et le *point de sortie.*

Les deux points coïncident, lorsque la droite rencontre une arête; enfin il peut arriver que la ligne et la surface n'aient aucun point commun.

Problème.

254. *Déterminer les points où une droite rencontre la surface d'un polyèdre.*

Par la droite donnée, on fait passer un plan, et l'on détermine la section faite dans le polyèdre par ce plan. Les points d'intersection de la droite et du périmètre de la section plane répondent à la question.

Dans chaque cas particulier, on a recours à la section plane la plus facile à déterminer.

Problème.

255. *Déterminer les points où une droite rencontre un prisme.*

Pour obtenir les points communs à une droite et à une surface prismatique, on mène par la droite un plan parallèle aux arêtes latérales du prisme; la surface latérale de ce prisme est coupée suivant des droites parallèles aux arêtes; les points communs à ces parallèles et à la droite donnée répondent à la question.

Soient DG et ABC la droite et le prisme donnés (fig. 246).

Pour déterminer le plan parallèle aux arêtes, menons, par un

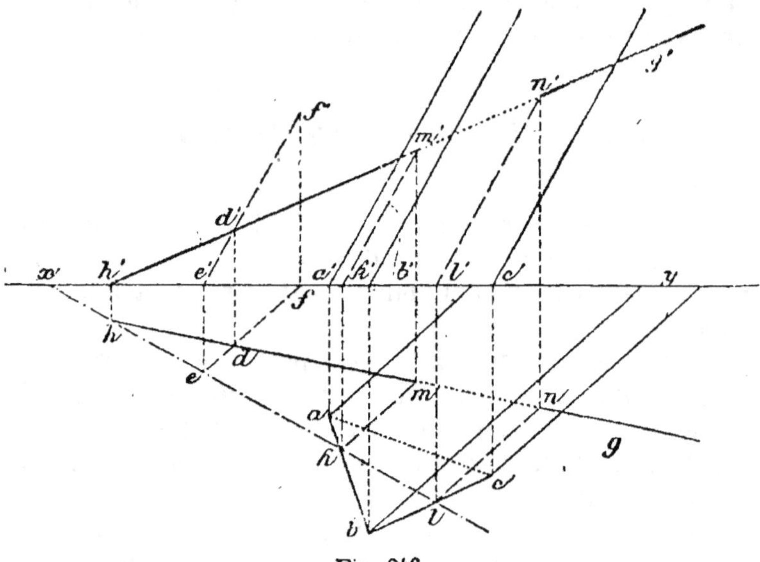

Fig. 246.

point (d, d') de la droite donnée, une droite EF parallèle aux arêtes. Il suffit de mener la trace horizontale he du plan cherché.

Ce plan rencontre le prisme suivant les droites $(km, k'm')$ et $(ln, l'n')$; or ces lignes sont coupées par DG aux points (m, m') et (n, n'); donc la droite pénètre dans le prisme par le point (m, m') et en sort par (n, n').

256. *Remarque.* La solution que nous venons de donner s'applique au cylindre aussi facilement qu'au prisme (n° 375).

Il n'en est pas de même de la solution suivante :

On recourt au plan projetant vertical dg, et on détermine la section correspondante du prisme, comme on va l'indiquer pour la pyramide (n° 257, 1er *moyen*).

Problème.

257. *Déterminer les points où une droite rencontre une pyramide.*

Pour obtenir les points communs à une droite et à une surface pyramidale, on prend, comme plan auxiliaire, soit l'un des plans projetants de la droite, soit le plan mené par la droite et le sommet de la pyramide.

1ᵉʳ Moyen. Prenons comme plan sécant celui qui projette horizontalement la droite.

Soient FG et SABC la droite et la pyramide données.

Les points *d*, *o* contenus dans le plan horizontal font connaître *d'*, *o'* sur *xy*.

Le plan projetant dont *fg* est la trace horizontale coupe l'arête (*sa*, *s'a'*) en un point dont *l* est la projection horizontale; *l* fait connaître *l'* sur *s'a'*; de même la projection *e* détermine *e'*; ainsi la section se projette verticalement suivant *d'l'e'o'*; or son périmètre coupe *f'g'* en *m'* et *n'*.

Donc (*m*, *m'*) et (*n*, *n'*) sont les points demandés.

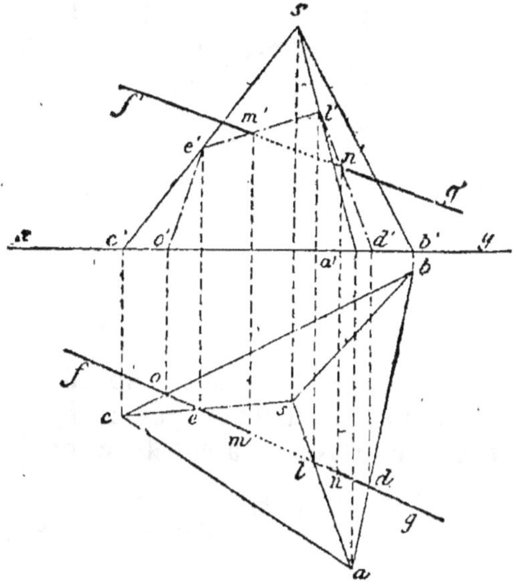

Fig. 247.

Remarque. Le segment rectiligne (*mn*, *m'n'*) est invisible.

258. 2° Moyen. Par la droite et le sommet de la pyramide, on mène un plan sécant; le solide est coupé suivant un triangle facile à construire.

Déterminons la trace horizontale du plan sécant (fig. 248). Il faut prendre un point quelconque (*f*, *f'*) sur la droite, le joindre à (*s*, *s'*). La trace cherchée joint les traces horizontales des lignes FG et FS.

Cette trace *hg* rencontre le périmètre de la base de la pyramide en *d*, *e*; donc la pyramide est coupée suivant les génératrices (*sd*, *s'd'*) et (*se*, *s'e'*). Ces génératrices rencontrent la droite (*fg*, *f'g'*) aux points demandés : leurs projections horizontales sont *m*, *n*, et leurs projections verticales sont *m'*, *n'*.

Vérification. *m* et *m'* doivent être sur une même perpendiculaire à *xy*. Il en est de même de *n* et *n'*.

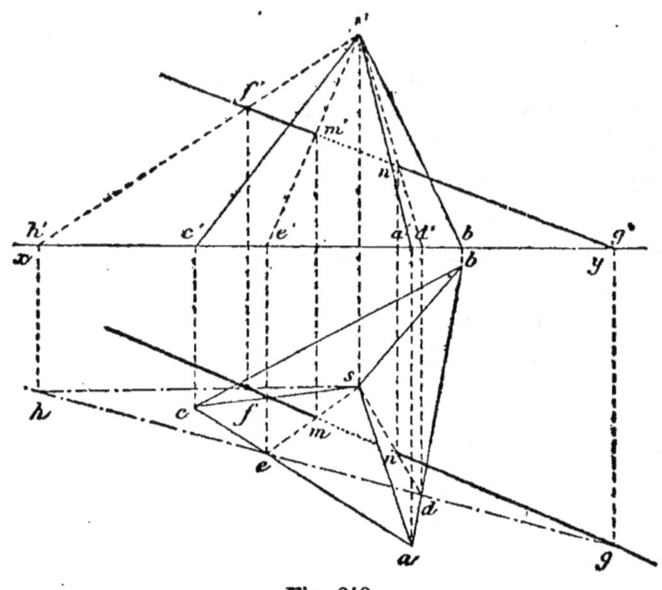

Fig. 248.

Remarque. Ce second moyen a l'avantage de s'appliquer au cône aussi facilement qu'à la pyramide (n° 386), tandis que le premier exigerait la construction d'une courbe par points.

Intersection des polyèdres.

259. Les connaissances acquises suffiraient pour traiter actuellement de *l'intersection des polyèdres ;* mais cette étude, renvoyée au chapitre v de la II⁰ partie, se trouve réunie à la recherche de *l'intersection des surfaces courbes.* (Voir nᵒˢ 397, 399 et 400.)

EXERCICES

FIGURES PLANES ET POLYÈDRES

Figures planes.

224. Déterminer les projections d'un cercle dont le centre et le rayon sont donnés, le plan du cercle devant être perpendiculaire à la droite qui projette le centre sur la ligne de terre.

225. Déterminer les projections d'un cercle tangent à chaque plan de projection et placé sur un plan donné, parallèle à xy.

226. Circonscrire une circonférence à un triangle donné, sans recourir aux traces du plan du triangle.

227. Déterminer les projections d'un cercle dont on connaît le rayon, ainsi que deux droites passant dans son plan par le centre de ce cercle.

228. Dans un plan rabattu, on décrit une circonférence. 1° Déterminer les projections d'un point de cette courbe et celles de la tangente en ce point. 2° Déterminer une tangente telle que ses projections soient parallèles à celles d'une droite donnée; déterminer en outre le point de contact de cette tangente.

229. Dans un plan $P'\alpha P$, on donne un cercle par son rayon R et la projection verticale c' de son centre.

1° Construire les projections de la corde des contacts des tangentes issues du point α.

2° Construire les projections du diamètre des cordes de profil.

230. Une ellipse est tracée sur un plan, que l'on incline d'un angle donné β par rapport au plan horizontal; déterminer la projection horizontale de l'ellipse.

231. Dans un plan on mène une droite qui rencontre les deux traces de ce plan; déterminer les projections du cercle inscrit dans le triangle formé par les traces et la droite qui les coupe.

232. Étant donné le côté d'un hexagone régulier, rabattu sur le plan horizontal, trouver les projections des sommets, connaissant la trace horizontale du plan rabattu et l'angle des traces.

233. Déterminer les projections d'un carré, connaissant les deux projections de l'un des côtés et la direction de la projection horizontale d'un des côtés adjacents.

234. Déterminer les projections d'un carré, connaissant les deux projections d'un côté et la projection horizontale de la droite sur laquelle se trouve le côté du carré parallèle au premier.

235. Déterminer les projections d'un carré, connaissant celles de l'un de ses côtés et l'inclinaison, sur le plan horizontal, du plan de ce carré.

236. Déterminer les projections d'un triangle équilatéral, connaissant les projections d'un côté et la direction de la projection horizontale d'un autre côté.

Représentation des polyèdres.

237. Trouver les projections et le développement d'un tétraèdre régulier, placé sur le plan horizontal.

238. 1° Déterminer l'angle dièdre du tétraèdre régulier.

2° Déterminer les six dièdres d'une pyramide triangulaire donnée par ses six arêtes.

239. Trouver les projections et le développement d'un hexaèdre régulier (ou du cube).

240. Trouver les projections et le développement d'un octaèdre régulier.

241. Déterminer l'angle dièdre de l'octaèdre régulier, ainsi que l'angle d'inclinaison d'une face sur le plan mené par l'extrémité de quatre arêtes partant du même sommet.

242. Déterminer l'angle que la diagonale de l'octaèdre régulier forme avec chaque arête et avec les faces du solide.

243. Trouver les projections et le développement d'un dodécaèdre régulier.

244. Déterminer l'angle dièdre du dodécaèdre régulier, ainsi que l'angle d'inclinaison d'une face sur le plan mené par l'extrémité de trois arêtes partant d'un même sommet.

245. Déterminer l'angle formé par chaque côté du dodécaèdre régulier, avec une diagonale joignant deux sommets opposés.

246. Trouver les projections et le développement d'un icosaèdre régulier.

247. Déterminer l'angle dièdre de l'icosaèdre régulier, ainsi que l'angle d'inclinaison d'une face sur le plan mené par l'extrémité des cinq arêtes partant d'un même sommet.

248. Déterminer l'angle que forme chaque arête d'un icosaèdre, avec une diagonale qui joint deux sommets opposés.

249. Construire une pyramide, connaissant la base et trois arêtes latérales.

250. Déterminer les projections d'une pyramide pentagonale régulière reposant sur le plan horizontal par une de ses faces latérales.

251. Construire un tétraèdre régulier, connaissant les projections d'un côté et une ligne de pente de la face qui le contient.

252. Construire un tétraèdre régulier, connaissant les projections d'une arête et la direction de la projection horizontale d'une arête contiguë à la première.

253. Déterminer la longueur de la diagonale d'un parallélépipède rectangle et l'angle qu'elle forme avec chaque arête, connaissant la longueur des trois côtés du parallélépipède.

254. Déterminer les projections d'un parallélépipède rectangle, connaissant la diagonale et les angles qu'elle fait avec deux des arêtes du parallélépipède.

255. On donne trois droites illimitées, non concourantes deux à deux, une verticale, et deux horizontales dont les projections horizontales sont perpendiculaires l'une à l'autre, mais quelconques par rapport au plan vertical ; construire un parallélépipède rectangle, ayant une arête sur chacune de ces droites, et déterminer la vraie longueur de la diagonale.

256. Étant données les directions des projections de trois arêtes contiguës d'un parallélépipède et leurs longueurs, construire les projections du parallélépipède.

257. Déterminer les projections d'un cube, dont une diagonale est perpendiculaire au plan horizontal et dont quatre arêtes sont parallèles au plan vertical.

258. Déterminer les projections d'un cube, en le supposant suspendu par l'un de ses sommets, de manière que la diagonale correspondante soit verticale.

259. Construire un cube, connaissant un sommet (a, a'), la longueur l du côté et la direction de la projection horizontale des trois arêtes qui aboutissent au sommet donné.

260. Déterminer les projections d'un parallélépipède rectangle, connaissant un sommet (a, a'), la projection horizontale ab d'une arête, et les directions au, av des projections horizontales des deux autres.

261. Déterminer les projections d'un parallélépipède rectangle, connaissant une arête $(ab, a'b')$, la projection horizontale ac d'une arête adjacente et la longueur de la troisième.

262. Étant données les deux projections ab, $a'b'$ d'une arête d'un cube, ainsi que la direction ae de la projection horizontale d'une seconde arête contiguë à la première, déterminer les projections de ce cube.

263. Étant données les projections horizontales de deux arêtes adjacentes d'un cube, ainsi que la projection verticale du sommet auquel ces lignes aboutissent, déterminer les projections de ce cube.

264. Construire un parallélépipède, connaissant le point milieu de quatre faces telles que les quatre points donnés ne soient pas dans un même plan.

265. Construire un parallélépipède connaissant quatre de ses sommets. (Vingt-neuf solutions.)

266. Construire un parallélépipède, connaissant les milieux de quatre arêtes. (Deux cent sept solutions.)

Sections planes. — Développement.

267. Déterminer la section d'une pyramide par un plan perpendiculaire à une arête latérale, et qui coupe cette ligne au tiers de sa longueur à partir du sommet.

268. Étant donné un parallélépipède droit à base rectangulaire, le couper par un plan tel que la section soit un carré.
1° Le plan doit passer par un point donné sur une arête.
2° Le plan doit passer par un point donné de l'espace.

269. Couper un cube par un plan qui passe par les milieux des trois arêtes non contiguës et non parallèles ; déterminer la vraie grandeur de la section.

270. On coupe un cube par un plan perpendiculaire à une diagonale ; étudier les variations de la section obtenue lorsque le plan sécant s'éloigne de l'extrémité de la diagonale considérée.

271. On donne un point sur l'arête d'un tétraèdre quelconque ; on demande les projections du chemin minimum qu'il faut suivre sur les faces pour revenir au point de départ.

272. Sur deux plans qui coupent xy aux points α, β, trouver le chemin minimum allant de α à β.

273. On donne une pyramide triangulaire régulière; quelle est la ligne brisée minimum qui, partant d'un sommet de la base, viendrait se terminer à un point (m, m') donné sur l'arête correspondante, après avoir rencontré deux fois chaque arête latérale intermédiaire?

274. L'intersection de deux plans donnés P et Q rencontre la ligne de terre, et passe dans le premier dièdre; on demande la ligne brisée parcourue par un point qui, partant de la trace verticale la plus élevée, se mouvrait suivant la ligne de plus grande pente de chaque plan, pour arriver à la trace horizontale la plus éloignée.

275. *Même énoncé pour les deux plans* (n° 274); mais on demande la ligne brisée la plus courte pour aller d'un point A situé sur le plan vertical à un point B du plan horizontal, chaque partie de la ligne brisée devant être située sur un des plans donnés ou sur un des plans de projection.

276. Par un point donné, mener un plan qui coupe, sous des angles égaux, les faces latérales d'une pyramide triangulaire dont la base repose sur le plan horizontal.

277. Couper un tétraèdre donné dans une position quelconque, par un plan vertical qui le divise en deux parties équivalentes. Vraie grandeur de la section.

278. Couper un tétraèdre par un plan parallèle à deux arêtes opposées, et déterminer la nature et la vraie grandeur de la section.

279. Par un point donné, mener un plan qui coupe les trois arêtes d'une pyramide triangulaire sous le même angle.

280. Par un point donné, mener un plan qui coupe trois droites quelconques sous le même angle.

281. Par un point donné, mener un plan qui coupe une droite AC sous un angle donné α, et une autre droite BD sous un angle β.

282. Par un point pris sur l'arête d'une pyramide triangulaire quelconque, faire passer un plan sécant donnant pour section un triangle isocèle, la longueur des côtés égaux étant donnée.

283. Couper une pyramide triangulaire quelconque, par un plan tel que la section soit un triangle isocèle, dont la base ait une longueur donnée et soit parallèle à une droite située sur une des faces de la pyramide.

284. Couper une pyramide quadrangulaire par un plan, de manière que la section soit un parrallélogramme.

285. Couper un tétraèdre par un plan, de manière que la section passe par un point et soit un parallélogramme.

286. Par quatre points non situés dans un même plan, mener quatre droites parallèles, de manière que les sections planes du prisme qui aurait les quatre parallèles pour arêtes soient des parallélogrammes.

287. Un parallélépipède a pour base un parallélogramme quelconque; couper ce parallélépipède par un plan, de manière que la section soit un carré.

288. Un quadrilatère gauche ABCD est dans une position quelconque par rapport aux plans de projection; déterminer un plan PαP', tel qu'on obtienne un carré, en projetant sur ce plan les quatre points A, B, C, D, par des droites parallèles entre elles, mais menées dans une direction qu'il faut aussi déterminer.

EXERCICES COMPLÉMENTAIRES

Détermination d'un point ou d'une droite.

289. Deux points étant donnés par leurs projections, déterminer sur le plan vertical un point dont les distances aux deux premiers aient respectivement des longueurs données.

290. Trouver les points d'un plan P, situés à une même distance d de deux verticales données.

291. Trouver sur xy un point d'où l'on voie sous des angles égaux les ordonnées Aa, Bb de deux points donnés.

292. Étant donnés deux points et un plan, trouver, sur ce plan, un point tel qu'en le joignant aux deux premiers on ait un triangle équilatéral.

293. Déterminer, sur un plan quelconque, un point qui soit à une distance l d'un autre point (a, a') du plan et à une distance d d'un point donné (b, b).

294. Sur une droite donnée AB, déterminer un point dont la différence des carrés des distances à deux points donnés C et D égale une valeur donnée K^2.

295. Trouver sur une droite MN un point, dont la somme des distances aux deux plans de projection et au plan de profil α soit égale à une longueur donnée l.

296. Trouver dans un plan α une droite dont chaque point soit équidistant des deux traces d'un plan β.

297. Construire une droite dont chaque point soit équidistant respectivement de deux plans donnés et des traces de leur intersection.

298. Mener par un point A une droite qui s'appuie sur une droite BC et sur une circonférence donnée par son plan, son rayon et la projection verticale de son centre.

299. Mener parallèlement à une droite AB une droite qui s'appuie sur une droite CD et sur une circonférence donnée (*comme ci-dessus, n° 298*).

300. Mener par un point A une droite qui rencontre une droite BC et fasse avec les deux plans de projection des angles égaux.

301. Mener par un point A, parallèlement à un plan α, une droite également inclinée sur les deux plans de projection.

302. Mener par un point donné une droite qui touche xy et soit également inclinée sur deux droites données.

303. Étant données deux horizontales et une droite quelconque, mener une quatrième droite, limitée aux deux premières, et ayant son milieu sur la troisième.

304. Inscrire entre deux droites données une droite qui soit divisée par une troisième droite donnée, dans un rapport donné k.

305. On donne deux droites de front et un plan quelconque; mener entre ces droites une horizontale ayant son milieu sur le plan donné.

306. Un point étant donné, mener par ce point une droite qui rencontre le plan horizontal sous un angle donné, et telle que sa trace horizontale soit deux fois plus éloignée de la ligne de terre que ne l'est la trace verticale.

Vraie grandeur des droites.

307. Connaissant la projection horizontale ab d'un segment de droite, les projections (b, b') d'un de ses points et la vraie grandeur l de cette droite, trouver la projection verticale de cette ligne.

308. On donne une circonférence sur le plan horizontal et un point sur le plan vertical; trouver sur la circonférence un point distant du point donné d'une longueur donnée.

309. Trouver, sur une circonférence située dans un plan quelconque, un point dont la distance à un point donné égale une longueur donnée.

310. Mener dans un plan donné une droite dont la distance à xy égale l, et dont les projections soient parallèles entre elles.

311. Inscrire entre les traces d'un plan donné une droite de longueur l, qui passe à une distance d d'un point A.

312. Mener dans un plan donné, par un point A de ce plan, une droite passant à une distance d d'un point B.

313. Mener, dans le plan horizontal, une droite qui passe à des distances m et n de deux points donnés A et B.

314. Trouver, dans un plan donné, une droite passant à des distances m et n de deux verticales données AB et CD.

315. Mener, par un point A, une droite dont la distance à xy égal l et dont le segment aux traces égale d.

316. Entre deux droites données, mener une horizontale de longueur donnée.

317. Entre deux horizontales orthogonales données, AB, CD, inscrire un segment rectiligne de longueur donnée l, ayant son milieu dans un plan vertical donné α.

318. Inscrire entre les plans de projection une droite de longueur l qui rencontre une droite AB, et dont la perpendiculaire commune avec xy, de longueur d, tombe en son milieu.

319. Construire une droite qui rencontre une droite AB, soit parallèle à CD, et passe à une distance l de xy.

320. Inscrire entre les plans de projection une droite de profil de longueur l qui ait son milieu sur une droite AB.

321. Inscrire entre les plans de projection une droite qui ait son milieu sur un plan P, rencontre une droite AB et soit parallèle à CD.

322. On donne une droite et un point dans l'espace, déterminer une droite passant par ce point, s'appuyant sur la ligne donnée et telle que le segment compris entre sa trace horizontale et le point donné soit double de celui qui est compris entre le même point et la trace verticale de cette ligne.

323. Mener dans un plan α une droite telle que la perpendiculaire commune à cette droite et à une droite AB ait une longueur l et rencontre AB en un point donné B.

324. Mener, par un point donné, une droite telle que la perpendiculaire commune à cette droite et à une droite AB ait une longueur l et rencontre AB en un point donné B.

325. Par un point donné, mener entre deux plans parallèles α, β, une droite de longueur donnée l ayant son milieu sur un plan donné γ.

326. Par un point donné dans un plan P, mener dans ce plan une droite équidistante de deux autres points donnés.

Angle et droite.

327. On donne une circonférence tracée sur le plan horizontal et un point hors de ce plan; joindre le point donné à un point de la circonférence, de manière que la droite rencontre le plan horizontal sous un angle donné. Entre quelles limites peut varier cet angle?

328. Mener dans un plan P une droite inclinée sur le plan horizontal d'un angle donné et éloignée d'xy d'une longueur l.

329. Mener, par un point A, une droite qui rencontre une droite BC et détermine, avec un point D, un plan incliné sur la verticale d'un angle donné.

330. Mener à un plan P une parallèle qui coupe des droites AB et CD sous des angles égaux.

331. Mener dans un plan donné, par le point de concours de ses traces, une droite faisant avec xy un angle donné.

332. Construire une droite qui rencontre deux droites AB, CD sous des angles donnés α, β.

333. Mener par un point A une droite qui fasse respectivement, avec le plan horizontal et avec une horizontale BC, des angles α et β.

334. Mener par un point A une droite inclinée d'un angle donné sur une droite de front BC, et passant à une distance r d'un point D situé sur la verticale du point A.

335. Inscrire entre les plans de projection une droite qui ait son milieu au point A et fasse avec xy un angle donné.

336. Inscrire entre les plans de projection une droite parallèle à un plan P, incliné d'un angle donné sur le plan horizontal, et ayant son milieu sur une droite AB.

337. Une droite $(ab, a'b')$ et un point (c, c') étant donnés, mener par le point une droite qui rencontre la ligne donnée et qui fasse avec le plan horizontal un angle donné.

338. Par un point (a, a') pris dans un plan donné P, mener dans ce plan une droite qui coupe le plan horizontal sous un angle donné.

339. Par un point donné (a, a'), pris dans un plan P, mener dans ce plan une droite telle que la distance comprise entre le point (a, a') et la trace horizontale de la droite ait une longueur donnée l.

340. Mener par un point A une droite qui rencontre une droite BC et fasse avec un plan P un angle donné.

341. Inscrire entre les traces d'un plan P une droite de longueur l, faisant avec le plan horizontal un angle donné.

342. Inscrire entre les plans de projection une droite de longueur l, qui soit parallèle à un plan P, rencontre une droite AB, et fasse avec le plan horizontal un angle donné.

343. Mener par un point A une droite qui fasse avec les deux plans de projection un même angle donné.

344. Construire une droite qui rencontre une droite AB, passe à une distance l de xy, et fasse avec les deux plans de projection un même angle donné.

345. Étant donnés deux plans qui se coupent, mener dans le premier plan, par un point donné, une droite faisant avec le second un angle déterminé.

Détermination d'un plan.

346. Par un point donné mener un plan également incliné sur les deux plans de projection, et tel que l'angle aux traces ait une valeur donnée.

347. Par une droite, quelconque par rapport aux plans de projection, faire passer un plan tel que l'angle aux traces égale un droit.

348. On donne une droite AB et deux points C et D. Trouver sur la droite un point d'où l'on voie le segment rectiligne CD :
1° Sous un angle droit.
2° Sous un angle donné.

349. Trouver sur une droite AB un point également éclairé par deux luminaires M et N d'intensités données i, i'.

350. Trouver sur la droite AB le sommet d'une pyramide ayant pour base un quadrilatère donné MNPQ, et telle qu'on la puisse couper suivant un rectangle.

351. Par une droite donnée, mener un plan qui rencontre le plan horizontal sous un angle donné.

352. Mener par une droite AB un plan qui fasse avec une verticale CD un angle donné.

353. Par une droite donnée, mener un plan qui rencontre un plan de profil sous un angle donné.

354. Par une droite de profil, mener un plan qui rencontre les plans de profil sous un angle donné.

355. Mener par une droite AB un plan qui coupe un plan P suivant une droite dont la partie entre les traces ait son milieu sur la droite AB.

356. Mener par une droite AB un plan qui laisse entre deux plans horizontaux une bande de largeur l.

357. Mener par une droite AB un plan dont les sections par deux plans P et Q fassent entre elles un angle donné.

358. Une droite limitée, située dans le plan vertical, a une de ses extrémités sur la ligne de terre; par cette droite, mener un plan tel que l'aire du triangle compris entre les traces et le plan de profil mené par la seconde extrémité de la ligne donnée ait une valeur donnée.

359. Mêmes données (n° 358); mais le volume de la pyramide limitée par les plans de projection, le plan de profil et le plan demandé PmP', doit avoir un volume donné k^3.

360. Par une droite donnée, quelconque par rapport aux plans de projection, faire passer un plan tel que l'angle de sa trace horizontale et de la ligne donnée ait une grandeur donnée.

361. Deux plans rectangulaires passent respectivement par xy et par une droite αz située dans le plan horizontal. Trouver l'intersection de ces plans, sachant qu'elle est située dans un plan donné $P'\alpha P$.

Physique et mécanique.

362. I. Dans la réflexion de la lumière, de la chaleur, du son, le rayon incident, le rayon réfléchi et la normale à la surface au point considéré sont dans un même plan, et la normale est bissectrice de l'angle formé par le rayon incident et le rayon réfléchi.

Ces principes rappelés, on demande de déterminer les projections du rayon réfléchi, connaissant les projections du rayon incident et les traces du plan réflecteur.

362. II. On donne un miroir plan et deux points A et B placés d'un même côté du miroir, déterminer un rayon lumineux qui, partant du point A, vienne passer par B après s'être réfléchi sur le miroir.

362. III. On donne deux points A et B situés dans le dièdre droit de deux miroirs plans P et Q, perpendiculaires l'un à l'autre, déterminer les rayons lumineux émanés du point A, qui passent par le point B après réflexion.

363. Étant donnés deux miroirs verticaux IR, IS, inclinés à 45°; un point lumineux A, sur le plan H; et un point O, dans l'angle des miroirs. Dessiner les projections du rayon lumineux qui va du point A au point O, en se réfléchissant deux fois sur chaque miroir.

364. Dans la réfraction, le rayon incident, le rayon réfracté et la normale sont dans un même plan; d'ailleurs, les sinus des angles d'incidence et de réfraction sont dans un rapport constant.

D'après cette loi, on demande les projections d'un rayon réfracté, connaissant les projections d'un rayon incident, le plan de réfraction et l'indice de réfraction.

365. Un prisme triangulaire en verre repose, par une de ses faces, sur le plan horizontal. On donne les projections d'un rayon lumineux situé dans un plan perpendiculaire aux arêtes du prisme, ainsi que l'indice de réfraction $\frac{3}{2}$. On demande les projections du rayon réfracté qui a traversé le prisme.

366. On donne les projections de deux forces concourantes ; déterminer les projections de leur résultante, la vraie grandeur de cette force, ainsi que les angles qu'elle fait avec chacune des composantes.

367. Déterminer la résultante d'un nombre quelconque de forces concourantes.

368. Déterminer la longueur de la diagonale d'un parallélépipède et les angles que cette ligne forme avec chaque arête de ce solide, connaissant les projections de trois arêtes issues d'un même sommet. (*Voir n° 253.*)

369. Faire l'épure de la décomposition d'une force en deux autres de directions données. La force et l'une des directions sont données chacune par leurs deux projections, la seconde direction est donnée par sa projection verticale.

370. Faire l'épure de la décomposition d'une force en trois autres de directions données ; ou décomposer une force donnée par ses projections, en trois forces dont les directions sont données par leurs projections.

371. *Définitions.* On appelle projection orthogonale d'un point sur un axe, le pied de la perpendiculaire abaissée de ce point sur cet axe.

On appelle projection d'une force sur un axe, le segment de l'axe compris entre les projections des extrémités de cette force.

La projection sur un axe quelconque de la résultante de plusieurs forces concourantes est égale à la somme algébrique des projections des composantes.

— Étant donnés, par leurs projections sur deux plans rectangulaires, *n* forces concourantes et un AXE de projection ; trouver la somme des projections de toutes ces forces sur l'axe donné.

DEUXIÈME PARTIE

DES SURFACES COURBES

CHAPITRE I

DES SURFACES EN GÉNÉRAL

---

§ I. — Classification des surfaces.

260. Surfaces à représenter. La géométrie descriptive permet de représenter toute surface rigoureusement définie. Toute surface capable d'une définition mathématique est dite *surface géométrique;* les autres surfaces, celle d'un terrain, par exemple, sont remplacées, dans les applications, par des surfaces conventionnelles, dites *topographiques*, qui s'en rapprochent autant que possible * (n° 490).

Génération des surfaces. Toute surface géométrique peut être engendrée par une ligne qui se meut suivant une loi donnée.

Exemples. La surface sphérique est engendrée par la révolution complète d'une demi-circonférence autour du diamètre qui la termine.

Le plan peut être engendré par la rotation d'une droite qui passe par un point fixe d'un axe et reste constamment perpendiculaire à cet axe.

Le cylindre de révolution peut être engendré par la rotation d'une droite qui reste parallèle à l'axe de rotation.

261. Génératrice et directrice. On nomme *génératrice* la ligne qui engendre une surface, cette ligne pouvant occuper l'une quelconque de ses positions.

La génératrice change quelquefois de grandeur et de forme, en même temps qu'elle se déplace.

Dans le premier exemple, la demi-circonférence est la *géné-*

---

* Voir *Arpentage, Levé des plans et Nivellement*, par F.-J., 3ᵉ édition.

ratrice de la surface; elle reste invariable de grandeur. La condition d'opérer une révolution complète autour du diamètre est la *loi* à laquelle la génératrice est assujettie.

Dans les autres exemples, la génératrice est la droite mobile; la loi concerne la position de cette ligne par rapport à l'axe et la rotation complète qu'elle doit opérer.

Dans un grand nombre de cas, la génératrice est assujettie à glisser sur une ou plusieurs lignes fixes nommées *directrices*.

Directrice. On nomme *directrice* toute ligne fixe que la génératrice doit constamment rencontrer dans son mouvement.

Exemple. Le plan est engendré par une droite qui se meut parallèlement à elle-même, en touchant constamment une droite fixe donnée.

La droite mobile est la *génératrice;* la droite fixe est la *directrice*.

262. Classification. On distingue deux classes de surfaces géométriques : les *surfaces réglées* et les *surfaces non réglées*.

Surfaces réglées. Les surfaces réglées sont des surfaces qui peuvent être engendrées par une ligne droite. Exemple : cylindre, cône, hélicoïde. (G., n⁰ˢ 510, 524, 874.)

Surfaces non réglées. Les surfaces non réglées sont des surfaces qui ne peuvent être engendrées par une ligne droite. Exemple : sphère, paraboloïde elliptique. (G., n⁰ˢ 541, 864.)

Les surfaces réglées se divisent en deux groupes : les *surfaces développables* et les *surfaces gauches*.

263. Surfaces développables. Les *surfaces développables* sont des surfaces qui peuvent s'étendre sur un plan sans déchirure ni duplicature.

Pour qu'une surface soit développable, il faut que ses génératrices soient deux à deux dans un même plan, c'est-à-dire parallèles ou concourantes.

On distingue trois sortes de surfaces développables; les deux plus importantes sont : la *surface cylindrique* et la *surface conique*.

264. Surface cylindrique ou cylindre. La surface cylindrique est engendrée par une droite qui se meut parallèlement à elle-même en s'appuyant constamment sur une *directrice*. (G., n⁰ 510.)

Le plan peut être considéré comme une variété de la surface cylindrique; il correspond au cas où la directrice est rectiligne.

Le cylindre est *de révolution* lorsque la directrice est une circonférence et que la génératrice est perpendiculaire au plan de cette circonférence. (G., n° 508.)

265. Surface conique ou cône. La surface conique est engendrée par une droite qui passe constamment par un point fixe, en glissant le long d'une directrice ; le point fixe est le *sommet* de la surface. La génératrice étant illimitée, la surface engendrée se compose de deux parties nommées *nappes*, situées de part et d'autre du sommet.

Le plan peut être considéré comme une variété de la surface conique ; il correspond au cas où la directrice est rectiligne.

Le cylindre est un cas particulier du cône ; il suffit de considérer le point fixe comme situé à l'infini.

Le cône est *de révolution* lorsque la directrice est circulaire et que le sommet se trouve sur la perpendiculaire élèvée au plan de la directrice, par le centre de la circonférence. Dans les applications, le cône de révolution est souvent considéré comme engendré par une droite qui rencontre l'axe sous un angle constant. (G., n° 522.)

266. La troisième espèce de surface développable est la surface engendrée par une droite qui reste constamment tangente à une ligne à double courbure, c'est-à-dire à une courbe dont les éléments ne sont pas tous dans un même plan. Exemple : l'hélicoïde développable. (G., n° 874.)

Remarque. Dans le cylindre, toutes les génératrices sont parallèles entre elles ; dans le cône, toutes les génératrices passent par un même point ; la troisième espèce est caractérisée par des génératrices qui se coupent deux à deux, en des points différents.

267. Surfaces gauches. Les surfaces gauches sont des surfaces réglées non développables ; on peut citer : le *paraboloïde hyperbolique*, le *conoïde*, l'*hyperboloïde à une nappe* (G., n°s 866, 873, 869) ; cette dernière surface peut être de révolution.

268. Surfaces de révolution. On nomme surface de révolution la surface engendrée par la rotation d'une ligne quelconque autour d'une droite fixe, dite *axe* de cette surface.

Nos *éléments de géométrie* traitent du cylindre, du cône de révolution et de la sphère, et donnent aussi la définition de l'ellipsoïde à deux axes égaux, des hyperboloïdes et du paraboloïde elliptique. (G., n°s 857, 858, 859.)

Le *tore* est la surface engendrée par la rotation d'un cercle autour d'un axe situé dans son plan.

Dans les surfaces de révolution, chaque point de la génératrice décrit une circonférence dont le plan est perpendiculaire à l'axe; par suite, tout plan perpendiculaire à cet axe coupe la surface suivant un cercle.

269. *Remarque.* Les surfaces de révolution rentrent dans les deux grandes classes de surfaces réglées et de surfaces non réglées.

Ainsi le cylindre, le cône, l'hyperboloïde à une nappe, sont des surfaces réglées, car elles peuvent être engendrées par une droite.

Ces trois surfaces sont les seules surfaces réglées qui soient de révolution; car une droite ne peut avoir que trois positions par rapport à un axe.

1° Elle est parallèle à cet axe et donne lieu à un cylindre;

2° Elle rencontre l'axe et engendre un cône ;

3° La droite et l'axe ne sont pas dans un même plan, alors la surface est un hyperboloïde à une nappe.

Dans les deux derniers cas, si la génératrice fait avec l'axe un angle droit, le cône ou l'hyperboloïde engendrés dégénèrent en surface plane.

Toutes les autres surfaces de révolution sont des surfaces non réglées.

Par exemple, la sphère, l'ellipsoïde, l'hyperboloïde à deux nappes, le tore, etc.

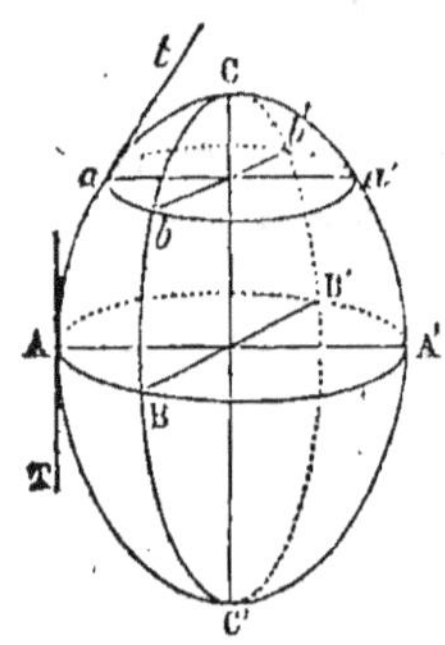
Fig. 249.

270. Méridien. On nomme *méridien* d'une surface de révolution, la section obtenue par un plan quelconque passant par l'axe.

Les méridiens sont égaux entre eux, la rotation complète de la moitié CAC' de l'un d'eux suffit pour engendrer la surface.

Lorsque l'axe de la surface de révolution est une ligne de front, on nomme *méridien principal* le méridien ACA'C', parallèle au plan vertical de projection.

Parallèle. On nomme *parallèle* d'une surface de révolution tout cercle *aba'b'* déterminé par la rotation d'un point quelconque de la génératrice.

Tout plan perpendiculaire à l'axe coupe la surface de révolution suivant un parallèle.

Lorsque l'axe est vertical, les parallèles se projettent en vraie grandeur sur le plan horizontal.

271. *Remarque*. La *tangente au méridien*, en un point donné a, est plus ou moins inclinée par rapport à l'axe, suivant le parallèle auquel appartient le point de contact.

Ainsi, en supposant que le méridien soit une ellipse, la tangente est parallèle à l'axe CC′ aux sommets A et A′ du méridien ACA′C′ (fig. 249); elle fait un angle aigu taa', pour un parallèle tel que $aba'b'$; enfin elle est perpendiculaire à l'axe aux sommets C et C′.

272. Équateur et collier. L'*équateur* est le plus grand des parallèles, pour lesquels la tangente au méridien est parallèle à l'axe de révolution.

L'ellipsoïde a un équateur, ABA′B′. La tangente AT au méridien CAC′, en un point A du cercle ABA′B′, est parallèle à l'axe CC′.

Le *collier* ou *cercle de gorge* est le plus petit des parallèles, pour lesquels la tangente au méridien est parallèle à l'axe.

L'hyperboloïde de révolution à une nappe a un collier; le tore a un équateur et un collier.

L'hyperboloïde à deux nappes, le paraboloïde de révolution, le cône, n'ont ni équateur ni cercle de gorge.

Remarque. Une même surface peut toujours être engendrée de diverses manières. Ainsi, un cône de révolution peut aussi être engendré par une droite assujettie à passer par le sommet et à glisser sur une directrice de forme quelconque; ou encore, par un cercle variable dont le plan reste perpendiculaire à l'axe; etc.

Dans chaque question, on choisit le mode de génération qui conduit le plus facilement au résultat cherché.

§ II. — Plans tangents.

273. Définition. Le *plan tangent* en un point donné d'une surface courbe est le lieu géométrique des tangentes menées en ce point, aux diverses lignes que l'on peut tracer sur la surface par le point considéré.

Pour justifier cette définition, il suffit de démontrer le théorème suivant :

Théorème.

274. *Les tangentes menées à une surface par l'un de ses points se trouvent dans un même plan, qui est le plan tangent.*

En effet, soient deux courbes quelconques AB, AC, tracées sur la surface donnée, et une troisième courbe BC qui rencontre les deux autres. On peut considérer la surface comme engendrée par la génératrice curviligne BC, variable de forme, assujettie à s'appuyer constamment sur les directrices AB et AC.

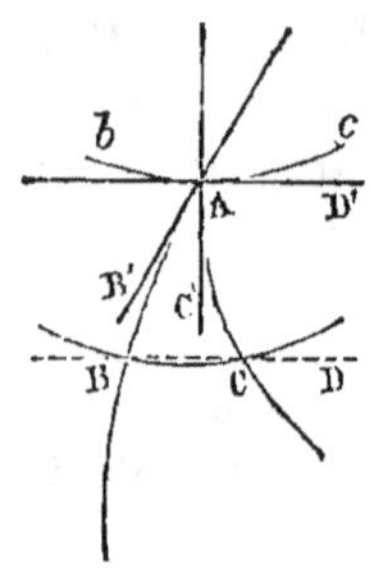

Fig. 250.

Lorsque la génératrice se rapproche du point A, les arcs AB, AC et BC tendent simultanément vers zéro, et les cordes AB, AC et BC, *constamment situées dans un même plan*, ont respectivement pour positions limites les tangentes AB', AC' et AD' *encore situées dans un même plan;* donc les tangentes à trois courbes quelconques tracées sur la surface, par un point A, sont situées dans un même plan *.

275. *Remarque.* Quand l'axe d'une surface de révolution est *normal* à la génératrice, le lieu des tangentes menées à la surface, par l'extrémité de l'axe, est un plan perpendiculaire à cet axe; mais *lorsque la génératrice* d'une surface de révolution *rencontre l'axe sous un angle aigu, le lieu des tangentes au point où l'axe rencontre la surface est un cône.* Le théorème comporte donc certaines exceptions.

276. Scolies. I. *Pour déterminer le plan tangent à une surface en un point donné, il suffit de chercher les tangentes à deux lignes menées par ce point sur la surface.*

277. II. *Lorsque la surface est réglée, le plan tangent en un point donné contient la génératrice rectiligne menée par ce point;* car la tangente en ce point, à la génératrice considérée, n'est autre que la droite elle-même.

277 bis. III. *Si, par le point de contact d'un plan tangent, on mène un plan quelconque, les lignes suivant lesquelles il coupe le plan tangent et la surface courbe sont tangentes entre elles.*

Théorème.

278. *Le plan tangent en un point donné d'une surface développable est tangent à la surface en chaque point de la génératrice rectiligne menée par le point donné.*

---

* Le théorème précédent ne peut être établi d'une manière rigoureuse que par l'*Analyse;* la démonstration géométrique que nous donnons est empruntée à la *Géométrie descriptive de Leroy.*

En effet, considérons une surface développable, un cône, par exemple, et un plan tangent à la surface au point M.

Le plan tangent est le lieu des tangentes menées à toutes les lignes qu'on peut tracer sur la surface par le point M; donc il doit contenir la génératrice SM (n° 277) et la tangente à la section P (n° 274); il peut donc être considéré comme la limite des positions que prend un plan P mené par deux génératrices voisines SM, SN, qui se rapprochent indéfiniment, lorsque le plan des deux droites tourne autour de SM.

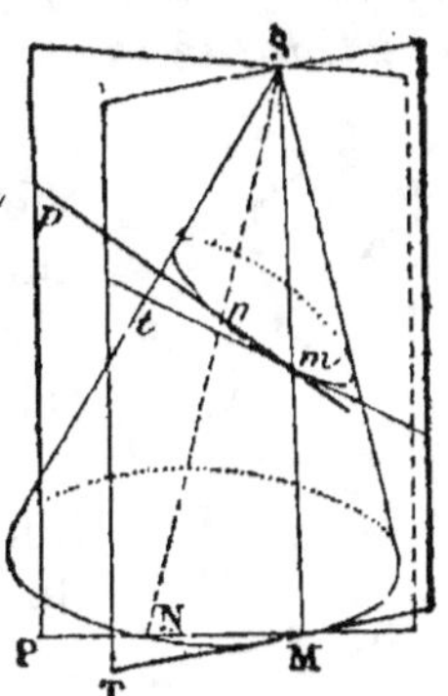
Fig. 251.

Ainsi le plan des deux génératrices contient la sécante MN; mais, à la limite, cette ligne devient tangente à la section P au point M.

Or un raisonnement analogue conduirait au même résultat s'il s'agissait de déterminer le plan tangent en un point quelconque m de la même génératrice; car la sécante mn est dans le plan SMN; donc,

Le plan tangent au point M est tangent au cône en chaque point de la génératrice SM, car il contient la droite SmM et la tangente mt, menée en ce point m, à une courbe quelconque passant par ce point.

279. Scolies. I. Le théorème est démontré pour le cylindre, puisque cette surface n'est qu'un cas particulier du cône.

280. II. *Lorsqu'un plan quelconque rencontre une surface développable et son plan tangent, les deux intersections sont tangentes entre elles.*

Cette importante propriété des surfaces développables est comprise dans l'énoncé suivant :

281. *La tangente à une section plane, en un point donné, est l'intersection du plan tangent au point considéré et du plan sécant qui détermine la section.*

282. *Remarque.* Le plan tangent à une surface réglée, non développable, n'est tangent qu'en un seul point, bien qu'il contienne toute la génératrice rectiligne menée par le point de contact.

Théorème.

283. *Lorsqu'on projette sur un plan quelconque une courbe et sa tangente, la projection de la tangente est tangente à la projection de la courbe.*

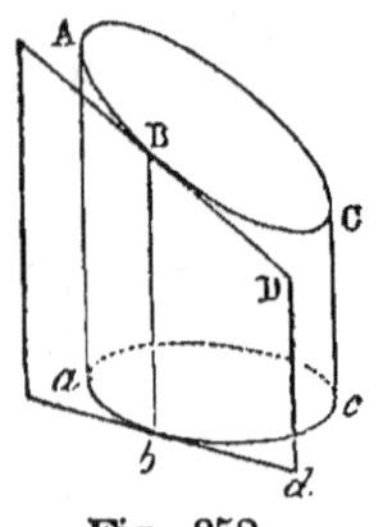

Fig. 252.

Soient ABC et BD une courbe et sa tangente, soient *abc* et *bd* leurs projections, il faut démontrer que *bd* est tangente à la courbe *abc*.

En effet, les projetantes de la courbe ABC et celles de la tangente BD forment un cylindre et un plan qui sont tangents suivant la projetante B*b*; donc (n⁰ˢ 278 et 281) la trace *bd* du plan, c'est-à-dire la projection de la tangente BD, est tangente à la courbe *abc*.

284. *Remarques.* I. Le théorème comporte une exception : *le plan de projection ne doit pas être perpendiculaire à la tangente donnée.*

En effet, dans le cas particulier où l'on projetterait la courbe ABC et sa tangente BD sur un plan perpendiculaire à BD, la projection de la tangente se réduirait à *un point;* et ne donnerait plus de tangente à la projection *abc*.

II. *Lorsque deux courbes sont tangentes,* il en est de même de leurs projections.

285. Règles pratiques. I. Pour mener le plan tangent en un point d'une *surface réglée développable,* on détermine la génératrice qui passe sur ce point, et l'on mène une tangente à une courbe quelconque de la surface, au point où la génératrice de contact rencontre cette courbe.

Ainsi, pour mener le plan tangent à un cylindre (fig. 252) en un point B, il faut mener la génératrice B*b*, puis une tangente telle que *bd* à une courbe quelconque, mais au point *b*, pris sur la génératrice. Le plan B*bd* est le plan demandé.

II. Pour mener le plan tangent en un point d'une *surface réglée non développable,* on détermine la génératrice qui passe par ce point, et la tangente à une courbe qui passe par ce même point.

Ainsi la tangente auxiliaire doit nécessairement passer par le point donné, car le plan tangent à une *surface gauche* n'est tangent qu'en un seul point de la génératrice rectiligne qu'il contient tout entière (n⁰ 282).

286. Normale. La *normale* à une surface courbe, en un point donné A, est la perpendiculaire menée en ce point au plan tangent à la surface en ce même point A.

Théorème.

287. *Lorsque deux surfaces se coupent, la tangente en un point donné de la courbe d'intersection :*

1º Est l'intersection des plans tangents à chaque surface au point considéré ;

2º Elle est perpendiculaire au plan des normales menées par ce point à chaque surface.

En effet : 1º La courbe d'intersection appartenant à chaque surface, la tangente à cette courbe doit se trouver dans chacun des plans tangents (nº 274) ; donc la tangente est l'intersection des deux plans tangents aux surfaces données au point considéré.

2º Chaque plan tangent est perpendiculaire à la normale correspondante du point de contact ; donc la tangente, qui est l'intersection de ces plans, se trouve perpendiculaire au plan des normales.

Théorème.

288. *Le plan tangent à une surface de révolution est perpendiculaire au plan du méridien du point de contact.*

Soient DE l'axe de révolution et A le point de contact du plan tangent considéré.

Le plan qui passe par le point A et par l'axe DE coupe la surface suivant le méridien DAE.

Le plan mené par le point A perpendiculairement à l'axe détermine le parallèle BAC.

Ces deux plans sont rectangulaires, puisque le second est perpendiculaire à une droite du premier.

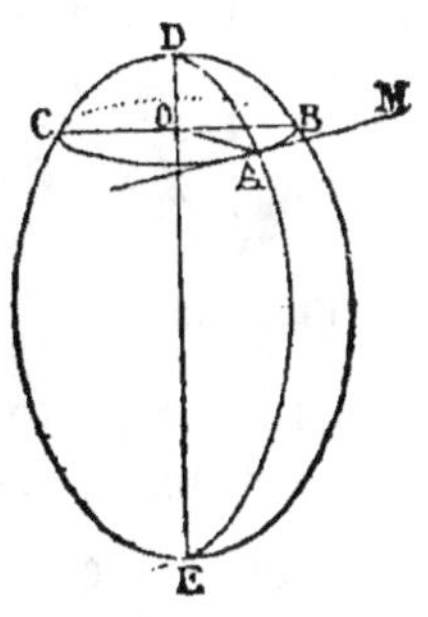

Fig. 253.

Traçons la tangente AM au cercle BAC.

Cette droite, menée dans l'un des plans rectangulaires, perpendiculairement à l'intersection OA, est normale à l'autre plan, c'est-à-dire au plan du méridien.

Donc le plan tangent qui contient cette tangente (nº 274) est lui-même perpendiculaire au plan du méridien.

Théorème.

289. *La normale à une surface de révolution rencontre l'axe de cette surface, ou lui est parallèle.*

Soit A un point quelconque de la surface.

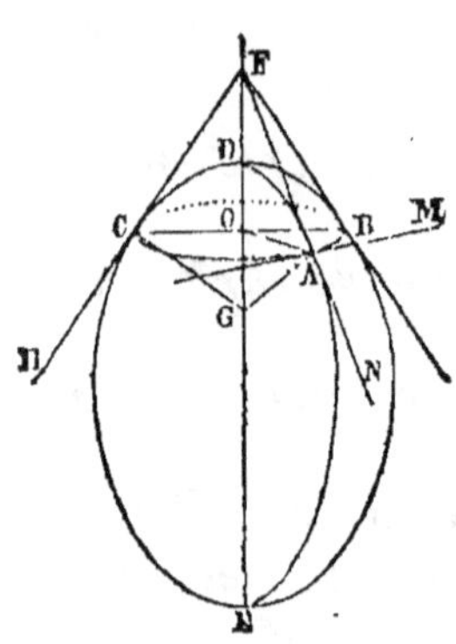

Sa normale AG et le plan DAE de son méridien sont perpendiculaires tous deux au plan tangent. Donc la normale est dans le plan du méridien, et elle rencontre l'axe situé dans ce plan, ou lui est parallèle.

Corollaire. *Les normales relatives à un même parallèle rencontrent toutes l'axe au même point, ou sont toutes parallèles à cet axe.*

Car, tandis que le point A décrit son parallèle BAC, le point G reste fixe sur l'axe, et la droite GA, constamment située dans le plan du méridien générateur, ne cesse pas d'être normale.

Fig. 254.

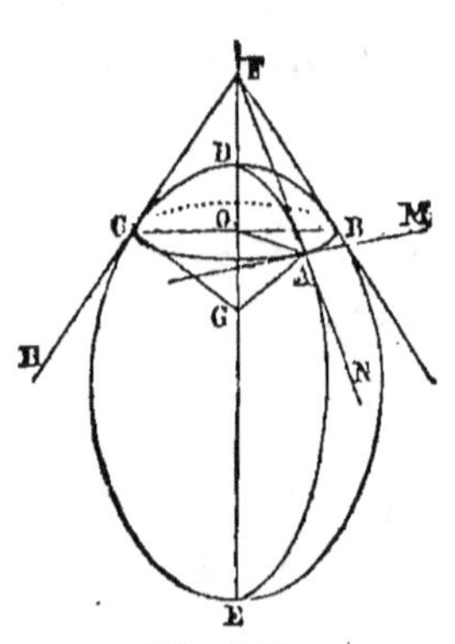

Théorème.

290. *Les tangentes menées aux méridiens par tous les points d'un même parallèle rencontrent l'axe au même point.*

Soit le méridien DAE et sa tangente en A qui rencontre l'axe au point F.

Tandis que le point A décrit son parallèle BAC, le point F reste fixe, et la droite AF ne cesse pas d'être tangente au méridien générateur.

Fig. 255.

291. Corollaire. *Les plans tangents dont les points de contact sont sur un même parallèle coupent tous l'axe au même point.*

En effet, chacun d'eux contient la tangente AF du méridien qui passe par son point de contact. Or toutes ces tangentes coupent l'axe au même point. Donc il en est de même des plans tangents.

Remarque. Pour un *équateur* ou un *collier*, toutes les tangentes au méridien et tous les plans tangents sont parallèles à l'axe.

Théorème.

292. *Les plans tangents dont les points de contact sont sur un même méridien enveloppent un cylindre circonscrit à la surface de révolution.*

Les plans tangents aux divers points d'un même méridien contiennent une tangente, telle que AM, perpendiculaire au plan du méridien; ces divers plans sont perpendiculaires à ce méridien, et les tangentes, telles que AM, sont les génératrices d'un cylindre circonscrit à la surface de révolution suivant le méridien donné.

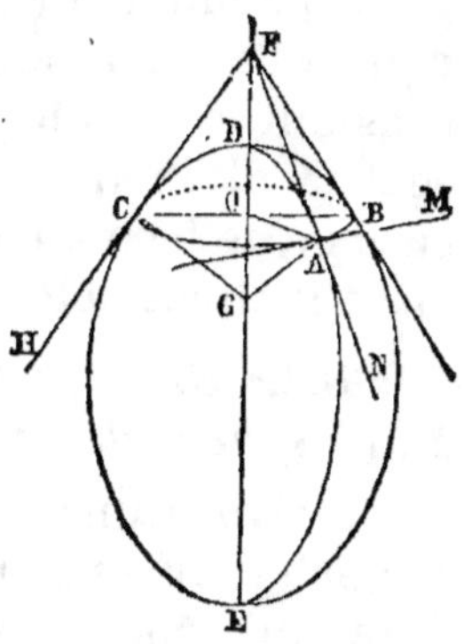

Fig. 256.

293. Scolie générale. Des théorèmes précédents, il résulte que le plan tangent à une surface de révolution, en un point donné A, peut être considéré sous les trois aspects suivants :

1° Le plan tangent est perpendiculaire à la normale AG menée par ce point ;

2° Il est tangent au cône circonscrit à la surface suivant le parallèle CAB, mené par ce point, et dont AF est la génératrice de contact ;

3° Il est en outre tangent au cylindre circonscrit suivant le méridien DAE, et dont AM est la génératrice de contact.

294. *Remarque. Le plan tangent à une sphère est perpendiculaire à l'extrémité du rayon du point de contact.*

Théorème.

295. 1° *Tous les plans tangents à un cône de révolution sont également inclinés sur les plans perpendiculaires à l'axe de ce cône.*

En effet, soit un plan P tangent suivant une génératrice quelconque SC; tout plan perpendiculaire à l'axe SD coupe le plan et le cône suivant une droite MN et une circonférence ACB, qui sont tangentes (n° 278); par suite, MN est perpendiculaire au

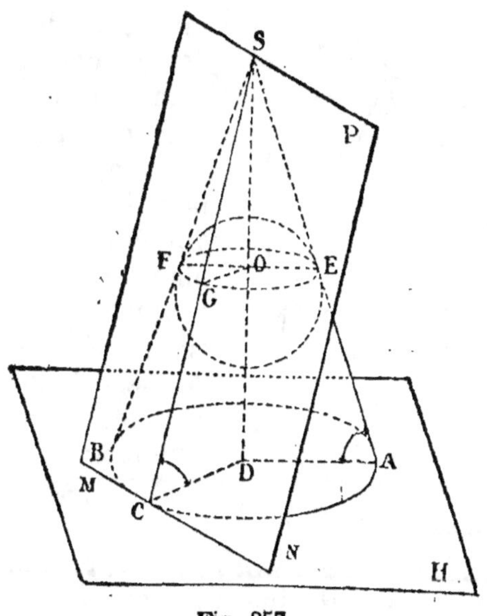

Fig. 257.

rayon CD et à la génératrice CS, en vertu du théorème des trois perpendiculaires (G., n° 372); ainsi l'angle DCS mesure l'inclinaison du plan tangent sur le plan ACB; mais l'angle DCS est constant, car toutes les génératrices d'un cône de révolution sont également inclinées sur l'axe de ce cône, et par suite sur la base de ce même cône; donc tous les plans tangents sont également inclinés, etc.

296. 2° *Un plan tangent à un cône de révolution est tangent à une sphère de rayon quelconque inscrite dans ce cône.*

Inscrivons une sphère quelconque dans le cône; la ligne de contact EGF est un cercle, dont le plan est perpendiculaire à l'axe du cône; par suite, on peut considérer le cône donné comme circonscrit à la sphère, suivant le parallèle EGF; donc (n°⁵ 290 et 293, 2°) le plan dont CS est la génératrice de contact est tangent à la sphère au point G du parallèle EGF.

297. *Remarque.* Pour mener un plan tangent à un cône de révolution, on pourra mener par le sommet S un plan tangent à une sphère inscrite; ou réciproquement, suivant le cas, on pourra substituer à une sphère un cône circonscrit.

§ III. — Contour apparent.

298. Contour apparent dans l'espace. Le *contour apparent* dans l'espace, d'une surface, par rapport à un point donné, est le lieu géométrique des points de contact des plans tangents menés à cette surface par l'œil de l'observateur, supposé placé au point donné.

On appelle *cône circonscrit* à une surface le cône formé en joignant le point donné à chacun des points de contact des plans tangents menés par ce point; le contour apparent peut donc être considéré comme la ligne de contact de la surface donnée et du cône circonscrit, ayant pour sommet le point donné.

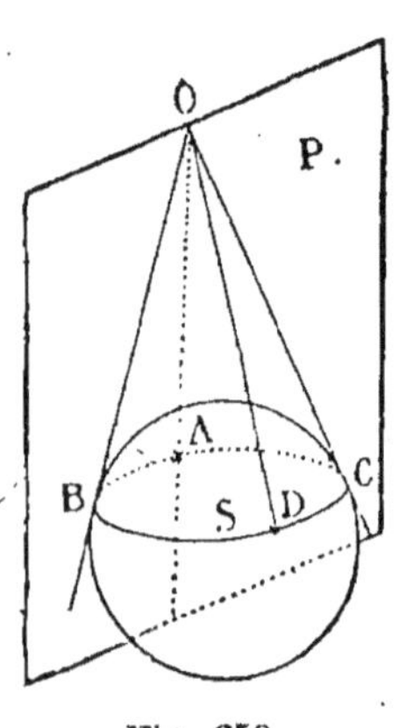

Fig. 258.

Soit une surface quelconque S, un point donné O, et un plan tangent quelconque P, passant par le point O.

Le point de contact A appartient au contour apparent. La courbe ABCD, lieu des points de contact, est le *contour apparent* dans l'espace, par rapport au point O.

En joignant le point O à chaque point de contact A, B, C, D, on obtient le cône circonscrit O, ABCD.

299. *Remarque.* Le contour apparent change avec la position de l'observateur : lorsqu'on suppose que l'œil est infiniment éloigné de la surface, les rayons visuels sont considérés comme parallèles.

Le *contour apparent* dans l'espace, d'une surface, par rapport à une direction donnée, est le lieu géométrique des points de contact des plans tangents menés à cette surface, parallèlement à la direction donnée.

On appelle *cylindre circonscrit* à une surface le cylindre formé par les droites menées par chaque point de contact, parallèlement à la direction donnée YZ; le contour apparent est donc la ligne de contact de la surface et du cylindre circonscrit, parallèle à la droite donnée.

L'observateur étant supposé infiniment éloigné de la surface, soit YZ la direction des rayons visuels parallèles.

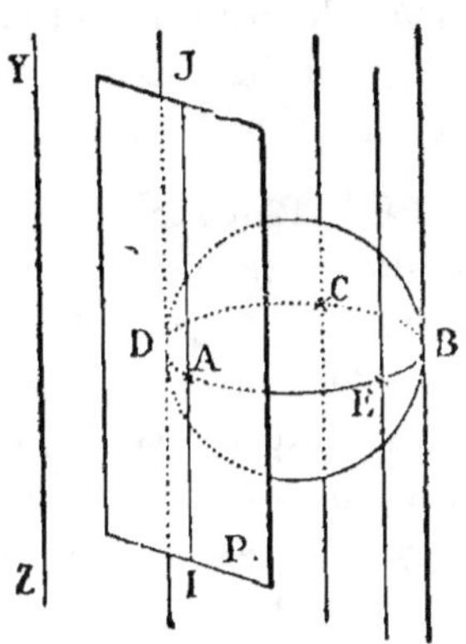

Fig. 259.

Tout plan tangent P parallèle à YZ donne un point A du contour apparent. La courbe ABCD, lieu des points de contact, est la ligne de contour apparent.

En menant par chaque point A, B, ... une parallèle à YZ, on obtient le cylindre circonscrit.

Position de l'observateur. En géométrie descriptive, l'observateur est supposé dans le premier dièdre; au-dessus et infiniment éloigné de l'objet, pour la projection horizontale; en avant et à une distance infinie, pour la projection verticale (nᵒ 88).

Il y a donc lieu de considérer les projections des contours apparents, ou ce qu'on nomme plus simplement le *contour apparent sur le plan horizontal*, et le *contour apparent sur le plan vertical.*

300. Contour apparent en projection. Le *contour apparent sur le plan horizontal* est la projection horizontale du contour apparent déterminé sur la surface, dans l'espace, par les plans tangents verticaux.

On peut dire aussi : la ligne de contour apparent, sur le plan horizontal, est la trace horizontale d'un cylindre vertical circonscrit.

Le *contour apparent sur le plan vertical* est la projection verticale du contour apparent déterminé sur la surface donnée par des plans tangents de bout.

Remarque. Dans la plupart des cas, les *contours apparents*, sur les deux plans de projection, ne sont pas les projections d'une même ligne de l'espace.

Ainsi, pour un ellipsoïde de révolution dont l'axe serait vertical, le contour apparent par rapport au plan H serait l'*équateur* de l'ellipsoïde, tandis que le contour par rapport au plan V serait le méridien principal de la surface donnée.

301. Plan tangent et contour apparent. 1° *Tout plan tangent à un cône circonscrit à une surface donnée est tangent à la surface, en un point du contour apparent relatif au sommet du cône.*

En effet, cette ligne est le lieu des points de contact des plans tangents menés à la surface par le sommet du cône.

2° *De même, tout plan tangent à un cylindre circonscrit à une surface donnée est tangent à la surface, en un point du contour apparent relatif à la direction des génératrices du cylindre.*

3° *Si deux cônes ou deux cylindres, ou bien un cône et un cylindre, sont circonscrits à une surface donnée, le plan déterminé par les génératrices qui passent par un point commun aux deux contours apparents ainsi obtenus est tangent à la surface donnée.*

En effet, ce plan est tangent à chaque surface circonscrite.

Théorème.

302. *Le contour apparent d'une surface sur un plan de projection est tangent à la projection de même nom de toute ligne tracée sur la surface considérée et rencontrant le contour apparent dans l'espace.*

Soient AB la ligne qui rencontre en D le contour apparent MN; DE, DF les tangentes à ces courbes (fig. 260).

Le plan tangent EDF est perpendiculaire au plan P; donc les tangentes DE et DF qui y sont contenues se projettent sur la trace *df* de ce plan.

Les projections *mn* et *ab* sont tangentes à cette droite en un même point *d*; donc ces projections sont tangentes entre elles.

Remarque. Il y a exception lorsque la tangente DE à la courbe ABD est perpendiculaire au plan P.

Définition. On nomme *enveloppe* d'une série de courbes telles que *adb*, ou de droites telles que *edg*, une courbe *mdn* qui est tangente à toutes les lignes considérées.

On peut donc énoncer comme il suit le théorème précédent :

Le contour apparent d'une surface, sur un plan de projection, est l'enveloppe des projections de même nom des lignes tracées sur la surface considérée.

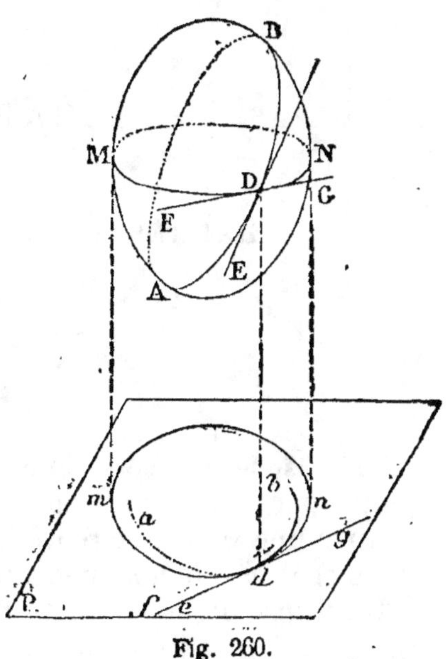

Fig. 260.

Remarque. Il faut que les lignes tracées sur la surface donnée rencontrent le contour apparent MDN; sans quoi leurs projections, toujours situées à l'intérieur du contour apparent, ne seraient plus tangentes à l'enveloppe.

CHAPITRE II

REPRÉSENTATION DES SURFACES

303. Mode de représentation. Une surface peut être représentée par son contour apparent sur chaque plan de projection.

Ainsi une *sphère* se représente par deux cercles égaux, ayant leurs centres sur une même ligne de rappel.

Un ellipsoïde, à axe vertical, est représenté en projection verticale par une ellipse dont un des axes est perpendiculaire à la ligne de terre, et en projection horizontale par un cercle égal à l'équateur de l'ellipsoïde.

Malgré l'utilité de ce mode de représentation, il est bien des problèmes sur les surfaces qu'on peut résoudre sans connaître les contours apparents. Il suffit que la surface soit déterminée par des données suffisantes. *Exemples* (n°s 320, 327, 330, 351).

Plusieurs autres problèmes pourraient aussi être traités sans tracer les contours apparents (n°s 306, 311, 322, 324, 328, 333).

§ I. — Cylindre.

Problème.

304. *Déterminer le contour apparent d'un cylindre dont on connaît la trace horizontale et une génératrice.*

Soient *ace*, (*cm*, *c'm'*) la trace horizontale et la génératrice données.

En projection horizontale, toutes les génératrices sont parallèles à *cm ;* donc les génératrices extrêmes sont tangentes à la trace du cylindre; ainsi *bgf* est la ligne de contour apparent sur le plan H.

Sur le plan V, les génératrices se projettent parallèlement à $c'm'$. Les lignes extrêmes sont données par les projetantes gg', hh' tangentes à la trace *ace*; elles passent par g' et h', et sont parallèles à $c'm'$.

305. *Remarques.* I. Les lignes extrêmes $g'i'$, $h'j'$, en projection verticale, ne sont pas les projections verticales des lignes de contour apparent *ab*, *ef* relatives au plan H.

II. La partie *a-c-h-e* est invisible en projection horizontale.

III. Il arrive fréquemment que les cylindres ne sont pas limités, il suffit de connaître une directrice et une génératrice pour pouvoir résoudre les problèmes relatifs à leurs plans tangents et à leurs sections.

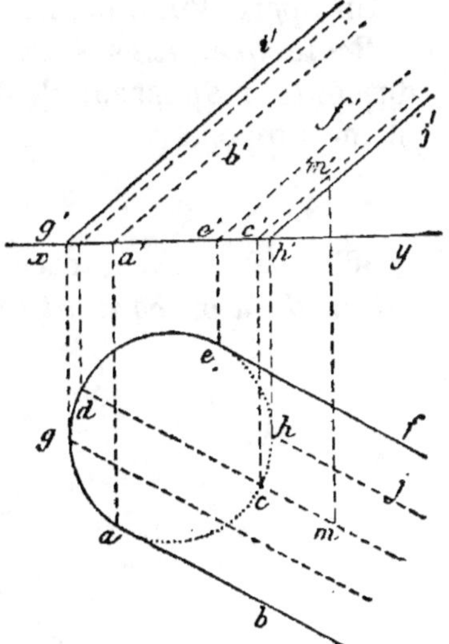

Fig. 261.

Problème.

306. *Un cylindre étant donné par sa trace horizontale et les projections d'une génératrice, trouver une des projections d'un point de la surface, connaissant l'autre projection de ce point.*

Il faut déterminer la génératrice qui passe par le point dont on connaît une projection, la ligne de rappel menée par cette projection connue détermine la projection demandée.

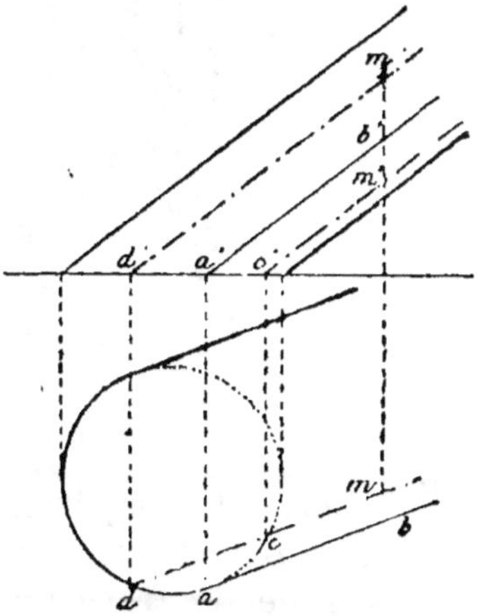

1° Soient (ab, $a'b'$) et m la génératrice et la projection horizontale données; menons mcd parallèle à ab; puis par c' une parallèle à $a'b'$, enfin, une ligne de rappel qui détermine m', et par suite M sur la génératrice CM.

Fig. 262.

Il y a généralement une seconde solution (m, m'_1) sur la génératrice $(dm, d'm'_1)$ contenue dans le même plan vertical.

On opère d'une manière analogue lorsqu'on donne m'.

Remarque. Ainsi qu'on l'a indiqué (n° 303), la connaissance du contour apparent n'est d'aucune utilité pour résoudre le problème proposé.

Problème.

307. *Déterminer le contour apparent d'un cylindre de révolution dont on connaît l'axe et le rayon.*

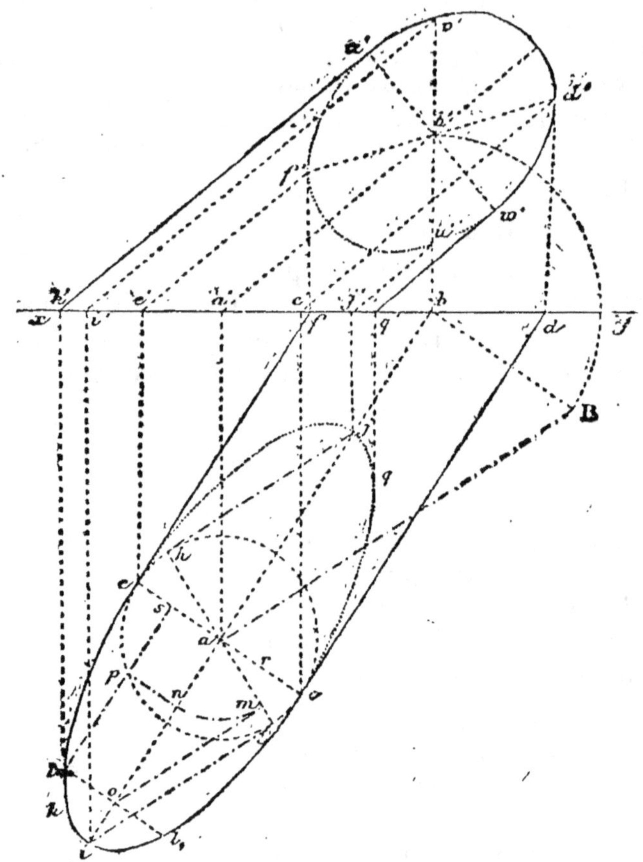

Fig. 263.

Soient $(ab, a'b')$ l'axe et r le rayon.

Pour avoir le contour apparent sur le plan horizontal, il faut déterminer la trace horizontale du cylindre, et mener à cette trace des tangentes parallèles à la projection horizontale de l'axe.

La trace est une ellipse (G., n° 842) dont le grand axe est sur *ab*; le petit axe, perpendiculaire au grand axe, est égal à 2*r*. Les extrémités du grand axe sont les traces horizontales des génératrices situées sur le plan vertical projetant l'axe du cylindre.

Pour les obtenir, on rabat ce plan sur le plan H.

L'axe du cylindre vient en *a*B, et les génératrices se rabattent suivant les droites *gi*, *hj*, parallèles à *a*B et situées de part et d'autre à une distance *r*.

Les traces *i*, *j* de ces génératrices limitent l'axe cherché.

On obtient ainsi les axes *ce*, *ij*, qui permettent de tracer l'ellipse.

Le contour apparent, sur le plan horizontal (n° 300), se compose de la demi-ellipse *cie* et des projections horizontales *cd*, *ef* des génératrices extrêmes.

308. *Remarques.* I. On procède d'une manière analogue pour déterminer le contour apparent sur le plan vertical. Les projetantes menées par les points *d*, *f* sont tangentes à la trace verticale du cylindre; car *d*, *f* sont les projections horizontales des deux points de cette trace, qui sont le plus à droite et le plus à gauche.

Une remarque analogue peut être faite pour les points *k'* et *q'*, où les génératrices extrêmes, en projection verticale, rencontrent *xy*; les projetantes sont tangentes à l'ellipse *ciej*.

II. On peut déterminer directement quelques points de l'ellipse *ciej*, autres que les sommets de la courbe.

Soit à déterminer le point où la génératrice projetée suivant *spl* rencontre le plan H.

Le plan vertical de cette génératrice coupe le cercle de section droite en un point dont la distance horizontale à l'axe est indiquée par *as*. Mais à la distance *as* ou *pn* correspond une élévation *an* au-dessus de l'axe. Or, en rabattant le plan projetant *ab*, on obtient *a*B pour rabattement de l'axe, la perpendiculaire *gah* représente le cercle de section droite; donc l'élévation *sp* ou *an* devient *am*.

La génératrice, projetée d'abord dans la direction *sp*, est actuellement projetée suivant une droite *mo* parallèle au rabattement *gi* de la génératrice extrême; donc *ap* est la distance du point cherché à l'axe *ce* de la trace horizontale *ciej*.

Ainsi le point demandé *l* s'obtiendra en menant *ol* parallèle à *ce*.

§ II. — Cône.

Problème.

309. *Déterminer le contour apparent d'un cône dont on connaît la trace horizontale et le sommet.*

Soient *abcd* et (*s*, *s'*) la trace horizontale et le sommet donnés. En projection horizontale, les génératrices **extrêmes** sont les tangentes *sa*, *sc*.

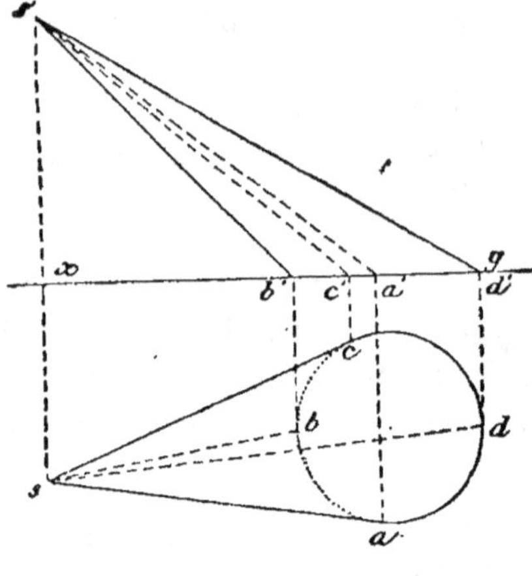

Fig. 264.

Pour avoir une génératrice quelconque, il faut joindre le sommet (*s*, *s'*) à un point quelconque de la trace horizontale; donc les projetantes *bb'*, *dd'* tangentes à la trace horizontale feront connaître les génératrices *b's'*, *d's'* de contour apparent sur le plan V.

310. Remarque. La partie *abc* est invisible en projection horizontale. Les droites *sa*, *sc* de contour apparent en projection horizontale, et les droites *s'b'*, *s'd'* de contour apparent en projection verticale, ne correspondent pas aux mêmes génératrices.

Problème.

311. *Un cône étant donné, déterminer une des projections d'un point de sa surface, connaissant l'autre projection de ce point.*

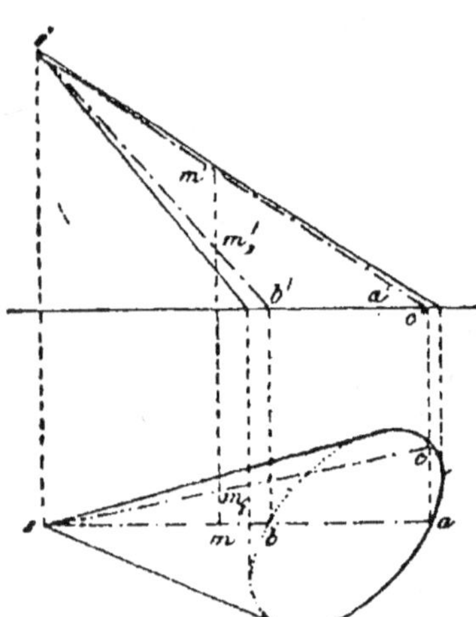

Fig. 265.

Il faut déterminer la génératrice qui passe par le point dont on connaît une projection, puis, une ligne de rappel détermine l'autre projection.

Supposons que le cône soit donné par sa trace horizontale *abc* et son sommet (*s*, *s'*).

1° Soit *m* la projection horizontale donnée.

Il faut trouver *m'*. Menons *smba*; cette projection correspond aux deux génératrices (*as*, *a's'*) et (*bs*, *b's'*); par suite, les points (*m*, *m'*) et (*m*, *m'₁*) répondent à la question.

2° Si *m'* est donné, on mène *s'm'a'*, puis *a'a* et *as*, afin de déterminer *m*. Généralement il y a deux génératrices (*as*, *a's'*) (*cs*, *c's'*), qui ont même projection verticale, et l'on a *m* et *m₁* pour réponses.

Problème.

312. *Déterminer une des pro-jections d'un point d'une surface conique, connaissant l'autre pro-jection de ce point et les deux projections d'une directrice quel-conque.*

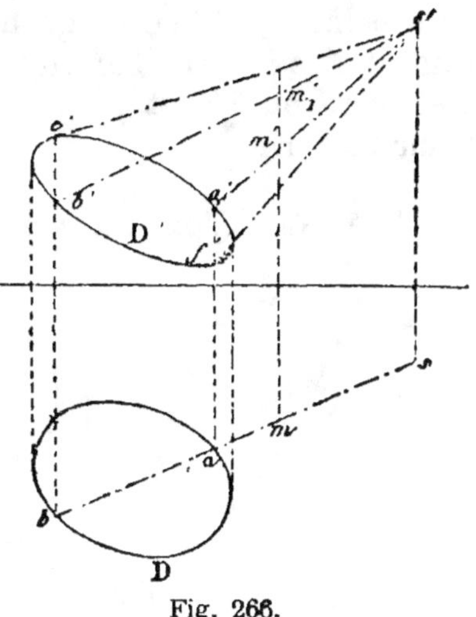

Soient données la projection *m* et la directrice (D, D'). On opère comme précédemment ; mais quand la directrice est une courbe fer-mée, il faut connaître les parties qui se correspondent sur les deux plans de projection, sans cela on trouverait quatre points ; car à la ligne *sm* on pourrait attribuer comme projection verticale *s'a'*, *s'b'*, *s'f'*, *s'e'* ; mais, par exemple, si les parties antérieures sont les projections du même arc, il n'y a que les deux solutions données par *s'a'* et *s'b'*.

Fig. 266.

Problème.

313. *Déterminer le contour apparent d'un cône de révolu-tion, connaissant les projections de l'axe et l'angle que cet axe forme avec les génératrices.*

La trace sur chaque plan est une section conique. (G., nº 843.)

Soit un cône de sommet S, coupé par un plan qui donne la section elliptique CIBJ.

Le plan mené par l'axe SE, perpendi-culairement au plan sécant, donne le grand axe BDC de l'ellipse (G., nº 844). Il faut déterminer le petit axe IJ.

Ce petit axe devant être perpendicu-laire au milieu de BC, menons par le point D, milieu de BC, un plan perpen-diculaire à l'axe ; ce plan coupe le cône suivant un cercle ; or ce plan, et celui de la section BC, sont perpendiculaires

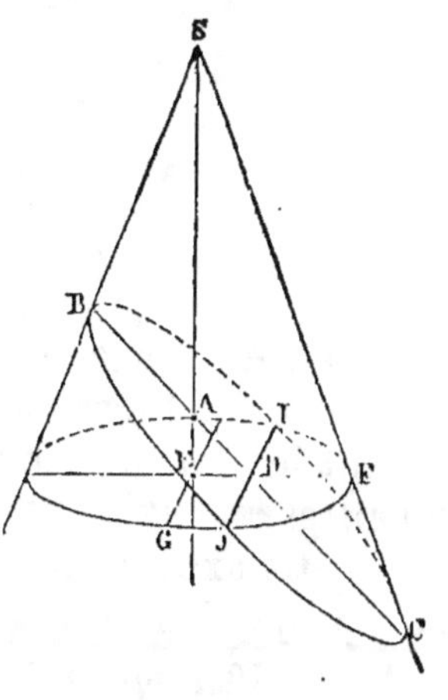

Fig. 267.

au plan BSC mené par l'axe; donc leur intersection IDJ est perpendiculaire à BC; et cette ligne IJ, corde du cercle EF, est le petit axe cherché.

On est donc conduit à la construction suivante (fig. 267):

Du point D, milieu du grand axe BC, il faut abaisser la perpendiculaire DE sur l'axe du cône, décrire le cercle de centre E et de rayon EF, et mener par le point D la corde IDJ perpendiculaire à EF.

314. 1ᵉʳ Cas. *L'axe du cône est parallèle au plan vertical.*

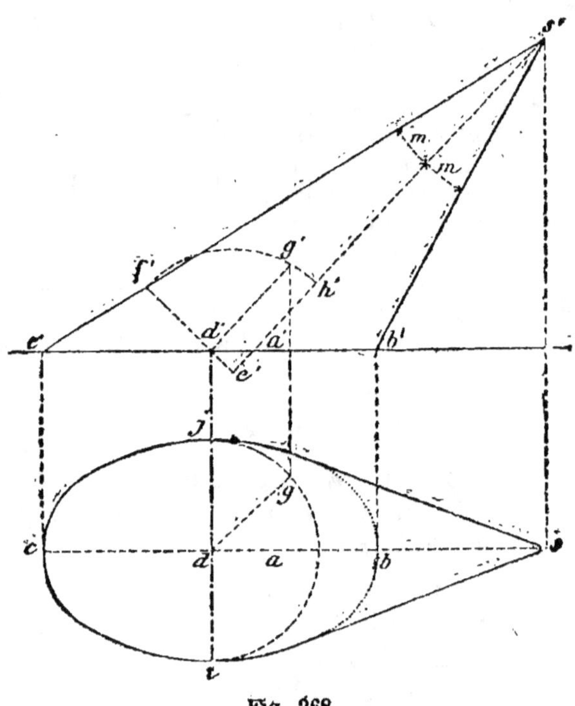

Fig. 268.

Soient (*as, a's'*) et *m* l'axe et l'angle donnés.

En faisant les angles *a's'b'* et *a's'c'* égaux à l'angle *m*, on obtient les génératrices de contour apparent; ces lignes coupent le plan horizontal en *b* et *c*, donc *bc* est le grand axe de l'ellipse.

Le petit axe, perpendiculaire au point *d*, milieu de *bc*, a *d'* pour projection verticale. Pour avoir sa longueur, coupons le cône par un plan mené par *d'* perpendiculairement à l'axe; la trace verticale *e'f'* de ce plan, détermine le rayon de la section circulaire de centre *e'*, que l'on rabat en *f'g'h'*, et dont la demi-

corde $d'g'$, perpendiculaire à $e'f'$, est la moitié du petit axe
cherché.

On porte ensuite cette longueur, ou dg, de part et d'autre du
point d, sur une perpendiculaire à bc; et idj est le petit axe
demandé.

Le contour apparent, sur le plan horizontal, se compose
d'une partie de la trace elliptique et des tangentes issues de s.

315. 2ᵉ Cas. *L'axe du cône est quelconque.*

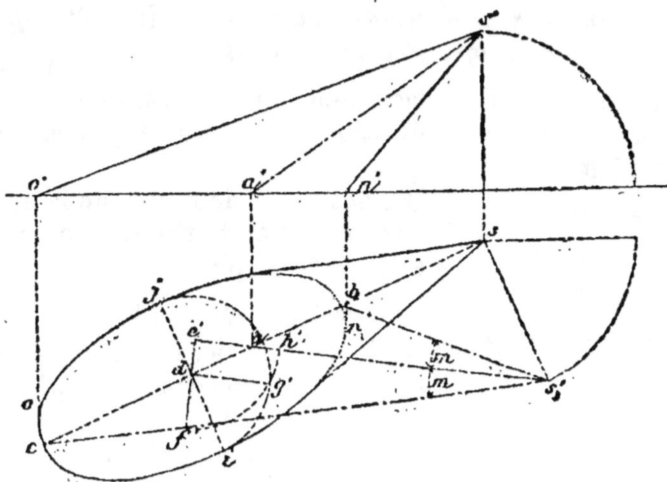

Fig. 269.

Rabattons l'axe sur le plan horizontal, afin de déterminer les
axes de la section; soit as'_1 l'axe rabattu; formons l'angle donné
m; les génératrices s'_1b, s'_1c font connaître le grand axe bc. Le
petit axe est sur la perpendiculaire élevée au point d, milieu
de bc. Par ce point d, il faut abaisser une perpendiculaire de'
sur l'axe du cône rabattu; $e'f'$ est le rayon de la section circulaire dont le petit axe est une corde; du centre e', avec le rayon
$e'f'$, décrivons l'arc $f'h'$; menons la parallèle dg'. Cette ligne
est la longueur du demi petit axe; on porte cette longueur de
part et d'autre du point d sur une perpendiculaire à bc, et idj
est le petit axe demandé.

§ III. — Surfaces de révolution.

316. Une surface de révolution, à axe vertical, est généralement représentée par le méridien principal, et par l'équateur ou
le cercle de gorge, s'il y a lieu (n° 272).

Dans la plupart des cas, on suppose que l'axe de révolution est vertical ; par suite, tous les parallèles se projettent suivant des cercles sur le plan horizontal, et suivant des droites sur le plan vertical.

Problème.

317. *Une sphère étant donnée par son centre et son rayon, déterminer une des projections d'un point de cette sphère, connaissant l'autre projection de ce point.*

Il faut mener, sur la surface, une ligne qui passe par le point dont on connaît une des projections ; une ligne de rappel terminera le problème.

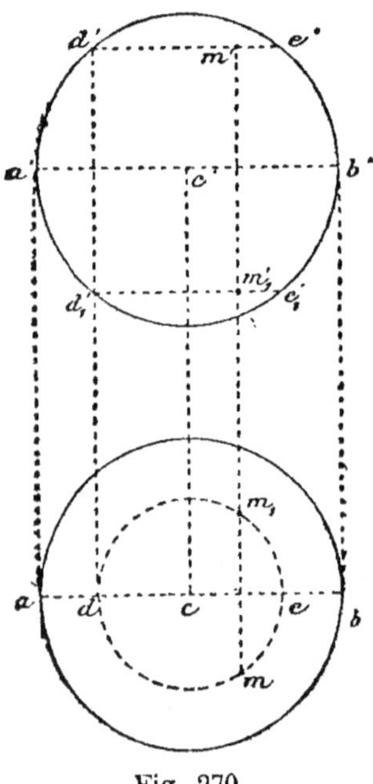

Fig. 270.

Soient (c, c') le centre de la sphère, m la projection horizontale d'un point de la surface sphérique.

1er Moyen. *Emploi d'un parallèle.* Considérons le petit cercle que détermine le plan horizontal mené par le point donné.

De c et c' comme centres, avec le rayon donné, décrivons les circonférences, contours apparents de la sphère.

Le plan horizontal du point M coupe la sphère suivant un cercle de rayon cm, qui se projette sur le plan H en vraie grandeur et sur le plan vertical, suivant une droite parallèle à xy, égale au diamètre de la section ; on obtient cette projection verticale $d'e'$ en menant des projectantes dd', ee' tangentes à la projection horizontale dme.

La ligne de rappel menée par m détermine m'.

Remarques. I. Il y a généralement deux solutions, car on peut prendre $d'_1 e'_1$ comme projection verticale du cercle de.

Ainsi les points (m, m') et (m, m'_1) répondent à la question.

Le premier est sur l'hémisphère supérieur, et le second sur l'hémisphère inférieur.

II. Si l'on donne m', on mène le parallèle $d'm'e'$, dme (nᵒ 316), et à la projection donnée m' répondent les projections horizontales m et m_1.

III. Toute projection située sur le contour apparent vertical a sa projection sur la droite ab, et réciproquement ; remarque analogue pour les points du contour apparent horizontal.

IV. On peut éviter de tracer le parallèle dme, et obtenir ainsi une solution qui s'applique même à l'ellipsoïde à trois axes inégaux. On peut procéder comme il suit :

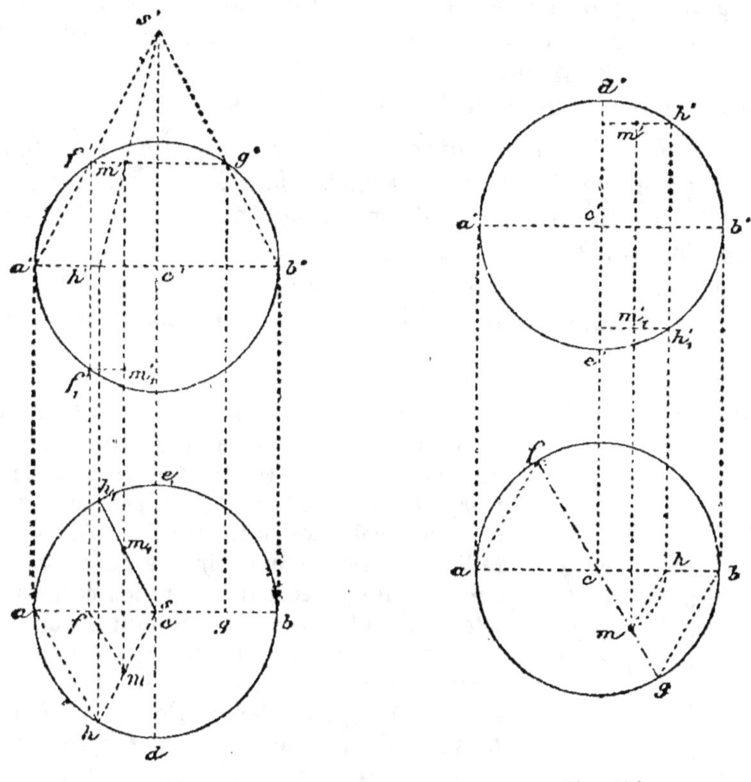

Fig. 271. Fig. 272.

318. 2ᵉ Moyen. *Emploi d'un cône auxiliaire* (fig. 271).

Soit donné m', menons le parallèle $f'g'$; mais au lieu de décrire le cercle de diamètre fg, concentrique à l'équateur $adbe$, menons $a'f's'$ et $b'g's'$, considérons le cône de sommet (s, s') ayant pour base $(abde, a'b')$, et pour section le parallèle $(fg, f'g')$. Le point demandé appartient à la surface de ce cône.

En menant la génératrice $s'm'h'$, nous aurons sh pour projection horizontale de cette même droite, et une ligne de rappel donne m, pour projection horizontale demandée (n° 311).

Le point (m_1, m') répond aussi à la question.

Remarque. Si m était donné, on pourrait mener cmh, puis les parallèles ha, mf, enfin $a'f's'$ et $s'h'$, qui déterminent m'.

La génératrice $a'f'_1$ ferait connaître un second point (m, m'_1).

319. 3ᵉ Moyen. *Emploi d'un méridien.*

Soit m la projection horizontale donnée (fig. 272).

Le point appartient au méridien vertical cmg. En rabattant ce méridien sur le méridien principal, m vient en h, ce qui fait connaître h', et par suite m'.

On a une deuxième solution m'_1.

Remarque. On peut éviter de tracer l'arc mh; il suffit de joindre gb et de mener une parallèle mh. Avec cette modification et la considération des figures homothétiques, ce troisième moyen s'applique même à l'ellipsoïde scalène.

D'ailleurs on peut présenter cette solution sous un tout autre point de vue, ainsi qu'on va le faire en donnant un quatrième moyen.

320. 4° Moyen. *Emploi d'un cylindre auxiliaire.* On peut recourir à un cylindre auxiliaire; dans ce cas, par la projection donnée m', on mène le diamètre $f'm'g'$ d'un grand cercle perpendiculaire au plan vertical. Les droites $a'f'$ et $b'g'$ sont parallèles; donc, pour avoir une génératrice du cylindre qui passe par les grands cercles projetés suivant $a'b'$ et $f'g'$, il faut mener $m'h'$ parallèle à $f'a'$ et hm parallèle à ab.

On peut justifier cette construction comme il suit : le grand cercle $f'g'$ se projetterait horizontalement suivant une ellipse dont de serait le grand axe, cf le demi petit axe et $adbe$ le cercle principal; donc les points projetés verticalement en h' et m' sont équidistants du méridien de front de la sphère, et h détermine m.

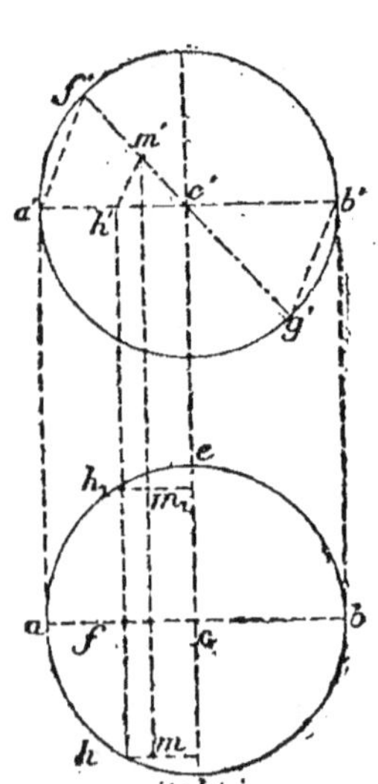

Fig. 273.

Remarque. I. Si l'on donnait m, il faudrait procéder d'une manière analogue.

II. Le premier moyen et le troisième ne peuvent être employés que pour les surfaces de révolution, tandis que *le second et le quatrième s'appliquent à toutes les surfaces du second degré.*

Problème.

321. *Déterminer une des projections d'un point d'une surface de révolution, connaissant l'autre projection de ce point, la surface étant donnée par les projections de son équateur et de son méridien principal.*

1ᵉʳ Moyen. *Emploi d'une section circulaire.* Il faut déterminer les projections du parallèle qui passe par le point dont on connaît une des projections.

1° Soit *a* la projection horizontale donnée (fig. 274) ; décrivons le

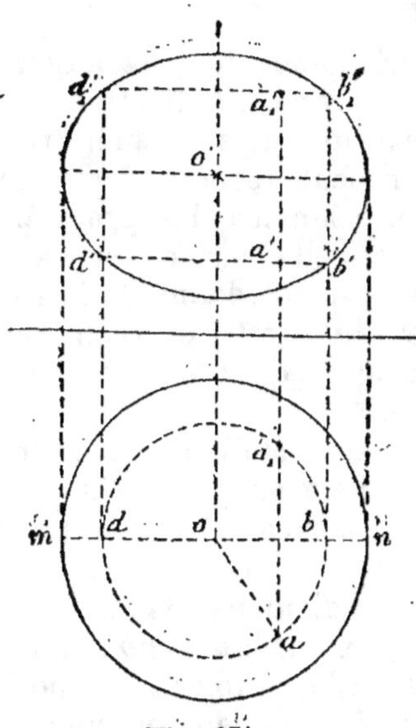

Fig. 274.

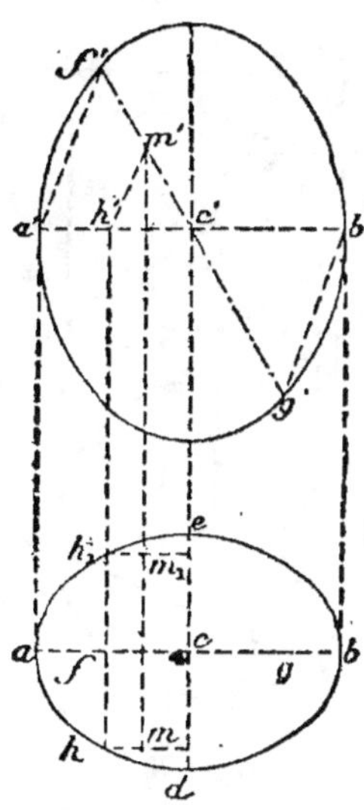

Fig. 275.

parallèle *ad*; sa projection verticale est une droite *b'd'* parallèle à *xy*; elle fait connaître *a'*.

Lorsque le point n'est pas sur l'équateur, il y a deux solutions (*a*, *a'*) et (*a*, *a'₁*).

2° Soit *a'* la projection verticale donnée (fig. 274); menons le parallèle *b'd'* et sa projection horizontale *bad*. On obtient généralement deux points *a* et *a₁*, qui correspondent à la projection verticale donnée *a'*.

Toute projection *b'* située sur le méridien principal correspond à une projection *b* placée sur *mn*[*].

2ᵉ Moyen. *Emploi d'un cylindre auxiliaire* (fig. 275). On mène le plan diamétral *f'm'c'g'*, puis *m'h'* et *hm* sont les projections d'une génératrice du cylindre. La construction pourrait se justifier par la considération de deux ellipses ayant *de* pour axe commun et pour second axes *ab* et *fg*.

---

[*] La surface représentée est un *ellipsoïde aplati*, c'est-à-dire un ellipsoïde obtenu par la rotation d'une ellipse *b'd'd'₁b'₁* autour de son petit axe. (G., n° 857.)

Remarques. I. Si l'on donnait *m*, on procéderait d'une manière analogue.

II. La construction est si simple et s'applique si facilement à toutes les surface du second degré, que nous l'avons appliquée à un ellipsoïde à trois axes inégaux (fig. 275) aussi bien qu'à la sphère (fig. 273).

Problème.

322. *Un hyperboloïde de révolution à une nappe étant donné par son axe et par les projections d'une génératrice, trouver la projection verticale d'un point de la surface, connaissant l'autre projection de ce point.*

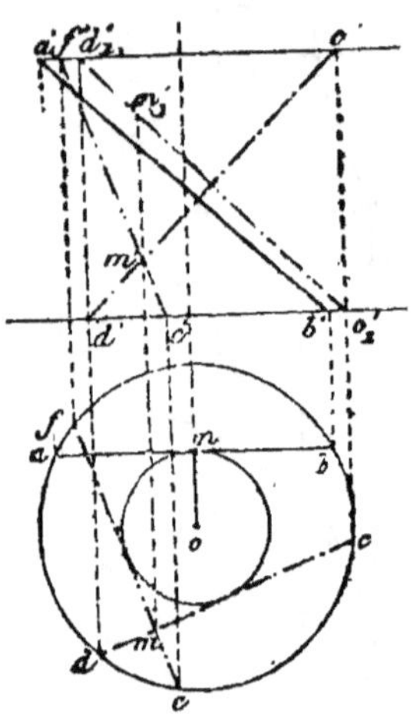

Fig. 276.

L'hyperboloïde de révolution à une nappe se représente ordinairement par son axe et par une de ses génératrices rectilignes; on peut tracer le cercle de gorge.

On doit connaître les propriétés principales de cette surface et se rappeler que, par un point donné de la surface, il passe deux génératrices rectilignes, mais appartenant à deux systèmes différents. (G., n° 869*.)

Soient (ab, $a'b'$) la génératrice supposée parallèle au plan vertical, et m la projection horizontale d'un point de la surface.

La perpendiculaire on est le rayon du collier; prenons $na = nb$, afin que les extrémités des projections horizontales des génératrices limitées que l'on considère soient sur une même circonférence : alors (a, a') et (b, b') décrivent des parallèles égaux. L'épure suppose que le parallèle du point b est dans le plan horizontal.

Par m, menons une tangente cd au collier; elle a $c'd'$ pour projection verticale, et l'on trouve m' pour réponse.

Si l'on prenait $c'_1 d'_1$ pour projection verticale de cd, on aurait m'_1.

Remarques. I. Par le point (m, m') on peut mener une génératrice (ef, $e'f'$) du second système; à cause de la symétrie de position des lignes DC et FE, par rapport à l'axe, on reconnaît immédiatement que ces génératrices engendrent la même surface.

II. Le contour apparent de l'hyperboloïde sur le plan vertical serait une hyperbole ayant pour asymptotes la projection verticale $a'b'$ de la génératrice AB, et celle de la génératrice de l'autre système qui aurait même projection horizontale ab.

L'axe transverse de l'hyperbole égale le diamètre du cercle de gorge, et il est équidistant de $c'd'_1$ et de $d'c'_1$.

---

* Les principales propriétés de l'hyperboloïde de révolution à une nappe sont démontrées dans les *Éléments de Géométrie*, F.-J., 6° édition, n°° 869, 871.

Problème.

323. *Circonscrire une sphère à un tétraèdre donné.*

On sait que les six plans perpendiculaires aux milieux des arêtes d'un tétraèdre se coupent au même point, et que ce point est équidistant des quatre sommets; il faut donc mener des plans perpendiculaires au milieu des droites qui joindraient trois sommets au quatrième.

Ordinairement, pour simplifier l'épure, on prend trois sommets A, B', C sur un même plan horizontal, et le quatrième D, sur le plan de front de l'un des trois premiers.

La trace horizontale du plan perpendiculaire au milieu d'une horizontale (ab, $a'b'$) est perpendiculaire au milieu de ab; donc il faut déterminer le centre o du cercle circonscrit au triangle abc, élever par ce point une perpendiculaire au plan horizontal; l'arête ad, $a'd'$ étant parallèle au plan vertical, il suffit de mener une perpendiculaire $g'o'$ au milieu de $a'd'$ pour avoir la trace verticale du plan perpendiculaire à AD; donc (o, o') est le point équidistant des quatre points donnés; c'est

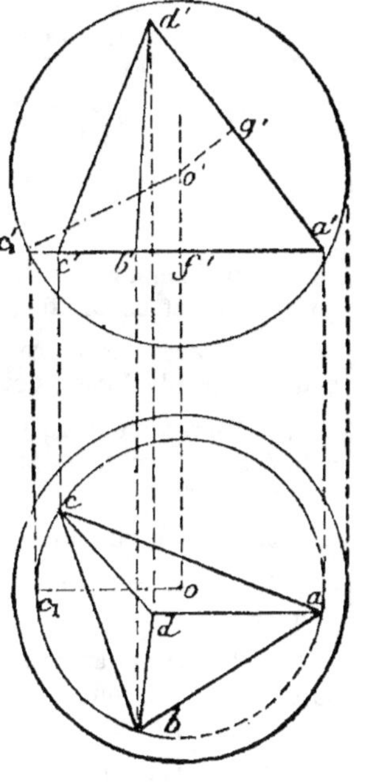

Fig. 277.

le centre de la sphère. Pour avoir la vraie longueur du rayon, amenons c en c_1 : on obtient ainsi $o'c'_1$.

Remarque. Le problème relatif à l'inscription d'une sphère à un tétraèdre est donné ci-après au chapitre des *Plans tangents* (nº 349).

EXERCICES

Cylindre et cône.

372. Déterminer les traces d'un cylindre de révolution, de rayon donné, dont l'axe est de profil et rencontre le plan vertical sous un angle donné.

373. Déterminer le contour apparent, sur chaque plan de projection, d'un cylindre de révolution dont on ne connaît que la trace horizontale.

374. Un segment rectiligne dont on connaît les projections est l'axe d'un cylindre de révolution terminé par des cercles de rayon r, tracer les projections de ce cylindre.

375. Circonscrire un cylindre de révolution à un parallélépipède rectangle.

376. Circonscrire un cylindre à bases circulaires, à un prisme triangulaire donné.

377. Dans une sphère donnée, on inscrit un cylindre dont la hauteur égale le diamètre et dont l'axe a une direction donnée; tracer le contour apparent du cylindre, en admettant que la sphère est transparente.

378. Déterminer le contour apparent d'une surface conique donnée, que l'on transporte parallèlement à elle-même, de manière que le sommet soit en un point donné.

1° La trace horizontale du cône est un cercle.

2° La trace horizontale est une courbe quelconque.

379. Déterminer le contour apparent d'un cône de révolution limité, connaissant les projections de la hauteur et le rayon de la base.

380. Déterminer les génératrices de contour apparent d'un cône de révolution, sans recourir aux traces du cône; on connaît les projections de l'axe et l'angle que font les génératrices avec cet axe.

381. Déterminer les traces d'un cône à deux nappes, dont l'axe, également incliné sur chaque plan de projection, est de profil; enfin, le sommet du cône appartient au plan bissecteur du premier dièdre.

382. A un tétraèdre donné, circonscrire un cône à base circulaire.

383. Quel est le contour apparent d'un cône de révolution limité, qui repose sur le plan horizontal par une de ses génératrices? on connaît la génératrice de contact avec le plan horizontal et l'angle que l'axe forme avec les génératrices.

384. Quel est le contour apparent d'un cône de révolution limité par un plan perpendiculaire à l'axe? le cône est tangent aux deux plans de projection; on connaît la génératrice de contact sur un des plans de projection.

385. Dans une sphère donnée, inscrire un cône équilatéral, dont la direction de l'axe est donnée.

Pour l'épure, on admettra que la sphère est transparente et le cône opaque.

386. Déterminer le contour apparent d'un tronc de cône, inscriptible dans un hémisphère donné, sachant que le diamètre de la base supérieure est égal au rayon de la base inférieure.

Dans la représentation, on suppose que l'hémisphère est transparent et que le tronc de cône est opaque.

Surfaces de révolution.

387. Une courbe quelconque est donnée par ses projections, on la fait tourner autour d'un axe vertical :

1° On donne la projection horizontale d'un point de la surface engendrée par la rotation de la courbe, et l'on demande la projection verticale du même point.

2° Déterminer le contour apparent de la surface de révolution engendrée par cette courbe dans sa rotation autour de l'axe donné.

388. Déterminer une des projections d'un point d'une sphère, connaissant l'autre projection de ce point.

389. Déterminer une des projections d'un point d'un ellipsoïde à trois axes inégaux, connaissant l'autre projection de ce point.

390. L'axe d'une surface de révolution dont on connaît le méridien de front est parallèle au plan vertical, sans être perpendiculaire au plan horizontal ; déterminer la projection horizontale d'un point de la surface, connaissant la projection verticale de ce point.

391. Déterminer le contour apparent de la surface engendrée par une circonférence en tournant autour d'un axe parallèle au plan de cette courbe, et tel que le plan mené par cet axe et le centre de la circonférence soit perpendiculaire au cercle.

392. Déterminer le contour apparent de la surface engendrée par une ellipse tournant autour d'un axe parallèle au grand axe de la courbe ; le plan déterminé par l'axe de rotation et l'axe de l'ellipse est perpendiculaire au plan de la courbe donnée.

Hyperboloïde à une nappe.

T. Une droite qui tourne autour d'une autre droite, non située dans un même plan avec la première, engendre un hyperboloïde de révolution à une nappe. (*Voir G., n° 869.*)

393. Déterminer le contour apparent d'un hyperboloïde de révolution à axe vertical, connaissant les projections $(a, a'b')$ de l'axe et celles d'une génératrice $(cd, c'd')$.

394. Mener une génératrice d'un hyperboloïde de révolution, et déterminer le point où elle rencontre le méridien principal et celui où elle rencontre le collier.

1° La projection horizontale de la génératrice doit passer par un point donné ;

2° La projection horizontale doit être parallèle à une droite donnée.

395. Représenter un hyperboloïde de révolution par les projections d'une série de génératrices.

396. Déterminer une génératrice d'un hyperboloïde de révolution, de manière que la projection verticale de cette droite soit parallèle à une droite donnée.

397. Étant donnée une des projections d'un point d'un hyperboloïde de révolution, déterminer l'autre projection de ce point.

398. Étant donnée la projection horizontale d'un point d'un hyperboloïde à trois axes inégaux, déterminer la projection verticale de ce même point.

Surfaces diverses.

399. Déterminer le contour apparent d'un hyperboloïde à deux nappes, dont les sections principales sont respectivement parallèles aux plans de projection.

400. Étant donnée la parabole méridienne d'un paraboloïde de révolution, déterminer le contour apparent de la surface :
1° L'axe de la parabole est perpendiculaire à xy.
2° L'axe est parallèle à xy.

401. Déterminer le contour apparent de la surface de révolution qu'engendre une conique en tournant autour d'un axe, qui se projette sur le plan de cette conique, suivant un des axes de la courbe donnée.

402. Déterminer le contour apparent d'un tore circulaire, sur un plan oblique à l'axe du tore.

403. Déterminer le contour apparent de la surface de révolution qu'engendre un cercle oblique par rapport au plan horizontal, en tournant autour de la verticale menée par un des foyers de l'ellipse, de sa projection horizontale.

404. Déterminer le méridien de la surface de révolution engendrée par une ellipse située dans un plan de bout incliné à 45°; l'ellipse se projette horizontalement suivant un cercle, et elle tourne autour d'un axe vertical qui passe par l'une des extrémités du petit axe de la courbe génératrice. — La courbe obtenue, comme méridien, est nommée *lemniscate de Gérono*.

Paraboloïde hyperbolique.

405. On donne un losange $abcd$ placé sur le plan horizontal; la diagonale ac est perpendiculaire à xy; a' et c' sont sur la ligne de terre, tandis que b' et d' sont au-dessus et équidistants de cette ligne. On divise deux côtés opposés AB et CD en parties égales, et on joint deux à deux les points de division par des droites dont les projections horizontales sont parallèles aux projections ab, bc. On demande le contour apparent de la surface : 1° sur le plan vertical; 2° sur un plan de profil.
Quelle est la trace horizontale de la surface gauche obtenue?

406. Deux droites parallèles au plan vertical $(ab, a'b')$, $(cd, c'd')$ ont des projections verticales concourantes; elles servent de directrices à une génératrice rectiligne qui s'appuie sur chacune d'elles, en restant parallèles à un plan de profil. On demande :
1° Quelle particularité présentent les projections des génératrices sur un même plan de profil;
2° La trace horizontale de la surface engendrée par la génératrice rectiligne.

407. Déterminer les traces de la surface engendrée par une horizontale qui glisse sur deux lignes de front, non situées dans un même plan.

408. Un paraboloïde étant défini par son sommet (a, a') et par ses traces rectilignes, horizontale et verticale, déterminer une des projections d'un point, connaissant l'autre projection de ce point, et mener le plan tangent en ce point.

409. Un paraboloïde hyperbolique est donné par les projections des paraboles des deux sections principales de la surface; déterminer ses traces horizontale et verticale, sachant que l'une des paraboles est parallèle au plan horizontal, et que l'autre parabole est parallèle au plan vertical.

410. Déterminer une des projections d'un point d'un paraboloïde hyperbolique, connaissant l'autre projection de ce point et les paraboles principales de la surface donnée.

411. Projeter les génératrices rectilignes du paraboloïde hyperbolique sur un plan tangent mené par le sommet commun des deux paraboles principales.

412. Représenter un paraboloïde engendré par une droite mobile (DD') qui glisse sur deux droites fixes (A, A'), (B, B') en demeurant parallèle à un plan directeur, que l'on suppose être le plan horizontal.

Conoïdes. — Hélicoïdes.

413. Un cercle est sur le plan horizontal; dans un plan mené par le centre de ce cercle, parallèlement au plan vertical, on mène une parallèle AB à xy.

La circonférence et la droite AB sont les directrices d'une surface gauche engendrée par une génératrice rectiligne qui s'appuie sur chacune d'elles en restant parallèle à un plan de profil. On demande le contour apparent de la surface : 1º sur un plan de projection et sur le plan de profil; 2º sur un plan vertical quelconque; 3º déterminer la projection verticale d'un point de la surface, connaissant la projection horizontale de ce point.

414. Déterminer le contour apparent du conoïde qui enveloppe une sphère, les projections de la ligne de contact et la trace horizontale de ce conoïde.

415. Déterminer le contour apparent d'une surface d'égale pente, ayant pour directrice une ellipse horizontale; les génératrices sont inclinées à 45 degrés.

416. Tracer une hélice cylindrique, connaissant le rayon et le pas de cette hélice; mener une tangente à la courbe, en un point donné.

417. Déterminer le contour apparent d'un hélicoïde gauche à cône directeur. On donne le rayon et le pas de l'hélice, ainsi que l'inclinaison des génératrices sur l'axe.

418. Déterminer la trace horizontale d'un hélicoïde gauche.

419. Connaissant une des projections d'un point d'un hélicoïde gauche, déterminer l'autre projection de ce point.

420. Tracer le contour apparent de l'hélicoïde développable.

421. Déterminer la trace de l'hélicoïde développable sur un plan perpendiculaire à l'axe de cette surface.

422. 1º Déterminer le contour apparent, sur chaque plan de projection, d'un serpentin limité au plan de profil mené par l'axe; 2º déterminer sa trace sur un plan horizontal.

423. Déterminer quelques génératrices de la surface gauche nommée *arrière-voussure de Marseille.*

La surface est engendrée par une droite qui doit s'appuyer sur deux courbes situées dans deux plans parallèles, et sur une droite perpendiculaire aux plans des courbes directrices. Cette droite est parfois nommée *axe* de la surface.

424. Déterminer quelques génératrices de la surface gauche nommée *biais passé.*

Cette surface est engendrée par une droite qui glisse sur deux courbes situées dans deux plans parallèles et sur une droite perpendiculaire à ces plans; mais on prend pour courbes directrices deux demi-circonférences égales.

Voir en outre le chapitre complémentaire : *Problèmes sur la sphère*, à la fin de la *deuxième partie.*

CHAPITRE III

---

§ I. — Cylindre.

Problème.

324. *Par un point donné sur la surface d'un cylindre, mener un plan tangent à ce cylindre.*

Le plan tangent doit contenir une génératrice, et sa trace doit être tangente à la trace du cylindre (n°s 276 et 277) ; donc il faut mener la génératrice du point donné, et, par la trace de cette ligne, mener une tangente à la trace du cylindre : le plan demandé sera déterminé par les droites ainsi menées.

Soient le cylindre déterminé par sa trace horizontale C et par la génératrice (*cd, c'd'*) et le point donné (*m, m'*).

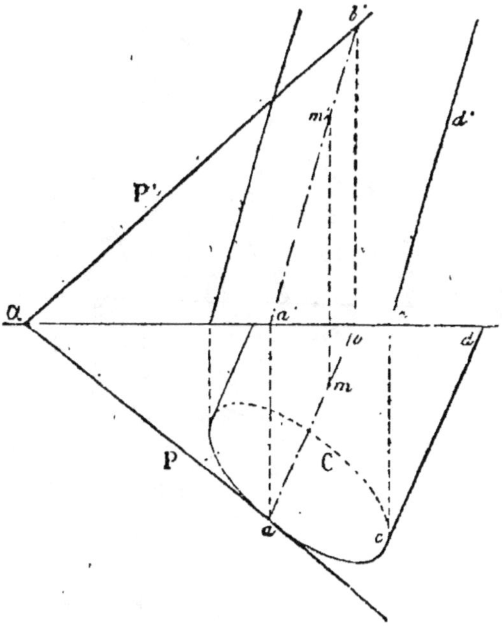

Fig. 278.

La génératrice du point M est AB. Il faut mener par sa trace horizontale *a* la tangente *a*P à la trace horizontale du cylindre, et joindre α à la trace verticale *b'* de la génératrice de contact ; on a ainsi le plan PαP'.

Remarque. Par un point donné sur la surface cylindrique, il ne passe qu'un seul plan tangent; mais si le point n'était donné que par une de ses projections, *m* par exemple, il faudrait déterminer *m'*; or on trouverait deux projections verticales (n° 306), et par suite on aurait deux plans tangents menés par deux points différents ayant *m* pour projection horizontale.

L'intersection des plans tangents serait parallèle aux génératrices du cylindre.

Problème.

325. *Mener un plan tangent à un cylindre par un point extérieur* (a, a').

Le plan tangent doit contenir une génératrice, et, par suite, la parallèle menée aux génératrices par le point donné; ses traces passeront donc par les traces de cette parallèle et seront tangentes aux traces correspondantes du cylindre.

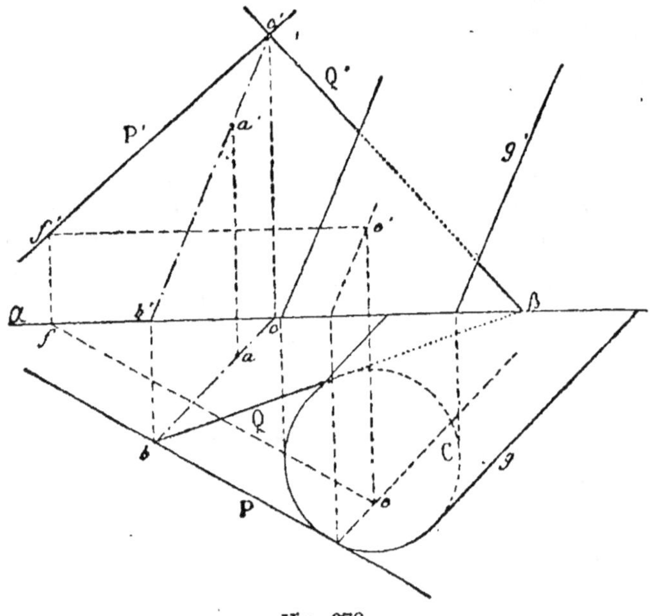

Fig. 279.

Soient le point (*a, a'*) et le cylindre déterminé par sa trace horizontale C et la direction (*g, g'*) de ses génératrices.

Par le point A, menons BC parallèle à la droite G; par la trace *b*, menons la tangente *b*P et joignons α*c'* : le plan PαP' est tangent au cylindre.

Remarque. Il y a autant de solutions qu'on peut mener de tangentes à la trace C par le point b. Dans l'exemple donné, il y a deux réponses : PαP' et QβQ'.

326. *Détermination de* αP' *lorsque* αP *ne rencontre pas* xy.

Le plan PαP' offre une particularité assez fréquente : la trace horizontale bP ne rencontre pas xy dans les limites de l'épure, on ne connaît donc qu'un seul point c' de la trace verticale.

Pour en avoir un second, on mène une horizontale du plan tangent. Pour cela on prend un point (e, e') sur la génératrice de contact, on mène ef parallèle à bP et $e'f'$ parallèle à xy ; la trace f' appartient à αP'.

On procéderait d'une manière analogue si c' ne se trouvait pas dans les limites de l'épure.

Lorsqu'on ne peut déterminer directement ni α ni c', on mène deux horizontales du plan tangent, et l'on obtient ainsi deux points de αP'.

La même remarque s'applique aux autres problèmes relatifs aux plans tangents.

Problème.

327. *Mener à un cylindre un plan tangent parallèle à une droite donnée* (ab, a'b').

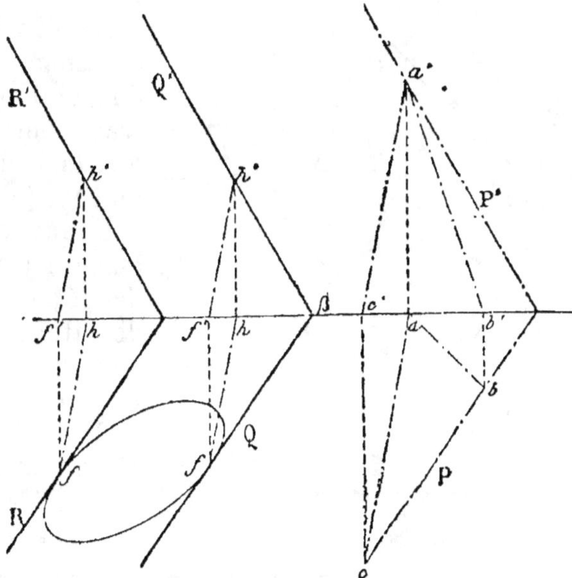

Fig. 280.

Le plan tangent doit contenir une génératrice (n° 277); donc, il est parallèle au plan déterminé par la droite donnée, et la parallèle menée aux génératrices, par l'un quelconque des points de cette droite.

Soient AB la ligne donnée et un cylindre déterminé par sa trace horizontale ff et par la direction fh, $f'h'$ de ses génératrices *.

Par un point (a, a') de la ligne donnée, menons $(ac, a'c')$ parallèle aux génératrices; menons les traces P, P' du plan des droites AB et AC. Les plans R et Q parallèles à PαP', et dont les traces horizontales sont tangentes à la trace du cylindre, répondent à la question.

Vérification. Chaque plan tangent, R par exemple, doit contenir la génératrice du point de contact f.

§ II. — Cône.

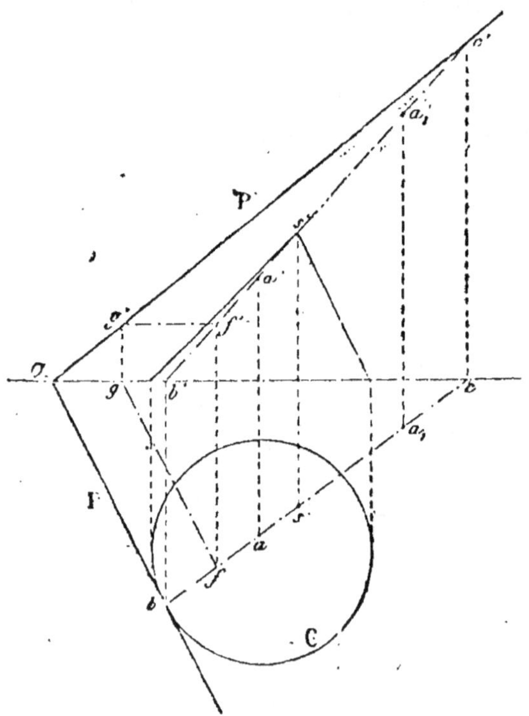

Fig. 281.

Problème.

328. *Par un point pris sur un cône, mener un plan tangent à ce cône.*

Le plan tangent doit contenir la génératrice du point donné, et sa trace horizontale doit être tangente à la trace du cône (n°s 276 et 277).

Il faut donc mener la génératrice du point donné, et, par la trace de cette génératrice, mener une tangente à la trace du cône.

Soient le point (a, a') et le cône déterminé par sa trace C et son sommet (s, s').

---

* Le contour apparent du cylindre n'est pas figuré, parce qu'il n'est d'aucune *utilité* pour la résolution du problème : il convient de s'habituer à ne faire que les constructions nécessaires.

Il faut mener la génératrice SAB, puis la tangente $b\alpha$, et joindre α à la trace verticale c' de la génératrice de contact; le plan $P\alpha P'$ est tangent au cône.

329. *Remarques.* I. Si la trace αP ne rencontre pas xy dans les limites de l'épure, on mène soit une horizontale FG du plan, par un point (f, f') de la génératrice AS, soit une parallèle à cette génératrice par un point quelconque de la trace horizontale αP (n° 326).

II. Les projections données (a, a') doivent appartenir à une même génératrice. Par un point A ainsi donné par ses deux projections, il ne passe qu'un plan tangent; mais si l'on ne connaissait qu'une des projections du point A, la projection verticale a', par exemple, celle-ci déterminerait deux points (a, a') et (a_1, a') sur la surface du cône, et par suite deux plans tangents.

Problème.

330. *Par un point quelconque, mener un plan tangent à un cône dont on connaît le sommet et la trace horizontale.*

Le plan demandé doit contenir le sommet et le point donné; sa trace horizontale doit donc passer par la trace horizontale de la droite qui joint ces deux points, et être tangente à la trace horizontale du cône.

Soient le point (a, a') et un cône donné par sa trace C et son sommet (s, s').

Il faut mener la droite $(sa, s'a')$; par sa trace b, mener une tangente $\alpha b P$ à la trace du cône, et joindre α à sa trace verticale s'. $P\alpha P'$ est le plan demandé.

331. *Remarque.* Il y a autant de solutions qu'on peut mener de tangentes à la trace du cône par le point b. Tous ces plans tangents se coupent suivant la droite AS.

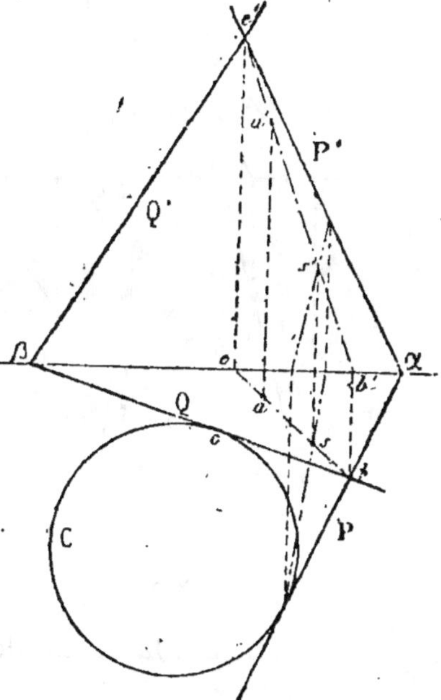

Fig. 282.

Quand la base est un cercle ou une autre courbe du second degré, il y a deux solutions, une seule, ou aucune, suivant que le point *b* est extérieur à la courbe, sur la courbe, ou intérieur à cette ligne.

Problème.

332. *Mener à un cône un plan tangent parallèle à une droite donnée.*

Le plan doit contenir une parallèle à la droite donnée, passer par le sommet du cône, et avoir sa trace horizontale tangente à la trace du cône; donc, par le sommet du cône, il faut mener une parallèle à la droite donnée, et, par la trace horizontale de cette parallèle, mener une tangente à la trace du cône. Le plan de ces deux droites est le plan tangent demandé.

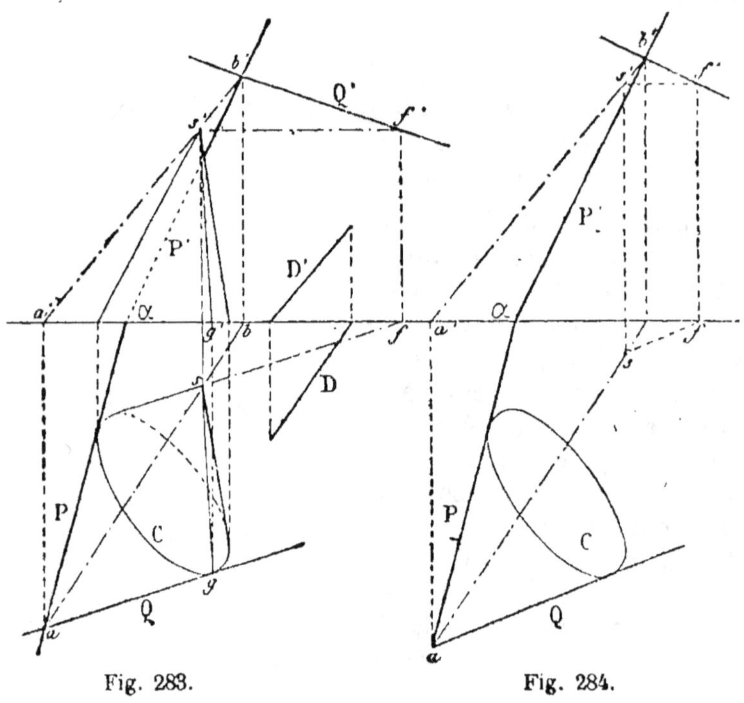

Fig. 283.Fig. 284.

Soient (D, D′) la droite donnée et le cône défini par sa trace horizontale C et son sommet (*s*, *s′*) *.

---

* Dans la figure 283, le contour apparent du cône est représenté, tandis que dans la figure 284 le cône est donné par sa trace C et par son sommet (*s*, *s′*).

Les constructions pour déterminer les plans tangents P et Q étant identiques dans les deux figures, la seconde est moins chargée que la première.

Par le sommet, il faut mener (*ab*, *a'b'*) parallèle à (D, D'); par la trace horizontale *a*, mener la tangente αP; enfin, joindre α à la trace verticale *b'*; le plan PαP' est tangent au cône.

Vérification. Le plan doit contenir la génératrice de contact. Il y a autant de solutions qu'on peut mener de tangentes αP, αQ à la trace du cône.

Remarque. Pour avoir un second point *f'* de la trace verticale du plan Q, on a recours à une horizontale (*sf*, *s'f'*) de ce plan (n° 326).

Problème.

333. *Mener à un cône un plan tangent qui fasse avec le plan horizontal un angle donné.*

Les plans tangents à un cône de révolution à axe vertical font avec le plan horizontal un angle constant (n° 295); la génératrice de contact SC est perpendiculaire à la trace horizontale MN du plan, en vertu du théorème des trois perpendiculaires (G., n° 372). Donc *cette génératrice est une ligne de plus grande pente du plan tangent*, et son inclinaison sur le plan horizontal mesure l'inclinaison du plan tangent. Des principes rappelés, il résulte que le plan demandé doit être tangent au cône donné et à un cône de révolution de même sommet, dont les génératrices font avec le plan horizontal l'angle donné.

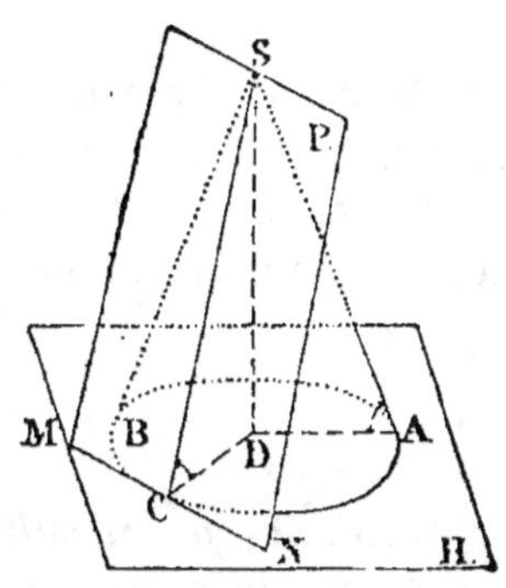

Fig. 285.

334. Épure. Soit le cône ayant C pour trace horizontale et (*s*, *s'*) pour sommet (fig. 286).

Par (*s*, *s'*) il faut mener *s'a'* faisant avec *xy* l'angle voulu *s'a'x*, décrire une circonférence avec le rayon *as*, mener une tangente commune αP aux traces des deux cônes; la génératrice de contact (*de*, *d'e'*) détermine αP', et le plan PαP' remplit les conditions de l'énoncé. Il y a autant de solutions que de tangentes communes aux traces des deux cônes.

335. *Remarque.* Pour que le problème soit possible, il faut qu'on puisse mener une tangente commune à la courbe C et à la circonférence *sa*.

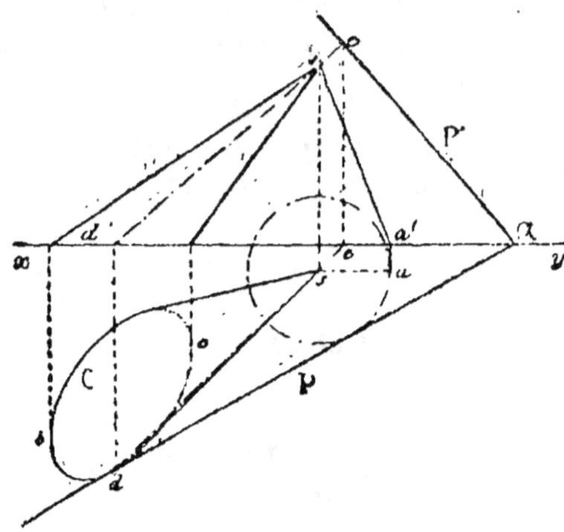

Fig. 286.

Si la trace C est une ellipse, on a quatre solutions lorsque les courbes sont extérieures l'une à l'autre, ou qu'elles se coupent en quatre points. On aura trois solutions, deux, une seule ou aucune, suivant les positions respectives des deux courbes.

Problème.

336. *Mener à un cylindre un plan tangent faisant un angle donné avec le plan horizontal.*

Par le sommet d'un cône auxiliaire de révolution, dont les génératrices rencontrent le plan horizontal sous l'angle donné, il faut mener une parallèle aux génératrices du cylindre (n° 333), et, par cette droite, un plan tangent au cône; le plan ainsi déterminé est parallèle à celui que l'on demande; pour obtenir ce dernier, il faut mener au cylindre un plan tangent parallèle au plan auxiliaire.

Soit donné un cylindre ayant pour trace la courbe C, et dont la direction des génératrices est indiquée par *ab* et *c'd'*.

Construisons un cône de révolution de sommet quelconque *s'* tel que ses génératrices fassent avec le plan horizontal un angle *s'f'x* égal à l'angle donné.

Par (*s*, *s'*) menons (*gh*, *g'h'*) parallèle aux génératrices du cylindre; par la trace *h*, menons la tangente *aP*.

Le plan demandé doit être parallèle au plan auxiliaire PαP' ;
il faut donc mener la tangente βQ parallèle à αP, puis βQ' parallèle à αP'.

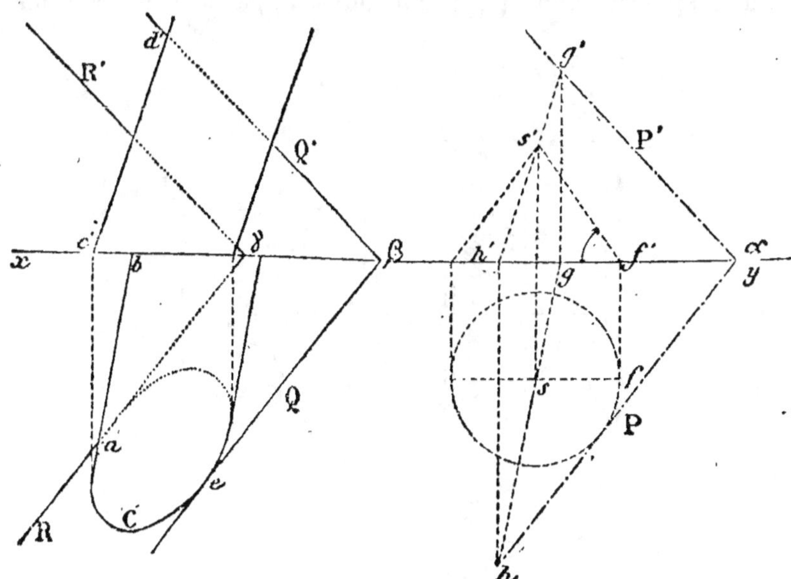

Fig. 287.

Vérification. Le plan QβQ' doit contenir la génératrice du
point de contact *e*.

337. *Remarque.* Dans le cas où la trace C est une ellipse ou
une hyperbole, on peut lui mener deux tangentes parallèles à une
ligne donnée ; d'ailleurs, suivant la position du point *h*, on a
deux plans auxiliaires, un seul ou aucun ; donc :

Il y a quatre solutions lorsque le point *h* est hors du cercle,
deux lorsqu'il est sur la circonférence, et aucune lorsque *h* est
dans le cercle.

§ III. — Sphère.

Problème.

338. *Par un point donné sur une sphère, mener un plan
tangent à cette sphère.*

On sait que le plan tangent à une sphère est perpendiculaire
au rayon du point de contact. (G., n° 545.) Il suffit donc de

joindre le point donné au centre et de mener un plan perpendiculaire à l'extrémité de ce rayon.

Soit une sphère ayant pour contours apparents les cercles

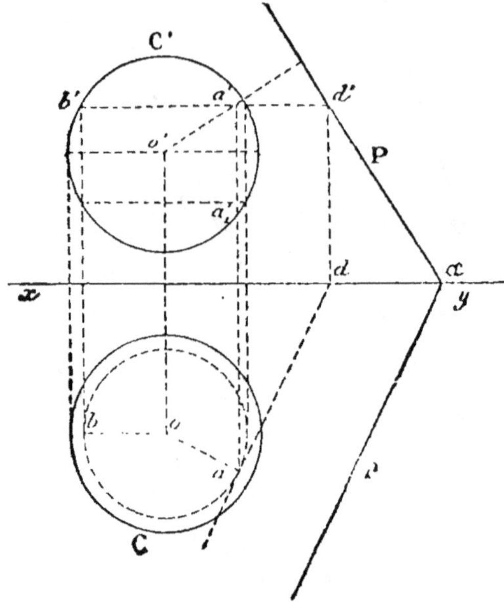

Fig. 288.

égaux C, C', de centres o, o'; soit a la projection horizontale du point donné.

Déterminons a' et prenons le point (a, a') situé dans l'hémisphère supérieur. Menons un plan perpendiculaire à $(oa, o'a')$ au point (a, a'). Il suffit de mener l'horizontale $(ad, a'd')$ du plan demandé (n° 103) : PαP' est le plan tangent.

Remarque. Si le point n'était donné que par sa projection a, il y aurait à considérer (a, a'_1), qui donnerait un second plan tangent.

Problème.

339. *Mener à une sphère un plan tangent parallèle à un plan donné.*

Du centre de la sphère, on abaisse une perpendiculaire sur le plan donné, et par l'extrémité du rayon situé sur cette perpendiculaire on mène un plan tangent.

Soient (c, c') et PαP' la sphère et le plan donnés.

Du centre, abaissons sur le plan P la perpendiculaire $(ca, c'a')$. Pour déterminer le point où elle rencontre la sphère, amenons cette droite à être horizontale; la ligne $(ca_1, c'a'_1)$ coupe le grand cercle horizontal en (b_1, b'_1); donc (b, b') est l'extrémité du rayon.

Pour mener le plan par (b, b'), traçons une horizontale de ce

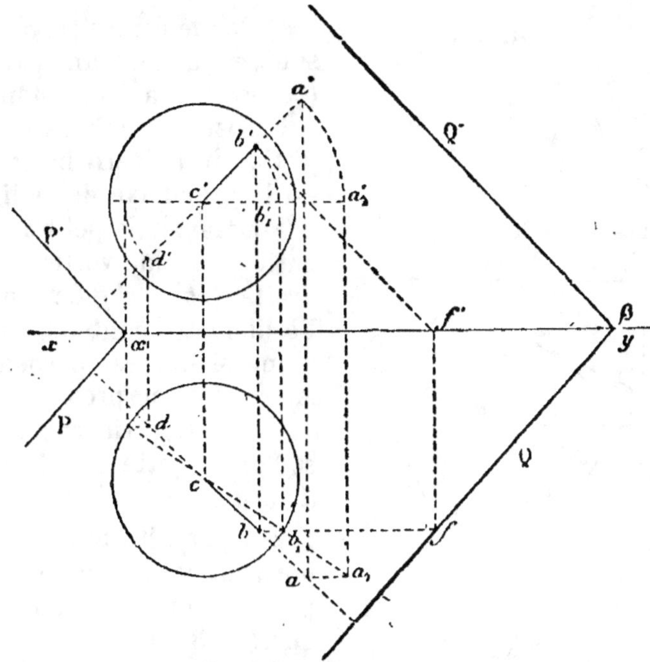

Fig. 289.

plan, ou bien une frontale $(bf, b'f')$; menons $f\beta$ perpendiculaire à ca, et $\beta Q'$ perpendiculaire à $c'a'$.

Les plans $P\alpha P'$ et $Q\beta Q'$ sont parallèles entre eux comme perpendiculaires à la même droite.

340. Remarques. I. Il y a deux solutions, car on peut mener un plan par (d, d').

II. On peut construire le plan tangent demandé par la méthode générale (n° 352), qui s'applique à toutes les surfaces de révolution.

Problème.

341. 1° *Déterminer la ligne de contact d'une sphère et d'un cylindre circonscrit dont les génératrices sont parallèles à une droite donnée.*

2° *Déterminer la trace horizontale de ce cylindre.*

1° Par le centre de la sphère, on mène une parallèle à la

droite donnée, et le problème est ramené à la question connue : *déterminer les projections d'une circonférence dont le centre est en un point d'une droite donnée, et dont le plan est perpendiculaire à cette même droite* (n° 227).

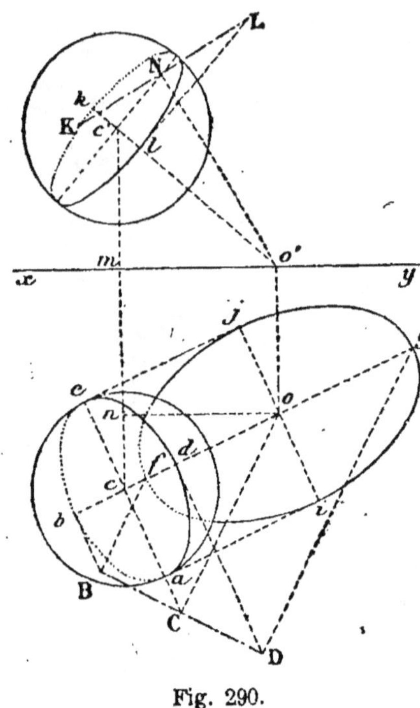

Fig. 290.

1° Par le centre (c, c') de la sphère, menons une parallèle $(co, c'o')$ à la droite donnée.

La perpendiculaire *ace*, projection du diamètre horizontal, est le grand axe de l'ellipse.

Pour avoir le petit axe, rabattons le plan vertical *co*. La droite $(co, c'o')$ devient Co. Le diamètre contenu dans le plan rabattu est perpendiculaire à Co; on prend

$$CB = CD = r,$$

et l'on projette B et D en *b* et *d*; *bcd* est le petit axe.

2° Pour déterminer la trace horizontale du cylindre, on procède comme il a été indiqué (n° 307).

Par B et D, on mène des parallèles D*g*, B*f* à l'axe rabattu Co, ce qui détermine le grand axe *fg*.

Le petit axe *ij*, perpendiculaire au milieu de *fg*, égale le diamètre *ae*.

342. *Remarque.* La projection verticale de la *ligne de contact* et la trace verticale du cylindre circonscrit s'obtiennent d'une manière analogue : pour avoir la ligne de contact, on élève des perpendiculaires sur $o'c'$ en o' et c', et l'on prend des longueurs égales à oo' et à cm. Il suffit de mener *on* parallèle à xy, et de porter la différence *cn* de c' en N; puis sur une perpendiculaire KL à l'axe rabattu o'N, on prend NK = NL = r, et l'on détermine le petit axe *lk* de l'ellipse.

Problème.

343. 1° *Déterminer la ligne de contact d'une sphère et d'un cône circonscrit dont on donne le sommet;*

2° *Déterminer la trace horizontale de ce cône.*

1° La ligne de contact est un cercle perpendiculaire à l'axe du cône.

Pour déterminer la projection horizontale de cette ligne de contact, il faut rabattre le plan qui projette l'axe sur le plan horizontal; sur ce plan rabattu, le cercle se projette suivant un diamètre facile à déterminer; car il est la corde de contact des tangentes menées à un grand cercle de la sphère par le sommet du cône.

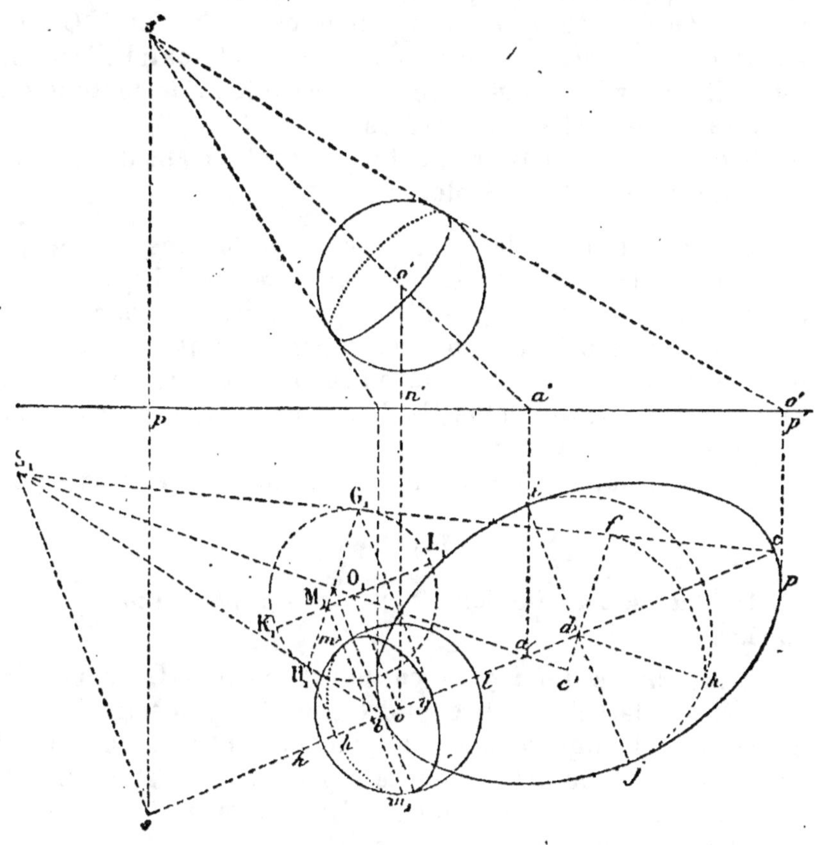

Fig. 291.

Soient (o, o') et (s, s') le centre de la sphère et le sommet du cône circonscrit.

Pour opérer le rabattement de l'axe, élevons à so les perpendiculaires $sS_1 = ps'$; $oO_1 = n'o'$ et menons S_1O_1.

Le plan projetant coupe la sphère suivant un grand cercle de centre O_1.

Du sommet S_1 il faut mener les tangentes S_1G_1 et S_1H_1, la corde G_1H_1 est le diamètre du cercle de contact.

En relevant le plan projetant, les points G_1, H_1 se projettent en g, h, et déterminent ainsi le petit axe gh de la projection horizontale.

Le grand axe, perpendiculaire au milieu de gh, est égal à G_1H_1.

344. *Remarque.* Le grand cercle horizontal kl se projette sur le plan rabattu, suivant un diamètre K_1L_1 parallèle à sa. — Ce cercle coupe la section G_1H_1 suivant une corde projetée en M_1 sur le plan rabattu, et en mm_1 sur le plan horizontal. Or, pour l'observateur placé au-dessus de ce plan horizontal, l'arc G_1M_1 est visible; car il est au-dessus du cercle K_1L_1 de contour apparent, tandis que M_1H_1 est au-dessous.

L'ellipse est tangente en m et m_1 au contour apparent (n°302); la partie mhm_1 est invisible.

345. 2° Déterminer la trace horizontale du cône est une question connue (n° 315); bc est le grand axe de l'ellipse. Le petit axe est perpendiculaire à bc, en son milieu d. Pour avoir la longueur de ce petit axe, on mène par le point d un plan perpendiculaire à l'axe du cône, on rabat le cercle dont e' est le centre et $e'f$ le rayon; puis, la demi-corde dk, parallèle à l'axe du cône, est portée de d en i et en j.

On procède d'une manière analogue pour la projection verticale.

Problème.

346. *Par une droite donnée, mener un plan tangent à une sphère.*

1er *Moyen. Emploi d'un cylindre circonscrit.* On peut circonscrire à la sphère un cylindre dont les génératrices soient parallèles à la ligne donnée; le plan tangent mené au cylindre parallèlement à la droite donnée répond à la question (n° 327).

Pour mener le plan tangent sans recourir à la trace du cylindre, on peut procéder comme il suit :

Par le centre de la sphère, on mène un plan perpendiculaire à la droite donnée; par le point où la droite perce le plan, on mène une tangente au grand cercle déterminé sur la sphère par le plan auxiliaire. Le plan demandé passe par cette tangente et par la droite donnée.

Soient (c, c') $(hv, h'v')$ la sphère et la droite données (fig. 292).

Par le centre de la sphère menons l'horizontale $(cd, c'd')$ et la ligne de front $(ce, c'e')$ du plan qui doit être perpendiculaire à la droite donnée $(hv, h'v')$, cd est perpendiculaire à hv et $c'e'$ perpendiculaire à $h'v'$ (n° 103).

Il faut déterminer le point (a, a') où la droite donnée perce
le plan auxiliaire; or ce plan ECD est coupé par le plan vertical

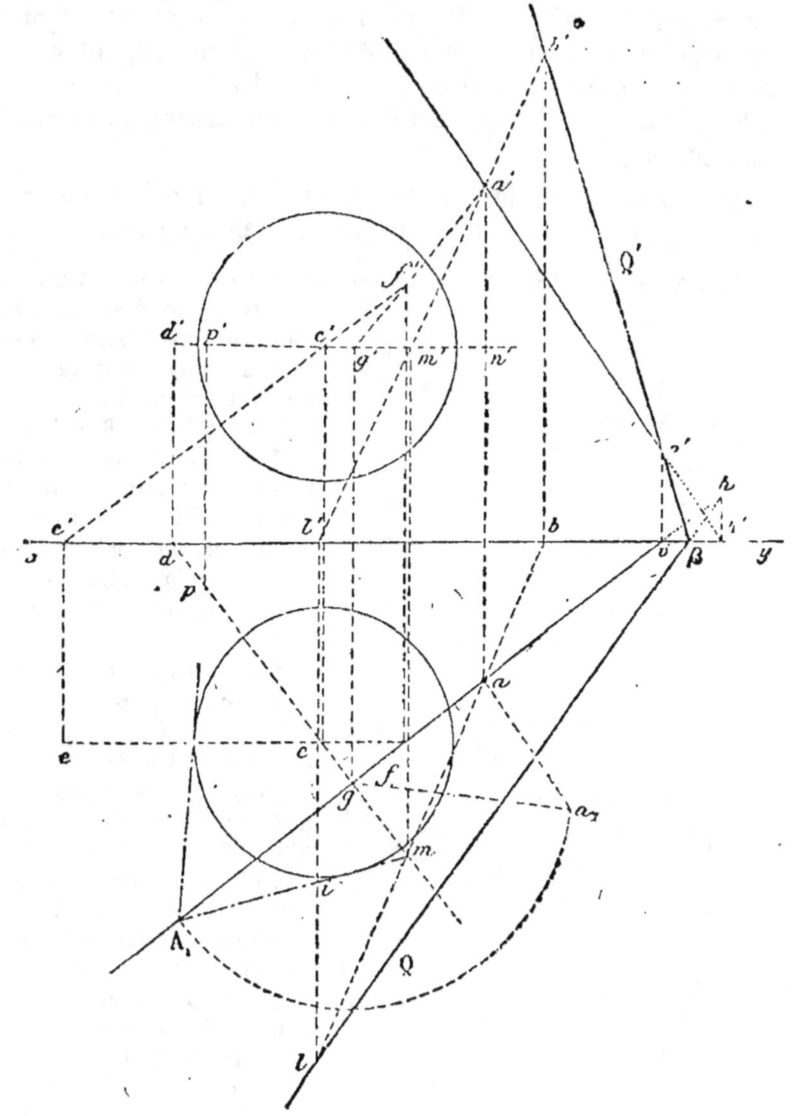

Fig. 292.

hv suivant la droite $(fg, f'g')$ et $f'g'$ coupe $h'v'$ au point a'; donc
(a, a') est l'intersection demandée.

Rabattons le plan auxiliaire sur le plan de l'équateur, en le
faisant tourner autour de l'horizontale $(cd, c'd')$. Pour obtenir
le rabattement du point A, il suffit de prendre une perpendiculaire aa, égale à la distance verticale $n'a'$ du point à l'axe, et

de reporter ga_1 de g en A_1. Le grand cercle déterminé par le plan auxiliaire se confond avec le contour apparent de la sphère; donc, par le point A_1 il faut mener une tangente A_1m; cette droite relevée donne $(am, a'm')$, et le plan tangent est déterminé, puisqu'il doit contenir les deux droites concourantes $(ah, a'h')$ et $(am, a'm')$. On peut mener les traces de ce plan : on obtient $Q\beta Q'$.

Remarque. Par le point A_1, on peut mener une seconde tangente, et obtenir ainsi un second plan tangent.

347. 2ᵉ Moyen. *Emploi d'un cône circonscrit.* On prend un point de la droite donnée pour sommet d'un cône circonscrit à la sphère; le plan mené par la droite et tangent au cône sera tangent à la sphère (n°ˢ 296 et 301).

Il est avantageux de prendre le cône circonscrit, dont l'axe est parallèle à l'un des plans de projection; car le cercle de contact se projette suivant une droite sur tout plan parallèle à l'axe.

Soient $(ab, a'b')$ et (o, o') la droite et la sphère donnés.

Menons un plan de front par le centre de la sphère. Ce plan détermine la frontale $(oa, o'a')$ que nous prendrons pour axe d'un cône circonscrit ayant (a, a') pour sommet. Le contour apparent sur le plan V est indiqué par les tangentes $a'c'$ et $a'd'$; la droite $c'd'$ est le diamètre de la circonférence de contact du cône et de la sphère; le plan de cette circonférence, étant de bout, coupe la droite donnée au point (b, b'). Par ce point, il faut mener des tangentes à la circonférence de contact; pour cela, rabattons le plan du cercle au-

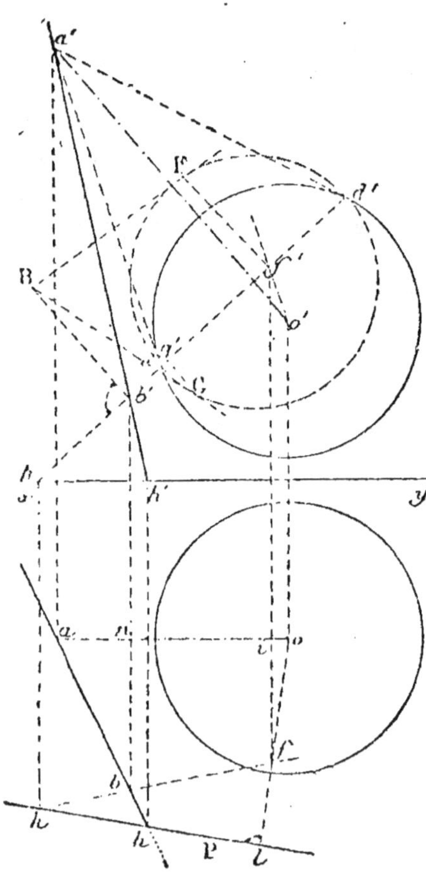

Fig. 293.

tour de son diamètre de front, ce qui revient à décrire la circonférence de diamètre $c'd'$ et à prendre $b'B = bn$. Puis menons les tangentes BF, BG; elles font connaître les projections verticales f' et g' des points de contact des plans tangents à la sphère. Pour obtenir la projection horizontale de f, il faut prendre $if = Ff$. Un des plans tangents est déterminé par les droites $(ab, a'b')$ et $(bf, b'f')$; P en est la trace horizontale ; l'autre trace est hors des limites de l'épure. Le rayon $(of, o'f')$ est perpendiculaire au plan tangent $(abf, a'b'f')$.

La seconde solution serait donnée par la tangente BG.

348. 3ᵉ Moyen. *Méthode générale.* Comme précédemment, on a recours à un cône circonscrit (n° 347) ; le plan mené par la droite et

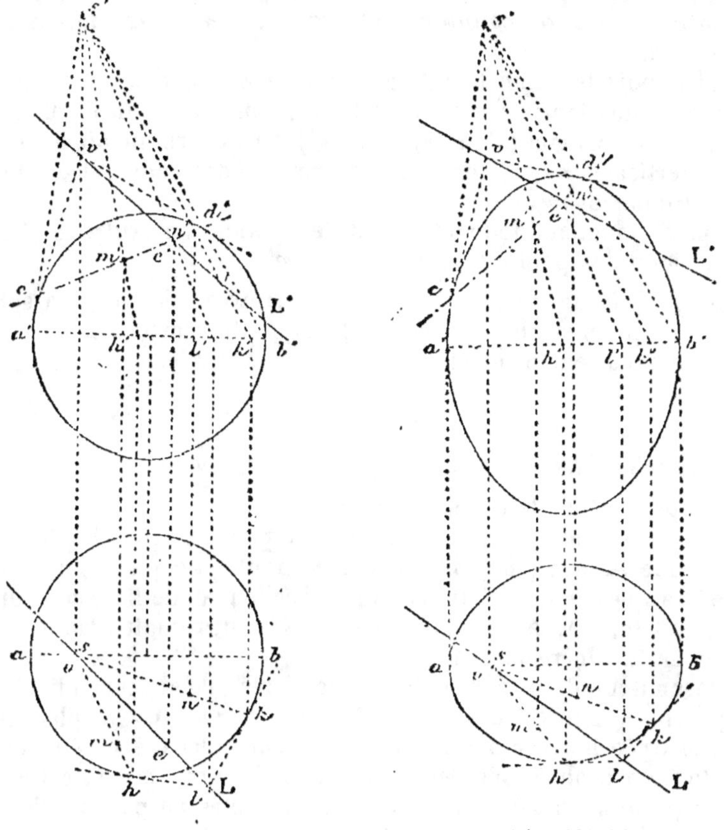

Fig. 294.   Fig. 294 *bis*.

tangent au cône répond à la question ; mais, afin d'avoir une solution qui s'applique à *toutes les surfaces du second degré*, nous déterminerons les points de contact des plans tangents, sans rabattre la courbe de contact du cône circonscrit.

Soient (L, L') la droite donnée *.

Pour cône circonscrit, prenons celui dont l'axe est de front ; le sommet est le point (v, v') où la droite rencontre le plan du méridien

---

* On peut suivre indifféremment la démonstration soit sur la figure relative à la sphère, soit sur celle qui se rapporte à l'ellipsoïde scalène.

principal ; les tangentes $v'c'$, $v'd'$ font connaître la projection verticale $c'd'$ de la courbe de contact.

Par le point (e, e') où la droite donnée rencontre le plan de bout $c'd'$, il faut mener des tangentes à la courbe de contact (n° 347). Pour éviter tout rabattement, considérons le cône auxiliaire dont les génératrices extrêmes sont $a'c'$ et $b'd'$; le sommet $(s.s')$ est sur la verticale menée par (v, v') (*Théorème des polaires.* G., n° 802).

Le problème est ramené à la question suivante : *Par un point* (e, e') *du plan d'une section conique non tracée, mener des tangentes à cette courbe.*

Il faut joindre le sommet $(s.s')$ au point (e, e') ; par la trace horizontale l mener des tangentes lh, lk à la base du cône, afin d'obtenir les génératrices de contact $(sh, s'h')$ $(sk, s'k')$. On détermine ainsi les projections verticales m', n' des points de contact demandés, et des lignes de rappel donnent m et n.

Les plans tangents demandés sont déterminés par la droite (L, L') et par chacun des points (m, m') et (n, n').

Remarque. Pour qu'une solution descriptive relative à la sphère puisse s'appliquer à une surface quelconque du second degré, il faut éviter tout rabattement et tout tracé d'arc de cercle.

Problème.

349. *Inscrire une sphère à un tétraèdre donné.*

Soit $(sabc, s'a'b'c')$ le tétraèdre donné.

Prenons une des faces $(abc, a'b'c')$ pour plan horizontal, admettons en outre que la face $(sbc, s'b'c')$ soit de bout. Les plans bissecteurs des dièdres que les faces latérales font avec le plan de base se coupent en un point (o, o') ; et ce point, équidistant des quatre faces, est le centre o' de la sphère inscrite.

Par la hauteur de la pyramide, menons des plans perpendiculaires à chaque face, afin de déterminer leurs dièdres avec le plan horizontal ; la trace horizontale doit être perpendiculaire à l'arête correspondante ; ainsi, abaissons des perpendiculaires sd, se, sf, cette dernière est parallèle à xy ; rendons aussi parallèles au plan vertical les droites SD, SE, qui joindraient le sommet aux points qui ont pour projection horizontale d, e ; elles deviennent $(sd_1, s'd'_1)$, $(se_1, s'e'_1)$; menons les bissectrices des trois angles rectilignes $n'b's'$, $n'e'_1s'$, $n'd'_1s'$; si nous menons un nouveau plan horizontal ayant pour trace verticale $m'g'$, les bissectrices le rencontreront aux points G, H_1 et L_1 ; les points l_1 et h_1 déterminent l et h ; donc mpr est la section, par le nouveau plan horizontal, de la pyramide qui aurait pour sommet le point (o, o') encore inconnu, où les trois plans bissecteurs doivent se couper ; donc o sera donné par les lignes ma, rc, pb. Quant à la projection verticale, elle se trouve au point de rencontre des projections verticales $m'a'$, $g'b'$ des mêmes lignes ; d'ailleurs o et o' doivent être sur une même ligne de rappel.

La droite $o'n'$ est le rayon de la sphère ; le méridien principal doit être tangent à *b's'*, car la face SBC est perpendiculaire au plan vertical.

Dans le cas où cette face SBC serait quelconque, on procéderait pour *sf* comme on a fait pour *se* et *sd*.

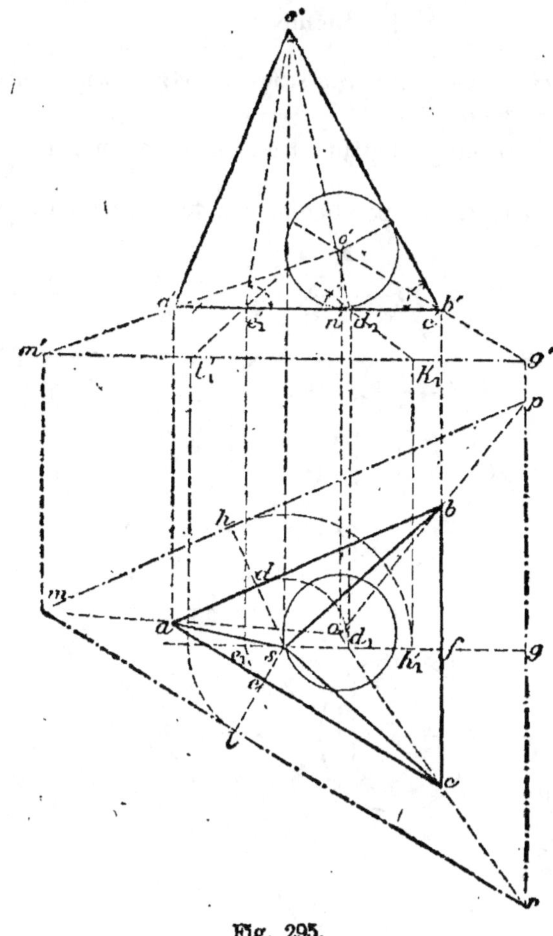

Fig. 295.

Remarques. I. On démontre qu'il y a en général huit sphères tangentes à quatre plans donnés.

L'une, inscrite, c'est-à-dire tangente aux faces mêmes du tétraèdre.

Quatre, ex-inscrites, c'est-à-dire tangentes à une face et aux prolongements des trois autres.

Et *trois,* situées *dans les combles.*

Un comble est l'espace limité par les prolongements des quatre faces au delà d'une même arête, dite le *faîte* du comble.

Il y a six combles; autant que d'arêtes; mais il n'existe qu'une seule sphère tangente, pour les combles de deux arêtes opposées.

II. Le problème relatif à la sphère circonscrite a déjà été résolu (n° 323).

§ IV. — Surfaces quelconques de révolution.

Problème.

350. *Par un point donné sur une surface de révolution, mener un plan tangent à cette surface.*

On sait que le plan tangent peut être considéré sous trois aspects différents (n° 293).

1° Le plan tangent est perpendiculaire à la normale du point de contact.

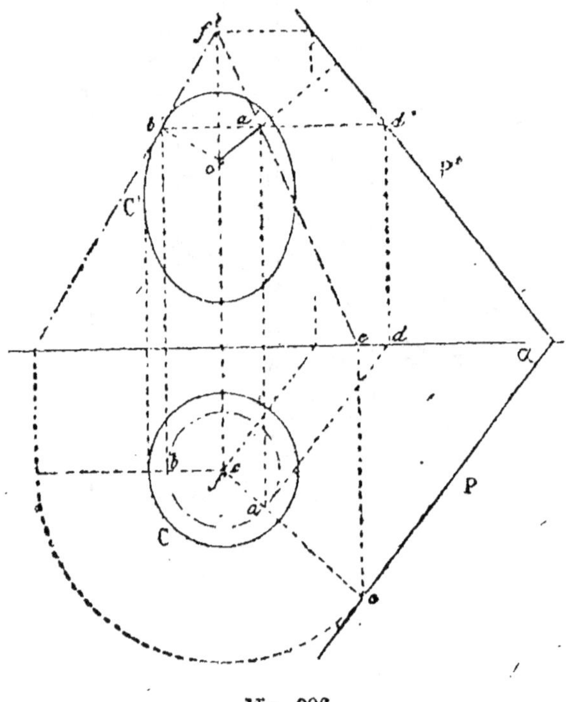

Fig. 296.

2• Il est tangent au cône circonscrit à la surface suivant le parallèle du point donné.

3° Il est tangent au cylindre circonscrit à la surface suivant le méridien du point de contact.

Soient la surface de révolution ayant pour contours apparents C et C' et (a, a') le point donné, situé sur le parallèle $(ab, a'b')$.

1° *Emploi de la normale.* Les normales relatives au même parallèle rencontrent l'axe au même point (n° 289, *Corollaire*); donc il faut mener $b'c'$ normale à la courbe méridienne, et joindre $(ac, a'c')$; cette ligne est normale du point (a, a'). Par (a, a') il faut mener un plan perpendiculaire à $(ac, a'c')$ (n° 103) ; on peut employer l'horizontale $(ad, a'd')$ pour déterminer un point d' de la trace verticale du plan ; on mène $d'\alpha$ perpendiculaire à $c'a'$, puis αP perpendiculaire à ca.

2° *Emploi du cône circonscrit.* La tangente $b'f'$ est la génératrice du cône circonscrit ; donc le plan demandé doit passer par (f, f'). Menons $f'a'e'$, la droite $(fae, f'a'e')$ est la génératrice de contact ; il faut mener $eP\alpha$ perpendiculaire au rayon fe de la base du cône, puis joindre α à la trace verticale de l'horizontale du plan, menée par (f, f').

3° *Emploi du cylindre circonscrit.* L'axe de la surface de révolution étant vertical, il en est de même du méridien du point (a, a') ; les génératrices du cylindre circonscrit sont horizontales ; ainsi, pour avoir la génératrice de contact, il faut mener ad perpendiculaire à ca et $a'd'$ parallèle à xy. La droite $(ad, a'd')$ appartient au plan ; il en est de même de la droite $(fe, f'e')$, tangente au méridien au point (a, a') ; donc par la trace e il faut mener αP parallèle à ad et joindre α à d'.

Remarque. Les constructions sont à peu près les mêmes dans les trois méthodes, mais l'exposition est différente.

Problème.

351. *Par un point pris sur la surface d'un hyperboloïde de révolution, mener un plan tangent à cette surface.*

Le plan tangent à une surface réglée contient la génératrice du point de contact (n° 277). Il faut donc mener les deux génératrices rectilignes, qui passent par le point donné (n° 320) : le plan même de ces génératrices répond à la question.

Soit un hyperboloïde déterminé par le cercle de gorge et les projections cd, $c'd'$ d'une génératrice ; soit aussi un point (m, m') pris sur cette génératrice.

Pour obtenir facilement la seconde génératrice rectiligne qui passe par le point donné, on peut décrire une circonférence concentrique au collier, et passant par la trace horizontale d de la génératrice donnée.

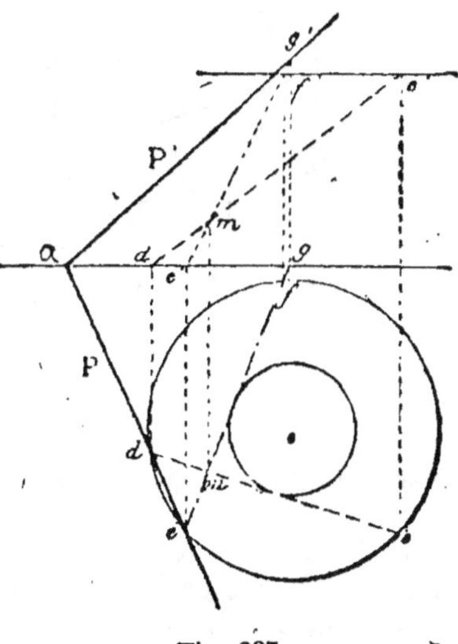

Fig. 297.

Cette circonférence contient la trace de toute génératrice de la surface ; par suite, il suffit de mener la seconde tangente emf, de projeter e en e', sur xy, et f en f' sur la parallèle à xy menée par c'.

Le plan des deux droites CD, EF est tangent à l'hyperboloïde, au point M.

La droite *de* est sa trace horizontale αP ; pour obtenir un point de la trace verticale, il suffit de déterminer la trace verticale g' de l'une des génératrices menées, ou d'employer une horizontale du plan.

Remarque. Le plan est tangent à la surface au seul point M (n° 282).

Problème.

352. *Mener à une surface de révolution un plan tangent, parallèle à un plan donné.*

Si le plan donné était perpendiculaire au plan vertical, la trace

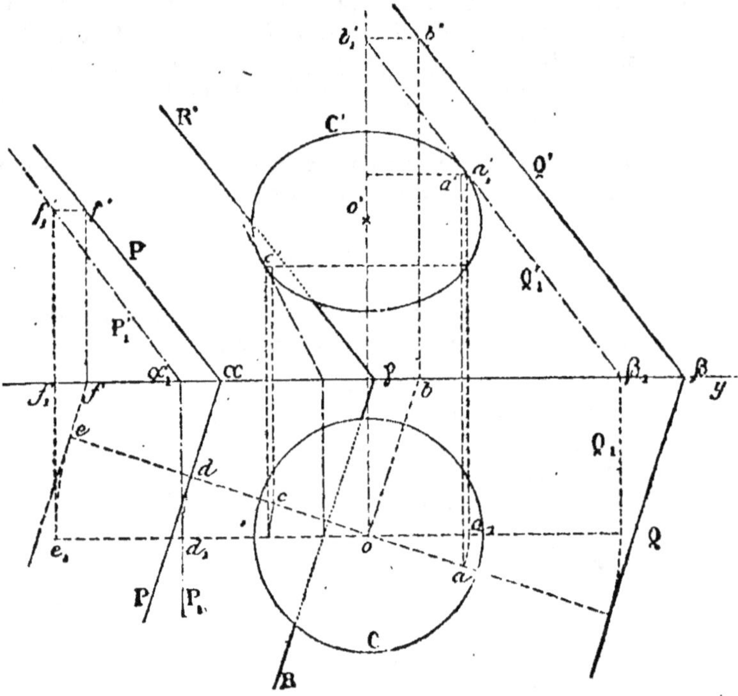

Fig. 298.

verticale du plan demandé serait tangente au méridien principal : on pourrait donc la construire directement.

Si le plan donné est quelconque, on peut l'amener, par une rotation autour de l'axe de la surface, à être de bout ; mener un plan tangent parallèle, et faire opérer à ce dernier plan une rotation égale et contraire à celle qu'on a fait subir au plan donné.

Soit une surface de révolution donnée par ses contours apparents (C, C'), et soit un plan PαP', auquel le plan tangent demandé doit être parallèle.

Pour opérer la rotation du plan PαP' et l'amener à être de bout, menons l'horizontale (*ef*, *ff'*₁); abaissons la perpendiculaire *ode*: le plan PαP' devient P₁α₁P'₁.

Menons la tangente β₁Q'₁ parallèle à α₁P'₁, puis β₁Q₁ perpendiculaire à *xy*.

Par une rotation contraire à la précédente, il faut amener le plan tangent Q₁β₁Q'₁ à être parallèle au plan donné.

Le point de contact (*a₁*, *a'₁*) devient (*a*, *a'*). Pour avoir une horizontale du plan, il suffit de mener *ob* perpendiculaire à *oa*; d'ailleurs β₁Q₁ devient βQ. On joint le point β à *b'*, ou bien on mène βQ' parallèle à αP.

353. *Remarques*. I. On peut mener à un ellipsoïde deux plans tangents répondant à la question.

II. En général, il y a autant de plans tangents que l'on peut mener de tangentes au méridien principal, parallèlement à une direction donnée. Ainsi le tore a quatre plans tangents de position donnée, car on peut mener deux tangentes de direction donnée à chacun des cercles qui forment le méridien; deux de ces plans tangents seraient en même temps sécants par rapport au tore.

Problème.

354. *Déterminer le point de contact d'un plan tangent à une surface de révolution, ce point devant appartenir à un méridien donné, et le plan tangent être parallèle à une droite donnée* (R, R').

On sait mener un plan tangent à un cylindre dont la trace est connue (nᵒ 327); il suffirait donc de déterminer la trace du cylindre horizontal, ayant pour section droite le méridien donné, et de mener à ce cylindre un plan tangent parallèle à la droite donnée; mais il est avantageux de résoudre le problème sans recourir à la trace du cylindre.

Autour de l'axe de la surface de révolution, faisons tourner le cylindre et le plan tangent supposé mené, jusqu'à ce que le cylindre soit perpendiculaire au plan vertical. Le plan tangent deviendra de bout, et sa trace verticale sera tangente au méridien principal de la surface de révolution; donc il faut faire tourner la droite d'un angle égal à l'angle formé par le méridien donné avec le méridien principal; mener, par cette nouvelle droite,

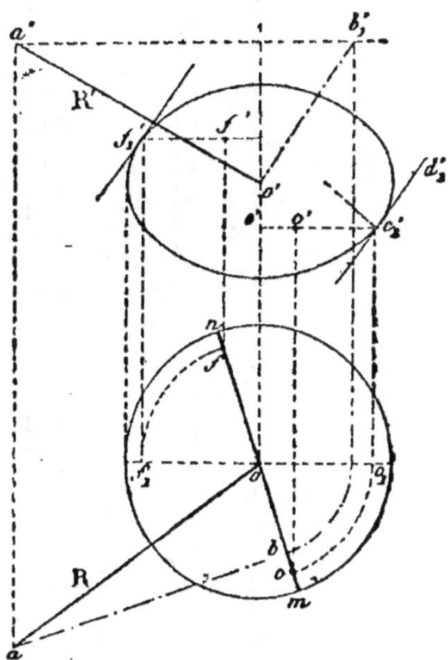

Fig. 299.

un plan tangent au nouveau cylindre ; puis, par une rotation égale et contraire, ramener le point de contact à sa première position.

Soit *mn* la projection horizontale du méridien donné ; considérons le cylindre circonscrit à la surface de révolution suivant ce méridien : ses génératrices sont perpendiculaires à *mn*, sa section droite égale le méridien.

Pour mener un plan tangent à ce cylindre, projetons (R, R') sur le méridien donné, et, afin de ne point tracer la projection verticale de *mn*, amenons *bo* sur le méridien principal ; on trouve ainsi $o'b'_1$; il faut ensuite mener une tangente $d'_1 c'_1$ parallèle à $o'b'_1$; le point de contact c'_1 fait connaître c_1, ce qui donne le point c sur le méridien considéré, et par suite c' sur le parallèle $e'c'_1$.

Il y a deux solutions : (c, c') appartient à la partie antérieure du méridien, et (f, f') à la partie postérieure.

Remarque. Dans ce problème et les suivants, on ne demande que le point de contact du plan tangent, car la recherche des traces de ce plan n'offre ni intérêt ni difficulté.

Problème.

355. *Déterminer le point de contact d'un plan tangent à une sur-*

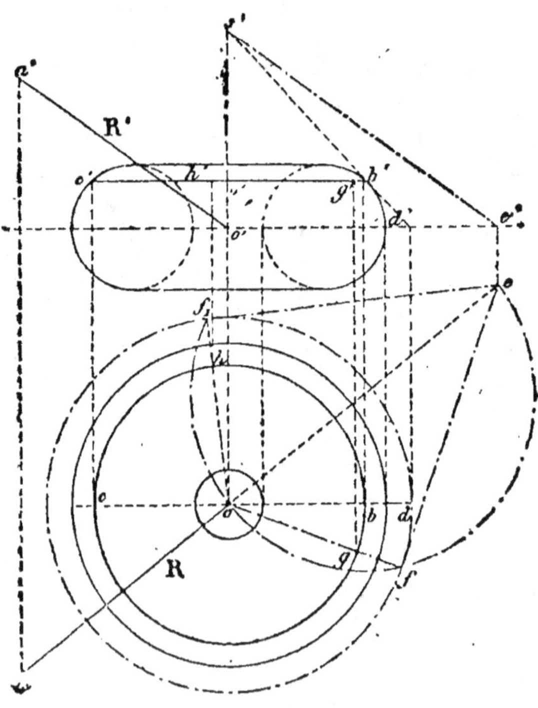

Fig. 300.

face de révolution, ce point devant appartenir à un parallèle donné, et le plan être parallèle à une droite (R, R').

Le plan demandé est tangent au cône circonscrit à la surface suivant le parallèle donné : il faut donc mener à ce cône un plan tangent parallèle à la droite donnée.

Soit cb, $c'b'$ le parallèle donné sur la surface de révolution, sur un tore, par exemple.

Menons la tangente $d'b's'$ afin de déterminer le sommet du cône circonscrit à la surface, suivant le parallèle donné.

Par le sommet de ce cône, menons une parallèle $(se, s'e')$ à (R, R'). Cherchons sa trace (e, e') sur un plan horizontal quelconque ; il faut mener par le point e une tangente ef à la trace du cône sur ce plan horizontal, puis la projection horizontale of de la génératrice de contact ; la rencontre g de cette droite et du parallèle fait connaître la projection verticale g' du point de contact.

Le second point (h, h') appartient à la partie postérieure du parallèle.

Remarque. Il faut que le point e ne soit pas à l'intérieur du cercle ff_1.

Problème.

356. *Déterminer la courbe de contact d'une surface de révolution et du cylindre circonscrit dont les génératrices sont parallèles à une droite donnée* (R, R').

Le lieu géométrique des points de contact des plans tangents, parallèles à la droite donnée (R, R') est le contour apparent de la surface par rapport à la direction donnée (n° 299) ; les parallèles à (R, R'), menées par chaque point de ce contour apparent, forment le cylindre circonscrit. Déterminer un point quelconque de la courbe de contact revient donc à mener un plan tangent parallèle à la droite (R, R'), le point de contact devant se trouver sur un méridien quelconque, ou sur un parallèle quelconque.

Par exemple, en employant le cylindre circonscrit (n° 354), soit à déterminer le point de contact situé sur le méridien projeté horizontalement suivant mn.

Abaissons la perpendiculaire ab ; déterminons $o'b'_1$ (n° 354), et menons les tangentes $c'_1d'_1$, $f'_1g'_1$ parallèles à $o'b'_1$.

Les points de contact seront à l'intersection du méridien donné et des parallèles menés par c'_1 et f'_1. La projection f'_1 fait connaître f_1 ; puis le parallèle coupe mn en c et f, et l'on projette ces points en c', f'.

A l'aide du même procédé, ou en employant le cône circonscrit (n° 355), on détermine un certain nombre de points, que l'on réunit ensuite par un trait continu.

357. *Remarques.* 1. Par le rabattement de ob, le point b peut donner b'_1 ou b'_2 ; les tangentes menées parallèlement à $o'b'_1$ ou à $o'b'_2$ déterminent les mêmes parallèles c'_1, f'_1.

II. Les parallèles c'_1, f'_1 donnent des points de contact (e, e')

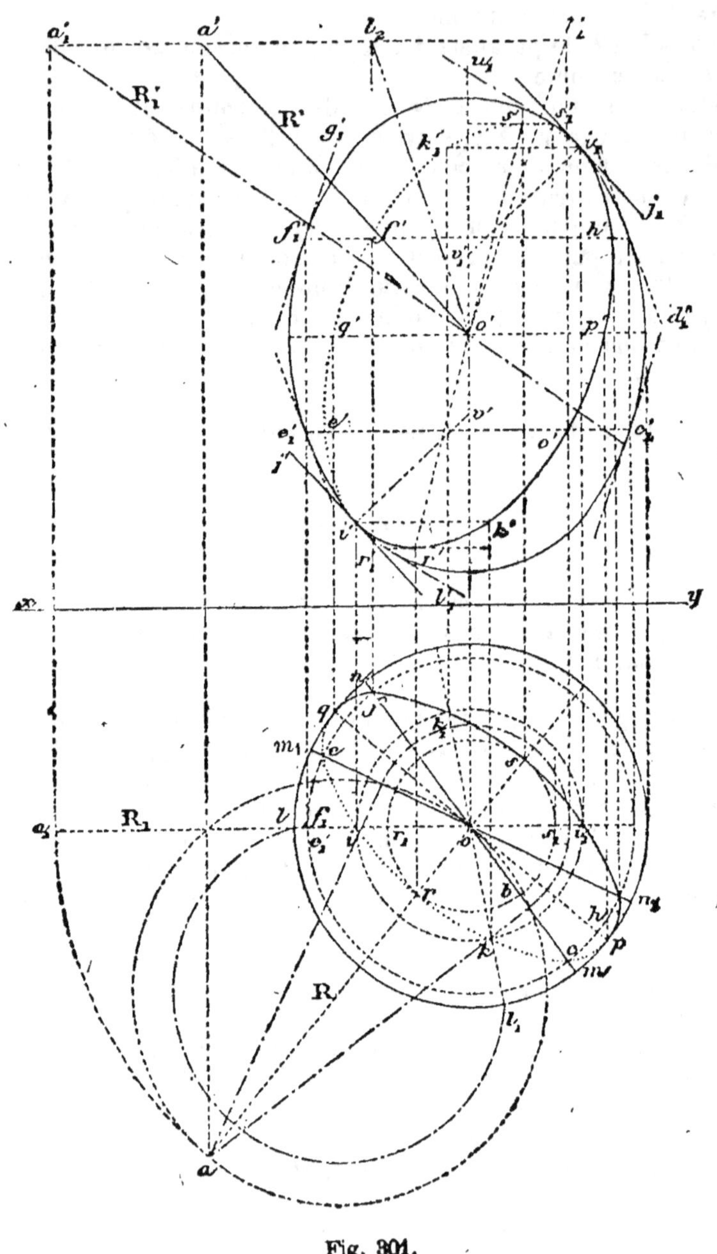

Fig. 301.

(h, h'), situés sur le méridien $m_1 n_1$ symétrique de mn par rapport à la droite ao.

358. Points principaux. Certains points peuvent être trouvés directement, d'autres ont une importance spéciale; il faut les déterminer et ne recourir qu'un petit nombre de fois à la construction générale.

1° Les plans tangents verticaux parallèles à la droite donnée (R, R') ont leurs points de contact p et q sur l'équateur, aux extrémités du diamètre perpendiculaire à R; d'ailleurs p et q font connaître p' et q'.

2° Les points situés sur le méridien principal sont donnés par les plans tangents de bout, dont les traces verticales sont les tangentes $i'j'$ et $i'_1 j'_1$ parallèles à R'.

i' et i'_1 font connaître i et i_1.

On détermine le méridien o'_1 symétrique de ol, et on obtient un nouveau point (k, k') en prenant $ok = oi$, etc.

3° Le point le plus haut et le point le plus bas de la projection verticale sont donnés par les tangentes menées au méridien qui contient (R, R'), ou, plus généralement, au méridien parallèle à la direction donnée. Amenons ce méridien à se confondre avec le méridien principal; (R, R') devient (R_1, R'_1); on mène $r'_1 t'_1$ et $s'_1 u'_1$ parallèles à R'_1; la projection r'_1 fait connaître r_1, et on amène le point (r_1, r'_1) en (r, r'). De même on obtient (s, s').

359. *Remarques.* I. ao est toujours un axe de la projection horizontale.

II. L'arc $(ipi_1, i'p'i'_1)$, placé sur la partie antérieure de la surface, est visible sur la projection verticale; l'arc $(psq, p's'q')$, situé au-dessus de l'équateur, est visible en projection horizontale.

III. Les constructions se simplifient lorsqu'on connaît la nature de la courbe à obtenir; ainsi, lorsque la surface de révolution est un ellipsoïde, comme dans l'exemple donné, chaque projection de la courbe de contact est une ellipse.

La projection horizontale a pour axes pq, rs, tandis que $p'q'$, $r's'$ sont des diamètres conjugués de la projection verticale (n° 226, note).

Problème.

360. *Déterminer le point de contact d'un plan tangent à une surface de révolution, ce point devant appartenir à un méridien donné, et le plan devant passer par un point donné.*

Un raisonnement analogue à celui qu'on a fait dans un problème précédent (n° 354) conduit aux conclusions suivantes.

Il faut amener le méridien donné à coïncider avec le méridien principal, faire subir la même rotation angulaire au point donné, puis par ce nouveau point mener un plan tangent au cylindre circonscrit à la surface de révolution suivant le méridien principal; enfin, ramener le méridien donné à sa première position, et déterminer ainsi les projections du point de contact demandé.

Les constructions sont d'ailleurs très simples.

Soient (a, a') le point donné, et mn la trace du méridien donné.

Du point (a, a') abaissons une perpendiculaire sur le méridien mn, afin d'avoir une parallèle ab aux génératrices du cylindre circonscrit suivant ce méridien.

Par une rotation autour de l'axe vertical de la surface, b est amené

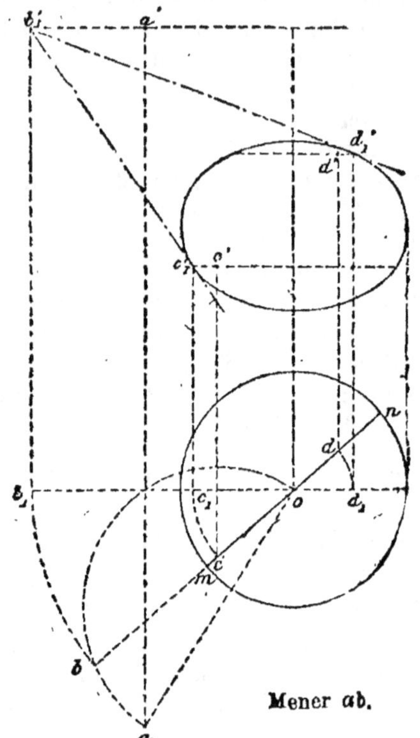

Fig. 302.

en b_1 sur le plan du méridien principal; la droite AB devient perpendiculaire au plan vertical et se projette alors au point b'_1. Le méridien mn se confond alors avec le méridien principal; donc par b'_1 il faut mener une tangente $b'_1 c'_1$ au contour apparent.

La rotation contraire ramène le point de contact (c_1, c'_1) en (c, c') sur le méridien donné.

Il y a un second point (d, d') répondant à la question.

Problème.

361. *Déterminer le point de contact d'un plan tangent à une surface de révolution, ce point devant appartenir à un parallèle donné, et le plan devant passer par un point donné.*

Il suffit de mener par le point donné un plan tangent au cône circonscrit suivant le parallèle donné.

Soient (a, a') et $(bc, b'c')$ le point et le parallèle donnés.

Menons la tangente $c's'$ afin de déterminer le sommet du cône circonscrit à la surface de révolution suivant le parallèle donné (bc, $b'c'$).

Le plan tangent doit contenir la droite qui joint le point donné (a, a') au sommet (s, s') de ce cône.

Par la trace horizontale e, il faut mener une tangente ef à la trace

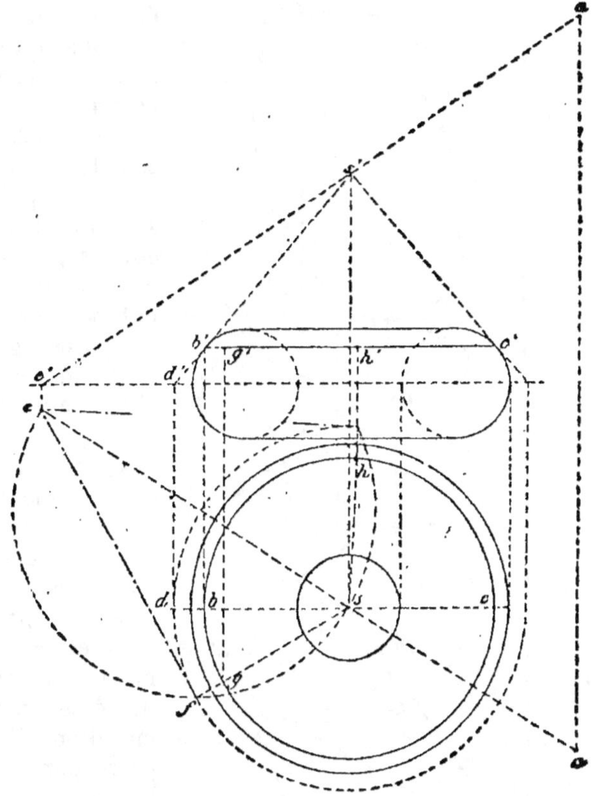

Fig. 303.

du cône sur le plan horizontal considéré ; le point de tangence détermine la génératrice de contact sf ; par suite, g est la projection horizontale du point de contact, et g' en est la projection verticale.

Il y a une seconde solution (h, h').

Remarques. I. Pour que le problème soit possible, il suffit que la droite SE ne soit pas intérieure au cône circonscrit.

II. On peut simplifier l'épure en faisant passer le plan horizontal par le parallèle donné.

Problème.

362. *Déterminer la courbe de contact d'une surface de révolution et d'un cône circonscrit de sommet donné.*

On construit cette courbe par points, comme la courbe de contact du cylindre circonscrit (n° 356).

Soit (a, a') le sommet du cône circonscrit.

Un point quelconque de la courbe se détermine à l'aide d'un des problèmes précédents (n°ᵉ 360 et 361).

Les points principaux sont les suivants :

1° Les points p et q, situés sur l'équateur, sont donnés par les plans tangents verticaux ; ces plans ont pour traces horizontales les tangentes ap, aq.

2° Les points i', i'_1, situés sur le méridien principal, sont déterminés par les tangentes $a'i'$, $a'i'_1$. D'ailleurs i fait connaître k sur le méridien symétrique de oi par rapport à oa.

3° Le point le plus haut et le point le plus bas de la projection verticale se trouvent sur le méridien dont le plan passe par le point donné (a, a'). Amenons ce méridien à se confondre avec le méridien principal ; (a, a') devient (a_1, a'_1). La tangente $a'_1r'_1$ fait connaître le point le plus bas (r, r'), et $a'_1s'_1$ détermine le point le plus haut (s, s').

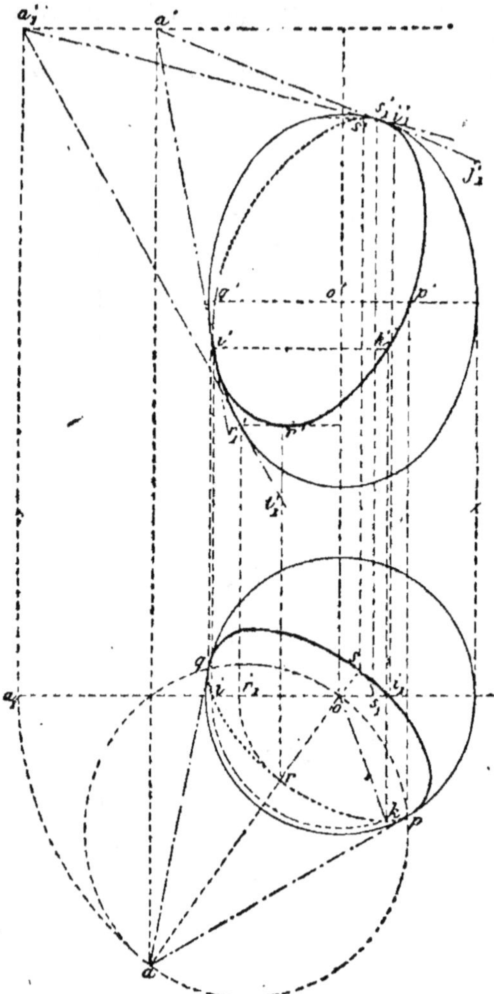

Fig. 304.

Problème.

363. *Par une droite donnée, mener un plan tangent à une surface de révolution.*

Soient la surface s et la droite ab.

Tout plan tangent à un cône ou à un cylindre circonscrit à la surface donnée, est tangent à cette surface en un point de la courbe de contact ; donc, déterminons les courbes de contact ef, gh de deux cônes circonscrits, ayant leurs sommets sur la droite donnée (fig. 305), ou d'un cône et d'un cylindre à génératrices parallèles à *ab* (fig. 306).

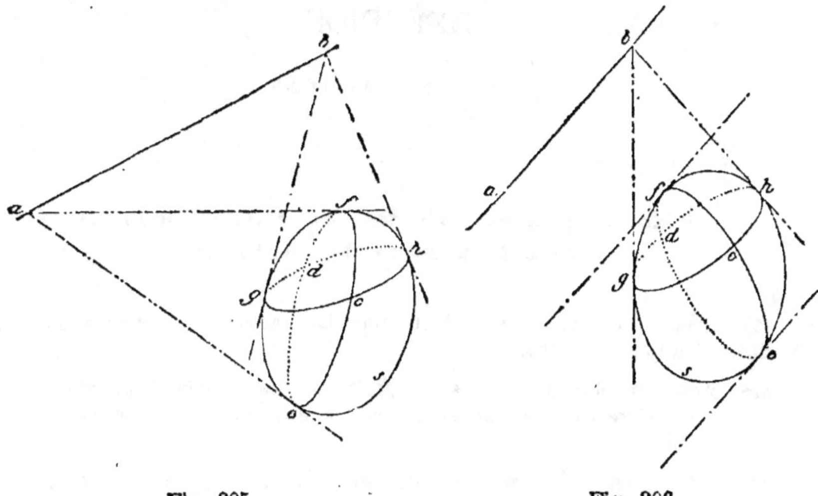

Fig. 305.   Fig. 306.

Soient *c* et *d* les points d'intersection des deux courbes de contact; les plans *abc* et *abd* répondent à la question.

Remarque. Dans le cas simple relatif à la sphère, nous avons déjà recouru à deux cônes circonscrits (n° 348), et le premier moyen (n° 346) revient, en réalité, à l'emploi d'un cylindre et d'un cône circonscrits.

EXERCICES

PLANS TANGENTS

Plan tangent au cylindre, au cône quelconque et à l'ellipsoïde de révolution.

425. Mener à un cylindre de front un plan tangent qui fasse avec le plan horizontal un angle donné.

426. Mener un plan parallèle à une droite donnée, tangent à un cylindre dont on connaît la direction des génératrices, et une directrice contenue dans un plan quelconque P.

427. Déterminer les génératrices de contact d'un cylindre de révolution dont l'axe est horizontal, et des plans tangents parallèles à une droite donnée.

428. A un cylindre de révolution donné par son rayon et les projections de l'axe, mener un plan tangent parallèle à une droite donnée.

429. Déterminer les génératrices de contact d'un cylindre de révolution dont l'axe est horizontal, et des plans tangents menés par un point donné.

430. A deux cylindres donnés, mener des plans tangents parallèles entre eux.

431. Mener une normale commune à deux cylindres.

432. Mener, parallèlement à une droite donnée, un plan tangent à un cône de révolution dont l'axe est vertical.

433. On donne un cercle, situé dans un plan horizontal, et on le considère comme la base d'un cône ayant pour sommet un point de la ligne de terre. On demande de lui mener un plan tangent par un autre point de la ligne de terre.

434. Par un point donné, mener un plan tangent à un cône de révolution dont l'axe est vertical.

435. A un cône et à un cylindre, mener des plans tangents parallèles entre eux.

436. Mener à deux cônes des plans tangents parallèles entre eux.

437. On donne les projections d'une génératrice d'une surface de révolution à axe vertical : on demande de déterminer le plan tangent en un point quelconque de la surface.

438. L'axe d'une surface de révolution est de bout; mener les plans tangents à cette surface par les points qui ont une projection verticale donnée.

439. Déterminer le point de contact d'un plan tangent à une surface de révolution : ce point doit appartenir à un parallèle donné, et le plan doit être parallèle à une droite donnée.

440. Déterminer les projections de la courbe de contact d'un ellipsoïde de révolution et du cylindre circonscrit dont les génératrices sont parallèles à une droite donnée : déterminer directement les axes de la projection horizontale de la courbe de contact.

441. Déterminer la courbe de contact d'une surface de révolution et du cylindre circonscrit dont les génératrices sont parallèles à une droite donnée.

442. Déterminer le point de contact d'un plan tangent à une surface de révolution : ce point doit appartenir à un parallèle donné, et le point doit passer par un point donné.

443. Déterminer les projections de la courbe de contact d'un cône circonscrit à un ellipsoïde ou à un paraboloïde de révolution ; le sommet du cône est donné : déterminer aussi les axes de la projection horizontale.

444. A une surface de révolution, mener une normale parallèle à une droite donnée.

445. Par un point donné, mener une normale à une surface de révolution.

Plan tangent à l'ellipsoïde scalène.

446. Par un point donné d'un ellipsoïde scalène, mener un plan tangent à l'ellipsoïde.

447. A un ellipsoïde scalène, mener un plan tangent qui soit parallèle à un plan donné.

448. Déterminer le point de contact d'un plan tangent à un ellipsoïde scalène, ce point devant appartenir à un méridien donné, et le plan tangent devant être parallèle à une droite donnée (R, R').

449. Déterminer le point de contact d'un plan tangent à un ellipsoïde scalène, ce point devant appartenir à un parallèle donné, et le plan être parallèle à une droite donnée.

450. Déterminer la courbe de contact d'un ellipsoïde scalène et du cylindre circonscrit dont les génératrices sont parallèles à une droite donnée.

451. Déterminer le point de contact d'un plan tangent à un ellipsoïde scalène, ce point devant appartenir à un méridien donné, et le plan devant passer par un point donné.

452. Déterminer le point de contact d'un plan tangent à un ellipsoïde scalène, ce point devant appartenir à un parallèle donné, et le plan devant passer par un point donné.

453. Déterminer la courbe de contact d'un ellipsoïde scalène et d'un cône circonscrit dont le sommet est donné.

454. A un paraboloïde elliptique, mener un plan tangent faisant un angle donné avec l'axe de la surface et tel que le point de contact appartienne à un parallèle donné.

455. Déterminer la courbe de contact d'un paraboloïde elliptique et d'un cylindre circonscrit, dont les génératrices sont parallèles à une droite donnée.

Plan tangent mené par une droite à la sphère.

456. Mener, par la ligne de terre, un plan tangent à une sphère donnée par ses projections.

457. On donne une sphère dont le centre est sur la ligne de terre, et une droite située dans un plan de profil; mener les plans tangents à la sphère, passant par la droite donnée.

458. Par un point donné mener un plan tangent à un cylindre de révolution dont on connaît l'axe et le rayon.

459. I. Un cône de révolution étant défini par les projections de son axe et l'angle que cet axe forme avec les génératrices, mener à ce cône un plan tangent qui soit parallèle à une droite donnée.

459. II. Par un point donné, mener un plan tangent à un cône de révolution dont on connaît l'axe et l'angle que cet axe forme avec les génératrices.

460. Un cône circonscrit à une sphère a pour sommet un point donné, sans tracer l'ellipse suivant laquelle ce cône coupe le plan horizontal, mené par le centre de la sphère : déterminer la trace horizontale d'un plan tangent à ce cône et passant par un point donné.

461. Par un point donné, mener un plan tangent à deux sphères données.

462. Mener un plan tangent commun à deux cônes de révolution de même sommet.

463. A deux sphères données, mener un plan tangent qui soit parallèle à une droite donnée.

464. Mener un plan tangent à trois sphères.

465. Par un point donné, mener un plan équidistant de trois sphères données.

466. Par une droite donnée, mener un plan équidistant de deux sphères données.

467. Mener un plan équidistant de quatre sphères données.

468. Mener un plan tangent commun à une sphère et à un cylindre de révolution.

469. Mener un plan tangent commun à une sphère et à un cône de révolution.

470. 1° Dans quel cas peut-on mener un plan tangent commun à deux cylindres, et combien y a-t-il de solutions lorsque la trace horizontale de chaque cylindre est une courbe convexe fermée?

2° Peut-on généralement mener un plan tangent à un cône et à un cylindre?

3° Peut-on mener généralement un plan tangent commun à deux cônes quelconques?

471. I. Par une horizontale donnée, mener un plan tangent à un tore.

471. II. Mener à un tore un plan tangent parallèle à un plan donné.

472. Par une droite donnée, mener un plan tangent à une surface quelconque de révolution.

Plan tangent mené par une droite à une surface quelconque du second degré.

473. Un cône est coupé par un plan de bout; par un point du plan sécant, mener des tangentes à la section, sans tracer cette courbe.

474. Un cône est coupé par un plan quelconque; par un point du plan sécant, mener des tangentes à la section, sans tracer cette courbe.

475. Un cône est coupé par un plan de bout; mener à la section, sans tracer cette courbe, une tangente parallèle à une droite donnée.

476. Un ellipsoïde scalène est coupé par un plan de bout; mener à la section, sans tracer cette courbe, une tangente parallèle à une droite donnée.

477. Par une droite donnée, mener un plan tangent à une surface du second degré.

478. Par une droite donnée, mener un plan tangent à un ellipsoïde scalène.

479. Par une droite, mener un plan tangent à un paraboloïde elliptique, lorsque cette surface est donnée par une parabole principale et une section elliptique.

480. Par une droite, mener un plan tangent à un paraboloïde elliptique, lorsque cette surface est donnée par ses deux paraboles principales.

481. Un plan passe par une des génératrices d'un hyperboloïde à une nappe, déterminer le point de contact de ce plan tangent.

482. Mener un plan tangent à un hyperboloïde de révolution parallèlement à un plan donné P.

483. Par une droite donnée, mener un plan tangent à l'hyperboloïde de révolution à une nappe, défini par son axe et sa génératrice.

484. Par une droite, mener un plan tangent à un hyperboloïde scalène à une nappe.

485. Par une droite donnée, mener un plan tangent à un hyperboloïde à deux nappes.

Plan tangent à un paraboloïde hyperbolique, au conoïde, à l'hélicoïde.

486. Mener un plan tangent à un paraboloïde hyperbolique lorsqu'on connaît le point de contact.

487. Déterminer le point de tangence d'un plan mené par une génératrice d'un paraboloïde.

488. Le paraboloïde étant défini par ses traces et son sommet, mener un plan tangent parallèle à un plan donné.

489. On donne un plan quelconque et deux droites, l'une sur le plan horizontal et l'autre sur le plan vertical. Les deux droites sont les directrices d'un paraboloïde hyperbolique dont le plan donné est un des plans directeurs : 1° tracer quelques génératrices de la surface; 2° déterminer le second plan directeur; 3° la direction du plan tangent au sommet du paraboloïde, et 4° le plan tangent en un point de cette surface courbe.

490. Un quadrilatère gauche a deux de ses côtés sur le plan horizontal et les deux autres sur le plan vertical; déterminer : 1° quelques génératrices du plan gauche; 2° le plan tangent en un point de la surface; 3° la direction des plans directeurs.

491. Par un point donné sur la surface d'un paraboloïde hyperbolique, mener un plan tangent à cette surface. Le paraboloïde est donné par ses deux paraboles principales.

492. Par un point donné d'un conoïde elliptique, mener un plan tangent à cette surface.

493. Déterminer le point de contact d'un plan mené par une génératrice d'un conoïde elliptique.

494. Par un point donné, mener un plan tangent à un conoïde elliptique.

495. Mener à un conoïde elliptique un plan tangent qui soit parallèle à une droite donnée.

496. Mener un plan tangent à un hélicoïde gauche, par un point donné de cette surface.

Point brillant.

497. D'après les lois de la réflexion, le rayon incident, la normale et le rayon réfléchi sont dans un même plan, et l'angle de réflexion est égal à l'angle d'incidence; déterminer, sur une sphère, le point pour lequel le rayon réfléchi est perpendiculaire au plan vertical, le rayon lumineux devant être parallèle à une ligne donnée. (*Le point demandé est le point brillant de la projection verticale de la sphère.*)

498. Déterminer le point brillant de la projection horizontale d'une sphère.

499. Déterminer le point brillant de la projection horizontale d'un ellipsoïde de révolution.

500. Déterminer les points brillants de la projection verticale d'un tore.

501. Déterminer le point brillant de la projection verticale d'une sphère, lorsque le rayon lumineux passe par un point donné.

502. On donne deux points *a* et *b*, inégalement éloignés d'une sphère, ayant *o* pour centre; trouver le chemin minimum qui joint ces deux points en touchant la sphère. (*Saint-Étienne, examen oral pour l'admission à l'École des Mines, 1867.*)

Voir en outre le chapitre complémentaire : *Problèmes sur la sphère*, à la fin de la *deuxième partie*.

CHAPITRE IV

SECTIONS PLANES

Introduction.

364. Surfaces réglées. Pour trouver la section d'une surface réglée par un plan quelconque, on peut déterminer le point de rencontre de chaque génératrice avec le plan.

Dans les applications, on se borne à chercher un petit nombre de points, convenablement choisis, que l'on joint ensuite par un trait continu.

Surfaces de révolution. On sait que toute section plane de la *sphère* est un cercle; la circonférence se projette suivant des ellipses, dont il convient de déterminer les axes.

Pour les autres *surfaces de révolution*, on cherche les intersections du plan sécant avec quelques parallèles de la surface et avec le méridien principal.

365. Tangente à la courbe de section. *La tangente à la courbe plane obtenue, est l'intersection du plan sécant donné et du plan tangent à la surface au point considéré* (nᵒ 281).

Les projections de la courbe et celles de la tangente sont tangentes entre elles (nᵒ 283).

Vraie grandeur de la section. La vraie grandeur de la section s'obtient en rabattant le plan sécant sur l'un des plans de projection.

Il faut se borner à un seul rabattement; mais sur les épures nous donnons parfois le rabattement sur le plan horizontal et le rabattement sur le plan vertical, afin d'indiquer les deux manières de procéder.

Remarque. Les questions relatives aux sections planes se simplifient lorsque le plan sécant est perpendiculaire à l'un des plans de projection; car l'une des projections de la section se réduit alors à une ligne droite (nᵒ 40).

366. Développement et Transformée. Lorsque la surface coupée est développable (n° 263), on l'ouvre suivant une de ses génératrices, et on dessine sur l'épure la figure qu'on obtiendrait en y développant la surface étudiée.

Transformée. Dans le développement d'une surface, on nomme *transformée* du périmètre d'une section plane, la ligne qui correspond, point par point, à ce périmètre.

Toute tangente à la section donne une tangente au point correspondant de la transformée; car elle reste la limite des positions que prend une sécante dont les points d'intersection se rapprochent indéfiniment; par suite,

Quelle que soit la modification subie par la surface développable, la tangente à une courbe tracée sur la surface fait un angle constant avec la génératrice rectiligne du point de contact.

367. Point d'inflexion. Le *point d'inflexion* d'une courbe est un point à partir duquel la courbe est située de part et d'autre de sa tangente en ce point.

La tangente, au point d'inflexion, traverse donc la courbe en ce point.

Le théorème suivant permet de déterminer les points d'inflexion d'une *transformée*.

Théorème d'Olivier. *Dans le développement d'une surface courbe, pour qu'un point d'une section plane donne un point d'inflexion de la transformée, il suffit que le plan sécant soit perpendiculaire au plan tangent à la surface en ce point, sans l'être à la génératrice de contact.*

Transformée du cylindre. Pour étudier la transformée du périmètre d'une section plane d'un cylindre, remplaçons le cylindre par un prisme inscrit, dont les arêtes peuvent être aussi rapprochées qu'on le voudra.

Soit donc *abcde, lmno* un prisme coupé par un plan S perpendiculaire à la face *cdmn*, mais oblique par rapport aux arêtes.

Développons le prisme sur le plan T. de la face *cdmn*; soit GCDH l'intersection des plans S. et T.

Pour deux génératrices infiniment rapprochées *cm, dn,* du cylindre qui est la limite du prisme inscrit considéré, le plan T. est le plan tangent; et en développant la surface courbe, la droite GCDH sera tangente à la transformée, car elle a avec cette courbe un élément rectiligne commun CD ou *cd,* infiniment petit. Il suffit donc de démontrer que les éléments *de, ef,* ayant leur transformée en DE, EF, au-dessous de la tangente, dans la région T. du plan tangent, les éléments *cb, ba* ont, au contraire, leur transformée CB, BA au-dessus de la tangente, dans la région P. du plan tangent.

En effet, on sait que l'angle aigu *minimum* qu'une droite puisse faire avec une autre droite, mené par son pied dans un plan, est l'angle que la première droite forme avec sa projection sur le plan considéré, et que l'angle obtus supplémentaire, formé par la même droite avec le prolongement de sa projection, est l'angle maximum (G., n⁰ 409); or le plan tangent T. étant perpendiculaire au plan sécant S., la projection des généra-

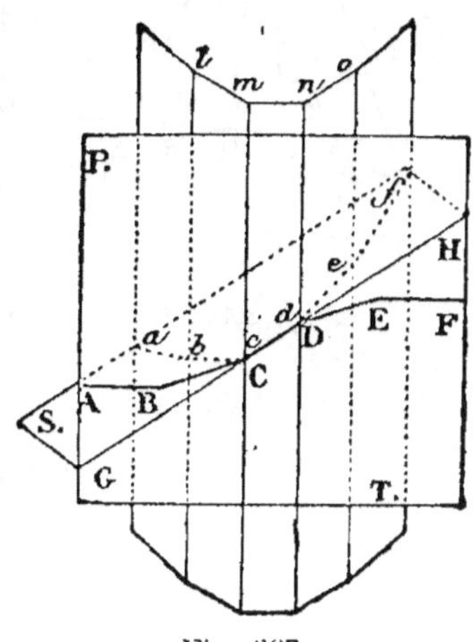
Fig. 307.

tions *mc, nd* est la trace même CDH des deux plans ; donc l'angle aigu *ndH* est plus petit que l'angle *nde*, et l'angle obtus *mcG* est plus grand que l'angle *mcb*. Il en résulte qu'en amenant la face *ndo* sur le plan T., l'élément rectiligne *de* viendra en DE, en formant un angle *nDE* plus grand que l'angle minimum *nDH* ; tandis que le rabattement de la face *mcbl* donnera CB pour transformée de *bc*, car l'angle *mcb* est plus petit que l'angle obtus maximum *mcG* ; ainsi, à partir de l'élément de contact CD, les parties DE, CB de la transformée sont de part et d'autre de la tangente GH.

Remarque. Si le plan sécant est perpendiculaire aux génératrices du cylindre, le périmètre de la section se transforme en ligne droite.

368. *Point d'inflexion de la transformée d'un cône.* Le *théorème d'Olivier* est vrai pour le cône. La démonstration donnée pour le prisme s'applique à la pyramide. Ainsi le point B (fig. 308) se trouve dans l'angle obtus SCG, tandis que le point E est hors de l'angle aigu SDH. Il y a donc encore inflexion, car CBA et DEF sont de part et d'autre de GCDH, à moins toutefois que la tangente au point considéré soit perpendiculaire à la génératrice du cône : le théorème comporte donc une *exception.*

Exception : Transformée sans inflexion. *La transformée du périmètre d'une section plane d'un cône du second degré n'a pas de point d'inflexion, lorsque le plan sécant est perpendiculaire à la génératrice de*

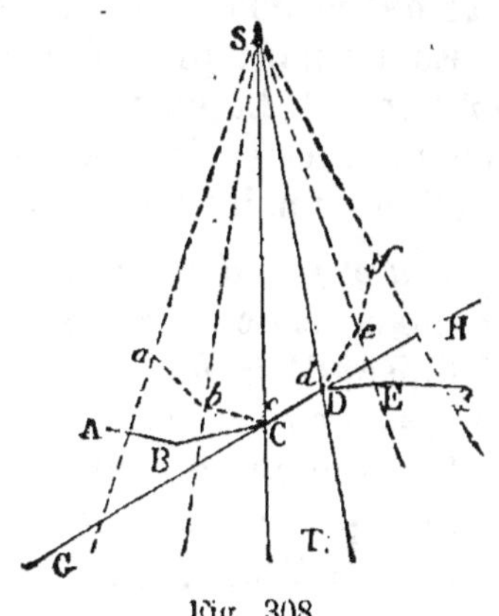
Fig. 308.

contact du plan tangent mené au cône, perpendiculairement au plan sécant.

En effet, dans le développement, les points B, E (fig. 309) se trouvent d'un même côté de GH.

Il n'y a pas d'inflexion, *à fortiori*, si la perpendiculaire menée au plan sécant, par le sommet du cône, passe dans l'intérieur de ce cône; car alors aucun plan tangent ne saurait être perpendiculaire au plan sécant.

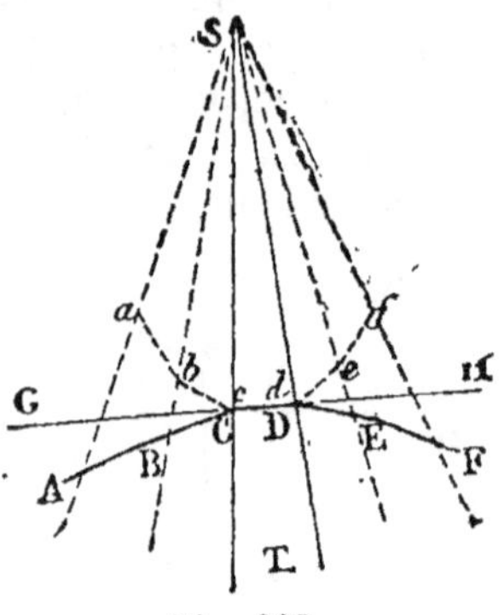

Fig. 309.

Remarque. En nous bornant aux cônes du second degré, c'est-à-dire aux cônes qui ont pour directrices une conique, on peut dire : *La transformée d'une section plane présente deux inflexions, ou n'en présente aucune, suivant que la projection du sommet du cône sur le plan sécant tombe ou ne tombe pas à l'extérieur de la section.*

§ I. — Cylindre.

Problème.

369. *Déterminer la section d'un cylindre de révolution dont l'axe est vertical, par un plan de bout.*

Trouver la vraie grandeur de la section et développer le cylindre.

Soit le plan PαP'; la section est une ellipse ayant pour grand axe $a'c'$ et pour petit axe bd. (G., n° 844.)

En prenant un point quelconque m sur $abcd$, on détermine m' sur $a'c'$. Le plan tangent le long de la génératrice $(m', m'n')$ a pour trace horizontale mt, donc $(mt, m't')$ est la tangente à la section au point (m, m') (n° 365).

Vraie grandeur de là section. En rabattant le plan PαP' sur le plan vertical, αf devient αF, etc. AC est le grand axe de l'ellipse, BD = bd en est le petit axe; pour un point quelconque (m, m') on a LM = lm.

La tangente tm devient TM.

Lorsque le plan sécant est rabattu sur le plan horizontal, on obtient $A_1B_1C_1D_1$.

370. Développement *. Ouvrons le cylindre suivant la généra-

---

* Pour étudier le *développement*, il faut se reporter alternativement à deux figures différentes : ainsi $(c, c'e')$ appartient à la figure 310, et c_1c_2 à la figure 311.

trice $(c, c'e')$. Traçons la droite $c_1 c_2$ (fig. 311) égale à la circonférence $abcd$ rectifiée ; les génératrices seront perpendiculaires
à $c_1 c_2$; puis prenons $c_1 c'_1 = c_2 c'_2 = c'e'$ (fig. 310) : de même

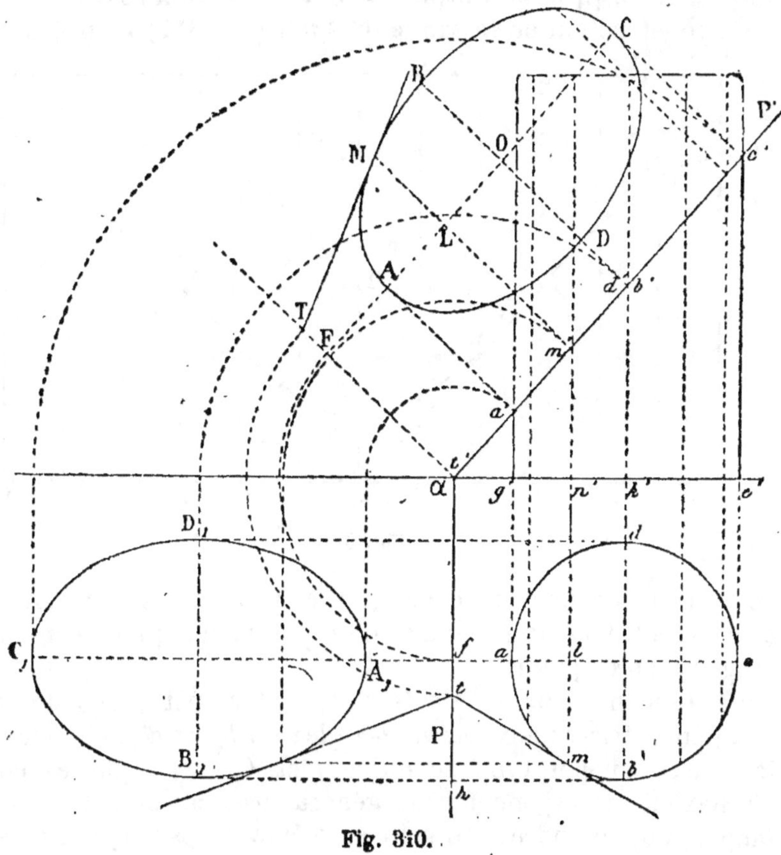

Fig. 310.

$d_1 d'_1 = k'd'$. Pour avoir un point quelconque de la transformée,
on prend $a_1 m_1$ égal à l'arc rectifié am, puis $m_1 m'_1 = m'n'$.

Généralement, pour rectifier la circonférence $abcd$, on la
divise en parties égales afin de simplifier les constructions.

On peut aussi employer le calcul ; on mesure le rayon, d'où
$C = 2\pi R$; on en déduit la longueur des subdivisions de cette
circonférence. Rappelons néanmoins qu'*en géométrie descriptive, on a surtout recours aux constructions graphiques :* on
peut utiliser celles qui sont indiquées en géométrie (nᵒˢ 992
à 995).

371. Tangente. La tangente en un point m'_1 de la transformée
fait avec la génératrice $m_1 m'_1$ le même angle que la tangente MT

fait avec la génératrice MN du cylindre (nº 366); or la tangente MT de l'espace est l'hypoténuse d'un triangle rectangle ayant pour côtés de l'angle droit mt et $m'n'$ (fig. 310); donc il suffit de prendre $m_1t_1 = mt$, $m_1m'_1 = m'n'$ et de joindre t_1 à m'_1.

La construction de la tangente $t_1m'_1$ (fig. 311) ne présuppose

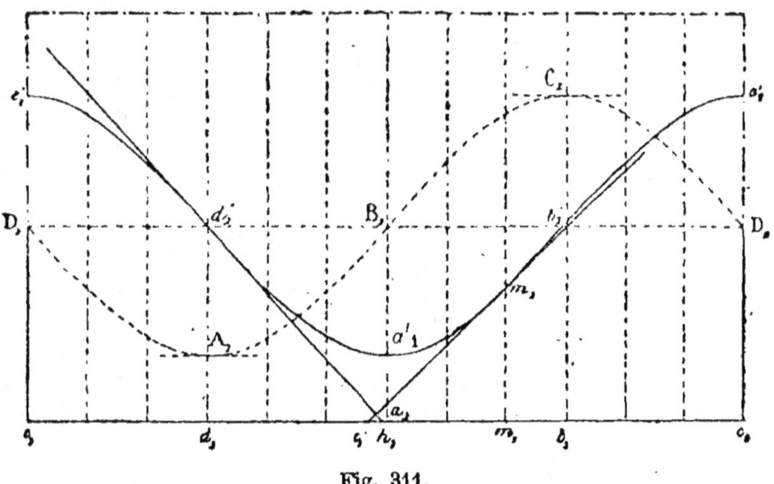

Fig. 311.

point celle de la transformée, la courbe se trace même plus exactement dans le voisinage d'un point, lorsqu'on connaît la tangente en ce point.

La tangente aux sommets c'_1, a'_1 et c'_2 est perpendiculaire aux génératrices; aux *points d'inflexion* b'_1 et d'_1, elle traverse la courbe au point même du contact. On a vu que les points d'inflexion correspondent aux génératrices de contact des plans tangents au cylindre, qui sont en même temps perpendiculaires au plan sécant $P\alpha P'$ (nº 367).

Remarque. En commençant le développement de la surface par la génératrice $(d, d'k')$, on obtient la transformée $D_1A_1B_1C_1D_2$, où l'on reconnaît plus facilement une *sinusoïde* (*Trigonométrie*, nº 11).

Problème.

372. *Déterminer la section droite d'un cylindre quelconque.*

La section droite sera donnée par un plan perpendiculaire aux génératrices.

On pourrait chercher la trace de chaque génératrice sur ce plan, en prenant, par exemple, pour plan auxiliaire l'un des plans projetants de cette génératrice; mais pour simplifier la recherche de

l'intersection, il suffit de prendre un nouveau plan vertical de
projection perpendiculaire au plan sécant (n° 365, *Remarque*).

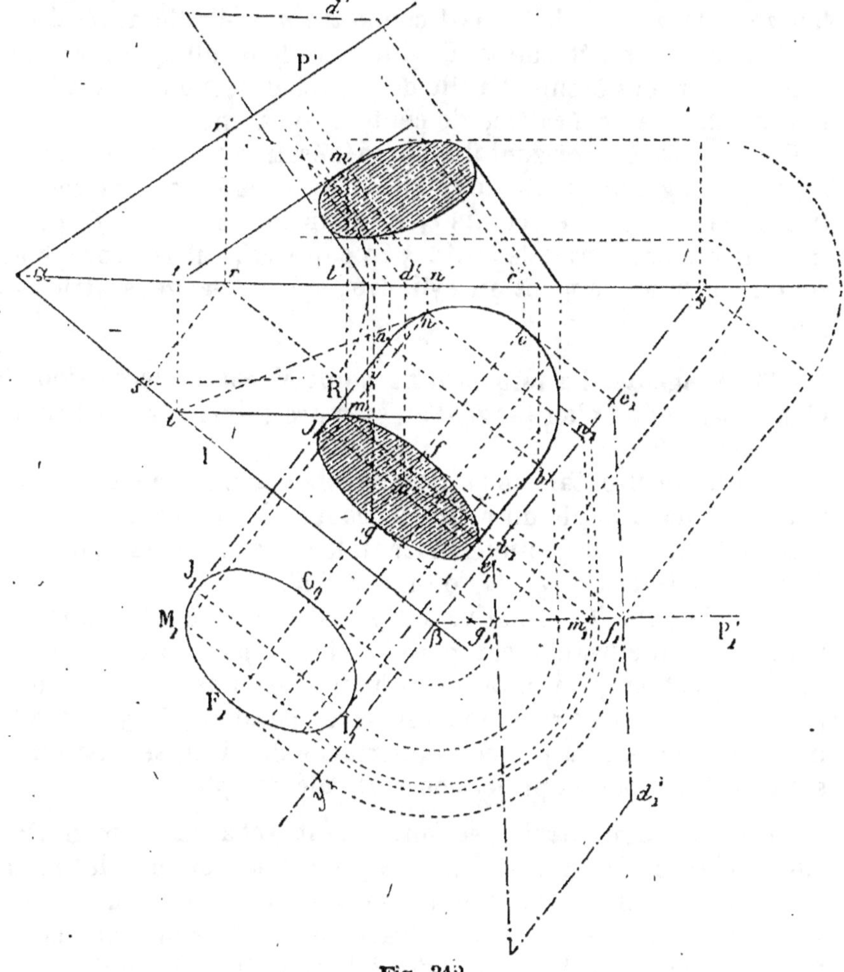

Fig. 312.

Soit le cylindre ayant pour trace horizontale la courbe *acbe*
et (*cd*, *c'd'*) pour génératrice.

Menons αP perpendiculaire aux projections horizontales des
génératrices, puis αP' perpendiculaire à *c'd'*. Changeons de plan
vertical ; avec la nouvelle ligne de terre *x'y'* perpendiculaire à
αP, on trouve βB'₁ pour nouvelle trace verticale*.

Les génératrices étant perpendiculaires à PβP'₁, la nouvelle

---

* Afin de ne pas sortir des limites de l'épure, on a mené *rs* parallèle à *x'y'* ;
le point (*r,r'*) devient R ; puis, par β, on mène βP'₁ parallèle à *sR* (n°ˢ 144 et 90).

projection verticale $c'_1d'_1$ doit être perpendiculaire à $\beta P'_1$.

Une génératrice quelconque, par exemple celle qui a pour trace (n, n'_1), est coupée en m'_1; ce point fait connaître la projection horizontale m, et celle-ci fait connaître m'; d'ailleurs $l'm'$ doit égaler $l'_1m'_1$. On détermine ainsi autant de points que l'on veut.

Il est particulièrement utile de chercher le point d'intersection de chaque génératrice de contour apparent.

En projection horizontale, les génératrices extrêmes aj, bi sont les tangentes à la directrice parallèles à cd. Les génératrices menées par les points c, e, donnent les points f, g, où la tangente est parallèle à αP, parce que cc'_1 est la trace horizontale du plan tangent au cylindre, suivant la génératrice du point c.

373. Tangente. La tangente au point M est l'intersection du plan sécant et du plan tangent au cylindre suivant la génératrice $(mn, m'n')$.

La trace horizontale de ce dernier plan, tangente au point n à la trace horizontale du cylindre, coupe αP au point t.

Donc tm est la projection horizontale de la tangente demandée. On projette t sur xy, et l'on mène $t'm'$.

La projetante ff'_1, relative à $x'y'$, est tangente à la courbe au point f; d'ailleurs elle est parallèle à αP; par suite, la droite, dont ff''_1 est la projection horizontale, est une horizontale du plan donné, et sa projection verticale, parallèle à xy, est elle-même tangente à la projection verticale de l'intersection. Il en est de même pour la projection verticale de gg'_1.

Vraie grandeur de la section. Il faut rabattre le plan $P\alpha P'$ sur le plan horizontal. De chaque projection horizontale, m par exemple, mener une perpendiculaire à αP; mais, sur le plan vertical auxiliaire, $\beta P'_1$ est la trace du plan sécant; m' est devenu m'_1, et en portant $\beta m'_1$ sur $\beta y'$, on obtient M_1, etc.

La tangente rabattue joindrait le point t au point M_1.

374. Développement. Le périmètre de la section droite est perpendiculaire aux génératrices du cylindre; donc, dans le développement, il aura pour transformée une ligne droite.

Cette droite aura même longueur que le périmètre de la section, et toutes les génératrices lui seront perpendiculaires.

Dans l'exemple donné (fig. 313), la section droite se développe suivant une droite g_1g_2 égale à la courbe F_1G_1 rectifiée (fig. 312). On doit avoir $g_1m_1 =$ arc G_1M_1; puis $Eg_1 = e'_1g_1$; $Nm_1 = n'_1m_1$, etc.

La courbe ECE_1 est la transformée de la trace horizontale du cylindre.

La transformée de la base supérieure s'obtient en prenant, à partir des points E, N, C..., sur chaque perpendiculaire à gg_1, une longueur égale aux génératrices du cylindre.

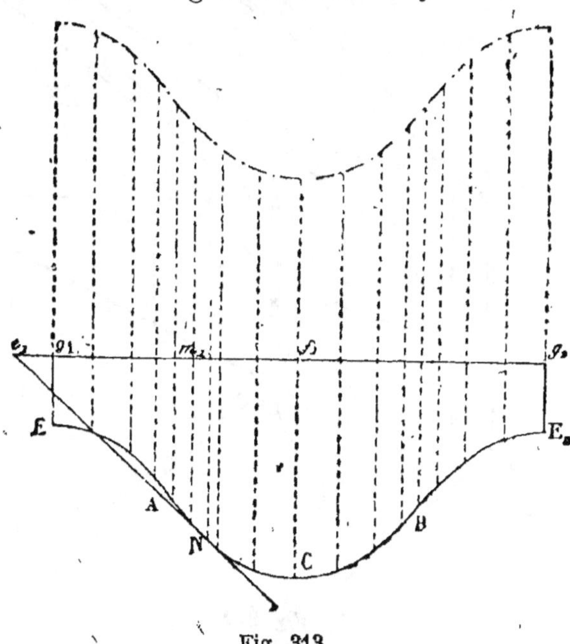

Fig. 313.

La tangente nt à la trace horizontale du cylindre devient Nt_1. Pour obtenir cette tangente à la transformée, on prend $m_1t_1 = M_1t$ et $m_1N = m'_1n'_1$ (fig. 312).

Points d'inflexion. Dans le développement, A et B sont les points d'inflexion ; ils sont donnés par les génératrices de contact a et b des plans tangents perpendiculaires à la section (fig. 312).

Application.

375. P. *Déterminer l'intersection d'une droite et d'un cylindre donnés.*

Par la droite, on fait passer un plan sécant ; les points où la droite rencontre le périmètre de la section appartiennent à la ligne et à la surface données.

Le plan auxiliaire qui donne lieu à la construction la plus simple est le plan mené par la droite, parallèlement aux génératrices du cylindre, parce qu'il coupe cette surface suivant des génératrices rectilignes.

Soient $(ab, a'b')$ et (C, C') la droite et le cylindre donnés.

Pour obtenir un plan auxiliaire, il faut mener, par un point

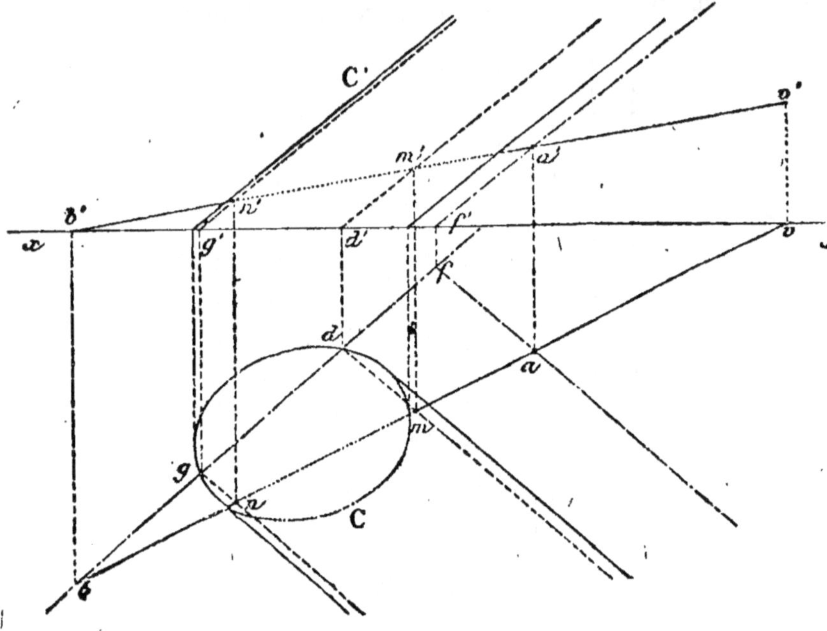

Fig. 314.

quelconque (a, a') de la droite, une parallèle $(af, a'f')$ aux génératrices du cylindre.

La trace horizontale de ce plan est déterminée par les traces horizontales b et f; or $bfdg$ donne les génératrices DM, GN; donc (m, m') et (n, n') sont les points demandés.

§ II. — Cône.

376. *Déterminer la section d'un cône de révolution par un plan.*

La courbe est une ellipse, une parabole ou une hyperbole, suivant l'inclinaison du plan. (G., n° 843.)

D'ailleurs toute section plane d'un cône de révolution se projette sur le plan de la base suivant une courbe de même genre que la proposée, et la projection du sommet du cône est l'un des foyers de la nouvelle courbe. (G., n° 855.)

Pour étudier les sections du cône, nous supposerons l'axe vertical et le plan sécant de bout (n° 37).

Problème.

377. *Déterminer la section d'un cône de révolution par un plan qui rencontre toutes les génératrices d'une même nappe de ce cône.*

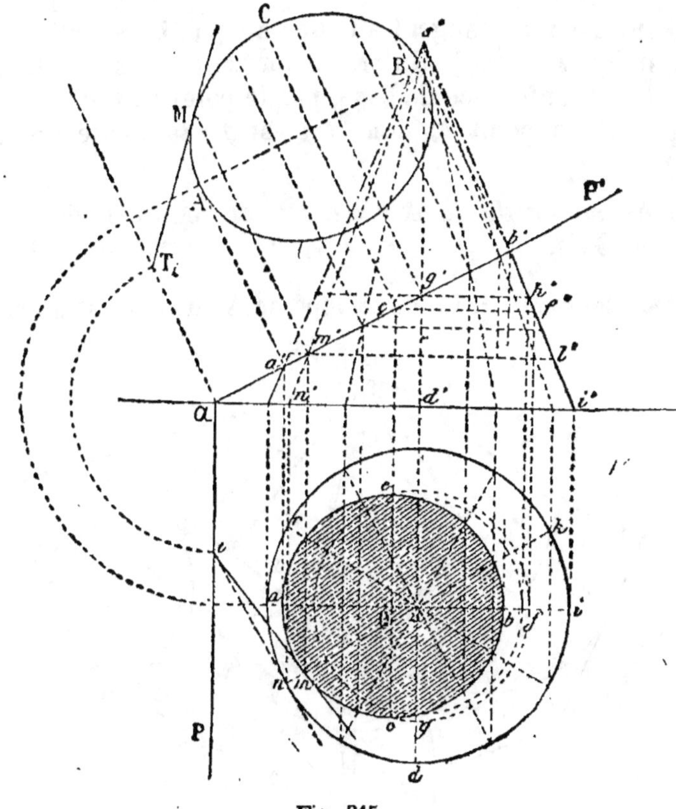

Fig. 315.

La section est une ellipse (G., n° 844), il suffit de déterminer les axes de sa projection horizontale.

Soit PαP' un plan de bout coupant toutes les génératrices d'une nappe du cône donné.

$a'b'$, grand axe de la section, fait connaître ab, grand axe de la projection ; le petit axe ce, perpendiculaire au milieu de ab, égale la corde perpendiculaire à $b'a'$, du parallèle qui passe au milieu de $a'b'$; donc, pour déterminer ce petit axe, on mène une perpendiculaire Oc' au milieu de ab ; elle passe au milieu de $a'b'$; on projette f' en f, et la circonférence de rayon sf donne ce pour petit axe.

Pour déterminer la courbe par points, sans recourir à ses axes, on mène diverses génératrices, $(sn, s'n')$ par exemple, et m' fait connaître m.

Cette construction ne peut pas être employée pour les génératrices de profil telles que $(sd, s'd')$; mais, le point G appartenant au parallèle $g'h'$, il suffit de décrire un arc du point s comme centre avec $g'h'$ pour rayon.

Tangente. Le plan tangent au cône au point (m, m') contient la génératrice $(sm, s'm')$. Sa trace horizontale est la tangente menée à la circonférence de base, par le point n. Cette tangente nt coupe αP au point t; donc tm est la tangente demandée (n° 281).

Vraie grandeur de la section. On procède comme pour le cylindre (n° 369).

378. Développement. Le développement du cône est un secteur

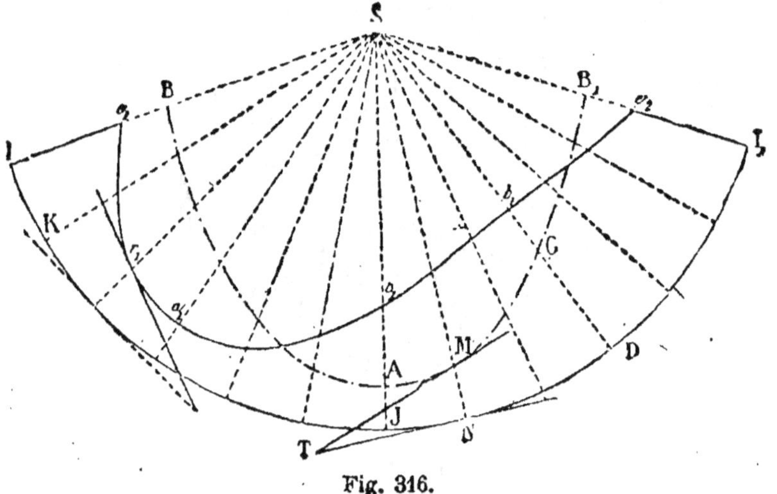

Fig. 316.

circulaire ISI₁ (fig. 316), ayant pour rayon la génératrice $i's'$ (fig. 315), et dont l'arc IJI₁ a même longueur que la circonférence de base. Pour obtenir la transformée, on prend l'arc IK = l'arc ik; l'arc JN = l'arc jn. Puis SM égale à la vraie grandeur de $(sm, s'm')$, c'est-à-dire à $s'l'$.

On obtient la transformée BAB₁ en ouvrant le cône suivant $(si, s'i')$ et la transformée $e_1a_1b_1e_2$ en l'ouvrant suivant la génératrice SE.

Pour avoir la tangente au point M, on prend NT (fig. 316) égale à nt (fig. 315); car la tangente dans l'espace est l'hypoténuse d'un triangle rectangle ayant pour côtés de l'angle droit nt et la vraie grandeur $l'i'$ de $(mn, m'n')$.

Problème.

379. *Déterminer la section d'un cône de révolution par un plan parallèle à une de ses génératrices.*

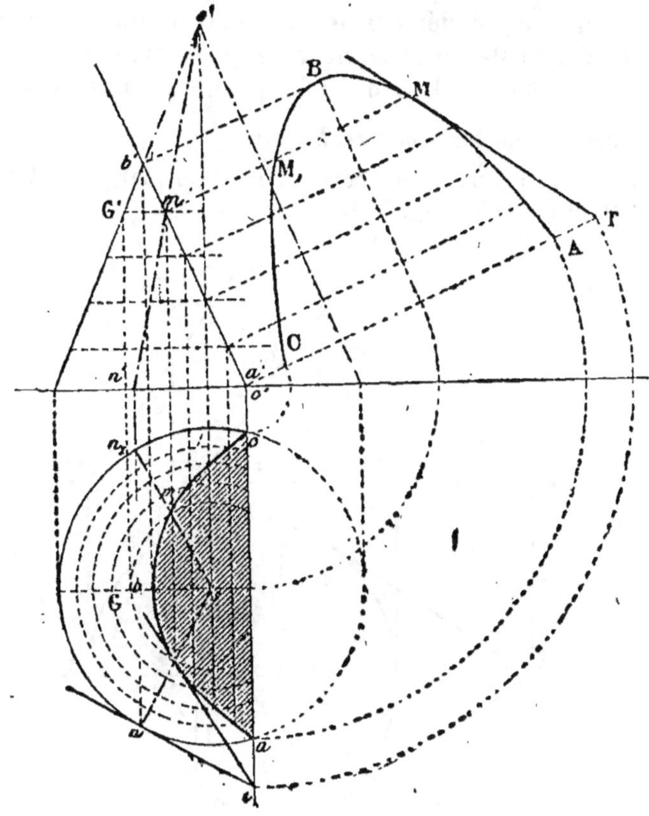

Fig. 317.

La section est une parabole (G., n° 847), et il en est de même de sa projection sur le plan de la base.

Soit le plan de bout $aa'b'$, dont la trace verticale est parallèle à une des génératrices du contour apparent.

Pour déterminer la projection horizontale de la section, on peut employer des parallèles du cône. Ainsi le parallèle (G, G') fait connaître les points m et m_1, car sa projection verticale coupe la trace verticale $a'b'$ du plan sécant en m', qui détermine m et m_1.

Vraie grandeur de la section. En rabattant la section sur le plan vertical, on a la vraie grandeur ABC.

Développement. Si l'on veut avoir le développement de la surface conique et la transformée de la section, on mène les génératrices des points déterminés (fig. 317); ainsi $(sn, s'n')$, $(sn_1, s'n')$ sont les génératrices des points (m, m') et (m_1, m'). Puis on décrit un arc avec un rayon égal à la génératrice du cône; sur cet arc, on prend une longueur égale à l'arc cn_1. Sur le rayon S_1N_1 ainsi déterminé, on prend une longueur égale à $(sm, s'm')$, c'est-à-dire égale à la vraie grandeur $s'G'$, et l'on obtient le point de la transformée qui correspond à (m_1, m').

380. Autre Épure. *Section parabolique.*

Soient (s, s') le sommet du cône et $P\alpha P'$ le plan sécant parallèle à la génératrice $(sb, s'b')$ (fig. 318).

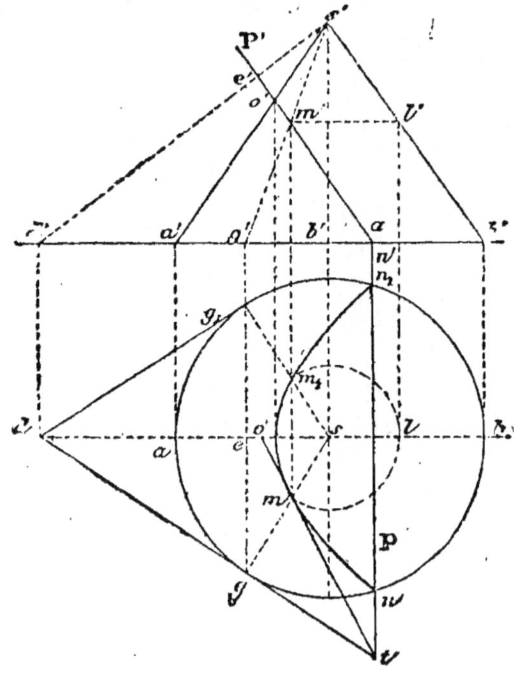

Fig. 318.

(o, o') est le sommet de la parabole; les points (n, n') et (n_1, n') appartiennent aussi à la section.

Pour avoir des points intermédiaires, on détermine les traces, sur le plan sécant, de quelques génératrices ou de quelques parallèles du cône: on peut mener une génératrice quelconque, par exemple $(sg, s'g')$, la projection m' détermine m et m_1; on peut aussi mener le parallèle $m'l'$, et du point s, comme centre, avec sl pour rayon, couper en m et m_1 la droite de bout (m', mm_1.)

Point à l'infini. Si une génératrice mobile converge vers la génératrice SB, parallèle au plan sécant α, sa trace sur ce plan s'éloigne indéfiniment, en décrivant la section. Celle-ci a donc des branches infinies, qui convergent vers le point I, situé à l'infini sur SB.

Tangente. La tangente en un point quelconque M de la courbe (fig. 318) est l'intersection du plan α avec le plan tangent au cône le long de la génératrice SM.

La tangente au point à l'infini serait l'intersection du plan α, avec le plan tangent au cône le long de SBI; mais ces deux plans sont parallèles; la tangente au point I est donc rejetée tout entière à l'infini.

Points d'inflexion. D'après le *théorème d'Olivier* (n° 367 et 368) les points d'inflexion sont donnés par les plans qui sont à la fois tangents au cône et perpendiculaires au plan sécant. Ainsi, du sommet (s, s'), il faut abaisser une perpendiculaire $s'e'd'$ sur le plan sécant; (d, d') est la trace horizontale de cette perpendiculaire. Tout plan tangent mené par (sd, $s'd'$) détermine un point d'inflexion.

Par la trace d, il faut mener les tangentes dgt, dg_1; elles déterminent les génératrices (sg, $s'g'$) et (sg_1, $s'g'$), qui passent par les points (m, m') et (m_1, m',) où la transformée présentera des inflexions.

Développement. D'un point S comme centre, avec $s'a'$ pour rayon,

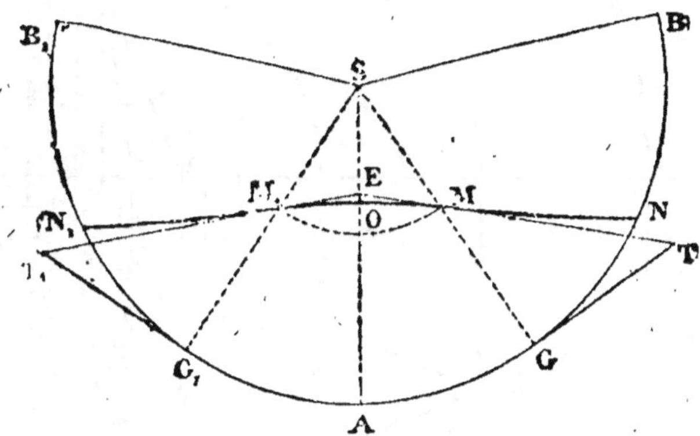

Fig. 319.

il faut décrire un arc de cercle; prendre arc AG = arc ag; arc GN = arc gn; NB = arc nb.

Puis SO = $s'o'$; SM = $s'l'$, car $s'l'$ est la vraie grandeur de (sm, $s'm'$). Le point O est le sommet de la transformée. En ce point, la tangente est perpendiculaire à SOA; M et M_1 sont les points d'inflexion. La tangente en ces points se détermine comme la tangente en un point quelconque de la transformée. Il suffit de prendre la tangente GT égale à gt, et de joindre le point T au point de contact M. On obtient TME. On a de même T_1M_1E.

Problème.

381. *Déterminer la section d'un cône de révolution par un plan de tout qui en coupe les deux nappes.*

Dans ce cas, la section est une hyperbole. (G., n° 849.) Et il en est de même de sa projection horizontale.

On peut déterminer cette projection en cherchant le point où chaque génératrice rencontre le plan sécant, ou bien en décrivant des parallèles de la surface de révolution.

Soit le plan PαP' coupant les deux nappes du cône donné; les projections a' et b' font connaître les sommets a et b de la courbe; $a'b'$ est l'axe

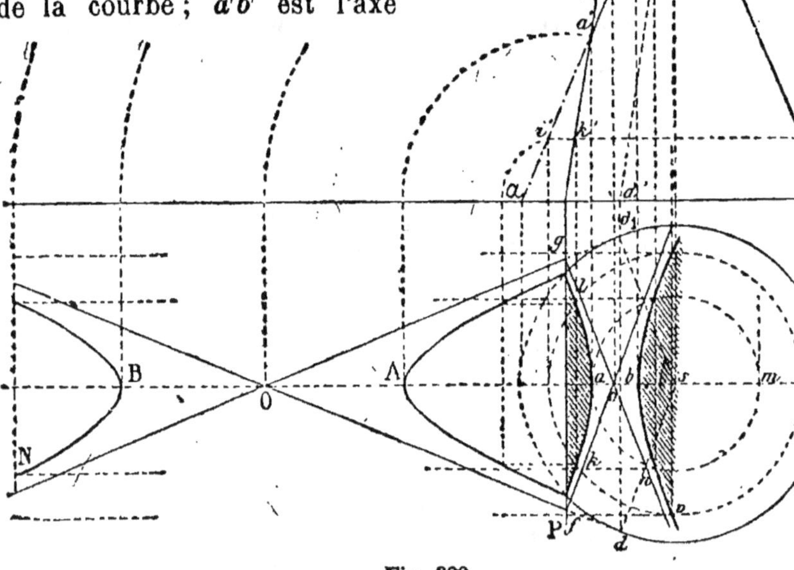

Fig. 320.

transverse de l'hyperbole, sa projection ab est l'axe transverse de la projection de la section.

Pour avoir des points autres que a et b, on peut employer des parallèles tels que $i'j'$; au point k' correspondent l et k.

Points à l'infini. Le plan mené par le sommet du cône, parallèlement au plan sécant, coupe le cône suivant deux génératrices SD, SD_1, parallèles au plan sécant.

Lorsqu'une génératrice mobile converge vers une de ces génératrices limites, sa trace sur le plan sécant s'éloigne indéfiniment sur la section cherchée. On voit ainsi que cette section présente des branches infinies, qui convergent vers deux points I, I_1, situés à l'infini sur les génératrices SD, SD_1.

Tangente. La tangente en un point quelconque M est l'intersection du plan sécant, avec le plan tangent au cône le long de la génératrice SM. Pour obtenir sa projection horizontale, on mène à la base du cône une tangente, par le point situé sur la génératrice SM; cette tangente coupe αP en un point qu'il suffit de joindre à la projection *m*.

Asymptotes. Les asymptotes sont les tangentes dont les points de contact sont à l'infini (G., 662). On les obtient en menant à la courbe les tangentes aux points I et I_1. Ce sont les intersections du plan sécant, par les plans tangents au cône le long des génératrices SDI, SD_1I_1. — Elles sont respectivement parallèles à SD, SD_1, comme intersections de deux plans parallèles par le plan sécant. On sait qu'elles passent par le centre de l'hyperbole (Géom., 663). Enfin, les projections des asymptotes sont asymptotes aux projections de la courbe (283).

Pour construire leurs projections horizontales, on peut donc :

1° Mener par le centre *o* des parallèles à *sd* et sd_1.

2° Mener à la base du cône, par les traces *d*, d_1, des tangentes *df*, d_1g qui coupent αP aux points *f, g ;* il suffit alors de mener par ces points deux droites qui se coupent au centre *o,* ou bien qui soient respectivement parallèles à *sd* et sd_1.

Remarque. L'hyperbole a été rabattue sur le plan horizontal.

382. Autre exemple (fig. 321). En vue du développement d'un cône coupé suivant une section hyperbolique, il est utile de donner une seconde épure.

Le rabattement de la section a eu lieu sur le plan vertical. La nappe supérieure a été limitée à un parallèle plus petit que celui qui termine la nappe inférieure. La projection horizontale rend bien compte de cette particularité, et les développements des deux nappes seront bien distincts l'un de l'autre, parce qu'ils auront des rayons différents.

383. Développement. Admettons qu'on ouvre la surface du cône suivant la génératrice (*sm, s'm'*) de contour apparent. Chaque courbe transformée sera divisée en deux parties égales par la droite CASD (fig. 322), car le plan vertical mené par *csd* divise la surface conique

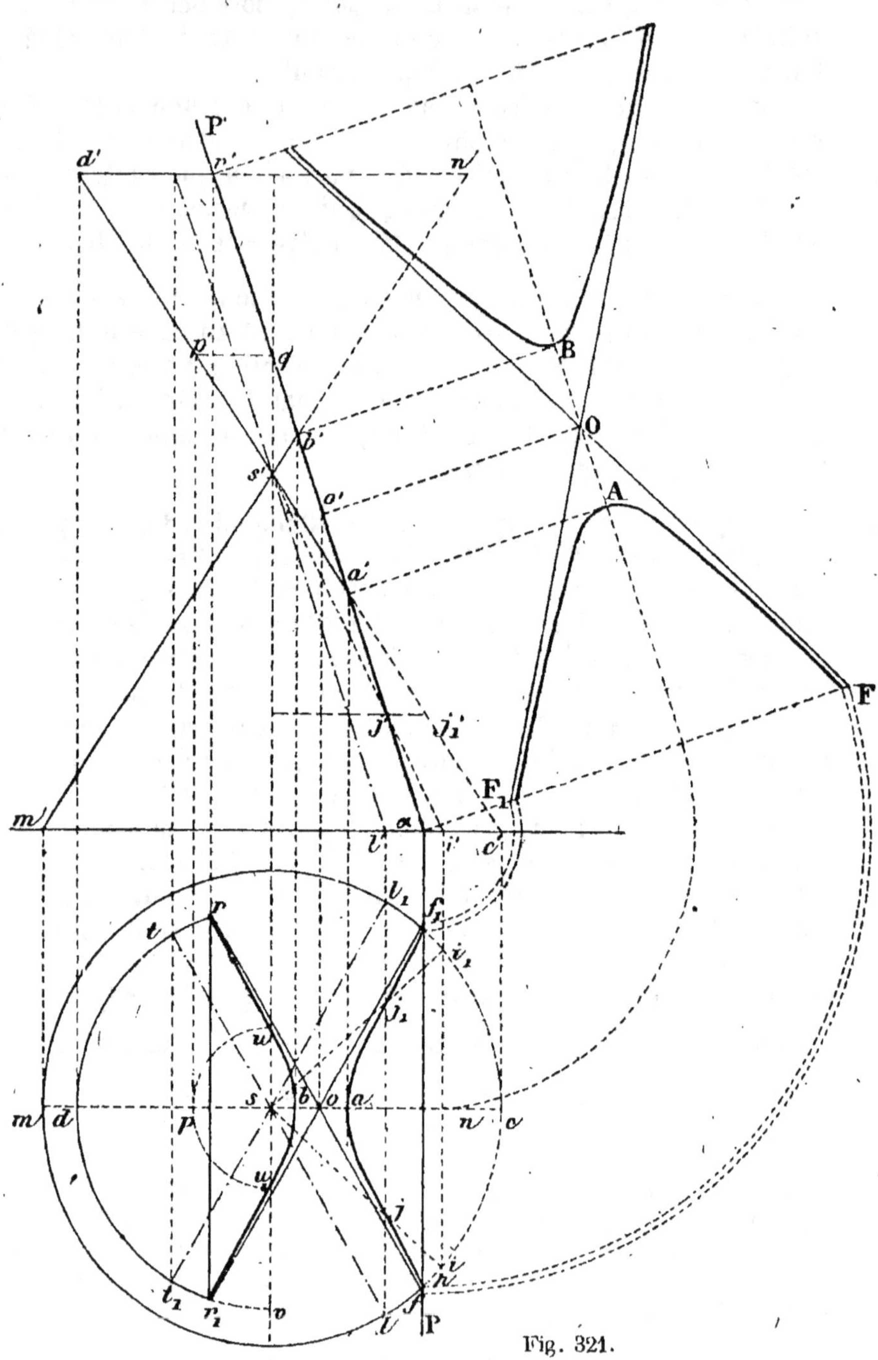

Fig. 321.

et la section en deux parties symétriques.

La nappe inférieure du cône devient un secteur circulaire, dont le rayon SC (fig. 322) égale $s'c'$ (fig. 321). L'arc MCM_1 égale la circonférence dont sc est le rayon. De même NDN_1 égale la circonférence qui aurait sd pour rayon.

Pour avoir la transformée, il faut mener quelques génératrices

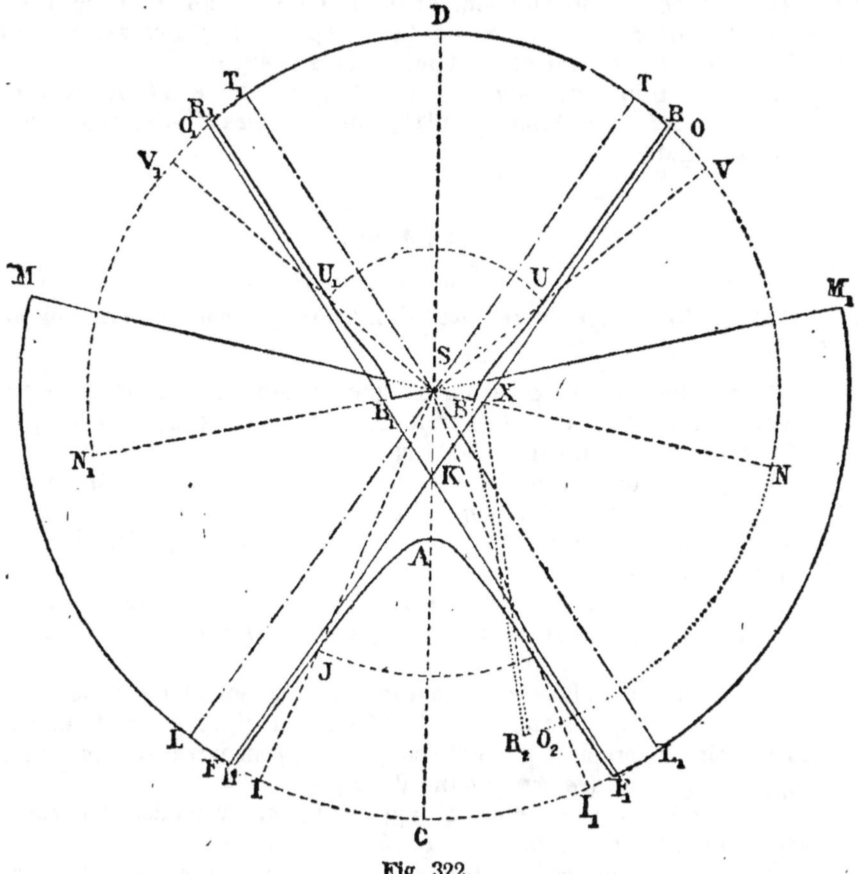

Fig. 322.

telles que $(sji,\ s'j'i')$ (fig. 321); prendre sur le développement l'arc $CI = ci$; puis $SJ = s'j'_1$, vraie grandeur de $(sj,\ s'j')$; d'ailleurs $SA = s'a'$; l'arc $CH = $ l'arc ch.

Il est avantageux de déterminer les asymptotes de la *transformée* (nᵒ 366). Or les génératrices $(sl,\ s'l')$ et $(sl_1,\ s'l')$ parallèles aux asymptotes deviennent SL et SL_1 lorsqu'on prend arc $CL = cl$. La tangente lf reste égale à elle-même; il faut donc mener la tangente $LF = lf$, puis mener FK parallèle à LS et F_1K parallèle à L_1S.

La seconde nappe du cône est ouverte suivant $(sn,\ s'n')$, prolongement de $(sm,\ s'm')$. La génératrice $(sn,\ s'n')$ limitera donc le secteur et deviendra SN, SN'. Or le sommet $(b,\ b')$ est sur cette droite; donc il viendra en B et B_1 avec $SB = s'b'$, et la courbe de la nappe supérieure aura deux parties complètement séparées BUR, $B_1U_1R_1$, mais symétriques par rapport à SD.

9*

FKO, F_1KO_1 sont aussi asymptotes de la transformée BR, B_1R_1.

384. *Remarques.* I. Les branches BR, B_1R_1 sont normales aux points B, B_1 à la génératrice devenue SN, SN_1.

II. L'aspect du développement est modifié lorsqu'on ouvre le cône suivant (*csd*, *c's'd'*). La courbe de la nappe supérieure est continue; elle devient RBR_2, avec SN pour axe de symétrie.

Alors la transformée de la courbe de la nappe inférieure a deux parties séparées : la branche AJH, puis une branche symétrique par rapport à SM.

Problème.

385. *Déterminer la section d'un cône quelconque par un plan quelconque.*

Pour déterminer le point où chaque génératrice rencontre le plan, on procède comme pour la pyramide (n° 248); puis on joint les points d'intersection par un trait continu.

Soient un cône ayant (*s*, *s'*) pour sommet, *ab...f* pour trace horizontale, et un plan quelconque $P\alpha P'$ (fig. 323).

Déterminons directement le point où quelques génératrices rencontrent le plan.

Prenons d'abord les génératrices de contour apparent sur chaque plan de projection, car la courbe est tangente à ces lignes au point où elles rencontrent le plan.

Employons les plans qui projettent verticalement les génératrices. Le plan qui projette *s'b'* contre $P\alpha P'$ suivant (*ij*, *i'j'*); or *ij* rencontre *sb* au point 2; ainsi la génératrice (*sb*, *s'b'*) rencontre le plan au point (2, 2'). De même (*se*, *s'e'*) donne (5, 5').

Les génératrices de contour apparent, en projection horizontale, sont coupées aux points (1, 1') et (4, 4').

Pour avoir d'autres points, on pourrait mener une génératrice quelconque; mais il est plus utile de prendre celles qui sont déterminées par les tangentes menées à la trace *abcd*, parallèlement à αP. Ainsi, prenons *sc* et *sf*, et nous aurons (3, 3') et (6, 6'). Le plan tangent au cône, suivant la génératrice *sc*, coupe le plan horizontal suivant une droite *cm* parallèle à αP; ce plan tangent coupe $P\alpha P'$ suivant une horizontale (3 *k*, 3'*k'*); donc la tangente au point 3 est parallèle à αP, et la tangente à la projection au point 3' est parallèle à *xy*. De même pour l'horizontale (6*l*, 6'*l'*).

Projection horizontale. La projection horizontale de l'intersection est suffisamment déterminée, car on connaît six points et les tangentes en ces points.

En effet, *sa*, *sd*, appartiennent au contour apparent. Les tangentes aux points 3 et 6 sont connues; il en est de même aux points 2 et 5, car le plan projetant *s'bi* de la génératrice limite est tangent au cône,

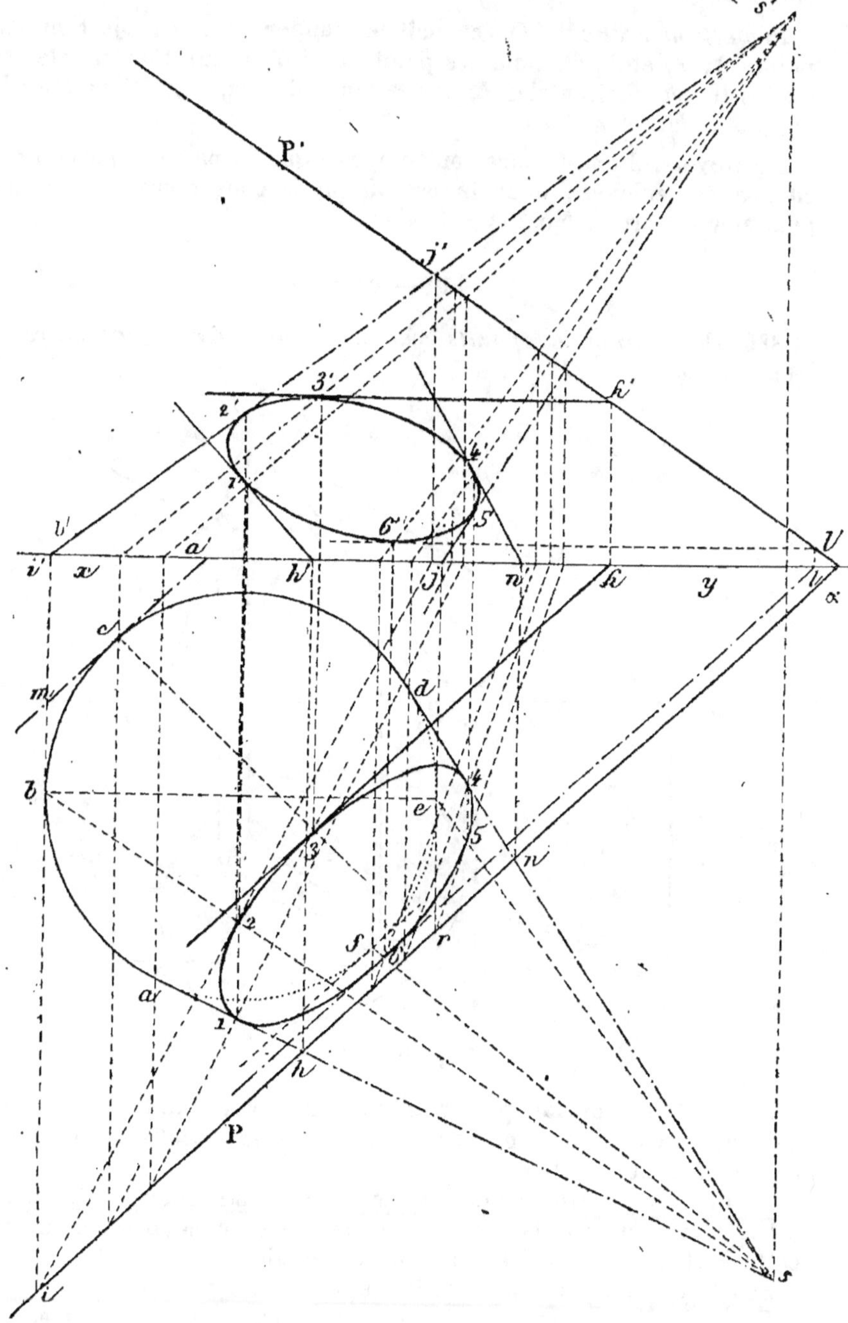

Fig. 323.

or *ii'* est la trace horizontale de ce plan ; cette trace coupe αP au point i; donc $i2j$ est tangente à la courbe. De même $r5$ est une tangente.

Projection verticale. On connaît les tangentes à la projection, aux points $2'$, $5'$, et $3'$, $6'$. Pour les points $1'$ et $4'$, il suffit de projeter sur xy les traces horizontales h, n des tangentes sa, sd, et l'on aura les tangentes $h'1'$ et $n'4'$.

Remarque. Dans l'épure, on suppose que la partie supérieure du cône a été enlevée; dans le cas où on la conserverait, il faudrait ponctuer les arcs $1,6,5,4$ et $2',3',4',5'$.

Application.

386. *Déterminer les points où une droite donnée rencontre un cône donné.*

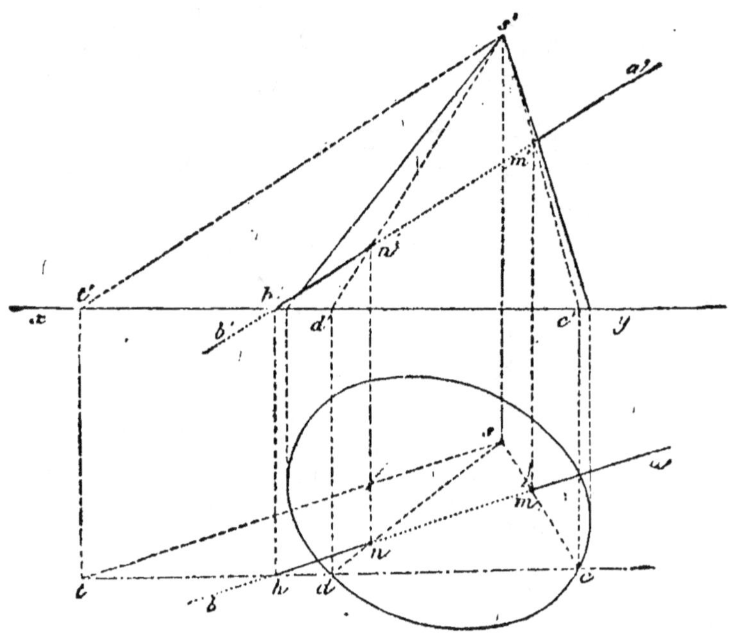

Fig. 324.

Par la droite, on fait passer un plan. On détermine l'intersection du cône et du plan; tout point commun à cette intersection et à la droite répond à cette question.

Le plan auxiliaire qui donne lieu à la construction la plus simple est le plan mené par la droite et le sommet du cône, parce qu'il coupe cette surface suivant des génératrices rectilignes.

Scient $(ab, a'b')$ et (s, s') la droite et le cône donnés.

Pour obtenir le plan auxiliaire, il faut mener, par le sommet, une droite qui rencontre $(ab, a'b')$ ou lui soit parallèle, menons $(st, s't')$ parallèle à AB.

La trace horizontale du plan est déterminée par les traces horizontales h et t; or *cdht* donne les génératrices CS, DS; donc (m, m'), (n, n') sont les points cherchés.

Remarque. Quand la droite AB est verticale ou de bout, le plan auxiliaire coïncide avec l'un des plans projetants des génératrices rencontrées.

La méthode subsiste; et c'est elle en réalité que nous avons déjà utilisée aux nᵒˢ 306, 311, 312, etc.

§ III. — Surfaces de révolution.

387. Le cône et le cylindre peuvent être de révolution; dans ce cas, tout plan perpendiculaire à l'axe coupe la surface suivant un cercle; cette propriété a été utilisée pour obtenir quelques points des sections coniques (nᵒˢ 377 et 380); mais on pouvait employer les génératrices rectilignes; tandis que pour les surfaces de révolution non réglées, il faut recourir aux parallèles ou aux méridiens.

Toute section plane d'une sphère est un cercle. (G., nᵒ 543.) Ce cercle se projette suivant des ellipses dont il est facile de déterminer les axes.

Problème.

388. *Déterminer la section d'une sphère par un plan de bout.*

Dans le cas particulier où le plan sécant est perpendiculaire à l'un des plans de projection, le cercle de section s'y projette suivant un diamètre.

Soient (c, c') et PαP′ la sphère et le plan donnés.

La projection verticale de la section est $a'b'$; les points A et B, étant sur le méridien principal, se projettent en a et b sur le diamètre parallèle à xy; ils font connaître le petit axe de l'ellipse; le grand axe, perpendiculaire au milieu de ab, égale le diamètre $a'b'$ de la section. Il suffit de prendre

$$od = od_1 = o'a'.$$

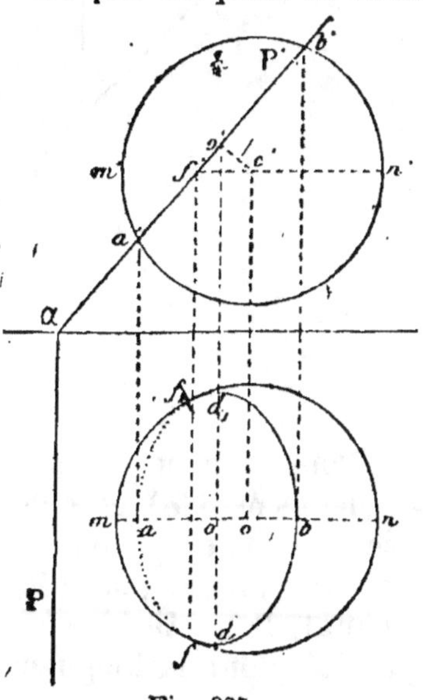

Fig. 325.

389. *Remarque.* Lorsque le plan sécant rencontre l'équateur projeté en $m'n'$, le point f' d'intersection fait connaître f et f_1 sur le contour apparent. La partie faf_1 est cachée, puisqu'elle est au-dessous du plan de l'équateur.

La détermination des points f et f_1 est très utile, car l'ellipse ab est tangente en ces points au grand cercle mn (n° 302).

Problème.

390. *Déterminer les projections de la section d'une sphère par un plan quelconque.*

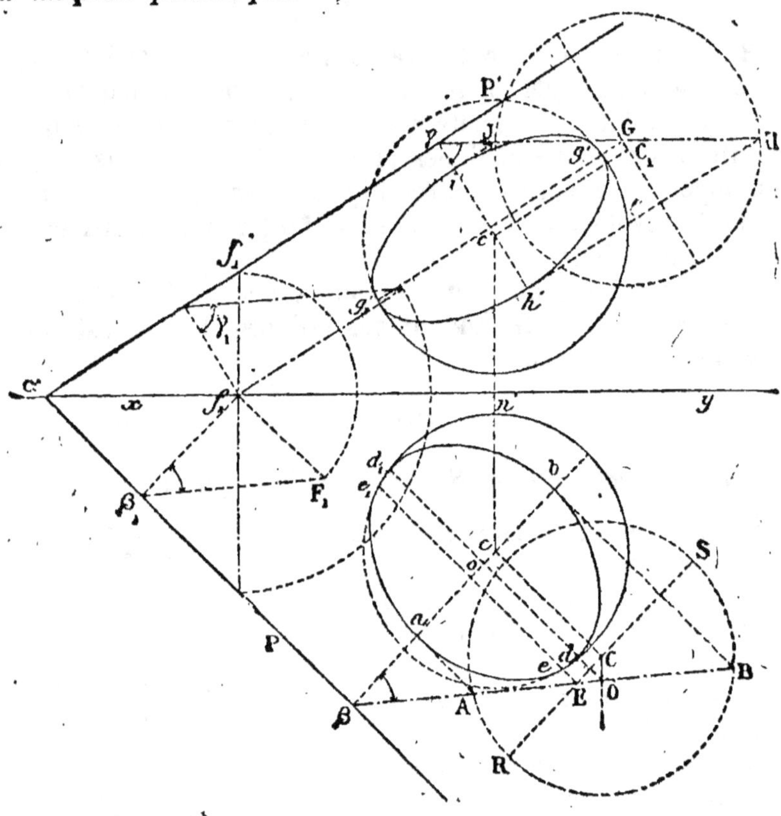

Fig. 328.

Pour ramener le problème proposé au cas particulier précédent (n° 388) et déterminer la projection horizontale de la section, on emploie un plan auxiliaire perpendiculaire à la trace horizontale du plan sécant, on rabat ce plan sur le plan horizontal, la section se projette sur ce plan rabattu suivant une droite, dont la longueur est celle du grand axe de la projection cherchée.

Soient $P\alpha P'$ le plan donné et (c, c') le centre de la sphère. Pour déterminer la projection horizontale, employons, par exemple, le plan mené par le centre de la sphère, perpendiculairement à $P\alpha P'$.

Soit $c\beta$ sa trace horizontale.

Le centre (c, c') se rabat en C à une distance cC égale à $n'c'$. Pour avoir la nouvelle trace βO, on mène une parallèle à $\beta_1 F_1$. Du centre C, on décrit une circonférence avec le rayon de la sphère, AB est le diamètre de la section ; en projetant A et B sur βo, on obtient le petit axe de la projection horizontale. Pour avoir le grand axe, on détermine le milieu O de AB, et l'on prend $od = od_1 = AO$.

Le diamètre RS, parallèle à βc, fait connaître les points de contact e, e_1 de l'ellipse et du grand cercle.

Remarques. I. On procède d'une manière analogue pour obtenir les axes de la projection verticale.

II. Dans l'épure, la partie supérieure de la sphère est enlevée ; la section est complètement visible sur chaque plan de projection.

Dans le cas où la sphère serait conservée, les arcs invisibles seraient eae_1 en projection horizontale, et $g'j'g'_1$ en projection verticale.

Problème.

391. *Déterminer les points principaux des projections de la section d'une sphère par un plan quelconque.*

Soit à déterminer les axes, les points antérieur et postérieur, supérieur et inférieur, et les points latéraux des projections du cercle de section.

Comme surfaces auxiliaires, on peut employer des *plans horizontaux*, des *plans de front* ou des *plans perpendiculaires* à l'une des traces du plan sécant ; pour déterminer la longueur du petit axe de chaque ellipse, on peut employer soit les *rotations,* soit les *rabattements*. Nous allons recourir successivement à ces diverses méthodes.

Plan horizontal. Tout plan horizontal coupe la sphère suivant un cercle, et le plan donné $P\alpha P'$ suivant une horizontale ; les points communs à la circonférence et à l'horizontale appartiennent à l'intersection demandée. Ainsi le plan horizontal mené par le centre (o, o') de la sphère fait connaître les points $(1, 1')$ situés sur le contour apparent horizontal.

Le plan horizontal mené par (c, c') centre de la section (on va indiquer la détermination de ce point) donne le parallèle ayant oe

pour rayon et l'horizontale (*cd, c'd'*). On obtient les points (3, 3′). La ligne 3-3 est le grand axe de la projection horizontale, car le

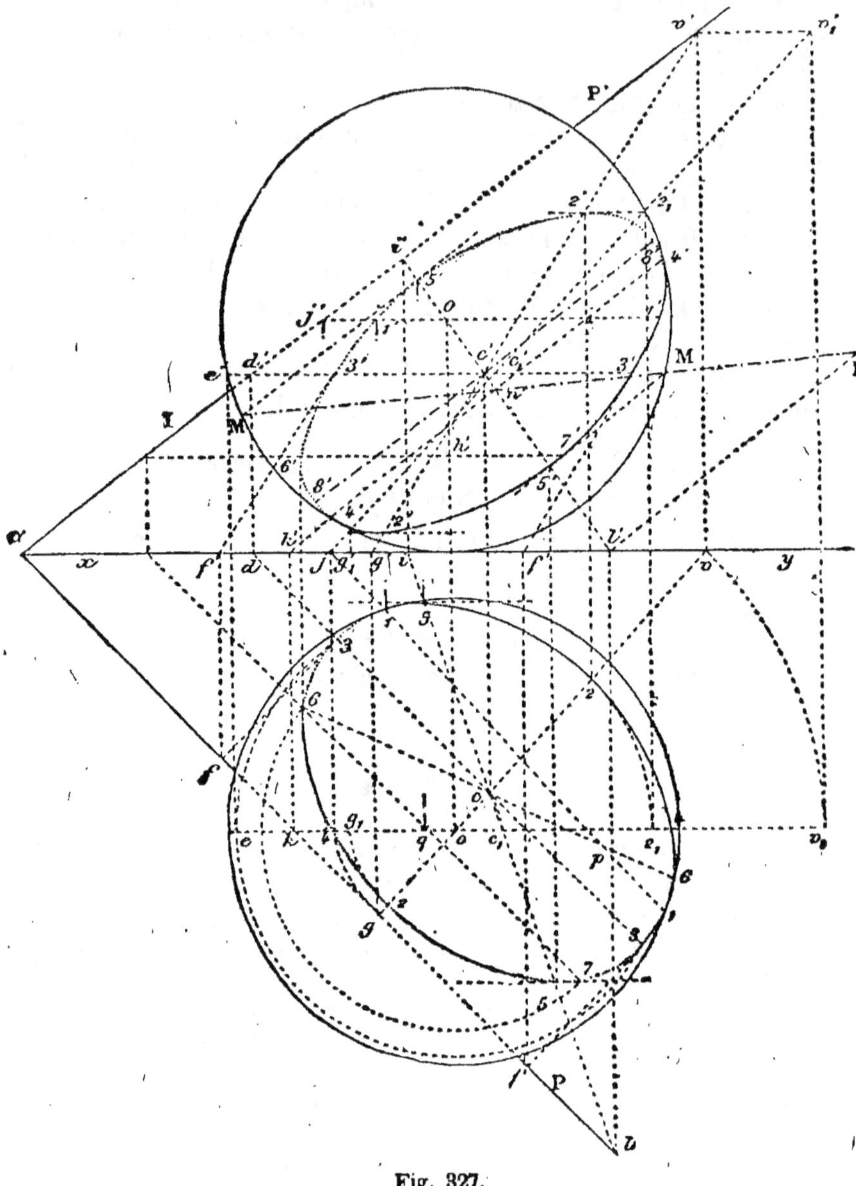

Fig. 327.

diamètre parallèle à αP se projette en vraie grandeur sur le plan horizontal.

Plan de front. Tout plan de front coupe la sphère suivant un cercle projeté en vraie grandeur sur le plan vertical et coupe PαP′ suivant une ligne de front. Ainsi le plan du méridien principal donne la frontale

(vk, $k'4'$) et les points (4, 4'). En projection verticale, les points 4' sont sur le contour apparent.

Plan perpendiculaire à une des traces de PαP'. Le plan projetant $govv'$ mené par le centre de la sphère fait connaître la direction du petit axe de la projection horizontale; le plan $i'l'l$ dont la trace verticale $i'o'l'$ passe par le centre o' de la sphère, et est perpendiculaire à αP', fait connaître la direction du petit axe de la projection verticale.

Rotation. Pour avoir 2-2, nous pouvons amener le plan $govv'$ à être parallèle au plan vertical, par une rotation effectuée autour d'un axe vertical mené par le centre o. Les points (g, g') et (v, v') deviennent (g_1, g'_1) et (v_1, v'_1); d'ailleurs $g'v'$ et $g'_1v'_1$ coupent l'axe au même point h'. La droite $g'_1v'_1$ coupe la sphère aux points (2_1, $2'_1$); on obtient ainsi les points (2, 2'), et 2-2 est le petit axe de la projection horizontale, 2'-2' est un diamètre de la projection verticale; donc *le point milieu* (c, c') *est le centre de la section.*

Rabattement. Pour déterminer le petit axe de la projection verticale, rabattons le plan $ll'i'$, soit sur le plan vertical, soit sur le plan du méridien principal, afin de ne pas sortir des limites de l'épure. Le point n' situé sur la ligne 4'—4' du méridien principal ne varie point; pour avoir L, il suffit de prendre $l'L = lp$, car tel est l'éloignement du point (l, l') au plan du méridien principal; de même $i'l = iq$; d'ailleurs Ll doit passer par n'. Les points M déterminent 5'.

Points particuliers. En projection horizontale, les points 2 et 3 sont les sommets de l'ellipse, les points 5 sont le point antérieur et le point postérieur : on déterminerait les points latéraux 6 comme il a été indiqué précédemment (n° 226); d'ailleurs ces deux points sont aux extrémités d'un même diamètre. Les points 1 sont sur le contour apparent, enfin (7, 7') est un point quelconque donné par le plan horizontal qui a fourni l'un des points 6.

En projection verticale, on a pris (8'—8') = (3—3), et les points 5' et 8' sont les sommets, etc. On connaît aussi les tangentes relatives aux divers points déterminés*.

Application.

392. *Déterminer les points d'intersection d'une droite et d'une sphère.*

1ᵉʳ Moyen : *Emploi d'un plan auxiliaire.* Par la droite donnée on fait passer un plan, on cherche l'intersection de la sphère et du plan; les points communs à cette circonférence et à la droite sont les points demandés.

---

* Dans les épures de concours, on supprime la plupart des lignes de construction.

(**a**) *Emploi d'un des plans projetants de la droite.*

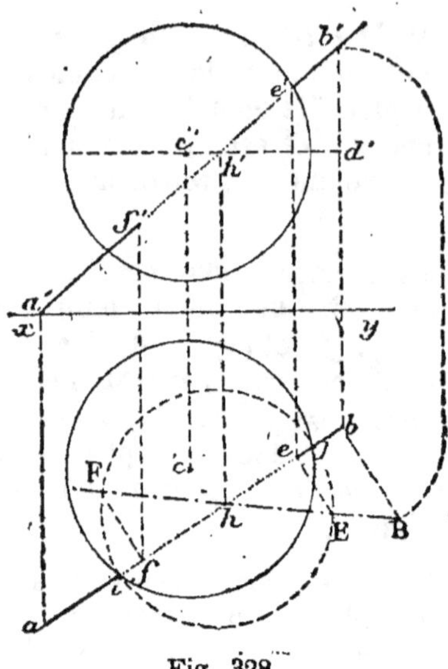

Fig. 328.

Soient (c, c') et $(ab, a'b')$ la sphère et la droite données.

Le plan qui projette la droite sur le plan horizontal coupe la sphère suivant un petit cercle dont le centre se trouve sur le plan de l'équateur ; car celui-ci divise en deux parties égales tout cercle déterminé dans la sphère par un plan vertical.

Pour obtenir les points d'intersection, il suffit de rabattre le plan projetant.

On peut le rabattre sur le plan de l'équateur. Le point (h, h') où la droite donnée rencontre le plan de l'équateur ne change pas, (b, b') se rabat sur une perpendiculaire bB égale à la distance verticale $b'd'$; le petit cercle, déterminé par le plan projetant, tourne autour de son diamètre ij. Il coupe la droite rabattue hB en E, F ; donc on obtient e, f, sur ab, puis e', f'.

(**b**) *Emploi du plan d'un grand cercle.* Par la droite donnée, on fait passer le plan d'un grand cercle, que l'on rend parallèle à l'un des plans de projection, en le faisant tourner, par exemple, autour de son diamètre horizontal. Les intersections de la droite rabattue et de l'équateur, avec lequel coïncide le grand cercle rabattu, sont les rabattements des points demandés.

Le diamètre horizontal, devant servir d'axe de rotation, est déterminé par le centre (c, c')

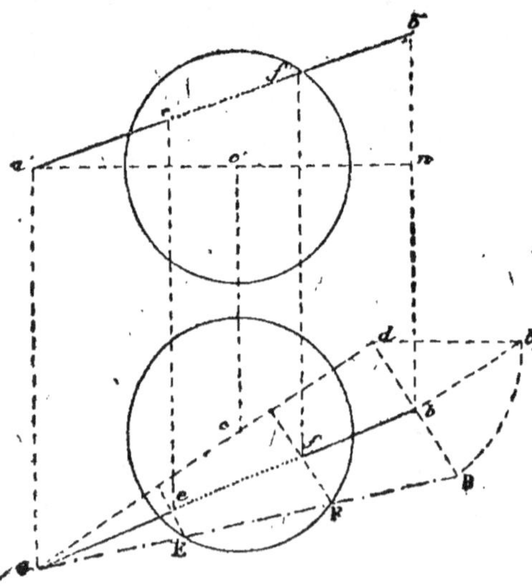

Fig. 329.

(fig. 329) et par la trace (a, a') de la droite sur le plan de l'équateur. Un plan quelconque (b, b') se rabat en B, en prenant $bb_1 = nb'$ et $dB = db_1$ (n° 173). La droite rabattue aB coupe l'équateur en E, F; ce qui détermine e, f, puis e', f'.

393. **2° Moyen**. *Cône auxiliaire*. Menons $a'c'$ et $b'd'$. Considérons le cône circulaire qui aurait pour base l'équateur de la sphère, et dont le sommet (s, s'), projeté verticalement à l'intersection des droites $a'e'$ et $b'd'$, serait dans le plan du méridien principal. Ce cône sortirait de la sphère suivant le petit cercle de diamètre $a'b'$ (G., exercice 781), que détermine le plan de bout $a'b'$. Ainsi la droite AB est projetée sur le plan V, par un plan qui coupe la sphère et le cône suivant la même courbe; donc cette droite rencontre les deux surfaces aux mêmes points, et le problème proposé revient à la question connue: *Déterminer les points d'intersection d'une droite* (ab, a'b') *et, d'un cône* (sdle, s'd'e') (n° 386).

Par la droite et le sommet on fait passer un plan; ce plan coupe le cône suivant deux génératrices rectilignes dont les points d'intersection par la ligne donnée répondent à la question.

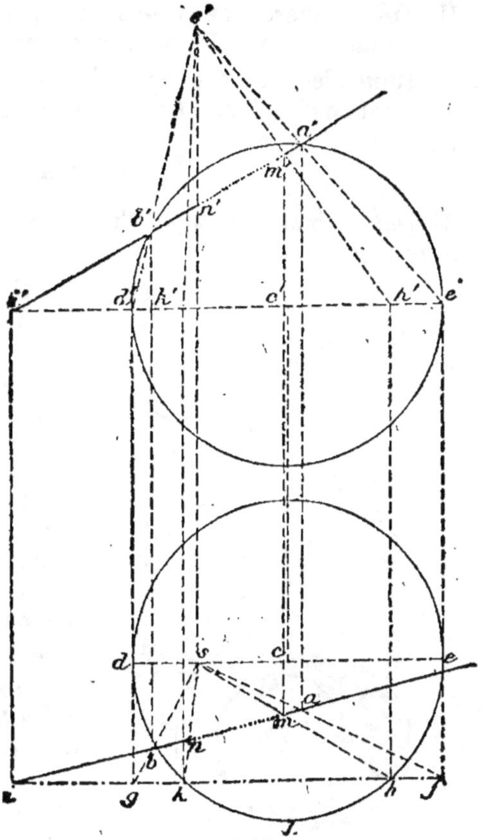

Fig. 330.

Épure : Pour avoir la trace du plan auxiliaire sur le plan de l'équateur, menons (sa, s'a') et (sb, s'b'); ces droites rencontrent le plan de l'équateur en f et g, donc fg est la trace cherchée ; d'ailleurs cette ligne doit passer par la trace i de la droite donnée.

Le plan auxiliaire coupe l'équateur en h et k, ce qui détermine les génératrices (sh, s'h') et (sk, s'k'), et ces lignes sont coupées par (ab, a'b') en (m, m') et (n, n'). Ainsi M et N sont les points où la droite donnée rencontre la sphère.

On détermine directement chaque projection m et m', et les deux points doivent être sur une même ligne de rappel*.

Remarques. I. Le 1ᵉʳ moyen ne s'applique qu'à la sphère, tandis que le second s'applique à toutes les surfaces du second degré : ellipsoïdes, hyperboloïdes, paraboloïdes (G., nᵒˢ 859 à 866).

II La solution peut être présentée d'une manière à la fois *claire* et *concise*, dans le système de la *projection conique* (nᵒ 622).

III. Il est indifférent de projeter coniquement la droite, soit sur l'*équateur*, comme on vient de l'indiquer, soit sur le *méridien principal*.

IV. Toutes les méthodes précédentes subsistent quand la droite AB est verticale ou de bout. Ces cas particuliers font l'objet des nᵒˢ 317, 318, etc.

Problème.

394. *Déterminer la section d'un hyperboloïde de révolution par un plan de bout.*

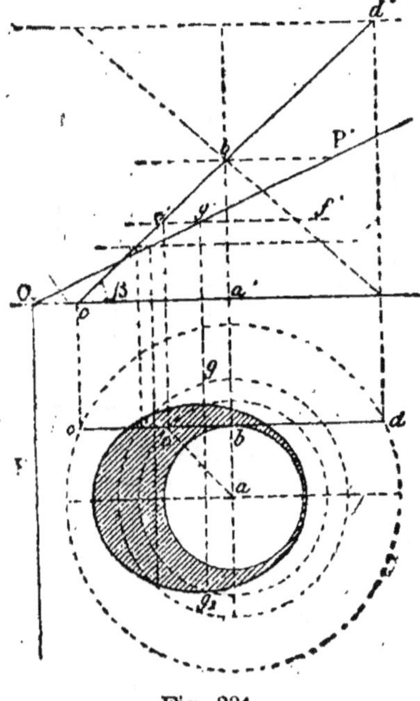

Fig. 331.

Soient le plan PαP' et l'hyperboloïde défini par son axe $(a, a'b')$, et une génératrice $(cd, c'd')$.

Pour obtenir un point de la section, menons un parallèle ; pour cela, coupons la surface par un plan horizontal $e'f'$; ce plan coupe la génératrice au point (e, e') ; donc ae est le rayon du parallèle ; par suite, g' fait connaître deux points de la section g et g_1. On opère de même pour déterminer d'autres points**.

Remarque. Lorsque la génératrice $(cd, c'd')$ est parallèle au plan vertical, $a'c'd'$ est l'angle que les génératrices font avec le plan horizontal. En désignant par β cet angle et par α celui que le plan sécant fait avec le plan horizontal, on a les résultats suivants :

Lorsque α est $< β$, la section est une ellipse.

Pour $α = β$, c'est une parabole.

Et quand α est $> β$, la courbe obtenue est une hyperbole.

---

* *L'emploi du cône auxiliaire*, constituant un moyen beaucoup plus général que celui d'une section circulaire, ne tardera pas, croyons-nous, à être enseigné par tous les auteurs.

** La détermination des axes exige des développements plus étendus que ceux qu'il convient de donner dans ces éléments. (*Voir* exercice 523.)

EXERCICES

Cylindre et cône.

503. Déterminer la section d'un cylindre de révolution vertical par les plans bissecteurs.

504. Déterminer la section d'un cylindre quelconque par un plan mené par xy et un point donné.

505. Déterminer la section droite d'un cylindre quelconque, développer la surface cylindrique comprise entre la section droite et le plan horizontal; mener la tangente à la transformée, en un point donné.

506. Un cylindre quelconque est coupé par un plan quelconque, déterminer le point d'intersection pour lequel la tangente à la courbe obtenue est parallèle à une droite donnée.

507. Déterminer les points extrêmes à droite et à gauche d'une section cylindrique.

508. A la transformée obtenue par le développement d'une surface cylindrique, mener une tangente qui soit parallèle à une droite donnée.

Entre quelles limites peut varier l'inclinaison de cette tangente par rapport aux génératrices du cylindre?

509. Un cylindre de révolution, de rayon donné, a pour axe la ligne de terre; il est coupé par un plan dont les traces sont perpendiculaires l'une à l'autre sur l'épure; l'une d'elles fait avec xy un angle de 30°; quelles sont les projections de l'intersection?

510. On donne un cône oblique à base circulaire; la droite qui joint le sommet au centre de la base est parallèle au plan vertical; par suite, les génératrices de contour apparent $s'a'$ et $s'b'$ sont aussi parallèles à ce plan de projection. Quelle est la section de ce cône par le plan de bout qui fait avec $s'a'$ le même angle que $s'b'$ fait avec xy?

Déterminer la vraie grandeur de la section.

511. On donne un cône ayant son sommet sur le plan vertical et sa base circulaire sur le plan horizontal; le centre de cette base est sur la ligne de terre; on demande de placer sur ce cône une circonférence de rayon donné, dont le plan ne soit pas parallèle à la base du cône.

512. Déterminer l'intersection d'un cône de révolution par un plan de bout. Trouver la vraie grandeur de la section; développer le tronc de cône; déterminer les points d'inflexion de la transformée obtenue, et la tangente en un point de cette courbe.

513. Déterminer la section d'un cône de révolution par un plan de bout qui rencontre les deux nappes; déterminer la vraie grandeur de la section, ainsi que le développement du cône, les points d'inflexion et les asymptotes de la transformée.

514. Déterminer la section d'un cône de révolution, ayant pour axe la ligne de terre, par un plan parallèle à xy et également incliné sur chaque plan de projection.

515. Déterminer la section plane d'un cône quelconque par un plan de bout; développer le cône, en considérant la surface donnée comme une pyramide d'un grand nombre de côtés.

516. 1° Déterminer la section d'un cône de révolution, à axe vertical, par un plan quelconque ne rencontrant qu'une seule nappe; 2° déterminer le contour apparent de la surface de révolution engendré par le périmètre de la section, en tournant autour de l'axe du cône.

517. Un cône de révolution a son axe vertical; sa hauteur égale le rayon du cercle de base, et ce cercle est tangent à xy : on demande la vraie grandeur de la section de ce cône par un plan de front tangent à la circonférence de base.

Ellipsoïde. — Paraboloïde elliptique. — Hyperboloïde à une nappe.

518. Déterminer les sections circulaires d'un cône droit à base elliptique.

519. Déterminer la direction des sections circulaires : 1° d'un ellipsoïde à trois axes inégaux; 2° d'un hyperboloïde à une nappe à trois axes inégaux.

520. Déterminer les sections circulaires d'un paraboloïde elliptique.

521. Couper un paraboloïde de révolution dont l'axe est vertical, par un plan qui détermine une section dont la projection horizontale soit circulaire.

522. Déterminer la section d'un hyperboloïde de révolution par un plan mené par le centre du collier, et dont l'inclinaison, sur le plan horizontal, égale l'inclinaison des génératrices par rapport à ce plan horizontal.

523. Déterminer les axes de la section elliptique de l'hyperboloïde de révolution à une nappe.

524. Déterminer une section parabolique d'un hyperboloïde de révolution.

525. Déterminer la section d'un hyperboloïde de révolution par un plan qui coupe les deux nappes.

526. Déterminer la section d'une surface de révolution par un plan quelconque.

Projection d'une section plane sur une autre section.

527. Déterminer le sommet de chacun des cônes que l'on peut mener par deux cercles d'une même sphère.

528. On donne une section plane quelconque d'une surface de révolution du second degré; projeter coniquement cette section suivant un cercle.

529. On donne une section plane d'une surface quelconque du second degré, ainsi que les deux projections d'une section horizontale de cette même surface; projeter coniquement la première section donnée, de manière à obtenir une courbe semblable à celle de la section horizontale.

530. On donne un ellipsoïde de révolution et un plan sécant; déterminer le contour apparent du cône circonscrit à l'ellipsoïde, suivant le périmètre de la section de la surface courbe par le plan donné.

531. Un ellipsoïde est coupé par un plan quelconque, déterminer le sommet du cône circonscrit à la surface suivant le périmètre de la section obtenue, ainsi que le sommet du cône, qui permet de projeter la section sur l'équateur.

532. Un paraboloïde elliptique, donné par ses paraboles principales, est coupé par un plan de bout; projeter la section elliptique obtenue sur la parabole principale qui est horizontale.

Paraboloïde hyperbolique. — Conoïde. — Hélicoïde.

533. Déterminer la section d'un paraboloïde hyperbolique par un plan vertical quelconque; on suppose que le paraboloïde est donné par ses paraboles principales.

534. Mener un plan parallèle à un plan donné et qui soit tangent à un paraboloïde hyperbolique, défini par ses sections principales. Déterminer ainsi la section de cette surface par le plan tangent que l'on demande.

535. Déterminer la section d'un paraboloïde hyperbolique par un plan quelconque lorsque la surface est donnée par ses paraboles principales.

536. 1° Déterminer les traces de la surface engendrée par une horizontale qui glisse sur deux lignes de front non situées dans un même plan.

537. Un paraboloïde est engendré par une horizontale qui glisse sur deux lignes de front; déterminer les sommets du paraboloïde, les sections principales de cette surface ainsi que la section par un plan perpendiculaire à xy.

538. Déterminer la section d'un paraboloïde hyperbolique par un plan quelconque lorsque la surface courbe est donnée par ses traces et par le sommet où se coupent les projections des génératrices rectilignes.

539. Déterminer la section d'un conoïde droit par un plan parallèle à la directrice rectiligne du conoïde.

540. Déterminer la section d'un hélicoïde normal, à génératrices rectilignes illimitées, lorsque le plan sécant est oblique par rapport à l'axe de la surface courbe. On admet que l'axe de l'hélicoïde est une droite de bout, et que le plan sécant est vertical.

541. Déterminer la section d'un hélicoïde gauche : 1° par un plan horizontal; 2° par un plan de front; 3° mener un plan tangent en un point donné de l'hélicoïde.

542. Déterminer la projection cylindrique d'une hélice sur un plan parallèle à son axe, lorsque les projetantes sont perpendiculaires à cet axe, mais obliques par rapport au plan de projection.

543. Par le point milieu d'une spire d'une hélice cylindrique, on mène une tangente à l'hélice, et par chaque point de la spire on mène une parallèle à la tangente ainsi menée; déterminer, sur un plan perpendiculaire à l'axe de l'hélice, la trace de la surface cylindrique ainsi engendrée. — La trace est une *cycloïde*. (G., n° 885.)

544. Un cône a pour directrice une hélice cylindrique, le sommet est en un point de l'axe de l'hélice; déterminer l'intersection de ce cône par un plan perpendiculaire à l'axe de l'hélice. — On obtient une *spirale hyperbolique*.

Sections du tore.

545. Déterminer la section d'un tore par un plan parallèle au plan vertical, et tangent en un point du cercle de gorge.

546. Indiquer les diverses sortes de sections que donne un plan de front, en coupant un tore, et les deux sphères inscrites qui ont pour grand cercle principal les cercles mêmes du méridien du tore.

547. Déterminer la section d'un tore par un plan perpendiculaire au plan vertical, et tangent au cercle générateur.

548. Déterminer la section d'un tore par un plan, P′ perpendiculaire au plan vertical et bi-tangent au tore.

549. Déterminer la section d'un tore par un plan quelconque.

550. Déterminer la section d'un tore elliptique par un plan bi-tangent; indiquer la nature de la section.

551. Déterminer le contour apparent d'un tore engendré par une circonférence tournant autour d'un axe non situé dans son plan, mais parallèle à ce plan.

Couper ensuite le tore par un plan bi-tangent.

552. Déterminer la section d'un tore parabolique par un plan bi-tangent. Le tore est engendré par une parabole tournant autour de sa directrice, ou autour d'un axe parallèle à cette ligne et situé dans le plan de la courbe.

553. Déterminer la section d'un tore hyperbolique par un plan bi-tangent.

L'hyperbole tourne autour d'un axe situé dans son plan et parallèle à l'axe non transverse de la courbe.

554. Déterminer la section d'un tore engendré par une parabole tournant autour d'un axe situé dans son plan et parallèle à l'axe de la courbe, par un plan perpendiculaire au méridien principal de la surface de révolution.

555. Déterminer l'intersection d'un tore engendré par une hyperbole en tournant autour d'un axe parallèle à l'axe transverse de la courbe et situé dans son plan, par un plan perpendiculaire au méridien principal et passant par le centre du tore. Mener la tangente en un point de l'intersection.

556. On fait tourner une *lemniscate de Gerono* (voir exercice 404) autour d'un axe *oz* situé dans son plan, mené par le centre de la courbe, perpendiculaire à l'axe transverse de la lemniscate; puis le tore est coupé par le plan de bout, que l'on mène par une tangente à la courbe méridienne au point double : déterminer la projection de la section sur le plan horizontal et sur un plan de profil. — Les tangentes au point double sont bissectrices des axes de la courbe.

INTERSECTION D'UNE DROITE ET D'UNE SURFACE COURBE

Cylindre. — Cône. — Ellipsoïde.

557. Déterminer les points où une droite rencontre un cylindre de révolution qui a pour axe la ligne de terre, et dont le rayon est donné.

558. Déterminer les points où une droite donnée rencontre un cylindre dont on connaît la trace horizontale et la direction des génératrices.

559. Déterminer les points d'intersection d'une droite et d'un cylindre de révolution, donné par son rayon et les projections de son axe, sans recourir à la trace de ce cylindre.

560. On donne deux droites AB et CD, trouver sur AB un point qui soit à une distance donnée l de la droite CD.

561. Déterminer les points où une droite rencontre un cône donné par sa trace horizontale et par son sommet.

562. Un cône est donné par les deux projections de son sommet et par celles d'une de ses sections planes; déterminer les points d'intersection de ce cône et d'une droite donnée.

563. Déterminer les points où une droite donnée rencontre une sphère.

564. Déterminer les points d'intersection d'un ellipsoïde de révolution, et d'une droite qui passe par le centre de la surface.

565. Déterminer les points d'intersection d'un ellipsoïde scalène et d'une droite menée par le centre de la surface.

566. Trouver l'intersection d'une droite quelconque et d'un ellipsoïde de révolution.

567. Une ellipse tourne autour d'un axe de rotation parallèle à un des axes de la courbe et situé dans un plan perpendiculaire au plan de l'ellipse; déterminer les points d'intersection d'une droite donnée et de l'ellipsoïde engendré par la rotation de l'ellipse.

568. Déterminer les points d'intersection d'une droite et d'un ellipsoïde à trois axes inégaux.

569. Déterminer les points d'intersection d'une droite et d'un ellipsoïde de révolution en recourant à la section diamétrale menée par la ligne donnée.

570. Un ellipsoïde est donné par ses trois axes; déterminer les points où cette surface est rencontrée par une droite donnée, mais sans tracer ni l'ellipse méridienne ni l'ellipse de l'équateur.

Hyperboloïdes. — Paraboloïdes. — Hélicoïdes.

571. Trouver les points d'intersection d'une droite et d'un hyperboloïde de révolution à une nappe.

572. Déterminer les points d'intersection d'une droite quelconque et d'un hyperboloïde à trois axes inégaux.

573. Déterminer les points où une droite rencontre un hyperboloïde à deux nappes, à trois axes inégaux.

574. Déterminer les points où une droite rencontre un paraboloïde de révolution.

575. Déterminer les points où une droite rencontre un paraboloïde elliptique.

576. Déterminer les points où une droite rencontre un paraboloïde elliptique dont l'axe est horizontal.

577. Déterminer les points où une droite rencontre un paraboloïde hyperbolique donné par ses paraboles principales.

578. Déterminer les points où une droite rencontre un paraboloïde hyperbolique donné par ses traces et par son sommet.

579. Déterminer les points d'intersection d'une droite et d'un tore.

580. Déterminer les points où un conoïde elliptique est rencontré par une droite :

1° Parallèle au plan directeur ;

2° Parallèle à la base ;

3° Quelconque, par rapport à la base et au plan directeur.

581. Déterminer les points d'intersection d'un hélicoïde quelconque et d'une parallèle à l'axe.

582. Déterminer les points d'intersection d'un hélicoïde quelconque et d'une droite perpendiculaire à l'axe, mais qui ne rencontre pas cette ligne.

Enroulement des surfaces planes sur le cylindre ou sur le cône.

583. Un carré étant donné, on le replie de manière à former une surface cylindrique ayant pour périmètre de la section droite une des diagonales du carré ; quelle est la projection de cette figure sur un plan parallèle à la diagonale génératrice :

1° Cette diagonale devant diviser la projection en deux parties égales ;

2° Cette diagonale devant appartenir au contour apparent.

Mener la tangente en un point donné de la projection verticale.

584. Sur un cylindre de révolution vertical, on enroule un cercle dont le diamètre égale la circonférence du cylindre. Déterminer la projection verticale de la figure obtenue, et mener la tangente en un point donné de cette courbe.

585. On enroule une hyperbole équilatère sur un cylindre de révolution, de manière qu'une des asymptotes soit sur une génératrice ; quelle est la projection de la figure sur un plan parallèle à l'axe du cylindre ?

586. On enroule une hyperbole quelconque sur un cylindre de révolution, de manière que l'axe non transverse de la courbe soit sur une génératrice ; déterminer la projection de la figure sur un plan parallèle à l'axe du cylindre.

587. On donne un cylindre vertical, ainsi que deux points hors du cylindre ; un fil joint les deux points en entourant complètement le cylindre ; on demande les projections du fil minimum.

588. Sur un cône de révolution, quel est le chemin minimum à parcourir, en coupant toutes les génératrices, pour aller d'un point donné à un second point situé sur la même génératrice que le premier ? Mener la tangente en un point donné de la courbe obtenue.

589. Sur la surface latérale d'un tronc de cône de révolution dont les rayons des deux bases sont r et r', on demande de tracer une ligne qui joigne les extrémités d'une génératrice en faisant trois fois le tour du tronc, et de telle sorte que cette ligne soit le plus court chemin entre les deux extrémités.

590. On trace une figure quelconque sur un plan, un cercle, par exemple ; enrouler cette surface sur un cône donné, en regardant un point donné du plan de la figure tracée comme correspondant au sommet du cône ; mener la tangente à la courbe.

591. Développer l'hélicoïde développable.

Voir en outre le chapitre complémentaire : *Problèmes sur la sphère*, à la fin de la *deuxième partie*.

CHAPITRE V

INTERSECTION DES SURFACES [*]

Introduction.

395. Lorsque deux surfaces se coupent, il y a pénétration ou arrachement.

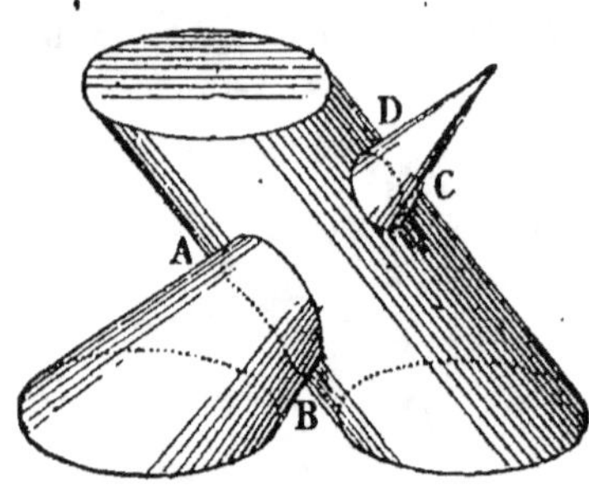

Fig. 332.

1° **Pénétration.** Il y a *pénétration* lorsque l'une des surfaces a toutes ses génératrices coupées.

L'intersection se compose de deux lignes séparées : l'une se nomme *courbe d'entrée*, et l'autre *courbe de sortie*.

Exemple (fig. 322). Toutes les génératrices du cône étant coupées, il y a pénétration du cône dans le cylindre. L'intersection se compose des courbes séparées AB et CD.

2° **Arrachement.** Il y a *arrachement* lorsque chaque surface a des génératrices non coupées.

L'intersection ne se compose que d'une seule ligne ; les courbes d'entrée et de sortie ne forment plus qu'une courbe continue.

Exemple (fig. 333). Quelques génératrices de chaque surface ne sont pas coupées, donc il y a arrachement : ABCD est la courbe commune au cône et au cylindre.

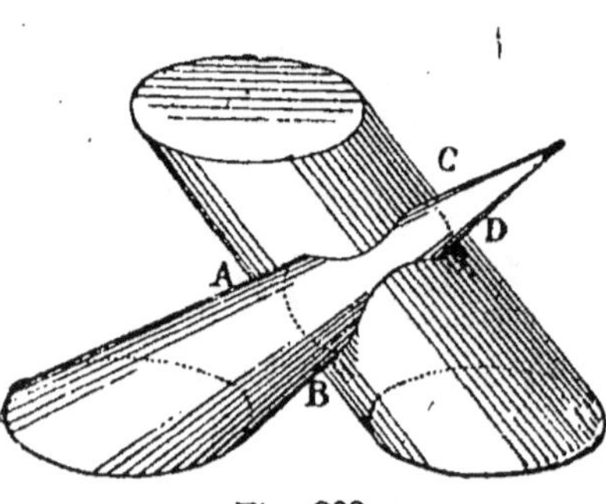

Fig. 333.

3° **Intersection à point double.** Lorsque la courbe d'entrée et la courbe de sortie ont un point commun et que les deux surfaces données ont même plan tangent en ce point, on obtient un cas intermédiaire que l'on rapporte soit à la pénétration, soit à l'arrachement, mais de préférence à ce dernier.

Exemple (fig. 334). Si le cône et le cylindre admettent un plan tangent commun au point E, les deux courbes d'entrée et de sortie se réunissent en ce point E.

La ligne *continue, à point double,* serait ABEDCEA.

* Ce chapitre n'appartient pas au programme de l'Enseignement secondaire moderne (1891), *mais son étude n'en est pas moins nécessaire.*

396. Détermination de l'intersection. *Pour avoir un point de l'intersection de deux surfaces données, on a recours à une surface auxiliaire, qui rencontre chaque surface donnée suivant une ligne facile à déterminer ; tout point commun à ces lignes appartient à l'intersection demandée.*

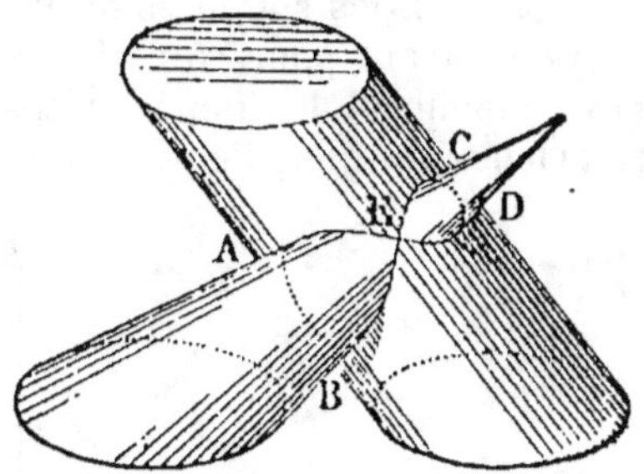

Fig. 334.

On cherche, autant que possible, à obtenir pour intersections des droites, ou bien des circonférences parallèles ou perpendiculaires à l'un des plans de projection.

Le plan est la surface auxiliaire le plus souvent utilisée. On l'emploie pour couper les surfaces réglées suivant des génératrices rectilignes, ou les surfaces de révolution suivant des parallèles.

Pour les surfaces de révolution dont les axes se rencontrent, on emploie des sphères ayant leur centre au point de concours des axes.

Remarque. Nous appellerons plans *limites* les deux positions extrêmes des plans auxiliaires *utiles.*

L'intersection de deux surfaces est une *pénétration* lorsque les plans limites coupent tous deux la *même* surface. C'est un *arrachement* dans le cas contraire.

§ I. — Surfaces polyédriques.

Problème.

397. *Déterminer l'intersection des surfaces de deux prismes, dont l'un est vertical.*

Il est utile que les surfaces auxiliaires coupent chaque surface suivant des arêtes ou des parallèles aux arêtes (nᵒ 396) ; prenons donc des plans parallèles aux arêtes de chaque prisme.

Tout plan projetant horizontalement une arête du prisme quelconque sera parallèle aux arêtes du prisme vertical.

Soient les prismes qui ont pour traces horizontales *abc* et *defg*.

Le plan projetant de l'arête (*al*, *a'l'*) coupe la face *ef* au point 1, qui fait connaître 1' sur *a'l'*.

La même arête perce la face *dg* au point (8, 8').

L'arête (*bm*, *b'm'*) donne (2, 2') et (4, 4'). L'arête (*cn*, *c'n'*) donne (3, 3') et (5, 5').

Le plan vertical mené par (*g*, *g'k'*), parallèlement aux plans précédents, coupe le prisme *abc* suivant les droites 6, 7 et donne les points 6' et 7'.

Ligne d'entrée. Les trois arêtes des sommets A, B, C rencontrent la face EF ; donc il y a pénétration (nᵒ 395, 1ᵒ), et en joignant deux à deux les projections 1', 2', 3', on obtient la projection verticale 1'-2'-3' de la ligne d'entrée. Sa projection horizontale est sur *ef*, car la face *ef* est verticale.

Ligne de sortie. Pour reconnaître dans quel ordre il faut joindre deux à deux les sommets de la ligne de sortie, considérons le triangle variable ayant pour côtés la trace horizontale du plan auxiliaire supposé mobile et les génératrices déterminées par ce plan, l'une dans le prisme oblique, l'autre dans le prisme droit.

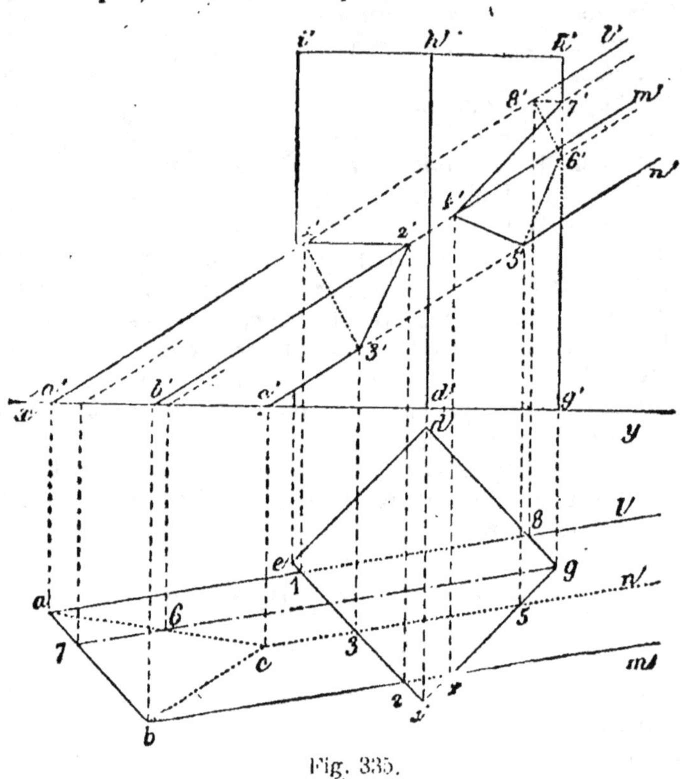

Fig. 335.

Suivons les trois sommets de ce triangle dans les mouvements simultanés qu'ils subissent lorsque le plan auxiliaire se déplace parallèlement à lui-même. Les traces horizontales des génératrices cheminent sur les bases des prismes et leur intersection décrit la ligne de sortie. Chaque fois que le plan auxiliaire parvient à l'une de ses positions limites, *al* ou *bm*, son mouvement change de sens.

Prenons un point quelconque (4, 4′) par exemple, comme point de départ. Du sommet *b*, nous passons à *c*; par conséquent, du point (4, 4′) nous passons à (5, 5′). En allant de *c* au sommet *a*, nous rencontrons le point *o′*, où l'arête (*g*, *g′k′*) perce la face qui a pour trace horizontale la droite *ac*. En suivant le périmètre *bca*, dans le même sens que précédemment, de 6 nous arrivons au sommet *a*, dont l'arête donne (8, 8′). Ainsi il faut joindre 6′ à 8′. De *a* à *b*, nous rencontrons le point (7, 7′), ou la même arête (*g*, *g′k′*) coupe la face dont *ab* est la trace; par suite, il faut joindre 8′ à 7′, puis 7′ à 4′, point de départ.

Lignes vues, lignes cachées. Une ligne est *visible* lorsqu'elle est l'intersection de deux faces visibles; une ligne est *cachée* dès qu'elle appartient à une face invisible.

On voit 1'-2' et 2'-3', tandis que 1'-3', qui appartient à la face *ac*, est invisible.

De même, 6'-8' et 7'-8' sont cachées, car elles appartiennent à la face invisible *dg*.

Développement. Pour développer le prisme droit, on prend, sur une droite donnée, des longueurs DE, E1, 1-3, etc. (fig. 336), égales aux longueurs *de*, *e*1, 1-3, 3-2, etc. (fig. 335). Par les points D, E, 1...,

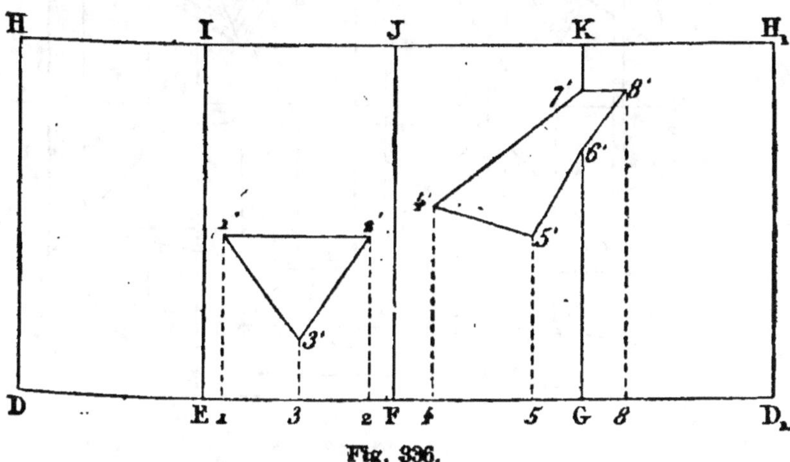

Fig. 336.

on élève des perpendiculaires à DD₁, et l'on prend DH = $d'h'$; 1-1' égale l'ordonnée de 1' (fig. 335), etc. Dans le développement, 1'-2'-3' est la ligne d'entrée, et 4'-5'-6'-8'-7', la ligne de sortie.

Pour développer le prisme oblique, il faut connaître la section droite de ce prisme (nº 240), déterminer les distances des points (1, 1') (2, 2') à la section droite, puis développer cette section droite et prendre des ordonnées égales aux distances cherchées.

398. Solide commun. Lorsqu'il y a pénétration, on peut demander la partie commune aux deux solides dont on a déterminé l'intersection des surfaces.

Le solide commun (1₁-4₁-8₁, 1'₁-4'₁-8'₁) (fig. 337) est limité par les faces (1₁-2₁-3₁, 1'₁-2'₁-3'₁), (4₁-6₁, 4'₁-6'₁) et (6₁-7₁-8₁, 6'₁-7'₁-8'₁) qui appartiennent au prisme droit pénétré, et par les faces (2₁-5₁, 2'₁-5'₁ (2₁-8₁, 2'₁-8'₁) et (3₁-8₁, 3'₁-8'₁) du prisme triangulaire oblique.

Remarque. Comme épure, le problème des intersections peut donner lieu à divers modes de représentations; car on peut demander de représenter l'*intersection* des deux corps d'après les suppositions suivantes :

1º *Les deux corps sont conservés* (fig. 335). Les lignes projetées verticalement en 1'-3' et 5'-6' sont cachées par le prisme triangulaire, 7'-8' est cachée par le prisme droit, et 6'-8' en partie par le premier et en partie par le second.

2° *Le prisme pénétré est seul conservé* (fig. 337, *f*). On n'a plus de caché que 7′-8′ et une partie de 6′-8′.

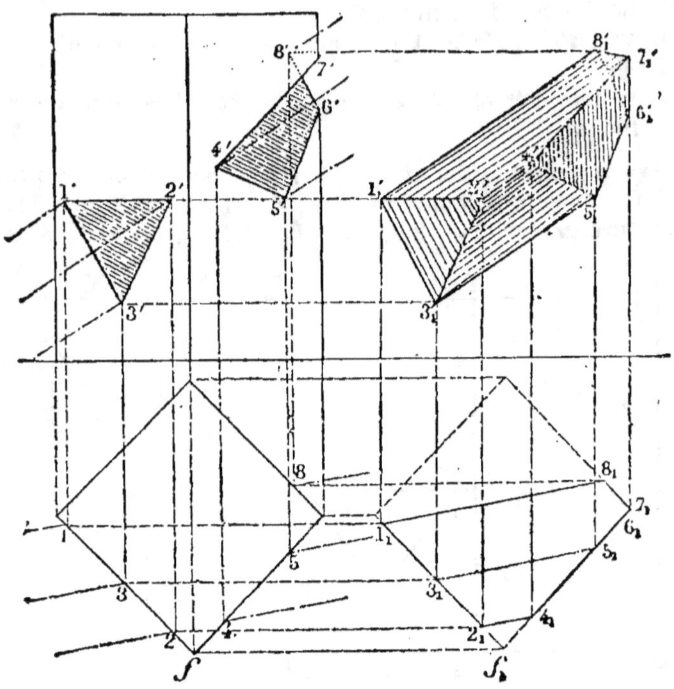

Fig. 337.

3° *Le prisme qui pénètre est seul conservé* (fig. 335). On aurait deux troncs distincts, limités par les intersections; 1′-3′, 5′-6′ seraient cachées ainsi que la partie de 6′-8′ adjacente au point 6′; il en serait de même, en projection horizontale, de l'arête 3-5.

4° *Solide commun aux deux prismes* (fig. 337, f_1). La projection verticale $6'_1$-$8'_1$ est cachée par le solide; en projection horizontale, il en est de même de 3_1-5_1.

Problème.

399. *Déterminer l'intersection des surfaces de deux prismes quelconques.*

Il faut mener des plans auxiliaires parallèles aux arêtes des deux prismes (n° 396).

Soient les prismes ayant *abc, def* pour traces horizontales (fig. 338).

Pour avoir la direction de la trace horizontale des plans auxiliaires, prenons un point quelconque (*i, i′*) et menons des parallèles IG, IH aux arêtes; *gh* est la trace horizontale d'un plan parallèle aux arêtes des deux surfaces données (n° 96).

Par chaque sommet de la base *def,* menons un plan parallèle au plan IGH; la trace menée par *d* rencontre *ac* au point *z*. Or l'arête (*du, d′u′*) rencontre la droite (*zu, z′u′*) au point (*u, u′*). Les projections horizontales du, zu font connaître u; les projections verticales $d'u'$, $z'u'$ déterminent u', qui doit appartenir à la ligne de rappel de u.

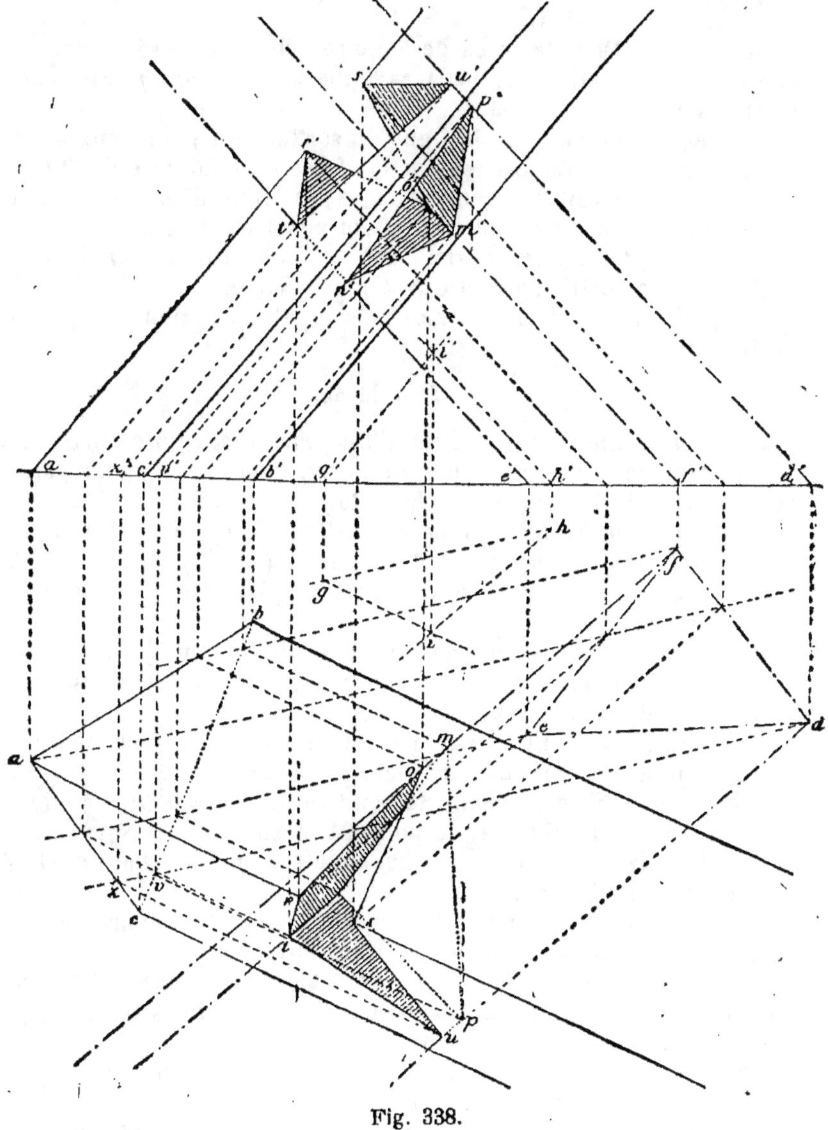

Fig. 338.

Le plan dv donne un second point (p, p'); c'est le point où l'arête (dp, $d'p'$) perce une seconde face du prisme abc. On procède de même pour les arêtes e et f. Les traces des plans limites, menés par f et a, rencontrent la trace horizontale abc; donc le prisme def pénètre dans le prisme abc (n° 395, 1°).

Le prisme de droite entre dans l'autre prisme par une seule face (mnp, $m'n'p'$) est la *ligne d'entrée*. Les points (o, o') (t, t') (u, u', sont les points de sortie; mais le plan mené par le sommet a coupe le prisme de droite; donc l'arête ars est coupée. La *ligne de sortie* est donc O-S-U-T-R-O.

Remarque. Dans le tracé de l'épure, on a supposé le prisme def enlevé. En projection verticale, la ligne d'entrée $m'n'p'$ est complètement visible.

Il en est de même pour la ligne de sortie, sauf pour deux segments des droites $o'r'$ et $o's'$, cachés par les faces du dièdre de l'arête c'.

Si l'on conservait les deux prismes, la ligne d'entrée n'aurait que $n'p'$ de visible; ce segment appartient aux faces visibles bc, dc; mais $m'p'$ appartient à la face invisible df, et $m'n'$ à la face invisible fe.

La ligne de sortie n'aurait que $t'u'$ de visible.

On pourrait faire des remarques analogues pour la projection horizontale.

Problème.

400. *Déterminer l'intersection d'un prisme et d'une pyramide.*

Il faut mener, par le sommet de la pyramide, des plans parallèles aux arêtes latérales du prisme (n° 396).

Soit le prisme ayant pour base ABCD et la pyramide SEFGH.

Par le sommet de la pyramide, menons (st, $s't'$) parallèle à l'arête (aa_1, $a'a'_1$); la trace horizontale de tout plan mené par cette droite doit passer par t.

Pour déterminer les points d'intersection de (aa_1, $a'a'_1$) et de la pyramide, menons le plan $taij$; la pyramide est coupée suivant les lignes (si, $s'i'$) et (sj, $s'j'$).

aa_1 et si se coupent en m; $a'a'_1$ et $s'i'$ se rencontrent en m'; m et m' doivent se trouver sur une même perpendiculaire à xy. De même, à la droite (sj, $s'j'$) correspond le point (n, n'); l'arête (a, a') du prisme entre dans la pyramide par le point M et en sort par N.

Le plan $troh$ fait connaître les points 1 et 7, où l'arête SH de la pyramide coupe le prisme.

D'une manière générale, il faut mener un plan auxiliaire par chaque arête latérale, soit du prisme, soit de la pyramide.

Les arêtes A, B, C du prisme sont coupées; mais le plan que l'on mènerait par t et d ne rencontrant pas la base de la pyramide, il en résulte que l'arête D n'est point coupée.

De même les arêtes E, G, H de la pyramide traversent le prisme, tandis que F ne le rencontre pas.

Il y a *arrachement*, puisque chaque surface a une arête non coupée (n° 395, 2°); d'ailleurs le plan limite tb rencontre $efgh$, tandis que le plan td ne rencontre pas la pyramide.

401. Pour déterminer l'ordre dans lequel il faut joindre deux à deux les points d'intersection, on peut procéder comme il suit :

Regardons les plans auxiliaires comme diverses positions d'un plan mobile, et considérons deux génératrices déterminées par ce plan, l'une dans le prisme, l'autre dans la pyramide. Lorsque le plan auxiliaire se déplace, les tracés horizontales des deux génératrices che-

minent sur les périmètres des bases, et leur point commun décrit
l'intersection cherchée.

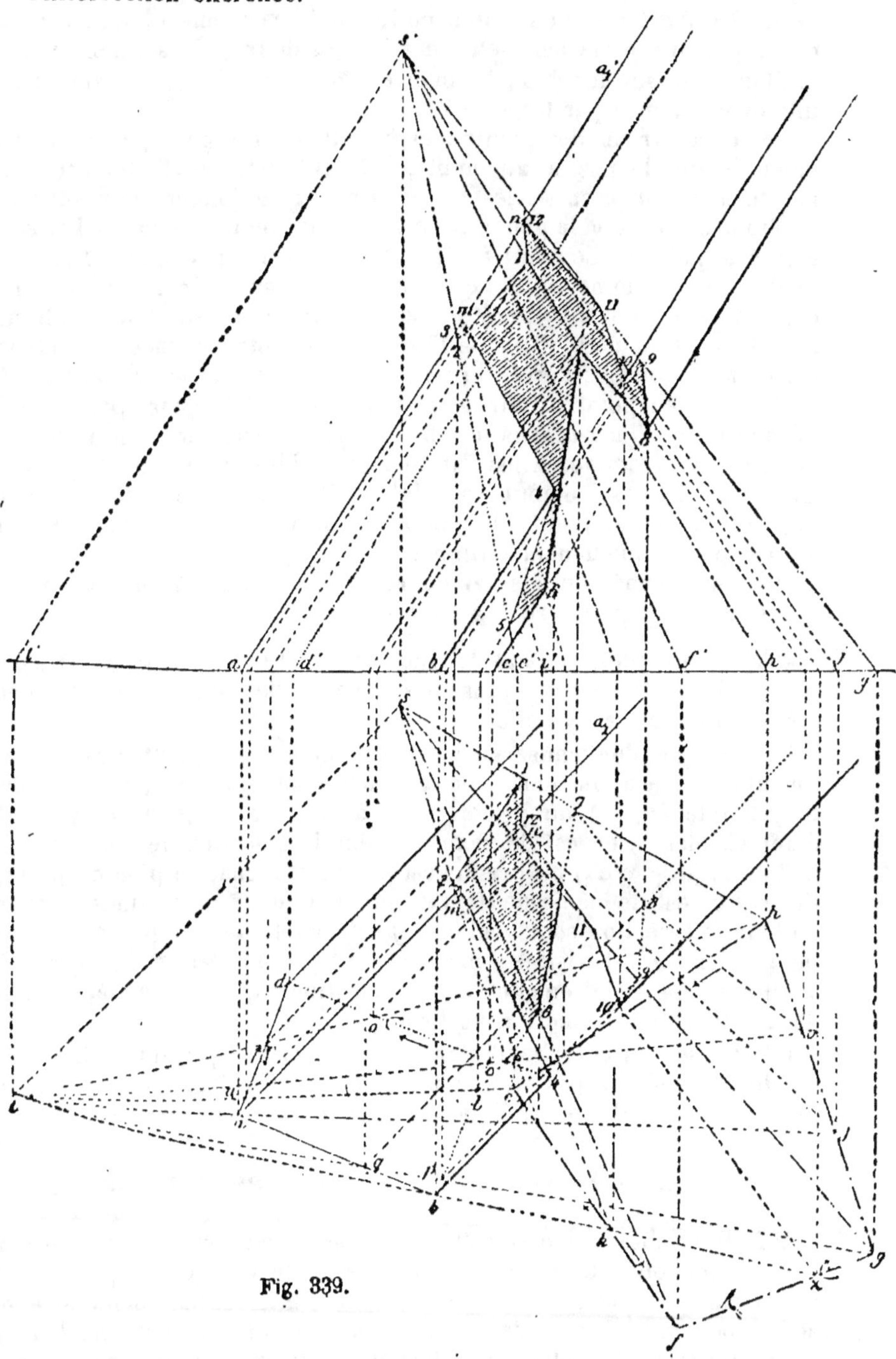

Fig. 339.

Joignons $t'4$ (fig. 339); les lignes *od*, *dr* correspondent à la partie de la surface prismatique non coupée. A partir de *r* parcourons le périmètre *r-a-b-c-o-r* dans le sens indiqué; en même temps, à partir de *h*, parcourons le périmètre *h-e-k*. Les deux points considérés simultanément sur les deux périmètres doivent toujours se trouver sur une droite menée par le point *t*.

Les génératrices des points *r* et *h* donnent le point 1; *te* coupe *ra*; donc, avant de passer au point *a*, il faut chercher l'intersection de l'arête *se* et du prisme : les génératrices *u*, *e* donnent le point 2. A l'arête *a* correspond la génératrice *si*, ce qui donne le point 3. L'arête *b* donne le point 4. Le point *k* étant sur le plan limite STB, il faut revenir vers le sommet *e*, tout en continuant à parcourir le périmètre *abc* dans le sens convenu. L'arête *e* coupe la face *bc*; en effet, les lignes *e*, *l* donnent le point 5; puis l'arête *c* rencontre la face qui a pour trace *eh* au point 6; l'arête du point *h* rencontre la face *cb* au point 7.

Parvenu au point *o*, sur le plan limite STH, il faut parcourir le périmètre *o-c-b-a-r-o* dans le sens opposé au premier, et le périmètre *v-g-z* de la pyramide. Ainsi l'arête *c* et la ligne *v* donnent le point 8. On trouve successivement les points 9, 10, 11, l'arête *a* donne encore le point 12; en arrivant au point *r* on retrouve le point 1, et l'intersection est complètement terminée.

Pour le prismé, on a suivi en réalité *r-a-b-c-o-c-b-a-r*, et pour la pyramide, on a parcouru *h-e-k-e-h-g-z-g-h*.

402. *Remarques.* I. Dans le tracé de l'épure, on a supposé la pyramide enlevée; sans cela, plusieurs lignes, telles que 1-2, 6-7, auraient été cachées par la pyramide.

II. Lorsque l'on conserve les deux corps, un point n'est visible qu'autant qu'il appartient à deux lignes visibles; ainsi, pour le plan *tbz*, l'arête (b, b') du prisme et la droite (sz, $s'z'$) de la pyramide étant visibles, il en est de même de leur intersection, le point 10.

L'arête (aa_1, $a'a'_1$) du prisme est visible sur chaque plan de projection; il en est de même de (is, $i's'$), donc les deux projections m et m' de leur intersection sont visibles, sj est visible, tandis que $s'j'$ ne l'est point; donc n est visible; mais n' ne le serait pas si la pyramide avait été conservée; en effet, cette projection se trouve derrière la face dont $s'f'g'$ est la projection verticale.

III. Lorsqu'on cherche l'intersection de deux pyramides, les plans auxiliaires doivent passer par les sommets des deux pyramides. On procède comme il sera indiqué pour deux cônes (n° 409).

§ II. — Polyèdres et Surfaces courbes.

403. Pour obtenir l'intersection d'une surface courbe par une surface polyédrique, on détermine la section de la surface courbe par le plan de chacune des faces du polyèdre; mais l'intersection demandée ne se compose que des parties curvilignes qui appartiennent réellement à une des faces du polyèdre, et l'on doit rejeter les autres parties que les plans illimités ont pu donner.

Il est essentiel de chercher les points où les arêtes du polyèdre rencontrent la surface courbe.

Problème.

404. *Déterminer l'intersection d'une sphère et d'un prisme triangulaire.*

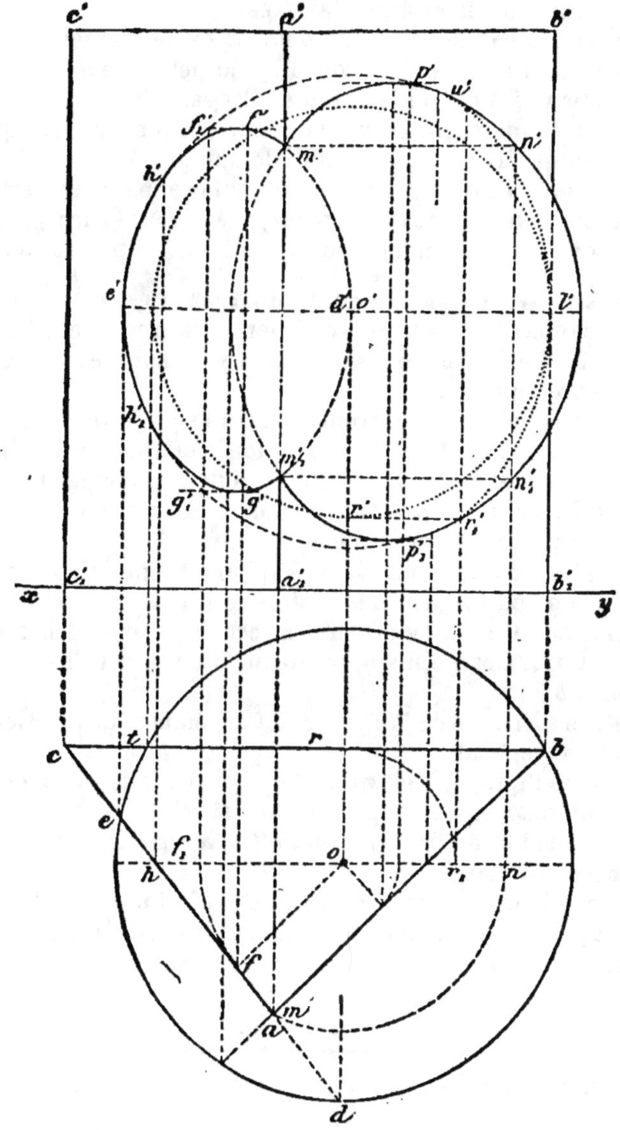

Fig. 340.

L'ellipse dont *fg'* est le grand axe semble se confondre en partie avec le méridien principal de la sphère.

Soit à trouver l'intersection de la sphère, ayant (*o, o'*) pour centre et du prisme triangulaire vertical, dont abc est la trace horizontale.

Le plan de chaque face coupe la sphère suivant un cercle. Lorsqu'une des faces bt, par exemple, est parallèle au plan vertical, la projection verticale de la section est un cercle ayant o' pour centre et br pour rayon.

Les cercles donnés par les autres faces se projettent suivant des ellipses dont il faut déterminer les axes.

La face ac détermine un cercle dont ed est le diamètre. Les projections des extrémités d, e font connaître le petit axe $d'e'$. Le grand axe est perpendiculaire au milieu de $d'e'$, il égale de.

On peut aussi déterminer sa longueur par un procédé qui s'appliquerait à l'ellipsoïde aussi bien qu'à la sphère.

Amenons le plan de à être perpendiculaire au plan vertical; pour cela, abaissons la perpendiculaire of, décrivons l'arc ff_1; la droite $f'_1g'_1$ fait connaître la longueur du grand axe, et par suite $f'g'$.

405. Points particuliers. La détermination des axes permet de tracer l'ellipse; néanmoins il est utile de chercher directement les points où la courbe touche le contour apparent de la sphère, et ceux où elle rencontre l'arête $(a, a'a'_1)$.

Les points du contour apparent vertical se projettent sur le diamètre oh parallèle à xy; or h est la projection horizontale de l'intersection du plan sécant mené par ac et du méridien principal mené par oh; donc h' et h'_1 sont les points demandés. En ces points, l'ellipse est tangente au cercle, la partie $h'e'h'_1$ est invisible.

Si l'arête $(a, a'a'_1)$ était dans le plan du méridien principal, on connaîtrait immédiatement les points où elle couperait le contour apparent. Il suffit donc de décrire un arc an, et $n'n'_1$ fait connaître les points m' et m'_1. Ces points appartiennent aussi à l'ellipse déterminée par la face ab.

La moitié supérieure de l'intersection se compose des parties suivantes en projection verticale :

1° De l'arc elliptique $e'h'f'm'$; 2° de l'arc elliptique $m'u'l'$; 3° de la demi-circonférence ayant o' pour centre et $o'l'$ pour rayon.

La partie visible de l'intersection $h'f'm'u'$ est celle qui appartient à l'hémisphère antérieur.

Il y a arrachement, car l'arête $(c, c'c'_1)$ n'est pas coupée (n° 395, 2°). L'arête $(b, b'b'_1)$ est tangente à la sphère, et l'arête $(a, a'a'_1)$ est coupée en deux points.

Problème.

406. *Déterminer l'intersection d'un cylindre et d'un prisme triangulaire.*

Les plans auxiliaires doivent être parallèles aux génératrices du cylindre et aux arêtes du prisme (n° 396), afin que les deux surfaces soient coupées suivant des droites.

Soient un cylindre vertical, ayant dlh pour trace horizontale, et un prisme triangulaire, ayant abc pour trace et (aa_1, $a'a'_1$) pour arête latérale.

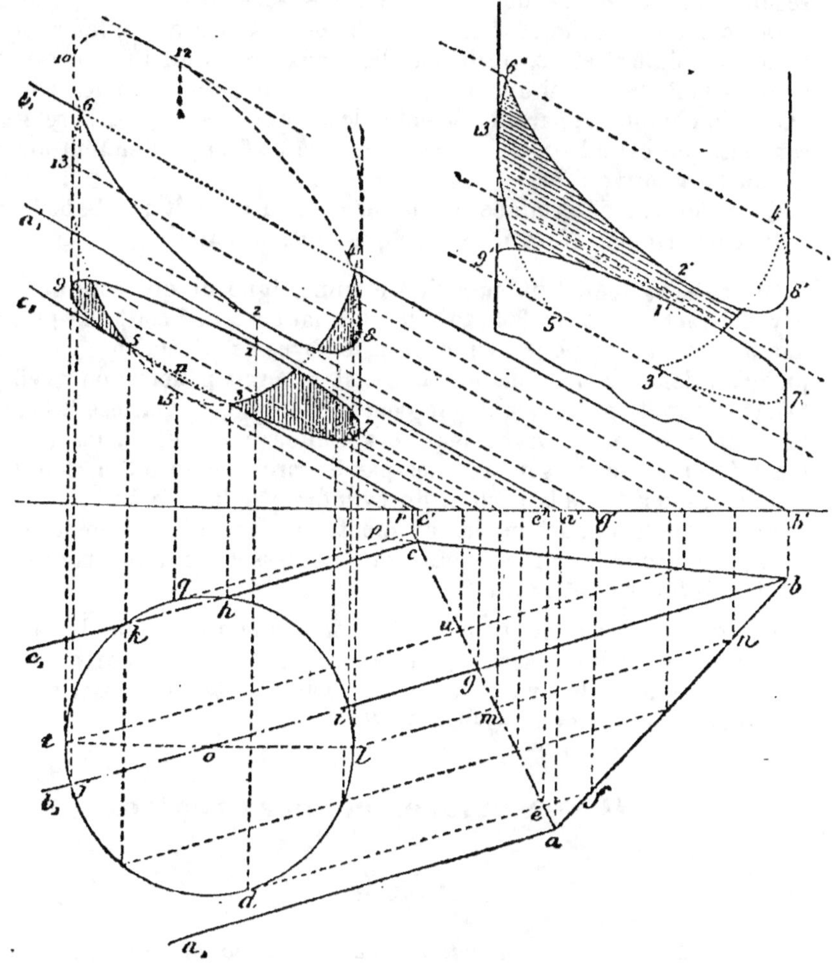

Fig. 341.

Le cylindre étant vertical, il faut prendre des plans verticaux parallèles à aa_1.

Le plan de chaque face du prisme coupe le cylindre suivant une ellipse, qu'il est facile de construire complètement, tout en ne conservant ensuite que la partie nécessaire.

Pour la face ac, menons le plan tangent limite de : on obtient le point 1, pour lequel $e'1$ est tangente à la courbe. Le plan tangent qr ne rencontre que le prolongement de la face; il donne le point 11, qui n'appartient pas aux surfaces données.

Il faut déterminer les points situés sur le contour apparent; le plan lm donne 7; le plan tu donne 9.

L'arête CC_1 donne les points 3 et 5, où la section elliptique, déterminée par la face ac, vient couper la section relative à la face bc. En résumé, la face ac donne la courbe 5-9-1-7-3.

De même la face ab donne la courbe 6-2-8-4. On a d'ailleurs déterminé les points 2 et 12, où la parallèle aux arêtes du prisme est tangente à l'ellipse, ainsi que les points 8 et 10, situés sur les génératrices de contour apparent, et enfin les points 4 et 6, où l'arête BB_1 rencontre le cylindre; ces mêmes points 4 et 6 appartiennent aussi à la courbe relative à bc.

Pour l'ellipse déterminée par la face bc, on connaît déjà 3, 5, 4 et 6. Il faut déterminer 13 et 15 et quelques autres points.

407. Arrachement. L'intersection est une ligne unique continue, car il y a arrachement (n° 395, 2°); le plan tangent def coupe le prisme, tandis que chk coupe le cylindre. Si les faces ac, cb étaient prolongées jusqu'au delà du plan mené par qr, il y aurait pénétration; l'ellipse 1-7-11-9 serait, par exemple, la courbe d'entrée, et l'ellipse 2-8-12-10 la courbe de sortie. Avec les faces limitées en b et c, les courbes d'entrée et de sortie sont réunies par les arcs d'ellipse 3-4 et 5-13-6, qui correspondent à la section du cylindre par la face bc.

En suivant la courbe d'arrachement, en partant d'un point donné, de 1, par exemple, on rencontrerait successivement les points suivants : 1-7-3-4-8-2-6-13-5-9-1.

Remarque. Dans l'épure 1-7... 9-1, on a supposé le cylindre enlevé, tandis que dans l'intersection reproduite en 1'-7'... 9'-1', on a supposé le prisme enlevé. Enfin, si les deux surfaces étaient conservées, on ne verrait que les arcs 7-1-9 et 6-2-8.

§ III. — Surfaces courbes réglées.

Problème.

408. *Déterminer l'intersection de deux cylindres de révolution, de même rayon, dont les axes se rencontrent, développer un de ces cylindres.*

Soient les cylindres égaux, ayant pour axes cc' et cc'_1 (fig. 342).

Les sections droites AB, $a'_1b'_1$ sont égales, et si l'on prend l'arc $C'F' = CF$, on aura $c'_1f'_1 = c'f'$ et $a'_1f'_1 = a'f'$; par suite, les points $afc...d$ sont sur la bissectrice de l'angle a'_1aA et sont en ligne droite; l'intersection, ayant tous ses points sur un même plan projetant, est une courbe plane, contenue dans un plan perpendiculaire au plan des axes; donc la courbe est une ellipse, ayant ab pour grand axe et dont le petit axe égale AB. (G., n° 817.)

En prenant $cC_2 = dD_2 = a'c'$, on obtient la courbe en vraie grandeur aC_2bD_2, rabattue sur le plan des axes.

Développement. On prend $A_1B_1A_2$ égal à la circonférence ACBD rectifiée; puis $a_1A_1 = aa'$, $b_1B_1 = bb'$, etc.

Remarque. Ce problème élémentaire se rencontre fréquemment
dans la pratique des travaux. Il convient de le résoudre, ainsi qu'on

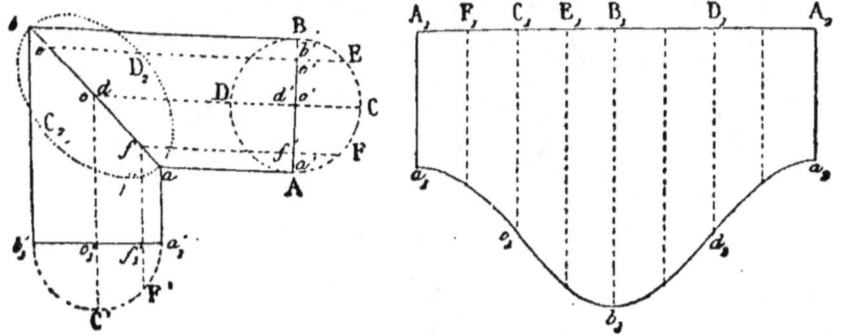

Fig. 342.

vient de le faire, sans recourir à la méthode générale, employée pour
déterminer l'intersection de deux cylindres quelconques (n° 414).

Problème.

409. *Déterminer la ligne d'intersection de deux cônes.*

Les plans qui coupent deux cônes suivant des lignes droites passent
par les sommets des deux cônes.

Il faut donc mener la droite des sommets; toute droite passant par
sa trace, dans le plan horizontal, pourra être considérée comme la
trace horizontale d'un plan passant par les deux sommets.

Soient les surfaces coniques de sommets (r, r') et (s, s').

Joignons ces deux points; la trace horizontale des plans sécants
doit passer par la trace t de la droite RS.

Les traces des plans limites ti, tj rencontrant la base du cône S,
il y a pénétration (n° 395, 1°) : le cône R entre par la courbe $(dme,$
$d'm'e')$ et sort par la courbe $(fg, f'g')$.

Pour avoir un point de l'intersection, menons le plan tba; il détermine les génératrices $(ar, a'r')$ et $(bs, b's')$ qui se coupent en
(m, m').

Ce plan auxiliaire tba déterminant deux génératrices de chaque cône
donne quatre points de l'intersection.

Il est surtout utile de déterminer les points situés sur les lignes de
contour apparent; par exemple, pour la projection horizontale, on
mène le plan tc, qui fait connaître d.

Pour la projection verticale, on mène le plan th, qui correspond à
$r'h'$, et fait connaître l', etc.

Branches infinies. L'intersection de deux cônes peut avoir des
points à l'infini. C'est ce qui arrive quand l'un des plans auxiliaires
coupe les deux surfaces suivant deux génératrices parallèles, car le
point commun à ces génératrices est rejeté à l'infini.

10

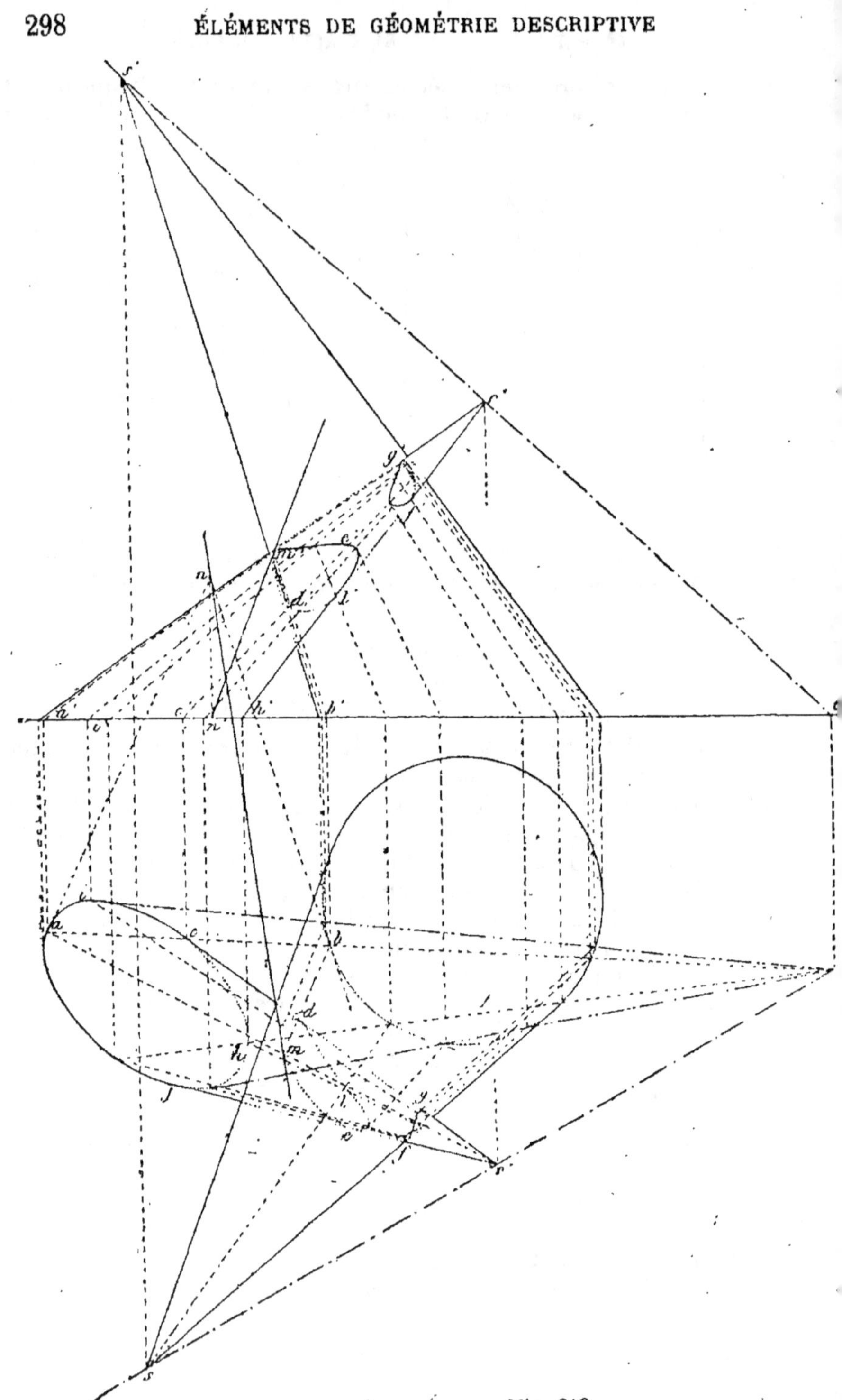

Fig. 343.

Pour reconnaître si deux cônes ont des génératrices parallèles, on transporte l'un d'eux parallèlement à lui-même, de manière à faire coïncider son sommet avec le sommet de l'autre.

On détermine les génératrices communes aux deux cônes de même sommet (nº 425).

Chaque génératrice commune fait connaître un couple de génératrices parallèles dans les cônes donnés.

410. Tangente. La tangente à l'intersection en un point (m, m') (fig. 343) est l'intersection des plans tangents aux cônes, suivant les génératrices qui passent par ce point (nº 287, 1º). Or les tangentes an, bn, aux bases des cônes sont les traces horizontales de ces plans tangents ; donc (n, n') est la trace horizontale de la ligne cherchée ; il suffit de joindre nm et $n'm'$.

Asymptote. Généralement, chaque branche infinie a une asymptote que l'on peut construire comme la tangente en un point quelconque : c'est l'intersection des plans respectivement tangents aux deux cônes, le long des génératrices parallèles qui sont dirigées vers le point à l'infini considéré. Dans le cas particulier où ces deux plans tangents sont parallèles, la branche est parabolique, et son asymptote est rejetée tout entière à l'infini.

<h3 align="center">Problème.</h3>

411. *Déterminer l'intersection d'un cône et d'un cylindre dont l'axe est vertical.*

Il faut mener les plans sécants par la verticale du sommet du cône, tou-ces plans couperont le cylindre et le cône suivant des génératrices.

Soient le cône S, ABCD et le cylindre droit EFG (fig. 344).

Menons les plans limites sb, sd relatifs au cône. Le plan sb se trouve tangent au cylindre ; donc la courbe d'entrée et celle de sortie auront un point commun $1'$ (nº 395, 3º). Ce point est donné par les généra-trices $b's'$ et $f'i'$.

Pour déterminer un point quelconque de l'intersection, on mène un plan tel que $shkl$. Il détermine deux génératrices du cône et deux du cylindre ; ce qui donne quatre points d'intersection, savoir : $2'$ et $8'$ qui se trouvent sur $h'j'$, et deux autres points sur $h'j'_1$.

Il faut déterminer les plans situés sur les génératrices de contour apparent du cône et du cylindre. Pour le cône, il faut mener les plans sa, sc ; on trouve $3'$ et $6'$, ainsi que deux points de la boucle supérieure. Pour le cylindre, on mène se, et l'on trouve 5. La généra-trice gg' du cylindre n'est pas coupée ; la boucle supérieure est tan-gente à $u'v'$.

412. Tracé de la courbe. Pour déterminer l'ordre dans lequel il faut joindre les points deux à deux, on parcourt simultanément les péri-mètres des deux bases et celui de la section, en faisant constamment correspondre trois points situés sur un même plan auxiliaire, savoir : les traces de deux génératrices et leur point de concours.

Chaque fois qu'on parvient à la trace d'un plan limite, on continue d'avancer sur la base qui est tangente à cette trace, mais on est obligé de rebrousser chemin sur l'autre, à moins que le plan auxiliaire considéré ne soit limite à la fois pour les deux surfaces.

En partant de la position *bf* et en suivant d'abord les sens *bla* et *fhm*, on rencontre successivement les triangles indiqués dans les colonnes suivantes :

Cône.....	b	l	a	p	d	c	n	k	b
Cylindre...	f	h	m	o	e	o	m	h	f
Section...	1'	2'	3'	4'	5'	6'	7'	8'	1'

En joignant les points dans l'ordre marqué par la dernière ligne, on obtient la boucle inférieure de l'intersection.

On procéderait d'une manière analogue pour la courbe de sortie, en

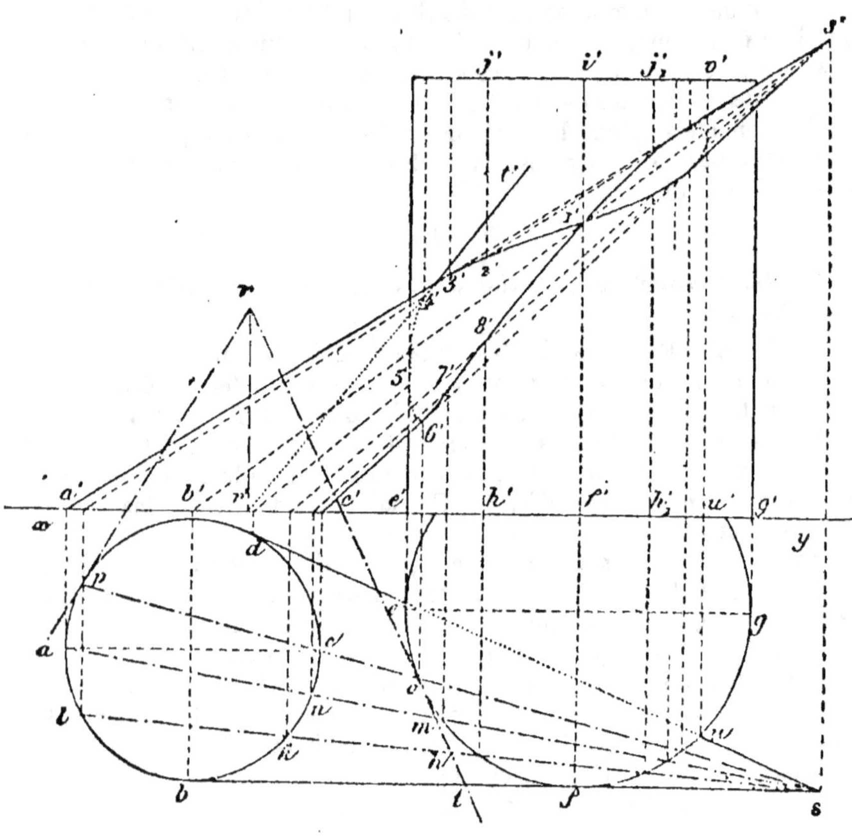

Fig. 344.

parcourant la base du cône dans l'ordre *badcb*, on suivrait le contour *fu* du cylindre, pour revenir ensuite du point *u* vers le point *f*.

Lignes vues et lignes cachées. Un point d'intersection est *visible* lorsqu'il appartient à deux génératrices visibles ; il est caché dès que l'une des lignes est invisible. D'après cela, on reconnaît que 3'-4'-5'-6'-7' est la partie invisible de la courbe d'entrée ; **car cette partie** est donnée par les génératrices invisibles qui partent des points *p* et *d*, compris sur l'arc *apdc*.

413. Tangente. La tangente à la courbe en un point (0, 4′) est l'intersection du plan tangent au cône suivant la génératrice *sp* et du plan tangent au cylindre suivant la génératrice 0 ; les traces horizontales de ces plans sont les tangentes *pr* et *or* : donc (*r*, *r′*) est la trace horizontale de la tangente, et *r′4′7′* est tangente à la projection verticale de l'intersection.

Problème.

414. *Déterminer l'intersection de deux cylindres quelconques.*

On procède comme pour deux prismes (nᵒ 399). On mène des plans auxiliaires parallèles aux génératrices des deux cylindres.

Soient les cylindres qui ont pour traces respectives *asp*, *bfo* (fig. 345).

Par un point quelconque (*i*, *i′*) menons des parallèles aux génératrices des surfaces données ; les plans auxiliaires devront avoir leur trace horizontale parallèle à *gh*.

Le plan limite *abc* coupe le cylindre *bfo*, et le plan limite *fkl* coupe le cylindre *asp* ; donc il y a arrachement.

Il est surtout utile de déterminer les points situés sur les huit génératrices de contour apparent, ainsi le plan *stu* fait connaître les points *r* et *v* sur la génératrice *sv* ; d'ailleurs les mêmes plans auxiliaires donnent aussi un grand nombre de points quelconques.

Pour déterminer l'ordre dans lequel on doit joindre deux à deux par une courbe continue les points obtenus, on procède comme on l'a indiqué précédemment (nᵒ 401). Les deux points mobiles considérés simultanément sur les deux périmètres doivent toujours être sur une même parallèle à *gh*.

Pour le cylindre de gauche, par exemple, en partant de *c*, il faudrait parcourir les points *c*, *u*, *o*, *f*, *t*, *b*, *t*, *f*, *o*, *u*, *c*.

415. Tangente. La trace de la tangente, au point *m*, est donnée par l'intersection *nn′* des traces des plans tangents *on*, *pn* (nᵒ 287, 1ᵒ).

Dans le tracé de l'épure, le cylindre de gauche est supposé enlevé.

En projection horizontale, les génératrices de contact projetées en *mp*, *mo* étant visibles, il en est de même de la tangente, et par suite de sa projection *mn* ; mais, sur le plan vertical, les mêmes génératrices projetées en *m′p′*, *m′o′* sont invisibles ; donc une partie de la tangente est derrière les cylindres, et la projection verticale pourrait être pointillée de *n′* jusqu'à *m′*.

§ IV. — Surfaces de révolution.

416. Les cônes et les cylindres dont on vient de chercher l'intersection pouvaient être de révolution, mais il n'y avait pas lieu de s'occuper de cette propriété, parce qu'on pouvait déterminer des plans auxiliaires coupant les deux surfaces suivant des lignes droites. Il n'en est plus ainsi dès que l'une des surfaces données ne peut pas être coupée suivant des génératrices rectilignes.

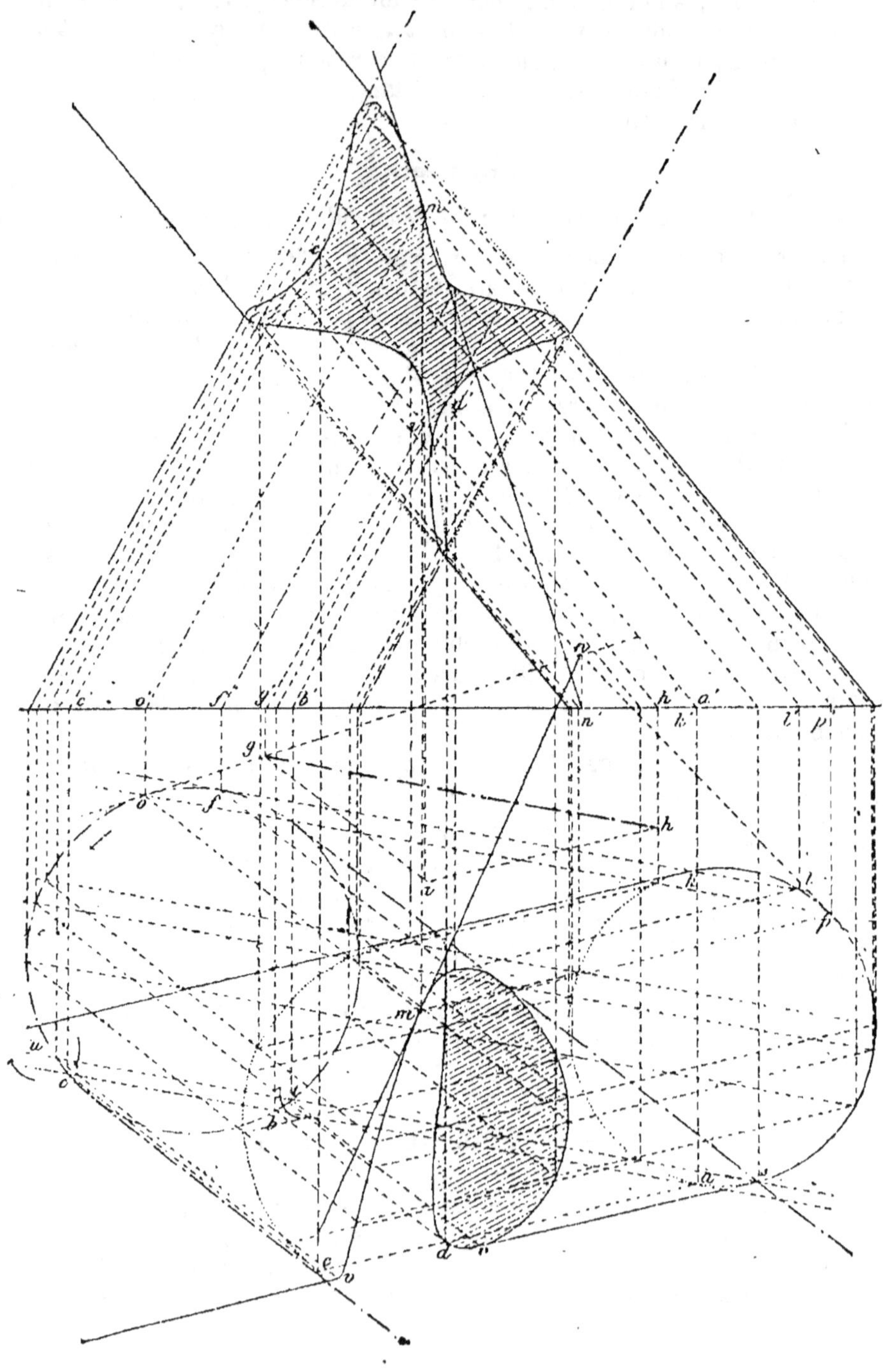

Fig. 345.

Dans la recherche de l'intersection de deux surfaces quelconques de révolution, il y a deux cas particuliers à considérer : suivant que les axes des surfaces sont parallèles, ou que les axes se coupent.

.417. **Axes parallèles.** Lorsque les axes de deux surfaces de révolution sont parallèles, tout plan perpendiculaire à ces axes coupe les surfaces suivant des cercles dont les points communs appartiennent à l'intersection cherchée.

On choisit, autant que possible, pour plans de projection, un plan perpendiculaire aux axes et un plan parallèle à ces mêmes axes, afin que les cercles se projettent en vraie grandeur sur le premier, et suivant des droites sur le second.

Tous les diamètres d'une sphère peuvent être pris pour axes; par suite, lorsqu'on donne une sphère et une autre surface de révolution, on peut considérer les deux surfaces comme ayant des axes parallèles ou bien des **axes qui se coupent**; car on peut mener dans la sphère un diamètre qui rencontre l'axe de l'autre surface, ou qui lui soit parallèle.

Problème.

418. *Déterminer l'intersection d'une sphère et d'un cylindre vertical.*

L'intersection est divisée par le plan de l'équateur en deux parties symétriques, car la sphère et le cylindre sont composés de deux parties symétriques par rapport à ce plan.

Soient la sphère de centre (c, c') et le cylindre ayant *bef* pour trace horizontale et $(a, a'a'_1)$ pour axe (fig. 346).

Comme surfaces auxiliaires, prenons des plans perpendiculaires à l'axe du cylindre; toutes les sections du cylindre seront projetées sur la trace horizontale *bef*, et la sphère sera coupée suivant des cercles de centre c, projetés en vraie grandeur sur le plan horizontal. Les points communs à la trace du cylindre et aux cercles décrits seront les projections horizontales de points communs aux deux surfaces données.

On pourrait aussi recourir à des plans de front, car la sphère serait coupée suivant un cercle parallèle au plan vertical, et le cylindre, suivant deux génératrices faciles à déterminer.

Point quelconque. Un plan horizontal quelconque P' donne un parallèle de rayon $o'd'$, d' fait connaître d. Puis on décrit un arc du centre c avec cd pour rayon. Cet arc détermine le point b, et par suite b'. Le point (b, b') appartient à l'intersection demandée. Le point b donne aussi b'_1; mais il suffit de s'occuper de la moitié supérieure de l'intersection.

Points particuliers. Il faut déterminer les points qui sont situés sur des contours apparents de la sphère et du cylindre, ainsi que les points le plus haut et le plus bas de la courbe.

Le grand cercle de front *vz* coupe le cylindre suivant des généra-

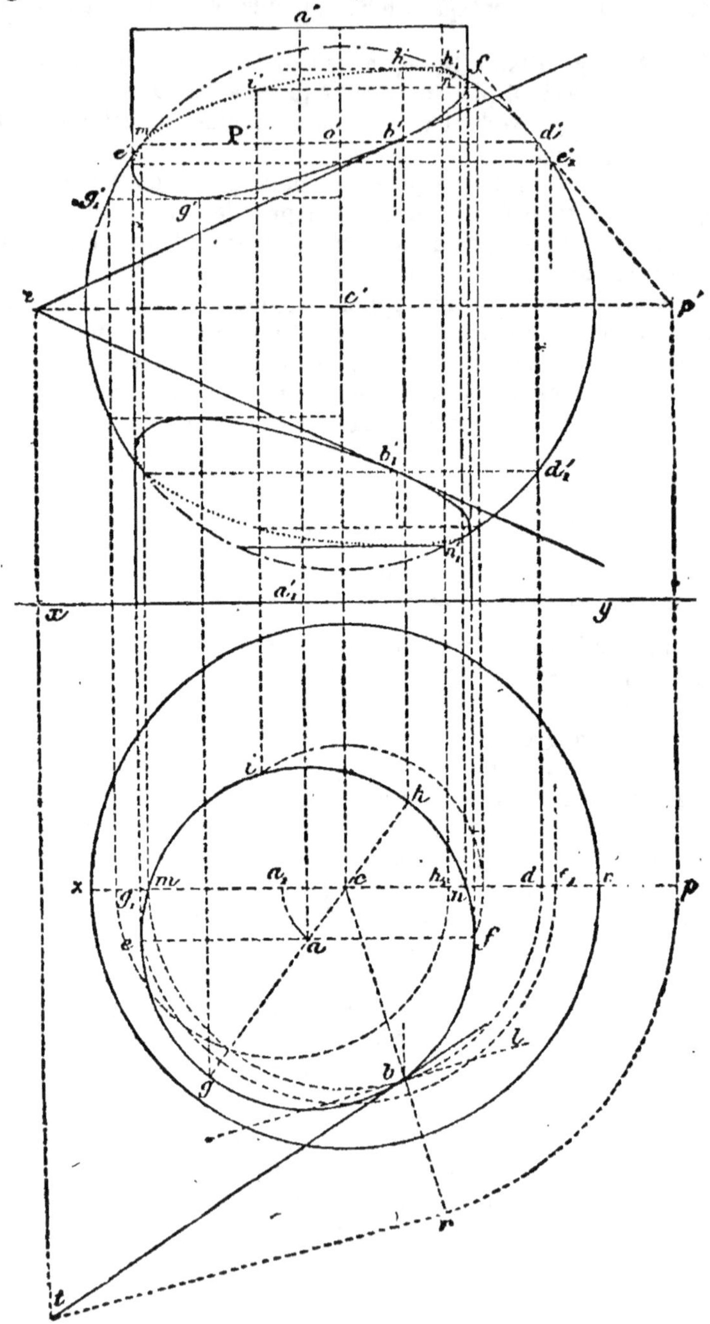

Fig. 346.

trices projetées en *m* et *n*; donc *m'*, *n'* appartiennent à la courbe.
En ces points, la courbe est tangente au grand cercle.

L'arc $m'i'h'n'$ est invisible, car il est caché par l'hémisphère antérieur.

Pour avoir les points situés sur le contour apparent du cylindre, il faut mener le diamètre eaf parallèle à xy.

Le parallèle ee_1 fait connaître e'_1, et par suite e' situé à l'intersection de la génératrice extrême du cylindre et de la droite e'_1e'. De même, f donne f'.

Enfin le diamètre $gach$, mené par les centres a et c, correspond aux points de la courbe où la tangente est horizontale. Amenons le centre a en a_1, afin que le cylindre ait g_1h_1 pour trace horizontale. Dans cette position, g_1 donnerait un point g'_1 situé sur le méridien principal ; donc g donne g'. De même h donne h'.

419. Tangente. Soit à mener la tangente à l'intersection, en un point quelconque (b, b').

La droite demandée est l'intersection des plans tangents respectivement au cylindre et à la sphère, au point (b, b').

La trace horizontale du plan tangent au cylindre est la tangente bt à la trace ebf.

Pour la sphère, on pourrait mener un plan perpendiculaire au rayon $(bc, b'c')$; mais on peut raisonner comme il suit : le plan tangent contient la tangente $(bl, b'd')$ menée au parallèle $(bd, b'd')$: donc la trace horizontale de ce plan est parallèle à bl.

Déterminons cette trace sur le plan de l'équateur. Si le point (b, b') était amené en (d, d'), le plan tangent aurait pour trace verticale la tangente $d'p'$; p' ferait connaître p ; il suffit alors de reporter p en r, et ce dernier point appartient à la trace du plan tangent sur le plan de l'équateur.

Il faut mener rt parallèle à bl, déterminer t' sur la droite $c'p'$, et joindre t' à b'.

Tracé de la courbe. On joint deux à deux, par une courbe continue, les points consécutifs que l'on a obtenus. *La courbe est bien déterminée, quoiqu'on ne connaisse qu'un petit nombre de ses points*, car cette courbe doit être tangente aux génératrices du cylindre en e', f' ; à des horizontales, en g', h' ; au grand cercle, en m', n' ; enfin à la droite $t'b'$.

On peut donner la règle suivante :

420. Règle pratique. *Pour bien déterminer une courbe, au lieu de chercher un grand nombre de points quelconques, il est plus utile d'avoir quelques points remarquables, et la tangente en ces points.*

Remarque. La construction précédente s'applique à un cylindre droit quelconque, dont on connaît la trace horizontale, car toutes les sections se projettent sur cette trace.

Problème.

421. *Déterminer l'intersection de deux cônes de révolution dont les axes sont verticaux et dont les sommets sont dans un même plan horizontal.*

Soient (r, r'), (s, s') les sommets, ab, cd, les diamètres des bases des cônes donnés.

Surfaces auxiliaires à employer. On peut recourir à des plans horizontaux, afin d'avoir des cercles pour intersections; ou à des plans

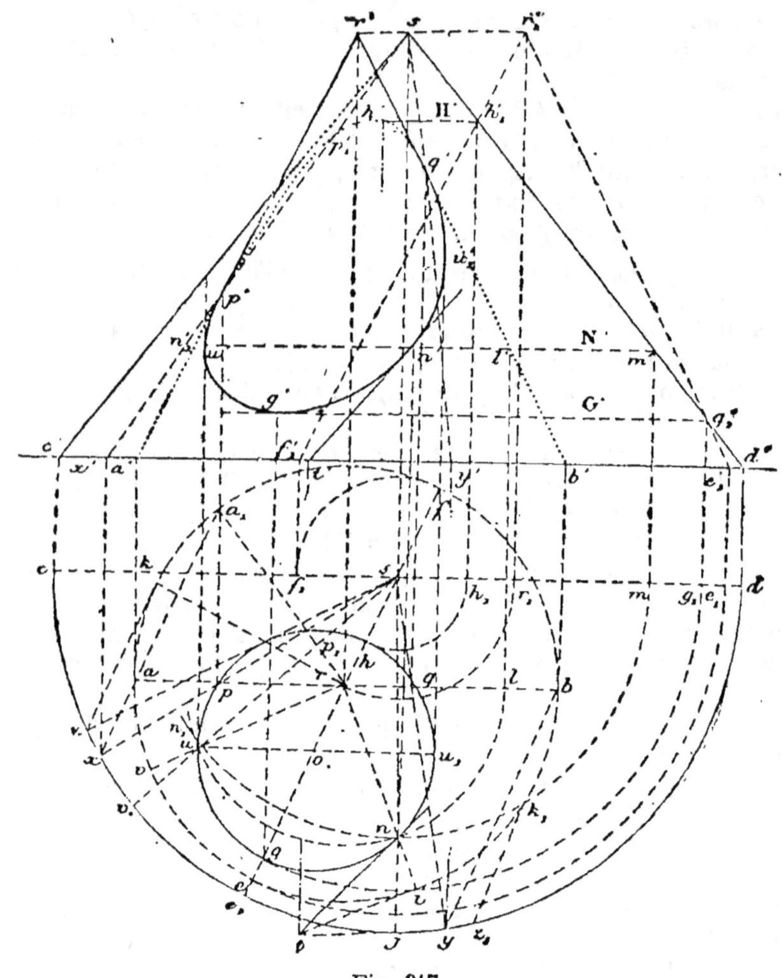

Fig. 347.

menés par la droite des sommets, afin de couper les deux cônes suivant des génératrices.

Point quelconque de l'intersection. Recourons à un plan horizontal N'; ce plan coupe les cônes suivant des cercles ayant respectivement pour centres les points r, s et pour rayons rl et sm. Les points (n, n') et (n_1, n'_1) communs aux deux circonférences appartiennent aux deux surfaces données.

Points inférieur et supérieur. Le point le plus bas et le point le plus élevé se trouvent sur les génératrices déterminées par le plan des axes. Ce plan a pour trace horizontale *ersf*, amenons-le à être parallèle au plan vertical, en le faisant tourner autour de l'axe du cône (s, s'); on obtient, $(r_1e_1, r'_1e'_1)$ et $(r_1f_1, r'_1f'_1)$ pour génératrices extrêmes du petit cône, et SE vient en $(sd, s'd')$: donc (g_1, g'_1) (h_1, h'_1) sont les points cherchés. Par une rotation contraire à la précédente, on obtient (g, g') et (h, h').

Il est utile de faire les remarques suivantes :

1° Les points inférieur et supérieur *g, h* correspondent chacun à deux parallèles tangents entre eux.

2° *Les rayons* rl, sm *des parallèles déterminés par un même plan horizontal sont proportionnels aux rayons des bases des cônes;* car, en projection verticale, les hauteurs et les génératrices sont coupées par des parallèles $r's'$, $m'n'$, $c'd'$.

3° *La projection horizontale* gnh *de l'intersection* est la circonférence *de diamètre* gh, car c'est le lieu des points *n* dont le rapport des distances rn, sn à deux points fixes est constant (G., n° 307).

4° *L'intersection des cônes est identique à l'intersection de chacun d'eux par le cylindre vertical* gnhn₁.

5° *Conséquence.* Pour trouver certains points de l'intersection, on peut recourir à la projection horizontale *gnhn₁,* car cette circonférence est facile à construire avec précision.

Points situés sur le contour apparent du petit cône. Les génératrices de contour apparent $(ra, r'a')$ $(rb, r'b')$ sont coupées en (p, p') (q, q') par le cylindre (voir 5°). Pour déterminer ces mêmes points P et Q sans recourir au cylindre, employons des plans auxiliaires menés par la droite $(rs, r's')$ des sommets; cette droite étant horizontale, la trace horizontale des plans auxiliaires lui sera parallèle; menons donc (ax, by) parallèles à *rs*. Les génératrices RA, SX se coupent au point P, et RB, SY au point Q. Le plan *ax* donnerait aussi un point (p', p'_1) situé sur RA₁ et SX.

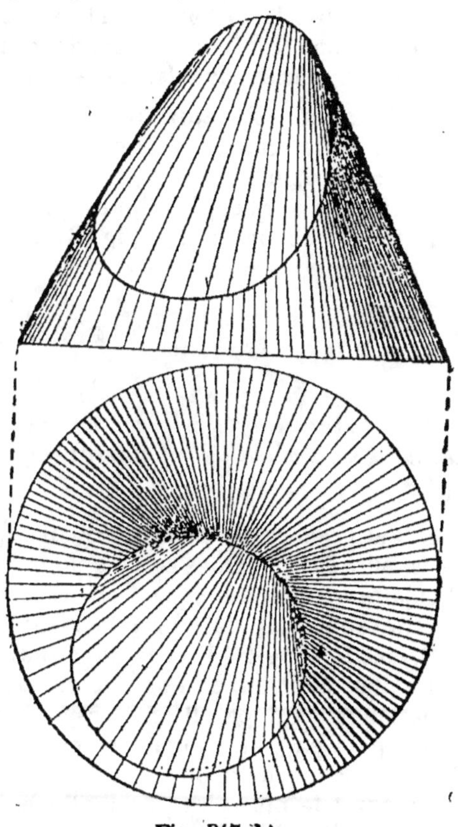

Fig. 347 bis.

Génératrices du grand cône tangentes à l'intersection. Un plan auxiliaire tel que aa₁ donne deux points P, P_1 sur une même génératrice SX du grand cône; il suffira d'obtenir deux points infiniment rapprochés pour avoir la génératrice tangente ; donc il faut mener un plan kz tangent au petit cône : la génératrice SZ sera tangente à l'intersection; le point de contact est le point de rencontre de SZ et RK. De même pour le plan k_1z_1.

Si l'on considère le cylindre $gnhn_1$, on peut mener directement la tangente sz.

Points latéraux. Le point le plus à gauche et le point le plus à droite correspondent aux extrémités u et u_1 du diamètre de front du cylindre. Pour obtenir u', on mènerait la génératrice $(ruv, r'v')$ ou $(suv_1, s'v'_1)$.

Tangente en un point quelconque. Pour mener la tangente en un point quelconque (n, n') de l'intersection, il faut mener des plans respectivement tangents aux cônes suivant les génératrices qui passent par le point N (n° 287); ces plans ont pour traces horizontales les tangentes it, jt; donc $(tn, t'n')$ est la tangente demandée.

Remarques. I. Si l'on considérait les deux nappes de chaque cône, l'intersection aurait une seconde courbe symétrique de $g'n'h'p'$ par rapport au plan horizontal mené par les sommets R et S.

II. Le *solide commun* (fig. 347 *bis*) est la partie du petit cône comprise entre le plan H et la surface convexe $(gnuhn_1, g'n'u'h'n'_1)$ du grand cône donné.

Pour cette surface, les lignes qui font connaître le relief convergent vers les projections s et s' (fig. 347).

Problème.

422. *Déterminer l'intersection de deux surfaces de révolution dont les axes sont parallèles : par exemple, un cône de révolution et une sphère.*

Il faut prendre des plans auxiliaires perpendiculaires aux axes parallèles, afin d'obtenir des cercles pour sections ; ainsi, tout plan perpendiculaire à l'axe du cône coupera chaque surface donnée suivant un cercle projeté en vraie grandeur sur le plan horizontal.

Soient le cône SAB et la sphère ayant (c, c') pour centre.

Le plan $d'e'$ coupe la sphère suivant un parallèle de rayon dc, et le cône suivant un parallèle de rayon se; mais les deux circonférences se coupent en f et g; donc les points (f, f') et (g, g') appartiennent à l'intersection demandée.

Le point le plus élevé de l'intersection et le point le plus bas sont dans le plan des axes; pour les obtenir, il suffit d'amener, par une rotation, le centre de la sphère en (c_1, c'_1) dans le plan du méridien principal du cône, et de décrire du centre c'_1 une circonférence de grand cercle ; elle coupe la génératrice extrême en h'_1, ce qui fait

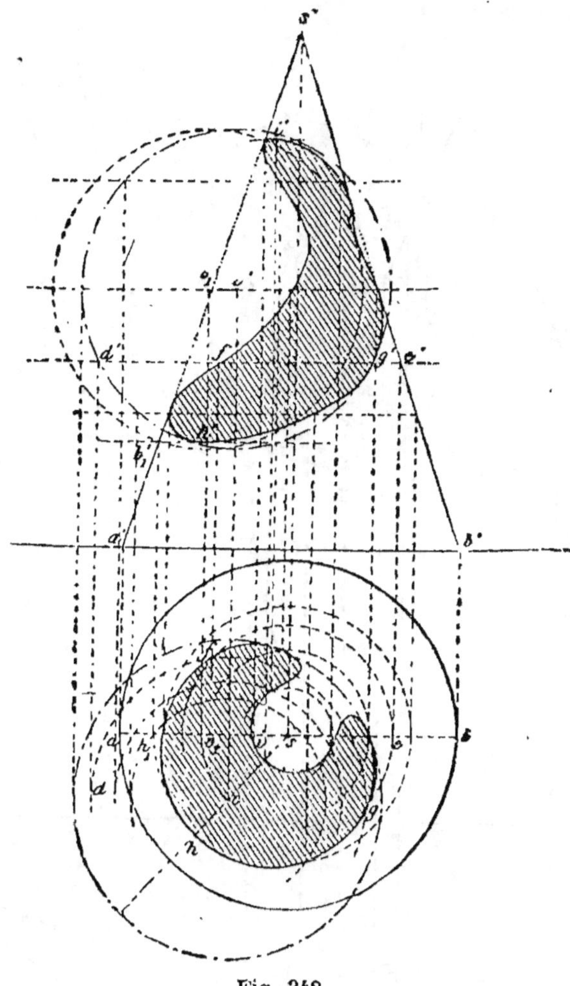

Fig. 348.

connaître h_1 ; le point (h_1, h'_1) ramené dans le méridien sc devient (h, h'). On obtient de même le point (i, i').

Problème.

423. *Déterminer l'intersection de deux surfaces quelconques de révolution dont les axes se coupent.*

On peut prendre pour plan vertical de projections un plan parallèle aux deux axes, et pour plan horizontal un plan perpendiculaire à l'un d'eux.

Il n'est pas possible qu'un même plan coupe les deux surfaces suivant des cercles ; mais on peut prendre, comme surfaces auxiliaires, des sphères réalisant cette condition.

Une sphère ayant pour centre le point de concours des axes de

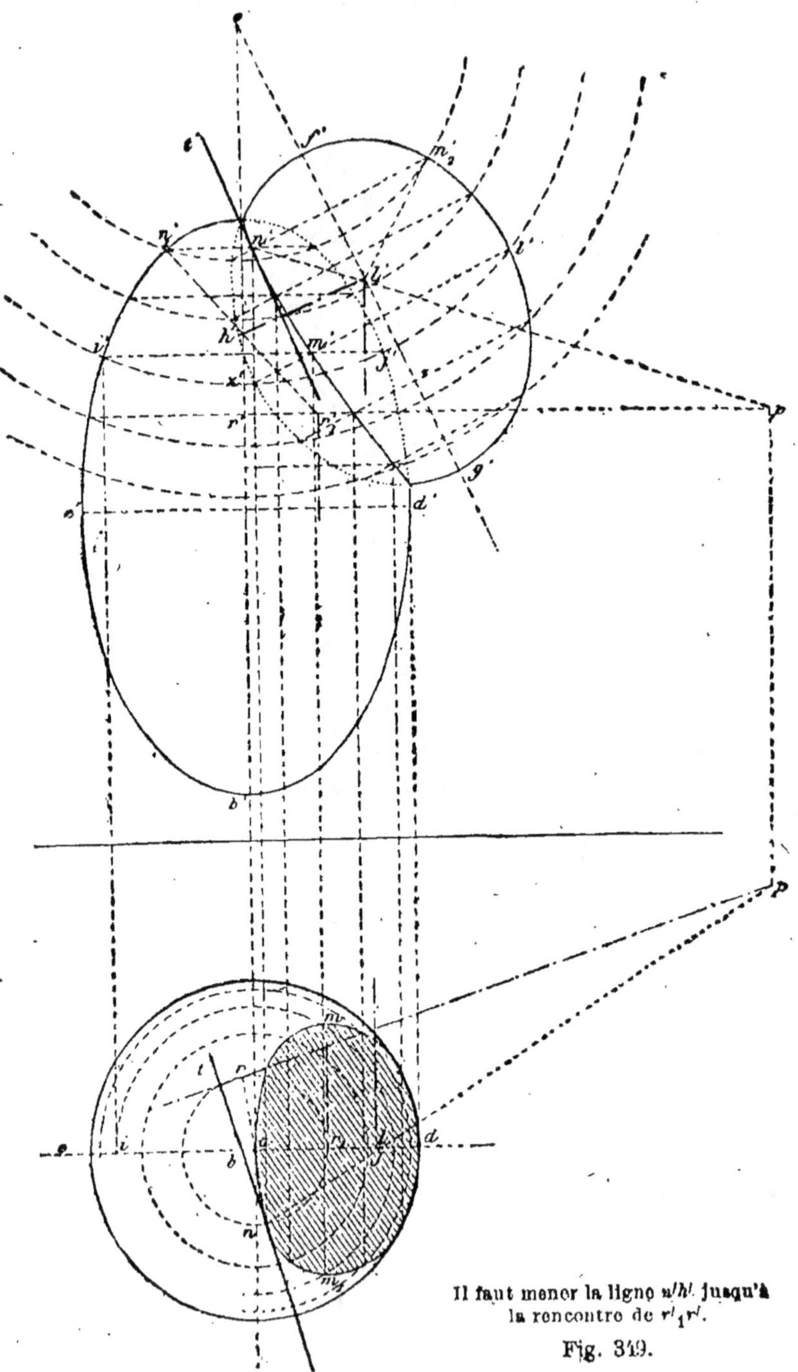

Fig. 349.

révolution rencontre les deux surfaces suivant des cercles dont les plans sont perpendiculaires au plan vertical. Le point commun aux deux droites suivant lesquelles ces cercles se projettent verticalement appartient à la projection verticale de l'intersection cherchée.

Soient donc deux ellipsoïdes (fig. 349) : l'axe AB de l'un est vertical, et l'axe $f'g'$ du second est de front; les deux axes se coupent au point c'.

Une sphère telle que $c'j'$, décrite du centre c', rencontre les surfaces données suivant des cercles dont les plans sont perpendiculaires à celui des axes, et qui se projettent suivant des diamètres $i'j'$ et $z'l'$; le point de rencontre m' de ces diamètres appartient à la projection verticale de l'intersection.

Le parallèle $i'j'$ a pour projection horizontale la circonférence imj, m' fait connaître m, le point (m, m'), ainsi déterminé, appartient aux deux parallèles IJ, ZL, et par suite aux deux surfaces données. La même sphère donne encore le point (m_1, m').

Tangente. La tangente au point (n, n') serait donnée par l'intersection des plans tangents, en ce point, à chaque surface (nᵒ 287, 1ᵒ); mais il vaut mieux la considérer comme perpendiculaire au plan des normales menées à chaque surface par le point donné (287, 2ᵒ).

Soit à mener la tangente au point (n, n'); menons la normale n'_1h' au point correspondant du méridien principal, $n'h'$ sera la projection verticale de la normale au point (n, n'); la projection horizontale na passe par la projection de l'axe.

La normale n'_2l' fait connaître $n'l'$; il faut projeter l' en l et joindre nl.

Les projections a, l étant sur une parallèle xy, la droite $(al, h'l')$ est une ligne de front du plan des normales; donc, de n' il faut abaisser la perpendiculaire $n't'$ sur $h'l'$.

Pour avoir la projection horizontale nt, menons une horizontale $(r'p', rp)$ du plan des normales; r' déterminerait mal la projection r; mais r'_1 donne r_1, et par suite r; puis on abaisse la perpendiculaire nt sur rp. La droite $(nt, n't')$ est la tangente demandée.

Remarque. Quels que soient les plans de projection, on peut recourir avec avantage aux sphères auxiliaires pour déterminer l'intersection des cylindres et des cônes de révolution dont les axes se rencontrent; *mais il est surtout utile d'employer ce procédé lorsqu'on ne demande que la projection de l'intersection sur le plan des axes*, et c'est le cas le plus fréquent dans la pratique du dessin; en voici un exemple.

Problème.

424. *Étant donnés un cône et un cylindre de révolution dont les axes se coupent à angle droit, projeter leur intersection sur le plan des axes.*

Soit un cône ayant s pour sommet, aa_1 pour diamètre de base, et dont l'axe coupe au point o l'axe d'un cylindre C de révolution.

Le plan des axes coupe les deux surfaces suivant les quatre génératrices de contour apparent, donc celles-ci se coupent deux à deux en quatre points b, c, b_1, c_1, qui appartiennent à l'intersection.

Pour avoir un point quelconque, il faut décrire une sphère R du point o comme centre. Elle coupe le cône suivant les cercles de diamètre gg_1 et hh_1, et le cylindre suivant les cercles de diamètre ij et i_1j_1. Or les cercles du cylindre coupent le cercle gg_1 du cône en k et k_1 ; donc ces points appartiennent à l'intersection.

La sphère limite est celle qui est tangente à l'une des surfaces

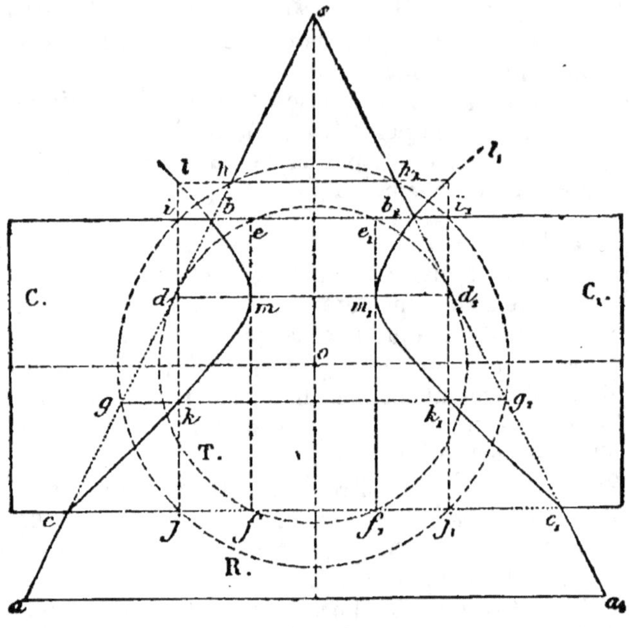

Fig. 350.

données tout en coupant l'autre. Dans l'exemple donné, la sphère T, de rayon minimum, est tangente au cône suivant le cercle de diamètre dd_1 et coupe le cylindre suivant ef, e_1f_1 : donc les points m et m_1 sont les points limites vers l'axe du cône, et la courbe d'intersection est tangente à ef au point m ; à e_1f_1 au point m_1. Les points b, m, k, c permettent de tracer la courbe d'entrée ; de même que b_1, m_1, k_1, c_1 donnent celle de sortie.

Remarques. 1. Lorsque les axes de deux surfaces de révolution du second degré se coupent, l'intersection se projette sur le plan des axes suivant une courbe du second degré. Dans l'exemple donné (fig. 350), la courbe est une hyperbole , m et m_1 en sont les sommets. L'intersection proprement dite est évidemment limitée aux génératrices de contour apparent en b et c, etc. ; néanmoins les sphères auxiliaires donnent les points de la courbe illimitée du second degré. Ainsi les cercles de diamètre ij et hh_1 ne se coupent pas ; cependant le point l de leurs plans appartient à l'hyperbole. Il peut être utile de déterminer quelques points tels que l, l_1, afin de bien reconnaître la forme de la courbe mb.

L'ensemble des points tels que l, l_1 se nomme la partie *virtuelle* ou *parasite* de la projection demandée.

II. Un cône et un cylindre donnés peuvent offrir trois sortes d'intersections d'aspect bien différent :

1° *La sphère inscrite au cône coupe le cylindre* (fig. 351). La pro-

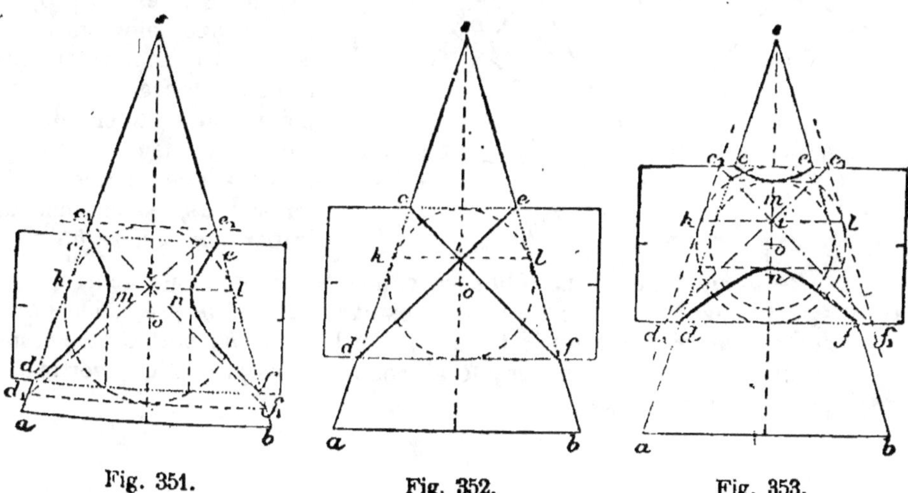

Fig. 351.   Fig. 352.   Fig. 353.

jection de l'intersection est une hyperbole *cmd, enf,* ayant l'axe transverse *mn* parallèle à l'axe du cylindre.

2° *La sphère inscrite au cône est inscrite au cylindre* (fig. 352). La projection de l'intersection se compose de deux droites *cf, de.*

3° *La sphère inscrite au cône ne rencontre pas le cylindre,* ou bien, *la sphère inscrite au cylindre coupe le cône* (fig. 353). La projection de l'intersection est une hyperbole, dont l'axe transverse *mn* est sur l'axe du cône.

III. *Asymptotes des hyperboles.* Les asymptotes sont données par le cas intermédiaire (fig. 352). Pour les déterminer directement, il suffit de circonscrire, à la sphère inscrite au cône, un cylindre parallèle au cylindre donné (fig. 351). On obtient c_1f_1, d_1e_1 pour asymptotes. Ou bien on circonscrit, à la sphère inscrite au cylindre (fig. 353), **un** cône parallèle au premier.

Problème.

425. *Déterminer l'intersection de deux cônes de révolution ayant même sommet.*

On amène le plan des axes à être parallèle à l'un des plans de projection, et l'on est conduit à résoudre le premier cas des trièdres (n° 210).

Soient *ab, ac;* β et γ les **axes** et les demi-angles au sommet des deux cônes.

Du point a comme centre, avec un rayon arbitraire, décrivons une sphère; chaque cône est coupé suivant un cercle, projeté sur le plan des axes, suivant un diamètre de, fg; donc h est la projection horizontale d'un point commun aux deux circonférences. L'ordonnée de ce point s'obtient en décrivant une demi-circonférence sur le diamètre fg ou sur de, et en menant la perpendiculaire hh'.

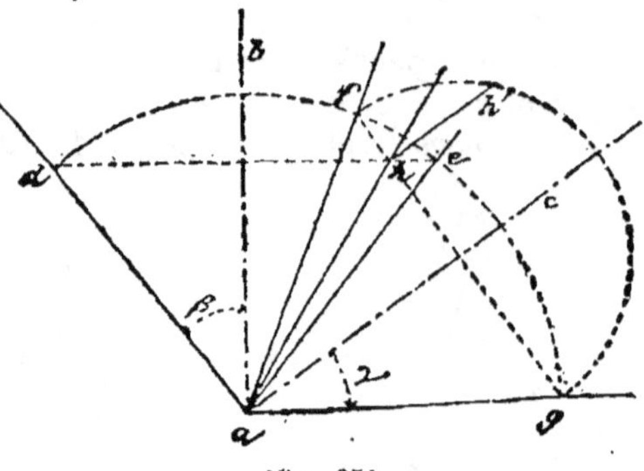

Fig. 354.

Remarque. Les deux cônes se coupent suivant deux génératrices symétriques par rapport au plan des axes; ah est la projection horizontale de ces deux génératrices, et l'ordonnée hh', portée au-dessus et au-dessous du plan bac, ferait connaître les projections verticales de ces mêmes lignes.

EXERCICES

INTERSECTION DES SURFACES

Deux polyèdres, ou polyèdre et surface courbe.

592. Déterminer l'intersection de deux prismes de front ayant pour trace horizontale commune un hexagone régulier, dont deux côtés sont parallèles à xy.

593. Déterminer l'intersection de deux pyramides, lorsque la droite des sommets ne rencontre pas le plan horizontal dans les limites de l'épure.

594. Déterminer l'intersection de deux pyramides ayant pour base commune sur le plan horizontal un octogone régulier, dont deux côtés sont parallèles à xy; les sommets des deux pyramides sont sur une droite parallèle à la ligne de terre, et dont la projection horizontale passe par le centre de l'octogone régulier.

595. Déterminer la pénétration d'un prisme droit à base carrée dans une sphère : 1° une des diagonales est perpendiculaire au plan vertical de projection; elle égale le rayon, et le centre de la sphère se projette sur une des extrémités de cette diagonale; 2° mener la tangente à la courbe d'intersection, et développer le prisme.

596. Déterminer l'intersection d'un prisme et d'une sphère.

597. Déterminer l'intersection d'une sphère et d'une pyramide ayant pour base un polygone inscrit dans l'équateur de la sphère.

598. Déterminer l'intersection d'un cône du second degré, et d'un prisme ayant pour trace horizontale un polygone inscrit dans la trace horizontale du cône.

599. Déterminer l'intersection d'un cône de révolution et d'un prisme droit à base carrée; une des arêtes du prisme coïncide avec l'axe du cône, et la diagonale du carré égale le rayon de la base du cône.

600. Déterminer l'intersection d'un tétraèdre régulier et d'une sphère, définis comme il suit : la base du tétraèdre est sur le plan horizontal, la sphère a pour centre le sommet du tétraèdre, et passe par le cercle inscrit à la base de ce solide.

601. Déterminer l'intersection des surfaces suivantes : 1° un tétraèdre régulier de 7 centimètres de côté, reposant sur le plan horizontal par une de ses faces : l'une des arêtes de cette face est perpendiculaire à la ligne de terre; 2° un cylindre de révolution, de 3 centimètres de rayon, placé sur le plan horizontal, est parallèle à la ligne de terre, la projection horizontale de l'axe passe par la projection horizontale du sommet du tétraèdre.

Deux cylindres.

602. Déterminer l'intersection de deux cylindres de révolution dont les axes se coupent rectangulairement, et dont les rayons sont inégaux ; tracer le développement de l'un de ces cylindres.

603. Déterminer l'intersection de deux cylindres de révolution ; l'un d'eux est vertical, et l'autre horizontal ; le rayon de ce dernier est plus petit que la moitié de celui du premier, et l'une de ses génératrices de contour apparent est tangente à la trace horizontale du cylindre vertical. Développer chaque surface cylindrique.

604. Déterminer l'intersection de deux cylindres de révolution, dont l'un est vertical ; l'autre est horizontal ou de front et l'une de ses génératrices rencontre l'axe du premier. Examiner les trois cas qui peuvent se présenter.

605. Déterminer l'intersection de deux cylindres égaux à bases circulaires ; les cylindres sont de front, perpendiculaires l'un à l'autre, et ils rencontrent le plan des bases sous des angles de 45 degrés. Examiner les deux cas suivants :

1° Les deux axes sont éloignés l'un de l'autre d'une distance égale au rayon de base.

2° Les axes sont plus rapprochés l'un de l'autre ; leur distance, par exemple, est le quart du rayon.

606. Déterminer l'intersection de deux cylindres de révolution de même rayon et qui se coupent orthogonalement ; les axes sont de front, et sont éloignés l'un de l'autre d'une longueur égale au rayon.

1° Un des cylindres est vertical, et l'autre horizontal.

2° Chaque cylindre est incliné à 45 degrés sur le plan horizontal.

607. Déterminer les points le plus haut et le plus bas de l'intersection de deux cylindres à bases circulaires.

608. Un cylindre a pour axe la ligne de terre ; un autre cylindre, parallèle au plan vertical, et dont les génératrices sont inclinées de 45 degrés sur le plan horizontal, a pour base un cercle tangent à la ligne de terre. Trouver l'intersection de ces deux surfaces.

609. On prend la section droite d'un cylindre de révolution illimité pour directrice d'un cylindre oblique au premier ; quelle est l'intersection des deux surfaces cylindriques ?

610. Déterminer l'intersection de deux cylindres ayant pour trace horizontale commune une courbe du second degré.

611. Déterminer l'intersection de deux cylindres circonscrits à une même sphère.

612. Déterminer l'intersection d'un cylindre parabolique vertical et d'un cylindre circulaire horizontal ; les deux cylindres admettent un même plan tangent contenant la génératrice rectiligne qui passe par le sommet de la parabole.

613. Reconnaître dans quelles circonstances l'intersection de deux cylindres a des branches infinies.

614. Chercher directement la position des points doubles apparents que peut présenter l'intersection de deux cylindres du second degré.

Cylindre et cône.

615. Déterminer l'intersection d'un cône et d'un cylindre :

1º Dans le cas où il y a arrachement ;

2º Dans le cas où il y a pénétration ;

3º Lorsque les plans auxiliaires se trouvent tangents à la fois aux traces horizontales des deux surfaces données.

616. Un cône et un cylindre de révolution dont les axes se coupent à angle droit étant donnés, chercher l'intersection des deux surfaces et développer le cône dans chacun des cas suivants :

1º Le cône pénètre dans le cylindre ;

2º Le cylindre pénètre dans le cône ;

3º Sur un plan de profil, les génératrices extrêmes du cône sont tangentes à la circonférence que donne le cylindre ;

4º Déterminer aussi l'intersection de deux cônes circonscrits à la même sphère.

617. Déterminer l'intersection d'un cylindre et d'un cône de révolution dont les axes se rencontrent sous un angle quelconque, et déterminer les asymptotes de l'hyperbole qu'on obtient en projection verticale.

618. Déterminer l'intersection d'un cylindre et d'un cône qui ont une génératrice commune, et dont les bases sont des cercles tangents.

619. Déterminer l'intersection d'un cône et d'un cylindre oblique, lorsque les deux surfaces ont une circonférence commune.

620. On donne un cône droit. Dans la section méridienne $A'S'B'$ de ce cône on inscrit un cercle OK. Ce cercle est la section droite d'un cylindre. Chercher l'intersection de ce cylindre et du cône.

621. Déterminer l'intersection d'un cône et d'un cylindre lorsque les deux surfaces sont circonscrites à la même sphère et ont une génératrice commune.

622. Déterminer l'intersection d'un cylindre et d'un cône à bases circulaires ayant un même plan principal ; dans ce plan, le sommet du cône se projette sur la circonférence de base du cylindre, et la génératrice du cylindre qui passe par ce point est parallèle à l'une des génératrices du cône.

623. La ligne des centres de deux cercles horizontaux est parallèle à xy ; l'un de ces cercles sert de directrice à un cône de révolution, et l'autre à un cylindre oblique dont les génératrices, parallèles au plan vertical, ont, sur le plan horizontal, la même inclinaison que les génératrices du cône : on demande l'intersection des deux surfaces.

624. Un cône de révolution, dont les génératrices sont inclinées à 45 degrés sur l'axe, coupe un cylindre de révolution dont une génératrice coïncide avec l'axe du cône ; déterminer les projections de l'intersection sur un plan parallèle à celui des axes des deux surfaces, et sur un plan perpendiculaire au premier et parallèle aux axes.

625. Déterminer l'intersection d'un cylindre de révolution dont l'axe est vertical, et d'un cône droit défini comme il suit : le diamètre de la base du cylindre, qui se trouve perpendiculaire à xy, est l'axe transverse d'une hyperbole équilatère qui sert de base au cône ; le sommet du cône est un point donné sur l'axe du cylindre.

L.L.

626. Trouver l'intersection d'un cône et d'un cylindre définis de la manière suivante : le cylindre est droit ; sa base est un cercle donné dans le plan horizontal. Le cône a son sommet sur l'axe du cylindre ; sa base est une hyperbole tangente à la base du cylindre et ayant pour asymptotes deux diamètres rectangulaires de cette base ; l'un de ces diamètres est parallèle à la ligne de terre. On mènera la tangente en un point de l'intersection.

627. Déterminer l'intersection d'un cylindre et d'un cône dont les bases sont situées dans des plans $P\alpha P'$ et $Q\beta Q'$ perpendiculaires au plan vertical.

628. Reconnaître dans quelles circonstances l'intersection d'un cylindre et d'un cône a des branches infinies.

629. Déterminer les tangentes en un point double réel de la courbe d'intersection d'un cône et d'un cylindre.

Deux cônes.

630. Trouver l'intersection de deux cônes qui ont pour base une circonférence tracée sur le plan horizontal ; les sommets se projettent aux extrémités du diamètre parallèle à xy.

631. Trouver l'intersection de deux cônes qui ont leurs sommets sur le plan vertical, et pour base commune un cercle situé sur le plan horizontal ; mener la tangente en un point de l'intersection.

632. Deux circonférences égales AB, AC sont tangentes en un même point de xy ; l'une d'elles AB, placée sur le plan horizontal, est la base d'un cône qui a pour sommet le centre N de la seconde ; la circonférence AC, placée sur le plan vertical, est la base d'un cône qui a pour sommet le centre m de la première ; chacune est la directrice d'un cône dont le sommet coïncide avec le centre de l'autre. Quelle est l'intersection des deux cônes ?

633. Déterminer l'intersection de deux cônes circonscrits à la même sphère. Quelle est la nature de la projection de cette intersection sur le plan des axes des deux cônes ?

634. Déterminer l'intersection de deux cônes lorsque la droite des sommets ne rencontre pas le plan des bases dans les limites de l'épure.

635. Déterminer l'intersection de deux cônes de révolution inégaux dont les axes sont parallèles et dont la droite des sommets est perpendiculaire aux axes.

636. Déterminer l'intersection de deux cônes à bases circulaires concentriques, et dont les sommets se projettent au même point, à l'extrémité du diamètre de front de la circonférence intérieure ; la hauteur du cône qui a pour base ce cercle est plus grande que celle du cône de la circonférence extérieure.

637. Déterminer l'intersection de deux cônes de révolution ayant même sommet.

638. Par un point donné A, mener une droite qui fasse des angles donnés α et β avec deux plans donnés P et Q.

(*Examen oral d'admission à l'École des Mines de Saint-Étienne, 1882.*)

639. Deux cônes de révolution ont leurs génératrices également inclinées sur l'axe ; les traces horizontales de ces cônes sont deux circonférences : déterminer l'intersection de ces cônes dans tous les cas qui peuvent se présenter; ainsi les circonférences sont :

1° Concentriques; 2° intérieures, mais excentriques; 3° tangentes intérieurement; 4° sécantes; 5° tangentes extérieurement; 6° extérieures l'une à l'autre.

640. Déterminer l'intersection de deux cônes de révolution inégaux dont les axes sont parallèles.

641. Reconnaître dans quelles circonstances l'intersection de deux cônes a des branches infinies.

Cylindre et sphère, ou ellipsoïde.

642. Déterminer l'intersection d'une sphère et d'un cylindre oblique parallèle au plan vertical de projection, et dont la trace sur le plan de l'équateur de la sphère est une ellipse ayant pour grand axe le diamètre perpendiculaire au plan vertical.

643. Déterminer l'intersection d'une sphère et d'un cylindre qui a pour directrice un cercle de cette sphère.

644. Un hémisphère a le grand cercle qui le termine parallèle au plan vertical; ce grand cercle sert de directrice à un cylindre dont on connaît la direction des génératrices :

1° On demande la projection verticale de la courbe d'intersection de l'hémisphère et du cylindre; 2° étant donnée la projection verticale des génératrices du cylindre, déterminer leur projection horizontale de manière que la courbe d'intersection ait pour projection verticale une ligne droite.

645. Déterminer l'ombre portée d'une niche demi-cylindrique surmontée d'un quart de sphère.

646. Déterminer l'intersection d'un cylindre de révolution dont l'axe est vertical et d'un cylindre oblique défini comme il suit : les génératrices doivent être parallèles à une droite donnée, et la directrice est une circonférence située dans le méridien principal du premier cylindre, et tangente à ses génératrices de contour apparent.

647. Détacher d'une surface hémisphérique quatre fenêtres, telle que la surface sphérique restante soit exactement carrable. (*Problème de Viviani.*)

648. Déterminer la projection verticale d'une sphère et d'un cylindre tangents en un point; le cylindre est de profil, son rayon est la moitié de celui de la sphère, et le point de contact se projette sur le diamètre vertical du méridien, à une distance du centre égale environ au quart du rayon de la sphère.

649. Déterminer l'intersection d'une sphère et d'un cylindre de front, dont une génératrice passe par le centre de la sphère; l'axe est dans le plan horizontal mené par le centre.

Examiner les trois cas suivants :

a) Le diamètre du cylindre est plus grand que le rayon de la sphère.

b) Le diamètre égale le rayon.

c) Le diamètre est plus petit que le rayon.

650. Déterminer l'intersection d'une sphère et d'un cylindre vertical à base elliptique.

651. Déterminer l'intersection d'un ellipsoïde de révolution et d'un cylindre circulaire, parallèle à la ligne de terre, et tangent à l'ellipsoïde au point de l'équateur le plus éloigné de l'observateur.

652. Déterminer l'intersection d'un cylindre oblique à base circulaire et d'un ellipsoïde de révolution à axe vertical.

653. Déterminer l'intersection d'un cylindre oblique à base quelconque et d'un ellipsoïde à trois axes inégaux.

Sphère et cône.

654. Déterminer l'intersection d'un cône oblique à base circulaire et d'une sphère qui a la base du cône pour un de ses petits cercles.

655. Déterminer l'intersection d'une sphère et d'un cône oblique à base circulaire, la sphère passe par le sommet du cône, et son centre est la projection de ce sommet sur la base même du cône, prise pour plan horizontal.

656. Déterminer l'intersection d'une sphère et d'un cône de révolution dont l'axe vertical est tangent à la sphère, et dont le sommet se projette verticalement sur la projection du centre de la sphère; les génératrices rencontrent l'axe sous un angle de 45°.

657. 1° Déterminer l'intersection d'un cône quelconque et d'une sphère ayant pour centre le sommet du cône; 2° développer le cylindre projetant la courbe d'intersection sur le plan horizontal; 3° développer le cône en utilisant le développement du cylindre projetant l'intersection. (*Problème de Monge.*)

658. Déterminer le point double apparent de l'intersection d'un cône du second degré et d'une sphère ayant pour centre le sommet du cône.

659. Déterminer l'intersection d'une sphère et d'un cône de révolution, dont l'axe est vertical et dont le sommet est sur le plan de l'équateur de la sphère.

660. Déterminer l'intersection d'une sphère et d'un cône à base circulaire. Une génératrice du cône est verticale et tangente à la sphère; sur un plan horizontal, tangent à la sphère, le cône a pour base la projection même de l'équateur de la sphère, et le sommet du cône est sur le second plan horizontal tangent à la sphère.

661. Déterminer l'intersection d'une sphère et d'un cône droit à base elliptique ayant son sommet au centre de la sphère. (L'intersection se nomme *Ellipse sphérique.*)

662. Déterminer l'intersection d'une sphère et d'un cône de révolution dont l'axe est vertical; l'angle au sommet est droit, une des génératrices est tangente au méridien principal, et le sommet est au point de contact de cette ligne et du méridien. (La projection horizontale de l'intersection est une *Cardioïde*, variété du *Limaçon de Pascal.*)

Sphère. — Ellipsoïde. — Paraboloïde de révolution.

663. Déterminer l'intersection de deux surfaces de révolution dont les axes sont parallèles, et mener la tangente à la courbe d'intersection en un point donné.

664. Déterminer la projection horizontale de l'intersection de deux surfaces de révolution du second degré à centre, dont les axes sont verticaux et dont les centres sont dans un plan horizontal.

665. Déterminer l'intersection de deux paraboloïdes de révolution à axes parallèles, lorsque la droite qui joint les sommets est perpendiculaire aux axes.

666. Déterminer l'intersection de deux ellipsoïdes de révolution de même centre, et dont les axes se coupent à angle droit.

667. Mener les tangentes aux points d'arrêt que présente la projection verticale de l'intersection de deux surfaces de révolution, dont les axes se rencontrent et sont parallèles au plan vertical de projection.

668. Déterminer l'intersection de deux surfaces du second degré circonscrites à une même sphère.

669. Déterminer l'intersection d'un ellipsoïde de révolution dont l'axe est vertical, et d'un paraboloïde de révolution dont l'axe est horizontal.

Paraboloïde hyperbolique. — Hyperboloïde à une nappe.

670. Déterminer l'intersection d'un paraboloïde hyperbolique et d'un cylindre perpendiculaire à l'un des plans de projection.

671. Déterminer l'intersection d'un paraboloïde hyperbolique et d'une sphère.

672. Trouver l'intersection d'une sphère et d'un hyperboloïde de révolution, le centre de la sphère appartenant à l'axe de l'hyperboloïde.

673. Déterminer l'intersection d'un cylindre circulaire et d'un hyperboloïde équilatère de révolution, à une nappe. Les axes sont verticaux, leur plan est de profil, et les deux surfaces sont tangentes en un point du collier.

674. Déterminer l'intersection d'un hyperboloïde de révolution et d'un cylindre ayant pour directrice un cercle tangent au cercle de gorge de l'hyperboloïde, et pour génératrice une des génératrices de l'hyperboloïde menées par le point de contact des deux cercles.

675. Déterminer l'intersection d'un cylindre oblique à base quelconque et d'un hyperboloïde de révolution donné par son axe et une génératrice.

676. Intersection d'une sphère et d'un hyperboloïde de révolution à une nappe, définis de la manière suivante :

L'axe de l'hyperboloïde est vertical ; la plus courte distance de la génératrice à cet axe est de 15 millimètres ; l'angle que fait la génératrice avec l'axe est de 45 degrés.

La sphère passe par le centre du cercle de gorge ; elle a son centre sur l'hyperboloïde, à 3 centimètres du plan du cercle de gorge et dans le plan méridien parallèle au plan vertical de projection.

On construira la tangente en un point de la courbe d'intersection.

Tore, cylindre, sphère.

677. Déterminer l'intersection d'un tore et d'un cylindre de révolution dont les axes sont parallèles, et mener la tangente en un point de l'intersection.

678. Déterminer l'intersection d'un tore et d'un cylindre horizontal ayant pour section droite le cercle générateur du tore.

Le cercle qui engendre le tore est tangent à l'axe de la surface annulaire engendrée, et le cylindre est de front.

679. Déterminer l'intersection d'un tore et d'une sphère ayant son centre dans le plan de l'équateur du tore.

680. Déterminer l'intersection d'un tore par une sphère bi-tangente.

681. Déterminer l'intersection de deux tores circulaires égaux se coupant à angle droit et ayant même centre.

682. Déterminer l'intersection de deux tores de même centre, mais dont les méridiens sont inégaux.

683. Trouver un point d'où les trois côtés d'un triangle soient vus sous un angle donné moindre que 120 degrés. (*Saint-Étienne, examen oral pour l'admission à l'École des Mineurs.*)

Hélicoïdes.

684. Déterminer l'intersection d'un hélicoïde normal et d'un cylindre de révolution qui passe par l'axe de l'hélicoïde.

685. Déterminer l'intersection d'un cône de révolution et d'un hélicoïde normal ayant même axe.

686. Déterminer l'intersection d'une sphère et d'un hélicoïde normal ayant pour axe un diamètre de la sphère, et dont le pas égale le rayon de cette même sphère. Mener la tangente en un point de l'intersection.

687. Tracer sur un cône de révolution une ligne (autre que le cercle) qui rencontre chaque génératrice sous un angle constant. (*Programme de l'École des Mines de Saint-Étienne.*)

688. Déterminer l'intersection d'une sphère et d'un cylindre ayant pour trace, sur le plan de l'équateur, une spirale logarithmique dont le pôle est au centre de la sphère. — Développer le cylindre, afin d'obtenir la transformée de l'intersection.

689. Tracer les projections d'une loxodromie sphérique.

La loxodromie est une courbe sphérique qui coupe tous les méridiens sous un angle constant; c'est la courbe que décrit un vaisseau quand il suit le même rhumb de vent.

690. *Spirale de Pappus.* Tracer la spirale indiquée dans le théorème suivant:

Si du sommet d'un hémisphère on décrit une spirale par un point partant de ce sommet et marchant uniformément sur le quart de cercle qu'il parcourra pendant que le quart de cercle fera une révolution entière autour de l'hémisphère, la portion de la surface sphérique, comprise entre cette spirale et la base de l'hémisphère, sera égale au carré du diamètre.

691. On divise l'équateur d'une sphère en n parties égales et le méridien en $2n$ parties égales, tracer les projections d'une spirale sphérique partant du point supérieur de la sphère pour aboutir au point opposé ; le point décrivant descend d'une division du méridien, en même temps qu'il tourne d'une division de l'équateur, en partant du diamètre horizontal et de front, pris pour axe polaire de la projection horizontale.

Mener la tangente en un point de la spirale.

692. Même problème que précédemment (Ex. 691), mais l'équateur est divisé en $2n$ parties égales, tandis que le méridien n'est divisé qu'en n parties égales. (La projection horizontale de la courbe sphérique est une *rosace à quatre branches*.)

693. On donne un ellipsoïde de révolution, le grand axe est vertical et son carré égale le double de celui du petit axe ; on divise le quadrant de l'équateur en $2n$ parties égales, tandis que celui du grand cercle principal de l'ellipse méridienne est divisé en n parties ; par chaque point de division de ce cercle, on mène des plans horizontaux pour déterminer les parallèles correspondants de l'ellipsoïde, puis un point mobile part du sommet de l'ellipsoïde, rencontre chaque parallèle en tournant de manière à se placer dans le méridien correspondant ; déterminer les projections de la courbe décrite par le point mobile.

Voir en outre le chapitre complémentaire ci-après : *Problèmes sur la sphère.*

CHAPITRE COMPLÉMENTAIRE

PROBLÈMES RELATIFS A LA SPHERE

694. Inscrire une sphère dans un tétraèdre donné.

695. On donne trois points non en ligne droite ; de l'un de ces points comme centre décrire une sphère qui passe à égale distance de chacun des autres.

696. On donne un triangle scalène ABC ; d'un de ses sommets pris pour centre, C, par exemple, décrire une sphère telle que les plans tangents menés par les extrémités des rayons qui passent par les points A et B soient équidistants de chacun de ces derniers points.

697. Déterminer le centre et le rayon d'une sphère équidistante de cinq points donnés.

698. On coupe une sphère par un plan, trouver un point quelconque de la section et la tangente en ce point.

699. Une sphère étant coupée par un plan, déterminer les points de la section pour lesquels la tangente est parallèle à une droite donnée.

700. Construire l'intersection de deux sphères données par les projections des centres et les longueurs des rayons.

701. Trouver les points communs à trois sphères données.

702. Avec un rayon donné, décrire une sphère tangente à trois sphères données.

703. Par trois points donnés, faire passer une sphère qui soit tangente : 1° à un plan donné ; 2° à un cylindre de révolution de rayon connu et dont l'axe est parallèle au plan des trois points.

704. Problème analogue au précédent : la sphère doit être tangente à une sphère donnée.

705. Par trois points, faire passer une sphère qui soit tangente à une droite donnée.

706. Par deux points, faire passer une sphère qui soit tangente à deux plans donnés.

707. Par un point, faire passer une sphère qui soit tangente à trois plans donnés.

708. Par un point donné (a, a'), mener un plan qui rencontre chaque plan de projection sous des angles donnés, en employant des sphères auxiliaires.

709. Résoudre directement le sixième cas des trièdres ; on connaît les trois dièdres.

710. Déterminer la vraie distance sphérique de deux points d'une sphère ;

ces points sont donnés par leurs projections horizontales a et b; le premier appartient à l'hémisphère supérieur, et le second à l'hémisphère inférieur.

711. Trouver la plus courte et la plus longue distance de deux sphères, de position quelconque par rapport aux plans de projection.

712. Trouver les projections du grand cercle perpendiculaire au milieu de l'arc qui joint deux points donnés sur la sphère.

713. Déterminer le petit cercle qui passerait par trois points donnés sur une sphère.

1° Trouver le rayon du cercle.

2° Trouver les projections des pôles de ce cercle.

714. On donne un triangle; décrire une sphère d'un rayon donné, qui soit tangente à chaque côté du triangle.

715. Par la ligne de terre, faire passer un plan qui coupe une sphère suivant un cercle d'un rayon donné.

716. Un plan est parallèle à xy; décrire une sphère qui coupe chaque plan de projection et le plan donné, suivant des cercles de même rayon donné; la projection horizontale du centre de la sphère doit se trouver sur une ligne du plan horizontal.

717. D'un point donné comme centre, décrire une sphère qui intercepte sur un plan donné, quelconque par rapport aux plans de projection, un cercle de rayon donné.

718. Par un point donné dans une sphère, mener les plans qui déterminent la plus grande et la plus petite section.

719. Par un point donné dans une sphère, mener un plan qui détermine une section d'une grandeur donnée, et trouver la trace horizontale d'une surface tangente à toutes les sections égales menées par le point donné.

720. Par un point de l'intersection de deux sphères, mener un plan qui les coupe suivant deux cercles égaux.

721. D'un point donné comme centre, décrire une sphère équidistante de deux plans donnés, quelconques par rapport aux plans de projection.

722. D'un point donné comme centre, décrire une sphère qui soit tangente à une ligne donnée.

723. D'un point donné comme centre, décrire une sphère qui intercepte sur une droite donnée une longueur donnée.

724. Avec un rayon donné, décrire une sphère qui intercepte, sur les plans de projection et sur un troisième plan, des cercles égaux entre eux et d'un rayon donné.

725. Déterminer les points où une droite perce le cône circonscrit à deux sphères données.

726. Par une droite donnée, faire passer un plan qui intercepte sur une sphère un cercle de rayon donné.

727. Par une sphère donnée, inscrire un cube réalisant une des conditions suivantes : 1° Une face doit être parallèle à un plan donné; 2° Une arête doit être parallèle à une droite donnée. (*Saint-Étienne, examen oral d'admission à l'École des Mines, 1882.*)

728. Mener un plan tangent à une sphère et à un cylindre quelconque, donné par sa trace horizontale et une génératrice.

729. Mener un plan tangent à une sphère et à un cône quelconque, donné par sa trace horizontale et son sommet.

Examiner le cas où le cône est de révolution.

730. Deux plans verticaux se coupent, dans chacun d'eux est tracée une droite ; décrire une sphère tangente aux deux plans et dont les points de contact soient sur les droites données.

731. On donne deux sphères et, sur chacune d'elles, un grand cercle dont le plan est vertical ; décrire une sphère tangente aux deux sphères données et dont les points de contact soient sur les grands cercles données.

TROISIÈME PARTIE

PLANS COTÉS

Introduction.

426. But de la méthode des plans cotés. La méthode des plans cotés a pour but de représenter les corps avec leur forme et leurs dimensions réelles à l'aide d'un seul plan de projection. On l'emploie pour représenter les corps qui ont un faible relief relativement à l'étendue de leur projection horizontale; notamment les terrassements, les fortifications, le tracé des routes et des canaux.

Plan de comparaison. Le *plan de comparaison* est le plan horizontal que l'on prend pour plan de projection.

Ce plan horizontal est toujours au-dessous de la surface étudiée; mais autrefois, dans la topographie militaire, on le prenait au-dessus des points considérés.

427. Cote. On nomme *cote* d'un point le nombre qui mesure la longueur de sa projetante.

On appelle *altitude* la distance du point à la surface de la mer. Dans l'exécution des travaux, on emploie fréquemment le mot *ordonnée* pour *cote* ou *altitude*.

On nomme *cote négative* la cote d'un point situé au-dessous du plan choisi. On appelle *cote ronde* toute cote exprimée par un nombre entier.

428. Du point. *Un point se représente par sa projection horizontale et par sa cote.*

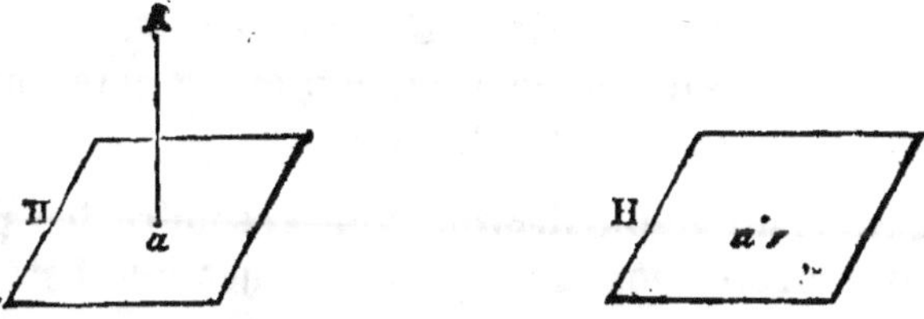

Fig. 354.

Si, par exemple, la cote du point A est 7 unités, ce

point sera représenté par *a*.7 sur le plan de comparaison H.

429. Position d'un point. Le point ne peut avoir que trois positions par rapport au plan de comparaison.

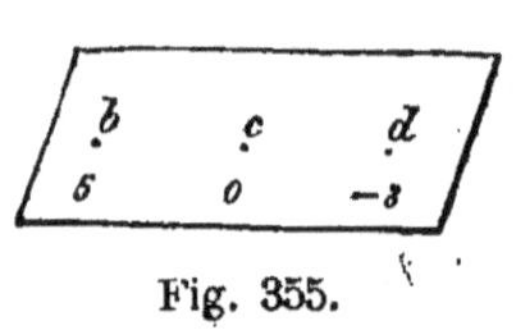

Fig. 355.

Le point B est au-dessus du plan, car sa cote est positive; C est sur le plan, puisque sa cote est nulle; enfin, D est au-dessous, car sa cote est négative.

Plan coté. Le plan de comparaison est nommé *plan coté* parce qu'on y inscrit les cotes des points projetés.

La méthode qui représente les corps à l'aide d'une seule projection et des cotes des divers points est connue sous le nom de *méthode des plans cotés*.

430. Échelle graphique. L'*échelle graphique* d'un plan coté est l'échelle de reproduction employée pour les longueurs des projections horizontales*.

L'échelle graphique est indispensable; car, dans un même problème, les longueurs sont données les unes par des nombres, les autres par des segments rectilignes; par suite, on est conduit à remplacer par des lignes des longueurs données en nombre, ou bien à évaluer en nombre des droites du dessin.

§ I. — De la droite.

Représentation de la droite et théorèmes.

431. Mode de représentation. Une droite se représente par sa projection horizontale sur le plan de comparaison, et par les cotes de deux de ses points. Ainsi *ab* est la projection d'une droite AB de l'espace; 9,5 est la cote du point A, et 6, celle du point B.

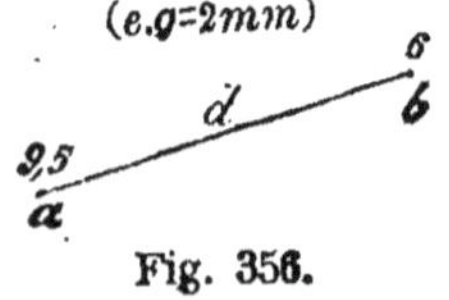

Fig. 356.

432. Rabattement d'une droite. Pour résoudre les problèmes relatifs à une droite donnée par sa projection cotée, on est

---

* Dans les épures, nous indiquons l'échelle graphique par *e.g*.

souvent conduit à amener cette droite sur le plan de comparaison ; pour cela, on rabat son plan projetant, en le faisant tourner autour de sa trace.

Exemple. Soit une droite donnée par sa projection *ab* et par les cotes 9,5 et 6 de ses extrémités.

Il faut mener des perpendiculaires à la projection *ab*, aux points *a, b,* prendre 9,5 divisions et 6 divisions sur l'échelle graphique, et porter respectivement ces longueurs de *a* en A et de *b* en B*.

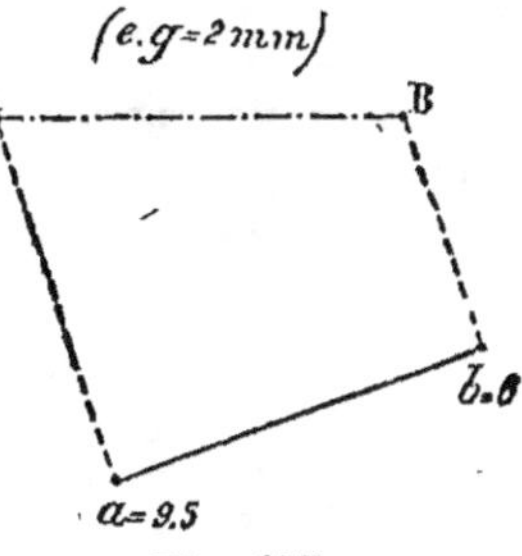

Fig. 357.

Remarques. I. Les ordonnées *a*A, *b*B sont portées d'un même côté de *ab*, parce que les cotes ont même signe.

II. A l'échelle graphique de deux millimètres pour un mètre, *a*A $=$ 19mm et *b*B $=$ 12 mm.

433. Distances horizontale et verticale. On nomme *distance horizontale* de deux points donnés la distance de leurs projections.

La distance horizontale se représente par *d*.

Exemple. Soient deux points *a* $=$ 9,5 et *b* $=$ 6, leur distance horizontale est la ligne *ab ;* à l'échelle de 2 millimètres pour mètre, *d* $=$ 10 mm.

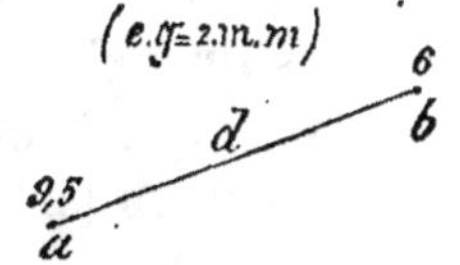

Fig. 358.

On nomme *distance verticale* de deux points la différence de leurs cotes ; on peut la représenter par *h* pour rappeler que c'est la hauteur de l'un des points au-dessus du plan horizontal de l'autre.

Pour la droite *ab*, la distance verticale *h* $=$ 9,5 $-$ 6 $=$ 3,5.

434. Pente d'une droite. *La pente d'une droite est le rapport de la distance verticale à la distance horizontale de deux quelconques de ses points.* On peut dire :

La pente d'une droite est le quotient qu'on obtient en divisant la différence des cotes de deux de ses points par la distance de leurs projections horizontales.

---

* Les rabattements étant très employés dans la méthode des plans cotés, on écrit simplement AB pour la ligne rabattue, au lieu de mettre A_1B_1 comme on l'a fait précédemment (nᵒˢ 161 et suiv.).

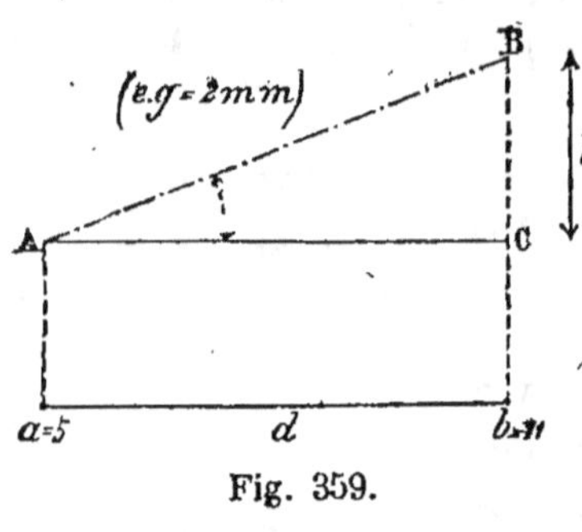

Fig. 359.

La pente se représente par p, et l'on peut écrire :

$$p = \frac{h}{d}$$

Pour calculer la pente, on mesure ab à l'aide de l'échelle graphique, soit $d = 15$; comme $h = 11 - 5 = 6$, on a

$$p = \frac{6}{15} = 0,40 \quad \text{ou} \quad \frac{4}{10}$$

Remarque. La pente d'une droite est indépendante de la direction de sa projection ab sur le plan de comparaison.

435. Théorème. *La pente d'une droite est la tangente trigonométrique de l'angle que cette droite forme avec le plan de comparaison.*

En effet, soit la droite ($a = 5$, $b = 11$) (fig. 359).

En rabattant le plan projetant, on obtient AB pour vraie grandeur de la droite; menons AC parallèle à ab, la différence des ordonnées est la hauteur verticale BC $= h$ du point B au-dessus du point A.

L'angle BAC mesure l'inclinaison de la droite sur le plan de comparaison (n° 183). Or la tangente de cet angle est donnée par

$$\frac{BC}{AC} \quad \text{ou} \quad \frac{h}{d} = p \quad (\textit{Trigonométrie, n° 7}).$$

436. Module ou Intervalle. On appelle *module* d'une droite la distance horizontale de deux points dont la distance verticale égale l'unité.

Le *module* est souvent nommé *intervalle*; on le représente par m.

Le *module est l'inverse de la pente.* En effet, lorsque les cotes de deux points différent de 1 mètre, $h = 1$ et $d = m$ par définition; donc la formule

$$p = \frac{h}{d} \quad \text{devient} \quad p = \frac{1}{m} \quad \text{C. Q. F. D.}$$

Ainsi la *pente* et le *module* sont des nombres inverses l'un de l'autre. Leur produit égale l'unité.

Le *module* est la cotangente de l'angle que la droite fait avec le plan de comparaison, ou la tangente de l'angle que la droite forme avec la verticale.

Exemple (fig. 359). $m = \dfrac{d}{h} = \dfrac{AC}{BC} = \text{cotang. A} = \text{tang. B.}$

Ainsi le module de la droite ($a = 5$, $b = 11$) (fig. 359) est :

$$m = \frac{15}{6} = 2,50$$

Vérification. Le produit pm doit égaler 1 ; or $0,40 \times 2,50 = 1$.

437. Échelle de pente et graduation d'une droite. *L'échelle de pente d'une droite* est la projection d'une suite de points à cote ronde, de cette droite.

438. *Graduer une droite,* c'est marquer sur sa projection une suite de points à cote ronde ; c'est-à-dire déterminer l'échelle de pente de cette droite.

Trace d'une droite. La **trace** d'une droite est le point où cette droite perce le plan de comparaison ; c'est donc le point de cette droite qui a pour cote zéro.

439. Positions diverses d'une droite. Par rapport au plan de comparaison, une droite peut être oblique, parallèle ou perpendiculaire.

1º La droite oblique est caractérisée par une projection rectiligne et par deux cotes inégales.

2º La droite parallèle au plan de comparaison est horizontale ; *l'horizontale* est caractérisée par une projection rectiligne et deux cotes égales, ou bien la cote d'un seul point, puisque cette cote est la même pour tous.

3º La droite perpendiculaire a pour projection un seul point, sans cote. Si cette droite est limitée, sa projection a deux cotes, celles des points extrêmes.

440. Droites concourantes. *Deux droites se coupent lorsque leurs projections se rencontrent et que le point de concours a la même cote sur chaque ligne.*

Le point ($b = 5$) appartient aux deux droites ab et bc.

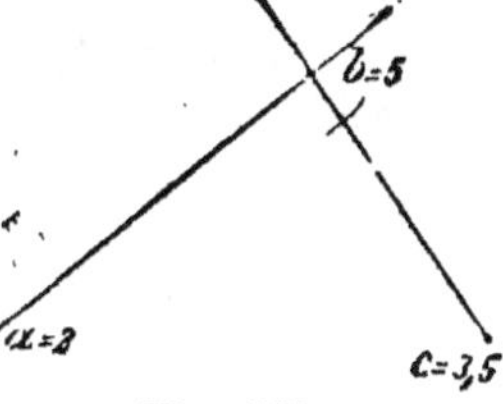

Fig. 360.

441. Théorème. *Deux droites parallèles ont des projections parallèles, et leurs pentes sont égales.*

Les projections sont parallèles (nº 29) ; et comme les droites coupent le plan de comparaison sous le même angle, la pente ou tangente trigonométrique $\frac{h}{d}$ est la même pour chaque ligne.

442. *Remarque.* De l'égalité des pentes, on déduit celle des modules (n° 436); donc, si l'on prend $eg = ab$ (fig. 361), la différence des cotes e, g doit égaler celle des cotes a et b; de même

$$ac = fi$$

443. Théorème réciproque. *Deux droites sont parallèles lorsque leurs projections sont parallèles, que leurs pentes sont égales et que les graduations sont de même sens.*

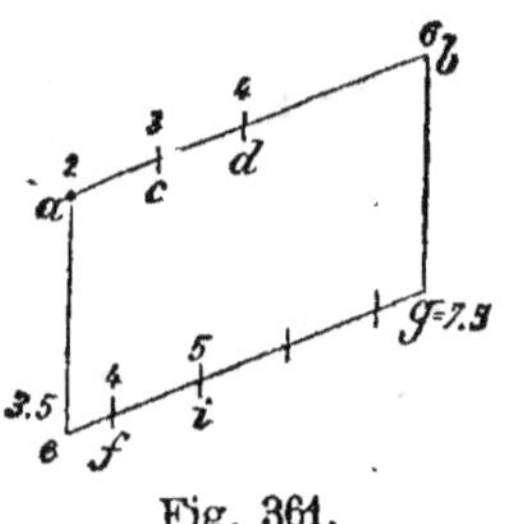

Fig. 361.

Ainsi les droites AB et EG sont parallèles, car ab, eg sont parallèles; leurs pentes $\dfrac{6-2}{ab}$ et $\dfrac{7,5-3,5}{eg}$ sont égales, et la graduation de eg est de même sens que celle de ab. (Ces graduations croissent de gauche à droite dans l'exemple donné.)

444. Théorème. *Toute droite perpendiculaire à une horizontale a sa projection perpendiculaire à celle de l'horizontale.*

En effet, un angle droit se projette en vraie grandeur sur un plan, dès qu'un de ses côtés est parallèle à ce plan (n° 123).

445. Théorème réciproque. *Pour qu'une droite soit perpendiculaire à une horizontale, il suffit que les projections de ces deux droites soient perpendiculaires* (n° 124).

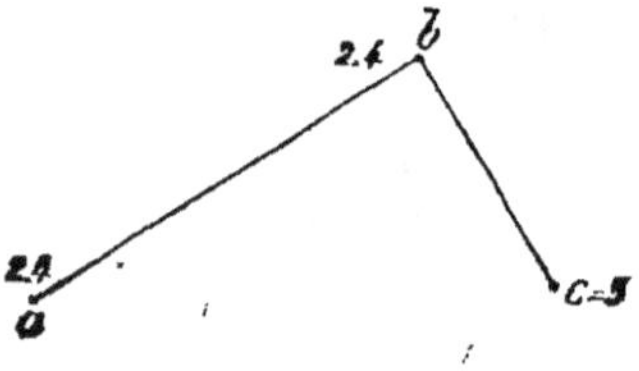

Fig. 362.

Ainsi la droite bc, ($b = 2,4$ et $c = 5$) est perpendiculaire à l'horizontale ab, si l'angle abc est droit.

§ II. — Problèmes sur la droite.

446. Résolution des problèmes. La plupart des problèmes peuvent être résolus *graphiquement* et *numériquement*.

Pour résoudre *graphiquement* un problème, on transforme, à l'aide de l'échelle graphique, les données numériques en grandeurs linéaires; on recourt fréquemment au rabattement, et la question est ainsi ramenée à un problème de géométrie plane.

Pour résoudre *numériquement* un problème, on remplace les droites données, par les nombres qui mesurent leurs longueurs respectives ; puis on utilise les formules connues afin de calculer les longueurs demandées. S'il y a lieu, le résultat est ensuite transformé en un segment de droite ayant la longueur trouvée.

Problème.

447. *Trouver la vraie grandeur d'une droite et l'angle qu'elle forme avec le plan de comparaison.*

Soit la droite ab, $a = 6$, $b = 13$.

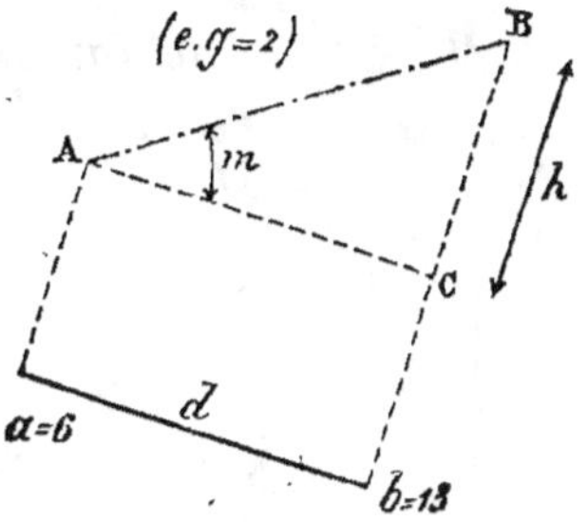

1° *Graphiquement.* On rabat la droite en AB, en prenant sur des perpendiculaires $a\text{A} = 6$, $b\text{B} = 13$; AB est la vraie grandeur de la droite.

On mène AC parallèle à ab, et BAC est l'angle demandé.

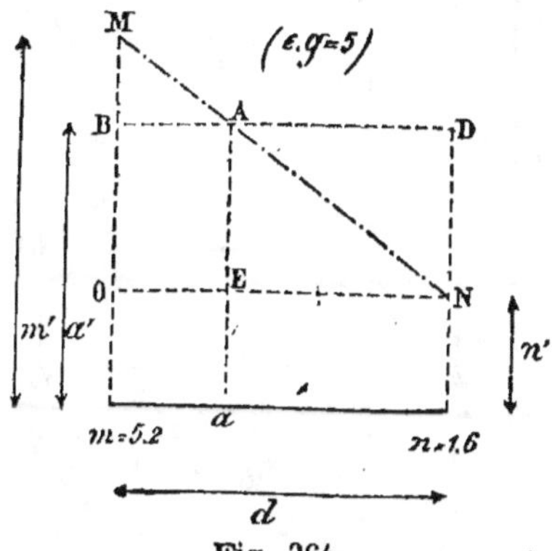

Fig. 363.

2° *Numériquement.* Il faut mesurer ab à l'aide de l'échelle graphique, soit 10 unités sa longueur ; $h = 7$.

Le triangle rectangle ABC donne :

$$\text{AB} = \sqrt{(10^2) + (7)^2} = 12{,}20$$

D'une manière générale $\text{AB} = \sqrt{d^2 + h^2}$.

La tangente de l'angle $\text{BAC} = \dfrac{h}{d} = \dfrac{13 - 6}{10} = 0{,}7$.

Problème.

448. *Sur une droite donnée, déterminer la projection d'un point dont on connaît la cote.*

Soient mn la droite et 4 la cote du point dont on cherche la projection.

1° *Graphiquement.* Rabattons la droite en MN en prenant $m\text{M} = 5{,}2$, $n\text{N} = 1{,}6$; puis après avoir porté $m\text{B} = 4$, menons la parallèle BA : la projetante Aa fait connaître la projection horizontale a du point cherché.

Fig. 364.

449. *Remarque.* MB est la distance verticale des points M' et A (fig. 364); DN est celle des points **A** et N ; or on a :

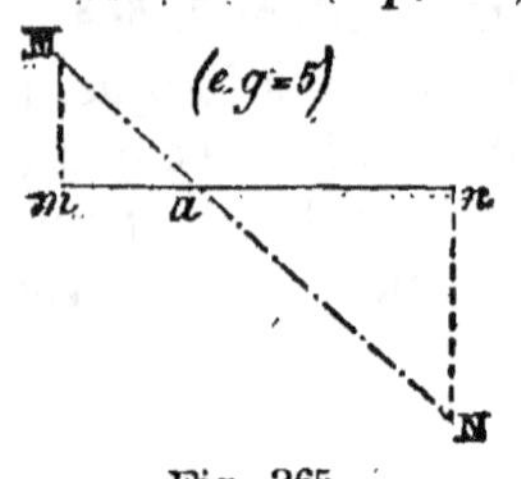

Fig. 365.

$$\frac{AB}{AD} = \frac{MB}{ND}$$

donc d est divisé par a, en parties proportionnelles aux différences des cotes ; de là on déduit la construction suivante (fig. 365) : il faut prendre mM égale à (5,2 — 4), nN égale à 4 — 1,6), et joindre MN.

450. 2° *Numériquement.* Mesurons d à l'échelle graphique, soit $d = 4,8$.

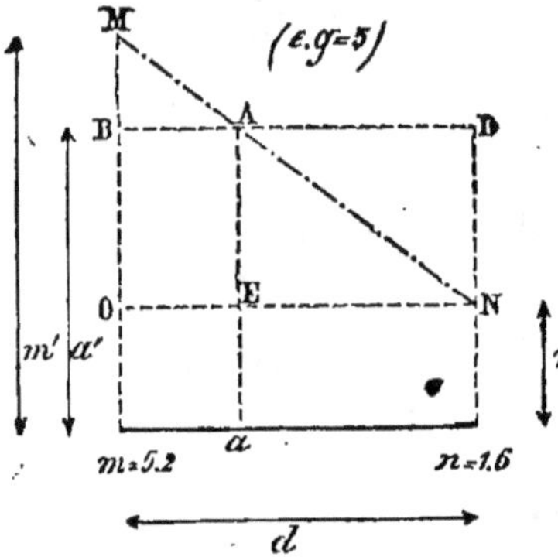

Désignons par a', m', n' les cotes des points A, M, N projetés en a, m, n.

Les triangles rectangles MAB, MNO donnent :

$$\frac{AB}{NO} = \frac{MB}{MO}$$

ou

$$\frac{ma}{d} = \frac{m' - a'}{m' - n'}$$

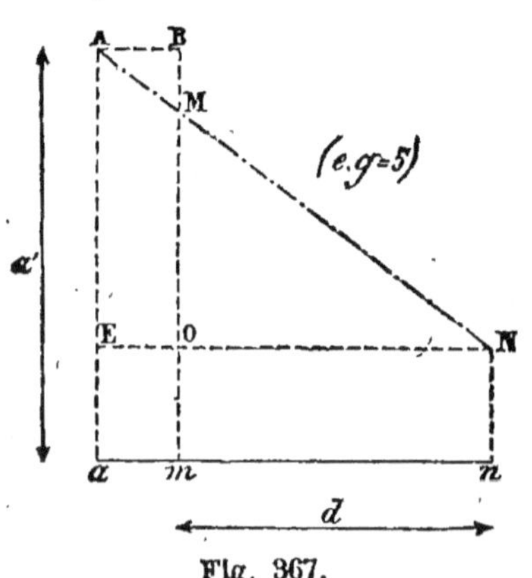

Fig. 366.

d'où

$$ma = \frac{d(m' - a')}{m' - n'} \qquad \text{[a]}$$

Dans l'exemple cité, $ma = \dfrac{4,8(5,2 - 4)}{5,2 - 1,6} = 1,60.$

On aurait de même $na = \dfrac{d(a' - n')}{m' - n'}$ **[b]**

451. *Remarque.* Lorsque la cote donnée a' est plus grande que m', la projection cherchée a est à gauche de m, c'est l'exemple donné (fig. 367) ; les triangles semblables BAM, OMN donnent encore :

$$\frac{BA}{ON} = \frac{MB}{MO} \quad \text{ou} \quad \frac{am}{d} = \frac{a' - m'}{m' - n'}$$

On trouve $a' - m'$ au lieu de $m' - a'$; pour n'avoir qu'une seule formule, on écrit encore :

$$am = \frac{d(m' - a')}{m' - n'}$$

Fig. 367.

Le numérateur sera négatif, et par suite le résultat sera affecté du signe —; lorsque cette particularité se présente, on porte la longueur calculée sur le prolongement de *mn*. Ainsi, pour la cote 6, on trouve $\dfrac{4,8(5,2-6)}{5,2-1,06} = -1,06$.

Problème.

452. *Graduer une droite donnée par sa projection et les cotes de deux de ses points.*

1° *Graphiquement.* Pour graduer la droite, on la rabat en MN et l'on prend des cotes rondes, par exemple $ma' = 5$, $mb' = 4$, etc.

On mène des parallèles à *mn*, puis les projetantes A*a*, B*b*, C*c*, etc. La projection *mn*, ainsi divisée, est l'échelle de pente de la ligne donnée.

2° *Numériquement.* Dans la formule [a] (nᵒ 450), on donne à a' les valeurs successives 5, 4, 3, 2, et l'on trouve la valeur numérique de *ma*, *mb*, *mc*, *md*; d'ailleurs $ab = bc = cd$.

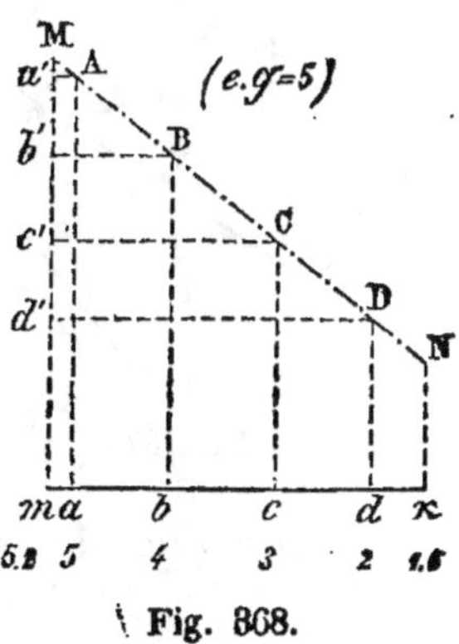

Fig. 868.

Problème.

453. *Sur une droite donnée, trouver la cote d'un point dont on connaît la projection a.*

1° *Graphiquement.* On opère le rabattement de la droite, puis on mène la perpendiculaire *a*A, que l'on mesure ensuite à l'échelle graphique.

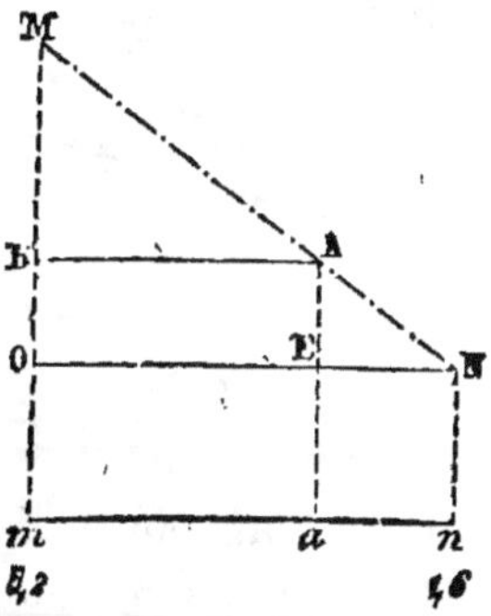

2° *Numériquement.* On a trouvé :

$$\frac{ma}{d} = \frac{m'-a'}{m'-n'} \qquad (\text{nᵒ } 450),$$

d'où $\qquad a' = m' - \dfrac{ma\,(m'-n')}{d} \qquad (\text{c})$

On mesure *ma* et *d*, soit $ma = 3,2$; $d = 4,8$,

d'où $\qquad a' = 5,2 - \dfrac{3,2 \times 3,6}{4,8} = 2,80$

Fig. 869.

Problème.

454. *Reconnaître si deux droites se coupent, et déterminer, s'il y a lieu, la cote de leur intersection.*

Deux droites se coupent lorsque le point commun à leurs projections a la même cote, quand on le considère comme appartenant, soit à la première droite, soit à la seconde.

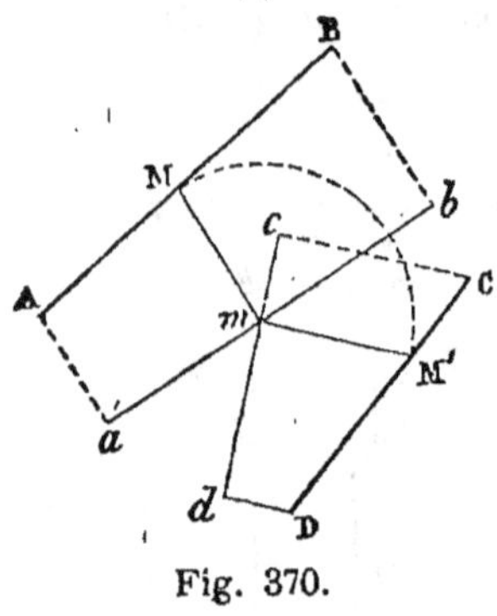

Fig. 370.

Soient les droites ayant pour projection ab et cd avec des cotes données.

1° *Graphiquement.* Rabattons ces deux lignes en AB et CD; pour que les droites se coupent, il faut que $m\text{M} = m\text{M}'$.

2° *Numériquement.* Il faut calculer la cote de m (n° 453) d'après les cotes des points a et b, puis d'après les cotes de c et d; les droites se coupent lorsque les deux cotes obtenues sont égales.

Remarque. Le cas le plus fréquent, dans la pratique, est celui où les droites ont même projection *.

Problème.

455. *Par un point donné, mener une droite parallèle à une droite donnée.*

Les droites parallèles ont des projections parallèles; elles ont même pente et des graduations de même sens (n° 443); donc il faut mener une projection parallèle à la projection donnée, et

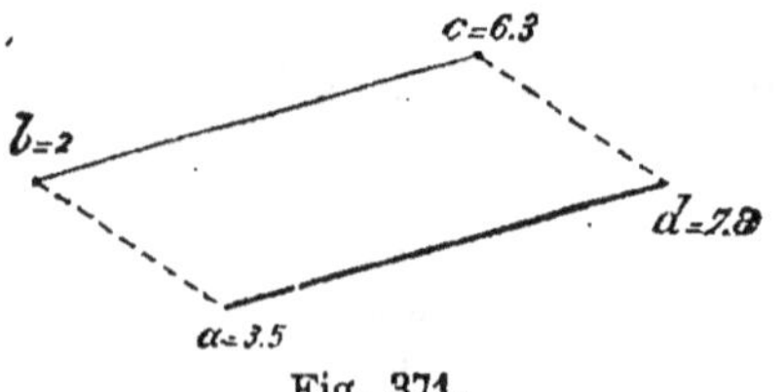

Fig. 371.

graduer la droite comme il vient d'être dit.

Soit à mener, par le point $a = 3,5$, une parallèle à BC; $b = 2$, $c = 6,3$.

Par a on mène une parallèle à bc, on prend $ad = bc$, et on donne au point d la cote du point a augmentée de $(c - b)$. La cote de d sera donc $3,5 + (6,3 - 2)$ ou $7,8$.

---

* Voir *Arpentage, Levé des plans et Nivellement*, par F. J. 8ᵉ édition, nᵒˢ 461 et 462.

Problème.

456. *D'un point donné, abaisser une perpendiculaire sur une horizontale donnée.*

Soient $(ab = 2,4)$ et $(c = 5)$ l'horizontale et le point donnés.

Du point c il faut abaisser cb perpendiculaire sur ab (n° 445).

Soit b le pied de cette perpendiculaire : ce point a pour cote 2,4; par conséquent la droite CB est déterminée, on a $(b = 2,4$ et $c = 5)$.

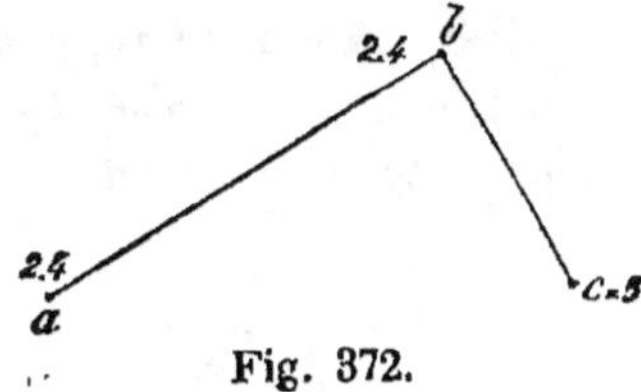

Fig. 372.

Problème.

457. *Déterminer l'angle de deux droites.*

Il faut rabattre le plan des deux droites concourantes, et l'angle sera en vraie grandeur.

Pour cela, on mène une horizontale quelconque de ce plan; du sommet de l'angle on abaisse une perpendiculaire sur l'horizontale, et l'on fait tourner cette perpendiculaire jusqu'à ce qu'elle soit horizontale.

Soient les droites ab, ac, $(a = 3, b = 1)$ et $(a = 3, e = o)$.

Sur ae déterminons le point c ayant 1 pour cote (n° 448), bc est une horizontale.

Du point a, abaissons ad perpendiculaire sur bc (n° 187).

Le point d a pour cote 1. La vraie grandeur de $(a = 3, d = 1)$ est l'hypoténuse d'un triangle rectangle ayant pour côtés de l'angle droit ad et la différence $(3 - 1)$. Il faut donc élever la perpendiculaire aa' égale en 2 unités de l'échelle graphique, puis porter de d en A la vraie longueur da'; on obtient ainsi le rabattement bAc du triangle formé par les trois points $(a = 3)$ $(b$ et $c = 1)$; donc A est l'angle demandé.

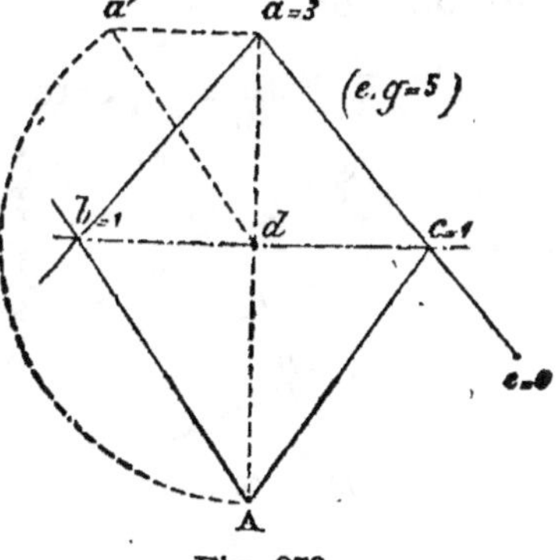

Fig. 373.

Remarque. A l'aide de rabattements, on peut résoudre toutes les questions de géométrie plane.

§ III. — Du plan.

Représentation du plan et théorèmes.

458. Mode de représentation. Dans la méthode des plans cotés *un plan se représente par deux horizontales cotées, ou par une ligne de plus grande vente.*

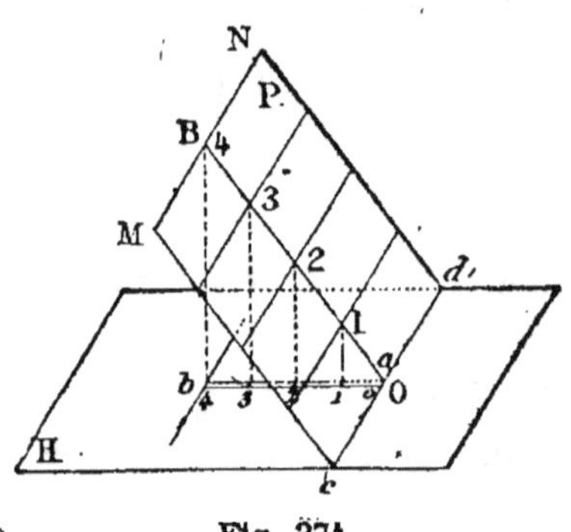

Fig. 374.

Soit un plan P coupant le plan de comparaison H suivant *cd*.

Toute horizontale du plan P est parallèle à la trace *cd*.

La ligne de plus grande pente *a*B est perpendiculaire à la trace *cd*, et par suite à toutes les horizontales (G., n° 413); donc sa projection *ab* est perpendiculaire aux projections *cd*..., *mn* des horizontales du plan.

Remarque. La *ligne de plus grande pente* d'un plan peut être menée par un point quelconque de ce plan; car les parallèles *c*M, OB, *d*N... ont même inclinaison, et par suite même graduation.

459. Échelle de pente d'un plan. *L'échelle de pente d'un plan* est l'échelle de sa ligne de plus grande pente; on la représente par deux traits parallèles, afin de la distinguer des droites ordinaires, car on ne trace pas les horizontales du plan.

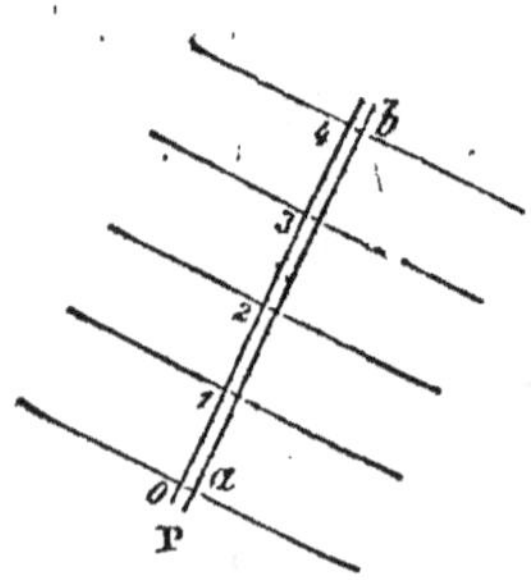

Fig. 375.

La projection *ab* de la ligne de plus grande pente étant perpendiculaire aux horizontales du plan (n° 113), il en résulte que *ab* suffit pour caractériser le plan P, car on peut mener autant d'horizontales qu'il est utile de le faire.

460. *Remarque.* Le plan peut être représenté par deux droites concourantes ou deux droites parallèles quelconques. *Il est utile d'opérer directement sur les données, sans recourir à l'échelle de pente du plan.*

461. Diverses positions du plan. Par rapport au plan de comparaison, un plan peut être oblique, parallèle ou perpendiculaire.

1° Le plan oblique est représenté par son échelle de pente ou par deux droites concourantes ou parallèles,

2° Le plan parallèle au plan de comparaison est horizontal, tous ses points ont même cote; on le représente par une échelle tracée dans une direction ⟍ quelconque et n'ayant qu'une cote; parfois même on se borne à indiquer la cote de ce plan; par exemple : (P = 5).

3° Le plan perpendiculaire est représenté par sa trace; on n'inscrit point de cote, parce que toutes les horizontales ont même projection.

Théorème.

462. *Lorsqu'une droite est perpendiculaire à un plan, sa projection est perpendiculaire à celle des horizontales de ce plan.*

Soit la droite ABC perpendiculaire au plan P, et soit TR la trace du plan P sur le plan de comparaison.

Déterminons les projections aC, *de*, de la perpendiculaire et d'une horizontale quelconque DE.

On sait que la projection aC est perpendiculaire à la trace TR (n° 100); donc aC est aussi perpendiculaire à *de*, car TR et *de* sont parallèles; donc...

463. Scolies. I. Les projections ab, bf d'une perpendiculaire AB à un plan, et de la ligne de plus grande pente BF menée par son pied, sont dans le prolongement l'une de l'autre.

En effet, ces deux projections passent par un même point b et sont perpendiculaires à une même droite RT.

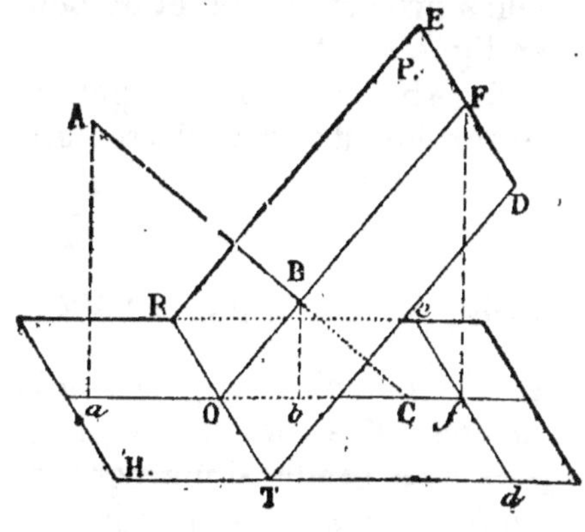

Fig. 376.

II. Le plan ABF est vertical, car les plans projetants de AB et de BF se confondent.

III. La ligne de plus grande pente OB, et la perpendiculaire BC, sont les côtés d'un triangle rectangle OBC, et leurs projections O*b*, *b*C sont les segments déterminés, sur l'hypoténuse, par la droite B*b* perpendiculaire au plan de comparaison.

En effet, la droite BC est perpendiculaire à la ligne de plus grande pente BO menée par son pied dans le plan P.

Ainsi, pour étudier la relation qui existe entre les projections *b*C, *b*O, il suffira de considérer le triangle rectangle CBO.

Théorème.

464. *Étant donnée une perpendiculaire à un plan et la ligne de plus grande pente menée par son pied dans ce plan :*

   1° Les projections de ces lignes sont sur une même droite ;

   2° La pente de la première égale le module de la seconde ;

   3° Leurs graduations sont de sens contraires.

Les droites données étant perpendiculaires l'une à l'autre et situées dans un même plan vertical (n° 463), il suffit de considérer deux droites rectangulaires AB, AC dans un plan vertical. Soit BC une horizontale de ce plan.

1° Les deux droites étant dans un même plan projetant, leurs projections *ba* et *ac* sont en ligne droite.

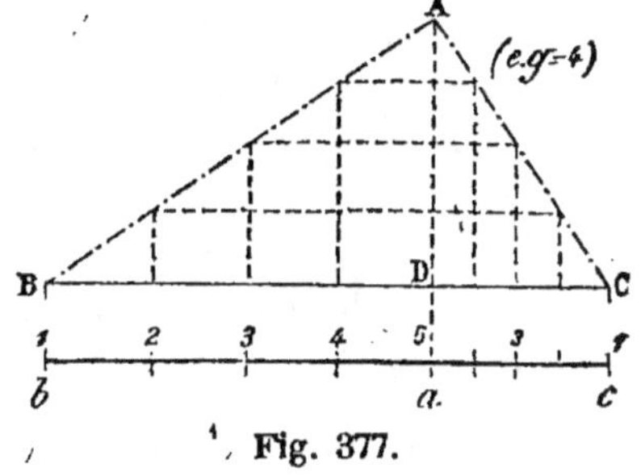

Fig. 377.

2° Abaissons la perpendiculaire AD sur l'hypoténuse, les propriétés du triangle rectangle donnent :

$$\frac{AD}{BD} = \frac{DC}{AD}$$

mais, par définition (n° 434), $\frac{AD}{BD}$ est la pente de AB, et $\frac{DC}{AD}$ est le module de AC (n° 436) ; donc la pente de l'une de ces droites est égale au module de l'autre.

3° Les graduations sont de sens contraires ; dans l'exemple donné, de *a* vers *b* comme de *a* vers *c*, les cotes vont en décroissant.

465. *Remarque.* Les lignes de plus grande pente d'un même plan sont parallèles ; et toute perpendiculaire au plan a sa projection parallèle aux projections des lignes de plus grande pente (nᵒ 458, *Remarque*).

466. Théorème réciproque. *Une droite est perpendiculaire à un plan lorsque sa projection est parallèle à la projection de la ligne de plus grande pente d'un plan, que la pente de la première droite égale le module de la seconde, et que les graduations sont de sens contraires.*

Soient bd, cg les projections de deux droites réalisant les conditions posées; b et c ayant même cote, ainsi que d et g, et $\dfrac{5-2}{bd}$ égalant $\dfrac{cg}{5-2}$ (1).

Projetons les deux droites sur un même plan, parallèle aux plans projetants qui ont donné bd et cg; rabattons le plan auxiliaire. Les points b et c, ayant même cote, donneront une horizontale BC; mais les points d et g ont aussi même cote; donc DE $= 3 =$ GF.

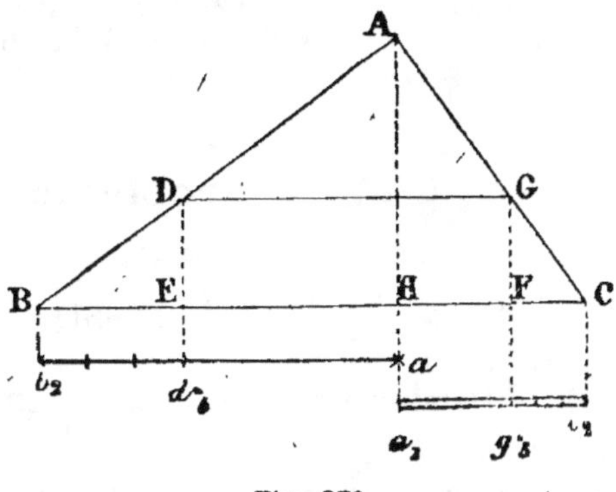
Fig. 378.

La condition (1) devient $\dfrac{DE}{BE} = \dfrac{CF}{GF}$.

Ainsi les triangles rectangles BED, GFC sont semblables comme ayant un angle égal compris entre côtés homologues proportionnels; donc l'angle B $=$ CGF; ainsi l'angle B est le complément de l'angle C. Donc la droite BDA est perpendiculaire à la droite CGA.   C. Q. F. D.

467. Construction. Du théorème précédent on déduit la construction suivante :

Soit à mener, par un point $(c = 2)$, une perpendiculaire à une droite $(h = 3,\ d = 6)$ dont la projection hd passe par c.

Graphiquement. On rabat la droite et le point en BD et C, on abaisse la perpendiculaire CA et l'on gradue ca (nᵒ 452).

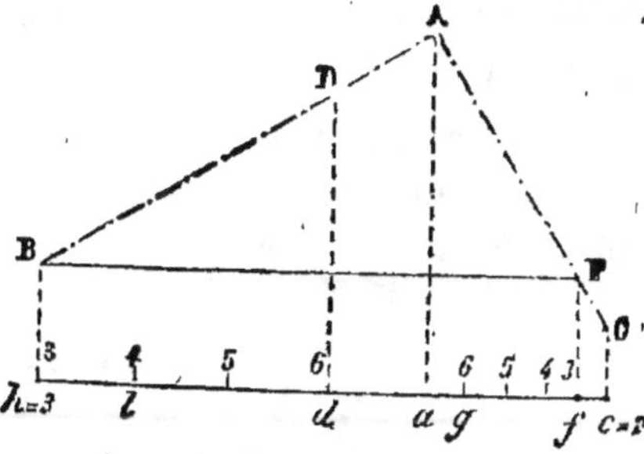
Fig. 379.

Numériquement. La projection *ca* est dans le prolongement de *hd*, et son module égale la pente de *hd* (n° 462).

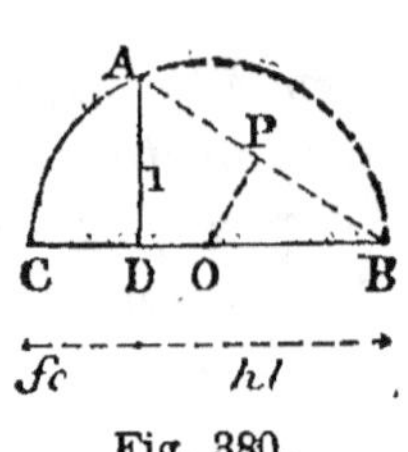

Fig. 380.

Donc $$fc = \frac{1}{hl}.$$

Remarque. Connaissant le segment rectiligne *hl*, il est facile de construire l'inverse *fc* : à l'extrémité de $BD = hl$, on élève une perpendiculaire DA égale à 1, de l'échelle graphique; puis on mène AC perpendiculaire à AB, le segment CD est égal à *cf*.

§ IV. — Problèmes sur le plan.

Problème.

468. *Déterminer l'échelle de pente d'un plan donné par trois points.*

Il faut déterminer une horizontale du plan des trois points, puis abaisser d'un des points une perpendiculaire sur cette horizontale. On obtiendra ainsi la direction de l'échelle de pente, et il suffira de graduer cette droite.

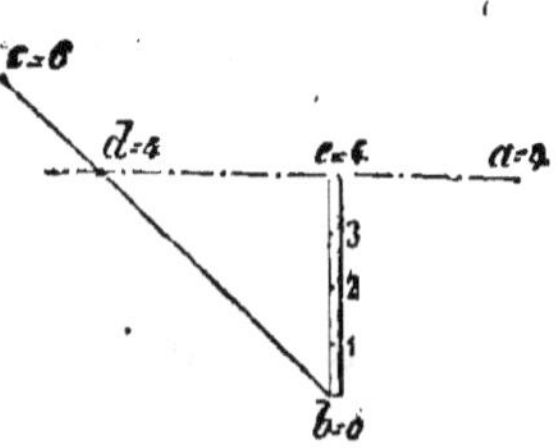

Fig. 381.

Soient les points $a = 4$; $b = 0$; $c = 6$.

Menons *bc*; sur cette ligne, déterminons un point *d* ayant même cote que le point *a* (n° 448); la droite *ad* est une horizontale du plan. Du point *b* abaissons la perpendiculaire *be*, et divisons cette ligne en quatre parties égales, puisque les cotes de *b* et de *e* diffèrent de 4 unités : *be* est l'échelle de pente du plan (n° 459).

Remarque. On procède d'une manière analogue, lorsque le plan est donné par un point et une droite, ou par deux droites sécantes ou parallèles.

Problème.

469. *Par un point donné, mener un plan parallèle à un plan donné.*

Les plans parallèles ont des lignes de plus grande pente parallèles, car ces lignes peuvent être obtenues en coupant ces plans parallèles par un même plan perpendiculaire à leurs horizontales.

Donc, par le point donné, il faut mener une droite parallèle à l'échelle du plan, et la graduer de manière à avoir la même pente, dans le même sens.

Soit P l'échelle de pente du plan donné et $(a = 2,4)$ le point connu.

Par le point a, menons ab parallèle à cd, prenons $ab = cd$.

Les points d et c ont 4 pour différence de cote ; donc la cote du point b doit être $2,4 + 4$ ou $6,4$.

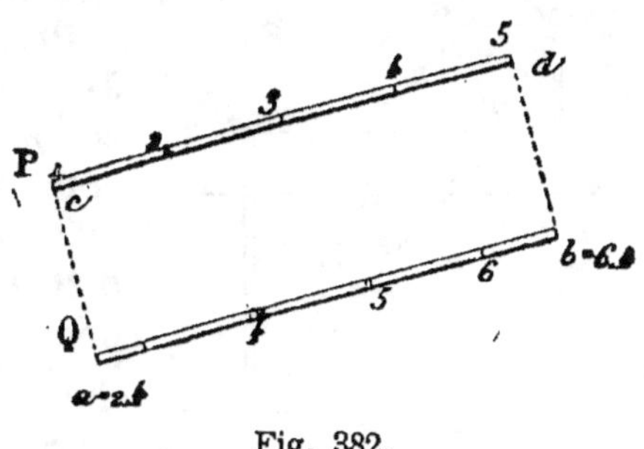

Fig. 382.

La droite AB, parallèle à CD, est l'échelle de pente du plan demandé.

Problème.

470. *Déterminer l'intersection de deux plans donnés par des échelles de pente dont les projections sont concourantes.*

Pour obtenir un point de l'intersection, il suffit de mener dans ces plans deux horizontales de même cote ; le point commun à ces lignes appartient à l'intersection.

Soient deux plans donnés par les échelles concourantes P et Q.

Les horizontales de cote 3 donnent le point a, qui appartient à l'intersection ; de même les horizontales de cote 5 donnent le point b. ab, avec les cotes 3 et 5, est l'intersection demandée.

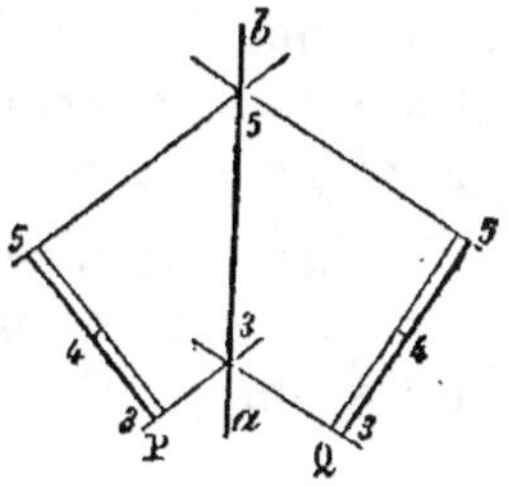

Fig. 383.

Problème.

471. *Déterminer l'intersection de deux plans donnés par des échelles de pente dont les projections sont parallèles.*

Dans ce cas, les horizontales des deux plans étant parallèles, l'intersection est elle-même horizontale, car l'intersection de deux plans menés par des droites parallèles est elle-même parallèle à ces lignes. (G., n° 382.)

Il suffit donc de déterminer un point de l'intersection. Pour y parvenir, on peut employer un plan auxiliaire, coupant chacun des plans donnés; le point commun aux deux intersections appartiendra à la droite demandée.

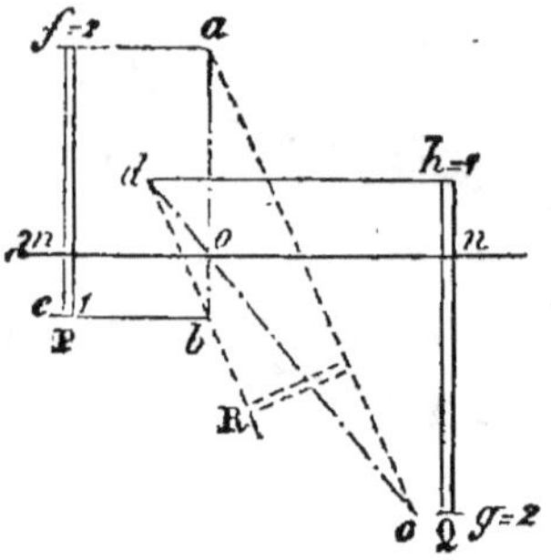

Soient P et Q les plans donnés.

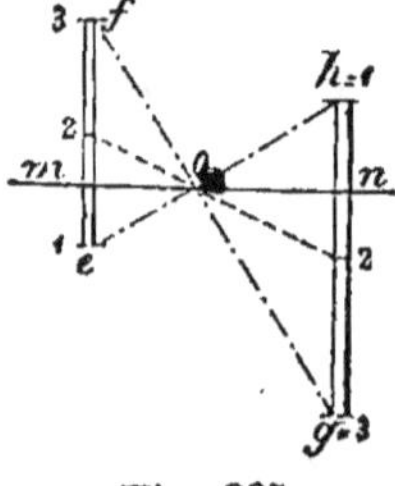

Fig. 384.

Prenons le plan auxiliaire R, c'est-à-dire *menons deux parallèles quelconques bd, ac,* que nous considérons comme étant les horizontales 1 et 2 du plan R; limitons l'une d'elles en *b* et *d* sur les horizontales 1 des plans donnés, et l'autre en *a* et *c* sur les horizontales 2.

La droite *dc* est l'intersection de Q et de R (n° 470), *ab* celle des plans P et R; le point *o*, appartenant aux trois plans, est un point de l'intersection cherchée; par *o* il faut mener une horizontale *mn;* cette ligne est l'intersection demandée.

Remarques. I. Dans ce problème (n° 471), les *lignes de plus grande pente* P et Q des deux plans considérés ne sont point parallèles, car leurs inclinaisons sont différentes; néanmoins on énonce habituellement le problème comme il suit : *Déterminer l'intersection de deux plans donnés par des échelles de pente parallèles.*

II. Les points *m* et *n* doivent avoir même cote; donc *ef* et *gh* sont divisées en parties proportionnelles; cette remarque conduit à une construction très simple.

472. Autre construction. On joint deux à deux les points de même cote par des lignes telles que *fg, eh;* l'horizontale *mon* est l'intersection demandée, car elle divise *ef* et *gh* en parties proportionnelles.

Remarque. Les horizontales *eh* = 1, *fg* = 3 ne se rencontrent pas, mais l'intersection *o* de leurs projections appartient à la projection de l'intersection demandée.

Fig. 385.

Problème.

473. *Déterminer l'intersection d'une droite et d'un plan.*

Par la ligne donnée, il faut mener un plan quelconque, chercher l'intersection des deux plans, et le point où cette droite rencontre la ligne donnée est le point demandé.

Soient ab l'échelle de pente du plan, et cd la projection de la droite donnée.

Menons les horizontales af et bg du plan et deux parallèles quelconques cf, dg qui déterminent un plan auxiliaire ; ce dernier coupe le plan donné suivant fg ; donc e est le point demandé.

Vérification. Si l'on mène l'horizontale eh, il faut que la cote du point e de la ligne cd égale celle du point h du plan ab.

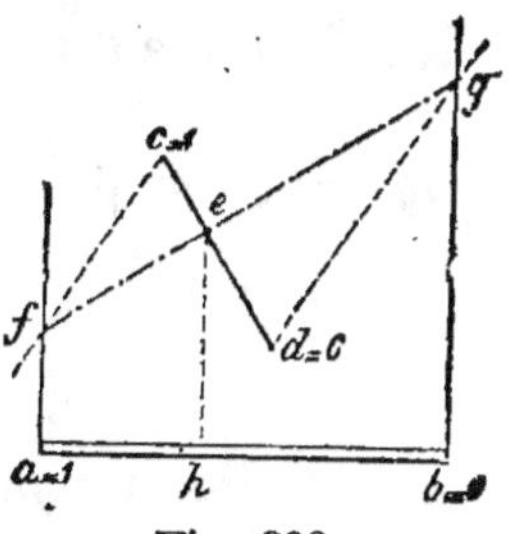

Fig. 386.

Problème.

474. *Déterminer la distance d'un point à un plan.*

Il faut abaisser du point une perpendiculaire sur le plan, chercher le point où cette droite perce le plan, et déterminer la vraie grandeur de la perpendiculaire.

Soient $a = 5$ et P le point et le plan donnés.

La droite qui mesure leur distance est perpendiculaire à la ligne de plus grande pente du plan (nᵒ 462), donc sa projection ab est parallèle à dc ; son module égale la pente du plan (nᵒ 466), et il faut la graduer en sens contraire.

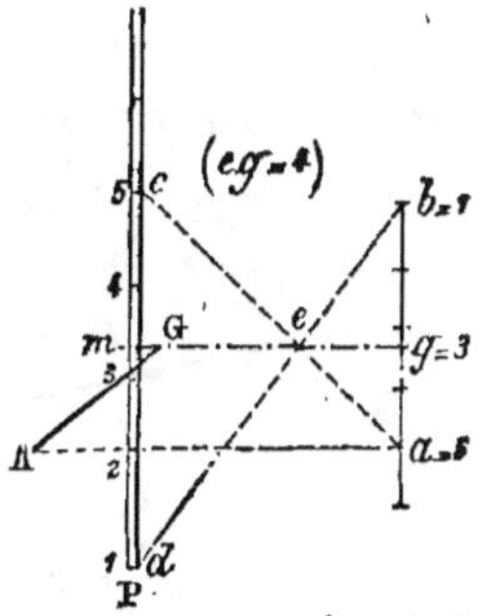

Fig. 387.

Dans l'exemple donné, $dc = 5$ à l'échelle graphique ; or la différence des cotes des points c et d est 4, donc la pente du plan est $\dfrac{4}{5}$. Tel est aussi le module de ab. Chaque division doit égaler les $\dfrac{4}{5}$ de l'unité de l'échelle graphique.

Pour déterminer le point où la perpendiculaire rencontre le

plan, considérons *ab* comme l'échelle de pente d'un nouveau plan; celui-ci couperait le plan donné suivant *meg* (n° 472); donc *g* est le pied de la perpendiculaire.

ag est la projection de la distance; on obtiendra sa longueur par un rabattement, tel que AG, ou par le calcul (n° 447).

475. *Calcul.* La différence des cotes des points *a*, *g*, égale 1,6, telle est la hauteur du point *a* au-dessus de *g*; la distance horizontale est *ag*, sa valeur en modules est 1,6; or le module est les $\frac{4}{5}$ d'une division de l'échelle graphique, donc

$$ag = 1,6 \times \frac{4}{5} = 1,28; \quad \text{d'où} \quad AG = \sqrt{(1,28)^2 + (1,6)^2} = 2,049.$$

Problème.

476. *Par un point donné* d, *mener un plan perpendiculaire à une droite* ab.

La question se traite comme la précédente; car, si *ab* est la droite donnée, tout revient à déterminer la ligne *dc* de plus grande pente du plan.

Problème.

477. *D'un point donné, abaisser une perpendiculaire sur une droite donnée.*

1er *Moyen.* Par le point donné, on mène un plan perpendiculaire à la droite; on détermine le point commun à cette droite et au plan; la droite qui joint ce point au point donné est perpendiculaire à la ligne donnée.

Soient *ab* et *c* = 1 la droite et le point donnés (fig. 388).

Par le point menons un plan perpendiculaire à la droite (n° 476). Pour cela, menons *cd* parallèle à *ba* et donnons-lui pour module la pente de *ba*. Soit *g* le point où la droite perce le plan (n° 472); la ligne *cg* est la perpendiculaire demandée, CG en est la vraie grandeur.

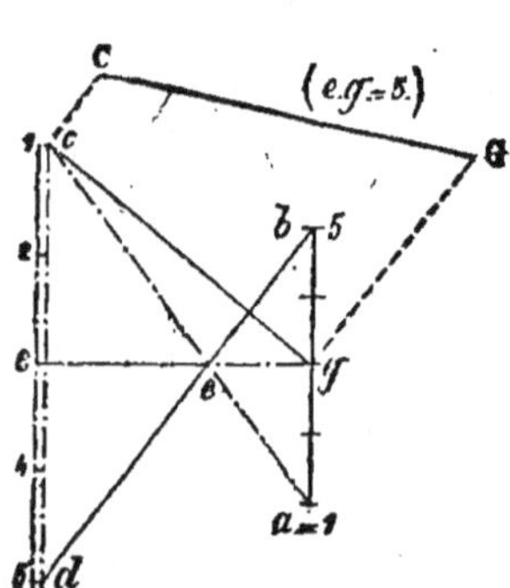

Fig. 388.

478. 2e *Moyen* (fig. 389). Il faut mener par le point une horizontale qui rencontre la droite, rabattre le plan de ces deux lignes, et abaisser, du point rabattu, une perpendiculaire sur le rabattement de la droite.

Soient $(a=5,\ b=1)$ et $(c=2)$ la droite et le point donnés.

Sur ab, déterminons le point d à cote 2. La ligne cd est horizontale; faisons tourner le plan adc autour de cette horizontale. Il suffit de rabattre le point a. La distance de ce point à l'axe est l'hypoténuse d'un triangle rectangle dont les côtés de l'angle droit sont af et la différence des cotes de a et de f (n° 457).

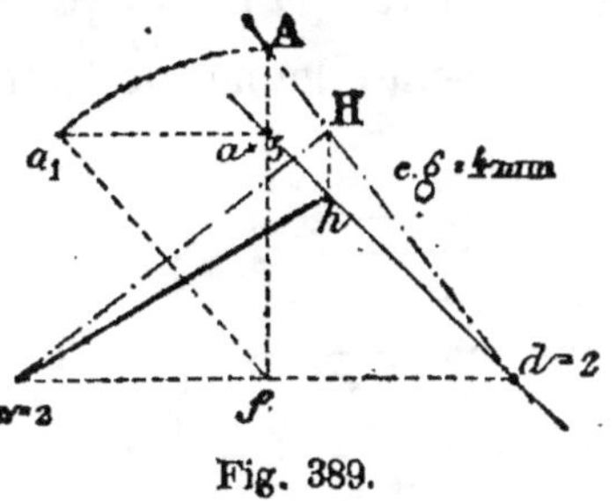

Fig. 389.

Prenons $aa_1=3$ unités graphiques; reportons fa_1 de f en A.

Du point c, abaissons la perpendiculaire cH sur dA. La droite cH est la distance du point a à la ligne donnée.

On peut projeter H en h, et chercher la cote de h, afin de déterminer complètement la perpendiculaire ch.

Problème.

479. *Déterminer l'angle de deux plans* P *et* Q.

Il faut mener un plan perpendiculaire à l'arête du dièdre donné, et déterminer, par un rabattement, la vraie grandeur de l'angle formé par les intersections de ce plan avec chacun des plans donnés.

La construction est analogue à celle qu'on a indiquée dans la *Première partie* (n° 199).

Soient les plans P et Q.

Pour déterminer leur intersection AB, il suffit de mener des horizontales de même cote, et l'on trouve $(a=3,\ b=5)$.

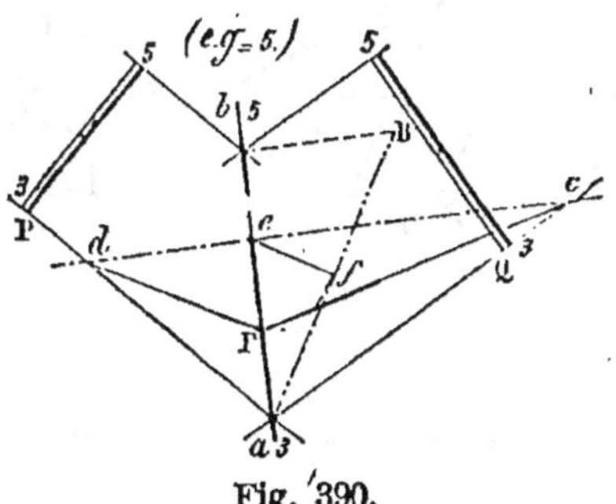

Fig. 390.

Menons à l'intersection AB un plan qui lui soit perpendiculaire, l'horizontale 3 de ce point s'appuiera sur ac, ad et sera perpendiculaire à ab (n° 199). Rabattons l'intersection, en prenant bB égale à la différence des cotes des points a et b; abaissons la perpendiculaire ef et portons-la en eF: l'angle dFc est l'angle demandé.

Problème.

480. *Par un point donné dans un plan, mener dans ce plan une droite ayant une pente donnée.*

La pente donnée doit être au plus égale à celle du plan ; mais elle peut décroître jusqu'à zéro, car l'horizontale n'a pas de pente.

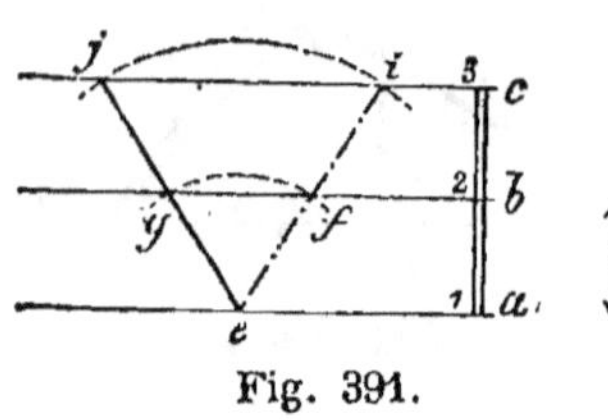

Fig. 391.

Soient donnés un plan P, une pente p, moindre que celle du plan, et un point $(e = 1)$.

Le module de la droite égale l'inverse $\dfrac{1}{p}$ de sa pente : ainsi, du point e comme centre, avec un rayon égal à $\dfrac{1}{p}$, il faut décrire un arc qui coupe l'horizontale 2 ; les lignes ef, eg répondent à la question.

Remarque. Pour avoir un rayon plus grand, il suffit de prendre $ei = \dfrac{2}{p}$ et de couper en i, j l'horizontale 3.

Problème.

481. *Par une droite donnée, mener un plan qui ait une pente donnée.*

Le plus petit angle qu'un plan, mené par une droite, puisse faire avec le plan de comparaison est l'angle même que cette droite forme avec le plan horizontal (G., n° 412).

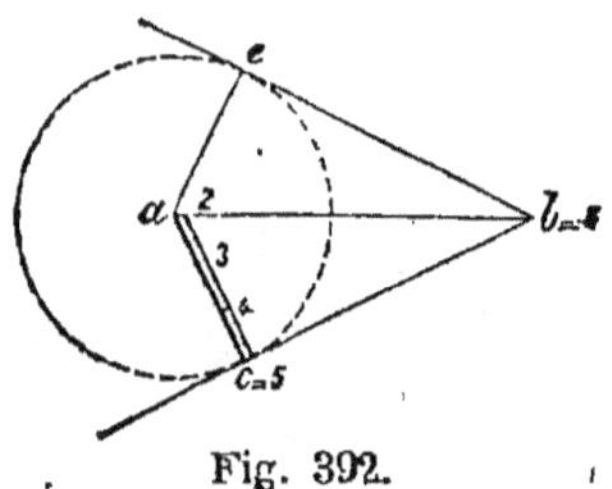

Fig. 392.

La pente du plan doit donc être supérieure ou au moins égale à celle de la droite.

Soient données une droite $(a = 2, b = 5)$ et une pente p plus grande que celle de la droite, ainsi on a :

$$p > \frac{5 - 2}{ab}.$$

Supposons le problème résolu, soit ac l'échelle de pente du plan ayant la pente voulue, et passant par la droite donnée ab $(a = 2, b = 5)$.

Si l'on joint c, dont la cote est 5, au point b de même cote, la droite cb est une horizontale du plan; par suite, elle est perpendiculaire à ac; d'ailleurs pour ac on a $\dfrac{5-2}{ac}=p$; d'où $ac=\dfrac{5-2}{p}$; donc du centre a il faut décrire une circonférence avec le rayon calculé, et du point b lui mener une tangente, la ligne bc est une horizontale du plan.

Il y a généralement deux solutions.

482. *Remarque.* La solution de ce problème peut être présentée sous un aspect qui a le grand avantage d'être plus facile à retenir et à généraliser.

Le point A, de l'espace, peut être considéré comme le sommet d'un cône de révolution, de hauteur $5-2$, et dont ac est le rayon de base; tout plan tangent au cône coupera le plan de base sous l'inclinaison demandée (n° 295). Donc le problème proposé se ramène au suivant :

Par un point (b = 5), *pris sur le plan de la base d'un cône, mener un plan tangent à ce cône.*

Il est donc utile de savoir représenter les surfaces courbes par une projection cotée, et résoudre plusieurs problèmes relatifs à ces surfaces.

§ V. — Polyèdres et surfaces courbes.

483. Représentation des surfaces polyédriques. Un polyèdre est déterminé par la projection cotée de chacun de ses sommets.

Dans la plupart des cas, une pyramide est donnée par sa base, placée sur le plan de comparaison, et par la projection cotée de son sommet; un prisme est déterminé par sa base placée sur le plan de comparaison, et par la projection cotée d'une arête latérale.

484. Représentation des surfaces courbes. Un cône est déterminé lorsqu'on connaît sa trace sur le plan de comparaison, ainsi que la projection cotée du sommet.

Un cylindre est déterminé dès qu'on connaît sa trace et une génératrice cotée.

Le contour apparent d'une surface cylindrique illimitée se compose d'une partie de sa trace horizontale et des génératrices dont la projection est tangente à cette trace.

Une surface courbe quelconque peut se représenter par son contour apparent sur le plan de comparaison et par la projection cotée de quelques lignes de cette surface.

485. *Remarque.* La méthode des plans cotés permet de résoudre tous les problèmes relatifs aux surfaces; elle donne lieu, même assez fréquemment, à des constructions plus simples que celles qu'exigent les deux plans de projection; mais lorsqu'il faut représenter les corps, indiquer leurs positions respectives et apprendre *à lire dans l'espace,* elle est loin d'offrir les avantages que procure la *méthode des projections.*

Problème.

486. *Par un point donné, mener un plan tangent à un cylindre.*

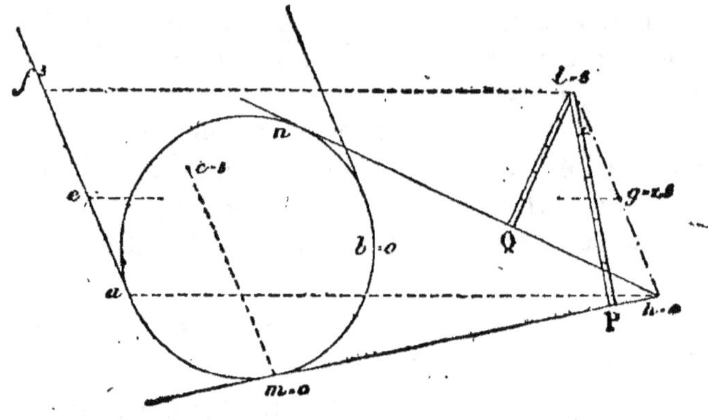

Fig. 393.

Le plan tangent doit contenir une génératrice, et sa trace doit être tangente à celle du cylindre (n° 324); donc il faut mener par le point donné une parallèle aux génératrices, puis, par la trace de cette parallèle, une tangente à la trace du cylindre. Le plan des droites ainsi menées sera tangent au cylindre.

Soient un point ($g = 2, 5$) et un cylindre donné par sa trace ab et une génératrice AF.

Par le point G menons une parallèle à AF. Pour cela il faut joindre g au point e de cote 2, 5, puis mener des parallèles ah, fl (n° 455).

h est la trace de HGL. Menons la tangente hm. Le plan est déterminé par l'horizontale hm de cote o et par ($h = o$, $l = 5$).

Pour avoir son échelle de pente, il suffit d'abaisser la perpendiculaire lP.

Remarque. A la tangente hn correspond un second plan tangent lQ.

Problème.

487. *Mener, à un cône, un plan tangent parallèle à une droite donnée.*

Le plan doit contenir le sommet du cône et une parallèle à la ligne donnée; donc, par le sommet, il faut mener une parallèle à la droite donnée; par la trace de la droite auxiliaire, mener une tangente à la

trace du cône, et le plan tangent sera déterminé par ces deux droites
(nᵒ 332).

Soient la droite ($d=1$, $e=4$) et le cône dont abc est la trace et
($s=5$) le sommet.

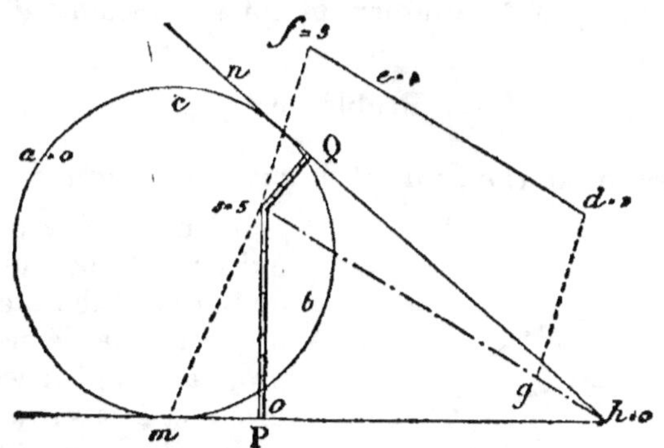

Fig. 394.

Menons par le sommet une parallèle à DE; pour cela, déterminons
le point f à cote 5; joignons sf; menons sg, dg respectivement
parallèles à df et à sf. Le point g aura 1 pour cote.

Il faut déterminer le point h à cote zéro, et par cette trace horizontale h, mener une tangente hm. Le plan contient la droite ($s=5$,
$h=o$) et l'horizontale hm. Pour avoir l'échelle de pente, il suffit
d'abaisser la perpendiculaire sP.

Remarque. A la tangente hn correspond un autre plan tangent Q.

Problème.

488. *Déterminer la section d'un prisme par un plan.*

Il suffit de chercher
l'intersection du plan
avec chaque arête, ou
avec chaque face du
prisme.

Nous allons employer
ce second moyen.

Soient le prisme dont
abc est la trace, ($a=o$,
$g=7$) une arête et un
plan P.

Pour avoir l'intersec-
tion du plan et de la
face latérale dont ac est
la trace, menons dans
les deux plans des hori-
zontales de même cote,

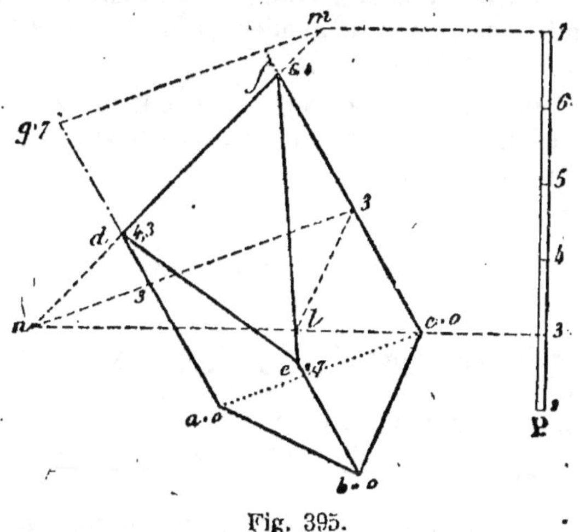

Fig. 395.

3 et 7, par exemple, mn est l'intersection, et df la partie utile.

L'intersection du plan et de la face *bc* n'exige que la détermination d'un seul point, car on connaît déjà le point *f*.

Menons l'horizontale 3 de la face *bc*, nous obtenons le point *l*, et par suite *fle*, ainsi que *de*.

Il ne reste plus qu'à déterminer les cotes des points *d, e, f* (n° 453).

Problème.

489. *Trouver le point où une droite rencontre une sphère.*

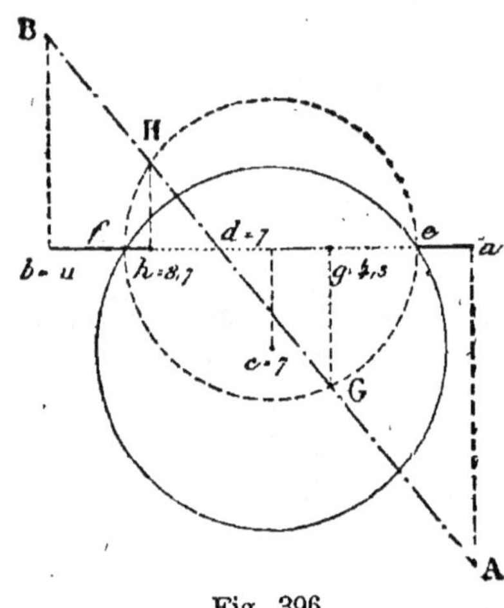

Fig. 396.

Il suffit de rabattre le plan qui projette la droite; les points où la droite rabattue rencontrera le cercle que détermine le plan projetant, appartiendront à la droite et à la surface sphérique.

Soient une sphère ayant pour centre ($c = 7$) et une droite ($a = 1, b = 11$).

Rabattons le plan projetant de *ab* sur le plan horizontal mené par le centre de la sphère. Ce point ayant 7 pour cote, il faut prendre $aA = (7 - 1$ ou $6)$ et $bB = (11 - 7$ ou $4)$. On pourrait aussi déterminer le point *d* de *ab* ayant 7 pour cote.

Le centre du petit cercle déterminé par le plan projetant est sur le plan horizontal mené par ($c = 7$); donc, sur *fe* comme diamètre, il faut décrire une circonférence.

La droite rencontre la section rabattue en G et H, ce qui fait connaître les points demandés *g, h*. Il faut ensuite déterminer les cotes de ces points (n° 453).

Remarque. Le point *g* appartient à l'hémisphère inférieur et le point *h* à l'hémisphère supérieur; *bh* est visible, *hg* est dans la sphère, et *ge* est au-dessous.

§ VI. — Surfaces topographiques.

490. Définitions. On appelle *courbe de niveau* une courbe dont tous les points ont même cote ou même altitude : par exemple, la ligne suivant laquelle les eaux d'un lac rencontrent le sol ou, plus généralement, l'intersection d'une surface quelconque par un plan horizontal.

Les courbes de niveau de la surface terrestre sont horizontales lorsque la surface considérée a peu d'étendue.

Surfaces topographiques. La surface d'un terrain, parfois nommée surface topographique, n'est pas susceptible d'une définition rigoureuse, puisque ces différents points ne satisfont à aucune loi géométrique.

Pour la représenter approximativement, on lui substitue une surface conventionnelle qui en diffère aussi peu que l'on veut, et à laquelle on réserve plus spécialement le nom de surface topographique.

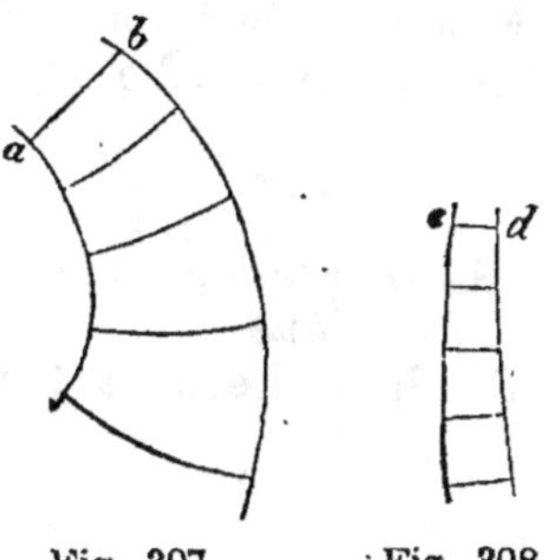

Fig. 397.   Fig. 398.

On coupe d'abord la surface du terrain par des plans horizontaux équidistants, d'autant plus nombreux que la surface est plus mouvementée et que l'on veut obtenir une approximation plus grande.

On figure avec leurs cotes, et à une échelle convenable, toutes les sections ainsi déterminées.

Puis on remplace la surface comprise entre deux courbes de niveau consécutives, par la surface engendrée par une droite qui glisse sur ces deux courbes, en restant normale à l'une d'elles, à la plus élevée, par exemple.

Si les deux courbes sont assez rapprochées pour être sensiblement parallèles, la génératrice normale à l'une est à peu près normale à l'autre.

L'ensemble de la surface topographique est ainsi engendré par une ligne polygonale variable, dont chaque sommet glisse sur l'une des courbes de niveau.

Si l'on imagine que le nombre des sections horizontales croisse indéfiniment, la longueur de chacun des segments rectilignes générateurs tend vers zéro, et la ligne polygonale a pour limite une génératrice courbe qui, en chacun de ses points, est normale à la courbe de niveau qu'elle rencontre.

Dans le tracé des routes, la surface du sol qui doit être attaquée par le déblai, ou recouverte par le remblai, est aussi remplacée par une surface conventionnelle. (*Arpentage,* nº 524.)

Problème.

491. *Déterminer l'intersection d'un plan et d'une surface topographique.*

Il faut mener des horizontales du plan. Les points communs à chaque courbe de niveau et à l'horizontale de même cote appartiendront à l'intersection cherchée; puis on joindra deux à deux les points obtenus.

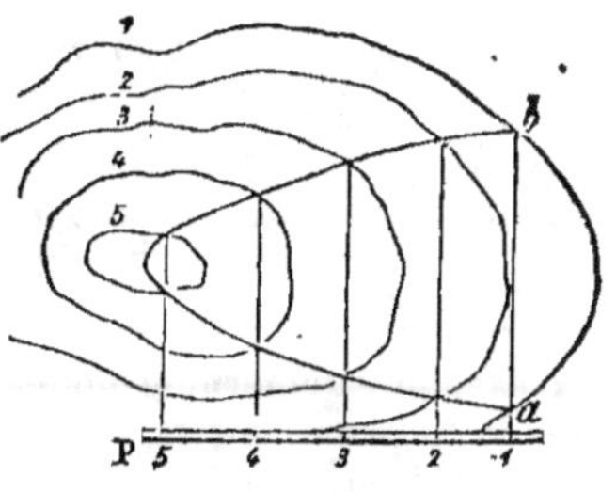

Fig. 399.

Soient le plan P et la surface représentée par les courbes de niveau 1, 2, 3, 4 et 5.

Menons les horizontales de même cote que les courbes de niveau. Les points a et b appartiennent au plan et à la surface; puis on joint de proche en proche les points obtenus.

Problème.

492. *Déterminer le point d'intersection d'une droite et d'une surface topographique.*

Par la droite, il faut mener un plan quelconque, déterminer l'in-

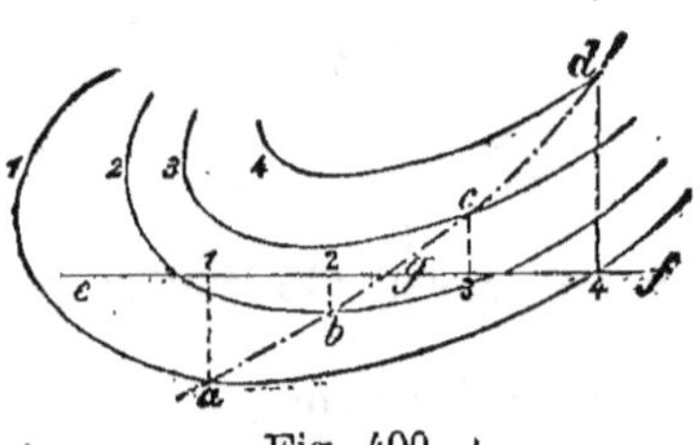
Fig. 400.

tersection de la surface et de ce plan auxiliaire; tout point commun à cette intersection et à la ligne donnée répond à la question.

Soient la droite ef et la surface ayant pour directrices les courbes 1, 2, 3, 4.

Par la droite, menons un plan quelconque. Il suffit pour cela de mener par les points cotés 1, 2, 3, 4 des droites parallèles entre elles; la surface et le plan auxiliaire ont pour intersection la ligne $abcd$; donc g est le point où la droite ef perce la surface donnée.

Problème.

493. *Joindre deux courbes de niveau par une droite ayant une pente donnée.*

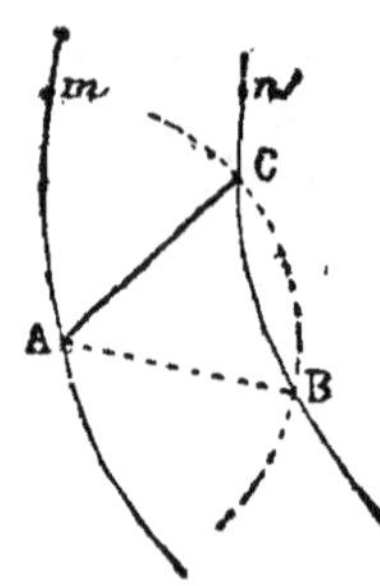
Fig. 401.

Soient deux courbes ayant m et n pour cotes et AB la droite demandée, ayant une longueur d pour projection, il faut qu'on ait : $p = \dfrac{m-n}{d}$ (n° 434),

d'où $d = \dfrac{m-n}{p}$; d'un point A comme centre, avec la longueur calculée, prise à l'échelle graphique, décrivons un arc de cercle; AB et AC répondent à la question; il y a autant de solutions que de points communs à l'arc décrit et à la courbe n.

Ainsi, pour avoir la longueur du rayon de l'arc à décrire, il faut diviser la différence des cotes des deux courbes par la pente donnée.

Soient $p = 0,025$; $m = 20$ et $n = 15$,

$$p = \frac{20-15}{0,025} = 200 \text{ mètres}^*.$$

---

* L'exemple numérique donné est relatif au tracé d'un chemin de fer, avec rampe de 0,025 par mètre. Voir *Arpentage, Levé des plans et Nivellement*, par F. J., 3ᵉ édition.

Pour toutes les applications, il est utile de consulter cet ouvrage.

NOTE *

Cartes topographiques **.

Définition. On nomme *carte topographique* une représentation conventionnelle d'une partie de la surface terrestre, indiquant à la fois la *planimétrie* et le *relief du sol*.

Planimétrie. La *planimétrie* consiste à déterminer sur une surface de niveau l'ensemble des projections des divers points du terrain ; puis à représenter, à une échelle donnée, la figure obtenue.

La planimétrie représente les détails du sol, tels que cours d'eau, étangs, bois, et les grands travaux de l'homme : villes, routes, canaux, etc.

Relief du sol. Pour obtenir le relief du sol, on détermine la distance des divers points du terrain à une surface de niveau. Cette distance se nomme *cote* ou *altitude*.

L'étude du relief fait reconnaître les montagnes, les vallées, les lignes de plus grande pente du terrain, etc.

Figuré du relief. Le relief du sol est indiqué par les cotes des principaux points ; et il est figuré à l'aide de courbes de niveau et de hachures conventionnelles.

Des cotes, même très nombreuses, ne donnent pas l'aspect du relief ; il convient donc de recourir soit aux courbes de niveau, soit aux hachures.

Courbes de niveau équidistantes. Pour un même plan ou une même carte topographique, *les courbes de niveau ont même distance verticale* ; elles sont, par exemple, à 10 mètres l'une de l'autre ; si les points de l'une d'elles ont pour cote 10 mètres, ceux de la suivante auront 20 mètres, et les points de la troisième, 30 mètres.

Équidistance. On nomme *équidistance* d'une carte topographique la distance verticale constante qui sépare deux couches de niveau consécutives.

Dans la pratique, on supprime cependant les courbes de deux en deux dans les pentes raides, tandis que dans les pentes faibles on intercale de nouvelles courbes entre celles qui correspondent à l'équidistance adoptée.

Exemple : La carte de France de l'état-major au 80.000ᵉ est à l'équidistance de 20 mètres ; cependant cette équidistance n'est que de 10 mètres dans les parties peu accidentées, tandis qu'elle s'élève à 40 mètres dans les régions montagneuses.

La même carte, à courbes de niveau, au 40.000ᵉ, est à l'équidistance de 10 mètres.

La carte du département de la Seine au 25.000ᵉ, représentant une région peu accidentée, a ses courbes de niveau à l'équidistance de 4 mètres.

---

* Le programme de l'enseignement moderne (1891), classe de *Première* (sciences), demande quelques indications sur la *lecture des cartes topographiques*.

** Les *cartes géographiques* donnent l'ensemble du terrain à petite échelle ; ordinairement l'échelle de ces cartes ne dépasse pas *un* 500.000ᵉ. Les *cartes topographiques* donnent les principaux détails du terrain ; leurs échelles sont comprises le plus souvent entre *un* 200.000ᵉ et *un* 1.000ᵉ. On réserve le nom de *plans* aux représentations d'une petite partie du sol, avec d'assez nombreux détails ; on emploie fréquemment les échelles comprises entre *un* 1.000ᵉ et *un* 10ᵉ. Ces limites n'ont d'ailleurs rien d'absolu.

La carte de France au 200.000ᵉ a 20 mètres pour équidistance, et celle au 50.000ᵉ a 10 mètres *.

Hachures. On nomme hachures, en topographie, des lignes menées entre deux courbes de niveau consécutives et normales à ces deux courbes.

Les hachures sont rectilignes quand les courbes sont à peu près parallèles ; mais elles deviennent sensiblement curvilignes dans le cas contraire, afin de rester normales aux courbes de niveau (fig. 397).

Espacement des hachures. Voici la règle donnée par la Commission du dépôt de la guerre en 1828 : « L'espacement des hachures sera en raison inverse de « la rapidité des pentes et égal au quart de la distance prise sur la carte entre « deux courbes consécutives. Le grossissement de la hachure augmentera en « raison de la pente. »

Cette règle est connue sous le nom de *Loi du quart*, parce qu'elle revient à diviser en quatre parties, par trois hachures intermédiaires, le carré formé par deux courbes consécutives et par deux hachures formant un carré avec ces courbes de niveau.

Lecture d'une carte. *Lire une carte, c'est se rendre compte des détails du terrain et du relief du sol.*

Avant tout, il importe de reconnaître *l'orientation* du plan et d'apprécier la valeur des divisions de l'*échelle*.

L'étude de la carte comprend deux parties.

La première se rapporte à la *planimétrie* ; en se guidant sur la *légende* qui accompagne la carte, on examine la direction des cours d'eau, le tracé des canaux, des chemins de fer, des routes, l'emplacement des villes, bourgs ou villages, celui des ponts, des tunnels, des remblais, des tranchées, etc.

La carte de l'état-major au 80.000ᵉ, très riche en détails, exige une assez grande habitude de lecture, à cause même de la multiplicité des renseignements qu'elle fournit et des hachures qui la recouvrent. Les nouvelles cartes au 50.000ᵉ, au 100.000ᵉ et au 200.000ᵉ, tirées à plusieurs couleurs, sont d'une lecture très facile.

Étude du relief. La seconde partie de la lecture des cartes est relative au *figuré du relief.* Il faut reconnaître les montagnes, les croupes, les cols, les vallées et autres dépressions ; les lignes de faîte, ou de partage des eaux ; les lignes de plus grande pente, les **thalwegs** (chemin de la vallée) où coulent ordinairement les cours d'eau.

L'altitude des points principaux est inscrite sur la carte ; pour les stations intermédiaires, on tient compte de l'équidistance et du nombre des courbes de niveau comprises entre le point étudié et un point à cote connue **.

---

* Cette magnifique carte est en cours de publication ; il en est de même de la belle carte précédente (*Baudoin*). La carte au 100.000ᵉ (*Hachette*) est fort belle aussi, mais elle n'a point de courbe de niveau.

La carte de l'état-major, au 80.000ᵉ, à des hachures ; tandis que les *minutes*, au 40.000ᵉ, ont des courbes de niveau ; enfin les environs des places fortes et de quelques autres villes, du *Puy*, par exemple, sont au 20.000ᵉ avec hachures.

** Pour de plus longs développements, voir *Arpentage, Levé des plans et Nivellement*, par F.-J., 8ᵉ édition.

EXERCICES

---

732. Connaissant l'échelle graphique du dessin et l'échelle de pente d'une droite, déterminer graphiquement l'échelle de pente d'une seconde ligne dont la pente est l'inverse de celle de la première.

733. Déterminer la trace d'une droite cotée.

734. 1° On donne un plan P et la projection a d'un point situé dans ce plan ; déterminer la cote de ce point ; 2° un point est-il déterminé lorsqu'on connaît sa cote et le plan dans lequel il est contenu ?

735. Graduer une droite, connaissant sa projection et un plan dans lequel elle est située.

736. Déterminer l'intersection de deux plans donnés dans les cas suivants :
1° Les projections des échelles sont dans le prolongement l'une de l'autre.
2° Un plan vertical donné par sa trace (P) et un plan quelconque Q.
3° Un plan Q quelconque et un plan horizontal (P = 3,4).

737. Déterminer le point où une droite ab rencontre un plan donné dans les cas particuliers suivants :
1° Le plan P est quelconque, la droite est verticale.
2° La droite est quelconque, le plan (P = 3,2) est horizontal.
3° La droite est quelconque, et le plan (P) est vertical.

738. Par un point donné ($a = 3$), mener une parallèle à un plan donné P.

739. Déterminer le point commun à trois plans.

740. Par un point ($a = 5,7$), mener un plan parallèle à un plan P.

741. Par un point ($a = 4$), mener un plan parallèle à deux droites données.

742. Par un point ($a = 2,5$), mener un plan perpendiculaire à deux plans P et Q.

743. Déterminer la distance de deux droites parallèles.

744. Déterminer l'angle d'une droite ab et d'un plan P.

745. Déterminer l'angle que forme un plan P avec le plan de comparaison.

746. Par un point ($a = 4$), mener une droite qui rencontre deux droites, non situées dans le même plan.

747. On donne trois droites, non concourantes deux à deux ; mener une droite parallèle à la première et qui s'appuie sur les deux autres.

748. Trouver la plus courte distance d'une droite donnée à une droite située dans le plan de comparaison.

749. Déterminer la plus courte distance de deux droites non situées dans le même plan.

750. Dans un plan, un point est donné par sa projection horizontale; de ce point, comme centre, décrire dans ce plan une circonférence avec un rayon donné.

751. Par trois points donnés faire passer une circonférence.

752. Trouver la trace d'un cône de révolution, dont on connaît l'axe et l'angle que cet axe forme avec les génératrices.

753. Trouver la section d'une pyramide par un plan donné.

754. Un cylindre est défini par sa trace et l'une de ses génératrices; d'un point donné, mener un plan tangent à ce cylindre.

755. Mener un plan tangent à une surface cylindrique, parallèlement à une droite donnée.

756. Trouver l'intersection d'une droite donnée et d'une sphère.

757. Un cercle, situé dans le plan de comparaison, est la base d'un cône droit dont le sommet est coté 12; on donne un plan par son échelle de pente; on demande l'intersection du cône et du plan. (*École Centrale, examen oral,* 1867.)

758. Établir une plate-forme rectangulaire, avec rampe d'accès sur un plan incliné donné.

759. Tracer une plate-forme horizontale elliptique, à cote donnée; une partie est en déblai, un pour un, et l'autre en remblai, à un et demi de base pour un de hauteur.

760. Établir la plate-forme d'une route à une cote et suivant un tracé donné; déterminer la largeur d'emprise, c'est-à-dire les lignes d'attaque des déblais et les lignes où viennent se terminer les remblais. (Voir *Arpentage, Levé des plans, Nivellement, Tracé des routes,* par F. J., 3e édition.)

QUATRIÈME PARTIE

APPLICATIONS DIVERSES

495. Préliminaires. Les applications de la Géométrie descriptive sont si nombreuses, qu'il est difficile d'en parler utilement en peu de pages. Plusieurs de ces applications, telles que le *tracé des ombres*, la *coupe des pierres*, la *perspective*, sont si importantes, que chacune d'elles a donné lieu à de volumineux traités.

Dans la nécessité où se trouvent nos *Éléments de Géométrie descriptive* de rester dans les limites qui conviennent à un ouvrage élémentaire, nous n'indiquerons que quelques applications, et nous le ferons d'une manière sommaire ; mais, afin que leur étude en devienne plus facile, nous rattacherons ces questions à celles qui font l'objet des trois premières parties de cet ouvrage.

CHAPITRE I

NOTIONS DE TRACÉ DES OMBRES

496. Propagation de la lumière. Dans un milieu homogène, la lumière se transmet en ligne droite.

Rayon lumineux. On appelle *rayon lumineux* toute direction rectiligne suivant laquelle la lumière se propage ; par suite, toute droite, partant d'un point quelconque d'un corps lumineux, représente un rayon.

Quelle que soit l'hypothèse faite sur la nature de la lumière, on admet dans les applications géométriques les expressions suivantes : Les rayons lumineux émanent des corps lumineux ; la lumière traverse les corps transparents, mais elle est arrêtée par les corps opaques ; on dit encore : les corps opaques *interceptent* les rayons lumineux qui les rencontrent.

Ombre. L'*ombre* est l'obscurité que cause l'interception des rayons lumineux.

497. Point lumineux, rayons parallèles. Deux cas principaux peuvent se présenter dans le tracé des ombres.

1° Le corps est éclairé par un point lumineux (fig. 402); 2° le corps est éclairé par des rayons parallèles (fig. 403).

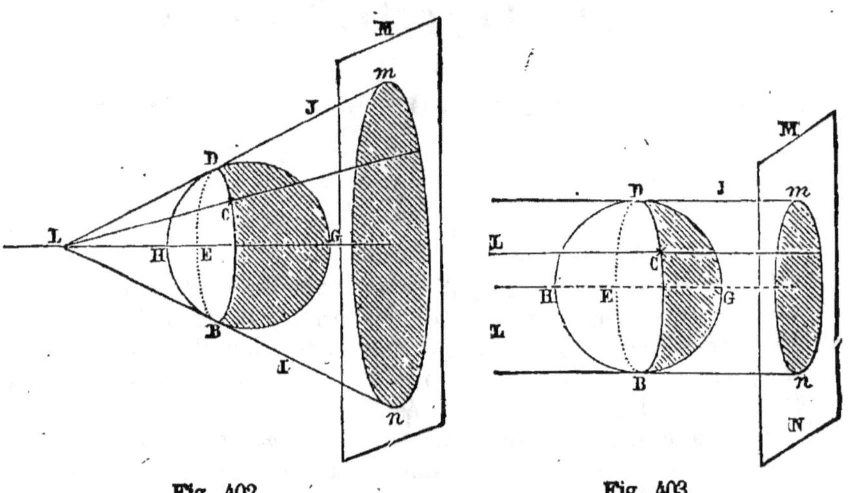

Fig. 402.   Fig. 403.

Prenons une sphère comme corps opaque; les rayons lumineux tangents à la sphère forment, suivant le cas, un cône ou un cylindre circonscrit; la courbe de contact BCDE est une circonférence dont le plan est perpendiculaire au rayon lumineux qui passerait par le centre de la sphère. Tous les rayons compris dans la partie conique ou cylindrique L. BCDE, sont interceptés par le corps opaque; par suite, la région IBCDJ, limitée par les rayons tangents, ne reçoit pas directement de lumière, et ce tronc de cône obscur (ou de cylindre), qui s'étendrait indéfiniment vers la droite, est l'*ombre* causée par l'interception des rayons lumineux compris dans L. BCDE. Tout corps compris dans la région obscure IBCDEJ est dans l'ombre, et c'est ce qui a lieu pour la partie sphérique BCDEG et pour la partie *mn* du plan MN.

498. But du tracé des ombres. Le *tracé des ombres* a pour but de déterminer, sur une surface donnée, la ligne qui sépare la partie éclairée de la partie qui n'est pas rencontrée directement par les rayons lumineux.

Relativement au tracé, on distingue deux sortes d'ombres : BCDEG est l'*ombre propre* de la sphère, et *mn* est l'*ombre portée* par la sphère sur le plan MN.

499. Ombre propre. Pour les surfaces courbes, la *ligne d'ombre propre* est le lieu géométrique des points de contact des rayons lumineux tangents à la surface. Pour les surfaces polyédriques, la ligne d'ombre propre est la suite des arêtes qui séparent les faces éclairées de celles qui sont dans l'ombre.

500. Ombre portée. La ligne d'*ombre portée*, d'un corps opaque sur une surface quelconque, est le lieu géométrique, sur la surface considérée, des traces des rayons lumineux tangents au corps.

501. Ombre au flambeau. L'*ombre au flambeau* est l'ombre qu'on obtient en éclairant par un point lumineux le corps considéré. Quelle que soit la forme du corps étudié, l'ensemble des rayons qui déterminent les lignes d'ombre se nomme *cône circonscrit* (fig. 402).

502. Ombre au soleil. L'*ombre au soleil* est l'ombre obtenue lorsque le corps est éclairé par des rayons parallèles; à cause de la grande distance du soleil à la terre, les rayons émis par l'astre lumineux sont considérés ici comme parallèles (fig. 403).

Dans les applications, on s'occupe surtout de l'ombre au soleil; et, sauf indication contraire, c'est la seule que nous considérons dans les exercices suivants.

L'ensemble des rayons parallèles tangents au corps opaque se nomme cylindre circonscrit.

503. Direction du rayon. Nous supposerons que le rayon lumineux a une direction quelconque, afin de donner une solution générale des problèmes proposés; mais, dans le dessin, le rayon R_1 est dirigé suivant la diagonale *ab* d'un cube dont deux faces sont parallèles au plan horizontal et deux autres au plan vertical (fig. 404); par suite, la

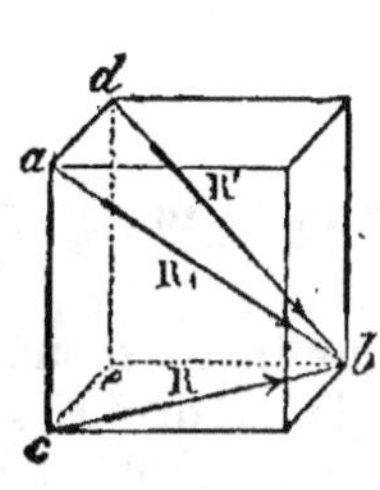

Fig. 404.

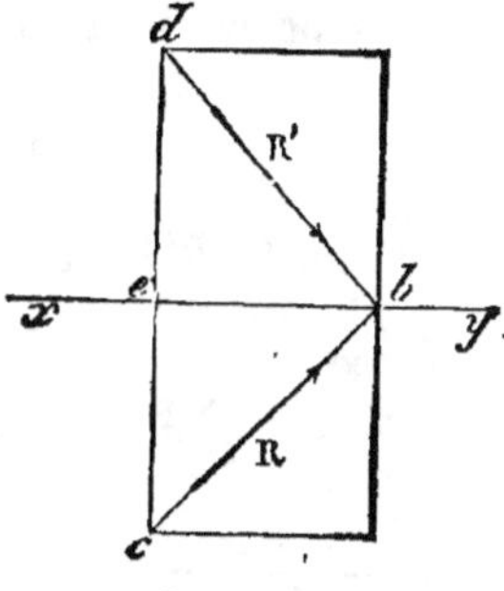

Fig. 405.

projection verticale R' est dirigée de gauche à droite et fait un angle de 45° avec *xy*; la projection horizontale fait aussi un angle de 45° avec la ligne de terre (fig. 405).

Remarque. La recherche de l'ombre propre est une question de plans tangents (2° partie, chap. III, n° 322); la recherche de l'ombre portée dépend de l'intersection des surfaces (2° partie, chap. IV, n° 364, et chap. V, n° 395).

Problème.

504. *Déterminer l'ombre portée par un point : 1° sur un des plans de projection; 2° sur un plan quelconque.*

La direction des rayons lumineux est indiquée par (R, R'). Soit (*a*, *a'*) le point donné. Le rayon lumineux mené par ce point rencontre le plan horizontal en h; donc le point h est l'ombre portée par (a, a') sur le plan horizontal.

(b, b') porte ombre sur le plan vertical, parce que le rayon BVH rencontre en premier lieu le plan vertical.

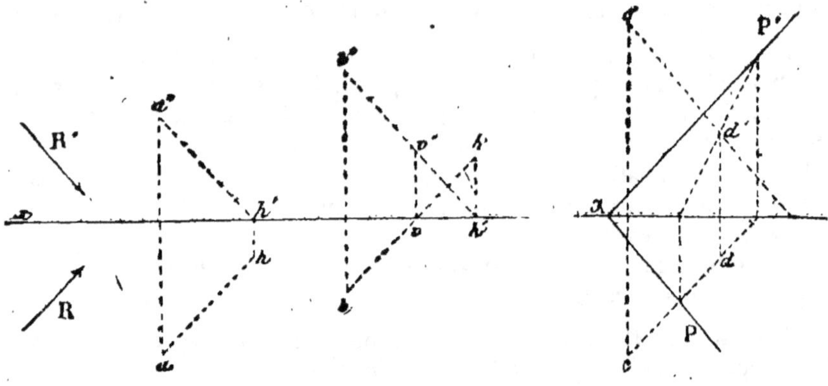

Fig. 406.　　　　　　　　　Fig. 407.

2° Soient le point (c, c') et le plan $P\alpha P'$ (fig. 407). Par (c, c') menons une parallèle à (R, R'), et cherchons le point (d, d') où ce rayon $(cd, c'd')$ perce le plan donné. Le point (d, d') est l'ombre cherchée.

Problème.

505. *Déterminer l'ombre portée par une droite sur les plans de projection.*

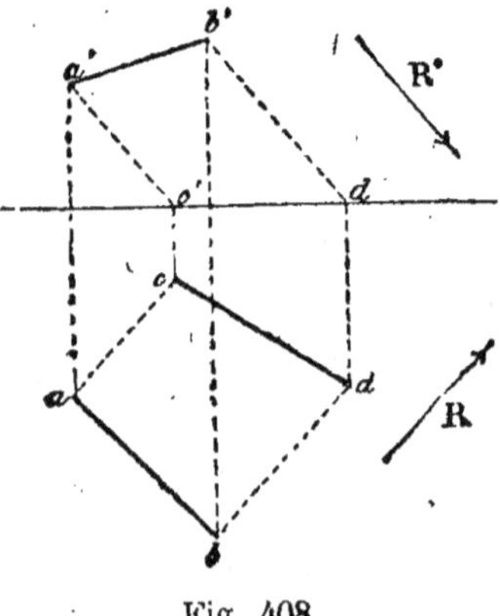

Fig. 408.

Les rayons lumineux menés par les divers points de la droite sont dans un même plan; le problème revient donc à déterminer les traces d'un plan donné par deux droites.

1er *Exemple.* Soit la droite $(ab, a'b')$; par les points extrêmes menons des parallèles à (R, R'); les traces c et d appartiennent au plan horizontal antérieur, donc cd est la trace horizontale du plan mené par AB parallèlement à (R, R'), et cd est l'ombre portée par AB sur le plan horizontal.

2° *Exemple* (fig. 409). Pour la droite EF, le rayon EG perce le plan horizontal antérieur, tandis que FL rencontre d'abord le plan vertical; déterminons néanmoins la trace horizontale h du rayon FL; la droite gh serait l'ombre portée sur le plan horizontal si le plan V était suffisamment reculé. Or le plan EFG rencontre la ligne de terre au point α, et sa trace verticale est $\alpha l'$; l'ombre portée sur les plans

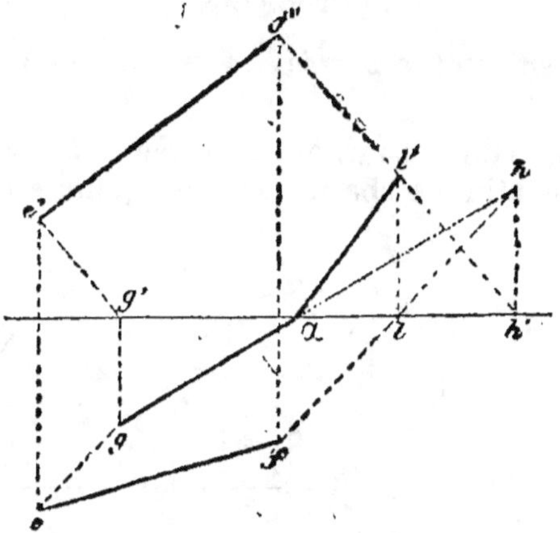

Fig. 409.

de projection est donc la ligne brisée $g\alpha l'$. Comme vérification, il faut que $\alpha l'$ passe par la trace verticale EG.

Problème.

506. *Déterminer l'ombre portée par une droite sur les plans de projection et sur un plan donné.*

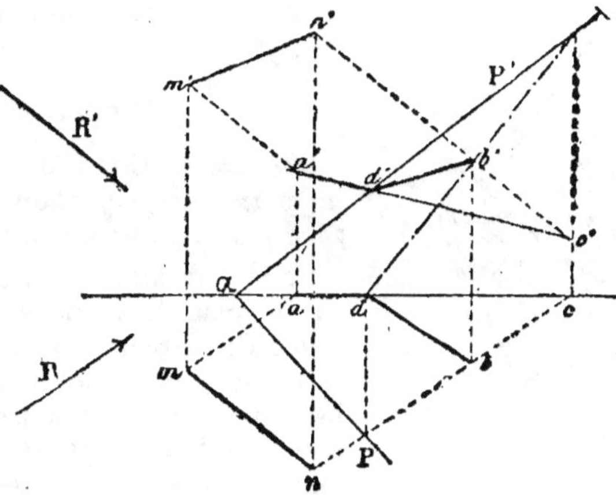

Fig. 410.

Soient PαP' le plan quelconque et MN la droite donnée. Ce problème est analogue au précédent (n° 505).

Le rayon lumineux mené par (m, m') rencontre d'abord le plan vertical au point (a, a'); mais le rayon mené par (n, n') perce d'abord le plan PαP' au point (b, b'), puis le plan V au point c'. Si le plan α n'existait point, $a'c'$ serait l'ombre de la droite : donc il faut joindre $a'd'$, puis $d'b'$, et enfin déterminer la projection horizontale adb de l'ombre portée.

Problème.

507. *Déterminer l'ombre portée sur les plans de projection par une courbe quelconque.*

Par divers points de la courbe il faut mener des rayons lumineux, chercher la trace utile de chacun d'eux et joindre ces traces par un trait continu.

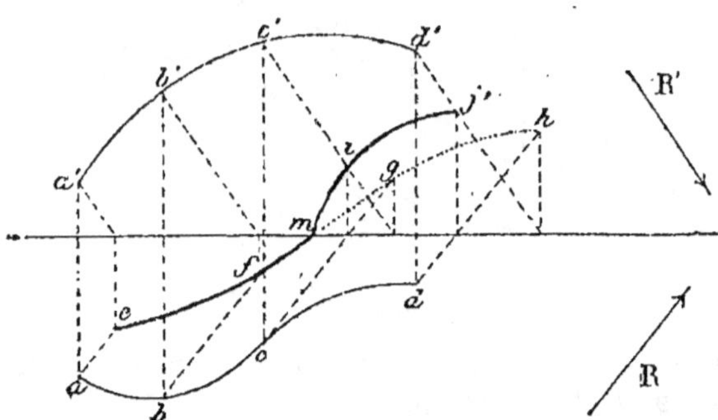

Fig. 411.

Soit la courbe (*ad*, *a'd'*); on trouve *efmgh* pour ombre portée sur le plan horizontal; mais les rayons lumineux menés par les points C et D percent d'abord le plan vertical en *i'* et *j'*; donc l'ombre demandée est *efmi'j'*.

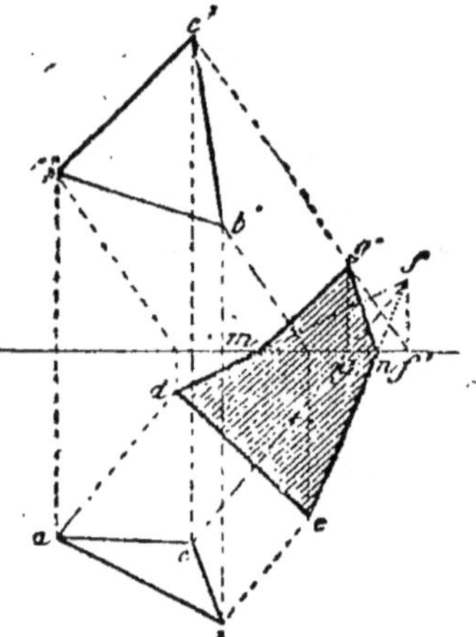

Fig. 412.

Problème.

508. *Déterminer l'ombre portée sur les plans de projection par une surface plane polygonale.*

Soit le triangle ABC; il donnerait sur le plan H l'ombre *def*; mais le rayon CF perçant d'abord le plan vertical, on a pour ombre *deng'md*; car les points *m* et *n* appartiennent aux deux plans de projection, et par suite aux traces verticales des plans ACF et BCF.

Problème.

509. *Déterminer l'ombre portée par un cercle sur les plans de projection.*

Par divers points de la circonférence, on mène des rayons lumineux; on cherche la trace utile de chaque rayon et l'on joint, par une courbe, les points obtenus.

Le cercle peut avoir diverses positions qu'il est utile d'examiner.

1° Le cercle est horizontal, et son ombre tombe sur le plan hori-
zontal.

Lorsque l'ombre tombe sur
le plan horizontal, il suffit de
déterminer la trace *d* du rayon
menée par le centre (*c, c'*), et de
décrire du centre *d* un cercle
égal au cercle donné.

En effet, les rayons lumineux
menés par les différents points
de la circonférence forment une
surface cylindrique; or le cercle
donné et l'ombre *d* sont des
sections parallèles : donc elles
sont égales.

2° L'ombre d'un cercle hori-
zontal tombe sur le plan ver-
tical (fig. 414).

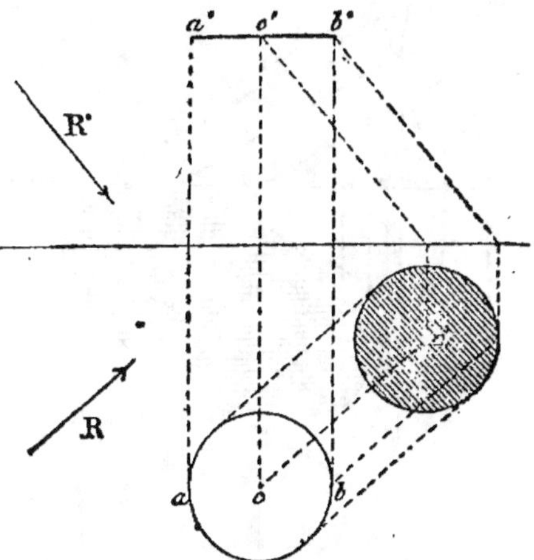

Fig. 413.

Le problème revient à déterminer la trace verticale du cylindre
ayant la circonférence EF pour directrice, et dont les génératrices
sont parallèles à (R, R').

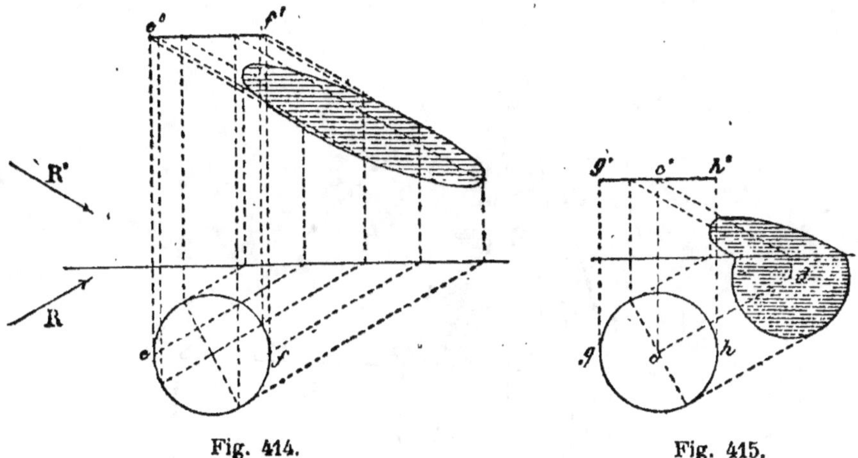

Fig. 414.   Fig. 415.

La section est une ellipse dont on pourrait déterminer les axes
(n° 307); mais dans les applications on se borne à chercher quelques
points.

Les tangentes parallèles à R donnent les points extrêmes où la
courbe d'ombre admet des tangentes perpendiculaires à *xy*. Les rayons
menés par les points E, F donnent deux tangentes à l'ellipse.

3° L'ombre d'un cercle horizontal tombe en partie sur chaque plan
de projection (fig. 415).

L'ombre horizontale appartient à un cercle de centre *d*, comme dans

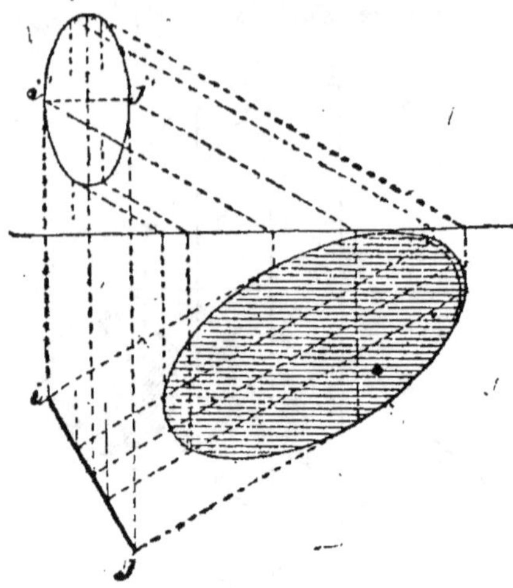

Fig. 416.

le premier cas, et l'ombre verticale appartient à une ellipse, comme dans le second.

Les points communs aux deux courbes sont les points où la ligne de terre rencontre la surface cylindrique, formée par les rayons lumineux, menés par chaque point de la circonférence GH.

4° Le cercle est perpendiculaire au plan horizontal.

On détermine divers points, ainsi qu'il a déjà été indiqué.

L'ombre, tombant sur le plan horizontal, est tangente aux projections horizontales des rayons menés par les points I, J.

Problème.

510. *Déterminer l'ombre portée sur le plan horizontal par une pyramide qui repose sur ce plan.*

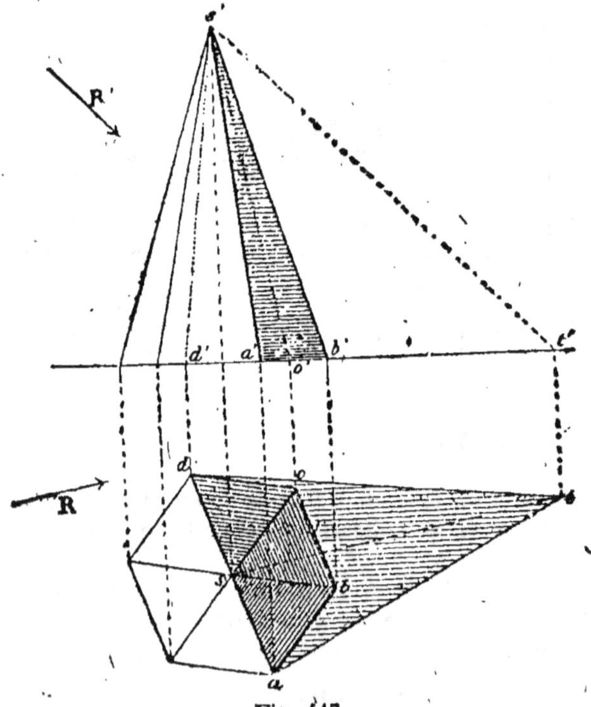

Fig. 417.

Soient R et R' les projections d'un rayon lumineux; tout plan mené

par les arêtes latérales, parallèlement à (R, R'), contient la parallèle
menée au rayon (R, R') par le sommet de la pyramide ; donc il faut
mener cette parallèle (*st*, *s't'*), en déterminer la trace horizontale *t* ;
les plans extrêmes auront pour traces horizontales *ta*, *td* ; donc (*sa*,
s'a'), (*sd*, *s'd'*) sont les lignes d'ombre propre, et *at*, *dt*, les lignes
d'ombre portée.

511. *Remarque.* Il arrive fréquemment que la trace horizontale *t* du
rayon lumineux, mené par le sommet de la pyramide, se trouve sur la
partie postérieure du plan horizontal (fig. 418); *ta*, *td* sont les traces

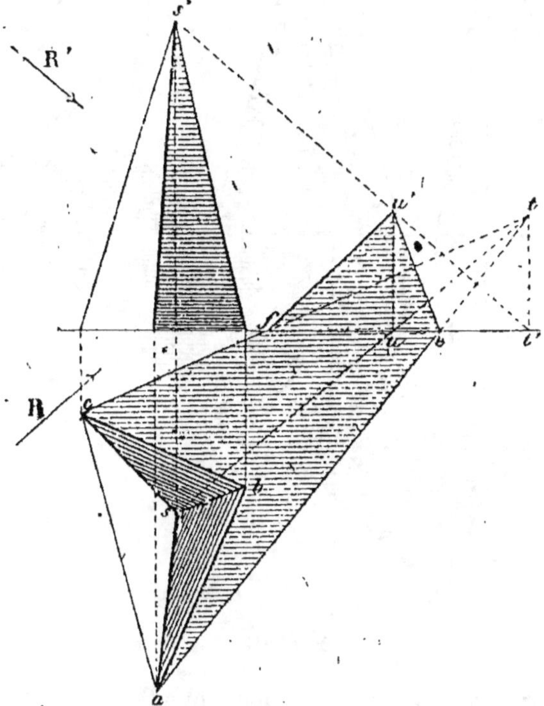

Fig. 418.

des plans extrêmes; mais comme ces lignes rencontrent *xy* en *e*, *f*,
et que le rayon lumineux ST perce le plan vertical en *u'*, les plans
menés par ST, SA et par ST, SC ont pour traces verticales *eu'*, *fu'*,
et la partie *eu'f* du plan vertical se trouve dans l'ombre.

Problème.

512. *Déterminer l'ombre portée par une pyramide sur une autre
pyramide.*

La détermination de l'ombre portée par la première pyramide sur
la seconde revient à chercher l'intersection de cette seconde pyramide

par les deux plans qui passent par les arêtes limites de la première pyramide, et dont l'intersection est le rayon lumineux mené par le sommet de ce même solide.

Pour avoir les traces horizontales de ces deux plans, et l'ombre portée sur les plans de projection, il faut procéder comme au problème précédent.

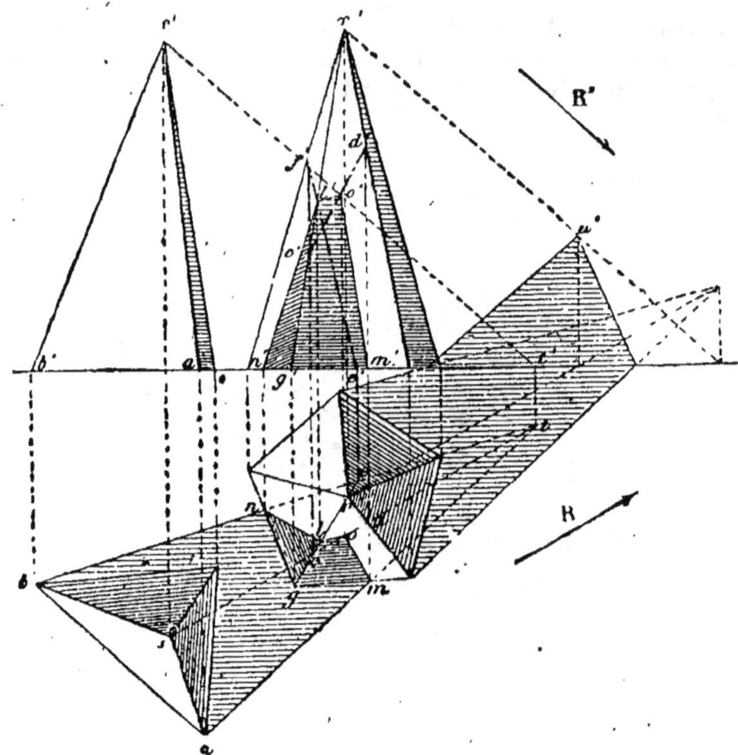

Fig. 419.

Les points (m, m') (n, n') appartiennent à l'ombre portée puisqu'ils se trouvent sur les traces horizontales at, bt, et sur les arêtes $(gm, g'm')$ $(gn, g'n')$ situées sur le plan horizontal. Il suffit donc de chercher l'intersection des faces RGM, RGN et des plans d'ombre SAT, SBT. Pour cela on détermine le point O, où le rayon lumineux ST perce une des faces antérieures de la seconde pyramide, et le point L, où l'arête RG perce l'un des plans d'ombre. 1° Le plan qui projette st coupe les arêtes en (c, c') et (d, d'); par suite, il rencontre la face GRD suivant $c'd'$, et le rayon lumineux perce le plan GRD en (o, o'). 2° Le plan projetant gr coupe ST en (c, f') et l'horizontale BT en (e, e'); donc $e'f'$ est l'intersection verticale de l'intersection cherchée, et l'arête RG est coupée en (l, l'). Il suffit de mener la ligne brisée $(moln, m'o'l'n')$.

Problème.

513. *Une sphère est éclairée par des rayons parallèles; déterminer l'ombre propre de cette sphère, et l'ombre portée sur le plan horizontal.*

La détermination de l'ombre propre revient au problème connu.

Trouver les projections de la ligne de contact d'une sphère et du cylindre circonscrit, dont la direction des génératrices est donnée (n° 341).

Pour avoir l'ombre portée, *il faut déterminer la trace horizontale du cylindre circonscrit.*

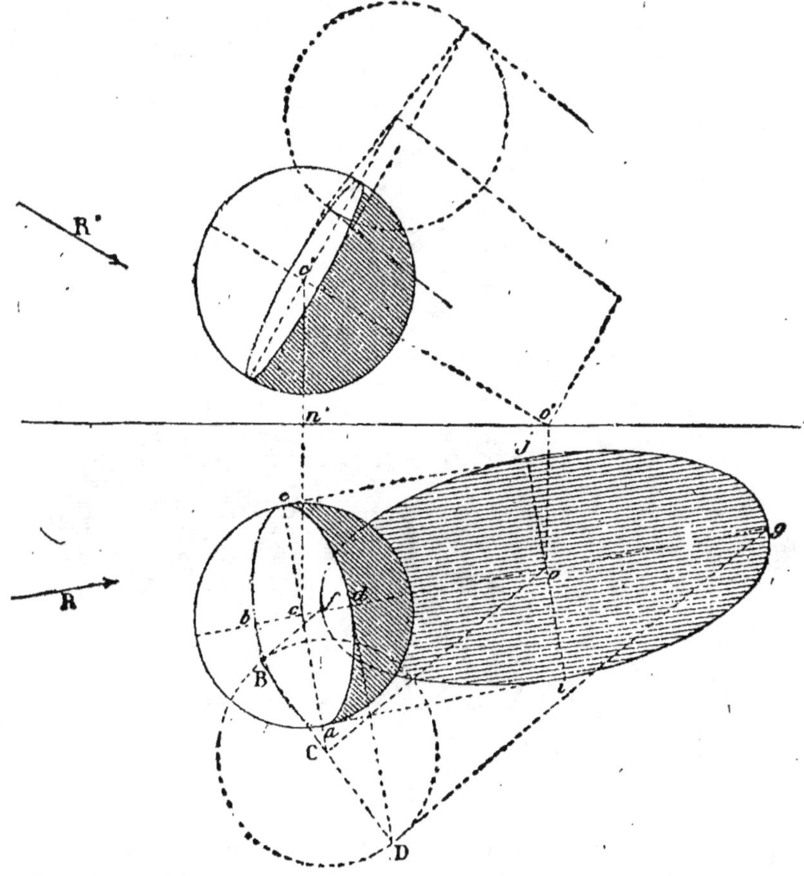

Fig. 420.

Ombre propre. Par le centre (c, c') menons une parallèle au rayon (R, R'). Rabattons le plan vertical co; le centre de la sphère vient en C, de manière que $cC = n'c'$; (o, o') situé sur le plan horizontal ne change pas; donc oC est l'axe rabattu. Décrivons la circonférence,

CD; B et D font connaître le petit axe *bd;* on opère d'une manière analogue pour la projection verticale.

Ombre portée. Pour avoir l'ombre portée, on mène les génératrices extrêmes B*f*, D*g;* le petit axe égale *ac* (nº 307).

Problème.

514. *Une sphère est éclairée par un point lumineux; déterminer l'ombre propre de cette sphère, et l'ombre portée sur le plan horizontal.*

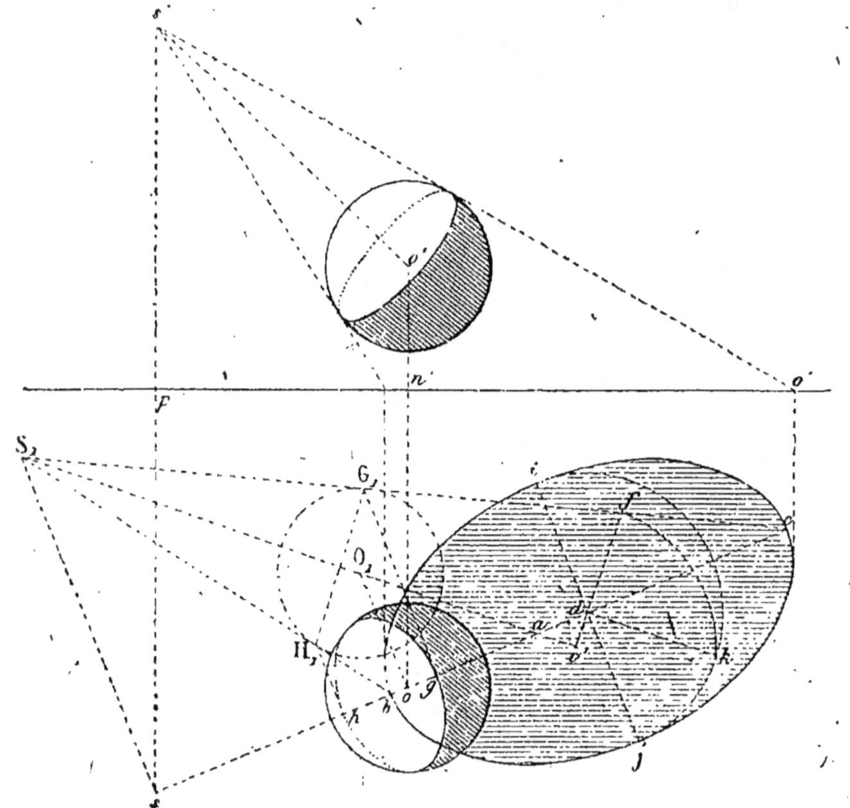

Fig. 421.

Ce problème revient à déterminer la ligne de contact d'une sphère et d'un cône circonscrit dont le sommet est donné, puis à chercher la trace horizontale de ce cône (nº 343).

Ombre propre. Soit (s, s') le point lumineux. Les rayons tangents à la sphère déterminent un cône de révolution dont (so, $s'o'$) est l'axe. Pour avoir la projection horizontale de la circonférence d'ombre propre, on peut rabattre le plan qui projette l'axe horizontalement; pour cela, on prend $oO_1 = n'o'$, $sS_1 = ps'$, et l'on décrit du centre O_1

un grand cercle de la sphère; les rayons lumineux S_1G_1, S_1H_1 donnent G_1H_1 pour projection de la ligne d'ombre sur le plan rabattu; hg est donc le petit axe de la circonférence de contact du cône circonscrit et de la sphère; le grand axe égale G_1H_1 et doit être perpendiculaire au milieu de hg; on déterminerait d'une manière analogue la projection verticale de l'ombre propre.

515. *Ombre portée.* Pour avoir l'ombre portée sur le plan horizontal, il faut recourir à une question précédente (n° 315): les points b et c, où les rayons extrêmes percent le plan horizontal, font connaître le grand axe de l'ellipse; le petit axe est perpendiculaire au milieu d de bc; la perpendiculaire $e'f'$, abaissée du milieu d sur l'axe du cône aS_1, est le rayon de la section circulaire, dont le petit axe cherché est une corde, menée par d parallèlement à S_1a; du centre e' décrivons un arc $f'k$ et portons la longueur obtenue dk de d en i et en j.

<h3 style="text-align:center">Problème.</h3>

516. *Déterminer l'ombre propre d'un cylindre de révolution tangent au plan horizontal, ainsi que l'ombre portée sur ce plan.*

La projection horizontale du cylindre de révolution est un rectangle, dont un côté dd_1 égale la longueur du corps donné, et dont l'autre côté égale le diamètre.

En projection verticale, les bases donnent des ellipses dont on détermine facilement les axes.

Ombre propre. L'ombre propre a pour limites les génératrices de contact des plans tangents, menés au cylindre parallèlement à la direction (R, R') des rayons lumineux.

Pour déterminer ces génératrices, projetons d'abord le rayon R en mp sur le plan d'une des bases du cylindre, puis rabattons ce plan sur le plan horizontal; il faut prendre la ligne cC égale à l'élévation de c' au-dessus de xy; sur le plan rabattu, la projection du rayon lumineux est indiquée par R_1, ligne qu'on obtient en prenant $pA = p'a'$.

Les tangentes DG, FJ parallèles à R_1, menées à la circonférence CS, sont les traces, sur la face rabattue, des plans tangents au cylindre; on connaît donc les projections horizontales dd_1, ff_1 des génératrices de contact, puis on détermine $d'd'_1$, $f'f'_1$.

La surface cylindrique, où se trouve $(ee_1, e'e'_1)$, jusqu'aux génératrices extrêmes $(dd_1, d'd'_1)$ et $(ff_1, f'f'_1)$, est éclairée ainsi que la base projetée en f_1d_1.

517. *Ombre portée.* L'ombre portée se compose des traces des plans tangents et des traces des deux demi-cylindres dont les génératrices sont parallèles à (R, R') et qui ont pour directrices les arcs $(fmd, f'm'd')$ et $(f_1m_1d_1, f'_1m'_1d'_1)$.

Le plan tangent suivant $(ff_1, f'f'_1)$ a pour trace FJ sur la face rabattue; J, se trouvant sur l'horizontale de rabattement, appartient à la trace horizontale du plan tangent; par ce point J, on mène donc une parallèle à ff_1, puis par f et f_1 des parallèles à ab; on a ainsi ii_1. De même on trouve hh_1 pour trace horizontale du plan, tangent au cylindre suivant dd_1.

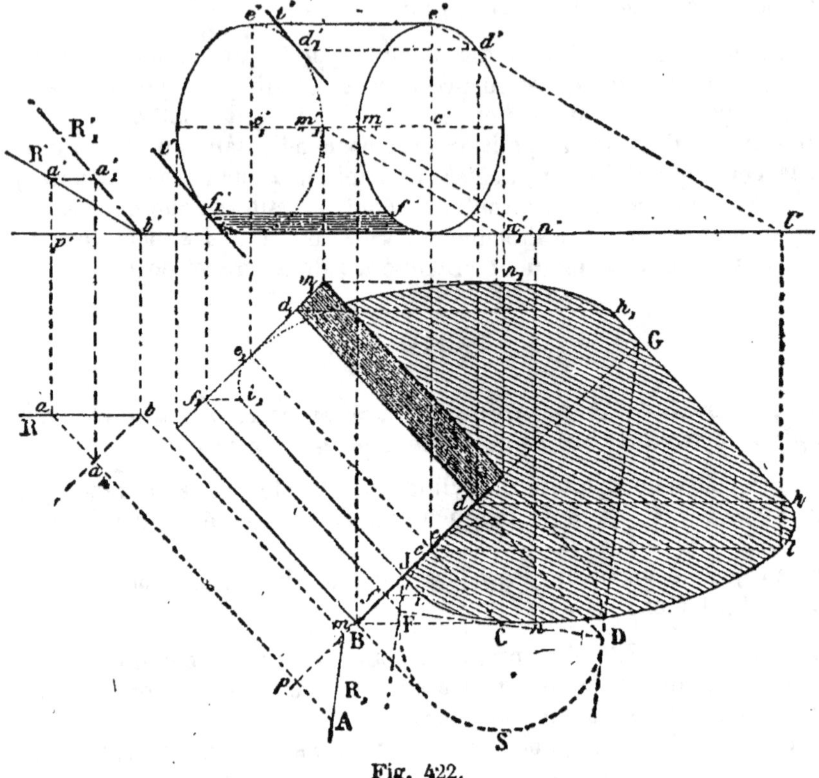

Fig. 422.

Le cylindre qui a pour directrice la demi-circonférence (fmd, $f'm'd'$) a pour trace une demi-ellipse qui se raccorde aux droites ii_1, hh_1; pour avoir l'ombre d'un point quelconque (e, e') par exemple, on mène par ce point un rayon lumineux (el, $e'l'$), l appartient à la courbe; (m, m') donne le point extrême (n, n').

La demi-circonférence ($f_1m_1d_1$, $f'_1m'_1d'_1$) donne $i_1e_1n_1h_1$.

518. *Remarque.* Comme vérification, on peut déterminer directement f', f'_1, etc. Le plan tangent, mené au cylindre parallèlement à (R, R'), est coupé par le plan vertical de chaque base suivant une tangente à la projection verticale de ces faces (nº 280); pour déterminer la projection verticale de cette tangente, projetons le rayon (ab, $a'b'$) en (a_1b_1, $a'_1b'_1$), sur un plan parallèle aux faces; R'_1 fait connaître la direction de la tangente; il suffit de mener des tangentes $t'f'_1$, $t'd'_1$ parallèles à R'_1 pour avoir les points f'_1 et d'_1.

Problème.

519. *Un tronc de cône de révolution, dont l'axe est vertical, est coupé par un plan perpendiculaire au plan vertical; déterminer l'ombre portée par le tronc de cône sur le plan sécant.*

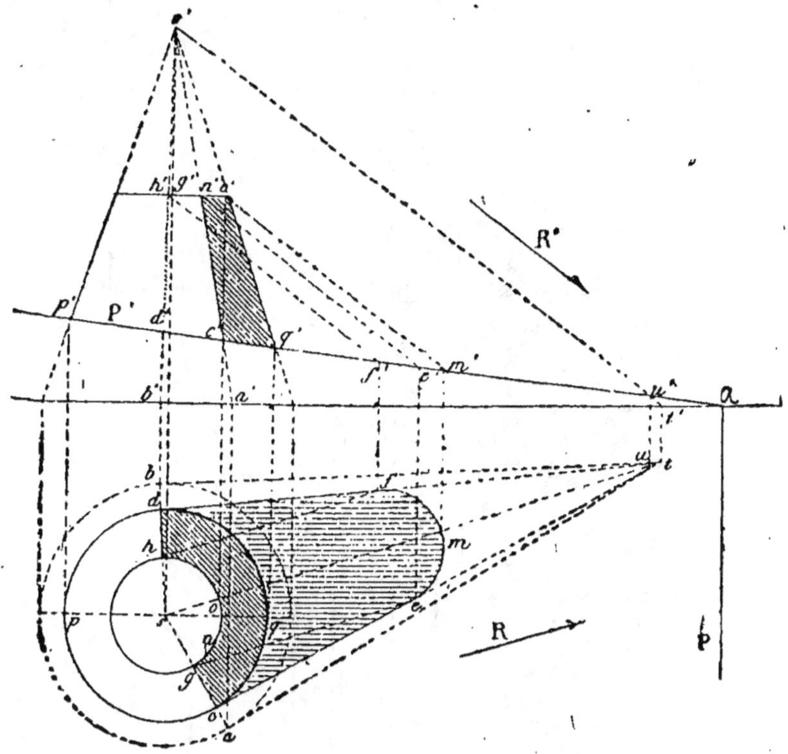

Fig. 423.

Le problème consiste à mener au tronc de cône des plans tangents parallèles au rayon lumineux et à déterminer les intersections du plan sécant avec ces plans tangents, et avec le cylindre formé par les rayons lumineux menés par les divers points de la circonférence de la base supérieure du tronc de cône.

Soient PαP′ le plan sécant, (s, s') le sommet du cône; les génératrices de contact $(sa, s'a')$ et $(sb, s'b')$ sont déterminées par les tangentes ta, tb, menées à la circonférence de base, par la trace horizontale t, du rayon lumineux qui passe par le sommet (n° 285). Mais la partie utile est limitée par les points (c, c') et (d, d'), qu'il faut joindre à la trace u, du rayon du sommet, sur le plan PαP′.

Puis les rayons menés par (g, g'), (h, h') donnent les points extrêmes (e, e'), (f, f'). On déterminerait d'une manière analogue l'ombre d'un point quelconque (n, n'); le point (o, o') donne (m, m').

Problème.

520. *Déterminer l'ombre d'une niche demi-cylindrique.*

Le demi-cylindre est surmonté d'un quart de sphère. La tangente

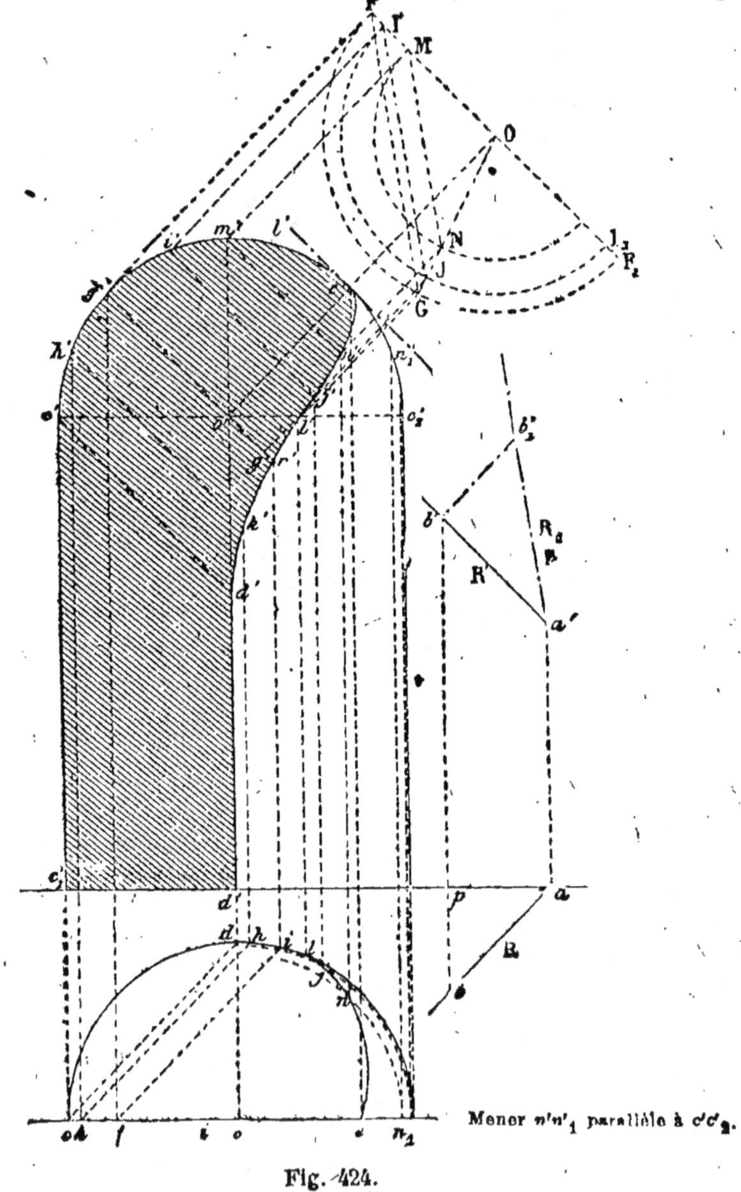

Fig. 424.

$l'e'$ parallèle à R' donne le point extrême; la recherche de l'ombre portée revient à déterminer l'intersection de la niche par la surface cylindrique formée par les rayons lumineux dont EFCC$_1$ serait la directrice.

1° L'ombre portée par $c'c'_1$ est une droite $d'd'_1$, car le plan d'ombre mené par une génératrice $c'c_1$ rencontre le cylindre suivant une autre génératrice; donc il faut mener cd parallèle à R et d'_1d' parallèle à l'axe.

2° L'ombre portée par $c'f'e'$ tombe en partie dans le cylindre; pour h', par exemple, il faut déterminer h, mener par le point (h, h') un rayon lumineux (hk, hk') dont k est la projection horizontale de la trace sur le cylindre; puis on détermine k'; (f, f') donne (r, r').

3° Au-dessus du diamètre $c'o'c'_2$ l'ombre portée tombe dans la partie sphérique; pour déterminer l'ombre des points tels que (i, i'), on a recours à une construction auxiliaire.

Par le centre (o, o') menons un plan de bout parallèle au rayon lumineux; sa trace verticale sera $o'f'$ parallèle à R'. Rabattons ce plan en le faisant tourner autour d'une parallèle FF$_1$ à sa trace $f'o'$; la sphère aura pour trace une demi-circonférence FGF$_1$. Pour avoir la direction du rayon lumineux par rapport au plan rabattu, il suffit de prendre la perpendiculaire $b'b'_1$ égale à bp. On obtient ainsi R$_1$.

Pour un point quelconque i', par exemple, rabattu en I, on décrit le parallèle IJI$_1$ qui lui correspond, et l'on mène par le point I une droite IJ parallèle à R$_1$; J est le point où le rayon lumineux mené par (i, i') rencontre la sphère; par suite, J fait connaître j'. De même m' donne n', etc.

521. *Remarques.* I. Les cordes parallèles IJ, MN menées par les points I, M, d'un diamètre commun à plusieurs circonférences concentriques, donnent des arcs semblables et semblablement placés; par suite, les points N et J doivent appartenir à un même rayon QNG : donc la courbe d'ombre a pour projection, sur le plan rabattu, la droite OG, ainsi cette courbe est plane; par suite, c'est un cercle, et la projection verticale $e'n'j'g'$ est une ellipse ayant pour demi-axes $o'e'$ et $o'g'$; on ne trace que la partie comprise entre e' et $c'c'_2$.

II. e' se projette en e; l', point où l'arc d'ellipse se raccorde avec la courbe $d'r'l'$, se projette en l; pour un autre point quelconque n' on détermine le parallèle horizontal $(n'n'_1, nn_1)$ mené par ce point, et n' détermine n; ljne, projection d'un cercle, est un arc d'ellipse, dont oj serait le demi-grand axe.

CHAPITRE II

CONSTRUCTIONS

---

§ I. — Exemples de Coupe des pierres.

522. Préliminaires. On sait que les procédés plus ou moins ingénieux employés depuis longtemps dans la coupe des pierres et la charpente ont conduit Monge à la création de la géométrie descriptive.

Les secrets d'ateliers réunis, classés, et surtout rattachés à un petit nombre de principes, ont constitué les éléments d'une branche importante des sciences appliquées. Aujourd'hui la géométrie descriptive est enseignée d'une manière indépendante des questions qui lui ont donné naissance; néanmoins, parmi ses applications les plus utiles, il faut citer le tracé des épures relatives à la *coupe des pierres* et à la *charpente*.

La plupart des exercices à traiter se rapportent à l'intersection des surfaces.

Problème.

523. *Déterminer les projections de l'intersection de deux murs en talus dont les pentes sont données.*

Les talus sont ordinairement désignés par le rapport de la base à la hauteur, c'est-à-dire par l'inverse de la pente. Un talus au quart, à la moitié, est donc un talus dont la pente égale $\frac{4}{1}$ ou $\frac{2}{1}$. Lorsque la base est petite par rapport à la hauteur, comme un dixième, par exemple, on dit que le mur a un *fruit* de un dixième.

Soient h la hauteur des deux murs, ae, ag, les traces horizontales des plans inclinés.

Si les talus doivent être à $\frac{1}{4}$ et à $\frac{1}{2}$, il faut prendre $d = \frac{h}{4}$.

$d' = \frac{h}{2}$, et mener des parallèles fb, ob aux traces des faces; ab est la projection horizontale de l'intersection, puis on projette a et b sur des horizontales distantes de la hauteur h : on trouve $a'b'$.

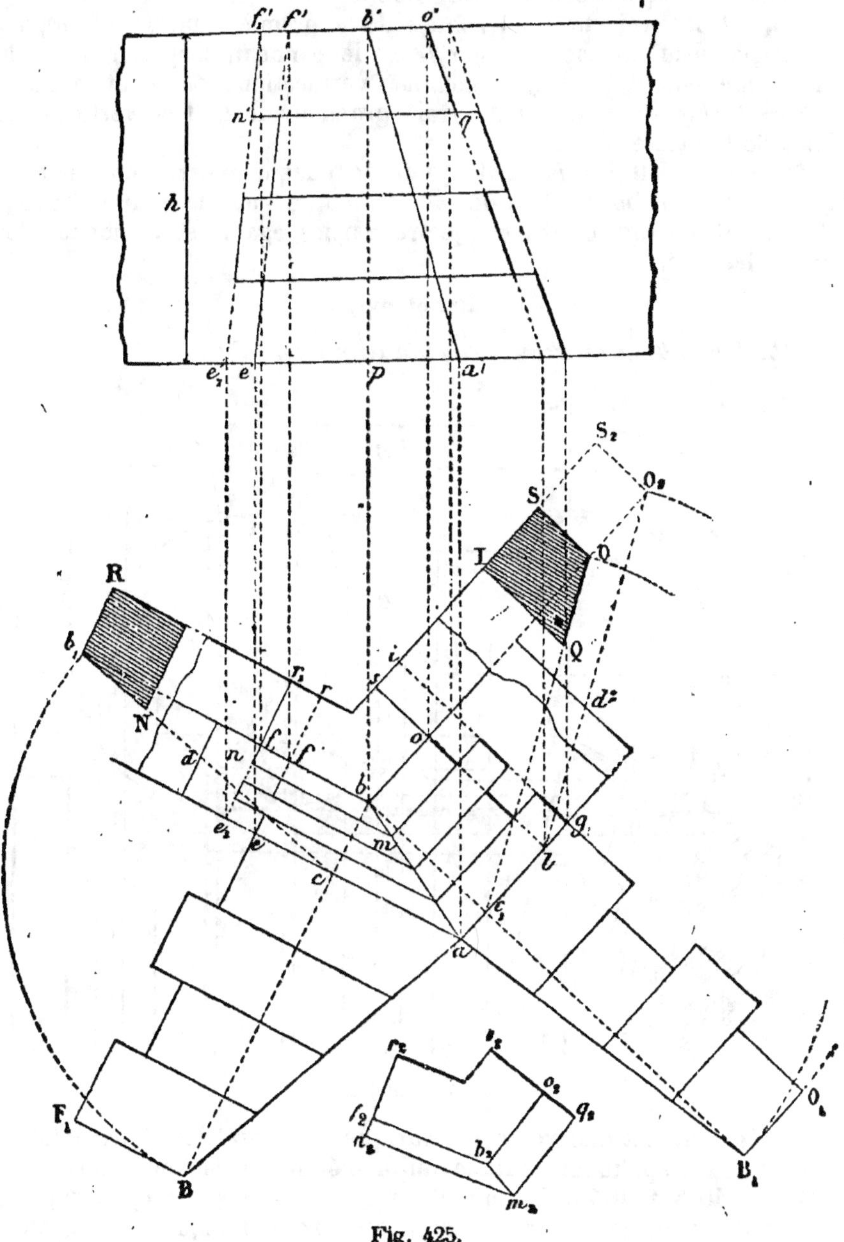

Fig. 425.

Admettons que l'on veuille quatre pierres de même hauteur pour la grandeur donnée h; on divise h, d et d' en quatre parties égales, on coupe les pierres d'angles suivant deux sections droites différentes

ef, e_1f_1, afin que les diverses parties de la maçonnerie soient bien liées entre elles.

Pour avoir l'angle qu'une face fait avec le plan horizontal, on prend $bb_1 = h$, et bcb_1 mesure le dièdre donné.

n_2o_2 est la projection horizontale de la première pierre; $f_2b_2o_2r_2s_2$ est le panneau supérieur, $n_2q_2r_2s_2$ est le panneau à appliquer sur la face inférieure; d'ailleurs, comme vérification, on peut prendre $b_1N = {}^1/_4\, cb_1$; alors RN est la vraie grandeur de la face verticale de joint de la même pierre.

Si l'on voulait les faces de joint de chaque pierre, on pourrait prendre ls pour horizontale de rabattement, et l'on obtiendrait lsS_2O_2; il suffirait de diviser sS_2 en quatre parties égales et de mener des parallèles à ls.

Problème.

524. *Faire l'épure d'une descente droite en talus.*

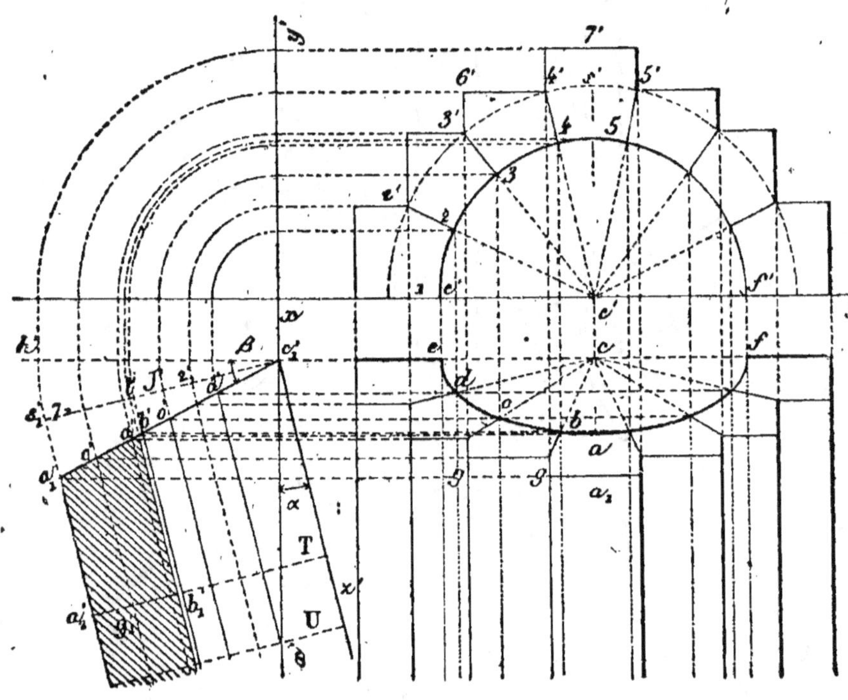

Fig. 426.

Le *berceau* est une voûte cylindrique à génératrices horizontales; on peut lui appliquer tout ce qui a été dit de la voûte des ponts (G., n°ˢ 1006 à 1011). On appelle *descente* une voûte cylindrique à génératrices inclinées; la descente est *droite* lorsque la projection horizontale des génératrices est perpendiculaire aux horizontales de la face de tête; la descente est *biaise* dans le cas contraire; la *descente* et le *berceau* sont surtout caractérisés par leur section droite.

Prenons un plan vertical de projection tel que xy soit parallèle à la trace horizontale ef du mur en talus; les projections horizontales des génératrices de la descente seront perpendiculaires à xy. Sur un plan de profil déterminé par $x'y'$ et rabattu sur le plan horizontal, l'inclinaison β du talus sera donnée par l'angle plan $h'c'_1a'_1$; l'inclinaison α des génératrices par rapport au plan horizontal est indiquée par l'angle $x'c'_1z'$.

La section droite, supposée demi-circulaire, a pour trace sur le plan de profil une ligne $c'_1s'_1$ perpendiculaire à c'_1z'.

Sur le plan vertical, figurons la section droite : pour cela décrivons une demi-circonférence $e'4f'$ avec le rayon de la descente; divisons la courbe en un nombre impair des parties égales, sept, par exemple, et menons $c'22'$, et $c'33'$, etc., puis terminons la section droite des voussoirs, ainsi que cela se fait fréquemment, par une horizontale $4'6'$ et une verticale $6'3'$. Les points de division 2, 3, 4, ainsi que 2', 3', etc., sont reportés sur la section droite en $2'_1$, etc., afin de mener les génératrices parallèles à c'_1z': d'ailleurs par 1, 2, 3, etc., on mène aussi des perpendiculaires à xy; d' du plan de profil fait connaître d, b' détermine b, etc., et l'on obtient ainsi la projection horizontale eaf de l'arc de tête de la descente; de même a'_1 fait connaître a_1, qui limite le voussoir supérieur.

Ainsi qu'on l'a dit précédemment (n° 523), les voussoirs sont terminés à deux sections droites différentes, U et T par exemple; dans les applications, on ne détermine point la projection horizontale de la partie des voussoirs limitée aux plans U et T, car cette projection n'est d'aucune utilité.

525. Développement (fig. 427). On développe la *douelle* ou *intrados* (G., n° 1006); pour cela on prend la droite EF égale au développement de la section droite, on divise EF en sept parties égales, puis

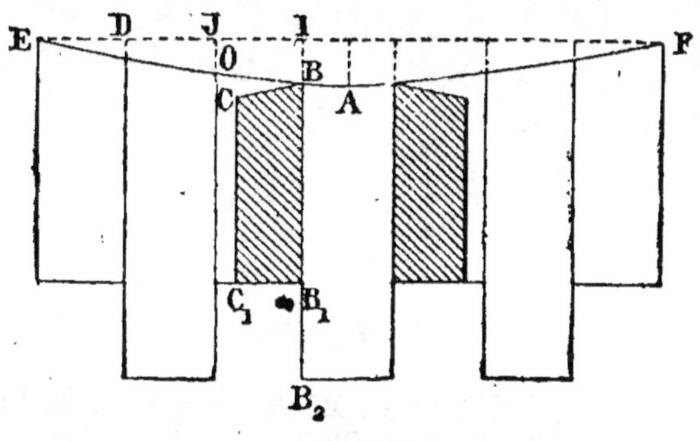

Fig. 427.

on prend BI $= b'i'$ (fig. 426), OJ $= o'j'$, etc.; la courbe EBF est la transformée de l'ellipse que forme l'arc de tête, lorsque la descente rencontre le mur en talus sous un angle différent de 90°.

Pour la taille des pierres, on peut employer des panneaux égaux aux *faces de joint* des voussoirs; pour la face, qui a 4—4' pour section droite et qui appartient au troisième voussoir, on prend la ligne B_1C_1 égale à 4—4'; $BB_1 = b'b'_1$ du plan de profil, et $C_1C = g'g'_1$.

Le panneau qui correspond, pour le voussoir supérieur, à 4—4' est égal au précédent; mais on lui donne BB_2 pour longueur.

Problème.

526. *Faire l'épure d'une porte biaise dans un mur en talus.*

On appelle *porte* un berceau ayant peu de longueur. Prenons un plan vertical de projection perpendiculaire aux génératrices de la *porte*, la projection verticale de la *porte* se confondra avec sa section droite;

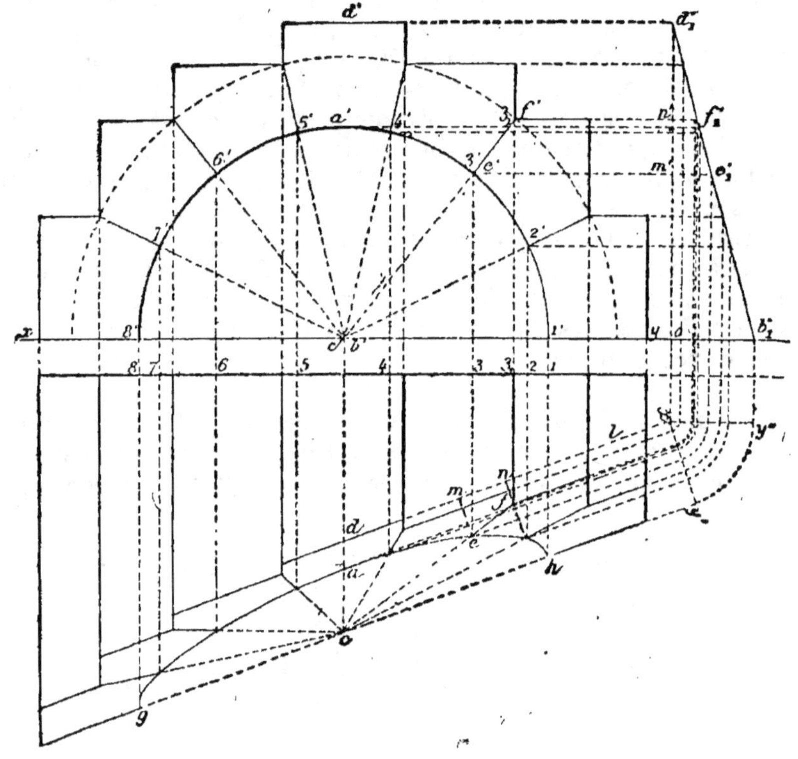

Fig. 428.

soit gh la trace horizontale du mur en talus, et $d'_1b'_1$ la ligne d'inclinaison du talus, rabattue à la manière d'une droite de profil, de sorte que l'angle $ob'_1d'_1$ mesure le dièdre que le mur forme avec le plan horizontal.

Dessinons la projection verticale et traçons les projections horizontales des génératrices et des arêtes qui correspondent à 1', 2', 3'_1, etc.

Pour avoir la projection horizontale e d'un point quelconque e', il suffit de remarquer que e doit se trouver sur la génératrice $3 - e$, et que sa distance me au plan vertical mené par dl est indiquée par $m'e'_1$.

De même, f est donné par une distance nf égale à $n'f'_1$.

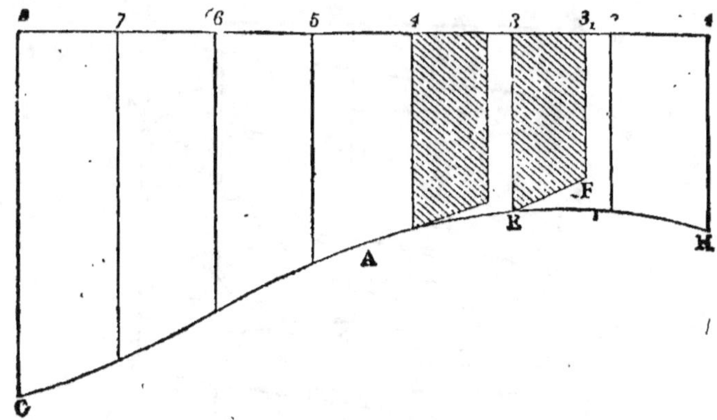

Fig. 429.

527. Développement. On procède ainsi qu'il a été dit (n° 525); $1...$ $4... 8$ est le développement de la section droite, $3 - E$ égale la génératrice $3 - e$, etc.; pour avoir un panneau, on prend $3 - 3_1 = 3' - 3'_1$, et $3_1 - F = 3 - f$.

<h2 align="center">§ II. — Emploi de l'hélice.</h2>

528. On peut recourir aux éléments de géométrie pour tout ce qui est relatif aux propriétés de l'hélice et au tracé de sa projection sur un plan parallèle à l'axe (n° 717); il en est de même pour l'hélicoïde gauche, dont la génératrice rencontre l'axe sous un angle aigu constant, et pour celui dont les génératrices sont perpendiculaires à l'axe; pour désigner spécialement ce dernier, on le nomme *hélicoïde normal* (G., n° 874).

Problème.

529. *Dessiner les projections d'une vis à filet carré.*

Le filet de la vis peut être considéré comme engendré par un rectangle R, dont le plan est normal à un cylindre; un des côtés d'un rectangle est sur une génératrice, et la surface se meut de manière que les sommets a et b décrivent des hélices égales.

Les sommets c et d décrivent des hélices de même pas que les premières, mais dont le rayon égale oc.

Le côté ac, normal au cylindre, engendre un hélicoïde normal, il en est de même de bd.

La projection verticale se compose de quatre hélices; on ne conserve généralement que les parties visibles; ainsi, en admettant que pour un observateur debout, le long de l'axe, l'hélice aille de gauche à droite en descendant, la surface cylindrique *fgij* est visible; on ne voit que *kl* et *mn* des hélices intérieures de même pas; puis aux points *n* et

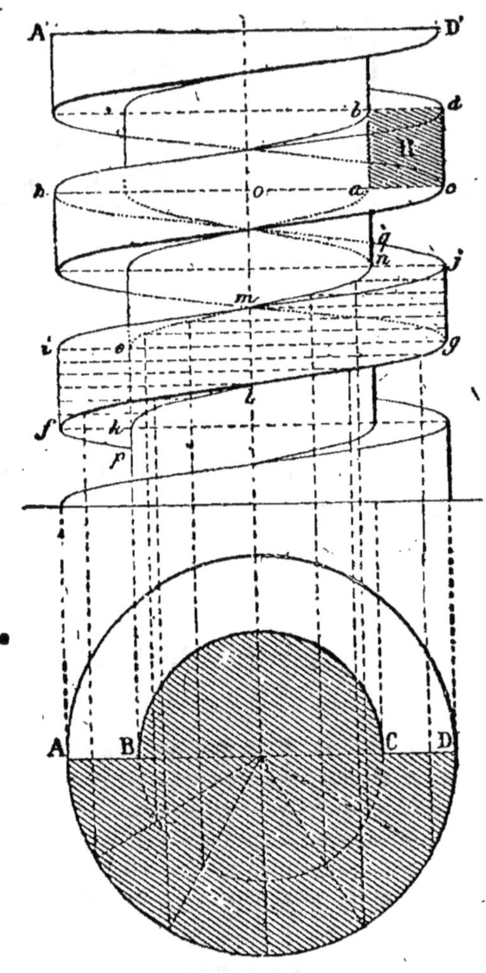

Fig. 430.

k, le noyau cylindrique devient visible; l'hélice *jqh* n'est visible que jusqu'au noyau de la vis, et les mêmes remarques s'appliquent aux diverses spires du filet engendré par R.

La projection horizontale se compose de deux circonférences concentriques; le plan A'D' coupe le filet de la vis suivant la génératrice AB de l'hélicoïde supérieur, et suivant CD de l'hélicoïde inférieur; la région ombrée correspond au noyau et à la partie du filet que rencontre le plan.

Problème.

530. *Dessiner les projections d'une vis à filet triangulaire.*

La vis triangulaire peut être regardée comme engendrée par un triangle T dont le plan passe par l'axe d'un cylindre; le côté *ab* est sur une génératrice du cylindre; les sommets *a* et *b* décrivent deux spires consécutives d'une même hélice; le sommet *c* décrit une hélice de même pas que les premières, mais dont le rayon $oc = od + dc$, *od* étant celui des hélices *a* et *b*.

Les côtés *ac*, *cb* engendrent des hélicoïdes gauches, inclinés en sens contraires. Il n'y a que deux hélices à tracer.

Bien que le contour apparent de l'hélicoïde gauche soit une courbe (G., n° 875), on se borne à mener, par le sommet *c*, des tangentes *eg*, *ef* aux hélices décrites, et ces tangentes elles-mêmes diffèrent peu des côtés du triangle générateur, dès que *od* égale deux ou trois fois *dc*.

Les deux hélices ont pour projection horizontale deux circonférences concentriques. Le plan M'N' coupe chaque hélicoïde suivant un arc de spirale d'Archimède (G., n° 876); l'arc MLN est donné par la surface qu'engendre *cb*, tandis que MON est la section de l'hélicoïde engendré par *ac*.

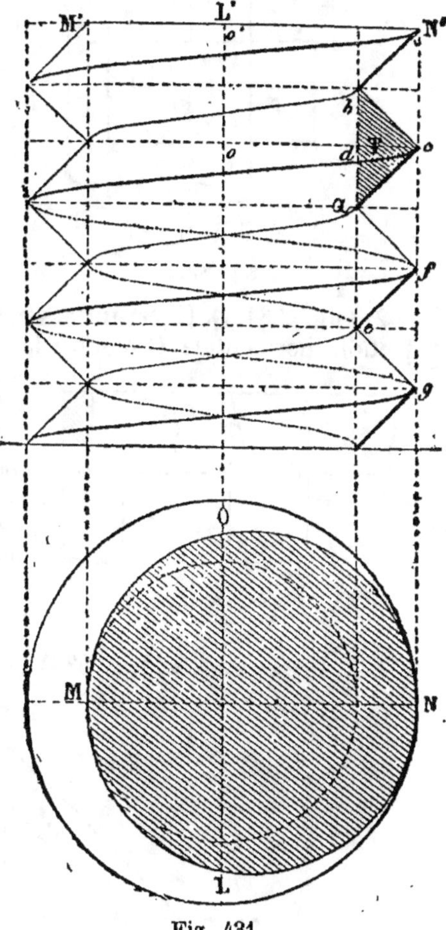

Fig. 431.

§ III. — Exemples de Charpentes.

Problème.

531. *Dessiner quelques assemblages.*

1° (fig. 432). A, A' est un assemblage rectangulaire à mi-bois. Dans la projection verticale A'B', les deux pièces de bois sont en place; la projection horizontale A ne représente que la pièce horizontale; B_1 est la projection, sur un plan de profil, de la pièce B'.

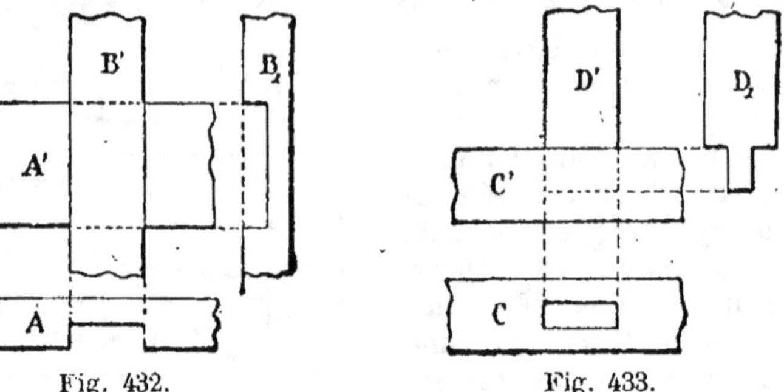

Fig. 432.　　　　　　Fig. 433.

2° (fig. 433). C, C' est un assemblage à tenon et à mortaise; la projection horizontale C montre la mortaise; sur un plan de profil, la pièce D', qui porte le tenon, est représentée par D_1.

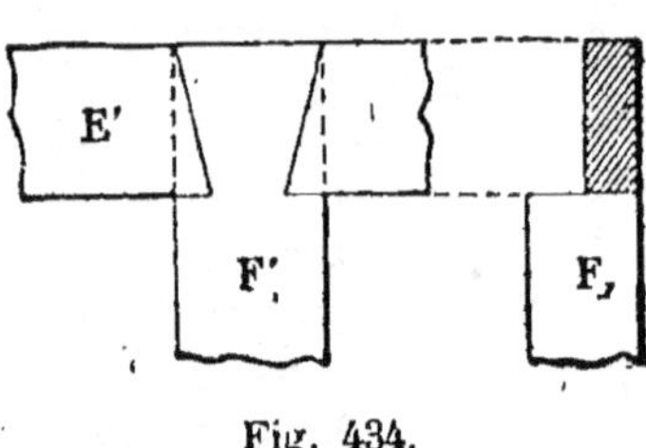

Fig. 434.

3° (fig. 434). (E', F') est l'assemblage à queue d'aronde. F_1 est la projection, sur un plan de profil, de la pièce F'; cette pièce est taillée à mi-bois et en biseau pour former la partie qui s'encastre dans une échancrure de même forme, faite dans la traverse E'.

532. Pièces moisées (fig. 435). A', B', C' est un assemblage de pièces

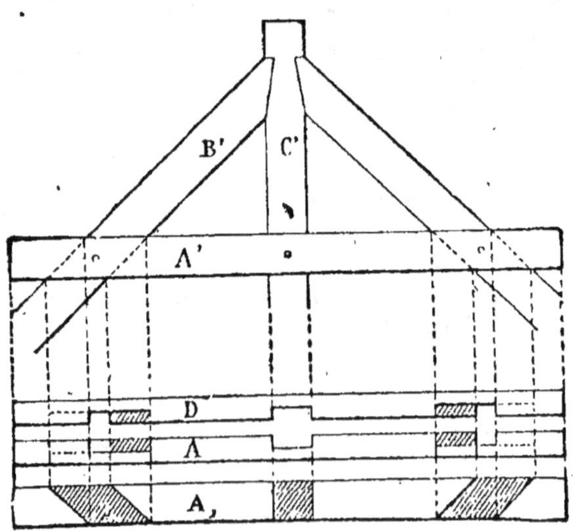

Fig. 435.

moisées. On appelle *moises* des pièces telles que celles qu'on a représentées en projection horizontale par A et D; elles sont entaillées à mi-bois afin d'embrasser les pièces B' et C'; les moises A et D sont rapprochées et resserrées par des boulons.

Donner *quartier à une pièce*, c'est la faire tourner sur elle-même de 90°; par exemple, on dit qu'en donnant quartier à la pièce A, on obtient A_1.

Problème.

533. *Dessiner une ferme.*

La *ferme*, réduite à ses pièces essentielles, se compose d'une pièce

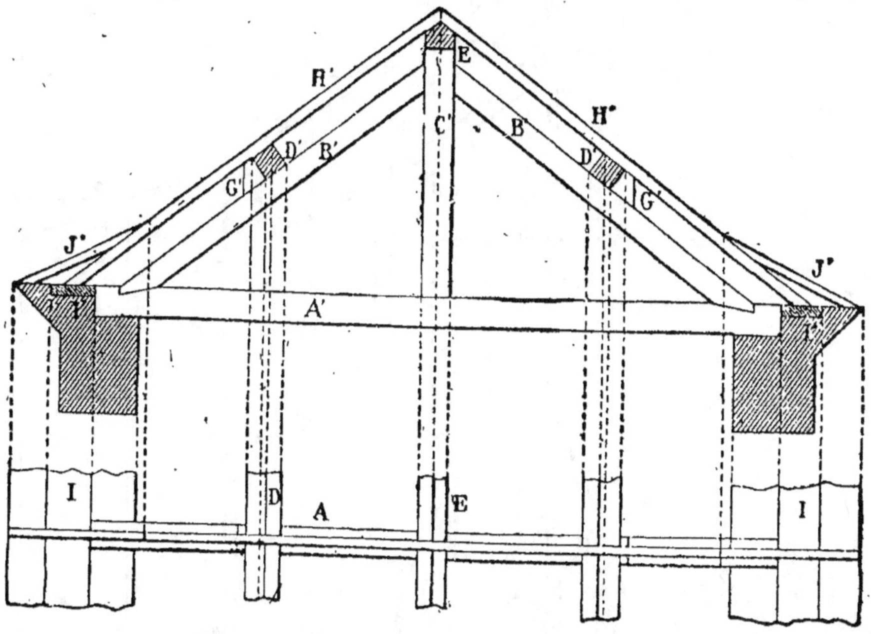

Fig. 436.

horizontale (**A, A'**) nommée *tirant* ou *entrait*, et de deux pièces obliques B', nommées *arbalétriers*, assemblées dans une pièce verticale C' nommée *poinçon*.

Pour former la toiture, les fermes sont régulièrement espacées; elles supportent les pièces longitudinales D' nommées *pannes*; E' est le *faîtage* ou la *panne faîtière*. (I, I') sont des pièces nommées *sablières*, elles reposent sur la maçonnerie; les chevrons H' s'appuient sur le faîtage et sur les pannes, ils vont buter contre les sablières (I, I').

Pour rejeter les eaux au delà de la maçonnerie, on emploie des *coyaux* J'. Les pannes sont maintenues par les *chantignoles* G'.

Problème.

534. *Dessiner l'épure d'un limon circulaire.*

Les marches des escaliers de bois sont fréquemment encastrées dans des pièces droites ou courbes nommées *limons*; les escaliers circulaires ont leurs marches égales, et le limon se trace comme la vis à filet carré (n° 529); mais lorsque deux parties rectilignes sont raccordées par une courbe, les marches ne sont plus égales, et le limon demande une étude spéciale.

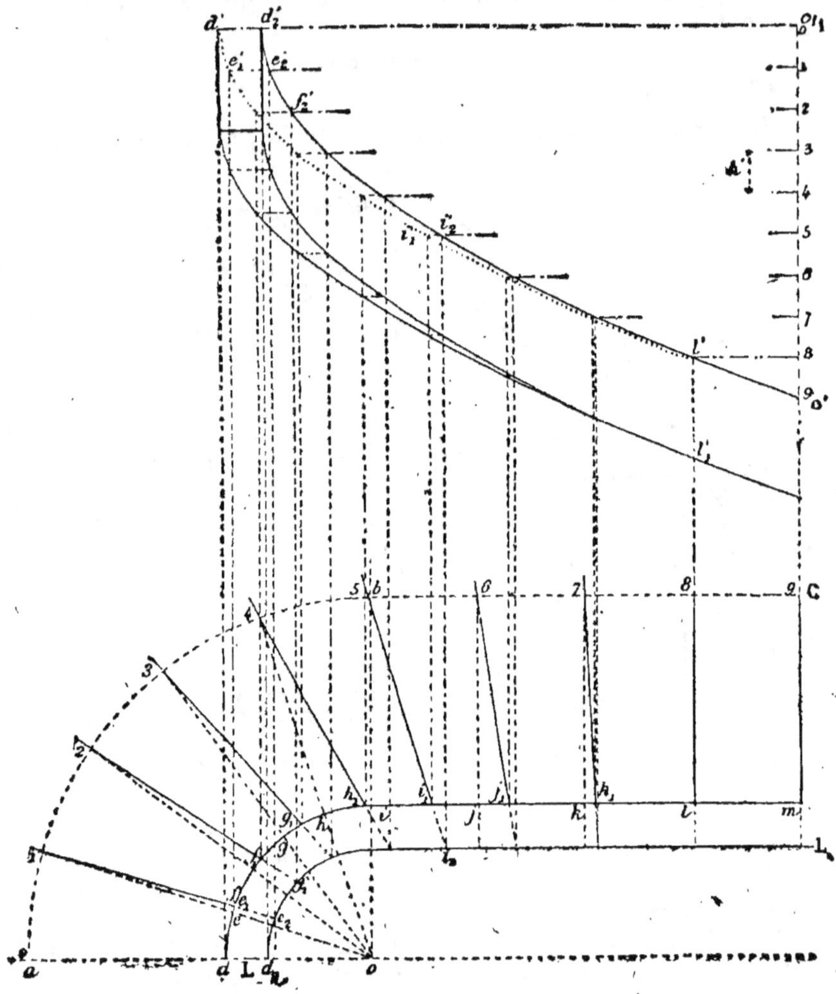

Fig. 437.

Soient LL' la moitié du limon d'un escalier et $c'c'_1$ la hauteur correspondante.

A égale distance du limon et du mur qui limite l'escalier, on trace la *ligne de foulée*, abc, et l'on divise cette ligne en autant de parties égales qu'on veut faire de marches; on joint au centre o les points de division qui sont sur la courbe, et par 6, 7, etc., on mène des perpendiculaires au limon droit; la hauteur $c'c'_1$ doit être divisée en autant de parties égales qu'on a fait de marches dans la longueur abc.

La distance $0—1 = 7—8$; mais de est une longueur beaucoup plus petite que kl; il y a donc intérêt à augmenter graduellement la lar-

geur des marches *de, ef,* etc., aux dépens des marches droites *jk,*
lm...; d'ailleurs la pente du limon courbe, donnée par $\dfrac{h'}{de}$, est beaucoup plus forte que celle du limon droit, ou $\dfrac{h'}{lm}$; au point *i*, il y aurait
donc un changement brusque de pente, et l'effet serait disgracieux :
pour obvier à cet inconvénient et au peu de largeur des marches
courbes, on a recours au *balancement des marches.*

535. Balancement. *Balancer les marches d'un escalier,* c'est élargir
près du limon les marches courbes, en réduisant la largeur de quelques
marches droites ; on peut procéder comme il suit :

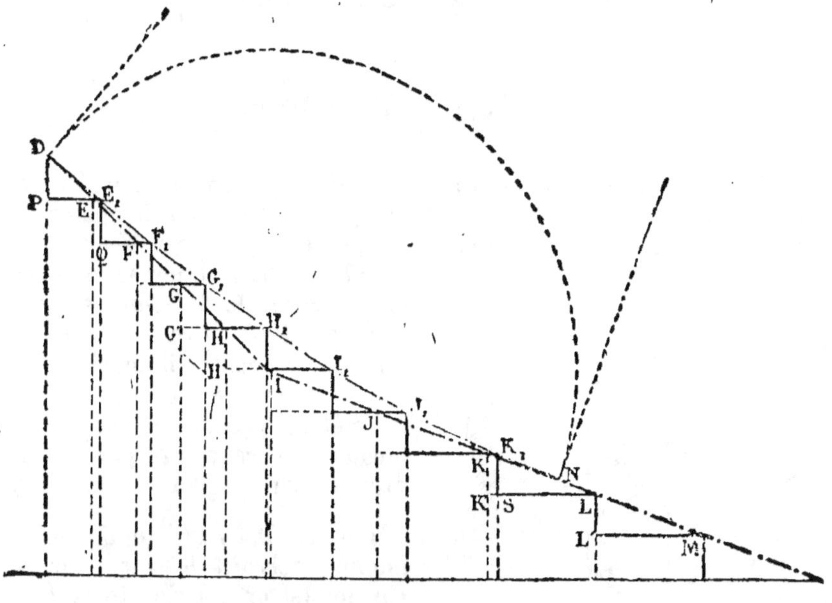

Fig. 438.

Avec la hauteur *h'* on fait quelques marches droites M, L, K, J, I,
de manière que ML'=LK'=*ml*=*lk*, etc. ; à la suite, on fait les
marches courbes qui correspondent à l'arc *ab* (fig. 438) ; on prend
IH'=HG'=*ih*=*hg*, etc. ; DI indique la pente qu'aurait le limon
courbe, et IM celle du limon droit ; après avoir pris IN=ID, on remplace la ligne brisée DIN par un arc de cercle tangent en D et N, et
l'on prolonge les marches jusqu'à la courbe ainsi tracée, puis on prend
l'arc *de₁* égal à PE₁, *e₁f₁*=QF₁, ou, ce qui revient au même, on
prend *ff₁*=FF₁, *gg₁*=GG₁, etc...., *jj₁*=JJ₁.

La projection verticale se trace comme la vis à filet carré. Sur les
horizontales cotées 0, 1', 2', 3', etc., on projette les points *d, e₁, f₁...,*
i₁, j₁, pour avoir la courbe extérieure du limon ; et les points *d₂, e₂...,*
i₂, pour avoir la courbe intérieure du limon. Sur chaque verticale, on
prend ensuite une longueur *l'l₁* suffisante pour que les marches
puissent être encastrées dans le limon.

CHAPITRE III

PERSPECTIVE

—

§ I. — Définitions.

536. Perspective linéaire. La *perspective linéaire* est l'art de représenter, sur un tableau, le contour apparent et les principales lignes d'un corps, avec l'aspect qu'elles présentent à l'observateur.

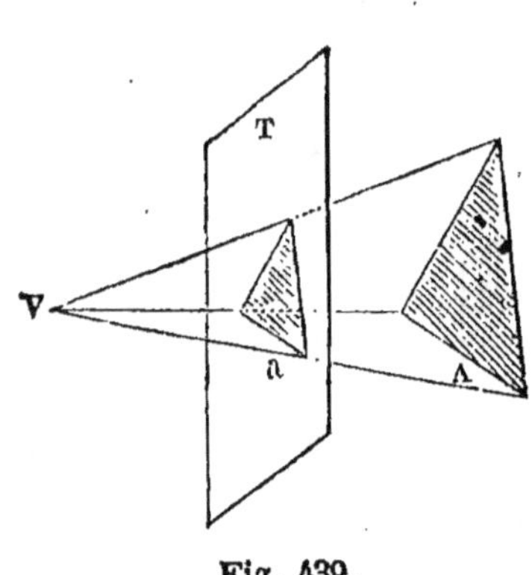

Fig. 439.

537. Tableau. Dans la perspective élémentaire, le *tableau* est un plan vertical placé entre l'œil du spectateur et le corps qu'il considère.

La perspective du corps est le lieu géométrique a des points où le tableau T est rencontré par les rayons visuels menés à l'objet considéré A.

Terrain. Dans les applications, on nomme *terrain* le plan horizontal sur lequel on représente le corps à mettre en perspective.

Le plan vertical de projection est souvent le tableau lui-même.

La position de l'œil est indiquée par ses deux projections.

538. Trace du tableau. La *trace du tableau* est l'intersection du *tableau* et du *terrain*.

Cette trace est parfois nommée *ligne de terre,* parce que le tableau peut être pris pour plan vertical de projection.

539. Point de vue. On nomme *point de vue* la position de l'œil de l'observateur.

540. Point principal. Le *point principal* est la projection verticale du point de vue. Ce point joue un grand rôle en perspective, parfois même on le nomme *point de vue.*

La position de l'œil sera désignée par V, sa projection horizontale par v, et sa projection verticale ou *point principal* par v'.

541. Ligne d'horizon. On nomme *ligne d'horizon* la droite horizontale hz, menée sur le tableau par le point principal v'.

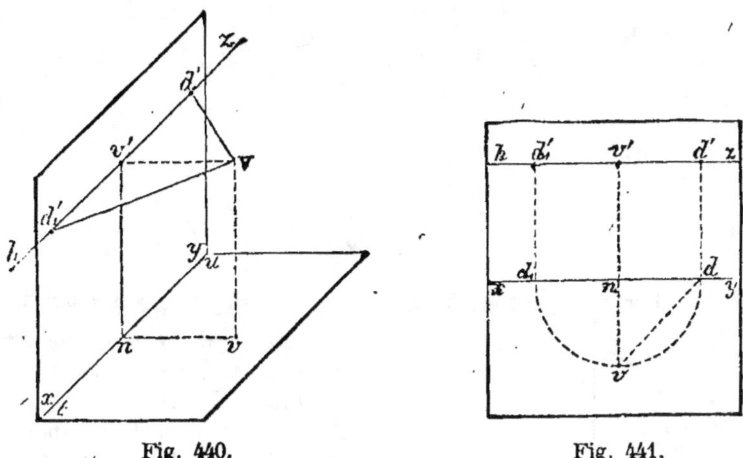

Fig. 440.   Fig. 441.

542. Points de distance. On appelle *points de distance* les points d' et d'_1 situés sur la ligne d'horizon, et à une distance $d'v'$, d'_1v' du point principal v', égale à la distance Vv', de l'œil au tableau sur lequel se fait la perspective.

Remarque. Ces diverses dénominations, usitées en perspective, trouveront leur explication ou leur justification dans l'exposé des principes et dans les conséquences qui en découlent.

543 Détermination de la perspective d'un corps. *Pour avoir la perspective d'un corps, il faut le représenter dans le système des deux projections; figurer dans le même système la position de l'œil et celle du tableau, puis trouver les points où les rayons visuels, menés aux principaux points du corps, sont coupés par le tableau. La géométrie descriptive permet de résoudre le problème dans tous les cas; mais, pour opérer plus rapidement, on utilise diverses remarques et certains procédés spéciaux que nous avons à faire connaître.*

§ II. — Principes.

Théorème.

544. *La perspective ab d'une droite AB parallèle au tableau est parallèle à la ligne donnée.*

En effet, le plan VAB coupe le tableau suivant une droite **ab** parallèle à AB (G., nº 379).

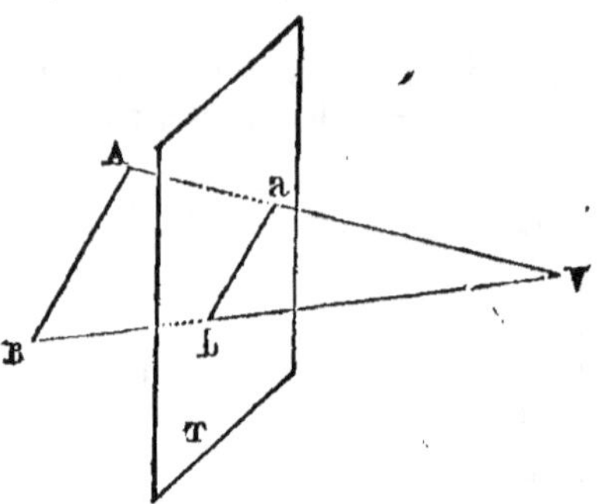

Fig. 442.

545. Corollaires. I. *Toute droite verticale a sa perspective verticale.*

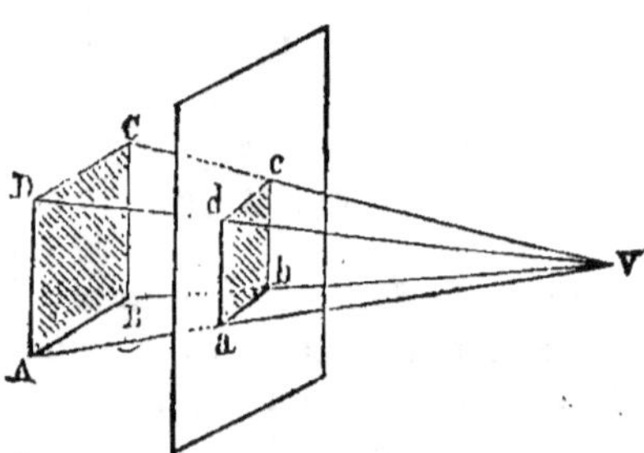

II. *La perspective d'une figure parallèle au tableau est semblable à la figure donnée.*

Ainsi la perspective **abcd** est semblable à ABCD. Les dimensions homologues sont entre elles comme les distances de l'œil au tableau et à la surface donnée.

III. *Si une parallèle au tableau est divisée dans un certain rapport, il en est de même de sa perspective;* en particulier, *la perspective du point milieu d'une parallèle au tableau est le milieu de la perspective de cette ligne.*

Fig. 443.

546. Définition. On appelle *lignes de front* les parallèles au tableau, *lignes de bout* les perpendiculaires au tableau, et *lignes fuyantes* toutes les droites non parallèles au tableau.

Théorème.

547. *Si des lignes fuyantes sont parallèles entre elles, leurs perspectives passent toutes par un même point.*

Soient **a** et **d** les points où les droites parallèles AB, CD rencontrent le tableau.

Par l'œil V du spectateur, menons une parallèle aux lignes

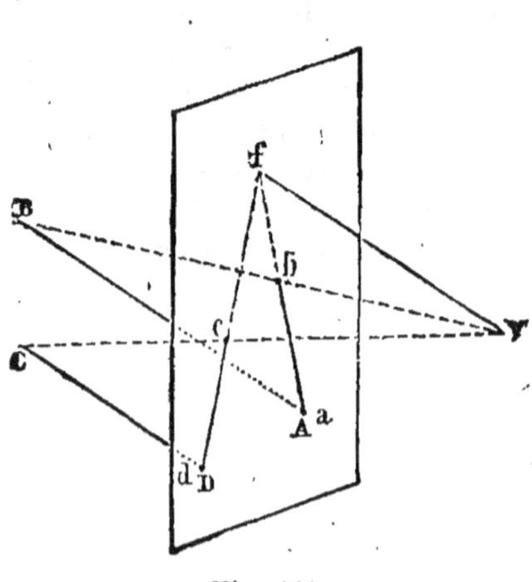

Fig. 444.

données : elle rencontre le tableau en un certain point f. Le plan conduit par l'œil et par AB est le même que celui des parallèles AB, fV; or ce plan coupe le tableau suivant af; cette droite est donc la perspective de la ligne AB supposée prolongée indéfiniment derrière le tableau ; de même, la perspective de CD est sur df; donc les lignes fuyantes *parallèles ont des perspectives concourantes.*

548. Point de fuite. On nomme *point de fuite* d'une droite la trace, sur le tableau, du rayon visuel parallèle à cette droite.

Ainsi f est le point de fuite des lignes AB et CD; on peut le considérer comme la perspective du point situé à l'infini sur ces droites parallèles.

549. Conséquence. *Toutes les droites parallèles entre elles qui rencontrent le tableau ont même point de fuite.*

Car le rayon visuel parallèle à l'une de ces lignes est parallèle à toutes les autres.

Théorème.

550. *Toute horizontale a son point de fuite sur la ligne d'horizon.*

En effet, pour une horizontale quelconque AB, la parallèle Vf est horizontale et rencontre le tableau sur *hz;* donc...

551. Corollaires. 1° *Toute droite de bout a pour point de fuite le point principal v';* car Vv' est perpendiculaire au tableau.

552. 2° *Toute horizontale qui rencontre le tableau sous un angle de 45° a pour point de fuite l'un des points de distance d' ou d'$_1$ (n° 542); car elle est parallèle à Vd' ou à Vd'$_1$.*

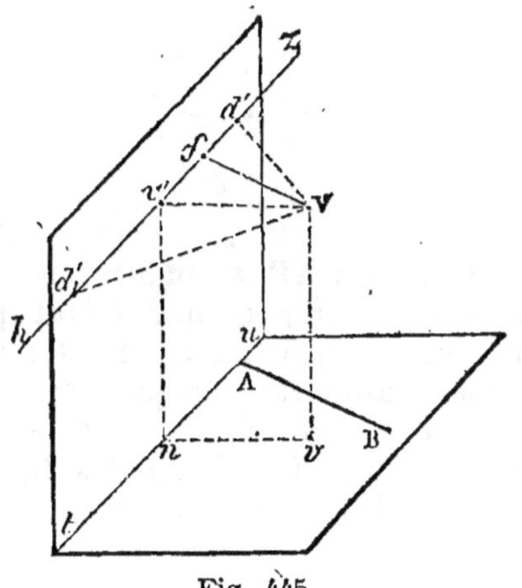

Fig. 445.

Théorème.

553. *Toute droite qui rencontre la verticale Vv menée par l'œil de l'observateur a pour perspective une verticale.*

Soit la droite AC qui rencontre la verticale Vv (fig. 446); le plan VAC coupe le tableau suivant une droite ab parallèle à CV (G., n° 379); donc AC a pour perspective une verticale.

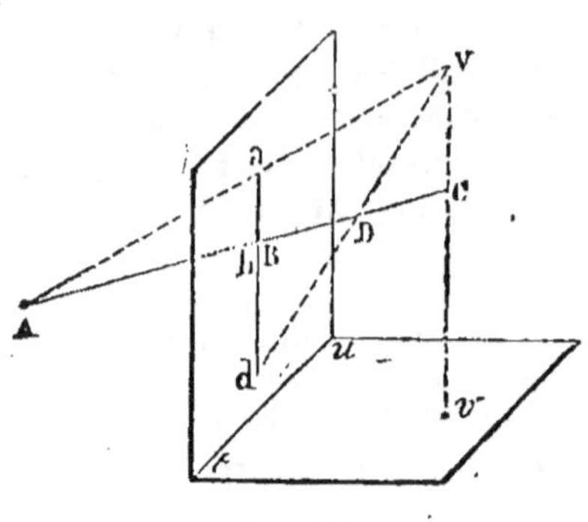

Fig. 446.

La partie **ab** est la perspective de AB, tandis que **bd** correspond à BD.

554. *Remarques*. I. Le point B, où la droite rencontre le tableau, est lui-même sa perspective ; **a** correspond au point A ; **d** est la perspective d'un point D situé en avant du tableau, etc.

II. Lorsqu'une droite passe par l'œil, sa perspective se réduit à sa trace sur le tableau.

555. Angle visuel. L'angle visuel est l'angle formé par les rayons extrêmes menés de l'œil aux divers points de l'objet considéré.

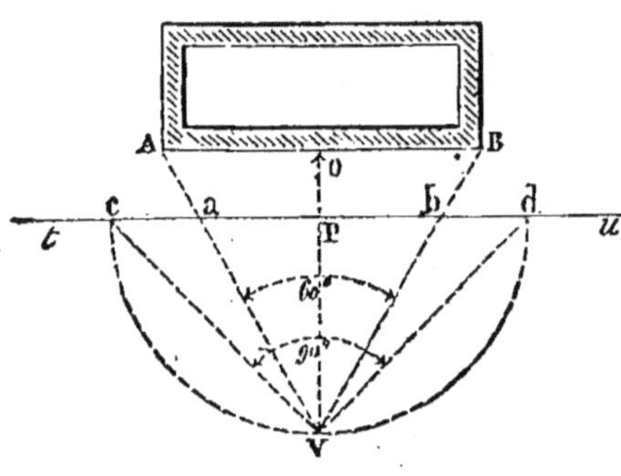

Fig. 447.

L'angle visuel doit toujours être moindre que 90° ; car la plupart des observateurs n'aperçoivent simultanément, d'une manière nette, que les objets compris dans un cône dont les génératrices opposées font, au plus, entre elles un angle de 60 à 70° ; lorsque, dans le tracé perspectif, on dépasse notablement cette valeur, la perspective impressionne péniblement le spectateur et paraît défectueuse.

Ainsi, soit AB ayant pour perspective **ab** ; pour que l'angle AVB ne soit pas trop grand, il faut que la distance VP ne soit pas trop inférieure à la longueur **ab** interceptée sur la trace du tableau par les rayons extrêmes ; lorsque AB est à peu près parallèle à *tu*, on se borne à prendre OV au moins égal à AB ; et, dans aucun cas, l'angle AVP = BVP, formé par les lignes extrêmes avec la projetante de l'œil, ne devrait dépasser 45°.

556. Données. Dans les problèmes, on donne :
1° La trace du tableau ;
2° Les dimensions et la position de l'objet ;
3° La position du spectateur.

La position de l'œil est indiquée, le plus souvent, par ses projections *v* et *v′* ; *v′* fait connaître la hauteur de l'œil au-dessus du terrain ; lorsque *v* n'est pas donné, ou que les dimensions de l'épure ne permettent pas d'indiquer cette projection horizontale, il faut connaître *v′* et un des points de distance ; car on sait que *v′d′* égale la distance de l'œil au tableau (n° 542).

§ III. — Perspective d'un point.

557. Positions du tableau, du point donné et du spectateur. Dans les questions suivantes, on suppose que le tableau se confond avec le plan vertical; ainsi *tu* coïncide avec *xy*.

558. *Point et observateur.* Le point est derrière le tableau, et l'observateur en avant de ce même tableau. Ainsi *v* tombe sur le plan horizontal antérieur, tandis que la projection horizontale du point donné est située sur le plan horizontal postérieur.

Problème.

559. *Trouver la perspective d'un point situé sur le plan horizontal.*

Soient *v*, *v'* les projections de l'œil; *a*, *a'* celles du point (fig. 448 et 449).

1ᵉʳ Moyen. Le rayon visuel est la droite VA, qui joint l'œil au point donné; la perspective cherchée est la trace verticale de VA (fig. 449).

Il suffit donc de déterminer la trace verticale de (*va*, *v'a'*). **a'** est la perspective demandée (fig. 448).

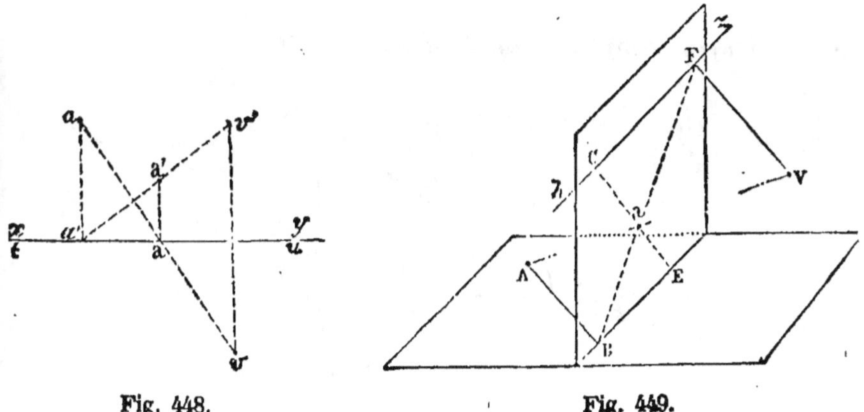

Fig. 448.   Fig. 449.

560. 2ᵉ Moyen. *Emploi d'un point de fuite* (fig. 449).

Soit un point A situé sur le terrain; par A et V menons, dans une direction quelconque, des horizontales parallèles AB, VF. F est le point de fuite de AB (n° 548), le tableau est coupé par le plan ABVF suivant BF, et par le rayon visuel AV au point **a**. perspective cherchée.

On a : $\dfrac{aB}{aF} = \dfrac{AB}{VF}$; donc il faut diviser BF dans le rapport des deux parallèles; pour cela on peut prendre BE = AB, FC = FV, et joindre CE; ou bien prendre des grandeurs proportionnelles aux parallèles, les moitiés, par exemple.

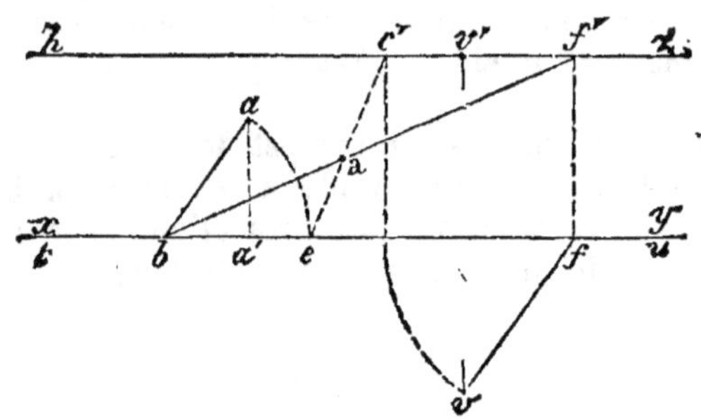

Fig. 450.

Dans les applications, le point A est donné par (a, a') (fig. 450) et V par (v, v'). Pour déterminer le point de fuite f', on mène les parallèles ab, vf; mais on projette f en f' sur la ligne d'horizon, puis on prend $f'c' = vf$, $be = ba$, et l'on mène ec'.

Remarque. Le point c' est nommé par quelques auteurs *point de distance de* A; mais nous n'emploierons l'expression *point de distance* que pour les points de fuite, d', d'_1 des horizontales à 45° (n° 542 et 552).

561. 3ᵉ Moyen. *Emploi de deux points de fuite.*

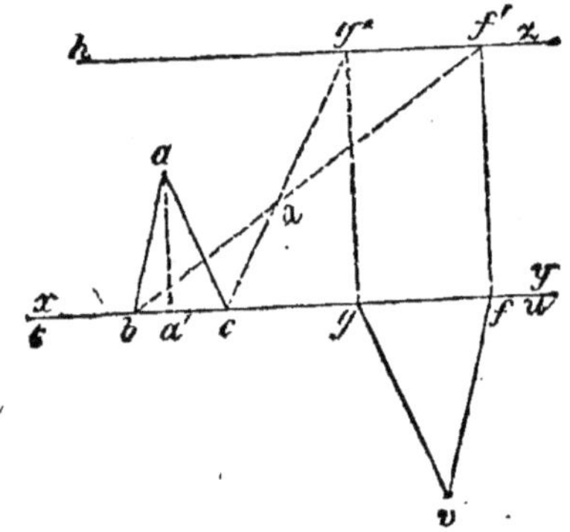

Fig. 451.

Par la projection horizontale a du point donné (a, a') on mène deux horizontales quelconques ab, ac; et par le point v, deux parallèles vf, vg; on projette les points f, g sur la ligne d'horizon, et l'on joint bf', cg'; car, d'après le numéro précédent, la perspective a est le point commun à ces deux lignes bf', cg'.

562. **4° Moyen.** *Emploi du point principal et d'un point de distance.*

Parmi les points de fuite qu'on peut employer, il faut mentionner surtout le point principal et les points de distance; car on utilise fréquemment la perpendiculaire *aa'*, et l'on mène *ab* à 45°; par suite, le point principal *v'* est le point de fuite de *aa'*, et le point de distance *d'* est celui

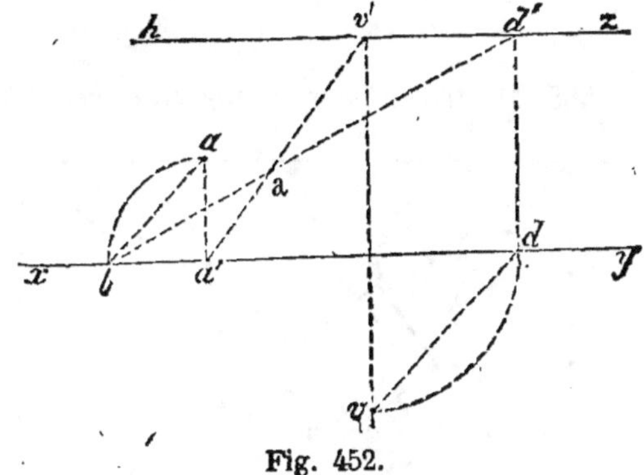

Fig. 452.

de *ab*. Dans ce cas, il est inutile d'avoir la projection *v* sur l'épure.

563. Procédé usuel. Le premier moyen (n° 559) est le seul qui soit général; car on pourrait faire varier la position du tableau par rapport à *xy*, il permet de trouver la perspective d'une figure quelconque sans trop de connaissances spéciales; le second moyen (n° 560) est rarement employé; on recourt assez fréquemment au troisième (n° 561); mais le quatrième moyen (n° 562) est le procédé le plus usuel, parce qu'il conduit rapidement au résultat.

§ IV. — Perspective d'une figure plane quelconque.

SITUÉE SUR LE PLAN HORIZONTAL

Projection verticale. La projection verticale de la figure serait sur *xy*; ordinairement on ne représente pas cette projection.

Problème.

564. *Mettre en perspective un carré dont deux côtés sont parallèles à la trace du tableau.*

Soient *abcd* le carré donné, *v'* le point principal, *d'* un des points de distance.

On sait que *v'd'* est la distance du point V au tableau, que *v'* est le point de fuite des droites de bout, et *d'* celui des lignes à 45° telles que *bd*.

Les perpendiculaires *ab*, *cd*, ont pour point de fuite le point principal *v'* (n° 551); la diagonale à 45° a pour point de fuite *d'* (n° 552). On

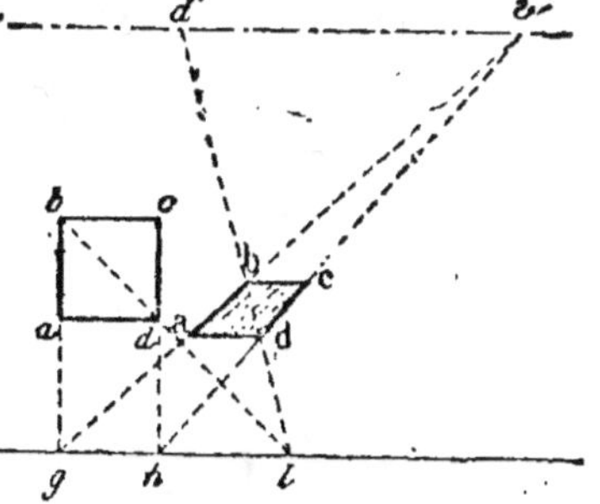

Fig. 453.

détermine ainsi les sommets b et d; puis par ces points on mène les parallèles bo et da; car les parallèles *ad*, *bc*, à la trace du tableau, ont des perspectives ad, bo parallèles à cette même trace.

Problème.

565. *Mettre en perspective un carré, placé d'une manière quelconque sur le plan horizontal.*

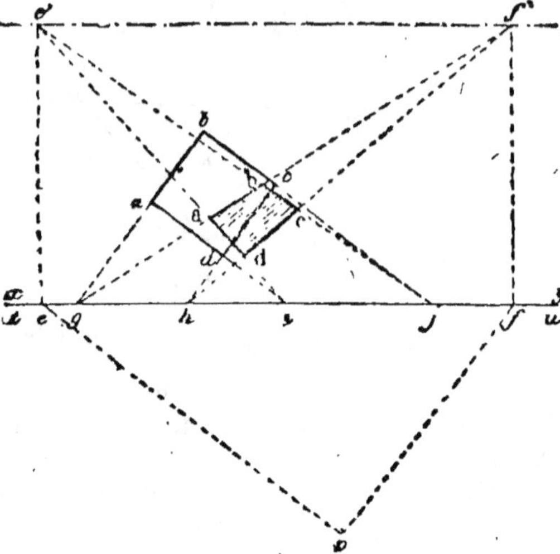

Fig. 454.

Soient *abcd* le carré donné, *v* la projection horizontale de l'œil et *e'f* la ligne d'horizon.

Prolongeons les côtés jusqu'à la rencontre de *xy*; par la projection horizontale *v* de l'œil, menons des parallèles *vf*, *ve* aux côtés du carré, afin de déterminer les points de fuite *e'*, *f'*; il suffit de joindre *g*, *h*, au point *f'* et *i*, *j*, au point *e'*. Le sommet ■ est le point commun aux droites *gf'* et *ie'*.

Problème.

566. *Mettre en perspective un triangle quelconque* abc.

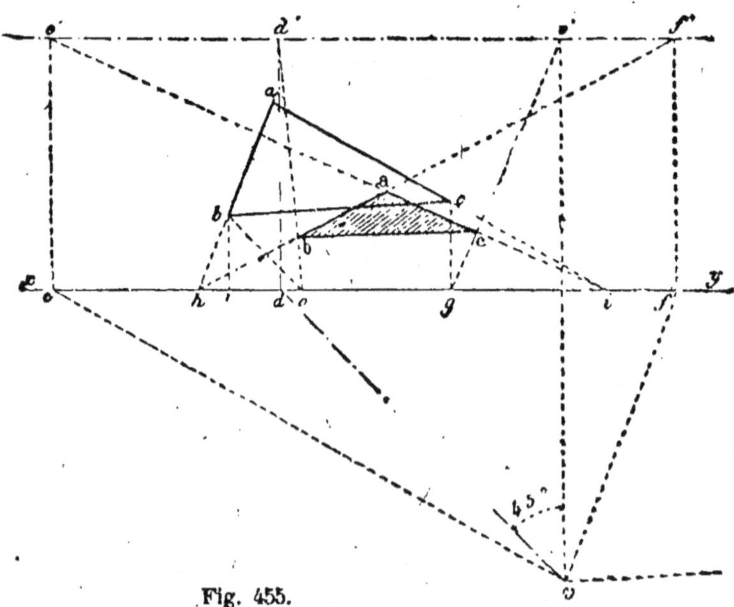

Fig. 455.

Soient le triangle *abc*, placé sur le terrain, et *v'd'* la ligne d'horizon.

On peut déterminer les points de fuite e', f' des côtés ab, ac, et mener hf', ie'; mais il n'en est plus de même pour bc.

Pour obtenir la perspective du sommet c, il suffit de déterminer une seconde ligne qui doive la contenir, car cette perspective doit déjà se trouver sur ie'. On peut mener la perpendiculaire cg et sa perspective gv'.

Pour le point b, la perpendiculaire bl donnerait lv'; mais cette droite détermine mal le point **b**, car elle coupe hf' sous un angle très aigu; on peut mener la ligne bo à 45°, prendre $v'd'$ égal à la distance de v à xy, et joindre o à d'.

Règle pratique. *Pour mettre en perspective un polygone, il est avantageux de recourir aux points de fuite des divers côtés de la figure donnée;* car la direction d'une droite telle que **ab** est beaucoup mieux déterminée par la trace de hf', qui donne cette direction elle-même, qu'elle ne le serait par la détermination directe de deux points, ainsi qu'on a dû le faire pour bc.

Problème.

567. *Mettre en perspective une courbe située sur le plan horizontal.*

On cherche la perspective des points principaux, et l'on réunit, par une courbe continue, les points obtenus en perspective. Il est utile de considérer spécialement les deux exemples ci-après.

Problème.

568. *Déterminer la perspective d'une circonférence.*

On peut faire la remarque suivante :

Remarque. Si l'on circonscrit un carré à une circonférence et que l'on joigne AD, et le point B au point C, milieu de DE, le point M appartient à la courbe, car les deux triangles rectangles ABD, BDC étant semblables, l'angle DBC = FDA; les angles BAM, ABM sont donc complémentaires, et le point M, sommet d'un angle droit, appartient à la circonférence; d'ailleurs, si l'on prend AB parallèle au tableau, la perspective du point C, milieu de ED, sera le milieu de la perspective de DE (n° 545, III).

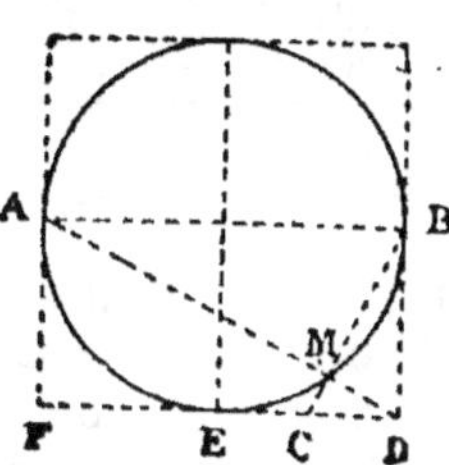

Fig. 456.

569. Perspective (fig. 457). Pour avoir la perspective du cercle, déterminons la perspective du carré circonscrit dont deux côtés seraient parallèles à xy; nous obtiendrons ainsi quatre tangentes et leurs points de contact; puis, en utilisant la remarque précédente, nous pourrons obtenir quatre nouveaux points de la courbe.

Soient c et c' les projections du centre, $c'n = c'n'$ égale le rayon ; menons cl à 45°, puis $c'v'$ et ld' ; par o, d, menons des horizontales pour former la perspective du carré circonscrit (n° 564) ; la perspective du cercle est tangente aux quatre côtés du trapèze, aux points a, b, e, f.

Joignons b au point o, milieu de ed, le point m appartient à l'ellipse, etc. On peut déterminer trois autres points analogues. On connaît donc quatre tangentes et leurs points de contact, ainsi que

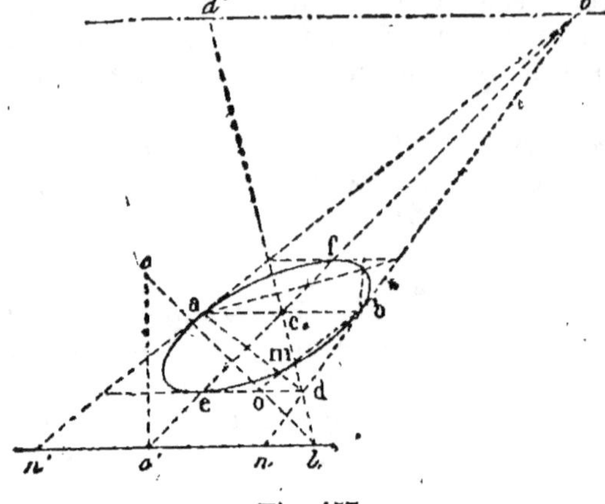

Fig. 457.

quatre autres points ; c'est suffisant pour tracer la courbe.

Problème.

570. *Mettre en perspective des courbes nombreuses et irrégulières.*

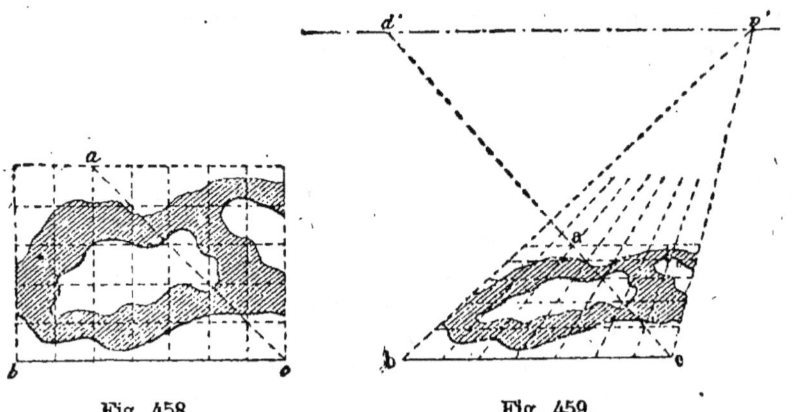

Fig. 458.   Fig. 459.

On couvre le plan donné d'un réseau de carrés (fig. 458), on met la figure ainsi formée en perspective, et on trace une courbe continue par les points correspondants du réseau perspectif (fig. 459). Cette manière de procéder se nomme *craticuler* ou *graticuler*, d'un mot qui signifie *grille* ; c'est une méthode analogue à celle qui a été indiquée en arpentage (n° 258).

Disposition des données.

571. Dans les exemples donnés (n°⁵ 565 et 566) on voit que la perspective tombe, au moins en partie, sur la projection horizontale de la figure donnée; l'inconvénient qui en résulte est surtout sensible lorsqu'il faut figurer la projection verticale d'un corps; pour obvier à ce défaut, on peut prendre diverses dispositions. Nous nous bornerons, *pour le moment*, à en indiquer une des plus simples et des plus suivies.

572. Avancement du tableau. On prend pour tableau un plan parallèle au plan vertical de projection, mais situé en avant de ce plan. L'œil reste en avant du tableau, et le corps à mettre en perspective est placé entre le tableau et le plan vertical.

Au point de vue du résultat obtenu, on peut dire :

La trace du tableau et la projection horizontale de l'objet sont reportées en avant de xy.

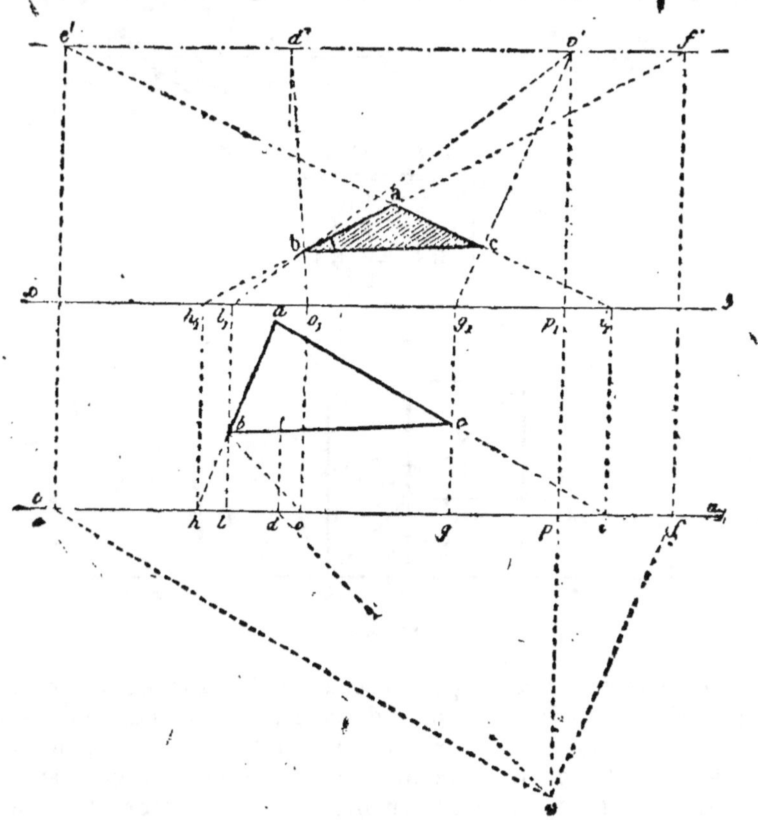

Fig. 460.

On procède comme on l'a déjà indiqué, sauf qu'il faut projeter les points h, t, o, g, i, sur xy.

573. *Remarque.* Cette disposition est excellente, on l'emploie très souvent; $v'p_1$ indique la hauteur de l'œil, et vp la distance du spectateur au tableau; néanmoins la projection verticale des corps se trouve au-dessus de xy, et par suite la perspective la recouvre partiellement ; mais dans bien des cas on n'utilise qu'un petit nombre de points de l'élévation des corps, et la projection verticale est peu chargée.

§ V. — Perspective.

DES POINTS PLACÉS AU-DESSUS DU PLAN HORIZONTAL

Problème.

574. *Mettre en perspective un cube, placé sur le terrain, et dont deux faces sont parallèles au tableau.*

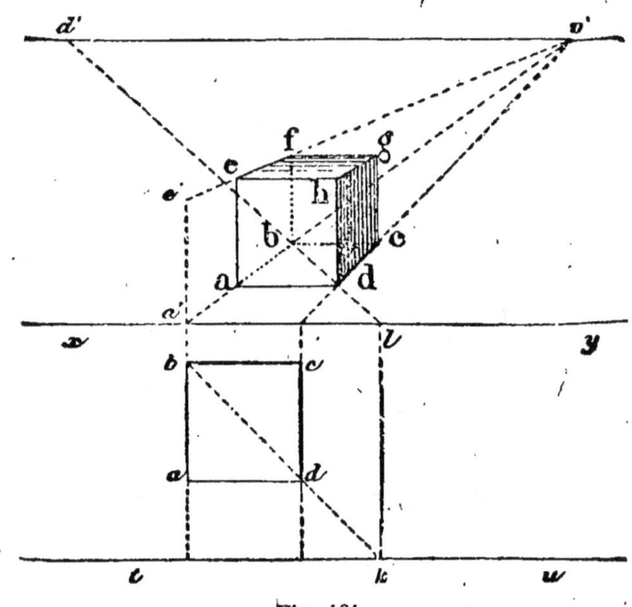

Fig. 461.

Soit un cube ayant *abcd* pour projection horizontale et *a'e'* pour hauteur : v' est le point principal, d' est l'un des points de distance.

La perspective du carré s'obtient ainsi qu'il a été indiqué (n° 564).

La diagonale *bd* donne le point k, qu'il faut projeter en l sur xy.

Les perspectives des perpendiculaires *ab*, *cd* concourent au point v', et la diagonale a sa perspective sur *ld'*.

La verticale *a'e'* a pour perspective une verticale ; d'ailleurs le côté de bout qui passe par *e'* a sa perspective sur la ligne *e'v'*, car v' est le point de fuite de toutes les perpendiculaires au tableau (n° 551) ; donc le point e se trouve à l'intersection de *e'v'* et de la verticale menée par *a*.

On pourrait procéder de la même manière pour chacun des trois autres sommets, mais on sait que toute figure parallèle au tableau pour perspective une figure semblable (n⁰ 545, II); ainsi on construit le carré **adhe**; on mène **hv'** et **cg, bf**, il faut que **fg** soit parallèle à *xy*; ou bien on construit les deux carrés *adhe* et *begf*, alors *ef* et *hg* doivent passer par le point *v'*.

<h2 style="text-align:center">Problème.</h2>

575. *Mettre en perspective un prisme triangulaire droit, ayant* abc *pour base et* a'd' *pour hauteur.*

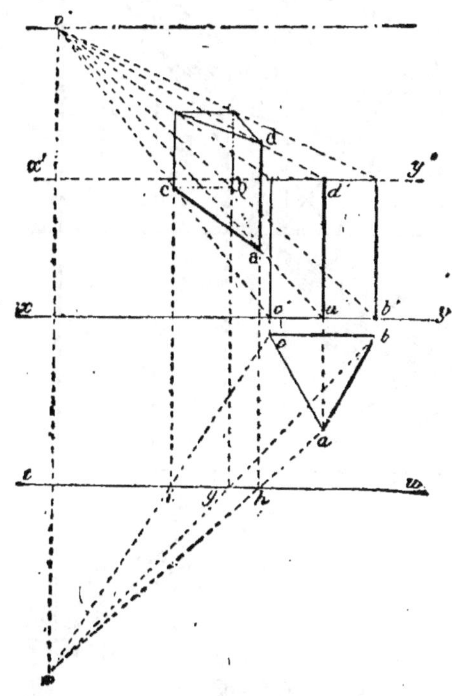

Fig. 462.

D'après le moyen général (n⁰ 559), nous déterminons directement les points *h, g, i,* où les rayons rencontrent le tableau; la base a pour perspective **abc**. Pour la base supérieure, on opère d'une manière identique en considérant un plan horizontal déterminé par *x'y'*.

Remarque. On peut aussi regarder le point **d** comme obtenu à l'aide de la perspective **a** du point (*a, a'*) placé sur le terrain, et on peut formuler les règles suivantes :

576. Règles. I. *Pour obtenir la perspective* **d,** *d'un point de l'espace ayant pour projection* a *et* d', *on peut déterminer la perspective* **a,** *de la projection horizontale* a, *du point donné; mener par* **a** *une verticale et couper cette dernière ligne par* d'v'.

II. Pour obtenir la perspective d'un corps, on met en perspective la projection horizontale, ou *géométrale,* de ce corps; et l'on détermine l'*élévation* de chaque point d'après la première règle.

Problème.

577. *Mettre en perspective une pyramide triangulaire qui repose sur le plan horizontal et porte ombre sur ce plan.*

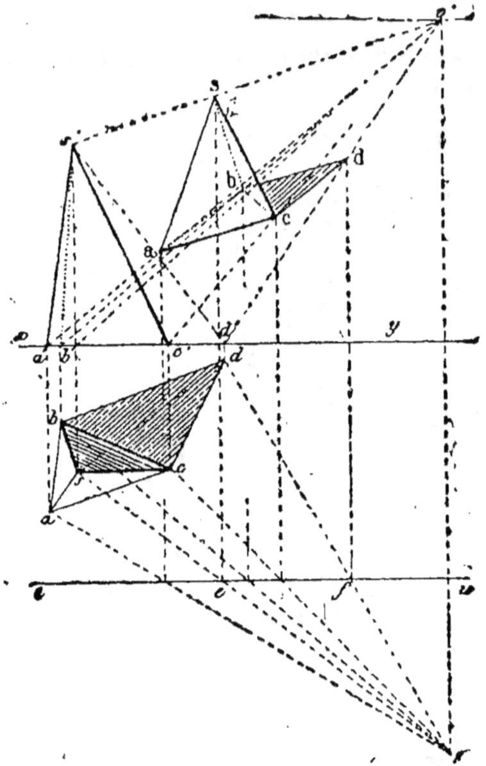

Fïg. 463.

Soient (*s, abc; s', a'b'c'*) la pyramide donnée par ses projections, *bcd* l'ombre portée, et (*v, v'*) le point de vue.

Pour la base, on opère comme ci-dessus (n° 575); la perspective du sommet est la rencontre des lignes *s'v'* et *eS*, celle du point (*d, d'*) se trouve sur *d'v'*.

Problème.

578. *Mettre en perspective un corps de révolution.*

Méthode générale. Le problème revient à trouver l'intersection du tableau et du cône qui, ayant l'œil pour sommet, serait circonscrit au corps considéré. Cette question, analogue à celle de la détermination de l'ombre d'un corps éclairé par un point lumineux, est souvent difficile; elle est d'ailleurs fort laborieuse, aussi on a recours au procédé suivant.

579. Procédé pratique. *On met en perspective divers parallèles du corps, et le contour apparent doit être tangent à chacun des cercles* *perspectifs obtenus.* Ce procédé conduit très rapidement au résultat lorsqu'on emploie le carré circonscrit pour déterminer la perspective de chaque parallèle (n° 568).

§ VI. — Des échelles.

580. Les préparations occupent beaucoup de place; aussi, dans plusieurs cas, on les fait avec des dimensions assez réduites, et l'on se propose d'obtenir une perspective qui corresponde à des préparations doubles, triples, etc.; pour cela, on a recours à diverses échelles.

On distingue : *l'échelle des largeurs,* pour les lignes parallèles à la trace du tableau; *l'échelle des profondeurs* ou *des éloignements,* pour les perpendiculaires au tableau, et plus généralement pour les horizontales fuyantes; *l'échelle des hauteurs,* pour les verticales.

581. Échelles des largeurs, échelles des éloignements. Soit à mettre en perspective, à une échelle double, des points A, B, C, D (fig. 464), avec V et V′ pour projections de l'œil.

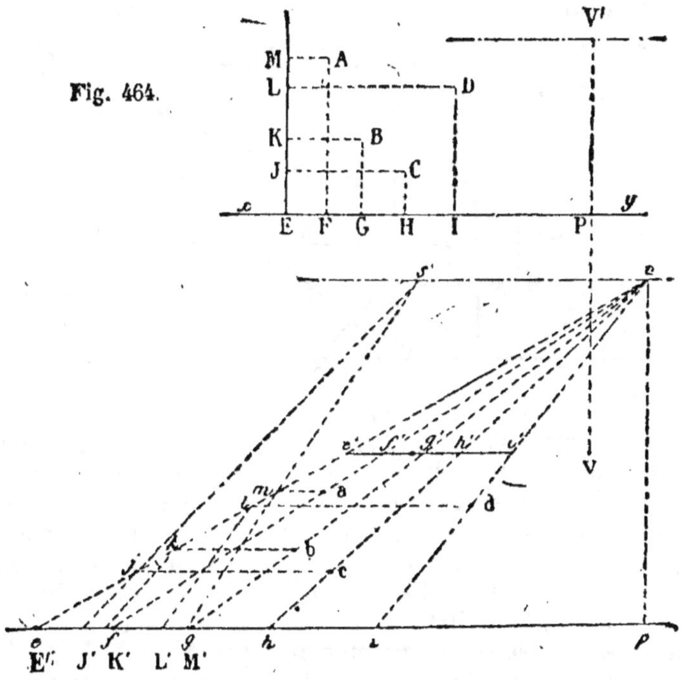

Fig. 464.

Fig. 465.

Projetons les points donnés A, B, C, D sur *xy* et sur une perpendiculaire ME. Sur une droite *ep* (fig. 465), prenons $ep = 2EP$, $v'p = 2V'P$; cv' est la perspective de EM supposée illimitée, car le point de fuite des perpendiculaires au tableau coïncide avec le point principal v'. Sur une parallèle $e'i'$ menée à ep par le milieu de ev', portons les divisions de EI, et joignons le point v' à chaque point de division de $e'i'$; la droite $e'i'$ ainsi divisée proportionnellement à EI est l'*échelle des largeurs*. Actuellement, pour avoir la perspective j, il faut diviser ev' dans le rapport de $\dfrac{EI}{VP}$ (n° 560); de même, pour avoir le point m, il faut diviser ev' dans le rapport de $\dfrac{EM}{VP}$; il suffit donc de porter les divisions de EM de e en M', puis prendre $v's' = PV$ et joindre les divers points de ei au point s'. La ligne em, ainsi divisée, est l'*échelle des profondeurs*. Pour avoir la perspective des points donnés, il suffit de mener les horizontales ma, ld, etc. On opérerait d'une manière analogue pour un rapport quelconque.

582. Échelle des hauteurs. Pour les hauteurs, on peut opérer comme il suit :

(a, a') étant les deux projections d'un point de l'espace, $(a'b)$ est la distance du point au terrain; on cherche la perspective a de la projection horizontale, par exemple en menant ar à 45° et prenant $v'd'$ égale à la distance de l'œil au tableau, v' étant le point principal; puis on mène une verticale par le point a, et a' est la perspective cherchée (n° 576).

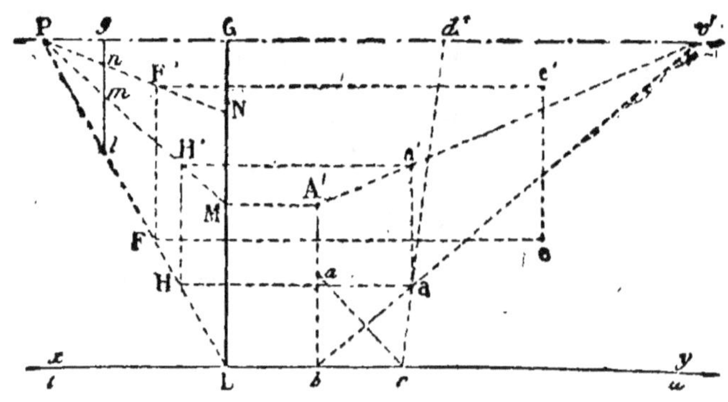

Fig. 466.

Pour ne pas trop charger la partie du plan où doit se trouver la perspective, on peut faire la plupart des opérations dans une autre région de ce plan; ainsi, sur la verticale LG prenons LM égale à la hauteur donnée du point (a, a') au-dessus du terrain; joignons L et M à un point quelconque P de la ligne d'horizon, menons aH, puis HH', et enfin l'horizontale H'a', qui détermine le point cherché a'; car les triangles PLM, PHH', $bv'a'$, $v'aa'$, donnent une suite de rapports égaux, et aa' déterminé directement égale HH'.

Pour un autre point dont e serait la perspective de la projection horizontale, et LN la hauteur au-dessus du terrain, on joindrait NP; on mènerait eF, puis FF', et enfin F'e'; les diverses hauteurs peuvent donc être portées sur LG à partir du point L. Quand la perspective est amplifiée, par exemple dans le rapport de 1 à 3, on élève la perpendiculaire *lg* au tiers de LP, on porte les hauteurs de *l* en *m* et de *l* en *n*, etc., puis on mène P*m*M, P*n*N, etc.; la droite *lmng* est appelée *échelle des hauteurs*.

583. *Remarque.* L'échelle des largeurs et celle des hauteurs ne servent qu'à diviser une droite en parties proportionnelles aux divisions d'une droite donnée, tandis que l'échelle des *profondeurs* est une droite divisée conformément aux règles de la perspective. D'ailleurs, l'emploi de ces échelles est moins rapide que le procédé suivant.

584. Procédé pour obtenir une perspective agrandie. Soit à mettre en perspective des points quelconques donnés par leurs projections (A, A′) (B, B′), etc.; on connaît les projections V et V′, de l'œil, et l'on veut que la perspective ait des dimensions doubles de celles que fourniraient les données (fig. 467).

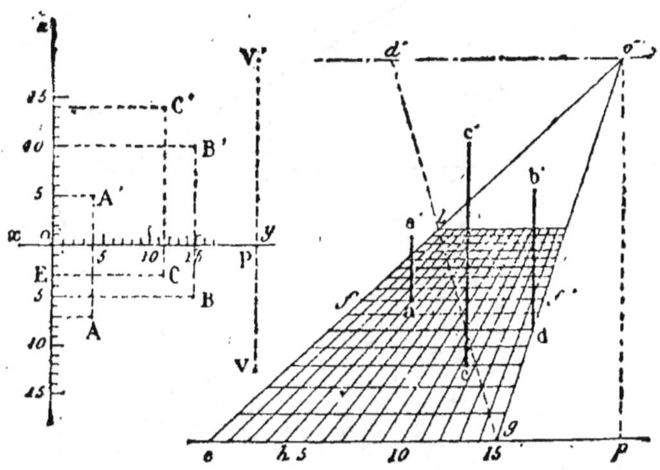

Fig. 467.   Fig. 468.

Sur deux lignes perpendiculaires *xy*, *oz* divisées en parties égales, projetons les projections horizontales et verticales des points donnés; puis prenons $ep = 2oP$ (fig. 468 et 467), $pv' = 2PV'$, $v'd' = 2PV$, et sur *ep* prenons des divisions doubles des parties de *oy*. Joignons les points obtenus au point de fuite principal *v′*, et formons un réseau perspectif (n° 570).

La droite *eg* est l'échelle des largeurs, *el* est l'échelle des éloignements. Les cotes de la projection horizontale A sont 4 et 7; la perspective de A est donc au point **a**, qui correspond à la largeur 4 et à la profondeur 7; de même pour les autres points; quant aux hauteurs, pour A′, par exemple, dont la cote égale 5, on prend la perpendiculaire **aa′** égale à 5 divisions de *ff′*. Le point **a′** est la perspective du point donné par les projections (A, A′); de même au point **o**, on prend **co′** égale à 14 divisions de l'horizontale qui passe par **o**. On prend **aa′** égale à 5 divisions de *ff′*, parce que deux parallèles au tableau menées par le même point **a** ont des perspectives égales (n° 545, II).

585. *Remarque.* Ce procédé est une véritable *craticulation* (nº 570), et c'est le plus simple que l'on puisse employer quand il y a un grand nombre de points.

§ VII. — Dipositions diverses des données.

586. Nous avons déjà indiqué une *première disposition* ayant pour but d'éloigner la perspective des préparations (nº 571). Voici quelques autres dispositions qui tendent au même but, et qu'il est utile de connaître.

2ᵉ Disposition (appliquée à l'exemple du nº 566). On fait les préparations *ehl...f* (fig. 469), comme il a été indiqué (nº 566); puis sur la

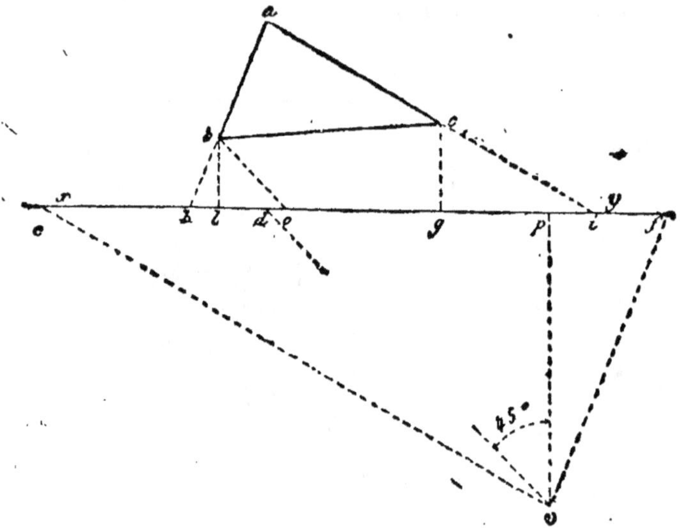

Fig. 469.

feuille à dessiner (fig. 470), *tu* étant la trace du tableau, *v'* la pro-

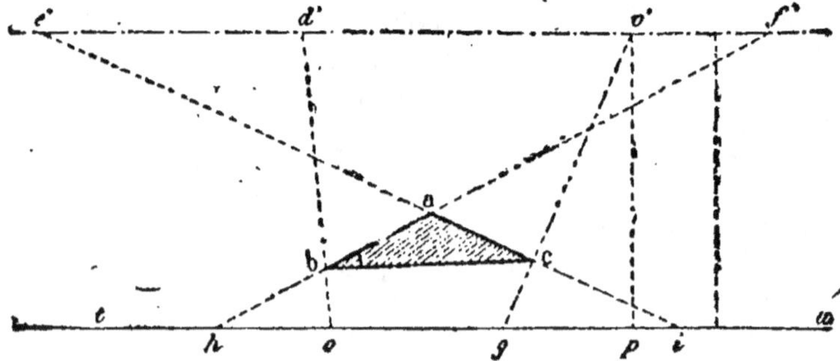

Fig. 470.

jection verticale de l'œil, on prend *ph* = *ph* (fig. 470 et 469), *v'f'* = *pf*, etc., afin de déterminer les points de la trace *h, o, g, i,* et les points de fuite e' et f' ; ensuite on mène hf', ie', etc.; en un mot, c'est la construction connue, mais dédoublée (n° 566).

587. *Remarque.* Ce report des points se fait rapidement à l'aide d'une bande de papier; néanmoins il faut plus de temps que pour la construction directe. La deuxième disposition offre cependant quelques avantages : ainsi les préparations peuvent être faites à une plus petite échelle, à la moitié, par exemple (fig. 471); puis on double chaque longueur pour la porter sur tu.

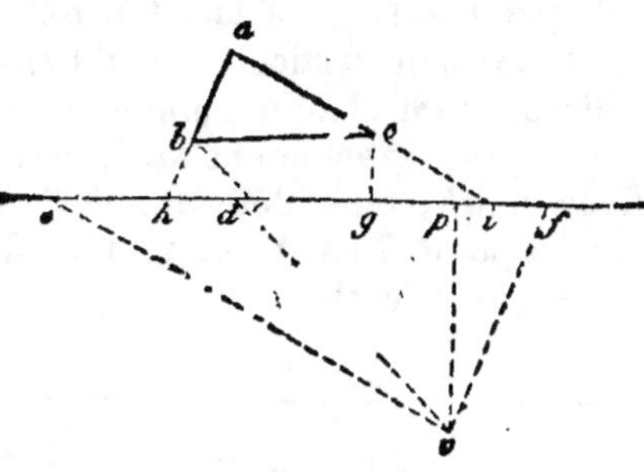

Fig. 471.

588. 3ᵉ Disposition. Le tableau

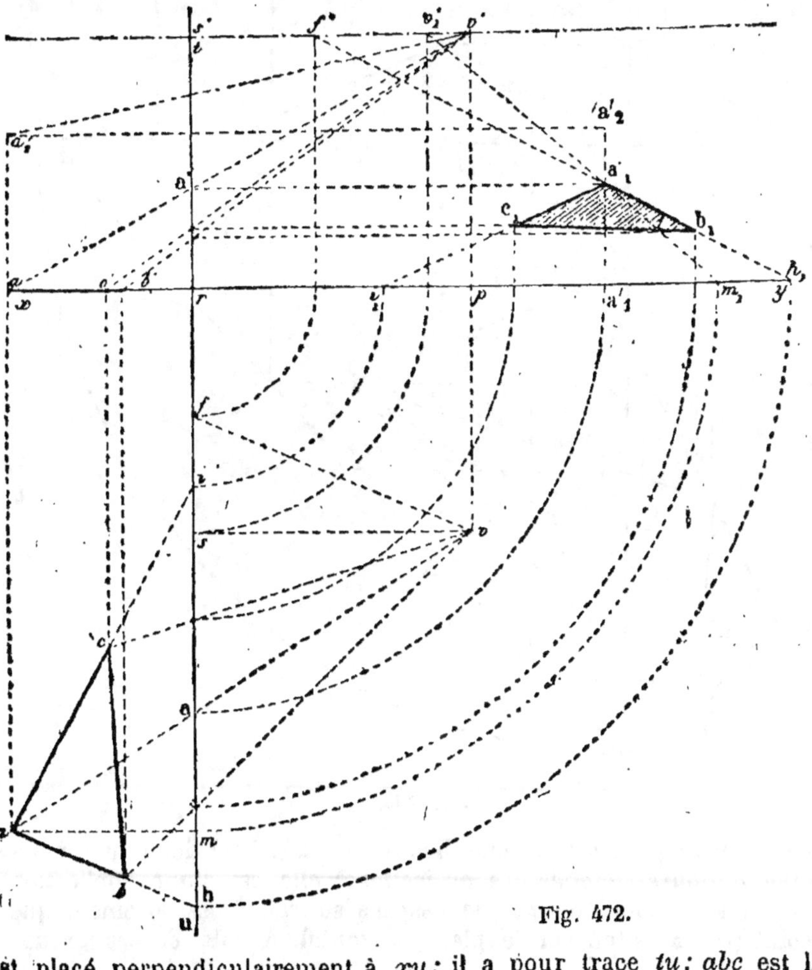

Fig. 472.

est placé perpendiculairement à xy; il a pour trace tu; abc est la projection horizontale de la figure, $a'b'c'$ est la projection verticale; pv' est la hauteur de l'œil, vs est sa distance au tableau.

Pour un point quelconque (a, a'), par exemple, le rayon visuel a pour projections $av, a'v'$; il rencontre le tableau au point (a, a'); pour avoir la perspective, on fait tourner le tableau autour de rt, et on le rabat sur le plan vertical : on obtient ainsi le point a'_1. On peut chercher directement chaque sommet, ou utiliser les points h, i pour déterminer plus exactement la direction des côtés; on peut mener v'_i parallèle à ah, puis déterminer f', sur la ligne d'horizon rabattue, relever le point h en h_1 et joindre $h_1 f'$, et l'on retombe ainsi sur les méthodes précédentes.

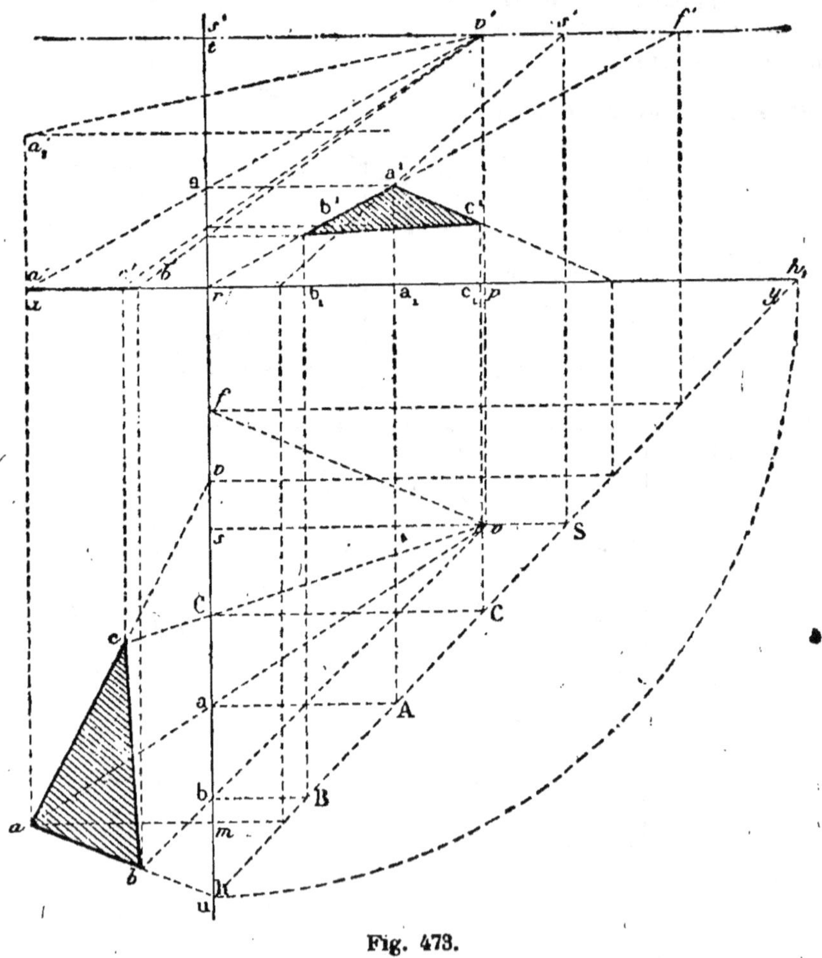

Fig. 473.

589. *Remarque.* La troisième disposition (fig. 472) donne une perspective *toujours éloignée* des projections; elle est d'une application facile, ainsi le point (a', a'_2) de l'espace se traite aussi aisément que le point (a, a') situé sur le plan horizontal. A côté de ces grands avantages, il faut signaler les inconvénients suivants : le dessin demande beaucoup de lignes de construction et un grand espace, et la perspective est *renversée* par rapport aux préparations, en ce sens que le triangle perspectif $a'_1 b'_1 c'_1$ (fig. 472) correspond au cas où l'œil est vers la gauche, tandis qu'il est vers la droite des préparations.

590. **4ᵉ Disposition.** On obvie au renversement de la perspective en modifiant légèrement la méthode qui vient d'être indiquée.

'On mène une ligne hh_1 à 45° (fig. 473). Par les points **a**, **b**, **o**, on mène des parallèles à xy, et par les points A, B, C, des parallèles à tu.

§ VIII. — Applications.

Problème.

591. *Construire la perspective d'une croix* (fig. 474).

Recourons à la disposition indiquée précédemment (n° 572). Soient BR le plan de la croix, et tu la trace du tableau donnée de position, ainsi que les projections v et v' de l'œil. Le sujet est dessiné à l'échelle $^1/_2$ en b et b'.

Par la projection horizontale de l'œil, menons des parallèles vt, vz aux côtés de la base B, afin de déterminer les points de fuite t' et z' des lignes principales ; puis prolongeons les côtés du plan B, projetons C_1 en C ; C étant sur le tableau, C_1F a sa perspective sur Cz', etc., EH'_1 a sa perspective sur $H't'$; on obtient donc les points e, f pour perspective de E, F. Quant à l'élévation, portons les hauteurs de la croix de H en I, J, K, et de H' en I', J', K', $HI = 2hi$, etc., et joignons ces points I, I', etc., au point de fuite t' ; le point n est déterminé par la verticale mn et la droite t'K.

592. *Remarque.* Si le point de fuite t' n'est pas dans les limites de l'épure, on peut procéder comme il suit. Pour r, par exemple, on peut diviser Gz' en parties proportionnelles aux distances RS et vp (n° 560) ; le meilleur procédé est de mener deux parallèles RT_1, vd, et de joindre T au point d', projection verticale de d (n° 561). Il peut aussi arriver que les points H et H' soient hors de l'épure ; dans ce cas, pour déterminer n, par exemple, on peut prendre $NN' = HK$; m est la perspective du point situé sur l'horizontale qui aurait M pour projection horizontale et N pour projection verticale ; donc, en menant $N'v'$, on déterminera le point n (n° 576). Ce dernier procédé est celui qu'on emploie lorsqu'on détermine la perspective point par point, à l'aide des deux projections de chaque point des données ; mais il est préférable d'élever la perpendiculaire AA', et de joindre A' au point de fuite correspondant z', car on obtient ainsi en même temps le point o.

Problème.

593. *Construire la perspective d'une porte avec perron.*

Soient P le profil du perron (fig. 475), A le sommet de la projection

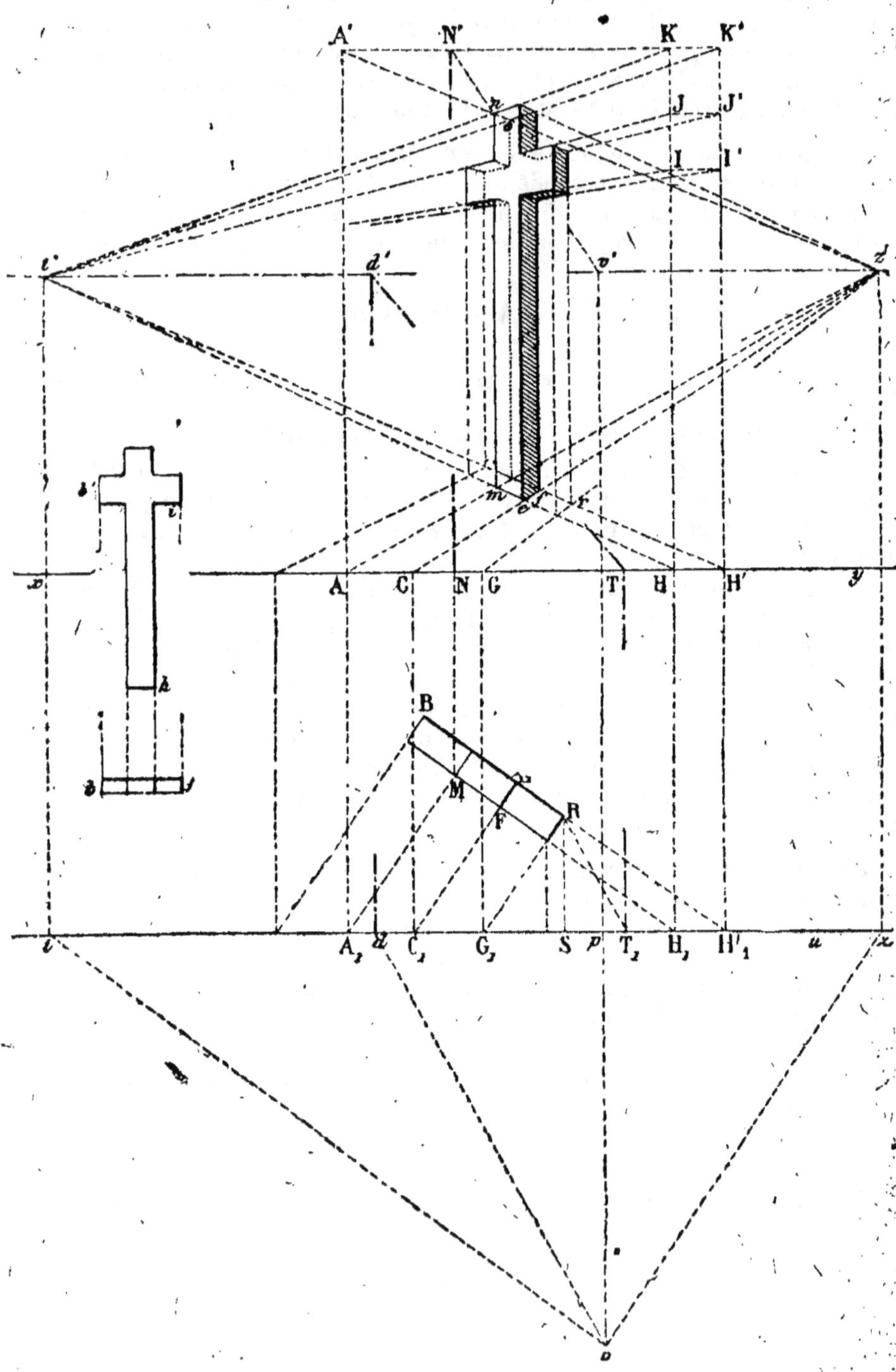

Fig. 474.

horizontale de ce perron; pour ne point avoir la perspective sur les préparations, disposons le plan en B_1, ainsi que cela se pratique souvent, de manière que AF et A_1F soient symétriques par rapport

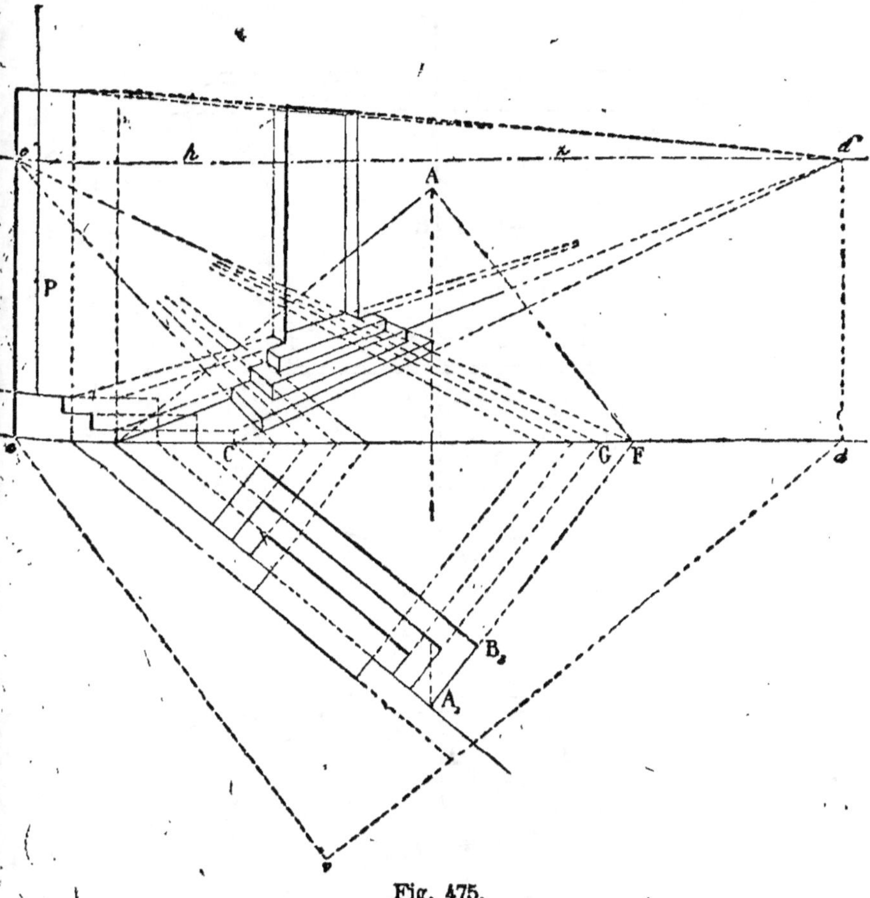

Fig. 475.

à xy; nous déterminons ainsi les points C, F, G, etc.; mais pour avoir les points de fuite d' et e', il faut mener ve parallèle à AF et vd parallèle à l'autre côté de l'angle A. Puis on opère comme dans l'exemple précédent.

Problème.

594. *Construire la perspective d'un corps de révolution.*

Soient $(a, a'b')$ les projections de l'axe du corps de révolution; v' le point principal, et d' un des points de distance (fig. 477).

Pour que la perspective ne recouvre point la projection verticale du corps donné, représentons le méridien de ce dernier en AB (fig. 476). Déterminons un certain nombre de parallèles, tels que ceux qui ont respectivement pour rayons 1H, FE, etc.

L'axe $(a, a'b')$ (fig. 477) a pour perspective ab; les points H, C,

E, etc. (fig. 476), qui correspondent aux parallèles choisis, font connaître h', c', e', etc. (fig. 477); il suffit de joindre ces points à v' pour obtenir leurs perspectives h, c, e, etc.

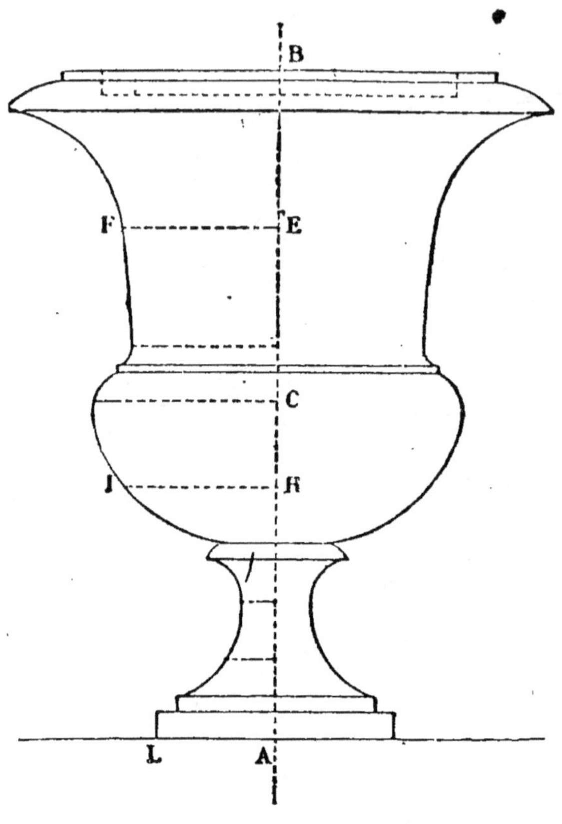

Fig. 476.

Pour les largeurs, on peut prendre $a'l' = AL$, etc., et joindre l', k' à v', on trouve lk; mais il est plus simple de procéder comme il suit: la droite ab est divisée en parties proportionnelles aux divisions de $a'b'$. On a $\dfrac{al}{a'l'} = \dfrac{av}{a'v'}$ égale donc $\dfrac{ab}{a'b'}$; ainsi, comme on pouvait le prévoir (n° 545, III), les largeurs telles que $a'l'$ devenant al sont réduites dans le même rapport que les hauteurs; par suite, à l'aide du *compas de réduction*, disposé pour le rapport voulu, on prend les longueurs al, hi; d'ailleurs, $ef = eg$, etc. On peut même, sans tracer la figure AB, dessiner le profil hi relativement à l'axe ab.

Après avoir déterminé les diamètres fg, ij, lk, etc., on trace les carrés circonscrits (n° 568); par exemple, pour fg, on mène la diagonale ed'. On joint f et g au point principal, et par m et n on mène des parallèles au diamètre; on a l'ellipse $frgs$ pour perspective du parallèle qui aurait e' pour centre et EF pour rayon ; puis on trace la *courbe enveloppe* des ellipses ainsi déterminées.

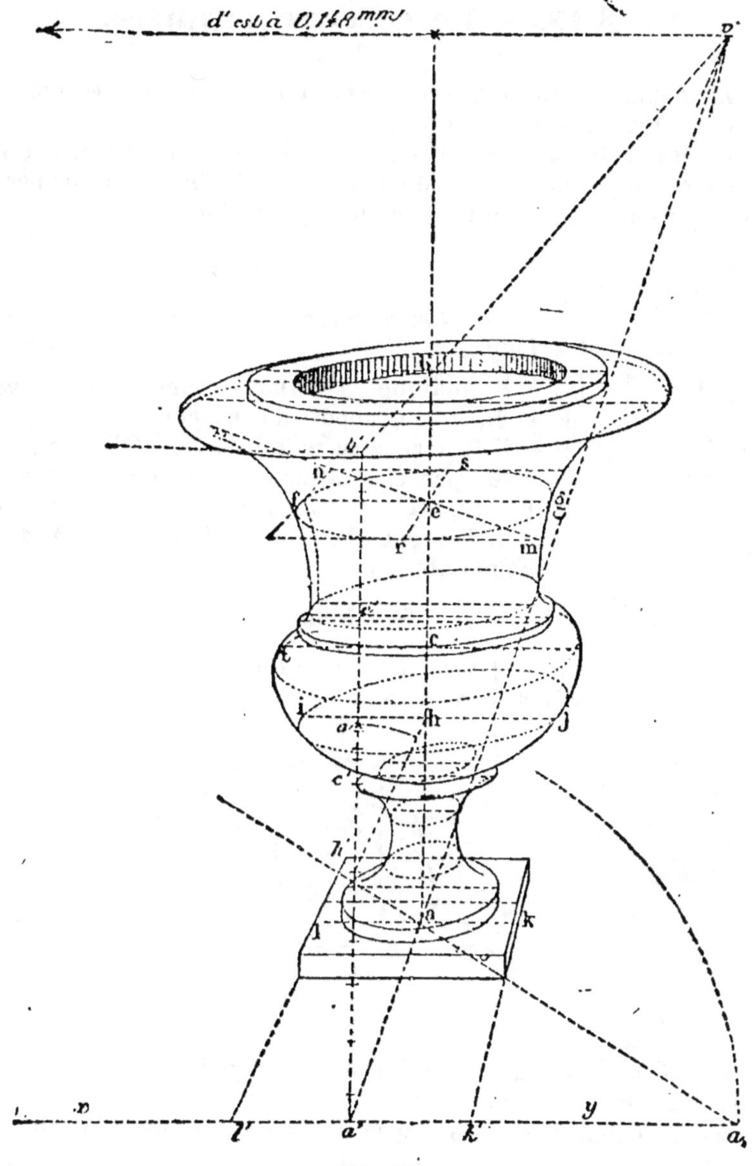

Fig. 477.

595. *Remarque essentielle.* Dans les exemples donnés (n°ˢ 591 et 593), il était nécessaire que les points de fuite v', d', etc., pussent se trouver dans les limites du dessin ; on s'est d'ailleurs conformé à la remarque connue (n° 555) ; néanmoins *les perspectives des figures 474, 475 et 477 auraient meilleur aspect, si le point de vue était plus éloigné du tableau.*

§ IX. — Perspective cavalière.

596. Définition. La *perspective cavalière* est une représentation des corps fondée sur les conventions suivantes :

On dessine la face principale de l'objet sur un tableau parallèle à cette face ; les droites perpendiculaires à cette face sont inclinées d'un angle constant, et réduites dans un rapport donné.

Problème.

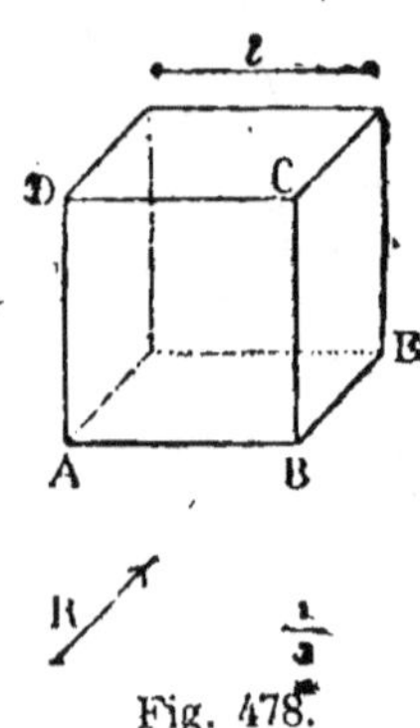

Fig. 478.

597. Représenter un cube ayant pour arête la longueur l.

R indique la direction des lignes fuyantes, et $1/_2$ est le rapport de réduction.

Il faut construire le carré ABCD ayant l pour côté, par chaque sommet mener une parallèle à R, et porter sur chaque ligne une longueur telle que BE égale $1/_2\, l$, et joindre deux à deux les points obtenus.

Problème.

598. Trouver la perspective cavalière d'une circonférence, connaissant la direction R *et le rapport* 1.

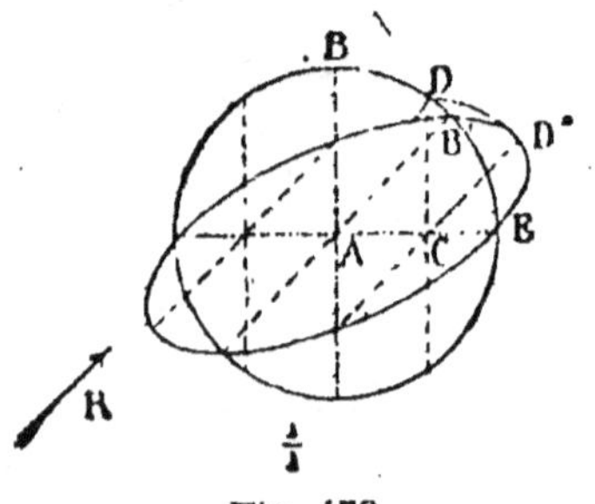

Fig. 479.

On mène diverses ordonnées AB, CD, puis on les incline parallèlement à R en conservant leurs longueurs AB′ = AB, CD′ = CD, etc.; la courbe obtenue est une ellipse. Lorsque le rapport est différent de l'unité, on prend AB′ telle que $\dfrac{AB'}{AB}$ égale le rapport donné. On joint BB′, et par l'extrémité D de chaque ordonnée on mène une parallèle DD′ à BB′.

599. Emploi de la perspective cavalière. La perspective cavalière donne une image assez exacte de l'aspect qu'offrent les corps, et fournit en même temps tous les éléments nécessaires pour les construire. On emploie la perspective cavalière pour représenter les voussoirs, les assemblages. Le résultat est satisfaisant lorsque l'angle d'inclinaison égale 45° et que le rapport de réduction égale $1/2$.

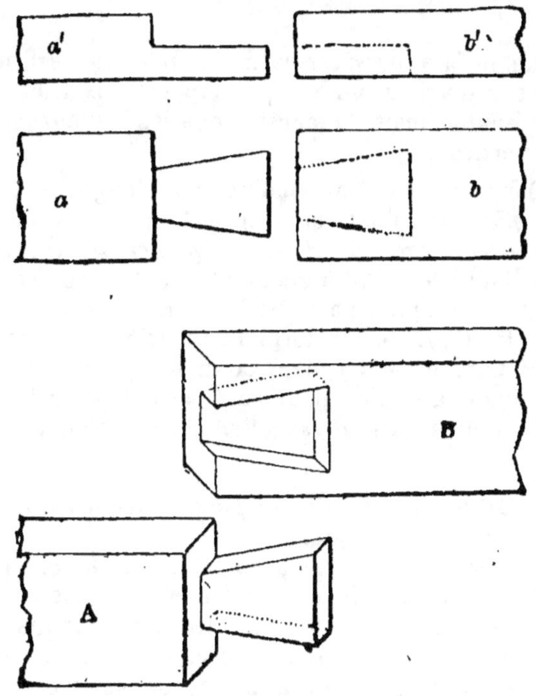

Fig. 480.

Ainsi l'assemblage à queue d'aronde à mi-bois, reproduit suivant le système des deux projections en (a, a'), (b, b'), se représente ordinairement comme A et B, en inclinant, en sens contraires, les lignes fuyantes, et en montrant la concavité de **b**.

600. *Remarque.* Dans la géométrie descriptive proprement dite, on prend deux plans de projection rectangulaires, et les points sont projetés par des perpendiculaires; aussi ce mode est appelé *projection orthogonale* de la figure donnée. D'une manière plus générale, on nomme *projection cylindrique* d'une figure sur un plan l'intersection de ce plan et d'un cylindre, dont les génératrices, parallèles entre elles, sont menées par chaque point de la figure, dans une direction quelconque.

La *projection conique* d'une figure sur un plan est l'intersection de ce plan et du cône dont les génératrices sont menées par chaque point de la figure, et par un point fixe donné pris pour sommet; la perspective linéaire sur un tableau plan est la projection conique de la figure sur ce plan. La perspective cavalière peut être considérée soit comme une *projection cylindrique oblique*, soit comme une *perspective* dont le point de vue est infiniment éloigné (voir ci-après, nᵒˢ 609 et 616).

§ X. — Perspective axonométrique.

601. Définition. La *perspective axonométrique* est une projection orthogonale sur un plan oblique par rapport aux trois dimensions du corps à représenter, mais de manière que les hauteurs soient projetées suivant des verticales.

Trièdre. Dans un corps, on distingue la longueur, la largeur et la hauteur. Le *plan* de l'objet est la projection sur un plan parallèle à la longueur et à la largeur; l'*élévation principale* est une projection sur un plan parallèle à la longueur et à la hauteur; l'*élévation latérale* s'obtient sur un plan parallèle à la largeur et à la hauteur.

Les trois plans principaux forment un trièdre tri-rectangle; or, si l'on coupe ce trièdre par un plan, de manière à obtenir une pyramide triangulaire ayant la section pour base, et si l'on projette le corps sur cette base, on obtiendra la *perspective axonométrique* du corps considéré.

602. Axes. On nomme *axes de la perspective* les projections des trois arêtes du trièdre tri-rectangle.

Les axes divisent l'espace plan en trois angles dont la somme vaut quatre droits, et chacun de ses angles est compris entre un et deux droits. Les trois angles sont égaux entre eux, lorsque les trois arêtes sont également inclinées sur le plan sécant; on peut avoir deux angles égaux entre eux et différents du troisième, ou bien trois angles inégaux.

603. Échelles. La projection d'une longueur d'arête égale à l'unité est l'unité de l'échelle pour la dimension correspondante; il y a donc généralement trois échelles différentes : *l'échelle des longueurs*, l'échelle des *largeurs* ou *profondeurs,* et celle des *hauteurs*.

Pour mettre rapidement en perspective axonométrique un corps dont on connaît le plan, l'élévation longitudinale et l'élévation latérale, il faut se donner la direction des axes et déterminer les échelles correspondantes.

604. Détermination des échelles. Soient *ox*, *oy*, *oz*, les axes donnés (fig. 481). Le point *o* doit être la projection du sommet d'un trièdre tri-rectangle; or on sait que le point de concours des hauteurs d'un triangle acutangle peut toujours être considéré comme la projection du sommet d'un trièdre tri-rectangle, dont les faces passeraient par les côtés du triangle, et dont les arêtes se projetteraient sur les hauteurs de ce même triangle; ainsi on peut mener une droite quelconque *bc* perpendiculaire à *oz*; du point *b* abaisser une perpendiculaire *bfa* sur *ox* et joindre *ac*; cette ligne sera perpendiculaire à *bo*, car *ad* et *cf* sont les hauteurs du triangle *abc*; donc la ligne *boe*, menée par le point de concours des deux premières perpendiculaires, est la hauteur relative au troisième côté.

Pour avoir le sommet du trièdre, menons un plan par *ad* perpenpendiculairement au triangle *abc*, et rabattons le plan sécant *a'o'd'*. La droite *ao* de l'espace est perpendiculaire à la face *boc*; donc, dans le rabattement, les droites projetées en *a'o'* et *o'd'* doivent être perpendiculaires l'une à l'autre. Ainsi, sur *a'd'* comme diamètre, il faut décrire une demi-circonférence et projeter le point *o* en *o'*.

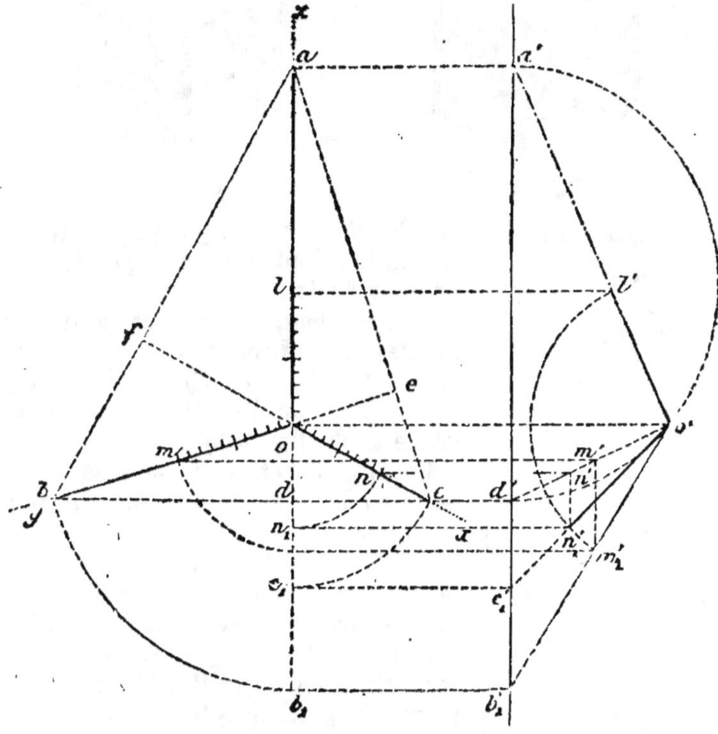

Fig. 481.

On amène *ob* en *ob₁*, puis *o'b'₁* est la vraie longueur de l'arête projetée en *ob*. De même *o'c'₁* est la vraie grandeur de l'arête *oc*.

Du point *o'* comme centre, avec un rayon égal à l'unité de longueur, on décrit un arc *l'm'₁n'₁* afin de prendre des longueurs égales sur chaque arête; puis on détermine *m'*, *n'* et on abaisse les perpendiculaires *l'l*, *m'm*, *n'n*. Les unités de projection sont : *ol* pour les hauteurs, *om* pour les longueurs, *on* pour les largeurs.

On peut diviser chaque unité en dix parties égales, et on obtient les trois échelles demandées.

Afin de déterminer *n* avec précision, on peut projeter *n'₁* en *n₁*, et reporter *on₁* en *on*.

605. Perspective d'un cube. Soit à mettre en perspective un cube ayant l'unité pour arête.

Par un point *o*, on mène des droites parallèles aux directions données, et l'on prend les longueurs *ol*, *om*, *on*, sur les échelles relatives aux trois dimensions.

Dans le premier exemple (fig. 482) on a supposé que *o* était le sommét antérieur du solide; dans le second exemple (fig. 483), le sommet *v* est caché par le solide.

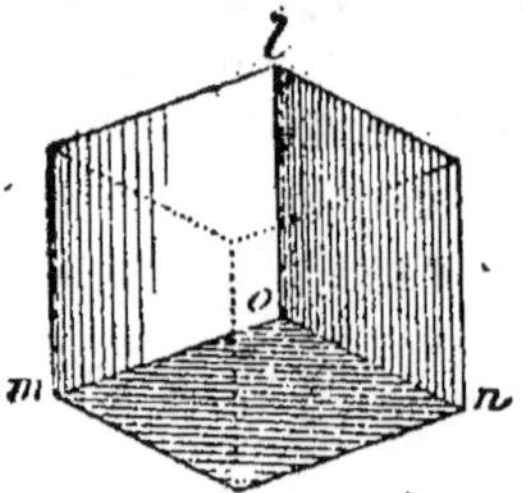

Fig. 482.

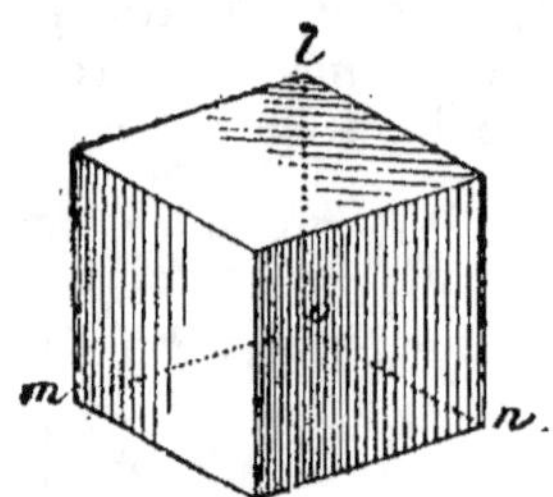

Fig. 483.

606. Perspective d'un cône. Soit à mettre en perspective un cône de révolution dont le rayon égale 1, et dont la hauteur égale 2.

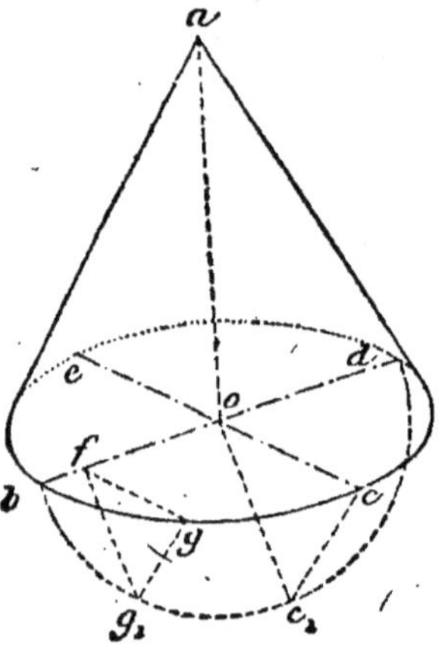

Fig. 484.

Menons *bod, coe, oa,* respectivement parallèles aux directions données. Prenons $ob = od = 1$ de l'échelle tracée sur *oy;* puis $oc = oe = 1$ de l'échelle *ox,* et $oa = 2$ de l'échelle *oz* (fig. 481).

La circonférence de base se transforme en une ellipse ayant *bd, ce,* pour diamètres conjugués.

Pour construire l'ellipse par points, on peut décrire une demi-circonférence sur le diamètre *bd,* élever des perpendiculaires oc_1, fg_1; par *f* et g_1, mener des droites respectivement parallèles à *oc* et à c_1c. Le point *g* appartient à la courbe.

607. Avantages de la perspective axonométrique. La *perspective axonométrique* présente plusieurs avantages :

1° Elle est d'une exécution rapide; 2° elle fournit une image assez satisfaisante du corps représenté; 3° elle permet de retrouver la vraie grandeur des principales droites de ce corps.

Il suffit, en effet, de mesurer les hauteurs à l'aide de l'échelle correspondante tracée sur *oz;* les longueurs, avec l'échelle de *oy,* et les largeurs, avec celle de *ox.*

608. Variétés. La perspective axonométrique prend différents noms suivant les cas qui peuvent se présenter; elle est *anisométrique* lorsque les trois arêtes du trièdre ont des inclinaisons inégales sur le plan de projection.

La perspective est *monodimétrique* lorsque deux arêtes ont des inclinaisons égales.

La perspective est *isométrique* lorsque les trois arêtes ont même inclinaison. Dans ce cas, les axes de la perspective font entre eux des angles de 120 degrés, et une seule échelle suffit pour les trois dimensions.

CHAPITRE IV

SYSTÈMES DIVERS DE PROJECTIONS

§ I. — Projection cylindrique.

609. Définition. On nomme *projection cylindrique* d'une figure, sur un plan de projection, l'intersection du plan donné et d'un cylindre dont les génératrices, parallèles entre elles, sont menées par les différents points de la figure.

La projection cylindrique peut être *orthogonale* ou *oblique*. Elle est *orthogonale* lorsque les projetantes sont perpendiculaires au plan de projection, et *oblique* dans le cas contraire.

Les trois premières parties des *Éléments de Géométrie descriptive* ne traitent que de la *projection orthogonale;* mais le chapitre ɪ de la IVᵉ partie (nᵒˢ 496 à 522, excepté 514 et 515) se rapporte aux *projections obliques.*

610. Direction des projetantes. L'emploi des projections obliques ne diffère point du tracé des ombres déterminées par des rayons parallèles (nᵒ 503); de même qu'il faut faire connaître la direction du rayon lumineux, il faut indiquer la direction des projetantes obliques que l'on choisit, ou qui sont imposées par le problème.

Quand la direction des projetantes obliques est complètement arbitraire; on profite de cette indétermination pour faire choix de la direction qui donne les constructions les plus simples.

Ainsi la 2ᵉ *construction* (nᵒ 612), donnée pour le problème ci-après, est plus simple que la première (nᵒ 611).

Problème.

611. *Déterminer les traces d'une droite de profil, connaissant les projections de deux points de cette droite.*

1ʳᵉ *Construction.* Soient (a, a') et (b, b') les points donnés (fig. 485). Menons par a et a' deux droites quelconques; par le point a_1 où la première rencontre xy, élevons une perpendiculaire a_1A. Le point A, trace verticale de la droite $(aa_1, a'A)$, est la *projection oblique* verticale du point donné (a, a'), la projetante ayant pour projections orthogonales $a'A$ et aa_1.

Par (b, b') on mène une parallèle $(b'B, bb_1)$ à cette projetante, et l'on obtient AB pour projection oblique de la droite $(ab, a'b')$ sur le plan vertical.

V est la trace **verticale** demandée. La trace horizontale supposée connue aurait une projetante dont la projection verticale passerait par h'; donc il faut mener, par ce point h', une parallèle $h'H$ à $a'A$, puis H donne h_1 sur xy; et la droite h_1h, parallèle à la ligne a_1a, fait connaître la trace horizontale h.

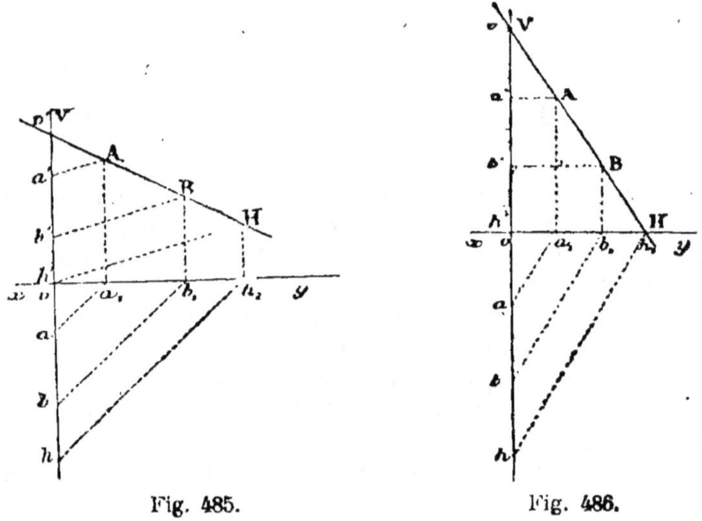

Fig. 485.   Fig. 486.

612. 2° *Construction*. Pour obtenir une construction plus simple il suffit de choisir des projetantes parallèles à l'un des plans de projection, au plan H, par exemple.

Le résultat que l'on obtient ainsi (fig. 486) rappelle l'emploi du plan de profil, rabattu sur le plan vertical de projection (n° 49). D'ailleurs, pour obtenir le rabattement même de la droite, il suffirait de mener aa_1 inclinée à 45° sur xy.

Remarques. I. La facilité de mener aa_1 sous une inclinaison quelconque permet de rester dans les limites de l'épure, dans le cas même où le rabattement du plan de profil ne saurait trouver place dans le cadre du dessin.

II. On procède d'une manière analogue à la précédente pour les questions qui demanderaient le rabattement d'un plan de profil. En voici un exemple:

Problème.

613. *Déterminer le point où une droite de profil rencontre un plan.*

Soient la droite $(ab, a'b')$ et le plan $P\alpha P'$.

Afin d'obtenir une épure simple, prenons pour projetantes obliques des lignes de front parallèles au plan donné : tous les points du plan se projettent sur la trace horizontale αP.

Quant à la droite donnée, le point (a, a') se projette obliquement en A sur le plan horizontal, (b, b') donne B; donc C est la projection oblique du point d'intersection : par C menons une ligne de front, afin d'obtenir les projections orthogonales c et c' du point demandé.

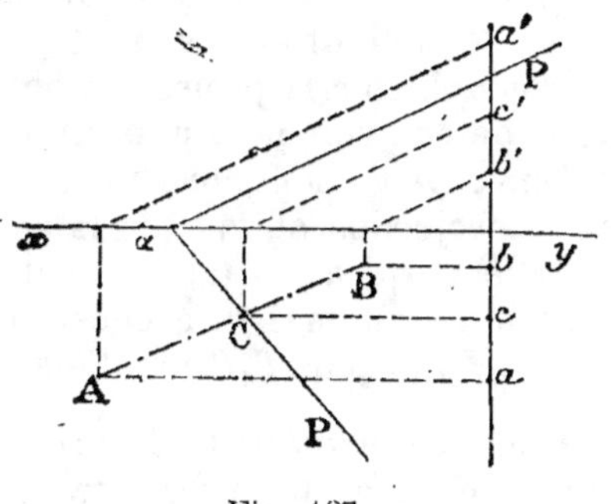

Fig. 487.

Problème.

614. *Déterminer l'intersection d'une pyramide par un plan quelconque.*

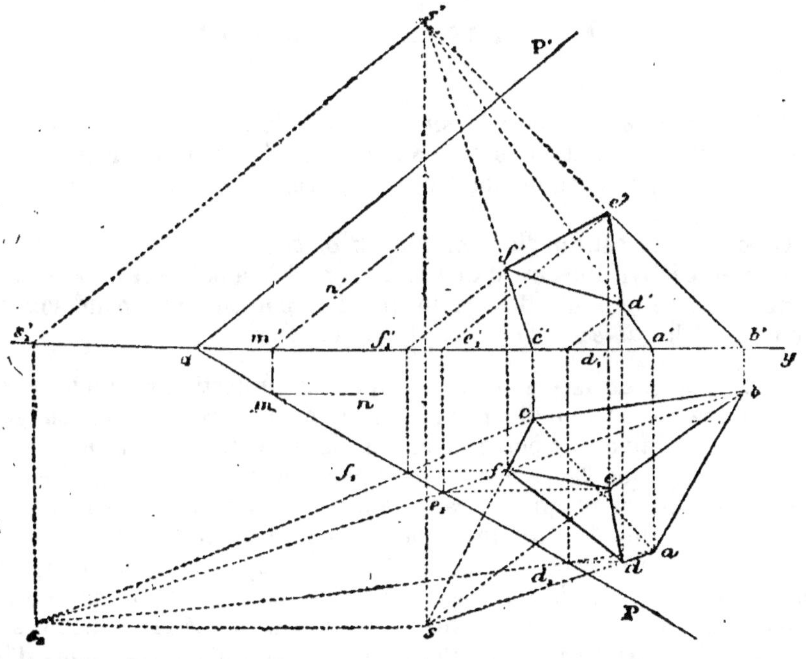

Fig. 488.

En projetant obliquement la section par des droites contenues dans le plan PαP′, tous les points de la section auront leur projection horizontale sur αP, trace horizontale du plan sécant; des projections obliques ainsi obtenues, on passera facilement aux projections orthogonales de la section.

Pour indiquer la direction des projetantes obliques, *on peut prendre une droite quelconque du plan* PαP$'$; choisissons, par exemple, une droite de front (mn, $m'n'$), ou mieux αP$'$.

Pour obtenir la projection oblique de la pyramide, il faut déterminer celle de son sommet; par suite, menons la droite (ss_1, $s's'_1$) parallèle à (mn; $m'n'$). Joignons s_1 aux points a, b, c. On obtient ainsi $d_1e_1f_1$ pour projection oblique de la section sur le plan horizontal; donc une parallèle d_1d à xy fait connaître d, et par suite d', etc. Le point f déterminerait mal f', à cause de l'obliquité des lignes; mais on peut mener $f_1f'_1$, puis f'_1f' parallèle à $m'n'$.

615. *Remarques.* I. Ce procédé que l'on peut regarder comme un quatrième moyen de résoudre une question connue, est assez analogue au 3ᵉ (nᵒ 251); il donne cependant une construction plus simple, et laisse toute liberté de déterminer la position des constructions auxiliaires (s_1, abc).

II. On peut recourir utilement aux *projections obliques* pour déterminer les sections planes du prisme, du cylindre, de la pyramide et du cône.

§ II. — Projection conique.

616. **Définition.** La *projection conique* d'une figure, sur un plan donné, est l'intersection de ce plan avec le cône dont les génératrices sont menées par chaque point de la figure et par un point fixe pris pour sommet.

Ce point fixe est appelé *centre de projection*.

La perspective linéaire d'une figure (nᵒˢ 536 à 596) est la projection conique de cette figure, lorsqu'on prend le *point de vue* pour sommet du cône et le *tableau* pour plan de projection.

617. **Emploi de la projection conique.** La projection conique fournit à la géométrie pure un admirable instrument de recherches; en géométrie descriptive, elle pourrait être utilisée à peu près dans les mêmes circonstances que la projection oblique; néanmoins l'emploi en est plus restreint, parce que le tracé de la projection conique est souvent plus long et plus difficile que celui de la projection cylindrique.

Nous donnerons cependant quelques exemples élémentaires, afin que l'on se familiarise avec ce mode de représentation des corps; puis nous indiquerons les vraies applications de cette méthode à la géométrie descriptive, en l'utilisant pour déterminer les points d'intersection d'une droite et d'une surface du second degré. Nous l'avons même employée déjà pour déterminer les points où une droite rencontre une sphère (2ᵉ *moyen*, nᵒ 393), mais sans recourir aux termes usités en *projection conique*.

Problème.

618. *Déterminer l'intersection d'un plan quelconque et d'une droite de profil.*

Soient $(ab,\ a'b')$, $P\alpha P'$, la droite et le plan donnés.

1ʳᵉ *Construction.* Projetons coniquement, sur le plan horizontal, la droite donnée et la droite $(cd,\ c'd')$ suivant laquelle le plan $P\alpha P'$ est coupé par le plan de profil $a'b$ (fig. 489).

Pour *centre projectif* prenons un point $(s,\ s')$; lorsque ce point appartient au point vertical, on détermine cd_1 en menant $s'd'd'_1$, car (d,d') devient $(d_1,\ d'_1)$, et le point c est lui-même sa projection.

Déterminons la projection conique a_1b_1 de la droite donnée. Le point i_1 est la projection conique de l'intersection demandée; il faut déterminer i'_1, puis mener $(si_1,\ s'i'_1)$, afin d'obtenir $(i,\ i')$.

619. 2ᵉ *Construction.* La construction se simplifie lorsqu'on prend le point (s, s') sur la trace $\alpha P'$ (fig. 490).

En effet, tous les points du plan, et en particulier l'intersection

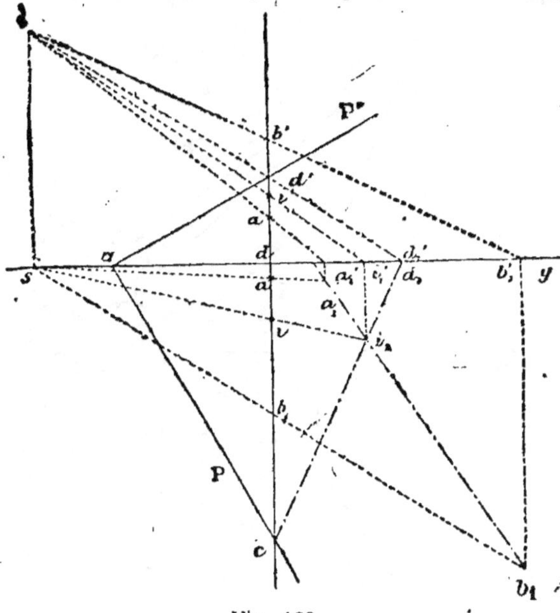

Fig. 489.

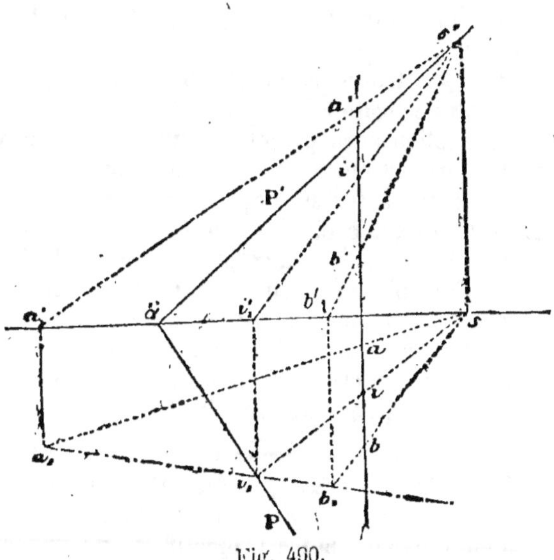

Fig. 490.

de $P\alpha P'$ avec le plan de profil $bab'a'$, sont projetés coniquement sur αP; la droite $(ab,\ a'b')$ devient a_1b_1, et le point i_1, obtenu directement, fait connaître i'_1 et enfin l'intersection demandée $(i,\ i')$.

Problème.

620. *Déterminer la section d'une pyramide triangulaire par un plan quelconque.*

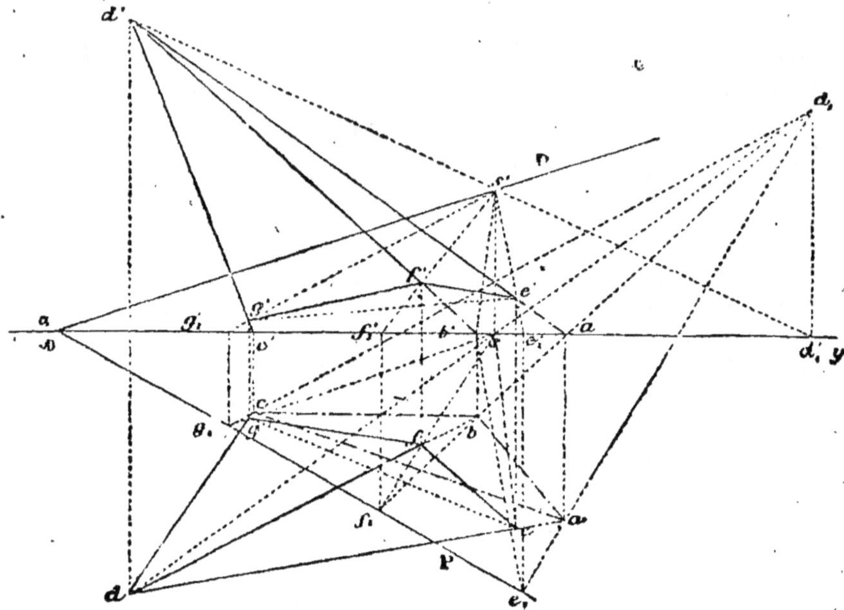

Fig. 491.

Soit la pyramide ($abcd$, $a'b'c'd'$) dont la base ABC est sur le plan horizontal.

Pour centre de la projection conique, prenons un point (s, s') de la trace verticale αP′ du plan donné.

La section sera projetée coniquement suivant αP. Il faut déterminer la projection de la pyramide sur le plan H.

Le sommet devient (d_1, d'_1); donc il faut mener d_1ae_1, d_1bf_1, d_1cg_1. La section est projetée suivant $e_1f_1g_1$; mais, de cette projection conique, il faut passer aux projections orthogonales. Pour cela on mène se_1, et l'on obtient e sur ad, puis une ligne de rappel ee' détermine e' sur $d'a'$. On peut aussi projeter e_1 en e'_1 sur xy et joindre s' à e'_1.

On trouve (e_1q, $e'f'g'$) pour section.

Pour la ponctuation, nous avons supposé que le plan PαP′ était opaque et qu'on ne voyait directement que la pyramide partielle DEFG.

621. *Section d'un prisme.* Pour projeter coniquement un prisme dont abc serait la trace horizontale, le moyen le plus simple consiste à mener par le centre projectif (s, s') une droite parallèle aux arêtes latérales de ce prisme, et si d_1 est la trace horizontale de cette ligne, on obtient les projections demandées en joignant d_1 à chaque sommet de la base abc.

Sans recourir aux principes exposés plus complètement en perspective (n° 547), on reconnaît facilement que les droites d_1a, d_1b, d_1e sont les traces horizontales des plans menés par chaque arête latérale et par le centre projectif (s, s').

Problème.

622. *Déterminer les points d'intersection d'une droite et d'un ellipsoïde à trois axes inégaux.*

Soient $(ab, a'b')$ la droite donnée, $(dse, d'a'b'e')$ et $(dhke, d'h'e')$ le méridien principal et l'équateur de l'ellipsoïde.

Les sections déterminées sur une surface du second degré par deux plans perpendiculaires à l'un des plans de projections, sont situées sur un même cône, dont le sommet est dans le plan du contour apparent relatif au plan de projection considéré.

Afin de projeter coniquement, sur l'équateur, la section elliptique que détermine le plan projetant $a'b'$, menons $d'a'$ et $e'b'$; on obtient s'_1, puis une ligne de rappel donne s, sur le plan du méridien principal : le point (s, s') est le centre de la projection conique.

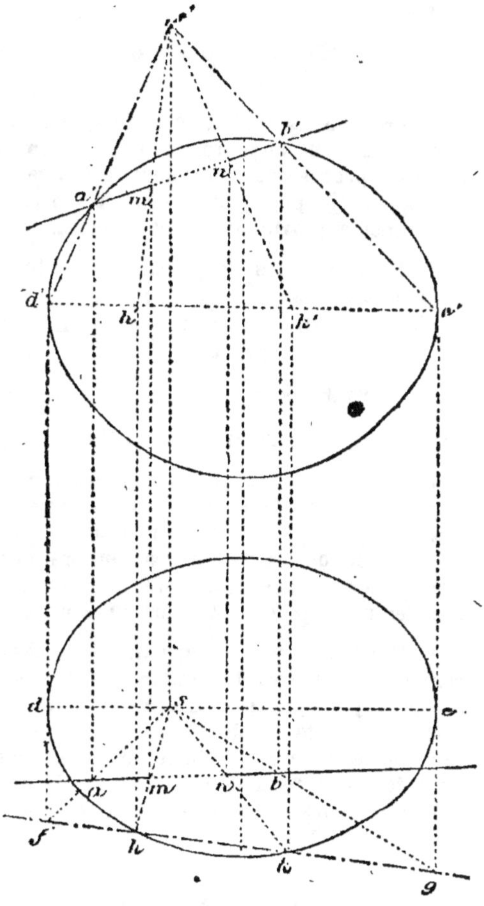

Pour projeter du centre (s, s') la droite donnée $(ab, a'b')$ sur le plan de l'équateur, il suffit de déterminer les traces, sur ce plan, des droites SA, SB. On trouve ainsi la droite fg pour intersection du plan de l'équateur avec le plan SAB. Ce plan SAB coupe donc le cône S. DHE suivant les génératrices dont sh, sk sont les projections horizontales; ce qui permet de déterminer $s'h'$ et $s'k'$.

Or sh rencontre ab en m, et $s'h'$ coupe $a'b'$ en m'; donc (m, m') est un des points d'intersection; (n, n') est le second point.

Remarque. m et m', déterminés indépendamment l'un de l'autre, doivent se trouver sur une même ligne de rappel.

Fig. 492.

PROBLÈMES DE RÉCAPITULATION

Brevet supérieur de l'Enseignement primaire.

1. Trois points dont les cotes respectives sont 1 m., 3 m., 5 m., se projettent horizontalement aux trois sommets d'un triangle équilatéral de 2 mètres de côté ; on propose de déterminer, par une construction graphique, la projection d'une ligne de plus grande pente du plan qui passerait par les trois points, et de donner approximativement la pente de ce plan. (*Académie de Dijon*, 1873.)

2. Un champ, sur un terrain en pente, a la forme d'un triangle ; les cotes, en hauteur, de ses sommets sont :

A $=$ 15 m., B $=$ 36 m., C $=$ 42 m. Les projections des côtés sur le plan horizontal ont pour longueur :

$ab =$ 225 m., $bc =$ 175 m., $ac =$ 340 m. ; en tracer le plan au $\dfrac{1}{2\,000}$, en trouver la surface et la pente. (*Académie d'Alger*, 1873.)

3. On donne deux plans, par les projections et les cotes de trois de leurs points, et on propose de figurer la projection et la pente de leur intersection. Les deux plans sont représentés par les projections ABC et ADE qui forment les sommets de deux triangles équilatéraux égaux, dont les bases sont dans le prolongement l'une de l'autre, et leurs cotes respectives sont 0, 1, 2 pour le premier plan, et 0, 3, 4 pour le second. (*Saint-Étienne, mars* 1876.)

4. Une pyramide hexagonale a sa base régulière inscrite dans un grand cercle d'une sphère de 2 mètres de rayon ; le sommet de la pyramide est sur la sphère ; la hauteur tombe sur une des grandes diagonales de la base et divise la droite en deux parties qui sont entre elles comme 4 est à 5. On propose de tracer, à l'échelle de 2 centimètres par mètre, le rabattement des six faces de la pyramide sur le plan de sa base ; toutes les constructions auxiliaires relatives à la détermination des arêtes devront figurer sur l'épure. (*Montpellier,* 1875.)

Diplôme de fin d'études de l'Enseignement spécial.

5. Par un point donné, mener une droite qui s'appuie sur deux droites données. — Épure du problème. (*Dijon,* 1872.)

6. Déterminer la section droite d'un cylindre oblique, vraie grandeur de la section et développement. (*Dijon,* 1873.)

7. Étant donnés un point et un plan, abaisser du point une perpendiculaire sur le plan. Trouver la vraie grandeur de cette perpendiculaire ; examiner le cas particulier où le plan est perpendiculaire à la ligne de terre. (*Dijon,* 1873.)

8. Section plane d'un cône droit, à base circulaire, dans le cas où le plan coupe une seule nappe du cône; vraie grandeur de la section et du développement. (*Dijon*, 1873.)

9. Intersection d'un cône droit et d'une sphère; tracé de la tangente en un point de la courbe. (*Dijon*, 1873.)

10. Déterminer l'angle de deux plans. (*Dijon*, 1873.)

11. Déterminer l'ombre portée par une sphère sur le plan horizontal. (*Dijon*, 1873.)

12. Section droite d'un cylindre oblique parallèle au plan vertical; la base est circulaire et se trouve sur le plan horizontal; tangente à la projection horizontale et au rabattement de la courbe obtenue. (*Dijon*, 1973.)

13. Étant donnés deux plans qui se coupent; mener dans le premier plan, par un point donné, une droite faisant avec le second un angle donné. (*Dijon*, 1874.)

14. Mener, par un point donné, une droite faisant des angles connus avec les plans de projection. (*Dijon*, 1874.)

15. Faire à main levée, et expliquer l'épure donnant les projections du centre de la circonférence passant par trois points, donnés par leurs projections. (*Paris*, 1873.)

16. Un prisme pentagonal doit reposer, par l'une de ses faces latérales, sur le plan horizontal de projection, de telle sorte que ses arêtes latérales fassent avec le plan vertical de projection un angle de 35°.

1° Construire les projections horizontale et verticale du prisme ;

2° Couper le prisme par un plan perpendiculaire au plan vertical de projection, et incliné de 45° sur le plan horizontal de projection;

3° Rabattre le plan sécant sur le plan horizontal de projection et construire la section en vraie grandeur.

Ponctuer les lignes servant à la construction. (*Rennes*, 1874.)

17. Une pyramide hexagonale régulière est posée en équilibre, par son sommet, sur le plan horizontal; on y inscrit une sphère et l'on demande : 1° de construire les projections de la pyramide; 2° le contour apparent sur chaque plan de projection de la sphère inscrite; 3° les projections et le rabattement, sur le plan horizontal, de la section faite dans la pyramide et dans la sphère par un plan perpendiculaire au plan vertical, faisant un angle de 45° avec le plan horizontal, et passant par le milieu de la hauteur de la pyramide. Hauteur = 0m14; rayon du cercle circonscrit à la base de la pyramide = 0m17. (*Clermont-Ferrand*, 1871.)

18. Déterminer la section d'une pyramide quadrangulaire régulière par un plan perpendiculaire à une arête latérale, et qui coupe cette ligne au tiers de sa longueur à partir du sommet. L'arête considérée n'est point parallèle au plan vertical. (*Clermont-Ferrand*.)

19. On donne deux sphères concentriques; déterminer les projections de la section de la sphère extérieure, par un plan tangent à la sphère intérieure, en un point donné de cette sphère. (*Clermont-Ferrand*.)

20. Déterminer l'intersection d'un cylindre parallèle à la ligne de terre, et d'un cône quelconque, déterminé par sa trace horizontale et les projections de son sommet. La section droite du cylindre est une courbe donnée. (*Dijon*, août 1874.)

21. On donne un plan incliné de 30° sur le plan horizontal et de 45° sur le plan vertical, et le point où ses traces rencontrent la ligne de terre; sur ce plan on construit un losange dont l'une des diagonales est parallèle au plan horizontal; elle a 0m05, et l'autre 0m10; on prend ce losange pour base d'une pyramide dont le sommet se projette au centre du losange, et qui a pour hauteur 0m15 : construire les projections de cette pyramide et la projection horizontale de la section faite par un plan horizontal passant par le centre de base; le centre du losange est à 0m04 du plan horizontal, et sur la ligne de pente qui est à 0m08 du plan vertical, cette distance étant comptée sur la trace horizontale du plan. (*Lyon, août* 1876.)

22. On donne le côté de la base d'une pyramide régulière à base carrée et l'angle formé par chaque face de la pyramide avec le plan de la base. Construire les projections de la pyramide en plaçant la base sur le plan horizontal de projection, et déterminer l'angle dièdre formé par deux faces latérales. (*Poitiers,* 1878.)

23. La trace horizontale d'un plan étant donnée, construire sa trace verticale, sachant que ce plan est à une distance donnée d'un point donné par ses projections. (*Poitiers,* 1878.)

24. On donne les projections d'un point et celles d'une droite parallèle au plan vertical; on fait tourner le point de 60° autour de la droite, et l'on demande les nouvelles projections de ce point. (*Caen,* 1878.)

25. Construire les projections d'une niche formée d'un demi-cylindre circulaire droit, ayant une hauteur égale à une demi-fois le diamètre de la base, et surmonté d'un quart de sphère de même diamètre.

La base de la niche est posée sur un plan quelconque. (*Dijon,* 1879.)

26. Étant données les traces d'un plan parallèle à la ligne de terre, et la projection horizontale d'un point de ce plan, trouver :

1° La projection verticale de ce point;

2° Le rabattement du même point, quand on suppose le plan donné rabattu sur le plan horizontal. (*Douai,* 1879.)

27. Intersection d'un cylindre oblique et d'un cône, tous deux ayant des bases circulaires situées dans le plan horizontal.

La base du cône aura un diamètre double de celle du cylindre.

Les deux bases seront tangentes à une même parallèle à la ligne de terre.

Les deux bases ne se couperont pas. (*Dijon,* 1879.)

28. Trouver la projection de l'intersection d'une pyramide régulière pentagonale dont la base est sur le plan horizontal avec un plan perpendiculaire au plan vertical.

On prendra les données suivantes :

Pyramide.
{
Le côté du pentagone qui sert de base a 0m07 de longueur.
L'un des côtés est situé sur une parallèle à la ligne de terre menée à une distance de 0m03.
Hauteur de la pyramide 0m1.
}

Plan.
{
Le plan sécant fait avec le plan horizontal un angle égal à 30°; il est à une distance de 0m05 du sommet de la pyramide. (*Bordeaux,* 1879.)
}

29. On donne quatre points aa', bb', cc', dd'. Ces quatre points sont les sommets d'un tétraèdre. On propose de construire la hauteur de ce tétraèdre qui correspond au sommet dd'. Les points aa' et bb' seront dans le plan vertical; $aa' = 4$ centimètres; $bb' = 1$ centimètre; dd' sera sur la ligne de terre, et ce'

sera à 1 centimètre au-dessus du plan horizontal et à 2 centimètres en avant du plan vertical; enfin la distance $dd'a = 4$ centimètres. $aI = 3$ centimètres et $Ib = 1$ centimètre. Le point I est la rencontre de la ligne de terre et de la projetante. (*Bordeaux*, 1879.)

30. Un prisme droit de 9 centimètres de hauteur a pour base un triangle dont chaque côté est égal à 5 centimètres, qui repose sur le plan horizontal de projection, et dont un côté AB fait un angle de 45° avec la ligne de terre, le point A étant à 6 centimètres de cette ligne vers laquelle est dirigée la ligne AB. Sur le centre du cercle inscrit à la base supérieure du prisme, repose une sphère dont le rayon est égal à celui de ce cercle inscrit.

Construire : 1° les projections du système des deux corps; 2° la section obtenue en les coupant par un plan parallèle au plan vertical de projection et passant par le point A. (*Poitiers*, 1879.)

31. Un cône droit, à base circulaire, a 7 centimètres de hauteur, et le rayon de sa base, placé sur le plan horizontal de projection, est égal à 3 centimètres. On donne la projection verticale d'un point de la surface convexe de ce cône, et on demande de déterminer la projection horizontale de ce point. On fait passer par ce même point une droite horizontale faisant un angle de 60° avec le plan vertical, et l'on propose de déterminer le second point commun à cette droite et à la surface convexe du cône. (*Poitiers*, 1879.)

32. Une pyramide régulière SABCD a pour hauteur 8 centimètres, et pour base un carré de 5 centimètres de côté qui repose sur le plan horizontal de projection. Une diagonale AC de ce carré est parallèle à la ligne de terre.

Construire les projections de la pyramide. Déterminer les projections et la vraie grandeur de la section obtenue en coupant cette pyramide par un plan perpendiculaire au plan vertical de projection et faisant avec le plan horizontal un angle de 30°. La trace horizontale de ce plan est située à 4 centimètres du point A, en dehors de la base. (*Poitiers*, 1879.)

33. Déterminer l'angle de deux droites dont l'une est horizontale et dont l'autre a une direction quelconque (*Poitiers*, 1879.)

34. Une droite étant donnée par ses projections, en même temps que deux points pris en dehors de cette droite, on propose de trouver sur la droite un point situé à égale distance des deux points donnés. (*Poitiers*, 1879.)

35. Étant données deux droites qui se coupent et un point, mener par ce point un plan parallèle au plan des deux droites. (*Montpellier*, 1879.)

36. *Dessin.* * Une sphère, ayant pour rayon 35 millimètres, repose sur le plan horizontal de projection; son centre est à 10 centimètres du plan vertical; elle est éclairée par des rayons de lumière parallèles : tracer son ombre sur le plan horizontal.

Les rayons sont parallèles à la diagonale d'un cube qui a pour arête la ligne de terre, et pour faces le plan horizontal et le plan vertical de projection. (*Rennes*, 1879.)

37. Distance d'un point à un plan dont les traces sont parallèles à la ligne de terre, le point étant donné par ses projections. (*Lille*, 1879.)

38. On donne les traces d'un plan et les projections horizontales de deux

---

* Dans certaines Commissions d'examen, l'épreuve de *géométrie descriptive* comprenait un problème ou une question théorique élémentaires, et se complétait par le tracé d'un *dessin géométrique* assez difficile.

points A et B de ce plan. Trouver les projections d'un triangle équilatéral situé dans le même plan et ayant les points A et B pour deux de ses sommets. (*Lille*, 1879.)

39. Déterminer l'intersection d'une sphère et d'un plan : la sphère a son centre sur la ligne de terre, et les traces du plan font des angles de 45° avec cette ligne de terre. (*Alger*, 1879.)

40. Étant donnés deux plans PαP$'$ et QαQ$'$, rencontrant la ligne de terre au même point α, trouver les projections de leur intersection. (*Paris*, 1879.)

41. On donne les projections horizontales et verticales de deux droites qui se coupent, et l'on conçoit un triangle formé par ces deux droites et par celle qui joint leurs traces horizontales.

On demande de construire, par la méthode des rabattements, le rayon du cercle inscrit dans ce triangle ; on déterminera aussi les projections du centre de ce cercle. (*Toulouse*, 1879.)

42. 1° Un prisme droit a pour base un carré de 3 centimètres de côté situé sur le plan vertical, de manière que son sommet le plus bas soit sur la ligne de terre et que la diagonale qui se termine à ce point soit verticale. Une pyramide régulière a pour base un hexagone de 4 centimètres de côté, dont deux côtés sont parallèles à la ligne de terre ; les arêtes latérales de la pyramide sont égales à 8 centimètres. Représenter le solide commun au prisme et à la pyramide, en indiquant par un trait fort les parties visibles de son contour, et par des lignes ponctuées les parties cachées. Les centres du carré et de l'hexagone sont sur une même perpendiculaire à la ligne de terre. (*Caen*, 1879.)

43. Expliquer et faire à main levée l'épure donnant la plus courte distance d'un point à une droite. (*Paris*, 1879.)

44. On donne un parallélépipède dont toutes les faces sont des losanges : la distance de deux arêtes opposées AD et CE est de 8 centimètres. Le solide étant placé de telle façon que le plan GBFH soit parallèle au plan vertical, la grande diagonale GH dans le plan horizontal, on demande : 1° de tracer les projections des arêtes du solide ; 2° de tracer les projections des bases et du contour apparent des doubles cônes inscrits et circonscrits au solide et dont l'axe est vertical. (*Besançon*, 1879.)

45. Une pyramide triangulaire a sa base horizontale avec des côtés égaux à 14, 15 et 16 mètres ; la face inclinée, qui a pour base le côté 14, a deux côtés inclinés longs de 17 et de 18 mètres ; celle qui a pour base le côté 15, a des côtés inclinés longs de 18 et de 19 mètres, et celle qui a pour base le côté 16, a des côtés longs de 17 et de 19 mètres.

On demande 1° de construire les trois faces inclinées en rabattement sur le plan horizontal ; 2° de mettre en projection verticale le quatrième sommet de la pyramide avec ses trois arêtes inclinées ; 3° de construire la hauteur abaissée du quatrième sommet sur la base horizontale par trois rabattements. Examiner si ces trois rabattements se vérifient et indiquer par un cercle cette vérification ; 4° calculer le volume de la pyramide. (*Grenoble*, 1879.)

46. On donne les projections d'une droite et d'un point. Trouver les traces d'un plan passant par la droite et le point. Par le premier point donné, élever une perpendiculaire à ce plan et trouver la vraie longueur de cette perpendiculaire comprise entre le point donné et le plan horizontal de projection. (*Poitiers*, 1880.)

47. On donne un plan par ses traces. Trouver les projections d'une perpendiculaire abaissée d'un point quelconque de la ligne de terre sur ce plan, et la

distance de ce point au plan ; trouver aussi la distance du pied de cette perpendiculaire au point où le plan rencontre la ligne de terre. (*Poitiers*, 1880.)

48. Un prisme droit a pour base un pentagone régulier tracé dans le plan horizontal. On coupe ce prisme par un plan quelconque. Trouver les projections de l'intersection, ainsi que sa vraie grandeur. Comment opérerait-on si le plan sécant passait par la ligne de terre ? (*Montpellier*, 1880.)

49. On donne cinq arêtes d'un tétraèdre, trouver la sixième. (*Lyon*, 1880.)

50. On donne une droite et un point par leurs projections, et on demande les traces d'une droite située dans un plan de profil passant par le point donné et rencontrant la droite donnée. (*Rouen*, 1880.)

51. Faire et expliquer l'épure du plan tangent mené à une sphère par une droite donnée.

Dessin. Tracer la courbe engendrée par un point de la circonférence d'un cercle de 3 centimètres de rayon qui roule sans glisser à l'intérieur d'un cercle de 9 centimètres de rayon. (*Caen*, 1880.)

52. Déterminer les projections d'une pyramide à base carrée ; distinguer les parties vues des parties cachées. Trouver l'ombre portée sur le plan horizontal.

Données : le carré de base est dans le plan horizontal ; l'une de ses diagonales est parallèle à la ligne de terre et a pour longueur 4 centimètres. Longueur d'une arête latérale d'une pyramide, 5 centimètres ; les rayons lumineux qui éclairent la pyramide sont parallèles à une droite contenue dans un plan de profil et faisant avec les plans de projection des angles de 45°. (*Poitiers*, 1880.)

53. Faire l'épure du lieu des points également éloignés de deux points fixes donnés dans l'espace. (*Dijon*, 1880.)

54. Étant données les traces d'un plan quelconque et les projections d'une sphère, construire les projections de leur intersection. (*Lille*, 1880.)

55. On donne un cylindre circulaire droit, reposant par sa base sur le plan horizontal. On enlève de ce cylindre une tranche correspondant à un arc de 60° ; on demande l'ombre du solide ainsi obtenu : 1° sur lui-même ; 2° sur les deux plans de projection et sur un plan donné quelconque. (*Besançon*, 1880.)

56. Deux plans étant donnés par leurs traces, construire les traces du plan bissecteur. (*Montpellier*, 1880.)

57. Déterminer l'angle que fait avec la ligne de terre une droite donnée par ses projections et coupant cette ligne de terre. (*Toulouse*, 1880.)

58. Tracer les projections d'une pyramide triangulaire, ayant son sommet sur le plan vertical et sa base sur le plan horizontal.

Couper cette pyramide par un plan passant par la ligne de terre et faisant un angle de 30° avec le plan horizontal. (*Bordeaux*, 1880.)

59. On donne dans le plan vertical une droite $a'b'$ faisant avec la ligne de terre un angle de 45° ; deux points cc' et dd' sont situés sur le plan horizontal.

Construire l'angle que font les deux plans qui passent par la droite $a'b'$ et respectivement par les points cc' et dd'.

$$a'c' = 2 \text{ centimètres} ; \qquad cc' = 6 \text{ centimètres}$$
$$a'd' = 8 \quad — \qquad dd' = 3 \quad —$$

(*Bordeaux*, 1880.)

60. Trouver l'angle de deux droites qui se coupent, l'une étant parallèle au plan vertical de projection et l'autre parallèle au plan horizontal. (*Poitiers*, 1880.)

61. Un plan étant donné par ses traces, construire les angles que fait ce plan avec les plans de projection. Trouver les projections d'une droite bissectrice de l'angle que forment les traces de ce plan. (*Poitiers*, 1880.)

62. On donne trois plans par leurs traces : le premier est perpendiculaire au plan vertical de projection ; le deuxième est perpendiculaire au plan horizontal, et le troisième parallèle à la ligne de terre.
Trouver le point d'intersection de ces trois plans. (*Poitiers*, 1880.)

63. Une droite étant donnée par ses projections, par un point pris sur cette droite, lui mener un plan perpendiculaire. Trouver la vraie grandeur de la droite qui joint ce point à celui où le plan rencontre la ligne de terre. (*Poitiers*, 1880.)

64. Un tronc de pyramide a pour base inférieure un trapèze isocèle ABCD placé sur le plan horizontal.
On a : $AB = 4c$; $AD = BC = 3c$; $DC = 2c$
La hauteur du tronc est $2c, 5$, et l'on sait que la base supérieure a pour surface la moitié de la surface de la base inférieure.
On demande :
1° Les projections du tronc de pyramide; 2° en supposant que le tronc soit creux, quelle serait la portion de l'intérieur qui serait éclairée par un flambeau placé à 4 centimètres de hauteur sur la verticale du sommet. (*Bordeaux*, 1880.)

65. Intersection d'une droite et d'un plan. On supposera les deux traces du plan en ligne droite, et la droite donnée parallèle au plan vertical. (*Poitiers*, 1881.)

Brevet de l'Enseignement spécial.

66. 1° Trouver les projections d'une sphère tangente à une droite donnée, en un point donné A, passant par un second point C, et tangente à une autre droite donnée DE, perpendiculaire au plan vertical.
Déterminer l'intersection de la sphère ci-dessus et d'une droite donnée.
2° Résoudre le problème précédent, quand la seconde droite est remplacée par une sphère donnée. (1re *partie*, Diplôme; *les deux parties*, Brevet spécial. *Dijon*, 1872.)

67. Étant donnés un cône par sa base et son sommet, un cylindre par sa base et la direction de ses génératrices, et une génératrice de chacune de ces surfaces, déterminer le centre et le rayon d'une sphère qui soit tangente à chacune de ces surfaces, en un point arbitraire de chacune des génératrices données. (*Brevet spécial. Dijon*, 1873.)

68. Section d'un cône droit par un plan perpendiculaire au plan vertical, dans le cas où la section est une hyperbole. Rabattement de la section, tangente à la projection horizontale de la courbe et à son rabattement. (*Brevet spécial. Dijon*, 1873.)

69. Un cercle étant donné par deux de ses points, l'inclinaison de son plan sur le plan horizontal, et un plan auquel il doit être tangent, trouver les points de l'intersection avec une surface de révolution dont l'axe est vertical. *Brevet spécial. Dijon*, 1873.)

70. Étant donné un ellipsoïde de révolution dont l'axe est vertical, lui mener, par un point extérieur donné, un plan tangent dont le point de contact soit : 1° sur un parallèle donné; 2° sur un méridien donné. (*Brevet spécial. Dijon*, 1873.)

71. Dessiner l'ombre portée d'une sphère sur un plan quelconque par rapport aux plans de projection. (*Brevet spécial. Dijon*, 1873.)

72. 1° Déterminer l'ombre propre d'une surface de révolution éclairée par des rayons parallèles.

2° Déterminer l'ombre d'une niche. (*Brevet spécial, examen oral. Montpellier*, 1871.)

73. On donne un tétraèdre régulier dont une base est sur le plan horizontal, on inscrit un cercle dans cette base et on fait passer, par le cercle, une sphère ayant son centre au sommet du tétraèdre; trouver l'intersection des surfaces de ces deux corps. Trouver les projections de la tangente à l'une des courbes d'intersection. On figurera les projections du solide commun, en supposant enlevée la partie du tétraèdre extérieure à la sphère, ainsi que celle de la sphère extérieure au tétraèdre. (*Brevet de l'enseignement spécial. Dijon*, 1874.)

74. Intersection d'un cylindre creux, à bases circulaires et concentriques, par un cylindre vertical à base circulaire. Dans le dessin, ce dernier est supposé transparent; faire le développement du cylindre vertical. (*Brevet spécial. Dijon*, 1874.)

75. Un cube est posé sur un plan horizontal de telle sorte qu'une de ses arêtes verticales soit dans le plan vertical. Un point lumineux L est situé dans le plan vertical, vers la droite du cube : trouver l'ombre portée sur le plan horizontal. (*Montpellier.*)

76. Construire, par les procédés de la géométrie descriptive, un tétraèdre régulier, connaissant les projections (*ab*, *a'b'*), d'une arête et la direction *xy* de la projection horizontale d'une arête contiguë à la première. (*Brevet spécial. Dijon*, 1874.)

77. Par un point donné A, mener un plan faisant avec deux droites données BC, FG des angles respectivement égaux à des angles donnés α et β. (*Brevet spécial. Dijon*, 1874.)

78. Construire l'ombre portée sur le plan horizontal par une sphère tangente à ce plan, le point lumineux étant à 0^{m}04 au-dessus de ce plan, et à une distance du centre de la sphère égale à 0^{m}025. Le diamètre de la sphère est de 0^{m}04. (*Cluny*, 1878.)

79. Construire la projection horizontale de l'intersection d'une sphère par un plan perpendiculaire au plan vertical. Tangente à cette intersection. (*Caen*, 1878.)

80. Par un point situé à 3 millimètres au-dessus du plan horizontal et à 5 millimètres du plan vertical, mener une droite faisant un angle de 45° avec le plan horizontal et de 30° avec le plan vertical.

Trouver sa plus courte distance à la ligne de terre. (*Caen*, 1879.)

81. On fait tourner un cercle incliné de 45° sur l'horizon autour de la verticale menée à l'une des extrémités du diamètre horizontal de ce cercle. On demande de construire :

1° La section méridienne de la surface engendrée;

2° Le plan tangent à cette surface en un point quelconque donné sur la circonférence génératrice;

3° La section faite par un plan arbitraire mené par le point de rencontre de l'axe avec la même circonférence. (*Cluny*, 1879.)

82. Théorie générale des intersections du cône par des plans.

Application. On donne un cercle parallèle au plan vertical et un point lumineux, chercher l'ombre portée par le cercle sur le plan horizontal.

Dessin. On donne un cône circulaire droit reposant par sa base sur le plan horizontal; on fixe au sommet un cercle égal et parallèle à la base. Chercher l'ombre propre du cône, l'ombre portée par le cercle et le cône sur le plan horizontal, l'ombre portée par le cercle sur le cône, et tracer la tangente en un point quelconque de cette ombre. Le rayon lumineux est supposé incliné à 45°. (*Dijon, 1879.*)

83. On donne une sphère et une droite parallèle au plan vertical faisant avec le plan horizontal un angle de 35°. On demande de mener par la droite un plan faisant avec le plan horizontal un angle de 45° et de trouver l'intersection de ce plan avec la sphère.

Disposition de l'épure. Le centre de la sphère sera à égale distance des deux plans de projection, de sorte que $oi = o'i = 5$ centimètres; le rayon de la sphère égale 3 centimètres; la projection horizontale de la droite sera à 6 centimètres de la ligne de terre, et la trace horizontale sera à 4 centimètres de oo'. (*Bordeaux, 1879.*)

84. Un plan fait un angle de 30° avec le plan horizontal de projection, et la trace horizontale de ce plan fait un angle de 45° avec la ligne de terre. Sur ce plan, on trace un triangle équilatéral de 5 centimètres de côté, ayant son centre de gravité à 6 centimètres de chacun des plans de projection, et l'un de ses côtés parallèle à la trace horizontale du plan donné.

Ce triangle est l'une des faces d'un tétraèdre régulier reposant sur le plan donné et situé au-dessus du plan. Construire les projections de ce tétraèdre. (*Poitiers, 1879.*)

85. Trouver l'intersection d'un ellipsoïde de révolution avec un cylindre donné; trouver les tangentes aux points de l'intersection situés sur un parallèle donné. (*Dijon, 1880.*)

86. Un cube repose sur le plan horizontal, de telle sorte que l'une des diagonales de sa base soit perpendiculaire à la ligne de terre.

On considère : 1° la sphère inscrite dans ce cube; 2° un plan perpendiculaire à la ligne de terre, dont la trace horizontale passe par les milieux de deux côtés adjacents à la base du cube; ce plan contient en outre les deux milieux de deux côtés adjacents de la base supérieure, situés à l'opposé des premiers. On demande de rabattre l'intersection de ce plan avec le cube et la sphère.

Côté du cube 0^{m}05. (*Bordeaux, 1880.*)

87. Intersection d'un cylindre de révolution et d'une sphère, dans le cas où le cylindre est tangent au plan horizontal et a ses génératrices parallèles à la ligne de terre. La sphère a son centre sur la génératrice de contact; son rayon est précisément égal au diamètre du cylindre.

On ne représentera que la moitié de la sphère située au-dessus du plan horizontal. (*Aix, 1880.*)

88. Un cube a l'une de ses arêtes ab située dans le plan horizontal, parallèlement à la ligne de terre LT. A partir du sommet a opposé au sommet b, on prend trois points m, n, p, par lesquels on fait passer un plan, et l'on demande :

1° L'angle que fait ce plan mnp avec le plan horizontal;

2° Les traces verticales des diagonales du prisme. (*Cluny, 1881.*)

89. Un paraboloïde de révolution, à axe vertical, a son foyer à 0^{m}07 au-dessus de la ligne de terre. La distance de ce foyer au sommet est 0^{m}01, et la projection horizontale du sommet se fait à 0^{m}04 de la ligne de terre. On coupe cette

surface par un plan parallèle à la ligne de terre, incliné de 30° sur le plan horizontal et dont la trace horizontale est à 0m10 de la ligne de terre. Trouver les deux projections de l'intersection, ainsi que sa vraie grandeur. (*Rennes*, 1882.)

Concours de l'Enseignement spécial.

90. Dans un plan perpendiculaire au plan vertical de projection et incliné de 30° sur le plan horizontal, on donne un carré dont le côté a 2 centimètres de longueur; deux des côtés de ce carré sont parallèles au plan vertical, et le plus rapproché en est distant de 1 centimètre; les deux autres côtés sont perpendiculaires au plan vertical, et le plus bas est dans le plan horizontal.

On prend ce carré pour base d'une pyramide régulière ayant 8 centimètres de hauteur. Construire les projections de cette pyramide, en ayant soin de distinguer les parties visibles des parties invisibles.

Supposant ensuite ce solide éclairé par des rayons lumineux parallèles, on construira le contour de l'ombre qu'il porte sur le plan horizontal. La direction du rayon lumineux est une ligne dont les deux projections sont inclinées à 45° sur la ligne de terre, et dirigées de droite à gauche. (*Concours académique. Paris*, 1878.)

91. Construire les projections de la circonférence qui passe par trois points $A_1 B_1 C_1$ pris sur la surface d'une sphère.

Le centre de la sphère est à 10 centimètres de chacun des plans de projection; son rayon est de 8 centimètres.

Les trois points $A_1 B_1 C_1$ sont situés sur la partie supérieure de la sphère; les projections horizontales des rayons menés à ces points ont pour longueurs respectives $ao = 4$; $ob = 6$; $oc = 7$; et les angles aox, box, cox, que font ces projections avec la parallèle ox à la ligne de terre, sont respectivement de 30°, 75°, 120°. (*Concours académique. Douai*, 1878.)

92. Un tétraèdre régulier, dont les arêtes ont 66 millimètres de longueur, repose par une de ses faces sur un plan POQ défini par ses traces.

L'angle $POy = 56°$; l'angle $yOQ = 23°$.

L'arête AB se projette horizontalement sur la droite hK, déterminée par les longueurs suivantes : $Oh = 55^{mm}$; $OK = 190^{mm}$.

Cela étant posé, on demande :

1° De construire les projections du tétraèdre;

2° De déterminer l'ombre portée sur le plan POQ, les rayons lumineux étant parallèles à la droite LS, située dans le plan horizontal et faisant un angle de 35° avec le plan vertical de projection. (*Grenoble et Chambéry*, 1879.)

93. On donne les projections d'un point M et les traces h et v d'une droite perpendiculaire à la ligne de terre. Déterminer sur cette droite un point N situé à une distance donnée du point M. (*Concours académique. Caen*, 1879.)

94. On donne un prisme droit à base hexagonale régulière qui repose sur le plan horizontal; par un point pris sur son axe, au-dessus de sa base supérieure et par les sommets du prisme de deux en deux, on mène trois plans qui forment un angle trièdre et qui détachent du prisme total trois pyramides triangulaires égales. On demande de faire l'épure de cette figure, avec l'ombre propre et l'ombre portée sur les plans de projection, avec les données suivantes :

Côté de l'hexagone : $a = 3$ centimètres
Hauteur du prisme : $h = 5$ —

Distance de la base supérieure au point pris sur l'axe : $\frac{1}{4}\,a\sqrt{2}$.

Deux faces du prisme sont parallèles au plan vertical, et la plus rapprochée en est distante de 4 centimètres, et l'un des trois plans formant l'angle trièdre est perpendiculaire au plan vertical.

Les projections des rayons lumineux font des angles de 45° avec la ligne de terre et viennent de gauche à droite. (*Concours académique. Paris*, 1879.)

95. Une pyramide régulière à base carrée est placée sur le plan horizontal. Les côtés de la base ont 4 mètres, et sa hauteur est de 15 mètres. On la coupe à 9 mètres au-dessus du sol par un plan horizontal, et on remplace la petite pyramide enlevée par une autre pyramide, ayant pour base le carré inscrit dans la base supérieure du tronc parallèlement aux diagonales de cette base, et pour hauteur 3 mètres. On trouve à l'échelle de 0ᵐ01 l'ombre portée sur le plan horizontal par le solide ainsi obtenu. On supposera la direction des rayons lumineux parallèle à l'un des plans diagonaux du tronc de pyramide et incliné de 60° à l'horizon. L'ombre sera indiquée par de fines hachures au tire-ligne. (*Concours pour les bourses de l'État à l'École de Cluny*, 1879.)

96. Étant donné un tétraèdre, on le coupe par un plan parallèle à deux arêtes opposées, et l'on demande de construire en vraie grandeur la section obtenue. (*Concours général spécial*, 1869.)

97. Le côté d'un cube est de 3 centimètres; un sommet du cube repose sur le plan horizontal à 2 centimètres de la ligne de terre; la diagonale du cube, qui passe par ce sommet, est verticale; une des arêtes du cube, qui part de ce même sommet, est dans un plan perpendiculaire à la ligne de terre. On demande : 1° les projections des arêtes du cube; 2° l'ombre portée par ce solide sur le plan horizontal, en supposant que les rayons lumineux sont parallèles au plan vertical de projection et fassent un angle de 45° avec le plan horizontal. (*Concours général*, 1870.)

98. On donne un tétraèdre régulier dont la base ABC repose sur le plan horizontal; le côté AB est parallèle à la ligne de terre. Par le côté BC, on mène le plan bissecteur du dièdre dont l'arête est BC. Déterminer les projections et la vraie grandeur de la section faite par ce plan dans le tétraèdre.

On prendra le côté du tétraèdre régulier égal à 4 centimètres, et la distance du côté AB à la ligne de terre égale à 2 centimètres. (*Concours général*, 1872.)

99. On donne une sphère O, une droite A et un point B; par la droite A, on mène un plan qui coupe la sphère O, suivant un cercle C, et l'on fait passer une sphère M par ce cercle et par le point B. Quel est le lieu décrit par le centre de la sphère M, lorsque le plan du cercle C tourne autour de la droite A?

On exécutera la construction du lieu, en prenant pour plan horizontal de projection le plan mené par le centre de la sphère O, perpendiculairement à la droite A, et pour plan vertical le plan mené par cette droite et par le point B. On représentera l'une des sphères M par ses contours apparents. (*Concours général*, 1873.)

100. Construire les projections et la vraie grandeur de la section faite par un plan dans un prisme oblique. Le prisme a pour base un carré ABCD de 5 centimètres de côté, situé sur le plan horizontal, et dont le côté AB, parallèle à la ligne de terre, est éloigné de cette ligne de 5 centimètres en avant du plan vertical. Pour définir la direction de ses arêtes latérales, on imagine un cube qui serait construit sur la base ABCD, au-dessus du plan horizontal : les arêtes latérales du prisme sont parallèles à la diagonale du cube, qui a pour trace horizontale le point C. Le plan sécant passe par la ligne de terre et divise en

deux parties égales le dièdre formé par la partie antérieure du plan horizontal et par la partie supérieure du plan vertical.

Après avoir construit en vraie grandeur la section demandée, on mesurera ses angles et ses côtés et l'on calculera sa surface. On donnera les résultats numériques ainsi obtenus. (*Concours général*, 1874.)

101. On donne une sphère de 4 centimètres de rayon, tangente aux deux plans de projection, et l'on demande d'y inscrire un tétraèdre régulier ayant l'un de ses sommets sur le plan horizontal et l'une de ses arêtes perpendiculaires au plan vertical.

On fait tourner ensuite le système des deux corps d'un angle de 45° autour d'une parallèle à la ligne de terre menée par le centre de la sphère, et l'on demande de construire les nouvelles projections du tétraèdre. (*Concours général*, 1875.)

102. On donne un prisme droit et une pyramide de même hauteur égale à 5 centimètres; la base du prisme est un triangle équilatéral ABC inscrit dans un cercle de 3 centimètres de rayon; la base de la pyramide est un triangle équilatéral DEF inscrit dans le même cercle, le point D étant diamétralement opposé au point A; le sommet de la pyramide est sur l'arête latérale du prisme qui passe par le point A.

On prend pour plan horizontal le plan du cercle; pour ligne de terre une perpendiculaire au diamètre AD, situé à 5 centimètres du centre, et du même côté que le point D par rapport à ce centre.

Représenter les deux solides par leurs projections, ainsi que les projections de l'intersection; puis, transportant la figure parallèlement à la ligne de terre, de 3 centimètres vers la droite, représenter par ses projections le solide commun au prisme et à la pyramide. (*Concours général*, 1876.)

103. On donne dans le plan vertical de projection un hexagone régulier, dont un côté, égal à 4 centimètres, coïncide avec la ligne de terre. Cet hexagone est l'une des bases d'un prisme oblique dont les arêtes sont horizontales et forment un angle de 60° avec la ligne de terre; la seconde base du prisme est dans un plan parallèle au plan vertical, situé à 12 centimètres en avant de ce plan. Sur la face supérieure du prisme repose une sphère qui a 4 centimètres de rayon, et qui touche le plan de la face supérieure du prisme au centre du parallélogramme formé par cette face.

On demande de représenter le système de ces deux corps solides et de dessiner leurs ombres propres : l'ombre portée par la sphère sur le prisme et les ombres portées par les deux corps sur les plans de projection.

On supposera le système éclairé par la lumière dite à 45°. (*Concours général*, 1877.)

104. Un cube de 8 centimètres de côté est posé par l'une de ses faces ABCD sur le plan horizontal. Par les milieux de deux côtés contigus de cette face (AB et BC), et par le centre du cube, on fait passer un plan. On demande de construire en vraie grandeur la section déterminée dans le solide par ce plan. (*Concours général*, 1878.)

105. Une sphère O, de 3 centimètres de rayon, est tangente à la fois aux deux plans de projection. Dans le plan vertical de projection, on prend un point S à 8 centimètres au-dessus de la ligne de terre et dans le plan de profil qui passe par le centre O de la sphère; ce point S est le sommet d'un cône circonscrit à la sphère : cela posé, on demande :

1° De construire les projections du cercle de contact du cône avec la sphère et le rabattement de ce cercle sur le plan vertical en vraie grandeur;

2° De construire la courbe d'intersection de ce cône avec le plan horizontal. (*Concours général*, 1879.)

Agrégation de l'Enseignement secondaire spécial.

106. Déterminer l'ombre portée sur le plan horizontal par une hélice à axe vertical, lorsque les rayons lumineux sont tangents à cette hélice. Faire voir que cette ombre portée est une cycloïde. (*Agrégation*, 1874.)

107. Construire l'intersection d'une surface gauche à plan directeur par un plan perpendiculaire au plan vertical de projection.

Le plan directeur sera le plan horizontal ; les directrices seront deux droites, l'une perpendiculaire au plan horizontal, l'autre parallèle au plan vertical.

On construira les tangentes à la courbe en deux de ses points situés sur les directrices. (*Agrégation*, 1878.)

108. Déterminer la perspective d'une hélice cylindrique sur un plan perpendiculaire à l'axe de l'hélice. (*Agrégation*, 1879.)

109. On donne deux plans verticaux se rencontrant sous un angle quelconque. Par un point de leur intersection, on fait passer une série de plans coupant les deux premiers suivant deux droites perpendiculaires l'une à l'autre.

Construire la trace horizontale du cône, enveloppe de ces plans, et reconnaître la nature de ce cône. (*Agrégation*, 1880.)

110. Si sur les cordes d'une ellipse, menées parallèlement à une direction donnée, on décrit des circonférences, l'enveloppe de celles-ci sera une ellipse.

Pour démontrer et développer cette proposition, on considérera l'ellipse donnée comme la projection oblique sur un certain plan du contour d'une sphère.

On fera une épure ou croquis de la figure, à main levée. (*Agrégation*, 1881.)

111. Étant donné un conoïde dont les génératrices sont tangentes à une sphère, parallèles à un plan donné en même temps qu'elles s'appuient sur une droite perpendiculaire à ce plan, construire :

1° La courbe de contact avec la sphère ;

2° Le plan tangent en un point quelconque pris sur cette surface gauche. (*Agrégation*, 1881.)

112. Dans un plan PαP′ perpendiculaire au plan vertical et faisant un angle β avec le plan horizontal, on décrit une circonférence sur la portion AB de la trace horizontale αP, prise comme diamètre. Construire la surface engendrée par ce cercle tournant autour d'un axe vertical, dont la projection horizontale C divise le diamètre en deux parties, telles que

$$\frac{AC - CB}{AC + CB} = \sin \beta$$

Pour représenter les projections du corps ainsi engendré, on supposera que la partie située au-dessus du plan PαP′ a été supprimée. (*Agrégation*, 1882.)

Baccalauréat ès sciences.

113. Construire le rabattement, sur le plan horizontal, d'un point donné que l'on fait tourner autour d'un axe parallèle au plan horizontal. (*Dijon*, 1872.)

114. Deux points A et B étant donnés par leurs projections, déterminer, sur le plan vertical, un point M dont les distances aux points A et B soient respectivement égales à deux longueurs données l et l' ; discuter le problème. (*Dijon*, 1873.)

115. Les traces d'un plan sur les plans de projection font avec la ligne de terre des angles donnés, savoir : 30° pour la trace verticale, et 45° pour la trace horizontale. On demande la grandeur des angles formés par ce plan avec les plans de projection et avec un plan de profil. (*Dijon, 1873.*)

116. Une droite étant donnée par ses traces sur les plans de projection, on demande de construire les traces du plan passant par cette droite et faisant un angle donné avec le plan qui la projette sur le plan horizontal. (*Baccalauréat. Dijon, 1873.*)

117. Étant donnés une droite dans le plan vertical et un point dans l'espace, on demande de déterminer une droite passant par ce point, s'appuyant sur la droite donnée et telle que le segment rectiligne compris entre sa trace horizontale et le point donné soit double de celui qui est compris entre le même point et sa trace verticale. On indiquera les conditions qui doivent être remplies pour que le problème soit impossible ou indéterminé. (*Dijon, 1874.*)

118. Démontrer que pour qu'un angle droit se projette en vraie grandeur, il faut et il suffit que l'un de ses côtés soit parallèle au plan de projection. (*Caen, 1885 ; Alger, 1887 ; Nancy, 1887 et 1889 ; Lille, 1887 et 1889.*)

119. Démontrer que pour qu'une droite soit perpendiculaire à un plan, il faut et il suffit que ses projections soient perpendiculaires aux traces de même nom du plan. (*Caen, 1885 ; Lille, 1885 ; Grenoble, 1887 ; Nancy, 1888.*)

120. Intersection d'une droite avec un plan donné par deux droites concourantes. (*Lille, juillet 1886.*)

121. Intersection d'un plan quelconque avec un plan passant par xy et un point. (*Paris, juillet 1889.*)

122. Trouver l'intersection d'un plan passant par xy et un point du second dièdre, avec un plan défini par sa trace horizontale et par l'angle qu'il fait avec le plan horizontal. (*Nancy, juillet 1888.*)

123. Trouver la projection verticale d'un point dont on connaît la projection horizontale, sachant que ce point appartient au plan déterminé par une droite et un point donnés. (*Lille, juillet 1887.*)

124. Une droite située dans un plan de profil étant donnée par les projections de deux de ses points, construire les traces d'une parallèle à cette droite, menée par un point extérieur donné. (*Dijon, novembre 1879.*)

125. Une droite étant donnée par ses projections, construire les projections de ceux de ses points qui sont équidistants du plan horizontal et du plan vertical. (*Dijon, novembre 1881.*)

126. On donne deux droites AB et CD par leurs projections et un point O sur la ligne de terre. Trouver l'intersection du plan qui passe par la droite AB et le point O, avec le plan qui passe par CD et qui est parallèle à la ligne de terre. (*Ajaccio, juin 1885.*)

127. On donne trois points A, B, C par leurs projections. On demande la distance au point C, d'un quatrième point situé dans le même plan et donné par sa projection horizontale m. (*Marseille, octobre 1885.*)

128. Distance d'un point à un plan. (*Tournon, juillet 1889.*)

129. Distance d'un point de la ligne de terre à un plan donné. (*Bordeaux, avril 1886.*)

130. Distance d'un point donné à une droite donnée. (*Paris, octobre 1885 et mai 1886 ; Grenoble, avril 1886.*)

131. Distance d'un point donné à une droite de profil donnée par ses traces. (*Caen, octobre* 1886.)

132. Angle de deux droites. (*Lille, juillet* 1887.)

133. Bissectrice de l'angle de deux droites concourantes. (*Tournon, juillet* 1886.)

134. Construire l'angle de deux droites données ; l'une est horizontale, l'autre est de front. (*Saint-Denis (Réunion), novembre* 1885.)

135. Angle de deux droites qui se coupent sur la ligne de terre. (*Lille, juillet* 1885.)

136. Angle d'une droite quelconque avec la ligne de terre. (*Paris, avril* 1888.)

137. Angle d'une droite et d'un plan. (*Besançon, avril* 1885.)

138. On donne par ses traces un plan Q et la projection horizontale p d'un point P, situé à une distance d de Q. Trouver la projection verticale p' de P. (*Paris, avril* 1883.)

139. Sur une droite donnée par ses projections, déterminer un point dont la distance à un plan donné par ses traces soit égale à une longueur donnée. (*Dijon, avril* 1879.)

140. Quel est le lieu géométrique des points situés à égale distance de trois points donnés ? Mettre en épure. (*Dijon, juillet* 1878.)

141. On donne les projections de trois points, et l'on demande de déterminer dans le plan horizontal un point équidistant des trois points dont il s'agit. (*Dijon, juillet* 1883.)

142. Construire les projections des pieds de la perpendiculaire commune à la ligne de terre et à une autre droite donnée par ses projections. (*Dijon, juillet* 1881.)

143. Angle de deux droites qui se coupent sur la ligne de terre et qui sont dans un même plan passant par xy. (*Dijon, novembre* 1883.)

144. Une droite située dans le plan horizontal de projection fait avec la ligne de terre l'angle a ; une droite située dans le plan vertical de projection fait avec la ligne de terre l'angle b. On demande le cosinus de l'angle des deux droites. (*Dijon, juillet* 1885.)

145. On donne un plan par ses traces, qui font avec la ligne de terre des angles α, β. On demande de calculer l'angle que ces traces font entre elles. (*Dijon, novembre* 1887.)

146. Deux droites se rencontrent, et l'on donne : 1° leurs traces horizontales ; 2° leurs projections horizontales ; 3° l'angle qu'elles forment entre elles. Construire les projections verticales de ces droites. (*Sorbonne, avril* 1880.)

147. Un plan étant donné par ses traces sur les plans de projection, construire l'angle qu'il fait avec la ligne de terre. (*Dijon, avril* 1881.)

148. On donne un plan par ses traces. Construire les projections des bissectrices des angles de ces traces. (*Sorbonne, juillet* 1880.)

149. Les traces d'un plan également inclinées sur la ligne de terre font un angle α avec cette ligne ; déduire de la construction qui donne l'inclinaison du

plan donné sur les plans de projection, la tangente de cette inclinaison. — Application au cas où $\alpha = 60°$. (*Poitiers, novembre 1889.*)

150. On donne dans le plan horizontal de projection deux droites concourantes ab, ac; et on demande de construire les projections d'une troisième droite passant par le point a, qui ait ab pour projection horizontale, et fasse avec ac un angle donné ω. (*Dijon, avril 1888.*)

151. Deux droites étant données dans le plan horizontal, de manière à se couper sur la ligne de terre, on fait tourner la seconde autour de la première, à laquelle on la suppose invariablement attachée, jusqu'à ce qu'elle devienne parallèle au plan de profil, et l'on demande de construire les traces du plan qui passe par la première droite et par la seconde considérée dans cette nouvelle position. (*Dijon, juillet 1884.*)

152. Un point et une droite étant donnés par leurs projections, on demande de construire les projections d'une droite passant par le point donné et rencontrant la droite donnée sous un angle donné. (*Dijon, novembre 1876; Chambéry, juillet 1886.*)

153. Étant donnés une droite et un point situé en dehors, mener par le point une droite faisant avec la première un angle donné. (*Dijon, avril 1878.*)

154. Construire l'angle formé par une droite horizontale donnée et par le plan déterminé par la ligne de terre et un point donné. (*Nancy, juillet 1885.*)

155. Angle de deux plans. (*Caen, avril 1886.*)

156. Angle de deux plans dont les traces horizontales sont parallèles. (*Paris, mai 1885.*)

157. Trouver l'angle de deux plans parallèles à la ligne de terre. (*Paris, octobre 1885, et mai 1889.*)

158. Construire l'angle formé par le plan bissecteur du premier dièdre avec un plan vertical faisant un angle de 45° avec le plan vertical de projection; et démontrer que cet angle égale 60°. (*Caen, octobre 1886.*)

159. Connaissant la trace verticale d'un plan, déterminer sa trace horizontale de manière qu'il fasse un angle donné avec le plan horizontal de projection. (*Poitiers, avril 1889.*)

160. On donne les traces $P\alpha P'$, $Q\alpha Q'$ de deux plans se coupant sur xy. 1° Construire les projections de l'intersection de ces deux plans; 2° construire l'angle de ces deux plans. (*Dijon, avril 1880.*)

161. Construire l'angle de deux plans donnés par leurs traces dans le cas où les deux plans se coupent sur la ligne de terre. (*Dijon, juillet 1882, juillet 1883, juillet 1884.*)

162. Deux plans étant donnés par leurs traces, construire les traces de l'un des plans bissecteurs de l'un des dièdres qu'ils forment. (*Dijon, novembre 1877.*)

163. On donne une droite D et deux points P et Q; par la droite et ces deux points on fait passer deux plans qui forment un dièdre, dont on demande les plans bissecteurs. (*Besançon, juillet 1885.*)

164. Un point du plan horizontal de projections étant donné par ses projections, déterminer les nouvelles projections de ce point, lorsqu'il a effectué une rotation de 180° autour d'un axe qui n'est parallèle à aucun des plans de projection. (*Dijon, juillet 1876.*)

165. Un cercle est donné par les projections de l'un des points de sa circonférence et par celle de son axe; construire les traces et les extrémités du diamètre perpendiculaire à celui qui passe par le point donné. (*Dijon, juillet* 1875.)

166. Un plan étant donné par ses traces, et un point par ses projections, construire les projections de la position qu'occupe ce point quand on l'a rabattu sur le plan donné en le faisant tourner autour de sa trace verticale. (*Dijon, juillet* 1879; *Paris, octobre* 1885; *Caen, octobre* 1889.)

167. Une circonférence étant donnée par les traces de son plan, par la projection verticale de son centre et par la longueur de son rayon, construire les projections du point où elle est coupée par un plan de traces données. (*Dijon, juillet* 1877.)

168. Un cercle dont le plan est perpendiculaire sur la ligne de terre étant donné par les projections de son centre et par la longueur de son rayon, on demande de construire les projections de ceux de ses points qui sont situés à une distance donnée d'un plan donné par ses traces. (*Dijon, novembre* 1886.)

169. Construire les projections de la nouvelle position occupée par un point donné de l'espace, qu'on a fait tourner autour d'un axe donné dans le plan horizontal, jusqu'à ce qu'il devienne équidistant des deux plans de projection. (*Dijon, novembre* 1887.)

170. Deux triangles MAB, NAB, ont pour base commune la droite AB. On a

$$\mathrm{MA} = \mathrm{MB} = \mathrm{NA} = \mathrm{AB}, \quad \mathrm{NB} = \frac{1}{2}\,\mathrm{AB},$$ et l'angle dièdre MABN que forment

leurs plans est égal à 45°. Cela posé, on demande de construire l'angle rectiligne MAN et la distance des points M, N. (*Dijon, novembre* 1880.)

171. Deux points A, B sont situés respectivement sur les deux faces d'un angle dièdre de 135°, à des distances de l'arête AP = 0m03, BQ = 0m04 et les pieds P et Q de ces distances interceptent sur l'arête une longueur de 0m07.
Cela posé, on demande de trouver par une construction géométrique la distance mutuelle AB des points en question et l'angle BAP. (*Dijon, avril* 1882.)

172. On donne les traces d'un plan perpendiculaire au plan vertical, les projections d'un point A situé sur ce plan, celles d'un point quelconque K de l'espace, et on demande les projections d'une droite menée par le point A dans le plan dont il s'agit, de manière que sa distance au point K soit égale à une longueur donnée. (*Dijon, juillet* 1885.)

173. Par un point dont les projections sont données, mener une droite rencontrant la trace verticale d'un plan donné et faisant avec ce plan un angle donné. (*Dijon, juillet* 1878.)

174. Un système de deux droites A, B étant donné par la plus courte distance de ces deux droites et par l'angle de leurs directions, déterminer :
1° La position du point M de la première dont la distance MP à la seconde est égale à une longueur donnée;
2° L'angle formé par les deux droites MP et A. (*Dijon, juillet* 1877.)

175. Deux droites étant données par leurs projections, on demande de construire celles d'une troisième droite déterminée par les conditions : 1° de rencontrer la première; 2° d'être parallèle à la seconde; 3° de laisser entre les plans de projections un segment de longueur donnée. (*Dijon, juillet* 1887.)

176. En appelant α la trace d'un plan donné sur la ligne de terre, M un point quelconque situé sur ce plan, et *m* la projection horizontale de M, on

demande de déterminer le point M de telle sorte que les distances αM et αm soient respectivement égales à deux longueurs données. (*Dijon, juillet* 1889.)

177. Sur un plan donné par ses traces, trouver un point dont les distances à sa trace verticale et à la ligne de terre soient respectivement égales à des longueurs données. (*Dijon, juillet* 1888.)

178. Un cône droit ayant son sommet dans le plan horizontal a pour base un cercle de rayon donné, tangent aux deux traces d'un plan donné. On demande de construire son angle au sommet. (*Dijon, novembre* 1888.)

179. Construire les projections d'un triangle équilatéral situé dans le plan bissecteur du premier dièdre.

Un sommet est sur xy, et l'un des côtés adjacents fait un angle de 30° avec le plan horizontal. (*Caen, juillet* 1886.)

180. Construire les projections d'un tétraèdre régulier dont l'une des faces repose sur le plan horizontal et les traces du plan bissecteur d'un de ses dièdres ayant son arête sur le plan horizontal. (*Dijon, juillet* 1876.)

181. Construire les projections d'un tétraèdre reposant sur le plan horizontal par l'une de ses faces, sachant que l'angle trièdre opposé à cette face est tri-rectangle, et que les trois arêtes du solide qui aboutissent au sommet de cet angle ont des longueurs données. (*Dijon, novembre* 1882.)

182. Construire les projections d'un tétraèdre régulier, sachant que l'un de ses sommets est dans le plan horizontal, et que, parmi les trois arêtes qui aboutissent à ce sommet, l'une est verticale, tandis qu'une autre fait un angle de 30° avec le plan vertical de projection. (*Caen, juillet* 1887.)

183. On donne un cube de côté a, et l'on demande le rayon de la sphère déterminée par la condition de passer par les deux extrémités de l'une des arêtes, et d'être tangente aux faces qui se coupent suivant l'arête opposée. (*Dijon, juillet* 1884.)

Questions posées aux examens oraux de l'École Centrale.

184. 1° Déterminer l'intersection d'un plan parallèle à la ligne de terre et d'un cylindre qui a pour base une circonférence tracée sur le plan horizontal; les génératrices sont perpendiculaires à la ligne de terre et inclinées de 45° sur le plan horizontal.

2° Trouver l'intersection d'une droite et d'une sphère, plan tangent à l'un des points d'intersection.

185. On donne une sphère et on prend deux points sur les prolongements de deux rayons rectangulaires; chacun de ces points est le sommet d'un cône cir-conscrit à la sphère : quelle est l'intersection des deux cônes (chaque rayon est parallèle à l'un des plans de projection)?

186. Trouver l'intersection de deux cônes qui ont pour base une circonférence tracée sur le plan horizontal; les sommets se projettent aux extrémités du diamètre parallèle à xy.

187. Deux cylindres sont donnés respectivement par la directrice et une position particulière de la génératrice (plans cotés); trouver un point de l'in-tersection et la tangente en ce point.

188. Trouver la courbe d'intersection d'un cône de révolution dont l'axe est perpendiculaire au plan horizontal, et d'un plan donné par sa trace verticale

et par la condition de faire un angle de 45° avec le plan vertical de projection.

189. On donne un plan perpendiculaire au plan vertical de projection et une droite située dans le plan vertical. On demande la trace horizontale d'un plan passant par cette droite et faisant avec le premier un angle de 45°.

190. On donne la trace verticale d'un cylindre et de la direction de ses génératrices; trouver l'intersection de ce cylindre et d'un plan donné par ses traces.

191. Dans le plan horizontal, on donne une droite qui est l'axe d'un cylindre de révolution dont on connaît le rayon. Mener un plan tangent à ce cylindre par un point de l'espace.

192. Trouver l'intersection d'un cône de révolution par un plan quelconque et le point d'inflexion de la transformée de la courbe d'intersection.

193. Mener, par un point donné, un plan tangent à un cylindre ayant pour axe de révolution la ligne de terre.

194. On donne deux horizontales et on considère une droite qui glisse sur ces deux horizontales et reste parallèle au plan vertical; mener par un point pris sur la surface le plan tangent à la surface ainsi engendrée.

195. On donne un cercle, situé dans un plan horizontal, et on le considère comme la base d'un cône ayant pour sommet un point de la ligne de terre. On demande de lui mener un plan tangent par un autre point de la ligne de terre.

196. On donne une sphère dont le centre est sur la ligne de terre et une droite située dans un plan de profil; mener les plans tangents à la sphère, passant par la droite donnée.

197. Deux cônes ont même sommet; les bases sont circulaires et placées sur le plan horizontal; mener un plan tangent à ces deux cônes. Combien peut-on en mener ?

198. 1° Étant donnés un cône et un cylindre, mener un plan tangent commun aux deux surfaces.

2° Même problème pour un cylindre et une sphère.

199. Un cercle et une ellipse sont situés dans le plan de comparaison. Le cercle est la base d'un cône dont le sommet s est coté 20; l'ellipse est la base d'un cylindre ayant pour génératrice la droite ab, aussi cotée; on demande l'intersection des deux surfaces, et la tangente en un point.

200. Trouver l'intersection d'une droite et d'un hyperboloïde; la droite rencontre l'axe de la surface.

201. Inscrire une sphère dans un tétraèdre, en supposant une face située dans le plan vertical et une autre dans le plan horizontal.

202. Par deux points donnés A et B, faire passer un cylindre de révolution tangent à un plan donné P.

203. On donne les projections d'une sphère et celles d'un point; trouver, sur la sphère, le point le plus rapproché et le point le plus éloigné du point donné.

204. On donne une sphère dont les projections sont deux cercles tangents à la ligne de terre; on donne en outre un point sur la ligne de terre; ce point est le sommet d'un cône circonscrit à la sphère : trouver la courbe de contact.

205. On donne une sphère qui coupe le plan horizontal suivant un cercle donné; on connaît le rayon de cette sphère; on demande son intersection avec un cône qui aurait pour base le cercle donné et pour sommet un point donné quelconque.

206. Un cylindre a pour axe la ligne de terre; un autre cylindre, parallèle au plan vertical, et dont les génératrices sont inclinées de 45° sur le plan horizontal, a pour base un cercle tangent à la ligne de terre. Trouver l'intersection de ces deux surfaces.

207. Un cercle, situé sur un plan horizontal, sert de base à deux cylindres parallèles au plan vertical et dont les génératrices sont également inclinées sur le plan horizontal, mais en sens contraire; trouver l'intersection de ces deux surfaces.

208. Trouver l'intersection d'un cône oblique, à base elliptique, par un plan dont la trace horizontale coupe la base du cône.

209. Trouver l'intersection d'un tore par un plan parallèle à la ligne de terre.

210. On donne une sphère et un point (a, a') situé dans le plan mené par le centre de la sphère, parallèlement au plan vertical de projection; trouver la courbe de contact du cône circonscrit à la sphère, par le point donné. Déterminer le plan de la courbe de contact.

211. Trouver l'intersection d'un cône droit et vertical avec une sphère placée d'une manière quelconque. Tangente en un point de l'intersection.

212. On donne une courbe cb, située dans le plan horizontal; elle tourne autour de la ligne de terre; déterminer la projection verticale a' d'un point de la surface engendrée, connaissant la projection horizontale a de ce point. Mener le plan tangent en ce point.

213. Une sphère est éclairée par des rayons lumineux, dont la direction R, R' est donnée; trouver l'ombre portée par cette sphère sur les plans de projection.

214. Étant donnés un cône oblique à base circulaire et une droite, mener, par cette droite, un plan coupant le cône de manière que cette section soit à une distance donnée du sommet.

215. Peut-on, en général, mener un plan tangent à deux cônes?

216. Trouver l'intersection de deux cônes qui ont leurs sommets sur le plan vertical, et pour base commune un cercle situé sur le plan horizontal; mener la tangente en un point de l'intersection.

217. Trouver l'intersection d'une sphère et d'un hyperboloïde de révolution, lorsque le centre de la sphère est sur l'axe de l'hyperboloïde.

218. Mener, par la ligne de terre, un plan tangent à une sphère donnée par ses projections.

219. Par le sommet d'un cône, dont la base repose sur le plan horizontal, on a mené une parallèle à la ligne de terre; mener un plan tangent au cône par cette parallèle.

220. Construire l'intersection de deux sphères données par les projections des centres et les longueurs des rayons. Mener la tangente en un point de l'intersection.

ÉL. 15

221. Une sphère a son centre sur la ligne de terre, on lui circonscrit un cylindre horizontal et un cylindre vertical; construire l'intersection de ces deux cylindres et la tangente en un point.

222. On donne une surface de révolution dont l'axe est perpendiculaire au plan vertical. Quels sont les points de la surface qui ont une projection verticale donnée a', et trouver les traces des plans tangents qui touchent la surface en ces points?

223. On donne un cône ayant son sommet (s, s') sur le plan vertical et sa base circulaire sur le plan horizontal; le centre de cette base est sur la ligne de terre; on demande de placer sur ce cône une circonférence de rayon donné, dont le plan ne soit pas parallèle à la base du cône.

224. On donne une droite quelconque $(ab, a'b')$ et un point (m, m') sur cette droite; une seconde droite c' située dans le plan vertical, et enfin une troisième droite (d', de) perpendiculaire au plan vertical: mener par le point (m, m') une droite qui s'appuie sur les trois droites données. (1870.)

225. On donne un cône dont le sommet S est sur la ligne de terre et la base une conique située dans un plan vertical; on donne en outre la projection horizontale m d'un point de la surface; trouver la projection verticale et le plan tangent en ce point. (1870.)

226. On donne un cercle situé dans un plan de profil et un point quelconque; on demande l'intersection d'une droite quelconque avec le cône ayant le point pour sommet et le cercle pour base. (1870.)

227. On prend un cylindre oblique dont la trace sur le plan horizontal est une circonférence et dont les génératrices sont parallèles au plan vertical, puis une sphère quelconque qui contienne la circonférence précédente. Trouver l'intersection de cette sphère et du cylindre. Tangente en un point. (1870.)

228. On donne un cylindre de révolution perpendiculaire au plan horizontal; on donne aussi un cône de révolution dont le sommet est sur l'axe du cylindre et dont l'axe est parallèle à la ligne de terre. On connaît l'angle au sommet du cône. Trouver leur intersection. (1870.)

229. Trouver l'intersection d'un cône de révolution avec une sphère, dont le centre se trouve sur une génératrice de contour apparent du cône. Tangente en un point de la section. (1870.)

230. On donne dans le plan horizontal deux axes A et B qui se rencontrent en O, et deux courbes α et β qui tournent autour de ces axes. Trouver un point de la projection horizontale de l'intersection de ces deux surfaces et la tangente en ce point. (1870.)

231. On prend un cercle dans le plan horizontal et deux points quelconques dans le plan vertical; on considère deux cônes ayant ces points pour sommets, et pour directrice commune le cercle donné; chercher les projections de la seconde ligne d'intersection de ces deux surfaces, et la tangente en un point de la courbe obtenue. (1870.)

232. On donne un cône renversé ayant son sommet sur la ligne de terre; il est éclairé par des rayons inclinés à 45° sur la ligne de terre; trouver l'ombre portée par ce cône. Tangente en un point. (*Question prise parmi les épures présentées par le candidat*, 1870.)

233. Sur un plan donné, parallèle à la ligne de terre, on place un tétraèdre

régulier dont une arête, donnée de longueur, est parallèle à la ligne de terre. Trouver les projections du sommet. (1877.)

234. Un cône droit à base circulaire est posé sur un plan parallèle à la ligne de terre; en tracer le contour apparent et lui mener un plan tangent. (1877.)

235. Construire l'intersection d'une sphère tangente aux deux plans de projection avec un plan passant par les deux points de contact. (1877.)

236. On donne une sphère et on considère, dans le plan de front qui passe par le centre de la sphère, deux droites SA, SB. On fait tourner SA autour de SB, et on demande de trouver les génératrices qui sont tangentes à la sphère. (1877.)

237. Les trois arêtes d'un trièdre tri-rectangle percent le plan horizontal en trois points donnés. On demande les projections du trièdre. (1877.)

238. On donne deux cônes ayant pour traces deux cercles, l'un dans le plan horizontal et l'autre dans le plan vertical; leurs sommets sont quelconques. Trouver un point de leur intersection. (1877.)

239. Faire passer une sphère par quatre points donnés. (1877.)

240. On donne deux cônes ayant pour traces deux cercles, l'un dans le plan horizontal, l'autre dans le plan vertical, et pour sommets les centres de ces cercles. Trouver un point de leur intersection. (1877.)

241. On donne dans le plan horizontal deux cercles tangents intérieurement. Le plus petit est la base d'un cylindre droit; le plus grand est la base d'un cône dont le sommet est situé sur la génératrice verticale du cylindre dont la trace est le point de contact des deux bases. Trouver l'intersection du cylindre et du cône. (1877.)

242. On donne une sphère et un cône de révolution. On demande de trouver les génératrices du cône qui sont tangentes à la sphère. (1877.)

243. On donne un cercle dans le plan horizontal, son centre est sur la ligne de terre. On prend un point quelconque dans le plan vertical, et l'on considère le cône ayant ce point pour sommet et le cercle pour base. Trouver dans ce cône un cercle qui ne soit pas parallèle au cercle horizontal. (1877.)

244. On donne deux cônes ayant leurs génératrices parallèles; on demande de trouver leur intersection. Peut-on, *à priori*, dire si l'intersection a des branches infinies? (1877.)

245. On donne deux cônes ayant pour traces deux cercles (tangents en rabattement), l'un sur le plan horizontal et l'autre sur le plan vertical; et pour sommets, l'un le point le plus élevé de la base de l'autre, et le second le point le plus en avant de la base du premier. Trouver leur intersection. (1877.)

246. Construire l'intersection de deux paraboloïdes de révolution dont les axes sont perpendiculaires, l'un au plan horizontal, l'autre au plan vertical. (1877.)

247. Trouver les génératrices d'un paraboloïde défini par deux droites parallèles au plan horizontal; démontrer que les projections horizontales passent par un point fixe. Trouver le sommet et l'axe. (1877.)

248. On donne un hyperboloïde par son cercle de gorge et sa base. Le point le plus à droite du cercle de base est le sommet d'un cône ayant pour base le cercle de gorge. Trouver l'intersection de ces surfaces. De quoi se compose, à priori, cette intersection? (1877.)

Épures de Géométrie descriptive
proposées pour l'admission à l'École Centrale.

249. On donne : 1º un plan P passant par la ligne de terre et faisant un angle de 45º avec le plan horizontal ; 2º un point a du plan horizontal, situé à 5 centimètres de la ligne de terre. On demande les traces horizontale et verticale d'un cône de révolution ayant pour sommet le point A du plan P qui se projette horizontalement en a, pour axe la perpendiculaire élevée en A au plan P, et pour $^1/_2$ angle au sommet un angle de 40°.

250. On donne : 1º un plan passant par la ligne de terre et faisant un angle de 60º avec le plan horizontal ; 2º un point a du plan horizontal, situé à 6 centimètres de la ligne de terre. On demande les traces horizontale et verticale d'un cylindre de révolution ayant pour axe la perpendiculaire élevée au plan donné par le point de ce plan qui se projette horizontalement en a, et un rayon de 3 centimètres.

251. On donne : 1º une droite D située dans un plan horizontal et faisant un angle de 45º avec la ligne de terre ; 2º un point o^h du plan horizontal, pris à volonté entre la droite précédente et la ligne de terre. La droite, en tournant autour de la ligne de terre, engendre un cône. On demande : 1º de mener à ce cône un plan tangent par l'un des deux points de la surface qui se projettent horizontalement en o^h ; 2º de construire les projections de l'intersection de ce plan tangent et d'un cylindre de révolution ayant la ligne de terre pour axe et un rayon de 3 centimètres.

252. Deux cercles situés dans le plan horizontal ont leurs centres sur la ligne de terre, à 9 centimètres l'un de l'autre, et des rayons respectivement égaux à 3 et à 4 centimètres. On mène à ces cercles deux tangentes communes, l'une intérieure A, l'autre extérieure B. La tangente A, en tournant autour de la ligne de terre, engendre un cône. On demande la projection verticale et la vraie grandeur de la section faite dans ce cône, par le plan vertical qui a la tangente B pour trace horizontale. On tracera les asymptotes de la section, si elle en admet.

253. On donne une sphère par son centre et son rayon. On fait passer un plan par la ligne de terre et le centre de cette sphère, et l'on demande les projections de la courbe d'intersection des deux surfaces. On mènera la tangente en un point quelconque de cette intersection.

254. On donne : 1º une sphère de 4 centimètres de rayon, tangente aux deux plans de projection ; 2º le plan qui passe par les deux points de la sphère diamétralement opposés à ses points de contact avec les plans de projection, et dont la trace horizontale fait un angle de 60° avec la ligne de terre. On demande les projections et la vraie grandeur de la section déterminée par ce plan dans la sphère, ainsi que la tangente en un point de cette section.

255. On donne : 1º un tétraèdre régulier de 7 centimètres de côté, reposant sur le plan horizontal par une de ses faces : l'une des arêtes de cette face est perpendiculaire à la ligne de terre ; 2º un cylindre de révolution, de 3 centimètres de rayon, placé sur le plan horizontal, est parallèle à la ligne de terre, la projection horizontale de l'axe passe par la projection horizontale du sommet du tétraèdre.

Construire les projections des courbes d'intersection du cylindre et des faces du tétraèdre.

256. On donne un cylindre de révolution, reposant sur le plan horizontal, et dont les génératrices sont parallèles à la ligne de terre. On demande l'intersection de ce cylindre avec un cône vertical de révolution, dont le sommet est sur l'axe du cylindre, et dont la trace horizontale est un cercle de même rayon que la section droite du cylindre. Tangente en un point de la courbe.

257. Trouver l'intersection d'un cône et d'un cylindre définis de la manière suivante : Le cylindre est droit; sa base est un cercle donné dans le plan horizontal. Le cône a son sommet sur l'axe du cylindre; sa base est une hyperbole tangente à la base du cylindre et ayant pour asymptotes deux diamètres rectangulaires de cette base: l'un de ces diamètres est parallèle à la ligne de terre. On mènera la tangente en un point de l'intersection.

258. Intersection d'une sphère et d'un hyperboloïde de révolution à une nappe, définis de la manière suivante :

L'axe de l'hyperboloïde est vertical; la plus courte distance de la génératrice à cet axe est de 15 millimètres; l'angle que fait la génératrice avec l'axe est de 45°.

La sphère passe par le centre du cercle de gorge; elle a son centre sur l'hyperboloïde, à 3 centimètres du plan du cercle de gorge et dans le plan méridien parallèle au plan vertical de projection.

On construira la tangente en un point de la courbe d'intersection.

259. On donne un cône droit. Dans la section méridienne $A'S'B'$ de ce cône, on inscrit un cercle OK. Ce cercle est la section droite d'un cylindre. Chercher l'intersection de ce cylindre et du cône.

260. On donne un tétraèdre régulier ABCD dont les arêtes ont 0^m1 de longueur, et dont la base ABC est située dans le plan horizontal de projection.

Soient S la sphère circonscrite à ce tétraèdre, et c le cylindre, dont la section droite est le cercle inscrit dans une face latérale DAB.

On demande de représenter, en projection horizontale, la partie de la sphère S qui reste lorsqu'on a enlevé la partie de ce corps comprise dans le cylindre c. On demande aussi la tangente en un des points de l'intersection des deux surfaces.

261. On donne deux points a et b, inégalement éloignés d'une sphère, ayant o pour centre; trouver le chemin minimum qui joint ces deux points en touchant la sphère. (*Saint-Étienne, examen oral pour l'admission à l'École des mines, 1867.*)

262. Quel est le solide compris entre deux trièdres qui se coupent? (*Saint-Étienne, examen oral pour l'admission à l'École des mines, 1882.*)

Épures pour l'admission à Saint-Cyr.

263. Une pyramide régulière SABC..., à base octogonale, s'appuie par cette base sur le plan horizontal, de manière que le côté AB, placé à gauche, est perpendiculaire à la ligne de terre. Chaque côté de la base est de 0^m037, et chaque arête latérale est de 0^m119. Par le sommet s, on mène une parallèle à la ligne de terre, et l'on prend, à droite sur cette parallèle, une longueur ST égale à $R \times 2,60$ (R étant le rayon du cercle circonscrit au polygone de base ABC...). On joint le point T aux sommets A, B, C,... de manière à former une seconde pyramide TABC... de même base que la première. Cela posé, on demande de construire :

1° Les projections de ces deux pyramides (distinguer les parties visibles et invisibles);

2° Les projections de la sphère circonscrite à la pyramide SABC... ainsi que celles du point (autre que le point c) où cette sphère est rencontrée par l'arête TC de la pyramide TABC... (1868.)

264. 1° Un prisme droit a pour base un hexagone régulier. Le côté de la base est 0m031, et la hauteur du prisme est quintuple de ce côté. Une face latérale coïncide avec le plan horizontal de projection; les arêtes latérales font avec la ligne de terre un angle de 30°. On demande de construire les deux projections de ce prisme.

2° Soit a le point milieu de celle des deux arêtes latérales supérieures la plus en avant du plan vertical; considérez les points situés sur les arêtes latérales et qui sont à la même distance du point a, distance égale au double du côté de la base; joignez chacun de ces points au point voisin situé sur l'arête suivante; vous obtiendrez ainsi une ligne polygonale tracée sur la surface du prisme. Construire les projections de cette ligne. (1869.)

265. Une pyramide régulière S, ABCDEF a pour base un hexagone régulier. Chaque arête égale 0m0635, chaque côté de la base égale 0m0265. La face latérale SAB est appliquée sur le plan horizontal de projection, de manière que AB est perpendiculaire à la ligne de terre, et le point A plus près de cette ligne que le point B. On demande de construire :

1° Les projections de cette pyramide;

2° Les projections d'une seconde pyramide régulière, de même base que la première, et dont les arêtes latérales sont les $2/3$ de celles de la première, le sommet de cette seconde pyramide étant placé au delà de la base commune, par rapport au sommet S;

3° Les projections et la vraie grandeur de la section faite dans l'ensemble des deux pyramides, par un plan vertical mené par le point B et le point situé aux $2/3$ de l'arête SA à partir du point S. (1870.)

266. Une pyramide triangulaire SABC a sa base ABC appliquée sur la partie antérieure du plan horizontal. L'arête AB est parallèle à la ligne de terre, et le sommet C en avant de AB. On donne

$$AB = AC = 0^m116, \quad BC = 0^m147, \quad SA = SB = SC = 0^m104$$

On demande :

1° Les projections de la pyramide;

2° Les projections de la section faite par un plan perpendiculaire à l'arête SA, mené par le point de cette arête, situé au quart de sa longueur à partir du sommet S;

3° Les projections des points situés sur l'arête SA, d'où l'on voit l'arête BC sous un angle droit. (1872.)

267. Deux cônes circulaires droits et égaux ont même sommet S, et se touchent extérieurement suivant la génératrice SA, de manière à adhérer l'un à l'autre; le rayon de base égale 0m38, et la génératrice est double du rayon; la base de l'un des cônes est appliquée sur la partie antérieure du plan horizontal, sa circonférence touchant la ligne de terre, et la génératrice SA est parallèle au plan vertical de projection. On demande :

1° De construire les projections du solide formé par l'ensemble des deux cônes;

2° De construire la partie invisible du plan vertical de projection, supposé relevé, l'œil étant placé sur la perpendiculaire à la ligne de terre menée par le point A, et à une distance en avant de cette ligne de terre égale à deux fois le diamètre de l'un des cônes.

Ombrer la partie invisible demandée, sans y comprendre la projection verticale des cônes. (1873.)

268. Un cylindre circulaire droit a sa base appliquée sur le plan horizontal. La circonférence de cette base est tangente à la ligne de terre, et son rayon est de 0^m040 ; la hauteur du cylindre égale le rayon de base. Un cône circulaire droit, de même base et de même hauteur que le cylindre, est superposé à ce dernier, de manière que la base du cône coïncide avec la base supérieure du cylindre. L'arête SA du cône (le sommet étant S) est parallèle au plan vertical. On demande de construire :

1° Les projections de l'ensemble des deux solides ;

2° Les projections et la vraie grandeur de la section faite par un plan perpendiculaire à l'arête SA en son milieu ;

3° Les parties du plan horizontal de projection cachées par l'ensemble des deux solides, l'œil étant placé sur la verticale du point A, au-dessus de ce point, à une hauteur égale aux $\frac{5}{3}$ de R. (1874.)

269. On donne : 1° un plan PαP′ dont les traces font avec xy des angles Pαy = 45°, P′αy = 36°, et 2° un point S situé dans ce plan à 4^{cm}2 en avant du plan vertical de projection et à 5^{cm}4 au-dessus du plan horizontal. Ceci posé, on demande :

1° De construire les projections d'une pyramide triangulaire SABC ayant pour sommet le point S et s'appuyant sur le plan horizontal par sa base ABC (le point A étant le plus éloigné de xy), au moyen des données suivantes : le plan de la face ASC est perpendiculaire au plan PαP′ et fait un angle de 72° avec le plan horizontal ; la face ASB est située dans le plan PαP ; l'angle plan ASC = 75° ; l'angle plan ASB = 66°.

2° De mener, par le centre de gravité G de la pyramide, un plan perpendiculaire à la droite SG qui joint ce centre de gravité au sommet S, et de construire les projections de la section faite par ce plan dans le solide. (1er *concours*, 1880.)

270. Étant donnés : 1° un point O situé à 4^{cm}5 au-dessus du plan horizontal et à 7^{cm}5 en avant du plan vertical, et 2° le plan passant par O et par xy, on demande :

1° De construire les projections d'un tétraèdre régulier s'appuyant par sa base sur le plan donné, de telle sorte que le centre de cette base soit au point O, la longueur de l'arête étant 7^{cm} ;

2° De faire tourner le plan donné d'un angle de 90° autour de la verticale passant par le sommet du tétraèdre ;

3° De construire les projections du solide dans cette nouvelle position. (2e *concours*, 1880.)

271. On donne un plan PαP′, incliné de 40° sur le plan horizontal et dont la trace horizontale fait avec xy un angle de 36°. Un cercle situé sur ce plan, dans le premier dièdre, est tangent aux traces αP et αP′, et a pour diamètre 5^{cm}4. Ce cercle est la base d'un cône droit, situé au-dessus du plan PαP′, et dont la hauteur est égale à 10^{cm}8. On demande :

1° De construire les projections de ce cône ;

2° De trouver les points de rencontre de ce cône avec la parallèle à xy menée par le milieu de la hauteur ;

3° De mener le plan tangent au cône par le point de rencontre situé à droite. (1881.)

272. La base ABC d'une pyramide SABC est parallèle au plan horizontal, au-dessus de ce plan et à une distance de 2^{cm}4. Le côté BC, parallèle à xy,

vaut 11^{cm}3 et est éloigné du plan vertical, en avant, de 1^{cm}5. Les côtés AC et AB valent respectivement 10^{cm}1 et 7^{cm}6. Le triangle SAC est isocèle, les angles égaux SAC, SCA valent chacun 62°; enfin l'arête SB vaut 11^{cm}2. On demande :

1° De construire les projections de la pyramide;

2° De déterminer les projections du centre O de la sphère circonscrite à la pyramide;

3° De déterminer les projections et la vraie grandeur de la section que fait dans la pyramide le plan mené par le point O parallèlement aux deux arêtes opposées AC et SB. (1882.)

273. Construire la pyramide triangulaire SABC dont la base ABC est appliquée sur la partie antérieure du plan horizontal. Le dièdre AB vaut 69°, le sommet B est sur xy, et l'arête AB est perpendiculaire à cette ligne xy. On donne : AB = 11^{cm}1; BC = 12^{cm}5; AC = 14^{cm}1; SB = 11^{cm}8; SA = 12^{cm}1.

Un cercle situé sur le plan vertical, dans l'angle $b's'c'$, est tangent aux deux côtés de cet angle et a pour rayon 3^{cm}6; ce cercle est la base d'un cylindre dont les génératrices sont perpendiculaires au plan vertical; construire l'intersection de ce cylindre avec la pyramide. On indiquera les tracés effectués pour obtenir un point quelconque de l'intersection et la tangente de ce point.

Dans la mise à l'encre, on représentera la pyramide supposée pleine et existant seule, en supprimant la portion de ce corps comprise dans le cylindre. (1883.)

274. On donne dans le plan vertical de projection un cercle tangent à xy dont le rayon égale 3^{cm}1; le pentagone régulier inscrit dans ce cercle, et dont un sommet A est sur xy, est la base d'un prisme droit. Un cône droit dont le sommet est situé dans le plan de profil du point A à 8^{cm}4 au-dessus du plan horizontal et à 6^{cm}9 en avant du plan vertical, a pour base, sur le plan horizontal, un cercle dont le rayon égale 6^{cm}.

On demande l'intersection du cône et du prisme. On indiquera le tracé des constructions effectuées pour trouver un point quelconque de l'intersection et la tangente en ce point.

Dans la mise à l'encre, on représentera la portion du prisme qui est contenue dans le cône. (1884.)

275. On donne dans le premier dièdre un point A dont la cote $\alpha a'$ est 1^{cm}9; l'éloignement αa, 2^{cm}2; et un point G dont la cote $\gamma g'$ est 5^{cm}3, l'éloignement γg, 4^{cm}8, et dont la distance au plan de profil de A vers la droite est 5^{cm}2. La droite AG est une diagonale du parallélépipède rectangle dont les faces ABCD, EFGH sont horizontales, tandis que ABFE, DCGH sont de front. Trouver : 1° les projections du parallélépipède; 2° celles de la sphère qui lui est circonscrite.

Par les milieux M, N, P des trois arêtes DH, BC, EF on fait passer un plan; trouver les intersections de ce plan avec le parallélépipède, avec la sphère, et les vraies grandeurs de ces sections.

Pour la mise à l'encre, on supprimera la portion de la sphère située au-dessus du plan sécant, et la portion du parallélépipède située au-dessous. (1885.)

276. On donne un point A sur xy, un point S distant du plan horizontal de 7^{cm}8, du plan vertical de 5^{cm}1 et du point A de 12^{cm}4. Construire le tétraèdre SABC dont la base ABC est sur le plan horizontal de projection, sachant que le plan SBC est perpendiculaire à l'arête SA, et que les angles dièdres AB et AC valent chacun 68°. On aura soin de placer le point A le plus à gauche possible.

Construire l'intersection de cette pyramide avec le cylindre de révolution qui a SA pour axe, et pour rayon 5^{cm}5.

Dans la mise à l'encre, on supposera que le tétraèdre est seul et que le solide commun au cylindre et à la pyramide est enlevé. (1886.)

277. Un tétraèdre est placé sur le plan horizontal. Un des côtés de la base ab (a est à gauche) est parallèle à xy et distant de cette ligne de $3^{cm}5$. Sa longueur est de 10^{cm}; les deux autres côtés ont pour longueurs $ac = 12^{cm}3$, $bc = 11^{cm}$. L'arête $Sa = 13^{cm}$; l'arête $Sc = 12^{cm}5$; l'angle dièdre formé par les deux faces abc et Sac est de 70°. Construire ce tétraèdre. A partir du sommet S on prend sur Sa une longueur $SO = 5^{cm}$, et du point O comme centre on décrit une sphère passant par le sommet S. Trouver l'intersection de cette sphère avec le tétraèdre.

Dans la mise à l'encre, on supposera enlevée toute la portion du tétraèdre détachée par la sphère. (1re *épreuve*, 1887.)

278. Un tétraèdre $SABC$ a sa base abc sur le plan horizontal :
$$aa' = 8^{cm}4, \quad a'b' = 9^{cm}9, \quad ab = 11^{cm}2, \quad bc = 14^{cm}4, \quad ac = 17^{cm}1.$$
L'arête SA, parallèle au plan vertical, égale $13^{cm}6$ et fait avec l'arête AB un angle de 62°.

On demande :

1° De construire le tétraèdre;

2° De mener la droite DE perpendiculaire commune aux deux arêtes opposées SA et BC.

Du point O, milieu de DE, comme centre, on décrit une sphère avec un rayon égal à $2^{cm}2$. Mener à cette sphère deux plans tangents perpendiculaires à l'arête SC, et construire les sections de ces deux plans avec le tétraèdre.

Dans la mise à l'encre, on ne conservera que la partie du tétraèdre comprise entre les deux plans. (2e *épreuve*, 1887.)

279. Un tétraèdre $SABC$, dont la face ABC est située sur le plan horizontal, est déterminé de la manière suivante : le sommet S a pour cote 7^{cm} et pour éloignement 3^{cm}. L'arête SA est dans un plan de profil, et le point A a pour éloignement $11^{cm}5$. La face SBC (B à gauche) est parallèle au plan vertical. Les faces SAB et SAC font chacune avec le plan de profil qui contient l'arête SA un angle de 45°. Sur l'arête SB on prend, entre S et B, un point D à 2^{cm} du sommet S, et par ce point D on mène un plan perpendiculaire à l'arête SB; ce plan coupe SC en E et SA en F.

1° Construire les projections du triangle DEF.

2° On considère la sphère qui a DE pour diamètre. Représenter le solide commun à cette sphère et au tétraèdre. (1888.)

280. On donne un plan $P\alpha P'$ dont les traces font avec xy (x à gauche, y à droite) deux angles $P\alpha y$ et $P'\alpha y$ égaux chacun à 45°; sur la trace horizontale un point A, dont l'éloignement est 4^{cm}, et sur la trace verticale un point B, dont la cote est $6^{cm}2$. La droite AB est le côté d'un carré situé dans le plan $P\alpha P'$, à droite de AB; ce carré est la base d'un cube situé au-dessus du plan donné.

Déterminer l'intersection du cube avec le cylindre droit ayant pour trace verticale un cercle de $6^{cm}5$ de rayon, situé au-dessus de xy, et tangent à cette ligne au point a', projection verticale du point A.

Représenter la partie du solide cubique comprise dans le cylindre. (1889.)

281. Un cône de révolution a pour base, sur le plan horizontal, un cercle O de 50^{mm} de rayon, tangent à la ligne de terre, et il a une hauteur de 112^{mm}. On mène : 1° par le milieu A de la génératrice de front (celle de gauche), le plan parallèle au plan tangent au cône suivant la génératrice opposée; 2° la normale au cône en A qui rencontre le plan horizontal en B, les tangentes BC et BD au cercle O, et enfin les plans ABC et ABD.

On demande de représenter par ses projections le solide commun au cône et au tétraèdre que forment le plan horizontal et les trois plans précédents. (1890.)

282. Un tétraèdre SABC, dont l'angle trièdre S est trirectangle, a sa base ABC sur le plan horizontal. AB est sur la ligne de terre (A vers la gauche) et a pour longueur 140^{mm}. La projection horizontale du sommet S est un point s dont les distances aux points A et B sont : As $= 105^{mm}$ et Bs $= 49^{mm}$.

Construire ce tétraèdre, puis son intersection avec la sphère ayant S pour centre et passant par le centre de la sphère inscrite au tétraèdre.

Dans la mise à l'encre, on représentera la partie du volume du tétraèdre extérieure à la sphère S. (1891.)

283. Un tétraèdre SABC repose par sa base ABC sur le plan horizontal; l'angle trièdre S est trirectangle; les côtés de la base sont AB $= 209^{mm}$ et BC $= 193^{mm}$ et AC $= 149^{mm}$. AB est parallèle à la ligne de terre (A à droite) et à une distance de cette ligne de 22^{mm}.

Construire l'intersection de ce tétraèdre et de la sphère qui passe par le point S et par les milieux des côtés du triangle ABC.

Pour la mise à l'encre, on représentera le solide commun à la sphère et au tétraèdre. (1892.)

FIN

TABLE DES MATIÈRES

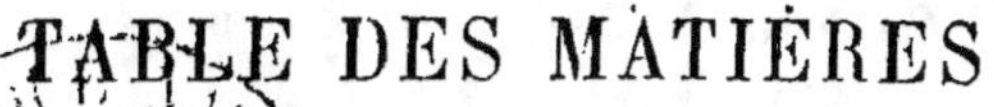

PREMIÈRE PARTIE

DU POINT, DE LA DROITE ET DU PLAN

TROISIÈME PARTIE

PLANS COTÉS

QUATRIÈME PARTIE

APPLICATIONS DIVERSES

Chapitre I. — Notions de tracé des ombres

Chapitre II. — Constructions

LE

COURS DE MATHÉMATIQUES ÉLÉMENTAIRES

COMPREND LES OUVRAGES SUIVANTS :

ÉLÉMENTS D'ARITHMÉTIQUE, in-12.

ÉLÉMENTS D'ALGÈBRE, in-12.

ÉLÉMENTS DE GÉOMÉTRIE, in-12.

ÉLÉMENTS DE TRIGONOMÉTRIE RECTILIGNE, in-12.

ÉLÉMENTS DE GÉOMÉTRIE DESCRIPTIVE, in-12.

ÉLÉMENTS DE COSMOGRAPHIE, in-12.

ÉLÉMENTS DE MÉCANIQUE, in-12.

COURS D'ALGÈBRE ÉLÉMENTAIRE, in-8º.

COURS DE GÉOMÉTRIE ÉLÉMENTAIRE, in-8º.

TABLE DES LOGARITHMES, in-12.

Tours. — Imprimerie Mame.